Produktgestaltung in der Partikeltechnologie

Band 5

Ulrich Teipel (Hrsg.)

5. Symposium Partikeltechnologie

19. – 20. Mai 2011

Fraunhofer ICT, Pfinztal

VORWORT

Disperse Systeme und partikuläre Materialien zeichnen sich durch eine besondere Vielfalt und Komplexität aus. Der Produktgestaltung dieser Partikelkollektive und dispersen Systemen kommt somit in den verschiedensten industriellen Bereichen eine entscheidende Bedeutung zu. Durch die Variation des Eigenschaftsprofils von Partikeln bietet die Produktgestaltung die Möglichkeit, für die jeweilige Anwendung maßgeschneiderte partikuläre Systeme zur Verfügung zu stellen.

Das im Mai 2011 vom Fraunhofer Institut für Chemische Technologie (ICT) und der Georg-Simon-Ohm Hochschule Nürnberg veranstaltete Symposium widmet sich der Thematik "Produktgestaltung in der Partikeltechnologie". Dieses 5. Symposium will einen Beitrag dazu leisten, dass die Thematik der Produktgestaltung partikulärer Materialien deutlicher fokussiert und deren Bedeutung gesteigert wird. In 51 Beiträgen werden Fragestellungen und Problemlösungen zur Gestaltung von Partikeln und dispersen Systemen vorgestellt und diskutiert. Neben den Prozessen zur Partikelherstellung spielt die Charakterisierung dieser partikulären Systeme sowohl für die Prozesstechnik als auch für die Produktqualifizierung eine entscheidende Rolle, so dass diese auch einen Schwerpunkt des Symposiums darstellt.

Da die Anforderungen an die Forschung und Entwicklung bei der Produktgestaltung von Partikeln und dispersen Systemen sehr weitreichend sind, hat sich die Produktgestaltung als eine Disziplin mit ausgeprägtem interdisziplinärem Charakter entwickelt. Ein wichtiges Ziel dieses Symposiums ist es insbesondere zum Austausch zwischen der Industrie und der Forschung beizutragen.

Ich möchte mich bei allen, die organisatorisch oder inhaltlich an der Vorbereitung und der Durchführung des Symposiums und dem Gelingen dieses Buches beteiligt sind, herzlich bedanken. Allen Vortragenden und Posterautoren danke ich für die Einreichung ihrer Manuskripte und den Teilnehmern für das Interesse an diesem Symposium. Für die außerordentliche Unterstützung bei der Vorbereitung zu diesem Symposium möchte ich mich bei den Mitarbeitern des Fraunhofer Institutes, insbesondere bei Frau Karola Kneule und Herrn Dipl.-Ing. Hartmut Kröber sehr herzlich bedanken. Ich wünsche Ihnen viel Freude mit dem vorliegenden Band 5.

Pfinztal, im Mai 2011

Ulrich Teipel

INHALTSVERZEICHNIS

EINFLUSS DER PROZESSTEMPERATUR BEI DER ZERKLEINERUNG AUF DIE STABILITÄT VON ANORGANISCHEN NANOSUSPENSIONEN

C. Steinborn, S. Breitung-Faes, A. Kwade

Institut für Partikeltechnik, Technische Universität Braunschweig, Volkmaroder Straße 5, Braunschweig, email: c.steinborn@tu-bs.de

1 Einleitung

Die verstärkte industrielle Nachfrage nach Nanopartikeln erfordert hohe Produktqualitäten und hohe Produktivitäten an Nanopartikeln. Nanopartikel, die durch Bottom-up-Methoden hergestellt werden, zeichnen sich besonders durch ihre hohe Reinheit aus. Diese liegen aber meist aggregiert vor, da der Reaktionsmechanismus sehr schnell von statten geht und so es nicht zu einer hinreichende Stabilisierung der Nanopartikel kommen kann. Klingt eine gute Stabilisierung der Nanopartikel aus der Bottom-up-Methode, stellt dagegen die von der Industrie geforderte hohe Produktivität eine Herausforderung dar. Hohe Produktivitäten von Nanopartikeln bzw. –suspensionen werden dagegen häufig durch Top-down-Methoden wie zum Beispiel der Nasszerkleinerung in Rührwerkskugelmühlen erreicht. Die Produktivität bei der Nasszerkleinerung mit Rührwerkskugelmühlen bis in den Nanometerbereich kann zum einen durch die richtige Wahl der Prozessparameter [1-4] als auch durch eine geeignete Stabilisierung gesteuert werden.
Partikel kleiner 1 µm unterliegen verstärkt partikulären Interaktionen, da die Partikelkollisionsrate auf Grund der Brownschen Molekularbewegung sowie der sich reduzierenden Partikel-Partikel-Abstände deutlich ausgeprägter ist. Dies führt bei unzureichender Stabilisierung zu Agglomerationsprozessen. Ein guter Stabilisator kann das Zerkleinerungsergebnis zu feineren Produktsuspensionen verschieben und die ausgeprägten Partikel-Partikel-Wechselwirkungen (hohe Anziehung auf Grund von van der Waals-Kräften) beispielsweise durch elektrostatische Stabilisierung unterbinden. Dominieren bei einer elektrostatischen Stabilisierung die repulsiven Wechselwirkungen zwischen den Partikeln, führt dies zu einem betragsmäßig hohen Zetapotential. Im Folgenden wird unabhängig vom Vorzeichen von einem hohen Zetapotential ausgegangen, wenn Werte größer +/- 30 mV, was nach Müller als auch nach Schmidt [5, 6] einer stabilen Suspension entspricht, gemessen werden. Mit Hilfe von Stabilitätsbestimmungen zum Beispiel nach der DLVO-Theorie kann eine Aussage über die Qualität der Stabilisierung getroffen werden, wobei ein hohes Zetapotential ein Maß für eine gute Stabilisierung ist. Eine Suspension ist gut stabili-

siert, wenn Agglomerationsprozesse minimiert werden und ein niederviskoser Zustand der Suspension erhalten bleibt. Die rheologischen Eigenschaften einer Suspension haben einen direkten Einfluss auf die Zerkleinerungsleistung und verändern sich unter anderem durch die Reduzierung der Partikelgröße und die damit abnehmenden Partikel-Partikel-Abstände vom niederviskosen zum scherverdünnenden Zustand [3, 4, 7-9]. Die Nanosuspensionen unterliegen bei der Weiterverarbeitung tendenziell niedrigeren Scherungen als bei der Zerkleinerung und befinden sich daher häufig in einem sehr viskosen Zustand, wodurch die Weiterverarbeitbarkeit von Nanosuspensionen eine große Herausforderung darstellen kann.

Im Allgemeinen ist das rheologische Verhalten von Fluiden stark von der Temperatur abhängig, demnach ändern sich auch die Eigenschaften einer Suspension bei Temperaturveränderungen. Bis zum heutigen Zeitpunkt gab es die Bestrebung, Zerkleinerungsprozesse so effektiv wie möglich zu kühlen, um die erzeugt Wärme vom Prozess möglichst vollständig abzuführen. Dadurch resultierten häufig Nasszerkleinerungen bei Temperatur von etwa 20-45 °C, die sich in Abhängigkeit von den Prozessbedingungen einstellten. Es wurde davon ausgegangen, dass die Temperatur und damit die Viskosität keinen Einfluss auf den Zerkleinerungserfolg haben [10]. Ob es einen Einfluss der Prozesstemperatur auf die Produktentwicklung während der Nanozerkleinerung gibt, ist jedoch nicht geklärt.

Die hier vorgestellten Untersuchungen zeigen am Beispiel der Zerkleinerung von α-Aluminiumoxid in Wasser, dass ein direkter Einfluss der Prozesstemperatur auf die Suspensionsstruktur existiert, welche vermutlich auf Oberflächenveränderungen der Partikel zurückzuführen sind.

Fischer [11] sowie weitere Autoren [12, 13] dokumentierten die Bildung von Aluminiumhydroxid auf der α-Aluminiumoxidoberfläche im wässrigen Medium. Stenger [12] fand heraus, dass der Aluminiumhydroxidanteil auf der Partikeloberfläche mit zunehmender Zerkleinerungszeit ansteigt. Darüber hinaus kann es bei mechanischer Beanspruchung zu einem Amorphisierungsprozess des Mahlgutes kommen [14]. Diese Amorphisierung verstärkt die Löslichkeit sowie die Auflösungsgeschwindigkeit [14, 15]. Amorphe Strukturen charakterisieren sich durch ihre unregelmäßige Anordnung bzw. auf kleine Bereiche eingegrenzte Ordnung und durch nicht bzw. kaum vorhandene Gitterenergien. Die Moleküle positionieren sich zueinander zufällig ähnlich dem Verhalten der Moleküle in Flüssigkeiten.

Die hier dargestellten Ergebnisse verknüpfen den Einfluss der Temperatur und die daraus resultierende Viskositätsänderung mit den auftretenden Veränderungen der Grenzflächenstruktur, hervorgerufen durch die Nasszerkleinerung in einer Rührwerkskugelmühle.

2 Materialien und Methoden

2.1 Materialien

Die Versuche der Nanozerkleinerung sind mit dem Mahlgut α-Aluminiumoxid (Reinheit 99,8 %; α-$Al_2O_3 \geq 95$ %) mit der Bezeichnung Martoxid MZS 1 (Martinswerk GmbH) mit einem Feststoffsanteil von $c_m = 0,2$ in Wasser durchgeführt worden. Das verwendete Aluminiumoxid hat eine Dichte von 3930 g/L und die Ausgangspartikelgröße beträgt 1,9 µm. Als Mahlkörper wurden Yttrium-stabilisierte Zirkonoxidmahlkörper mit einem Durchmesser von 350 µm (Dichte: 6067 g/L) eingesetzt. Die Suspension ist mit 70 %iger Salpetersäure bei pH = 5 stabilisiert worden.

2.2 Versuchsaufbau

Die Suspension ist in einer Stiftmühle in Kreisfahrweise in den Nanometerbereich zerkleinert worden und wurde mit einer Umfangsgeschwindigkeit von $v_t = 9$m/s sowie einem Mahlkörperfüllgrad von $\varphi = 0,8$ betrieben. Der Mahlkörperverschleiß ist durch Wiegen der Mahlkörperschüttung vor und nach jedem Zerkleinerungsversuch bestimmt worden. Der Versuchsaufbau der Nanozerkleinerung ist in Abbildung 1 schematisch dargestellt.

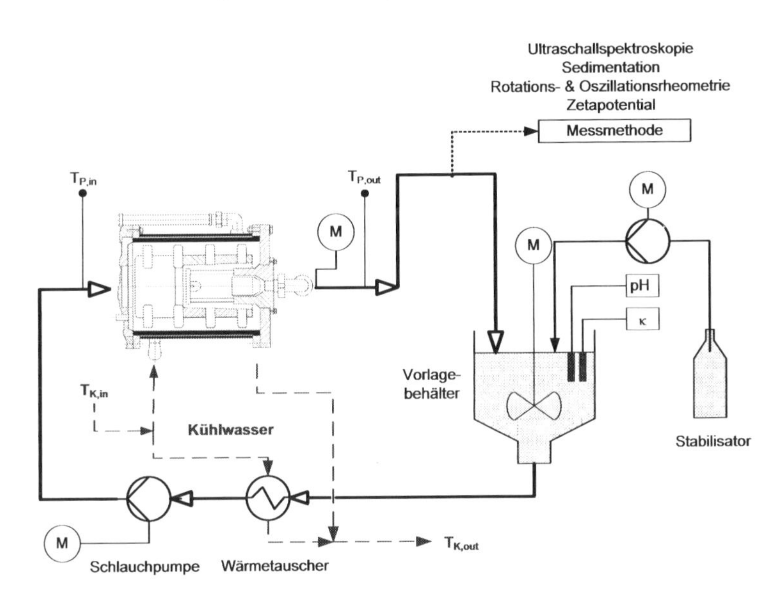

Abb. 1: Schematischer Versuchsaufbau der Nanozerkleinerung

Aus dem Vorlagebehälter wird die Suspension durch einen Wärmetauscher mit Hilfe einer Schlauchpumpe in die Rührwerkskugelmühle LabStar LS 1 (Netzsch Feinmahltechnik GmbH, Selb, Deutschland) gefördert. Nach Passieren der Mühle wird die Suspension in den Vorlagebehälter zurückgeführt, in dem sowohl der pH-Wert als auch die Leitfähigkeit (WTW GmbH, Weilheim, Deutschland) kontinuierlich gemessen werden. Um den pH-Wert während des Versuches konstant bei pH = 5 zu halten, wird Salpetersäure zudosiert. Aus dem Rückfluss in den Vorlagebehälter wurden die Proben für die Analysen entnommen.

Der Kühlwasserstrom wurde aufgeteilt, so dass sowohl der Wärmetauscher als auch die Mühle mit der gleichen Kühlewassereintrittstemperatur während des Zerkleinerungsversuches versorgt und messtechnisch erfasst wurden. Die Kühlwassereintrittstemperatur $T_{K,in}$ wurde systematisch variiert und die resultierende Prozess- bzw. Produktaustrittstemperatur $T_{P,out}$ gemessen. Abbildung 2 zeigt beispielhaft die Erwärmung des Kühlwasser- und des Produktstroms durch die Nanozerkleinerung.

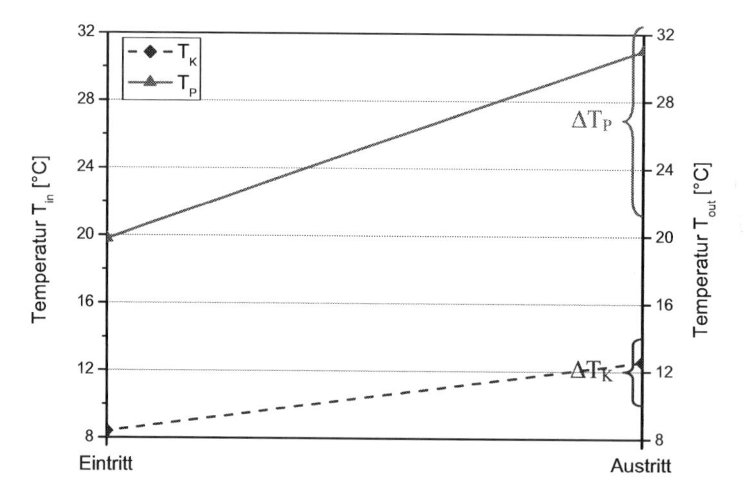

Abb. 2: Erwärmung des Kühlwasser- T_K und des Produktstroms T_P

2.3 Messmethoden

2.3.1 Ultraschallspektroskopie

Die Ultraschallspektroskopie basiert auf der Interaktion zwischen der Ausgangsintensität der Schallwellen und der resultierenden Abschwächung der Schallwellenausgangsintensität in der Suspension. Die Abschwächung der Schallwellen steht im engen Zusammenhang mit den Eigenschaften der Suspension wie z.B. der Partikelgrößenverteilung oder der Feststoffkonzentration. Mit Hilfe des Ultraschallspektrometers DT 1200 (Dispersion Technology Inc.) sind die Partikelgröße $x_{50,US}$ und die Partikelgrößenverteilung der unverdünnten Nanosuspension charakterisiert worden. Die gemessen Partikelgrößen werden auf Grund der Messmethode als Primärpartikel und weniger als Agglomerate aufgefasst.

Weiterhin ist mit dem DT 1200 das Zetapotential der Nanosuspension elektroakustisch vermessen worden, um Aussagen über die Stabilität der Suspension treffen zu können. Ein hohes Zetapotential (> +/- 30 mV) steht für eine stabile Suspension.

2.3.2 Sedimentation im Zentrifugalfeld

Die Agglomeratgrößenanalyse $x_{50,Agg}$ erfolgte mittels der Scheibenzentrifuge der Firma CPS Instruments. Das Messprinzip beruht auf der Partikelsedimentation im Zentrifugalfeld, in dem Partikelsysteme im Größenbereich von 50 µm bis zu 10 nm erfasst werden können.

2.3.3 Rotations- und Oszillationsrheometrie

Nach jedem Zerkleinerungsversuch wurden in einem Rheometer (Gemini II, Malvern Instruments GmbH, Worcestershire, England) die rheologischen Eigenschaften der Nanosuspension gemessen. Zum einen wurde die Suspension rotatorisch und zum anderen oszillatorisch bei einer Messtemperatur von 30 °C in einem Searle-System analysiert. Die rheologischen Untersuchungen sollen Aufschluss über die Stabilität bzw. die Festigkeit von gebildeten Strukturen innerhalb der Suspension geben. Die Viskositätsbestimmung der Suspension erfolgte mit dem Abfahren einer Scherratenrampe von $\dot{\gamma}$ = 1-1000 1/s und wieder zurück. Damit gleiche Ausgangsbedingungen für die Analyse vorhanden sind, wurde jeweils die erste Messung einer Suspension bei einer Scherrate von $\dot{\gamma}$ = 500 1/s für 120 s vorgeschert.

Um eine Suspension oszillatorisch zu vermessen, wurde diese zunächst in einem Kurztest auf oszillatorische Messbarkeit geprüft. Dazu muss das System bei einer Frequenz von f = 1 Hz ein elastisches Modul G' von mindestens G' = 0,3 Pa aufweisen. Nanosuspensionen mit einem geringerem elastischem Modul G' konnten bei dieser Frequenz nicht vermessen werden und wiesen das oszillatorischen Verhalten von Wasser bei dieser Frequenz auf. Ein zeitabhängiges Verhalten zeigten Nanosuspensionen, die das Kriterium des Kurztests erfüllten. Aus diesem Grund wurde die Suspension in Mehrfachmessungen so lange charakterisiert bis ein Trend der Zeitabhängigkeit festgestellt werden konnte (mind. 5 Messungen).

2.3.4 XRD-Messungen

Um die Veränderungen der Kristallstruktur zu untersuchen, ist ein Röntgendiffraktometer (XRD) mit einem X'Pert PRO MPD der Firma PANalytical (Holland) verwendet worden, das mit einem Detektor Pre FIX X`Celerator ausgestattet ist. Zur Vermessung wurde eine Kupferstrahlung mit einer Wellenlänge von k_{α} = 1,5406 Å eingesetzt. Das Röntgenprofil wurde in dem Bereich von $20° < 2\Theta < 90°$ mit einer Schrittweite von 0,008° 2Θ/Schritt und einer Zählzeit pro Schritt von 48,033 s erfasst.

3 Diskussion

3.1 Zerkleinerungsfortschritt

Um den Einfluss der Produkttemperatur auf den Zerkleinerungsfortschritt von Nanosuspensionen zu ermitteln, ist α-Aluminiumoxid in einer Rührwerkskugelmühle jeweils für eine Zerkleinerungszeit von $t_z = 8$ h bei verschiedenen Temperaturen zerkleinert worden. Zur Beurteilung des Zerkleinerungserfolgs wird die massenbezogene spezifische Energie unter Berücksichtigung des Mahlkörperverschleißes nach Gleichung 1 bestimmt.

$$E_{m,V} = \frac{\int_0^t \left(P(\tau) - P_0\right) d\tau}{m_{MG} + 0{,}5 \Delta m_{MK}} \qquad \text{(Gl. 1)}$$

$E_{m,V}$	[kJ/kg]	Spezifische Energie unter Berücksichtigung des Mahlkörperverschleißes
$P(\tau)$	[W]	Eingetragende Leistung
P_0	[W]	Leerlaufleistung
m_{MG}	[kg]	Masse des Mahlguts
Δm_{MK}	[kg]	Masse des Mahlkörperverschleißes

Einen starken Einfluss auf den Zerkleinerungserfolg besitzt sowohl die richtige Wahl der Betriebsparameter, welche sich auf die Beanspruchungshäufigkeit und –intensität auswirken, als auch die Wahl der Formulierung, bestimmt durch die Partikeleigenschaften sowie das umgebene Fluid. In diesen Untersuchungen sind die Betriebsparameter konstant gehalten worden. Die gezielten Temperaturvariationen können die Formulierung durch rheologische Änderungen des umgebenden Fluids als auch durch Veränderungen der Partikeloberfläche beeinflussen. Mit Hilfe von in destilliertem Wasser dispergiertem α-Aluminiumoxid wird der Einfluss der Prozess- bzw. der Produkttemperatur im Folgenden genauer untersucht. Die Produktaustrittstemperatur $T_{P,out}$ wurde indirekt über die Kühlwassereintrittstemperatur $T_{K,in}$ eingestellt. Einige Temperaturpaarungen sind in Tabelle 1 gegenübergestellt.

In Tabelle 1 ist zusätzlich die Endfeinheit (Primärpartikelgröße $x_{50,US}$) der Produktsuspension mit zugehöriger spezifischer Energie aufgeführt. Eine leichte Reduzierung der Primärpartikelgröße mit steigender Produktaustrittstemperatur ist ersichtlich, während die spezifische Energie annähernd als konstant angesehen werden kann. In Abhängigkeit der Produktaustrittstemperatur zeigt Abbildung 3 die Reduzierung der Agglomeratgröße in Abhängigkeit von dem spezifischen Energieeintrag.

Tabelle 1: Temperaturpaarungen von $T_{K,in}$ und $T_{P,out}$ sowie Produktfeinheit (Primärpartikelgröße) mit zugehöriger spezifischen Energie $E_{m,V}$, nach 8 h Zerkleinerungszeit

$T_{K,in}$ [°C]	$T_{P,out}$ [°C]	$E_{m,V}$ [MJ/kg]	$x_{50,US}$ [nm]
0	24,9	62,20	53,5
8,41	31,1	62,50	53,8
18,49	43,3	60,38	48,9
28,56	47,9	60,57	46,7
38,63	52,9	61,22	44,5

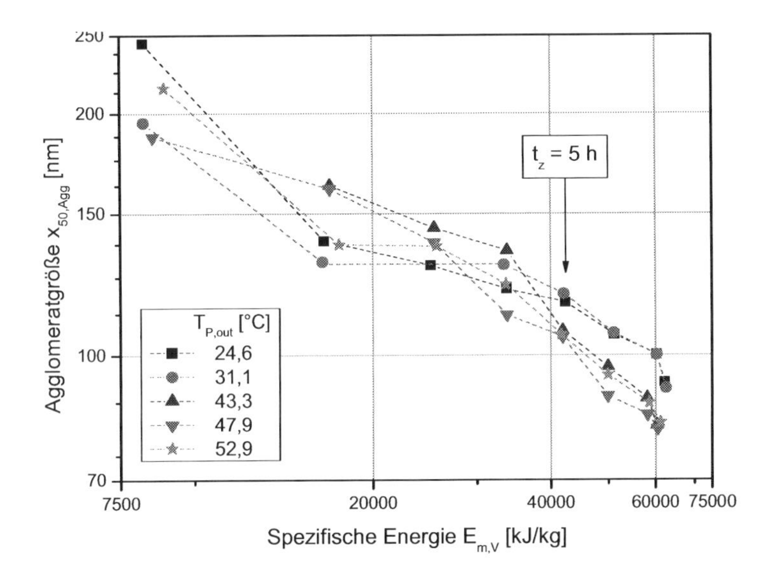

Abb. 3: Zerkleinerungsfortschritt in Abhängigkeit der Produktaustrittstemperatur

Die Agglomerate zeigen ebenfalls eine Tendenz der Abhängigkeit von der Produktaustrittstemperatur, wobei nach einer gewissen Zerkleinerungszeit (~ t_z = 5 h) zum einen die 24,6 °C- und die 31,1 °C-Kurven und zum anderen die 43,3 °C-, die 47,9 °C- und die 52,9 °C-Kurven einen vergleichbaren Kurvenverlauf aufweisen. Auch in den Ergebnissen der Primärpartikelgröße (Tabelle 1) ist dieser Sprung ersichtlich. Dieser Unterschied deutet auf ein verändertes Suspensionsverhalten hervorgerufen durch die höhere Produktaustrittstemperatur hin.

3.2 Einfluss der Produkttemperatur auf das rheologische Verhalten

Um die Abhängigkeit von der Produktaustrittstemperatur auf die Suspensionsstruktur und deren Verhalten im Zerkleinerungsprozess näher zu beleuchten, sind die Suspensionen rheologisch vermessen worden. Rheologische Untersuchungen können Auskunft über die Suspensionsstruktur und damit über die Stabilität einer Suspension geben [16]. Abbildung 4 zeigt die Fließkurven der Endsuspensionen in Abhängigkeit von der Produktaustrittstemperatur.

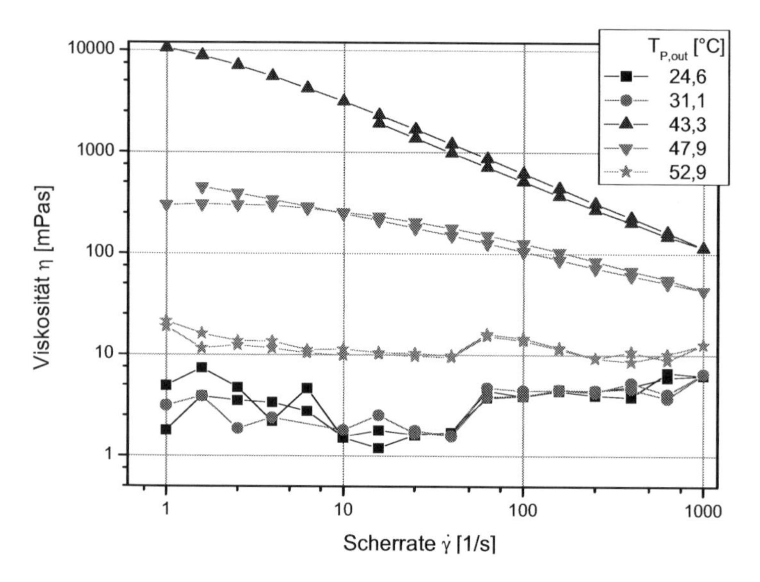

Abb. 4: Viskositätsverläufe in Abhängigkeit der Produktaustrittstemperatur

Das rheologische Verhalten der 24,6 °C- und die 31,1 °C-Kurven verläuft nahezu newtonisch. Die Erhöhung der Produktaustrittstemperatur auf $T_{P,out}$ = 43,3 °C führt zu einer Veränderung der rheologische Eigenschaften. Die 43,3 °C-Kurve verhält sich stark scherverdünnend. Ein weiterer Anstieg der Produktaustrittstemperatur verändert das rheologische Verhalten erneut von dem stark scherverdünnendem Verhalten ($T_{P,out}$ = 43,4 °C) über eine leicht scherverdünnende Struktur bei $T_{P,out}$ = 47,9 °C bis hin zu einem erneut Newton ähnlichen Verhalten bei $T_{P,out}$ = 52,9 °C. Die 52,9 °C-Kurve verläuft im Gegensatz zu den 24,6 °C- und 31,1 °C-Kurven im Mittel bei einer dreifach bis vierfach so hohen Viskosität (24,6 °C: $\bar{\eta}$ = 3,6 mPas; 31,1 °C: $\bar{\eta}$ = 3,2 mPas und 52,9 °C: $\bar{\eta}$ = 12,1 mPas).

Für die 24,6 °C- und 31,1 °C-Kurven lässt sich die etwas höhere Partikelgröße bei gleichem spezifischen Energieeintrag damit erklären, dass die Partikel auf Grund der geringeren Viskosität einer geringeren Wahrscheinlichkeit unterliegen eingefangen zu werden, um zwischen den Mahlkörpern in der aktiven Zerkleinerungszone beansprucht zu werden [3]. Die höhere Viskosität bei höherer Temperatur führt im Umkehrschluss dazu, dass die Partikel zwischen den Mahlkörpern besser eingefangen und beansprucht werden, da sie auf Grund der höheren Trägheit der Suspension weniger stark dem verdrängten Fluid folgen. Daraus resultiert eine höhere Produktfeinheit für die Suspensionen in diesem Viskositätsbereich.

Um den Temperatureinfluss detaillierter zu untersuchen, wurden weitere Versuche nach gleicher vorgehensweise mit variierten Produktaustrittstemperaturen durchgeführt, die in Abbildung 5 zusammengefasst sind.

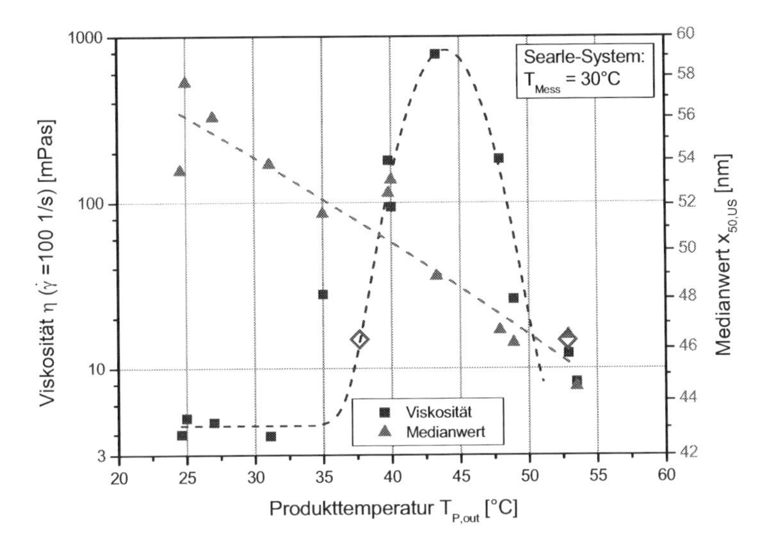

Abb. 5: Einfluss der Produktaustrittstemperatur auf die Viskosität und die Produktfeinheit

Es ist ersichtlich, dass mit steigender Produktaustrittstemperatur die Viskosität, bestimmt bei einer Scherrate von $\dot{\gamma}$ = 100 1/s, zunächst ansteigt, ein Maximum durchläuft und anschließend wieder abfällt. Ebenfalls zeigt Abbildung 5 die abnehmende Primärpartikelgröße $x_{50,US}$ mit steigender Produktaustrittstemperatur.

Um zu klären, warum es zu dem Viskositätsmaximum in Abbildung 5 kommt, wurde der Strukturcharakter mittels Oszillationsmessungen von einer Nanosuspension vor (◊: $T_{P,out}$ = 37,8 °C) und nach dem Maximum bei $T_{P,out}$ = 52,9 °C (◊) jeweils bei einer Viskosität von etwa $\eta \sim 10$ mPas untersucht. Oszillationsmessungen im linear viskoelastischem Bereich regen die Partikel zu Schwingungen an, ohne die gesamte Suspensionsstruktur zu zerstören.

Für die Nanosuspension mit der Produktaustrittstemperatur von 37,8 °C konnte eine zeitliche Abhängigkeit während der Oszillationsmessungen gefunden werden, die sich in der starken Zunahme des elastischen Moduls G' (Abb. 6) äußert. Das elastische Modul steigt in einer Zeit von ungefähr 40 min von ca. G' = 0,5 Pa auf ca. G' = 100 Pa bei einer Frequenz von 1 Hz an und zeigt nach 40 min den Strukturcharakter eines Feststoffes.

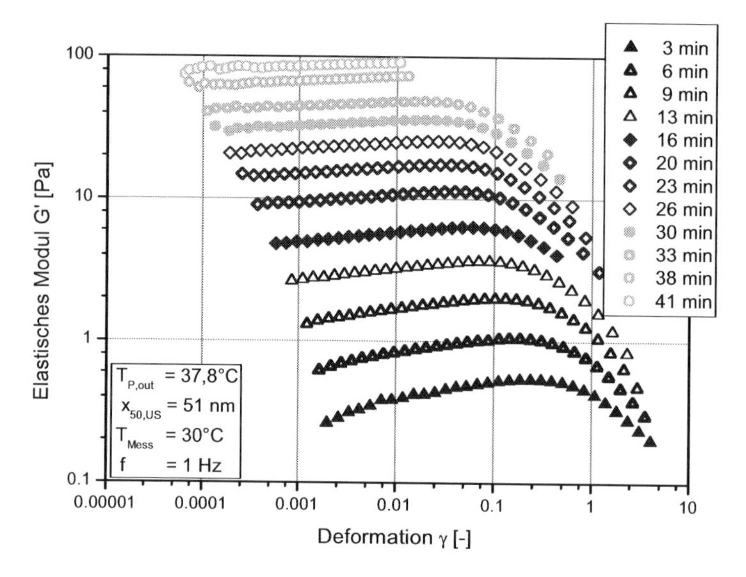

Abb. 6: Zeitliche Veränderung des elastischen Moduls G'

In Abbildung 7 ist das elastische und viskoelastische Modul G' und G'' über die zeitliche Veränderung bei einer Deformation von $\gamma = 0{,}01$ aufgetragen. Das elastische und viskoelastische Modul G' und G'' steigt jeweils mit der Zeit an.

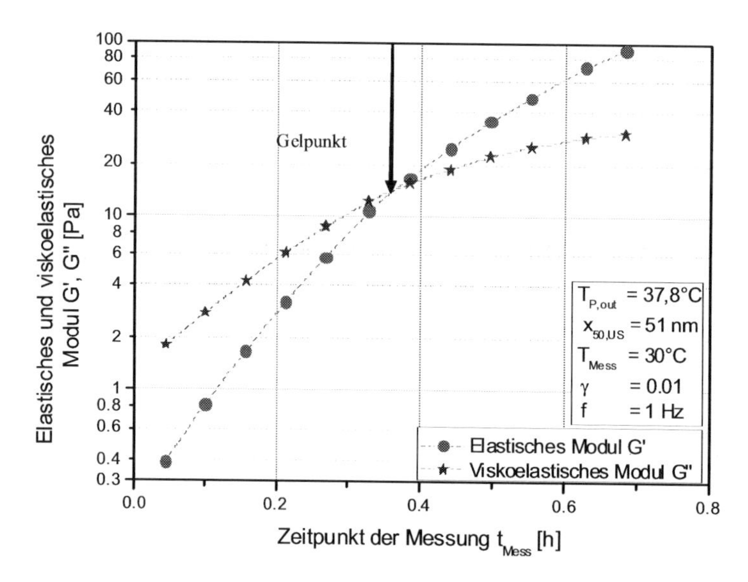

Abb. 7: Zeitliche Veränderung des elastischen und viskoelastischen Modul G' und G''

Es kommt zur Kreuzung der G'- und der G''-Kurven. Der Punkt an dem G' = G'' ist, wird als Gelpunkt bezeichnet. Ab diesem Gelpunkt (bei etwa 0,365 h ≈ 22 min) kommt der Strukturcharakter der Suspension einem Feststoff näher als einem Fluid. Des Weiteren weist ein hoher G'-Wert auf eine Suspension mit einer hohen Ruhestrukturstärke hin [17].

Im Vergleich zu dem Strukturverhalten der 37,8 °C-Probe zeigt Abbildung 8 das Verhalten der 52,9 °C-Probe während des Zerkleinerungsprozess. Mit zunehmenden Zerkleinerungszeit reduziert sich wie zu erwarten die Agglomeratgröße $x_{50,Agg}$ exponentiell. Die Viskosität steigt während des Zerkleinerungsprozesses dagegen von ca. 3 mPas zunächst an, durchläuft ein Maximum bei ca. 24 mPas und fällt anschließend auf eine Viskosität von ungefähr 14 mPas ab.

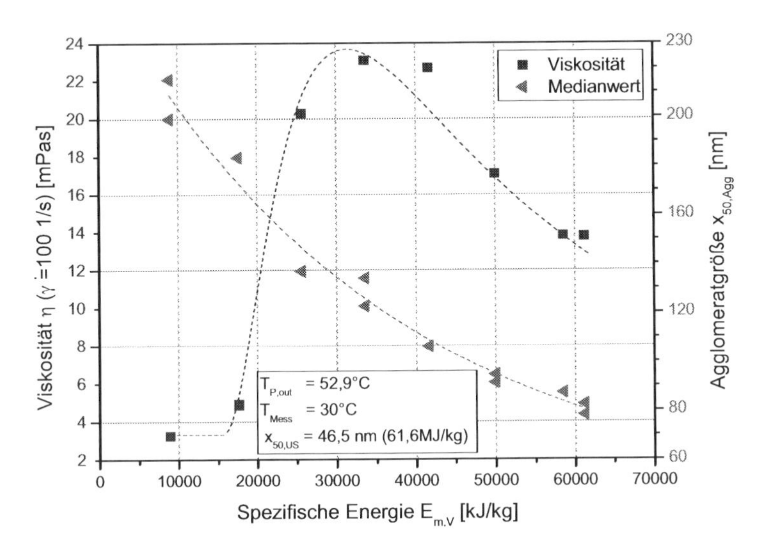

Abb. 8: Zerkleinerungsfortschritt und Viskositätsentwicklung während des Zerkleinerungsprozesses bei 52,9 °C

Um Aussagen über den Strukturcharakter der Suspension treffen zu können, sind Proben nach 17,6 MJ/kg, nach 34,0 MJ/kg und nach 49,9 MJ/kg oszillatorisch vermessen worden. Für die Endprobe mit einem Energieeintrag von 61,6 MJ/kg lag das elastisches Modul G' kleiner als 0,3 Pa bei einer Frequenz von f = 1Hz und war damit nicht oszillatorisch vermessbar. Das bedeutet, die Endprobe kommt dem oszillatorischen Verhalten von Wasser bei dieser Frequenz nah.

In Abbildung 9 sind die zeitlichen Veränderungen der oszillatorisch vermessenen Proben nach 17,6 MJ/kg, nach 34,0 MJ/kg und nach 49,9 MJ/kg zusammengefasst. Von der 17,6 MJ/kg-Probe (Gelpunkt bei 9,3 h) verkürzt sich das Erreichen des Gelpunktes auf 6,6 h bei der 34,0 MJ/kg-Probe.

Das elastische und viskoelastische Modul G' und G" der 49,9 MJ/kg-Probe steigen kontinuierlich mit der Zeit an, bis ein Plateau erreicht wird (Plateau: G' = 1,75 Pa; G" = 2,39 Pa). Im Gegensatz zu den Proben, welche kürzer beansprucht wurden ($E_{m,V}$ = 17,6 MJ/kg und $E_{m,V}$ = 34,0 MJ/kg), führt der Anstieg des elastischen und viskoelastischen Modul G' und G" nicht zu einem Schnittpunkt. Demnach kommt es bei dieser Probe nicht zu einer Gelausbildung. Der Strukturcharakter der Suspension bleibt ein Sol.

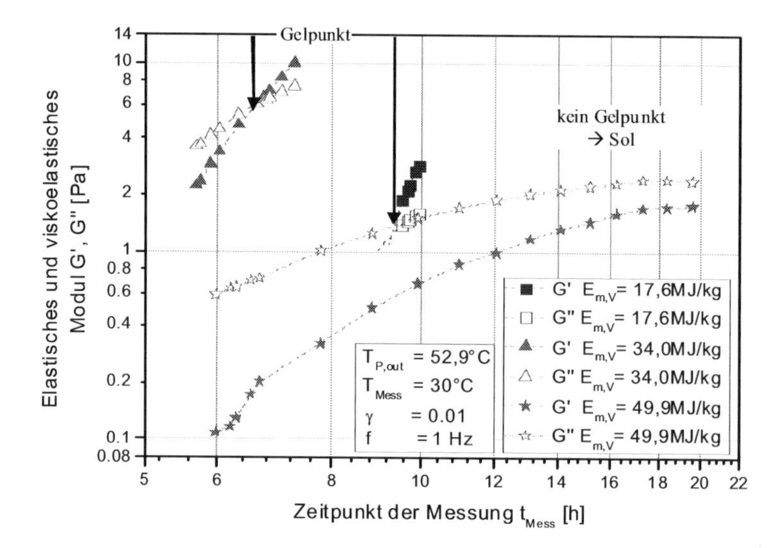

Abb. 9: Zeitliche Veränderung der oszillatorisch vermessenden Proben aus dem Zerkleinerungsprozess bei 52,9 °C

Trotz annähernd gleicher Viskosität von etwa $\eta \sim 10$ mPas (Abb. 5)zeigte sich im Vergleich von einer Nanosuspension vor und nach dem Viskositätsmaximum in Abbildung 7 und Abbildung 9, dass sich nach dem Zerkleinerungsprozess für $T_{P,out} = 37,8$ °C und $T_{P,out} = 52,9$ °C ein unterschiedlicher Strukturcharakter ausgebildet hat. Es scheint, dass das Suspensionsverhalten, der Anstieg der Viskosität mit anschließendem Abfall, bei der 52,9 °C-Probe sich auf Grund der hohen Temperatur schon in der Zerkleinerungsprozess hinein verschoben hat, so dass nach Beendigung des Zerkleinerungsprozesses die Suspension ein annähernd newtonisches Verhalten aufweist.

Die Versuchsergebnisse zeigen eine Abhängigkeit der Suspensionsviskosität von der Prozesstemperatur und damit eine Veränderung der Suspensionsstruktur. Demnach lassen sich α-Aluminiumoxidsuspensionen gezielt vom Sol-Zustand zum Gel-Zustand auf dem aufsteigenden „Viskositätskurvenast" überführen.

Für eine Gelausbildung müssen sich physikalische Wechselwirkungen wie z.B. Wasserstoffbrücken zwischen den Partikeln erhöhen. Diese Wechselwirkungen sind primär von der Grenzflächenstruktur und –chemie der Partikel abhängig. Der beobachtete unterschiedliche Strukturcharakter deutet auf eine unterschiedliche Oberflächenbeschaffenheit der Partikel hin.

3.3 Einfluss der Produkttemperatur auf die Grenzflächenstruktur

Um Kenntnisse über die Auswirkung der Produkttemperatur auf die Grenzflächenstruktur zu erlangen, ist eine zerkleinerte Suspension mit einer Primärpartikelgröße von $x_{50,US}$ = 43,5 nm und einer Agglomeratgröße von $x_{50,Agg}$ = 84,1 nm von ihrer Produktaustrittstemperatur $T_{P,out}$ = 25 °C (⊠ pH = 5,27; ⊗ κ = 4,52 mS/cm; ✱ ζ = 29,85 mV) zunächst auf etwa 10 °C abgekühlt worden (Abb. 10). Anschließend wurde diese Suspension auf 50 °C erwärmt, während kontinuierlich der pH-Wert, die Leitfähigkeit κ und das Zetapotential ζ gemessen wurden. Die Messergebnisse sind in Abbildung 10 dargestellt.

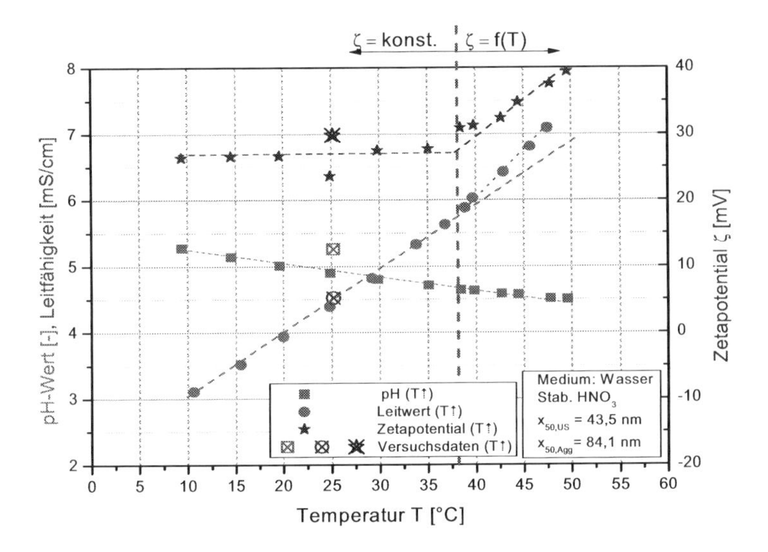

Abb. 10: Einfluss der Suspensionserwärmung auf den pH-Wert, die Leitfähigkeit und das Zetapotential

Wie zu erwarten, nimmt zum einen der pH-Wert ab und zum anderen steigt die Leitfähigkeit mit zunehmender Temperatur an, da beides Temperatur beeinflusste Größen sind. Das Zetapotential ändert sich bis zu einer Temperatur von etwa 38 °C nicht und verhält sich bis dahin unabhängig von der Temperatur. Oberhalb von 38 °C knickt die Zetapotentialkurve zu höheren Zetapotentialwerten hin ab. Dieses Abknicken kann ebenfalls im Kurvenverlauf der Leitfähigkeit wieder gefunden werden. Ab etwa 38 °C steigt die Leitfähigkeit deutlich steiler mit zunehmender Temperatur an, dies deutet auf eine höhere Ionenkonzentration in der Suspension hin. Da im Abfall des pH-Werts keine Veränderung der Steigung der Kurve zu verzeichnen ist, kann daraus geschlossen werden, dass der Anstieg der Leitfähigkeit sowie der Ionenkonzentration nicht von den $H_3O^+_{(aq)}$-Ionen herrührt, sondern allein auf Aluminiumoxid-Ionenkomplexen beruhen muss. Eine erhöhte Ionenkonzentration führt zur Kompression der elektrochemischen Doppelschicht, die als direkten Einfluss die Verschiebung der Scherebene mit sich zieht [5]. Als Folge für das Zetapotential der komprimierten Scherebene ist eine Abnahme des Zetapotentials zu erwarten. Da das Zetapotential wider Erwarten zunimmt, kann dies nur mit einer Veränderung der Partikeloberfläche einhergehen. Der Anstieg des Zetapotentials und der Leitfähigkeit ab 38 °C liegen im gleichen Temperaturbereich, in dem es bei dieser Temperatur als Produktaustrittstemperatur zu einem Anstieg der Viskosität kommt (Abb. 5). Demnach basiert der Anstieg der Viskosität ebenfalls auf einer Veränderung der Partikeloberfläche.

Um Veränderungen der Kristallstruktur auf der Oberfläche, ausgelöst durch die Produkttemperaturänderung, zu detektieren, ist das Produkt mittels XRD vermessen worden. Abbildung 11 stellt die XRD-Messungen von Suspensionen dar, welche bei unterschiedlicher Produktaustrittstemperatur hergestellt worden sind.

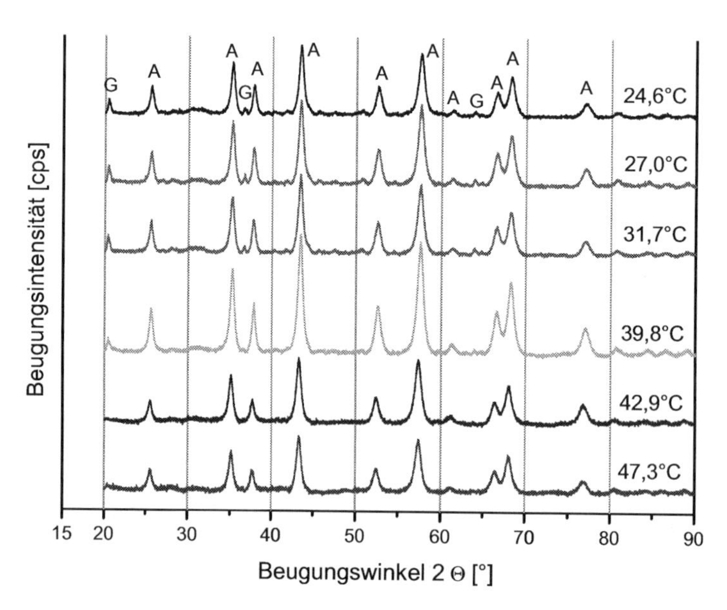

Abb. 11: XRD-Messung zur Bestimmung der Oberflächenbeschaffenheit des Endprodukts (A: α-Aluminiumoxid; G: Gibbsit (Aluminiumhydroxid))

In Abbildung 11 sind mit A die α-Aluminiumoxidstruktur und mit G die Gibbsit-Struktur, ein γ-Aluminiumhydroxid, gekennzeichnet. Wie auch schon Stenger [12] dokumentierte, führt die Zerkleinerung in den Nanometerbereich zu einer mechano-chemischen Änderung der Partikeloberfläche. Auf der α-Aluminiumoxidpartikeloberfläche bildet sich ein Aluminiumhydroxid aus. Mittels der XRD-Messung konnte dieses Aluminiumhydroxid dem Gibbsit, ein γ-Aluminiumhydroxid [18, 19], zugeordnet werden. Aus der Abbildung 11 ist ersichtlich, dass die kristalline Gibbsit-Phase mit zunehmender Produktaustrittstemperatur sich reduziert. Ab einer Produktaustrittstemperatur von $T_{P,out}$ = 42,9 °C ist die kristalline Gibbsit-Phase nicht mehr erkennbar. Dem-

nach kommt es zu einer Oberflächenveränderung der Partikel. Dies lässt auf einen Zusammenhang zwischen der Oberflächenstruktur und dem Viskositätsverlauf schließen.
Die Abnahme der kristallinen Gibbsit-Phase (Abb. 11) mit steigender Produktaustrittstemperatur könnte auf einer zunehmenden Amorphisierung der Partikeloberfläche beruhen. Eine Amorphisierung der Partikeloberflächen würde deren Löslichkeit [14, 15] verstärken und die unregelmäßige Anordnung der Moleküle der amorphen Oberfläche hätte einen direkten Einfluss auf die Stabilität und könnte sich beispielsweise in Form eines Anstieges der Viskosität zeigen.

4 Zusammenfassung

α-Aluminiumoxid ist bei unterschiedlichen Temperaturen in einer Rührwerkskugelmühle in den Nanometerbereich unter gleichen Prozessbedingungen nasszerkleinert worden. Im Rahmen der hier aufgeführten Ergebnisse konnten folgende Schlussfolgerungen für die Nanozerkleinerung des Systems „α-Aluminiumoxid in Wasser“ gezogen werden:

1. Es konnte ein Zusammenhang zwischen der Produktaustrittstemperatur und dem Zerkleinerungsfortschritt auf der einen und der Suspensionsstruktur auf der anderen Seite, sowie der Veränderung der Grenzflächenstruktur nachgewiesen werden.
2. Die Erhöhung der Produktaustrittstemperatur hat direkten Einfluss auf das Viskositätsverhalten der Nanosuspension, welche bei der Erhöhung zunächst ansteigt, ein Maximum durchläuft und anschließend wieder in den newtonischen Bereich abfällt. Die erhöhte Viskosität begünstigt den Zerkleinerungsfortschritt.
3. Es konnte gezeigt werden, dass der Gibbsit-Anteil auf der Partikeloberfläche abhängig ist von der Produktaustrittstemperatur. Es scheint ein Zusammenhang zwischen der Oberflächenstruktur und dem Viskositätsverlauf zu geben.

In zukünftigen Versuchen soll geklärt werden, ob der Gibbsit-Anteil auf der Oberfläche verschwindet oder ob er amorphisiert wird, was auf die Stabilität der Suspension direkt beeinflusst. Zusätzlich soll das Medium Wasser mit dem Medium Ethanol ersetzt werden. Ethanol neigt nicht in dem hohen Grad wie Wasser zu einer Änderung der Oberflächenstruktur. Da die Oberflächenstruktur in direktem Zusammenhang mit dem Viskositätsverlauf in Wasser steht, ist für ein Ethanol basiertes System zu erwarten, dass sich solch ein Viskositätsverlauf nicht bzw. maximal reversible ausbildet.

5 Literatur

[1] A. Kwade, „A Stressing Model for the Description and Optimization of Grinding Processes", *Chemical Engineering Technology,* vol. 26-2, pp. 199-205, 2003

[2] S. Breitung-Faes und A. Kwade, „Nano particle production in high-power-density mills", *Chemical Engineering Research and Design,* vol. 86-4, pp. 390-394, 2008a

[3] C. Knieke, C. Steinborn, S. Romeis, W. Peukert, S. Breitung-Faes und A. Kwade, „Nanoparticle Production with Stirred-Media Mills: Opportunities and Limits", *Chemical Engineering & Technology,* vol. 33-9, pp. 1401-1411, 2010

[4] S. Breitung-Faes und A. Kwade, „Produktgestaltung bei der Nanozerkleinerung durch Einsatz kleinster Mahlkörper", *Chemie Ingenieur Technik,* vol. 81-6, pp. 767-774, 2009a

[5] R. H. Müller, *Zetapotential und Partikelladung in der Laborpraxis,* Stuttgart: Wissenschaftliche Verlagsgesellschaft mbH, 1996.

[6] V. M. Schmidt, *Elektrochemische Verfahrenstechnik - Grundlagen, Reaktionstechnik, Prozessoptimierung,* Weinheim: Wiley-VCM Verlag GmbH & HGaA, 2003.

[7] M. He und E. Forssberg, „Influence of slurry rheology on stirred media milling of quartzite", *International Journal of Mineral Processing,* vol. 84-1-4, pp. 240-251, 2007

[8] M. He, Y. Wang und E. Forssberg, „Slurry rheology in wet ultrafine grinding of industrial minerals: a review", *Powder Technology,* vol. 147-1-3, pp. 94-112, 2004

[9] M. He, Y. Wang und E. Forssberg, „Parameter effects on wet ultrafine grinding of limestone through slurry rheology in a stirred media mill", *Powder Technology,* vol. 161-1, pp. 10-21, 2006

[10] C. Schilde, C. Arlt und A. Kwade, „Einfluss des Dispergierprozesses bei der Herstellung nanopartikelverstärkter Verbundwerkstoffe", *Chemie Ingenieur Technik,* vol. 81-6, pp. 775-783, 2009a

[11] B. Frisch, „Die Hydratation von α–Aluminiumoxid", *Berichte der Deutschen Keramischen Gesellschaft,* vol. 42, pp. 149-160, 1965

[12] F. Stenger, M. Götzinger, P. Jakob und W. Peukert, „Mechano-Chemical Changes of Nano Sized α-Al2O3 During Wet Dispersion in Stirred Ball Mills", *Particle & Particle Systems Characterization,* vol. 21-1, pp. 31-38, 2004

[13] G. V. Franks und Y. Gan, „Charging Behavior at the Alumina–Water Interface and Implications for Ceramic Processing", *Journal of the American Ceramic Society,* vol. 90-11, pp. 3373-3388, 2007

[14] V. V. Boldyrev, „Mechanochemistry and mechanical activation of solids", *Russian Chemical Reviews* vol. 75-3, pp. 177-189, 2006

[15] T. Shiono, S. Okumura, H. Shiomi, T. Nishida, M. Kitamura und M. Kamitani, „Preparation of Inorganic Consolidated Body Using Aluminium Hydroxide Mechanically Activated by Dry Milling“, *Journal of Materials Synthesis and Processing,* vol. 8-5, pp. 351-357, 2000

[16] J. A. Lewis, „Colloidal Processing of Ceramics“, *Journal of the American Ceramic Society,* vol. 83-10, pp. 2341-2359, 2000

[17] T. G. Mezger, *Das rhoelogie Handbuch: Für Anwender von Rotations- und Oszillations-Rheometern,* Hannover: vincentz Network, 2006.

[18] H. Salmang und H. Scholze, *Keramik,* Berlin, Heidelberg, New York: Springer, 2007.

[19] T. Tsuchida und N. Ichikawa, „Mechanochemical phenomena of gibbsite, bayerite and boehmite by grinding“, *Reactivity of Solids,* vol. 7-3, pp. 207-217, 1989

EINFLUSS DER BEANSPRUCHUNGSART UND -INTENSITÄT AUF DAS PARTIKELFORM-DESIGN

R. Habermann

HOSOKAWA Alpine Aktiengesellschaft, Peter-Dörfler-Str. 13-25, D-86199 Augsburg, e-mail: r.habermann@alpine.hosokawa.com

1 Einleitung

Die Mechanische Verfahrenstechnik bedient sich nur weniger quantitativer Analysemethoden zur Charakterisierung der in den Grundoperationen generierten Produkteigenschaften. Häufig ist der Analyseaufwand zu groß oder es existieren schlichtweg keine geeigneten Verfahren zur eindeutigen Beschreibung dieser Eigenschaften. Die vier Grundoperationen der Mechanischen Verfahrenstechnik, Zerkleinern, Trennen, Mischen und Agglomerieren, verwenden in der Regel die Partikelgrößen-Verteilung als wesentliches Gütemaß zur Beurteilung des Prozesses. Dabei werden Verteilungskennwerte wie x_{10}, x_{50} oder x_{97} verwendet, um die Prozessgüte zu evaluieren. Andernfalls werden meist qualitative Beurteilungsmethoden eingesetzt. Hierzu zählt der oft dem subjektiven Empfinden unterworfene optische Eindruck eines Produktmusters.

Zunehmende Beachtung findet in jüngster Zeit die Partikelform. Seitdem geeignete, etablierte Partikelform-Messmethoden existieren und auch Software für schnelle, präzise Partikelform-Analysen verfügbar ist, erfordern immer mehr Anwendungen spezifizierte Partikelformen. Durch Korrelation der Partikelform mit den daraus folgenden Produkteigenschaften lassen sich die erforderlichen Partikelformen eng eingrenzen. Infolgedessen verlangt das Partikelform-Design nach neuen Apparaten und Verfahren.

Bis vor wenigen Jahren war die Gestaltung der Partikelform auf Agglomerationsprozesse beschränkt. Neuerdings konzentriert sich das Interesse auf Feststoffmisch-, Zerkleinerungs- und Trennprozesse, um maßgeschneiderte Lösungen zum Partikelform-Design bereitzustellen. Feststoffmischen in den Regimen des Schub-, Schleuder- oder Ringschichtmischens in Kombination mit thermischer Energiezufuhr ermöglicht bei Kunstoffen oder Kunststoffkompositen, die eine Glasübergangs- oder Erweichungstemperatur aufweisen, die Rundung infolge von Abrollprozessen an der inneren Behälteroberfläche. Bei der Zerkleinerung gilt es, durch moderaten Leistungseintrag in die Einzelpartikel Kantenbruchvorgänge zu initiieren, die eine Formänderung bewirken, ohne die totale Partikelzerstörung herbeizuführen. Die Trennprozesse haben dagegen die Aufgabe, eng vorklassierte Partikelgrößenfraktionen nach der Partikelform zu sortieren.

2 Grundlagen des Partikelform-Designs

Für das Partikelform-Design stehen aus Sicht der Mechanischen Verfahrenstechnik unterschiedliche Routen zur Verfügung, um die Partikelform zu gestalten. Einerseits kann durch oberflächliche Materialabtragung die Partikelform verändert werden, wobei zugleich die Partikelgröße mehr oder minder stark reduziert wird. Andererseits besteht auch die Möglichkeit zur Formänderung, durch Zufuhr von Wärme die Glasübergangs- oder Erweichungstemperatur eines teilkristallinen Kunststoffs oder Kunststoffkomposites zu erreichen oder leicht zu überschreiten. Gleichzeitig muss die erweichte Partikel an einer Behälterwandung abgerollt werden, um die Partikel zu runden. Durch diesen Prozess wird in der Regel zumindest die „potato shape" erreicht. Beide prinzipiell möglichen Vorgehensweisen zeigen anschaulich, dass neben der Beanspruchungsart- und -intensität der Grundoperationen der Mechanischen Verfahrenstechnik auch die Materialeigenschaften des jeweiligen Partikels eine wesentliche Rolle spielen.
Eine Alternative stellt die feine Aufmahlung und anschließende Agglomeration unter Einsatz eines Binders dar. Da jedoch die Applikation des gerundeten Partikels unter Umständen den Bindereinsatz verbietet, wird diese Route in den nachfolgenden Exkurs nicht weiter betrachtet.

2.1 Verfahrenstechnische Grundlagen

Geeignete Ansätze für das Partikelform-Design liefern die Grundlagen der Zerkleinerung. Hierbei wird zunächst davon ausgegangen, dass die vollständige Partikelzerstörung das Prozessziel darstellt. Die dazu erforderlichen externen Kräfte werden der Einzelpartikel über Kontaktstellen durch eine oder mehrere Festkörperoberflächen (benachbarte Partikel höherer kinetischer Energie oder Zerkleinerungswerkzeuge) zugeführt.
Rumpf [1] unterscheidet vier Beanspruchungsmechanismen nach den jeweiligen Kontaktmethoden, durch die Kontaktkraft und Energie auf die Einzelpartikel übertragen werden. Eine Zusammenstellung der Beanspruchungsmechanismen ist Tabelle 1 zu entnehmen. Die Beanspruchungsart beschreibt im Folgenden die Einwirkung der Zerkleinerungsmaschine auf Partikel oder Partikelkollektive, nicht aber den Spannungszustand in der Partikel. Ob eine Beanspruchungsart sich positiv oder negativ auf das Ziel des Zerkleinerungsprozesses auswirkt, hängt von den Materialeigenschaften der Partikel wie z.B. Verformungs- und Bruchverhalten sowie der Partikelgröße und -form ab.
In Zerkleinerungsmaschinen dominieren ausschließlich die Beanspruchungsmechanismen I und II. Daher besitzen Beanspruchungsmechanismus III und IV generell keine Relevanz für die technische Zerkleinerung und sind nur in Sonderfällen (z.B. Dispergierung in Injektoren) anzutreffen.

Tabelle 1: Beanspruchungsmechanismen nach Rumpf [1].

Beanspruchungsmechanismus	Beanspruchungsart	Charakteristik
I: Beanspruchung zwischen zwei Festkörperoberflächen	a) Druck	Formzwang, niedrige Beanspruchungsgeschwindigkeit (v = 0,1 - 5 m/s)
	b) Schub/Scherung	Normal-, Scher- und Schubkräfte sowie Schergeschwindigkeitsgradienten, auch Schneid- und Biegebeanspruchung
	c) Schlag	Schnelle Druckbeanspruchung
II: Beanspruchung an einer Festkörperoberfläche	Prall	Beanspruchungsintensität direkt mit Beanspruchungsgeschwindigkeit v über kinetische Energie gekoppelt, kein Formzwang!
III: Beanspruchung ohne Festkörperfläche	durch umgebendes Medium	Kraftwirkung im Turbulenzfeld Energieeinleitung in hochgespannten Gasen (Dispergierung)
IV: Beanspruchung durch nicht-mechanische Energieeinleitung	thermisch	Wärmezu- oder abfuhr, Explosion, Druck- und Stoßwelle

Das Ausmaß der Bruchphänomene an den Partikeln aufgrund unterschiedlicher Beanspruchungsintensitäten führt zu der in Tabelle 2 zusammengestellten Einteilung der Zerkleinerungsergebnisse. Dabei nimmt die Beanspruchungsintensität vom Zertrümmern zur Abrasion ab.

Das Zertrümmern ist dadurch gekennzeichnet, dass die Bruchflächen sich über die gesamte Einzelpartikel erstrecken, wodurch es zur Partikelzerstörung (Elementarprozess der Zerkleinerung) kommt. Es entstehen Bruchstücke, deren Einzelmassen deutlich geringer sind als die der Ausgangspartikel. Beim Abbröckeln werden nur an Ecken und Kanten der Partikel Bruchflächen gebildet. Daher liegt anschließend eine Partikel in der Größenordnung der Ausgangspartikel vor. Die übrigen, als Folge der Kantenbruchvorgänge erzeugten Partikel sind erheblich feiner. Die zugeführte Zerkleinerungsenergie ist erheblich geringer als beim Zertrümmern. Bei Abrasion laufen die Bruchvorgänge nur in Teilbereichen wie Rauhigkeitserhebungen an der Partikeloberfläche ab. Dabei wird die Partikeloberfläche modifiziert, meistens geglättet. Die Abrasion ist typisch für reibende Beanspruchung der Partikeln. Am Ende des Prozesses hat sich die Partikelgröße im Vergleich zur Ausgangspartikel nur unwesentlich geändert und es wurde Abrieb erzeugt. Dieser Abrieb besteht häufig aus feinsten Partikeln, die wiederum als Haftkorn an der „gerundeten“ Partikel anhaften können.

Tabelle 2: Einteilung der Zerkleinerungsereignisse hinsichtlich des Ausmaßes der Bruchphänomene an der Einzelpartikel aufgrund unterschiedlicher Beanspruchungsintensitäten nach Tomas [2].

Zerkleinerungsereignis	Bruchverlauf	Bruchstücke
Zertrümmern	Bruchflächen erstrecken sich über gesamtes Partikelvolumen	Masse der Bruchstücke deutlich kleiner als Masse der Ausgangspartikel
Abbröckeln	Bruchflächen umfassen nur Ecken und Kanten	Ein Bruchstück in Größenordnung der Ausgangspartikel, Rest erheblich feiner
Abrasion	Brüche nur in Teilbereichen der Partikeloberfläche wie Rauhigkeitserhebungen, symptomatisch für reibende Beanspruchung	Erzeugung von Abrieb (kleinste Partikeln), eine Partikel nahezu unveränderter Größe

Die Nutzung der Zerkleinerungsereignisse Abbröckeln und Abrasion zum Partikelform-Design setzen einen moderaten Energieeintrag in die Partikel voraus. An Kanten und Ecken unregelmäßig geformter Partikeln sowie Erhebung der Partikeloberfläche sind dabei Bruchvorgänge auszulösen, ohne dass die Partikel selbst komplett zerstört wird. Durch wiederholte Beanspruchung wird so die Partikelform vergleichmäßigt bzw. die Partikeloberfläche modifiziert.

In Hochintensivmischern können gleichfalls die beschriebenen Beanspruchungsmechanismen vorliegen, weshalb auch diese prinzipiell zum Partikelform-Design durch Abbröckeln und Abrasion geeignet sind [3].

Als ebenso geeignetes Verfahren für das Partikelform-Design kommt eine Kombination aus thermischem Aufheizen des umzuformenden Schüttguts an einer wärmeübertragenden Oberfläche und gleichzeitigem Abrollen an derselben Oberfläche in Frage.

Grundvoraussetzung hierbei ist, dass es sich bei dem Material um einen teilkristallinen Kunststoff oder ein teilkristallines Kunststoffkomposit handelt. Die erforderliche Wärme kann entweder über die Behälterwandung bei doppelwandigen Feststoffmischsystemen extern zugeheizt oder durch mechanischen Leistungseintrag der Mischwerkzeuge in den Hochintensivmischern generiert werden. Um mögliches Verklumpen zu vermeiden, wird häufig Silica als Trennmittel hinzugefügt.

Für die erste Verfahrensvariante können sowohl horizontale wie auch vertikale, diskontinuierliche Feststoffmischsysteme in Betracht gezogen werden. Dabei sind enge Spalte zwischen Behälterwandung und Mischwerkzeugen zu verwenden, um die zu rundenden Partikel entlang der Behälteroberfläche definiert zu führen. Die Spaltweite sollte zwischen $s = 3\text{-}5$ mm liegen. Hinsichtlich der Schüttgutbewegung während des Rundungsprozesses sind unterschiedliche Werkzeug-Froude-Zahlen Fr_W für horizontale und vertikale Feststoffmischer erforderlich. Der Grund dafür ist im verschiedenartigen Bewegungsverhalten des Schüttguts in Abhängigkeit von der Mischwerkzeug-Anordnung und Behältergeometrie zu sehen. Der Füllgrad φ beträgt $40\% \leq \varphi \leq 70\%$ und muss experimentell angepasst werden.

Bei horizontalen Mischsystemen sind die Bewegungsregime des Schub- und Schleudermischens, $1 \leq Fr_W \leq 7$, anzustreben. Beide Regime gewährleisten ausreichenden Kontakt zur inneren Behälteroberfläche für den Wärmeübergang einerseits und den Rundungsprozess andererseits. Dabei kann beim Schubmischen die Gefahr bestehen, dass die Kontaktzeiten der Partikel zu groß werden, so dass diese entweder thermisch geschädigt werden oder mit benachbarten Partikeln zu größeren Aggregaten verklumpen.

In vertikalen Mischsystemen sind hingegen höhere Werkzeug-Froude-Zahlen zu wählen, damit sich die für den Materialumlauf notwendige Mischtrombe ausbildet. Diese muss eine ausreichende Kontaktzeit zum Aufheizen und Temperieren der zu rundenden Partikel mit der Wärmeübergangsfläche gewährleisten und simultan den Batch bestmöglich homogen vermischen, um einen gleichmäßigen Rundungsprozess umzusetzen. In Abhängigkeit vom Füllgrad und von den Materialeigenschaften (Schüttdichte, Partikelgröße) können die Werkzeug-Froude-Zahlen zwischen etwa $30 \leq Fr_W \leq 60$ liegen.

Das Aufheizen und Temperieren des Schuttguts hat sehr sensitiv zu erfolgen. Häufig wird dazu ein Temperiergerät verwendet, wobei man erfahrungsgemäß als Zieltemperatur die Glasübergangs- oder Erweichungstemperatur um ca. 5°C höher ansetzt. Dieses Vorgehen basiert auf der Erkenntnis, dass der doppelwandig ausgeführte Prozessbehälter verzögert anspricht infolge der Trägheit der mit aufzuheizenden Behältermasse. Zudem sind Thermoelemente zur Kontrolle der Prozesstemperatur meistens ungünstig installiert, so dass man die optimale Prozesstemperatur weitestgehend experimentell ermitteln muss.

Die zweite Variante besteht darin, dass man den erhöhten Leistungseintrag in das Schüttgut durch die Mischwerkzeuge nutzt, um dieses langsam aufzuheizen. In horizontalen Mischsystemen liegt dann der Bewegungszustand des Ringschichtmischens vor. Hierbei wird die übertragene Leistung infolge Friktion innerhalb des Schüttgutrings bzw. zwischen Schüttgut und Behälterwandung dissipiert. Dadurch erwärmt sich der rotierende Schüttgutring innerhalb von etwa 5

bis 7 Minuten auf 60 °C bis 70 °C. Auch in diesem Fall besteht die Gefahr, dass das Prozessgut thermisch geschädigt wird oder sogar vollständig aufschmilzt. Daher sind umfangreiche experimentelle Untersuchungen zur Bestimmung der optimalen Maschinen- und Betriebsgrößen notwendig.
Allen thermischen Behandlungsmethoden ist die Bildung von größeren Aggregaten durch Verschmelzen kleinerer Partikel überlagert. Daher sollte das Prozessgut anschließend zur Sicherung der Prozessqualität schutzgesiebt werden.

2.2 Materialverhalten

Ob ein Bruchvorgang ausgelöst wird, dieser zum Erliegen kommt oder ein Brucheereignis erst gar nicht auftritt, hängt neben den von außen auf eine Partikel übertragenen Kontaktkräften auch vom Materialverhalten entscheidend ab. Die einwirkenden Kräfte deformieren die Partikel und erzeugen in ihr einen Spannungszustand, der die Bindekräfte des Materials übersteigen kann. Anzahl und Richtung der ausgelösten Brüche bestimmen die Bruchstückgröße und -form sowie die neu geschaffene Oberfläche. Somit kommt dem Verformungsverhalten des Materials eine tragende Rolle zu.
Mechanische Stoffgesetze koppeln Verzerrungen der Partikel mit den wirkenden Spannungen. Dabei werden die Grenzfälle des elastischen, plastischen und viskosen Materialverhaltens unterschieden. Das plastische und viskose Materialverhalten wird auch unter dem Oberbegriff inelastisch zusammengefasst. Reale Stoffe lassen sich in der Regel nicht einem Grenzfall eindeutig zuordnen. Vielmehr wird das Stoffverhalten nach dem hauptsächlichen Anteil der drei Grenzfälle charakterisiert [4].
Überwiegend elastisches Materialverhalten hat zur Folge, dass der für die Partikelzerstörung relevante Spannungszustand weder durch die Beanspruchungsgeschwindigkeit noch durch die Temperatur beeinflusst werden kann. Somit bleiben nur Anzahl, Richtung und Größe der Kontaktkräfte als maßgebliche Parameter für die Zerkleinerung. Bei Prallbeanspruchung ist die Beanspruchungsgeschwindigkeit ein Maß für die spezifische Energie und zugleich für die Größenordnung der Kontaktkraft. Elastisch-plastisches Materialverhalten bedingt, dass derartige Partikel mehrfach beansprucht werden müssen, ehe diese brechen (Kaltversprödung bei Metallen). Amorphe Materialien verformen sich plastisch, jedoch nicht so extrem wie kristalline. Viskose Materialien wie Kunststoffe erfordern tiefe Temperaturen und hohe Beanspruchungsgeschwindigkeiten für die Zerkleinerung. Generell sind Partikeln mit viskosem Stoffverhalten mehrfach zu beanspruchen, da zunächst nur Anrisse sich bilden.

Eine detaillierte Darstellung über die Physik von Bruchvorgängen und Mikroprozesse der Zerkleinerung findet man in [5].

3 Apparaturen, Materialien und Analytik

Die Untersuchungen zum Einfluss der Beanspruchungsart und -intensität auf die Partikelform erfolgten an verschiedenartigen Maschinen und Aggregaten. Diese sollen zunächst bezüglich der dominierenden Beanspruchungsart charakterisiert werden. Anschließend werden das verwendete Versuchsmaterial sowie die zur Evaluierung eingesetzte Analytik näher beschrieben.

3.1 Versuchsmaschinen

Zum Partikelform-Design können unterschiedliche Maschinen und Aggregate verwendet werden. Diese können sich in der Einleitung der Kontaktkräfte in die Partikel, der Beanspruchungsart und -intensität unterscheiden.

3.1.1 Vertikaler Feststoffmischer Cyclomix

In der Tonerindustrie sind bereits vertikale Feststoffmischer des Typs Cyclomix, der HOSOKAWA Micron B.V., Doetinchem/Niederlande, zur Rundung von Tonerpartikeln etabliert. Diese werden generell mit einer externen Temperiereinheit gefahren.
Für die Untersuchungen zum Rundungsverhalten stand ein Cyclomix 5 zur Verfügung, der in Abb. 1 dargestellt ist. Abb. 1a zeigt den Cyclomix 5 in der seitlichen Ansicht. Dieser besteht aus konischem Mischbehälter, der nach oben von einem kugelschalenförmigen Deckel und nach unten durch einen Schieber sowie einen zylindrischen Auslaufstutzen begrenzt wird. Deckel und Mischbehälter sind doppelwandig ausgeführt, um das Mischgut zu kühlen oder aufzuheizen. Der Antrieb der vertikalen Mischerwelle erfolgt über Kopf mittels Riementrieb. Als Mischwerkzeuge sind ein aus zwei Blättern bestehender Bodenräumer, vier fast wandgängige, angestellte, leicht in der Höhe versetzte Mischpaddelpaare sowie zwei Mischflügelpaare von unten nach oben angeordnet. In dem Mischbehälterdeckel befindet sich ein Befüllstutzen, ein Entlüftungsventil wie auch eine Düse zum Verdüsen von Flüssigkeiten. In der nebenan stehenden Abb. 1b ist das Funktionsprinzip des Cyclomix zu erkennen. Typisch für derartige konische Vertikal-Feststoffmischer ist die ausgebildete Mischtrombe. Diese entsteht infolge des Impulsaustausches zwischen Mischwerkzeugen und Mischgut. Letzteres wird auf die Umfangsgeschwindigkeit der Mischwerkzeuge beschleunigt und zentrifugiert. Aus Kontinuitätsgründen bewegt sich das Mischgut auf spiralförmigen Bahnkurven entlang der Behälterwandung aufwärts. Am Deckel werden diese Mischgutsträhnen umgelenkt und bewegen sich zentral abwärts in Richtung Behälterboden.

a) Cyclomix 5, HOSOKAWA Micron B.V., Doetinchem/Niederlande

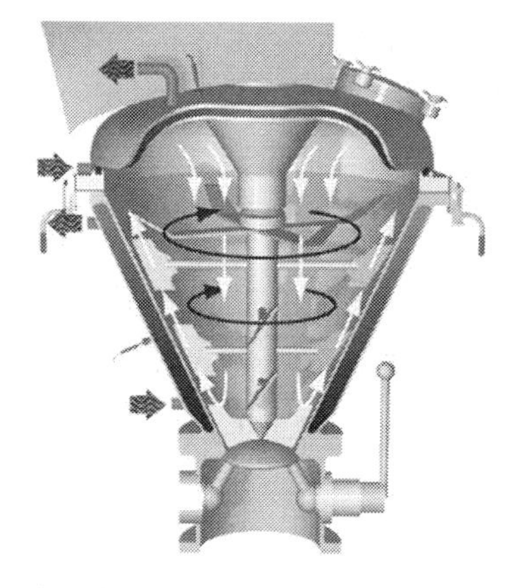

b) Schüttgutbewegung im Cyclomix 5

Abb. 1: Intensivmischer Cyclomix und Prinzipskizze des internem Materialumlaufs.

Das Mischgut wird im Wesentlichen auf Prall und Scherung infolge der engen Spaltmaße und Reibung beansprucht. Die Schüttgutreibung reicht jedoch nicht aus, um das Schüttgut schnell aufzuheizen. Daher ist ein externes Temperieraggregat erforderlich.

3.1.2 Horizontaler Hochintensivmischer NOBILTA

Vergleichende Untersuchungen zum vertikalen Cyclomix 5 wurden auf dem horizontalen Hochintensivmischer NOBILTA NOB-130 durchgeführt. Der Charme dieses Vergleichs liegt darin begründet, dass sich das Schüttgut infolge innerer und äußerer Friktion im System NOBILTA sehr schnell aufheizt. Dadurch ist kein zusätzliches externes Temperiergerät erforderlich.

Abb. 2a zeigt die Seitenansicht des horizontalen Hochintensivmischers NOBILTA NOB-130. An der zentrisch angeordneten horizontalen Mischerwelle sind sechs doppelflüglige Mischpaddel angebracht. Der Spalt zwischen Behälterwandung und Schlagkreis der Mischpaddel kann in drei Stufen von $s_{min.} = 1{,}5$ mm über $s = 3{,}0$ mm auf $s_{max.} = 5{,}0$ mm variiert werden. Zur Verhinderung thermischer Überbeanspruchung des Prozessguts ist der Behälter doppelwandig ausgeführt, um ggf. überschüssige Wärme durch Kühlung schnell aus dem Prozessgut abzuleiten. Die Befüllung bzw. Entleerung erfolgt über Einfüll- bzw. Entleerstutzen.

In Abb. 2b ist das Funktionsprinzip der Hochintensivmischers NOB-130 veranschaulicht. Generell werden Hochintensivmischsysteme wie die NOBILTA NOB-130 im Regime des Ringschichtmischens betrieben. Hierbei ist das Prozessgut vollständig zentrifugiert und bildet einen geschlossenen rotierenden Gutring. Durch Impulsaustausch zwischen den Mischpaddel und den Partikeln des Prozessguts werden diese auf Prall beansprucht. Die Intensität der Prallbeanspruchung liegt jedoch deutlich unterhalb der von Prallmühlen [6]. Zudem liegt in dem engen Spalt zwischen Mischpaddel und Behälterwandung ein ausgeprägter Schergeschwindigkeitsgradient vor, woraus eine hervorragende Dispergierwirkung resultiert. Letztlich wird das Prozessgut noch einer Reibbeanspruchung durch Partikel-Partikel- bzw. Partikel-Wand-Interaktionen ausgesetzt. Ablösungen der Strömung hinter den Mischpaddeln bewirken eine intensive Vermischung des Prozessguts, wodurch eine gleichmäßige Gutbeanspruchung sichergestellt ist.

a) Seitenansicht NOBILTA NOB-130, HOSOKAWA Alpine AG, Augsburg

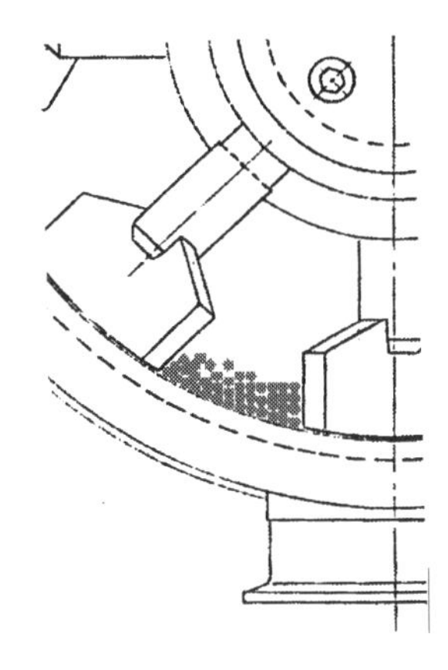

b) NOBILTA NOB-130, Frontansicht bei geöffneter Stirnseitenabdeckung

Abb. 2: Hochintensivmischer NOBILTA NOB-130 und sein Funktionsprinzip.

In Tabelle 3 sind die technischen Daten der beiden verwendeten Feststoff-Mischsysteme einander gegenüber gestellt. Aus dieser Aufstellung geht deutlich hervor, dass die NOBILTA NOB-130 nominell eine um etwa eine Zehnerpotenz höhere Leistungsdichte aufweist als der Cyclomix 5. Außerdem ist die maximale Umfangsgeschwindigkeit der NOBILTA NOB-130 mit u_{max} = 40 m/s höher als beim Cyclomix 5 mit u_{max} = 30 m/s. Damit verknüpft ist auch ein höherer Schergradient.

Tabelle 3: Technische Daten des Cyclomix 5, HOSOKAWA Micron B.V., Doetinchem/Niederlande, und der NOBILTA NOB-130, HOSOKAWA Alpine Aktiengesellschaft, Augsburg/Deutschland.

Maschinendaten	**Cyclomix 5**	**NOBILTA NOB-130**
Motorleistung P / kW	5,5	5,5
Drehfrequenz n / min^{-1}	2.200	6.000
Behältervolumen V / l	5	0,5

3.1.3 Sichter-Prallmühle Faculty

Bei der Faculty der HOSOKAWA Micron Corp., Osaka/Japan, handelt es sich streng genommen um eine Sichter-Prallmühle mit höherem Mahlkammergehäuse. Abb. 3 zeigt eine Faculty F-600 in der Seitenansicht sowie eine Darstellung des Funktionsprinzips.

a) Seitenansicht Faculty F-600, HOSOKAWA Micron Corp., Osaka/Japan.

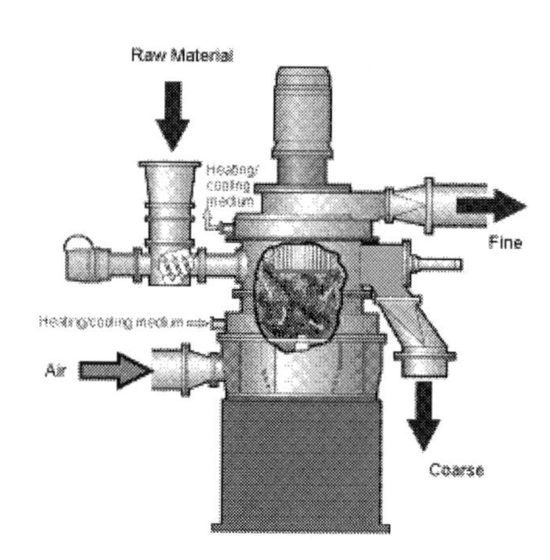

b) Funktionsprinzip der Faculty

Abb. 3: Faculty F-600 und Funktionsskizze.

Anhand der in Abb. 3a dargestellten Faculty F-600 ist der Aufbau gut zu erkennen. Die Faculty wird generell batchweise gefahren. Die Zudosierung des Prozessguts erfolgt über einen seitlich am oberen Ringsegment angesetzten Trichter mit Eintragsdosierschnecke. Nach Ablauf der Prozesszeit wird das fluidisierte Fertiggut durch einen um 90° zum Eintragsdosierer versetzten pneumatischen Austragschieber ausgetragen. Die Mahlscheibe (Abb. 3b) befindet sich in Höhe des oberen Flansches des unteren Ringsegmentes und wird über einen Riementrieb von einem frequenzgeregeltem Elektromotor angetrieben. Oberhalb der Mahlscheibe ist im Mittelschuss eine periphere Mahlbahn angeordnet, die extern beheizbar ist. Im oberen Ringsegment ist am Gehäusedeckel zentrisch ein separat betriebener Feinstsichter integriert. Feine Partikel passieren das Sichtrad in radialer Richtung und verlassen über den Feingutaustritt rechts oben die Faculty. Grobgut wird dagegen vom Sichtrad abgewiesen, sedimentiert in Richtung Mahlscheibe und wird dort erneut auf Prall beansprucht. In Tabelle 4 sind die technischen Daten der in den Rundungsversuchen eingesetzten Faculty F-400 zusammengestellt.

Tabelle 4: Technische Daten der Faculty F-400, HOSOKAWA Micron, Osaka/Japan.

Maschinendaten	**Faculty F-400**
Motorleistung Mahlscheibe P_{MS} / kW	30
Drehfrequenz Mahlscheibe n_{MS} / min^{-1}	6.000
Motorleistung Sichter P_{Si} / kW	7,5
Drehfrequenz Sichter n_{Si} / min^{-1}	7.300

Im Vergleich zu einer konventionellen Sichter-Prallmühle vom Typ Zirkoplex (ZPS) unterscheidet sich die Faculty F-400 nur um einen stärkeren Mahlscheibenantrieb. Dagegen entspricht der

Feinstsichter der Faculty hinsichtlich der Antriebsleistung einem konventionellen Turboplex ATP-Feinstsichter. Der stärkere Mahlscheibenantrieb ist erforderlich, um die im Vergleich zu einem gewöhnlichen Mahlprozess bei der Rundung höhere Beaufschlagung mit Prozessgut im Mahlraum zu kompensieren.

3.2 Versuchsmaterialien

Die Auswahl der Versuchsmaterialien erfolgte aufgrund aktueller Markterfordernisse.
Seit etwa zwei Jahren drängen zunehmend Hersteller so genannter „chemically produced toner" mit ihren Produkten auf den Markt. Als überzeugende Argumente werden kleinere Partikelgrößen, engere Partikelgrößen-Verteilungen und anwendungsoptimierte Partikelform angeführt. Die Anwendung hat ergeben, dass die auch als „potato shaped" charakterisierte Partikelform insbesondere für die Tonerpartikel-Aufladung beim Printprozess optimale Ergebnisse liefert. Dadurch verdrängen diese zusehends die etablierten konventionell produzierten Toner.

Tabelle 5: Stoffdaten der Versuchsmaterialien Toner und Graphit.

Stoffdaten/-verhalten	**Toner**	**Graphit**
Schüttdichte ρ_B / kg/m³	531	-
Rütteldichte ρ_T / kg/m³	-	600
Messmethode	*Coulter Counter*	*Laserbeugung*
Partikelgröße x_5 / µm	5,9	6,6
Partikelgröße x_{50} / µm	8,3	16,0
Partikelgröße x_{95} / µm	11,7	35,0
Sphärizität ψ	-	0,914
Glasübergangstemperatur T_g / °C	63,1	-
Materialstruktur	teilkristallin	kristallin
Deformation	plastisch/viskos	plastisch

In Bezug auf Graphit zeichnet sich die Tendenz zur runden Partikelform als eine wesentliche Zielgröße ab. Hintergrund ist der Einsatz in Lithiumionen-Batterien als Anodenmaterial. Dabei erscheint die sphärische Partikelform als optimal, da diese eine äußerst geringe spezifische Oberfläche aufweist. Diese bedingt, dass weniger für den Entladevorgang verfügbare Lithiumionen an der Partikeloberfläche in Interkalationsverbindungen gebunden sind. Zurzeit preisen vor allem chinesische Hersteller gerundete Graphite, häufig basierende auf Naturgraphit, mit spezifischen Oberflächen von $S_m \leq 3,5$ m²/g an. Welche tatsächlichen Ausbeuten dem mechanischen Run-

dungsprozess zugrunde liegen, bleibt dabei im Unklaren. Schätzungen gehen jedoch von Ausbeuten kleiner 50 % aus.
In Tabelle 5 sind die Stoff- und Produkteigenschaften des verwendeten Ausgangsmaterials für die Toner- und Graphitrundung zusammengestellt.

3.3 Partikelgrößen- und -formanalytik

Ein wesentliches, rasch verfügbares Kriterium zur qualitativen wie auch quantitativen Beurteilung von Prozessen der Mechanischen Verfahrenstechnik ist die Partikelgrößen-Verteilung. Diese kann mit Hilfe von Partikelgrößen-Analysesystemen ermittelt werden, die auf verschiedenartigen Messmethoden beruhen. Als Messeffekte werden unter anderem die Extinktion elektromagnetsicher Strahlung durch Partikel, die Brechung oder Beugung an der Partikeloberfläche oder die Störung des elektrischen Feldes durch Partikel genutzt.
In Abb. 4 sind zwei Vertreter von Partikelgrößen-Analysesystemen dargestellt. Abb. 4a zeigt den Microtrac MT 3300, der nach dem Streulichtverfahren arbeitet. Eine alternative Möglichkeit, die eine simultane Partikelgrößen und -formanalyse erlaubt. ist Abb. 4b zu entnehmen. Das dort abgebildete Sysmex FPIA-3000 verwendet eine gepulste Lichtquelle und eine CCD-Kamera zur Bestimmung der Partikelgrößen- und -form-Verteilung. Das System kombiniert automatisierte Probennahme und Bildanalyse. Einzelpartikel werden erkannt und hinsichtlich ihrer Eigenschaften Partikelgröße und -form quantifiziert.

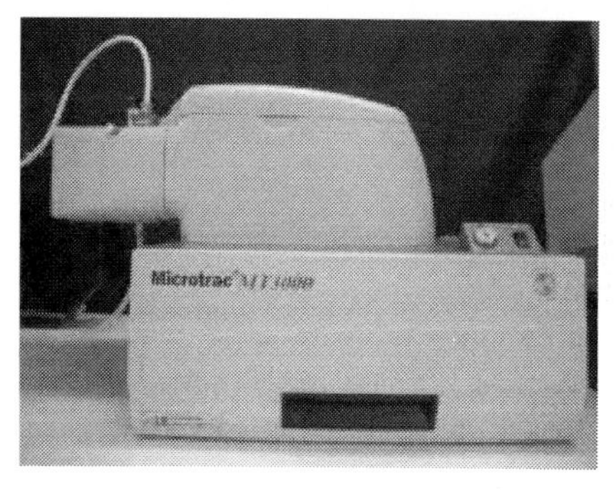

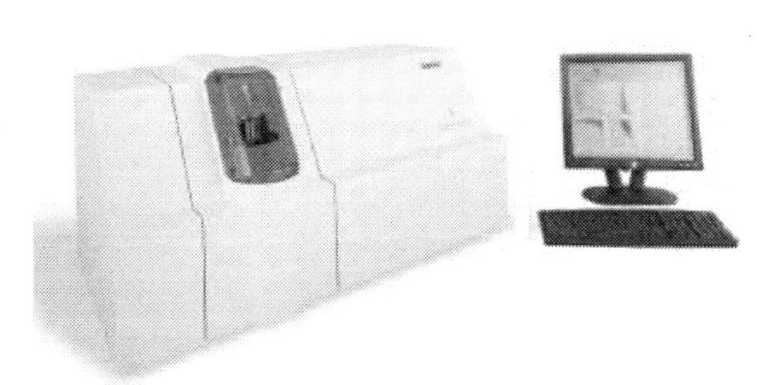

a) Microtrac MT-3300, Microtrac Inc., Montgomeryville, USA

b) Sysmex FPIA-3000, Sysmex Corp., Kobe, Japan

Abb. 4: Eingesetzte Analytik zur Bestimmung der Partikelgrößen- und -form-Verteilung.

Zu den Standardmessverfahren zur Ermittlung der Partikelgrößen-Verteilung in der Tonerindustrie gehört der Multisizer 3 Coulter Counter. Dieser nutzt als Messeffekt die Störung eines elektrischen Feldes zwischen zwei Elektroden infolge der Passage von Partikeln. Hierbei ist die Feldstörung proportional der Partikelgröße. Damit wird jede Partikel erfasst, so dass sowohl Anzahl-Verteilungen als auch Volumen-Verteilungen dargestellt werden können.

4 Ergebnisse

Zur Evaluierung des Einflusses der Beanspruchungsart und -intensität auf die Partikelform wurden neben die zuvor beschriebenen Analysemethoden auch Drucktests mit den gerundeten Tonerpartikeln durchgeführt. Letztendlich zeigt sich erst in der Anwendung, ob das Partikelformdesign den gewünschten Effekt generiert oder nicht.

4.1 Rundung von Tonerpartikeln

Abb. 5 sind die REM-Aufnahmen des Aufgabeguts (Abb. 5b) und von Fertiggütern der Rundungsversuche auf dem Intensivmischer Cyclomix 5 (Abb. 5c) und dem Hochintensivmischer NOBILTA NOB-130 (Abb. 5d) zu entnehmen.

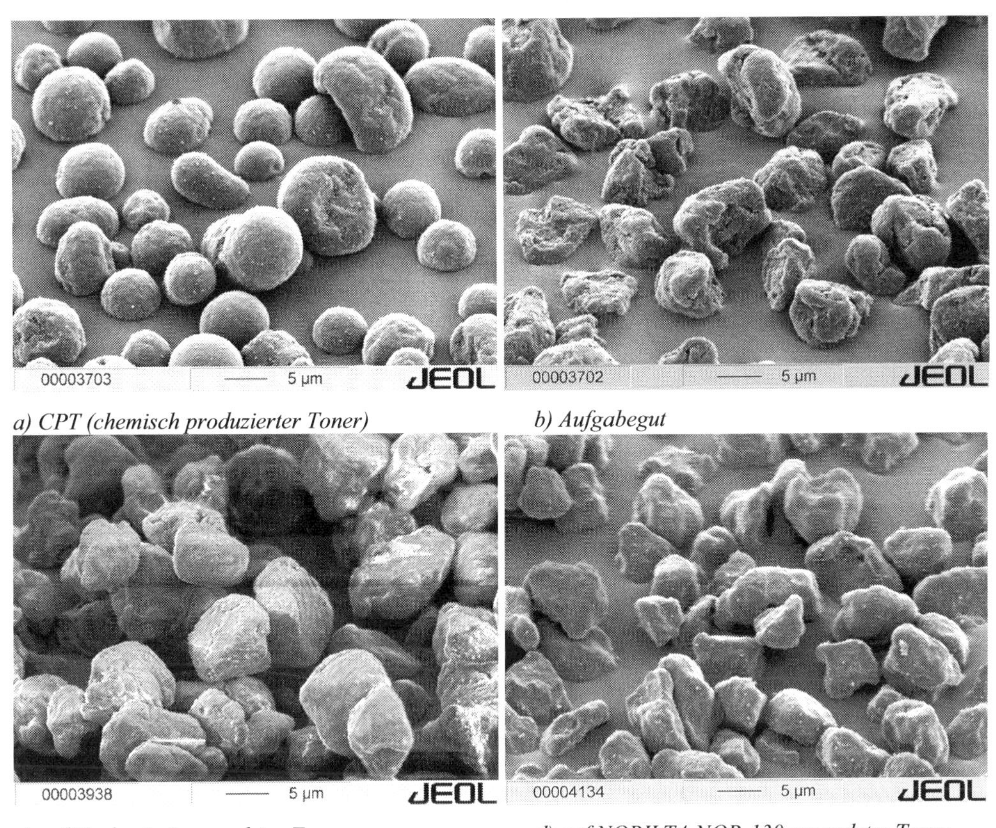

a) CPT (chemisch produzierter Toner) *b) Aufgabegut*

c) auf Cyclomix 5 gerundeter Toner *d) auf NOBILTA NOB-130 gerundeter Toner*

Abb. 5: REM-Aufnahmen des chemisch produzierten Toners, des Aufgabeguts und des gerundeten Toners.

Zum Vergleich zeigt Abb. 5a die REM-Aufnahme eines chemisch produzierten Toners. Dieses bedeutet, dass die einzelnen Tonerpartikel Produkt einer kontrollierten Polymerisation sind. Dieser stellt einen Benchmark im Bereich der Tonerrundung dar und gilt als Ideal. Aus der REM-Aufnahme geht aber auch hervor, dass selbst chemisch produzierte Toner nicht nur die symmetrische Partikelform aufweisen. Entgegen der Erwartung findet man hier auch „potato shaped" Partikel vor. Ebenso ist die Oberfläche nicht-ideal glatt.

In Abb. 5b ist das Aufgabegut der Rundungsversuche beispielhaft dargestellt. Anhand der REM-Aufnahme zu sehr anschaulich zu erkennen, wie unregelmäßig geformt die Tonerpartikel nach der Zerkleinerung auf einer Fließbett-Strahlmühle und anschließender Entstaubung auf einem Tandem-Tonersichter sind. Zudem erscheint die Oberfläche der Tonerpartikeln porös. Dieser Befund ist auf eine unzureichende Entgasung während der Extrusion zurückzuführen.

Abb. 5c veranschaulicht die Partikelformänderung bei Rundung im Cyclomix 5. Generell erscheint die Partikelform deutlich vergleichmäßigter als die des Aufgabeguts und die Poren sind infolge der Erweichung des Polymers fast vollständig geschlossen. Jedoch sind die Partikeln nicht so symmetrisch wie erwartet. Aus der Aufbauagglomeration ist bekannt, dass sowohl in horizontal wie auch in vertikalen Feststoffmischern sehr symmetrische Agglomerate aufgrund der Abrollvorgänge gebildet werden. Daher liegt die Vermutung nahe, dass beim analogen Prozess der Partikelrundung in der Nähe der Glasübergangstemperatur vergleichbare Ergebnisse erreicht werden müssten.

Abb. 5d zeigt die REM-Aufnahme des Prozessguts der thermischen Tonerrundung in der NOB-130. Die Drucktests erfolgten nach den Richtlinien des Canadian General Standards Board, Quebec/Kanada [7].

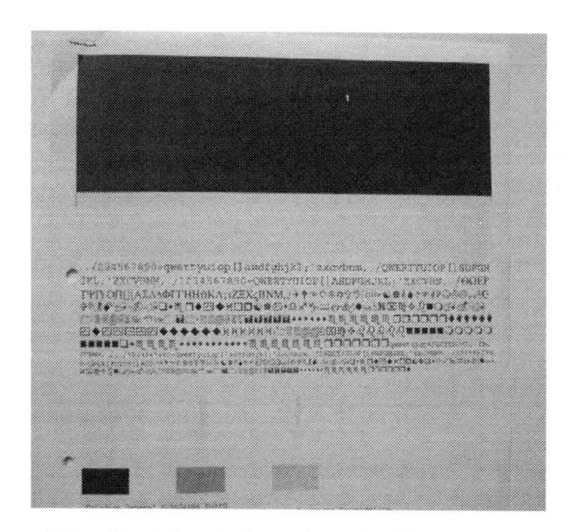

a) Drucktest chemisch produzierter Toner

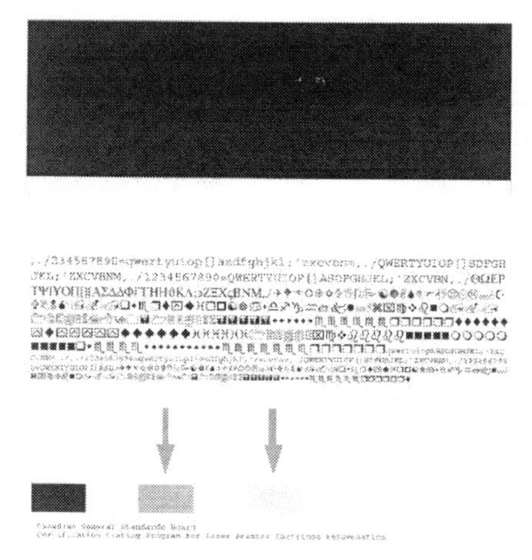

b) Drucktest von auf der NOB-130 mechanisch gerundetem Toner

Abb. 6: REM-Aufnahmen des Aufgabeguts und Fertigguts.

Als Benchmark für die Evaluierung der Rundungsqualität diente ein kommerziell verfügbarer chemisch produzierter Toner vom Typ hp1005 (CPT). Als wesentliche Kriterien für die Druckqualität wurden Schwärzung, Ghosting, Fixierung und Graustufung ermittelt. In Tabelle 6 sind die Ergebnisse der Druckversuche zusammengestellt.

Tabelle 6: Vergleichsdaten der Druckversuche.

Kriterium	**Chemisch produzierter Toner CPT**	**Mechanisch gerundeter Toner**
Schwärzung	1	1,5
Ghosting	2	3
Fixierung	2	2
Graustufung	1	1

Anhand Tabelle 6 von ist zu erkennen, dass der mechanisch gerundete Toner den chemisch produzierten Toner in alle Kriterien außer dem Ghosting ebenbürtig ist. Der Grund für das schlechtere Ghosting ist vermutlich darin zu sehen, dass bei der mechanischen Rundung in der NOBILTA NOB-130 die Tonerpartikel zu stark thermisch beansprucht werden. Dadurch kommt es durch Diffusionsvorgänge zu einer Umverteilung von Wachsen an die Tonerpartikel-Oberfläche. Die erhöhte Wachskonzentration bewirkt, dass sich beim Druckprozess Ghosting hervorgerufen wird. Dieser Befund belegt eindeutig, dass in der konventionellen Tonerindustrie die Tonerentwicklung simultan zum Rundungsprozess ablaufen sollte, um auf Effekte wie das Ghosting durch Komponentenaustausch reagieren zu können.

4.2 Rundung von Graphitpartikeln

Die REM-Aufnahmen der Rundungsversuche auf der Faculty F-400 sind in Abb. 7 einander gegenübergestellt. Abb. 7a zeigt das Aufgabegut natürlichen Graphit. Gut zu erkennen sind die lamellenartigen Graphit-Partikeln. Die Partikeloberfläche umfasst das gesamte Spektrum von glatt bis stark zerklüftet. Teilweise ist Haftkorn an größeren Partikeln zu identifizieren, das höchstwahrscheinlich aus Vorzerkleinerung und Aufmahlung auf die Anwendungsfeinheit stammt. Daher ist zu erwarten, dass der Graphit in dem vorliegenden Zustand schlechte Voraussetzungen für die Verwendung als Anodenmaterial in Lithiumionen-Batterien aufweist.

Aus Abb. 7b geht der Effekt der mechanischen Rundung in der Faculty F-400 eindrucksvoll hervor. Fast alle abgebildeten Partikel weisen zumindest die angestrebte „potato shape“ auf. Die zuvor plättchenförmigen Graphitpartikeln haben sich wie ein Blatt Papier zu falten lassen. Diese Formänderung wird durch das überwiegend plastische Verformungsverhalten des natürlichen Graphits begünstigt. Bei der Umformung entstandene Spalten sind nicht vollständig geschlossen.

Die Oberfläche erscheint sehr glatt. und frei von Haftkorn. Diese wird vermutlich infolge der häufigen Prallbeanspruchung während des Rundungsprozesses abgetragen und als Feingut abgesichtet.

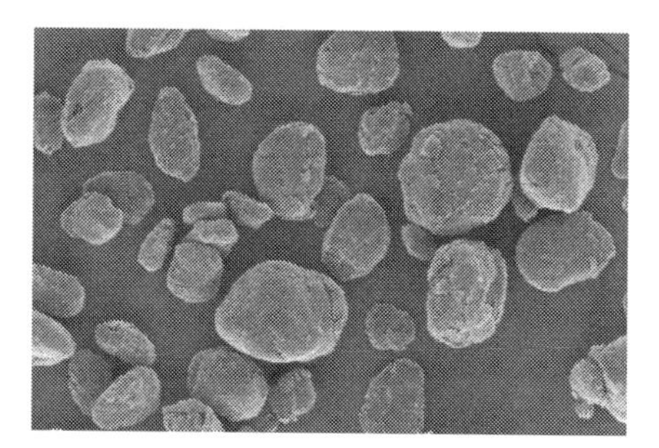

Abb. 7: REM-Aufnahmen des Aufgabeguts(links) und Fertigguts (rechts).

4.3 Vergleich der Rundungsergebnisse

Neben der rein qualitativen Beurteilung des Rundungsergebnisses anhand von REM-Aufnahmen ist auch quantitative an den ermittelten Stoffdaten und -eigenschaften eine Änderung abzulesen. In Tabelle 7 werden relevante Stoffdaten und -eigenschaften miteinander verglichen.

Tabelle 7 veranschaulicht, dass durch die mechanische Rundung bei natürlichem Graphit die Rütteldichte von etwa $\rho_{T,v} = 600$ kg/m³ auf $\rho_{T,n} = 990$ kg/m³ ansteigt. Werte für den Toner konnten leider nicht bestimmt werden. Infolge der sehr ähnlichen Kennwerte der Partikelgrößen-Verteilung, die mit dem Coulter Counter gemessen wurde, kann in guter Näherung davon ausgegangen werden, dass sich die Schütt- und Rütteldichte von Aufgabe- und Fertiggut nur unwesentlich unterscheiden. Demgegenüber ergibt sich für natürlichen Graphit eine deutliche Verschiebung ins Grobe. Einerseits wird feines Haftkorn bei der Rundung entweder in die umgeformte Partikel eingearbeitet oder aufgrund besserer Dispergierung als Feingut abgetrennt. Andererseits bedingt die Partikelformänderung eine Verschiebung ins Feine und es besteht auch die Möglichkeit, dass zwei Graphit-Partikel bei dem Umformprozess zu einer zusammengefügt werden. Die auf Basis der Bildanalyse ermittelten Partikelgrößen-Verteilungskennwerte für natürlichen Graphit weisen aus, dass die Verteilung insgesamt erheblich enger geworden ist durch den Rundungsschritt. Der geringere Feinanteil kann wie zuvor durch Abtrennung mittels Sichtprozess erklärt werden. Bei gröberen Partikeln reduziert sich das Oberkorn durch den Umformprozess. Analog wächst die Sphärizität von $\psi_v = 0{,}91$ auf $\psi_n = 0{,}96$ an. Partikelgrößen-Verteilungskennwerte und die Sphärizität sind nicht für das Aufgabegut der Tonerrundung nicht verfügbar.

Tabelle 7: Stoffdaten der gerundeten Versuchsmaterialien Toner und Graphit.

Stoffdaten/-eigenschaften	Toner (Edukt)	Graphit (Edukt)
Rütteldichte ρ_T / kg/m³	-	990 (600)
Messmethode	*Coulter Counter*	*Laserbeugung*
Partikelgröße x_5 / µm	5,9 (6,0)	5,2 (6,6)
Partikelgröße x_{50} / µm	8,0 (8,3)	10,7 (16,0)
Partikelgröße x_{95} / µm	11,0 (11,7)	19,9 (35,0)
Messmethode	*Bildanalyse*	*Bildanalyse*
Partikelgröße x_{10} / µm	7,3 (5,7)	5,5 (3,3)
Partikelgröße x_{50} / µm	9,6 (7,5)	7,3 (7,4)
Partikelgröße x_{90} / µm	12,3 (13,5)	12,7 (16,6)
Sphärizität ψ	0,96 (0,96)	0,96 (0,91)

5 Diskussion

Die Untersuchungen zum Partikelform-Design unter der Verwendung von Grundoperationen der Mechanischen Verfahrenstechnik haben aufgezeigt, dass damit die Rundung prinzipiell möglich erscheint. Insbesondere die Materialeigenschaften (Verformungsverhalten, Glasübergangstemperatur) spielen eine elementare Rolle, ob die Rundung überhaupt umsetzbar ist und wie diese zu erfolgen hat. Daher sind die Materialeigenschaften bei der Auswahl und Entwicklung des mechanischen Rundungsprozesses zu berücksichtigen.
Durch Kombination von thermischer Behandlung und Abrollvorgängen in vertikalen oder horizontalen Feststoffmischern können Tonerpartikeln gerundet werden. Ebenso kann in Hochintensivmischern die dissipierte zugeführte Leistung zur thermischen Erhitzung infolge von Reibung zur Rundung genutzt werden. Die Anwendbarkeit wird durch Materialtransportprozesse (Diffusion, etc.) in der Partikel begrenzt, wodurch sich die Produkteigenschaften verschlechtern können. Deshalb wird empfohlen, Rundungsprozesse in die Tonerentwicklung zu implementieren.
Die Zerkleinerung bei moderatem Leistungseintrag ist ebenfalls zum Partikelform-Design geeignet. Hierzu ist die in die Einzelpartikel eingeleitete Energie so zu dosieren, dass keine vollständige Partikelzerstörung eintritt. Vielmehr müssen Kantenbruchvorgänge (Abbröckeln, Abrasion) eingeleitet werden, um die Partikel gezielt zu runden. Durch einen integrierten Sichter kann erzeugtes Feingut abgetrennt werden und somit das Fertiggut in einem Apparat generiert werden.

Bevor eine kommerzielle Umsetzung der beschriebenen mechanischen Rundungsverfahren möglich wird, müssen die ersten Ergebnisse durch weitere Untersuchungen vor allem zum Einfluss der Beanspruchungsintensität bestätigt und optimiert werden. Hierbei gewinnt die erzielbare Ausbeute an Fertiggut besondere Bedeutung, da bereits verfügbare Aufbereitungsmethoden eine schlechte Effizienz aufweisen und ihre Wirtschaftlichkeit damit in Frage gestellt ist.

6 Literatur

[1] H. Rumpf, „Die Einzelkornzerkleinerung als Grundlage der technischen Zerkleinerungswissenschaft“, *Chemie Ingenieur Technik*, 1965, 37 (3), pp. 187-202

[2] J. Tomas, *Einführung in die Mechanische Verfahrenstechnik*, Vorlesungsmanuskript, Otto-von-Guericke-Universität Magdeburg: 2007.

[3] R. Habermann, „Einfluss der Beanspruchungsmechanismen und -intensitäten auf die Produkteigenschaften beim Feststoffmischen“, *Chemie Ingenieur Technik*, 2011, 83, DOI: 10.1002/cite.201000154.

[4] K. Schönert, *Zerkleinern*, Vorlesungsmanuskript, Universität Changsha, VR China, 1983

[5] K. Schönert, „Bruchvorgänge und Mikroprozesse des Zerkleinerns“, in Handbuch der Mechanischen Verfahrenstechnik, (H. Schubert, eds.), Band. 1, pp. 183–209, Weinheim, 2003

[6] R. Habermann, „Steigerung der Produktperformance durch Intensivmischen“, *Chemie Ingenieur Technik*, 2011, 83 (11), pp. 2013-2018, DOI: 10.1002/cite.201000102.

[7] http://www.tpsgc-pwgsc.gc.ca/cgsb/home/index-e.html

DESIGN PARTIKULÄRER SYSTEME DURCH VARIATION DES EIGENSCHAFTENPROFILS BIOLOGISCHER PARTIKEL

N. Wenda[1], H. Woehlecke[1], T. Detloff[2], D. Lerche[1,2]

[1] Dr. Lerche KG, Rudower Chaussee 29 (OWZ), Berlin, e-mail: office@lerche-biotec.com

[2] L.U.M. Gesellschaft für Labor-, Umweltdiagnostik & Medizintechnik m.b.H, Rudower Chaussee 29 (OWZ), Berlin, e-mail: info@lum-gmbh.de

1 Einleitung

Neben nanoskaligen biogenen Partikeln, die von lebenden Mikroorganismen gebildet werden können und zunehmendes Interesse in Biotechnologie und Medizin finden [1], können auch Mikroorganismen und andere zelluläre biologische Systeme selbst als Biopartikel betrachtet werden und Dank ihrer vielseitigen Eigenschaften entsprechende Verwendung finden. Beispiele hierfür sind z.B. Kieselalgen [2], deren Exoskelette stabile Strukturen aus Siliziumoxid darstellen, einzellige Kalkalgen mit ihren schuppenartigen Hüllen aus Calciumcarbonat oder Sporen von Pilzen und Bärlappe. Unter diesen Gesichtspunkten bisher wenig Beachtung findende Biopartikel sind aber auch die Pollenkörner der Samenpflanzen. Pollenkörner beinhalten den männlichen Gametophyten der Samenpflanzen und sind von einer sehr widerstandsfähigen Zellwand umgeben. Pollen ist vielen Menschen nur als lästiger Allergien auslösender Blütenstaub bekannt. Hinter diesem schlechten Image verbergen sich aber interessante Anwendungsmöglichkeiten im Bereich der Partikeltechnologie und Separationstechnik. Pollenkörner bieten eine natürliche Vielfalt an verschiedenen Formen und Oberflächenstrukturen. Sie variieren von unregelmäßigen bis hin zu geometrischen Grundformen. Die Größe pflanzlicher Pollenkörner beträgt zwischen 10 µm und 100 µm und variiert je nach Art, wobei die Größen- und Formverteilung innerhalb der Art äußerst homogen ist. Die Größe zellwandbildender Sporen der Pilze, Bärlappe, Moose, Farne oder Algen ist geringer und liegt im Bereich von unter 1µm bis ca. 30µm. Die Partikeleigenschaften des Pollens werden im Wesentlichen durch das Sporopollenin, welches die äußere Pollenhülle (Exine) bildet, bestimmt. Sporopollenin ist ein polymeres Material mit einzigartigen chemischen und physikalischen Eigenschaften [3]. Die Biosynthese, die chemische und die Ultrastruktur von Sporopollenin sind bis heute nicht restlos aufgeklärt. Chemische Analysen wiesen eine Bruttoformel von $(C_{10}H_{16}O_3)_X$ nach, wobei der Gehalt H und O eine gewisse Variabilität aufweist [4]. Jüngere Untersuchungen zeigten, dass das Sporopollenin ein Heteropolymer ist, das aus aliphatischen und aromatischen polymer verknüpften Verbindungen mit Carboxyl-, Carbo-

nyl- und Ether-Funktionen besteht [5, 6]. Es ist resistent gegenüber Hitze, organischen Lösungsmitteln und starken Säuren, was es zu einem idealen stabilen biologischen Werkstoff macht.
In der Partikeltechnologie ist bekannt, dass neben der Größe, Dichte und Oberflächenbeschaffenheit auch die Form des Partikels z.B. in Anwendungen als Füllstoff, Beschichtungs- oder Schleifmittel einen wesentlichen Einfluss auf die Eigenschaften des Endproduktes hat. Packungs-, Fließ- und Abriebseigenschaften von Pulvern werden ebenso von der Partikelform mitbestimmt [7, 8]. Die Partikelform kann weiterhin großen Einfluss auf den Herstellungsprozess des Endproduktes haben, im Gegenzug sollte aber die gewünschte Partikelform auch durch den Produktionsprozess einstellbar sein. Der gesteigerte Bedarf nach Informationen über die Partikelform hat die Entwicklung von entsprechenden Analysegräten in jüngster Zeit vorangetrieben, die mit statischer oder dynamischer Bildanalyse arbeiten. Genannt seien hier stellvertretend Powdershape 5.0, (IST Ltd., Schweiz) und FlowCAM, (Fluid Imaging Technol. Inc. USA). Zur Testung und Validierung der Analysesoftware kommen jedoch bisher fast ausschließlich sphärische Standardpartikel zur Anwendung.
Im Rahmen dieser Arbeit werden verschiedene Herstellungs- und Anwendungsmöglichkeiten von Mikropartikeln auf der Basis von Pollenkörnern vorgestellt und diskutiert. Dabei konzentrieren wir uns auf 2 Einsatzgebiete: nichtsphärische formdefinierte Mikropartikel aus Pollenkörnern, die als Referenzmaterialien für die Partikelanalyse eingesetzt werden können, welche für die Qualitätskontrolle (performance validation) und für die Weiterentwicklung von Auswertealgorithmen bei der Bildanalyse benötigt werden, sowie speziell präparierte Sporopolleninhüllen als Mikrokapseln für die Chromatographie und als Verkapselungsmaterial für Release-Verfahren.

2 Formdefinierte nicht-sphärische Referenzpartikel

2.1 Herstellung

Bei der Entwicklung einer Herstellungsmethode für formdefinierte Referenzpartikel aus Pollenkörnern spielen die Homogenität und die dauerhafte Formstabilität eine entscheidende Rolle. Wichtige Faktoren, welche die Homogenität des Pollens beeinflussen, stellen die generelle Auswahl der Pflanze, die Auswahl der Pflanzenart innerhalb einer Gattung, der Zeitpunkt der Pollenernte (Wetterbedingungen und auch Pflanzenzyklus) sowie das Ernteverfahren dar. Das Ernteverfahren bestimmt auch maßgeblich die Reinheit des späteren Rohpollens und somit über die Notwendigkeit weiterer Reinigungsschritte. Da die Pollenform durch die Natur vorgegeben ist, ist deren Erhaltung durch spezifische Aufarbeitungsverfahren zu gewährleisten.

Bei dem von uns entwickelten Aufarbeitungsverfahren wird der gesammelte und durch Siebung vorgereinigte Rohpollen aus mehreren Batches zunächst vereinigt, um zum einem eine höhere Chargengröße zu erreichen und zum anderen, um Unterschiede zwischen den einzelnen Batches, die durch o.g. Einflüsse auftreten können, auszugleichen. Im Folgenden wird der Rohpollen mehreren Fixierungs-, Wasch- und Aufreinigungsschritten unterzogen, um die natürliche Pollenform zu konservieren. Die entstandenen formdefinierten Mikropartikel befinden sich danach in einem Gemisch aus Ethanol und Wasser (50 %), in dem Sie mindestens 6 Monate formstabil bleiben. Die Herstellung trockener Partikel ist mit einem abgewandelten Verfahren ebenfalls realisiert worden.
Das prinzipielle Aufreinigungsverfahren ist im folgenden Fließschema in Abbildung 1 dargestellt.

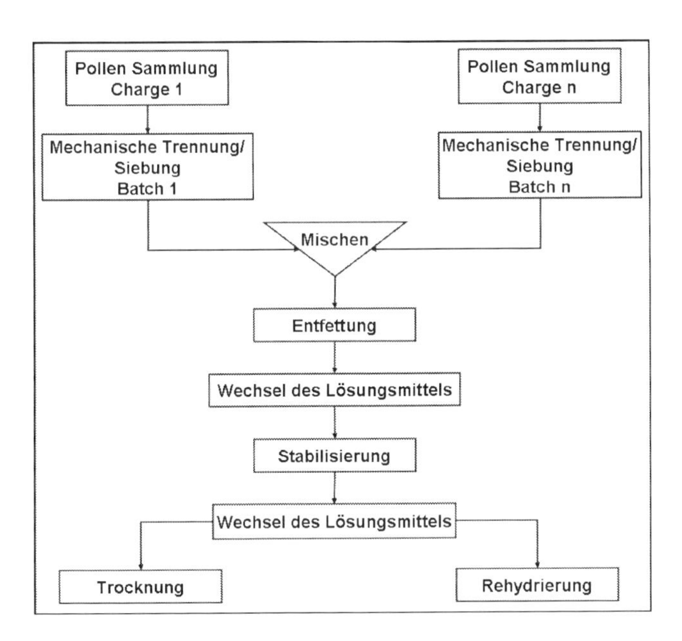

Abb. 1: Aufarbeitungsschema von Rohpollen zu formdefinierten Mikropartikeln

2.2 Eigenschaften

Für die Herstellung der formdefinierten Mikropartikel wurden Pollen von verschiedenen Pflanzenarten gesammelt. Die Auswahl der Pflanzenarten richtete sich nach der Pollenform und nach der Menge des potentiellen Pollenangebots pro Jahr. Es wurden nur Pflanzenarten ausgewählt, deren Pollenform sich auf einfache geometrische Formen zurückführen lässt. Als besonders geeignet erwiesen sich Rotationsellipsoide wie Zylinder und spindelförmige Pollen, da sie gerade in der verbreiteten zweidimensionalen Bildanalyse leichter zu beschreiben sind als z.B. eine komplexe Pyramidenform. Die hergestellten Mikropartikel sind bezüglich ihrer Form und Größe äußerst homogen. Mit wässriger oder ethanolischer Lösung lassen sich die Suspensionen leicht auf die gewünschte Partikeldichte verdünnen. Die Partikel weisen eine gute Formstabilität und Lagerfähigkeit auf. Abbildung 2 zeigt suspendierte spindelförmige und zylindrische Partikel aus Pollen. Die hydrodynamische Dichte der Referenzpartikel (d.h. nach Aufarbeitung) wurde zu 1,291 kg/m^3 bestimmt [9].

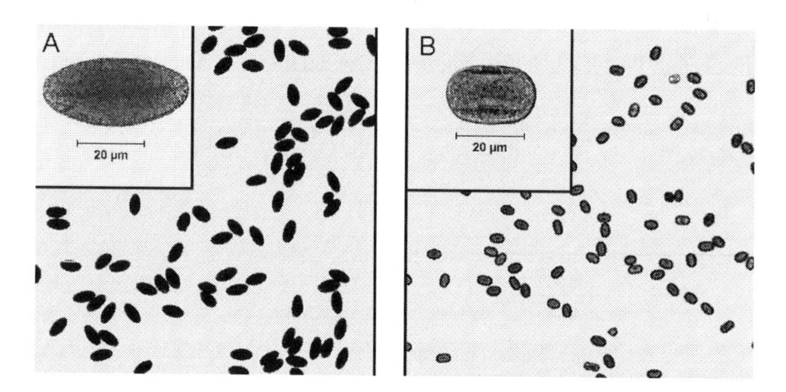

Abb. 2: Lichtmikroskopische Aufnahmen von spindelförmigen (A) und zylindrischen (B) Mikropartikeln

Durch Variation des Aufarbeitungsverfahrens, bei dem verschiedene Quellungszustände der Pollenkörner stabilisiert werden, ist es möglich, Mikropartikel mit graduell unterschiedlicher Sphärizität aus einer Formenklasse herzustellen. Auf diese Weise wurden gestreckte und gestauchte elliptische Partikel aus dem gleichen Rohmaterial realisiert (Tabelle 1).

Tabelle 1: Unterschiedliche Varianten des prolat-elliptischen Formentyps durch Einstellung graduell steigender Sphärizität {Werte: Mittelwerte (C_V [%])}

	50 µm	50 µm	30µm
Area (A) [µm^2]	718,76 (7,1)	788,95 (5,0)	836,94 (5,9)
Perimeter (P) [µm]	101,94 (3,8)	103,85 (2,6)	103,98 (3,1)
Aspect ratio	0,53 (8,5)	0,61 (0,6)	0,74 (4,1)
Circularity/ Formfactor	0,93 (1,7)	0,96 (1,0)	0,99 (1,0)

Zur Beschreibung der Partikelform wurden in Anlehnung an den ISO-Standard ISO/FDIS 9276-6 [10] Formdeskriptoren herangezogen, in die Form- und Größeninformationen einfließen. Bei den ausgewählten Parametern (Tabelle 2) handelt es sich vorwiegend um Makrodeskriptoren, welche die geometrischen Eigenschaften der Partikel beschreiben, und Mesodeskriptoren, die Formdetails beschreiben, z.B. die Zirkularität, bei der entsprechend der Formel über den Perimeter die Ebenheit der Oberfläche eingeht. Einige der ausgewählten Parameter werden durch Partikelanalysegeräte nicht oder nach abweichenden Gleichungen berechnet. Dieser Umstand kompliziert den Vergleich verschiedener Analysemethoden. Um mehrere Methoden besser vergleichen zu können wurden fehlende Formparameter nachberechnet.

Tabelle 2: Ausgewählte Formdeskriptoren für die Charakterisierung der entwickelten Referenzpartikel

	Formdeskriptoren	**Formel**
1	Area [µm²]	A
2	Perimeter [µm]	P
3	Minimum Feret diameter [µm]	$xF\,\min$
4	Maximum Feret diameter [µm]	$xF\,\max$
5	Area-equivalent diameter [µm]	$xA = \sqrt{4A/\pi}$
6	Aspect ratio	$xF\,\min / xF\,\max$
7	Compactness	$\frac{\sqrt{4A/\pi}}{xF\,\max}$
8	Extent	$\frac{A}{xF\,\max \cdot xF\,\min}$
9	Circularity/Form Factor	$\sqrt{4\pi A / P^2}$

2.3 Anwendungsmöglichkeiten

Formdefinierte Referenzpartikel können für verschiedene Anwendungen eingesetzt werden. Für Hersteller von Partikelanalysegeräten eröffnen sich eine neue Möglichkeiten zur Entwicklung, Optimierung und Validierung von Auswertealgorithmen, die bisher meistens auf sphärische Partikel zugeschnitten sind. Nichtspärische Partikel sind prädestiniert für die Qualitätskontrolle von Formanalysatoren.

Auch für Nutzer von Partikelanalysegeräten ergeben sich neue Möglichkeiten, besonders für Kunden und Hersteller, die mit definierten Partikeln arbeiten, z.B. mit Scheiben oder Stäbchen. Referenzpartikel können gerade hier in der Qualitätssicherung als Standards zur Überprüfung von Methoden eingesetzt werden. Der Kunde hat bei nichtsphärischen Partikeln die Möglichkeit Ergebnisse vorher abzuschätzen und so die Auswahl der Messmethode, z.B. dynamische oder statische Bildanalyse, zu steuern.

Mit Referenzpartikeln aus Pollen lassen sich auch leicht bimodale oder multimodale Mischungen herstellen. Durch die natürliche Fluoreszenz des Sporopollenins (grün: FITC-Filtersatz, rot: TRITC-Filtersatz) können sie außerdem in Messgeräten mit Fluoreszenzdetektoren eingesetzt werden ohne zusätzlichen Aufwand durch Färbungen. Da die äußere Partikelhülle fluoresziert, geht dabei keinerlei Forminformation verloren.

3 Einsatz von Sporopolleninmikrokapseln als Träger- und Verkapselungsmaterial

3.1 Herstellung

Der Verwendung von Pollenkörnern als Chromatographiematerial muss ebenfalls eine Aufbereitung vorausgehen. Die entwickelte bzw. angewendete Methode unterscheidet sich jedoch grundsätzlich von der für Referenzpartikel. Die entscheidenden Kriterien für das Chromatographiematerial sind hier die Permeabilität der Kapselwand und die chemische Inertheit. Diese Eigenschaften bietet Sporopollenin, welches die Pollenkörner als Hauptbestandteil der äußeren Zellwand umgibt.

Bei der entwickelten Aufreinigungsmethode wurden die Pollenkörner nacheinander einer Hydroylse, einer Entfettung mit organischen Lösungsmitteln und weiteren Waschritten mit wässrigen Lösungen unterzogen bis alle extrahierbaren Bestandteile der Zelle aus der Sporopolleninhülle entfernt waren. Die erhaltenen Mikrokapseln wurden als Trägermaterial in Chromatographiesäulen eingesetzt.

3.2 Chromatographische Eigenschaften

Nach Untersuchung der Eigenschaften von Mikrokapseln verschiedener Pollenarten, erwiesen sich die des Kiefernpollens (Pinus) als die am besten geeigneten. Die aus ihnen hergestellten Sporopolleninmikrokapseln zeigen gute Filtrationseigenschaften und sind mechanisch stabil, so dass sie im Gegensatz zu herkömmlichen Gelpartikeln bei Drücken von bis zu 15 bar eine stabile Packung in chromatographischen Säulen gewährleisten. Die Sporopolleninmikrokapseln haben eine hydrodynamische Dichte von 1,156 kg/m^3 [9].

Die chromatographischen Trenneigenschaften der Mikrokapseln sind durch ihren Aufbau bestimmt. Pinuspollen bestehen aus einer elliptischen Zentralkapsel, die über eine hochporöse äußere Sporopolleninhülle (Ectexine) mit zwei lateralen Luftsäcken verbunden ist (Abb. 3). Im

Gegensatz zu den Luftsäcken besitzt die Zentralkapsel zusätzlich eine weniger poröse Schicht (Endexine), die nur für kleine Moleküle mit einem Stokeschen Radius < 1,5 nm permeabel ist. Die Luftsäcke hingegen sind permeabel für Moleküle mit einem Stokeschen Radius bis zu 100 nm (>1000 kDa) [11]. Polymere mit einer noch größeren Molekülausdehnung können nicht durch die Kapselwand permeieren und werden mit dem Ausschlussvolumen, dem Volumen der mobilen Flüssigphase der Säule eluiert. Permeable Polymermoleküle hingegen tauschen auf Grund der hohen Wandporosität schnell mit der stationären Flüssigphase im Inneren der Luftsäcke aus und werden als scharfer Peak eluiert. Die Austauschgeschwindigkeit kleiner Moleküle an der Zentralkapselwand ist wesentlich langsamer. Sie eluieren erst nach einem ganzen Säulenvolumen mit breiterem Peak. Im Gegensatz zur Ausschlusschromatographie mit Gelpartikeln ist diejenige mit porösen Mikrokapseln gekennzeichnet durch den an der Kapselwand wirksamen Membrantrennprozess und den für alle permeablen Moleküle einheitlichen stationären Verteilungsraum im Inneren der Kapsel. Dadurch werden Gruppentrennungen mit hoher Selektivität möglich. Abbildung 4 zeigt die Elution und Gruppenfraktionierung unterschiedlich großer Polymere.

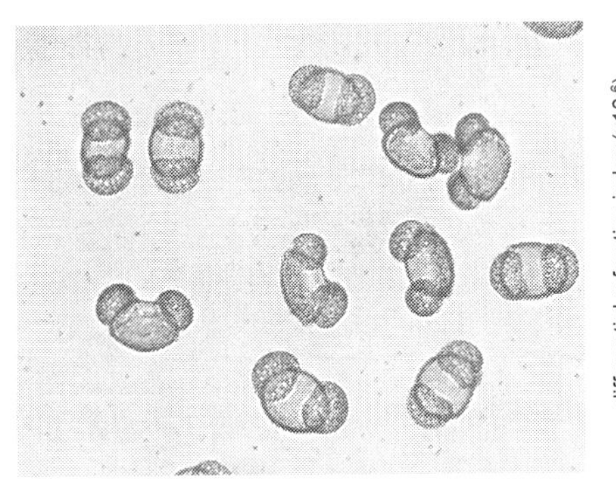

Abb. 3: Sporopolleninkapseln aus Kiefernpollen, bestehend aus Zentralkapsel und zwei lateralen Luftsäcken,
Größe der Zentralkapsel: 31 x 22 µm

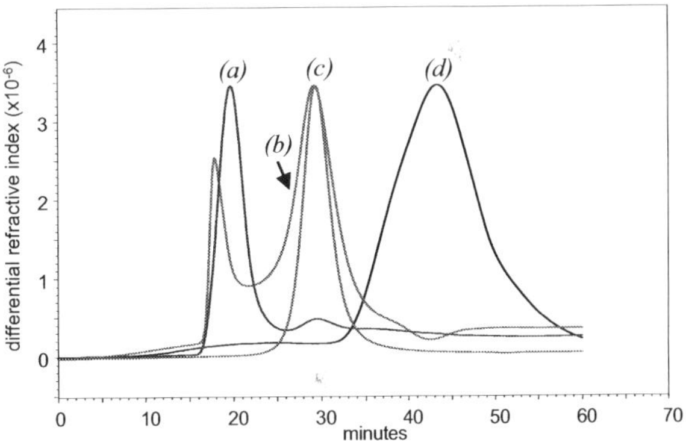

Abb. 4:. Elution hoch- und niedermolekularer Kohlenhydrate
(a) Dextran T5000 (1 %), (b) Dextran T2000 (1 %), (c) Dextran T70 (1 %), (d) Saccharose (1 %),
Säule: HR10/30, 24,8 ml
Laufmittel: 100 mM PBS pH7, Flussrate: 0,5 ml/min

Mit ihrer scharfen aber hohen Ausschlussgrenze bieten die poröseren Luftsäcke sehr gute Voraussetzungen für einen Einsatz der Mikrokapseln als Trägermaterial für die Größenausschlusschromatographie.

3.3 Anwendungsmöglichkeiten für SEC-Chromatographie

Die bisher entwickelten Anwendungen der Sporopolleninkapseln als Chromatographiematerial bestehen in der Fraktionierung und Reinigung von sehr großen Hydrokolloiden. Solche Trennaufgaben sind in der bisherigen chromatographischen Praxis auf Grund einer Reihe von Limitierungen, die kommerzielle Gelpartikel aufweisen, oft schwer zu lösen. Dazu zählen z.B. eine geringe mechanische Stabilität für Gele mit hohem Fraktionierungsbereich für Makromoleküle verbunden mit einer Reduktion der Diffusionsgleichgewichtseinstellung zwischen mobiler und stationärer Phase und Reduktion der Trenneffizienz. Die Einführung kleinerer und stabilerer Gelpartikel führt häufig zu einer erhöhten Scherbelastung der Makromoleküle und der Verringerung des Anteils der stationären Flüssigphase.

Bakteriell hergestellte Hyaluronsäure z.B. weist eine inhomogene Verteilung der Kettenlänge auf, wobei der hochmolekulare Anteil für die pharmazeutische Anwendung entscheidend ist. Mit Hilfe einer Trennung an Sporolleninmikrokapseln können kommerzielle Hyaluronsäurepräparate fraktioniert und sehr hochmolekulare Fraktionen mit engerer Größenverteilung gewonnen werden (Abb. 5).

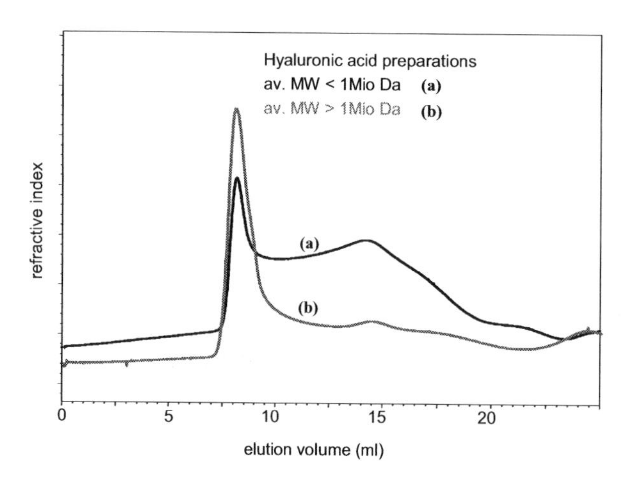

Abb. 5: Fraktionierung hochmolekularer Hyaluronsäure durch SEC an Sporopollenin-Mikrokapseln (Säule: HR10/30, 23.4 ml, Flussrate: 1 ml/min, Laufmittel: 10 mM PBS, pH 7)

Daneben finden die Mikrokapseln bereits kommerzielle Anwendung zur Aufreinigung von DNA aus Rohlysaten von pflanzlichem oder tierischem Material [12]. Mit dieser von der Dr. Lerche KG entwickelten Methode kann genomische DNA einfach und direkt aus Zellextrakten gewonnen werden. Die DNA wird mit Hilfe einer Miniatursäule in einem chromatographischen Schritt von allen anderen Bestandteilen des Zellextraktes mit kleinerer Molekülgröße (Proteine, Polysaccharide, niedermolekulare Substanzen) vollständig abgetrennt. Die DNA eluiert dabei im Ausschlussvolumen zuerst von der Säule (reverse purification), während Proteine und niedermolekulare Substanzen durch Permeation in die Mikrokapseln länger auf der Säule verbleiben (Abb. 6).

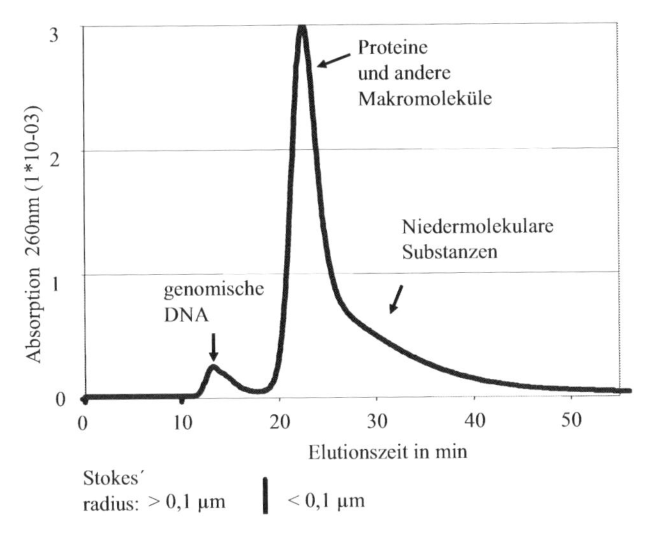

Abb. 6: Isolation genomischer DNA aus 50 µl eines pflanzlichen Rohextraktes auf einer Minisäule (V=1 ml, l=4 cm)

3.4 Anwendung als Verkapselungsmaterial

Mikrokapseln aus gereinigten Sporopolleninhüllen des Kieferpollens und anderer Pollenarten können für die Verkapselung und Immobilisierung unterschiedlicher Stoffe eingesetzt werden. Verantwortlich dafür sind besondere Eigenschaften wie ihre Porosität und die Fähigkeit aus einer konzentrierten Suspension ohne Aggregation zu einem Pulver zu trocknen. Die Oberfläche der Sporopolleninkapseln ist nach Anwendung der entwickelten Aufarbeitungstechnik frei von verklebend wirkenden Substanzen und reduziert durch ihre Struktur die adhäsiven Kräfte der Flüssigkeitsmenisken zwischen den Partikeln. Wird ein hydrophiles Polymer, z.B. eine konzentrierte visköse Dextranlösung, die sich nur schwer zu einem wieder löslichen Produkt trocknen lässt, in den Innenraum der Kapseln gebracht und über eine neue Technik des Polymereinschlusses dort immobilisiert (Abb. 7), so ist nach Trocknung ein fließfähiges Pulver bestehend aus den polymerbeladenen Sporopolleninkapseln erhältlich. Die verkapselten Hydrokolloide können mit organischen Lösungsmitteln im Festbett gewaschen werden und mit Wasser innerhalb von Sekunden aus den Kapseln freigesetzt werden. Diese Art der Verkapselung ist auch für Anwendungen in der Affinitätschromatographie und Biokatalyse sehr interessant.

Für die Immobilisierung und kontrollierte Freisetzung von niedermolekularen Wirkstoffen bieten die Zentralkapseln der Kiefernpollen auf Grund ihrer reduzierten Porosität [11] potentielle Anwendungsmöglichkeiten.

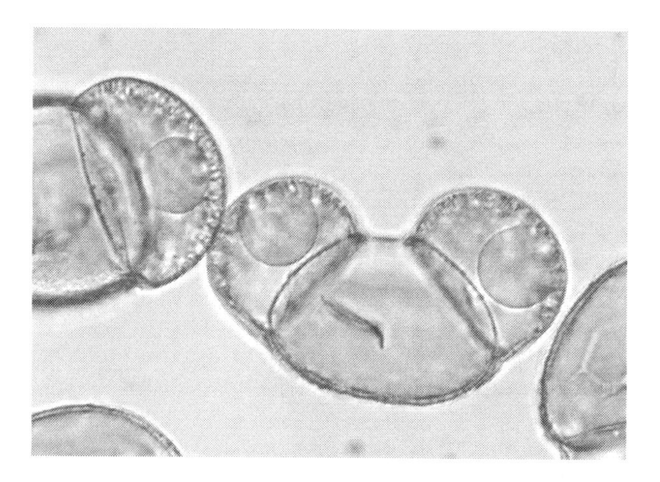

Abb. 7: Sporopolleninkapseln aus dem Pollen der Kiefer (Pinus silvestris) mit immobilisierter wässriger Polymerphase, suspendiert in 80 % Ethanol.

Die Tropfen in den lateralen Kompartimenten der Sporopolleninkapseln (Luftsäcke des Kiefernpollens) repräsentieren eine konzentrierte wässrige Phase von Dextran T-70 ($c > 20$ %).

4 Zusammenfassung

Aus biologischen Rohmaterialien wurden Mikropartikel für verschiedene Anwendungen hergestellt. Am Beispiel von Pollenkörnern wurde gezeigt, dass durch gezielte Auswahl des Rohmaterials und Anpassung der Aufbereitungsmethode die für das jeweilige Produkt entscheidenden Eigenschaften des Ausgangsmaterials konserviert bzw. bereitgestellt werden können.

Mit Hilfe eines neu entwickelten Aufreinigungsverfahrens wurden spindelförmige und zylindrische Formreferenzpartikel hergestellt und mit geeigneten Formdeskriptoren charakterisiert. Diese nichtsphärischen Mikropartikel können in der Partikelanalytik als Referenzmaterialien für die Qualitätssicherung und für die Optimierung und Entwicklung neuer Auswertealgorithmen eingesetzt werden.

Durch Einstellung definierter Eigenschaften können gereinigte Mikrokapseln aus den Pollenkörnern der Kiefer hergestellt werden, die eine neue Form der Größenausschlusschromatographie erlauben und effektive Reinigung und Fraktionierung von sehr großen Hydrokolloiden ermöglichen.

Die Nutzung der Sporopolleninmikrokapseln in Verbindung mit neuen Verkapselungs- und Immobilisierungstechniken ist für Anwendungen in der Affinitätschromatographie, Biokatalyse und für die kontrollierte Freisetzung von Wirkstoffen von großem Interesse und Gegenstand weiterer Untersuchungen.

5 Literatur

[1] Perner-Nochta I, Krumov N, Oder S, Posten C, Angelov A. Biopartikel: Eine Alternative zur Produktion nanoskaliger anorganischer Partikel. Chemie Ingenieur Technik. 2009;81(6):685-97.

[2] Bradbury J. Nature's nanotechnologists: Unveiling the secrets of diatoms. PLoS Biol. 2004 Oct;2(10):1512-5.

[3] Bohne G. Ausgewählte Eigenschaften des Sporopollenins der Kiefer [Dissertation]: Mathematisch-Naturwissenschaftliche Fakultät I, Humboldt-Univ., Berlin,; 2007.

[4] Zetzsche F, Vicari H. Untersuchungen über die Membran der Sporen und Pollen III. - 2. Picea orientalis, Pinus silvestris L., Corylus avellana L. Helvetica Chimica Acta. 1931 1931;14:62-7.

[5] Wilmesmeier S, Steuernagel S, Wiermann R. Comparative FTIR and C-13 CP/MAS NMR Spectroscopic Investigations on Sporopollenin of Different Systematic Origins. ZEITSCHRIFT FUR NATURFORSCHUNG C-A JOURNAL OF BIOSCIENCES. 1993 1993;48(9-10):697-701.

[6] Wiermann R, Ahlers F, Schmitz-Thom I. Sporopollenin, Vol. 1. In: Hofrichter M, Steinbüchel A, eds. Biopolymers. Weinheim: Wiley-VCH 2001:209-29.

[7] Bumiller M CJ, Prescott J. . A preliminary investigation concerning the effect of particle shape on a powder's flow properties. World Congress on Particle Technology 4; 2002 July 21-25; Sydney, Australia; 2002.

[8] Johanson K. Effect of particle shape on unconfined yield strength. Powder Technology. 2009 Sep;194(3):246-51.

[9] Detloff T, Lerche D Bestimmung der hydrodynamischen Dichte von in Flüssigkeiten dispergierten Nano- und Mikroteilchen. Jahrestreffen des Fachausschusses Partikelmesstechnik, 9. März 2010, Karlsruhe

[10] „The descriptive and quantitative representation of particle shape and morphology". ISO/FDIS 9276-6. 2008.

[11] Bohne G, Richter E, Woehlecke H, Ehwald R. Diffusion barriers of tripartite sporopollenin microcapsules prepared from pine pollen. Annals of Botany. 2003;92(2):289-97.

[12] Woehlecke H, Dreosto D, Lerche D, Ehwald R. Reverse Purification of Genomic DNA. BIOforum Europe. 2009(8-9):38.

AKTIVIERUNG UND BESCHICHTUNG VON PARTIKELN DURCH ATMOSPHÄRENDRUCK-PLASMEN

A. Baalmann, J. Ihde, A. Keil, D. Kolacyak, U. Lommatzsch, T. Lukasczyk, R. Wilken

Fraunhofer Institut für Fertigungstechnik und angewandte Materialforschung IFAM, Wiener Str. 12, 28359 Bremen,
e-mail: joerg.ihde@ifam.fraunhofer.de

1 Einleitung

Durch die Modifikation von Partikeloberflächen können nicht nur deren Verarbeitungseigenschaften, wie zum Beispiel die Dispergierbar verbessert werden, sondern auch völlig neue Materialeigenschaften realisiert werden. Neben dem Einsatz von nasschemischen Methoden bieten sich trockenchemische Gasphasenprozesse für die Oberflächenmodifizierung an [1]. Im Rahmen dieser Arbeiten wurden Atmosphärendruck-Plasmaprozesse zur Partikel-Reinigung und Aktivierung und darüber hinaus auch zur Funktionalisierung der Partikel mit plasmapolymeren Schichten im Bereich von wenigen Nanometern untersucht.

2 Materialien und Methoden

2.1 Materialien

Am Fraunhofer IFAM wurden in den letzten Jahren Arbeiten zur Funktionalisierung von Partikeln mittels Atmosphärendruck-(AD)-Plasma-Jet-Quellen an organischen, anorganischen und metallischen Partikeln durchgeführt. Bei den organischen Partikeln lag der Schwerpunkt auf der Reinigung und Aktivierung der Partikel durch Erzeugung von funktionellen, meist sauerstoffhaltigen Gruppen an den Partikeloberflächen. Exemplarisch soll im Folgenden auf die Behandlung von Kohlenstoff-Nanoröhrchen (CNT) eingegangen werden. Hierzu wurden kommerziell erhältliche, mehrwandige CNTs untersucht und deren physikalische Eigenschaften vor und nach Plasmabehandlung charakterisiert.

Auf dem Bereich der metallischen Partikel wurden plasmapolymere Beschichtungsprozesse an Kupfer und Eisenpartikeln im Bereich von 5 – 500 Mikrometer Durchmesser untersucht. Ziel dabei war es, sehr dünne Schichten im Bereich bis zu wenigen 10 nm zu entwickeln, die neben einer elektrischen Isolation eine gute und langzeitstabile Adhäsion in Polymercompounds ermöglichen sollten. Dadurch konnten zum einen wärmeleitfähige, elektrische isolierende Polymere erzeugt werden und zum anderen magnetische duromere und thermoplastische Polymercompounds für innovative Elektromobilitätskonzepte erforscht werden.

2.2 Methoden

Die verwendete Atmosphärendruck-Plasma-Jet-Technik basiert auf kommerziellen Plasmaquellen, wie zum Beispiel der bogenähnlichen Entladungsquelle der Firma Plasmatreat, die für die Behandlung von Partikeln modifiziert und mit einer entsprechend entwickelten Anlagentechnik zur Partikelbehandlung ergänzt wurden. Dazu wurden am IFAM unterschiedliche Anlagen und Prozesse für die Behandlung organischer und metallischer Pulver erforscht und realisiert.

2.2.1 Plasmaaktivierung

Abbildung 1 zeigt die Prinzipskizze einer Anlage zur Aktivierung von organischen Partikeln, die auch zur Behandlung von Kohlenstoff-Nanoröhrchen (CNT) verwendet wurde.
Die Anlage bietet die Möglichkeit, Partikel sowohl im trockenen Zustand als auch als Suspension mit verschiedenen Lösungsmitteln in einen Rohrreaktor zu injizieren. An dieses Reaktionsvolumen können gleichzeitig bis zu 7 radial und vertikal angeordnete Atmosphärendruck-Plasmaquellen angeschlossen werden. Als Prozessgase werden dabei Sauerstoff, Stickstoff oder auch Druckluft verwendet.

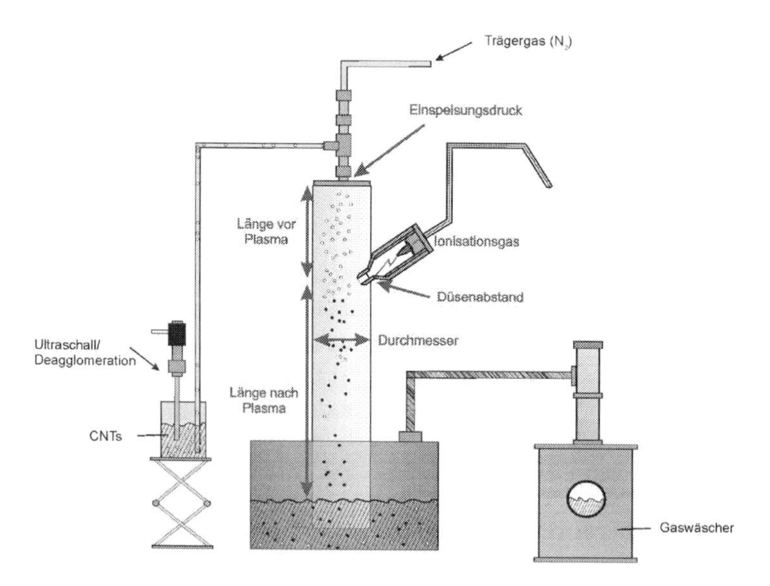

Abb. 1: Schematische Darstellung der AD-Plasmaanlage zur Behandlung von CNTs.

Durch die gerichtete Gasströmung in dem Rohrreaktor werden die plasmabehandelten CNTs entweder in einem Lösemittelreservoir aufgefangen oder aber mittels trockener Abscheidung

(Zyklon) vom Prozessgas separiert (nicht dargestellt). Im Fall der Behandlung mit Lösungsmitteln wurden sowohl Wasser als auch verschiedene organische Lösungsmittel mit unterschiedlichen Dampfdrücken und Sauerstoffgehalten verwendet. Durch den Einsatz von Suspension konnte gegenüber der trockenen Behandlung gezielt der Leistungseintrag durch das Plasma reduziert werden. Ein weiterer Vorteil besteht darin, dass die CNTs aus dem Lösungsmittelreservoir fertig dispergiert für die weitere Verarbeitung aus der Anlage entnommen werden können, so dass die Exposition trockener CNTs vermieden und das Risiko einer Reagglomeration umgangen wird. Die Anlage ist zusätzlich mit einem Gaswäscher zu einer vollständigen Entfernung der CNTs aus der Abluft ausgestattet.

2.2.2 Plasmabeschichtung

Abbildung 2 zeigt die Prinzipskizze einer Anlage zur plasmapolymeren Beschichtung von Partikeln, wie zum Beispiel der isolierenden Beschichtung von Eisen- und Kupfer-Partikeln. Hierbei wurden mono- und multi-modale Gemische von sphärischen Pulvern zwischen 5 und 500 Mikrometer-Durchmesser untersucht.

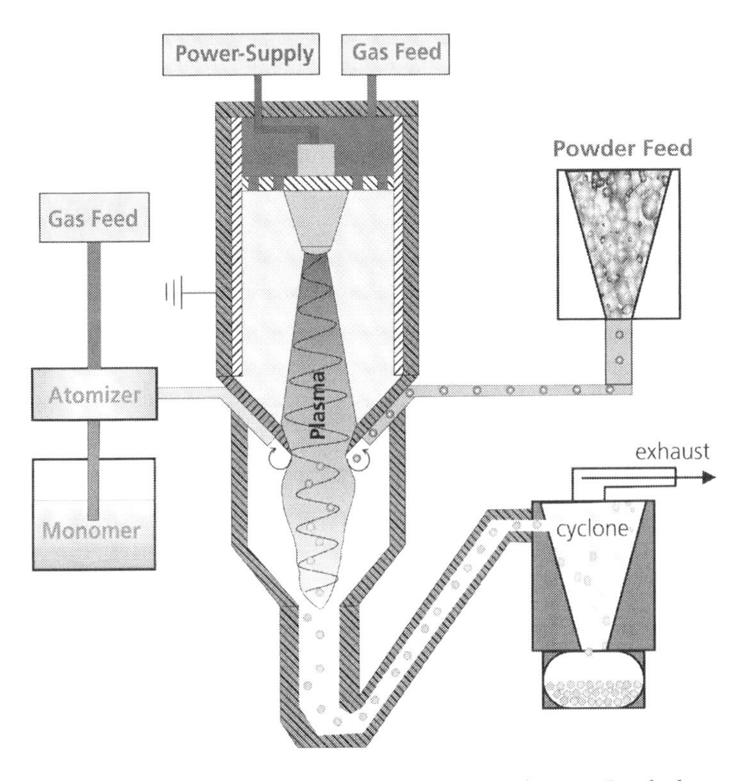

Abb. 2: Schematische Darstellung der AD-Plasmaanlage zur Beschichtung metallischer Pulver.

Die Anlage besteht aus einer Pulverfördereinrichtung wie zum Beispiel einem Schneckenförderer, einer Vorrichtung zur Dosierung der Beschichtungsausgangsstoffe (Prekursoren) und einem Reaktionsvolumen zur Beschichtung in dem reaktiven Plasma. Bei den folgenden Beispielen wurde eine bogenähnliche Entladung der Firma Plasmatreat zur Plasmaerzeugung verwendet. Typische Prozesse werden dabei bei Sauerstoff, Druckluft, Stickstoff oder Stickstoff / Wasserstoff-Gemischen betrieben. Für die Beschichtungsprozesse wurden primär siliziumorganische Verbindungen wie Hexamethyldisiloxan (HMDSO) verwendet.

Die behandelten Pulver werden nach der Plasmabehandlung mit einem Zyklon aus dem Prozessgas abgetrennt. Die Pulver können dabei auch mit unterschiedlichen Prozessschritten mehrstufig behandelt werden wie zum Beispiel einer primären Reinigung oder Reduzierung in einem N_2/H_2-Plasma, einer anschließenden Haftvermittler- und Isolationsschicht und gegebenenfalls einer abschließenden Aktivierung zur Verbesserung der Anbindung an polymere Compounds.

3 Diskussion

3.1 Plasmaaktivierung

Im Rahmen der Arbeiten konnten Prozesse zur strukturerhaltende Funktionalisierungen von CNTs realisiert werden konnten. Dabei konnte gezeigt werden, dass die Bildung von sauerstoffhaltigen Kohlenstofffunktionalitäten unter Verwendung von Druckluft oder Sauerstoff als Prozessgas primär an initialen Defektstellen der CNTs erfolgte. Dadurch konnte eine Verbesserung der Benetzungs- und Dispergierungseigenschaften erreicht werden, ohne eine vermehrte Bildung von Defekten in der CNT-Struktur hervorzurufen. Letzteres wurde anhand von Raman-Spektroskopie anhand des D/G-Verhältnisses analysiert [2].

Tabelle 1: Quantifizierung der Oberflächenzusammensetzung mit XPS und Wasser-Kontaktwinkel für unbehandelte CNTs, sowie nach trockener und gesprühter Injektion der CNTs in das Plasma.

CNT-Behandlung	**XPS Atomkonzentration [at %]** **C O N**	**Kontaktwinkel [°]** (H_2O Wilhelmi-Waage)
Unbehandelt	99,7 0,3 0,0	90
Trockene Einspeisung (1 Zyklus Druckluft)	94,6 5,2 0,2	59
H_2O-Spray Behandlung (1 Zyklus Druckluft)	99,0 1,0 0,0	73
H_2O-Spray Behandlung (3 Zyklen Druckluft)	94,5 5,3 0,2	54

Das verbesserte Dispergierverhalten zeigt sich in Abbildung 3, in der unbehandelten CNTs (links) und plasma-aktivierte CNTs 2 Tage nach Dispergierung in Wasser verglichen werden.

Abb. 3: Dispergierung von unbehandelten (links) und plasmabehandelten CNTs (rechts) in Wasser (Foto aufgenommen 2 Tage nach Dispergierung).

Die so behandelten CNTs wurden in Polymer-Compounds eingearbeitet und anschließend mechanisch und elektrisch charakterisiert. Dabei konnte gezeigt werden, dass durch die Plasmafunktionalisierung im Vergleich zu unbehandelten Referenz-CNTs höhere Festigkeiten und verbesserte elektrische Leitfähigkeit der Polymer-Compounds bei identischen CNT-Gehalten erreicht werden konnten.

3.2 Plasmabeschichtung

Auf dem Gebiet der plasmapolymeren Beschichtung insbesondere von metallischen Pulvern mit Atmosphärendruck-Jet-Plasmen konnten in den letzten Jahren im Rahmen von Forschungsprojekten am IFAM große Fortschritte erreicht werden. So konnte gezeigt werden, dass durch den Einsatz von siliziumorganischen Prekursoren wie HMDSO plasmapolymere Schichten mit Dicken von wenigen 10nm auf sphärischen Metallpulvern abgeschieden werden konnten [3]. Diese Schichten führten zu einer elektrischen Isolation zwischen den Metallpartikeln, die zunächst anhand von Pulverschüttungen charakterisiert und weiterentwickelt wurden. Über die Messung der Durchschlagsspannungen an Eisenpulverschüttungen konnte zwischen unbeschichteten Ausgangspulvern und plasmabeschichteten Proben eine Steigerung der Durchschlagsspannungen von 16V auf bis 1400V erreicht werden.

Auf Basis der Isolationswerte wurden anschließend Polymer-Compounds hergestellt und mechanisch anhand von Biegeproben charakterisiert. Dabei hat sich gezeigt, dass die abgeschiedenen plasmapolymeren Schichten abhängig von den Prozessparametern und den gewählten Polymeren zum Teil noch keine ausreichend adhäsive Anbindung ermöglichten. Aus diesem Grund wurden zusätzliche Aktivierungsschritte im Anschluss an die Plasmabeschichtung durchgeführt, bei denen die Partikel in einem Druckluft- oder Sauerstoff-Plasma nachbehandelt wurden. Dadurch konnte z.B. in Epoxidmaterialien deutlich höhere Festigkeiten erreicht werden.

Die Auswirkung der isolierenden Beschichtungen für die Wärmeleitung von Polymer-Compounds ist in Tabelle 2 am Beispiel von Eisenpartikeln dargestellt. Dabei ist zu erkennen, dass die Beschichtung der Eisenpartikel aufgrund der geringen Schichtdicke nur zu einer sehr geringen Abnahme der Wärmeleitfähigkeit im Vergleich zu den unbeschichteten Partikeln führt, wohingegen der spezifische Widerstand von 0,05 kΩm auf 730 kΩm ansteigt.

Tabelle 2: Wärmeleitfähigkeit und elektrische Leitfähigkeit von Polymer Compounds mit Eisenpartikeln. .

Compound	**Wärmeleitfähigkeit [W/mK]**	**Spez. Widerstand [kΩm]**
Polymer ohne Partikel	< 0,1	> 10^6
Polymer mit unbeschichteten Fe-Partikeln	1,74	0,05
Polymer mit plasmabeschichteten Fe-Partikeln	1,71	730

Die Erforschung der Plasmaprozesse und Plasmaanlagen zur plasmapolymeren Beschichtung von Metalpartikeln ist das Thema des BMBF-Projektes IPANEMA (Förderkennzeichen 01RI0716B), in dem zusammen mit der Firma Siemens metallische gefüllte Polymere für neue Konzepte zur Wärmeabfuhr untersucht werden. Die plasmapolymeren Schichten bieten trotz der geringen Dicken neben der Isolation auch noch einen Alterungsschutz gegenüber korrosiven Medien, wie in Abbildung 4 anhand der Alterung von Eisenpulver mit und ohne Plasmabeschichtung in Wasser zu erkennen ist.

Abb. 4: Vergleich der Alterung von plasmabeschichteten (links) und unbehandelten Eisenpulvern (rechts) in Wasser.

4 Literatur

[1] M. Karches, C. Bayer und P. R. von Rohr, Surf. Coat. Tech. 116-119, 879 (1999).

[2] D. Kolacyak, J. Ihde, C. Merten, A. Hartwig, U. Lommatzsch, Fast functionalization of multi-walled carbon nanotubes by an atmospheric pressure plasma jet, Journal of Colloid and Interface Science (2011), Artikel im Druck

[3] Patentanmeldung WO/2007/028798

UNIVERSELLER ELEKTRISCHER SENSOR FÜR NANOPARTIKEL-KONZENTRATIONSMESSUNGEN IN GASEN

H. Fissan, C. Asbach, H. Kaminski, T. A. J. Kuhlbusch

Institut für Energie- und Umwelt e.V., (IUTA), Bliersheimer Straße 60, 47229 Duisburg, heinz.fissan@uni-due.de, asbach@iuta.de, kaminski@iuta.de, tky@iuta.de

1 Einleitung

Nanopartikel werden bereits teilweise in großtechnischem Maßstab mit unterschiedlichen chemischen Zusammensetzungen und morphologischen Strukturen gezielt zur Verbesserung oder Schaffung neuer Materialien hergestellt. Die Eigenschaftsänderungen der Materialien beruhen im Wesentlichen auf dem veränderten, von der Partikelgröße abhängigen, physikalischen Verhalten und der mit abnehmender Strukturgröße zunehmenden Oberfläche bei gleicher Partikelmasse. Neben der Herstellung durch Zerkleinerungsprozesse und durch chemische Reaktionen in der Flüssigphase spielt die Synthese in der Gasphase eine große Rolle. Zur Sicherung der gewünschten Material-Partikel-Eigenschaftsbeziehung ist zumindest eine quasi-online Überwachung der Partikelkonzentrationen, der Größenverteilungen und der morphologischen Struktur in der Gasphase von großer praktischer Bedeutung.

Die gewünschten Eigenschaftsänderungen treten besonders beim Einsatz von Einzelpartikeln auf. Neben kugelförmigen Nanopartikeln sind auch faserförmige oder plättchenförmige Nanopartikel von Interesse, die zur Beschreibung ihrer Geometrie im Gegensatz zur Kugel zwei bzw. drei Parameter benötigen. In der Synthese werden aber wegen der notwendigen hohen Konzentrationen, um einen ausreichenden Partikel-Massenfluss zu erreichen, durch Koagulation Agglomerate und teilweise nach Sinterung Aggregate aus Nanopartikeln gebildet. Sicherheitstechnisch bringt dieser Prozess den Vorteil, dass die entstehenden Agglomerate/Aggregate wegen ihrer größeren Abmessungen eine reduzierte Beweglichkeit haben und somit in der Regel eine geringere, unerwünschte Staubbildung bei der Handhabung aufweisen. Man kann davon ausgehen, dass in einem Produktionsprozess in der Regel die unterschiedlich großen Produktnanopartikel und auch ihre Agglomerate ähnliche Formen und Strukturen aufweisen, sodass die unterschiedlichen Primärpartikelformen und ihre Agglomerate im Hinblick auf ihre messtechnische Charakterisierung getrennt betrachtet werden können. Auch bei den Agglomeraten werden mehrere Parameter zur Beschreibung der Geometrie benötigt. Neben den hohen Agglomerat/Aggregat-

Konzentrationen herrschen in einem technischen Prozess in der Regel zusätzlich von atmosphärischen Bedingungen stark abweichende thermodynamische Zustände und Gaszusammensetzungen.

Es gibt nur wenige in situ und online Messverfahren für Partikel in Gasen. Diese basieren überwiegend auf optischen Prinzipien mit einer Reihe von Annahmen. Meistens erfolgt für eine offline Messung eine repräsentative Probenahme mit direkter Verdünnung zum Einfrieren der Reaktionen, der Koagulation und zur Erreichung einer Temperaturabsenkung. Danach werden die Partikel zumindest quasi-online mithilfe elektrischer Verfahren analysiert. Im Nachfolgenden werden die Möglichkeiten zur Charakterisierung von Nanopartikeln, die sich durch den Einsatz eines Elektrischen Sensors (ES) ergeben, vorgestellt.

2 Methoden

Der Elektrische Sensor (ES) besteht aus einem unipolaren Diffusionsauflader, einer Ionenfalle zur Entnahme übrig gebliebener Ionen und einem nachfolgenden Elektrometer, das den Strom misst, der durch die in einem Filter abgeschiedenen geladenen Partikel verursacht wird (siehe Abb. 1).

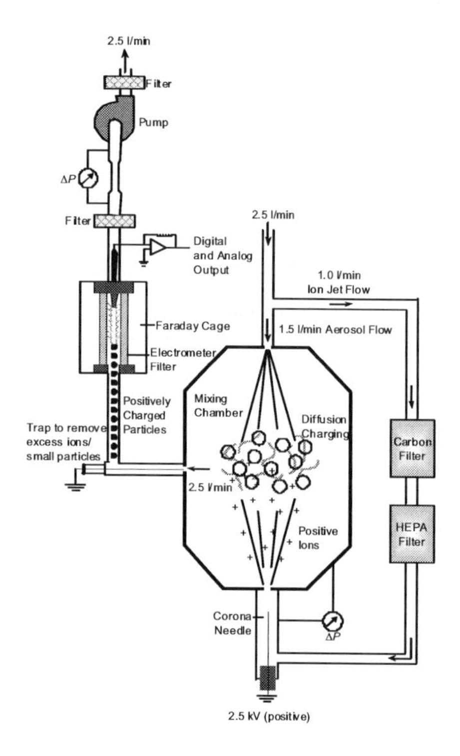

Abb. 1: Elektrischer Sensor ES (EAD-TSI Modell 3070A)

Es gibt inzwischen mehrere, unterschiedliche Elektrische Sensoren basierend auf dem gleichen Prinzip. Im Folgenden beziehen sich alle Überlegungen und die verwendeten Daten auf den in Abbildung 1 dargestellten ES. Es wurde beobachtet, dass der Aufladungsprozess von der Partikelgröße und der Struktur der Partikel abhängig ist [1] (siehe Abb. 5). Dies kann genutzt werden zur Bestimmung der Nanopartikelgrößenverteilungen der Anzahl-, Oberflächen- und Volumen(Massen)-Konzentrationen in Gasen sowie für Überwachungsaufgaben als Monitor zur Bestimmung der entsprechenden Gesamtkonzentrationsmaße nach geeigneter Modifikation des Signals zur Anpassung an die für die unterschiedlichen Konzentrationsmaße notwendige größenabhängige Reaktion des Gerätes [2].

2.1 Bestimmung der Größenverteilungen kugelförmiger Nanopartikel

Es gibt inzwischen mehrere elektrische Verfahren zur Bestimmung der Größenverteilung submikroner Partikel (EAA, DMPS, SMPS, FMPS, UFP Monitor), die unterschiedliche Auflader, Fraktionierer und Detektoren enthalten. Die Geräte haben unterschiedliche Eigenschaften. Am häufigsten wird ein Messsystem (SMPS) verwendet, das aus einem Neutralisator mit bipolarer Aufladung zur Einstellung einer bekannten Ladungsverteilung der Partikel besteht. Es folgt ein differentieller elektrischer Mobilitätsanalysator (DMA), der die Partikel im elektrischen Feld entsprechend ihrer Größe fraktioniert. Ein Kondensationskeimzähler (CPC) bestimmt die Anzahlkonzentration. Zur Reduzierung der Messzeit (5 min) wird die Spannung am DMA kontinuierlich durchgefahren. Beim sogenannten DMPS (Differential Mobility Particle Sizer), das im Prinzip wie das SMPS aufgebaut ist, werden bestimmte Spannungen schrittweise eingestellt (20 min), die den elektrischen Mobilitätsdurchmesser der fraktionierten Partikel festlegen und jeweils die Anzahlkonzentration gemessen. Um eine höhere Auflösung im Hinblick auf die Partikelgröße zu erhalten und die mit abnehmender Partikelgröße zunehmenden Partikelverluste durch Diffusion zu reduzieren, wurde für Nanopartikel ein spezieller sogenannter Nano-DMA entwickelt (Patent: US6,230,572B1) [3].

Die gemessenen Messwertverteilungen müssen in Konzentrationsverteilungen umgerechnet werden. Die Umrechnungen berücksichtigen u. a. Mehrfachladungseffekte [4]. Wir schlagen vor, den eingesetzten CPC, welcher ziemlich unhandlich (groß, schwer, mit Flüssigkeit) ist, durch einen ES zu ersetzen und die gemessene Stromverteilung auszuwerten. Dabei muss bei der Korrektur der Partikel mit Mehrfachladungen nicht nur die Anzahl der umzusortierenden Partikel, sondern auch ihre jeweiligen Mehrfachladungen berücksichtigt werden.

Zur Bestimmung der verschiedenen Konzentrationsmaße mit unterschiedlichen Abhängigkeiten von der Partikelgröße (Anzahl, d_p^0; Oberfläche, d_p^2; Volumen, d_p^3) werden Sensoren benötigt, die die gleichen relativen Empfindlichkeiten (Signal pro Partikel) von der Partikelgröße aufweisen. Der ES erfüllt diese Bedingungen nicht direkt, da der Aufladeprozess und die Verluste im Gerät zu anderen, unter Umständen gerätespezifischen Empfindlichkeiten führen. Die Empfindlichkeit des Elektrischen Sensors ist die Ladungszahl pro Partikel. Sie wird durch Aufgabe monodisperser Partikel auf den Sensor und gleichzeitiger Messung der Partikelanzahlkonzentration bestimmt [5]. Die Empfindlichkeit des Sensors wird zum Beispiel bei 100 nm mit den entsprechenden Größen (Anzahl, Oberfläche, Volumen) einer Kugel gleichgesetzt (Kalibrierung). Für die dann auftretenden Abweichungen der Empfindlichkeiten in Abhängigkeit von der Partikelgröße von den für die verschiedenen Konzentrationsmaße benötigten Abhängigkeiten können Korrekturfunktionen in Abhängigkeit vom Mobilitätsdurchmesser aus der Differenz der beiden Kurven entwickelt werden. Die gemessene Stromverteilung wird mit den entsprechenden Korrekturfunktionen in eine Anzahl-, Oberflächen- oder Volumenverteilung umgewandelt.

2.2 Bestimmung der Gesamtkonzentrationsmaße für kugelförmige Nanopartikel

Zur Bestimmung von Gesamtkonzentrationen muss der Sensor eine Empfindlichkeit in Abhängigkeit von der Partikelgröße aufweisen, die der benötigten Abhängigkeit im Anstiegsmaß entspricht, da die Größenverteilung nicht bekannt ist. Die Empfindlichkeit des Sensors ist, wie bereits erwähnt, vom Aufladeprozess und den Verlusten im Gerät, welche manipuliert werden können, abhängig. In einer Dissertation [6] wurde nachgewiesen, dass durch Einbau eines konzentrischen, elektrischen Abscheiders anstelle des Filters die Empfindlichkeit so manipuliert werden kann, dass sie der Oberflächenkonzentration entspricht. Fierz et al. [7] haben gezeigt, dass durch Einbau eines Diffusionsgitters vor dem Filter im Elektrometer eine d_p^0-Abhängigkeit (Anzahl) näherungsweise erreicht werden kann. Wir haben festgestellt, dass das Anstiegsmaß der Empfindlichkeit des eingesetzten ES gut mit der Oberflächenverteilung, gewichtet mit den Depositionskurven der menschlichen Lunge, übereinstimmt [2, 8]. Es zeigte sich, dass dies weitestgehend für alle Teile der Lunge (Alveolen, Bronchien) sowie den gesamten Atmungstrakt [9, 10] gültig ist. Auch ist die so bestimmte in der Lunge deponierte Oberflächenkonzentration nach entsprechender Kalibrierung gültig für unterschiedliche Personen und Aktivitäten, sodass sie auch zur Bestimmung der Dosis herangezogen werden kann. Die Dosis allerdings ändert sich von Person zu Person entsprechend den unterschiedlichen Atmungsvorgängen (Atmungsfrequenz und -volumen). Da von vielen Toxikologen die Partikeloberfläche als relevant für Wirkungsvorgänge in der Lunge angesehen wird, ist dieses Verfahren interessant für die Wirkungsforschung. Das kommerziell erhältliche Messgerät Nanoparticle Surface Area Monitor (NSAM, TSI Model 3550) bestimmt den Anteil der in der Lunge abgeschiedenen Oberflächenkonzentrationen und kann somit als ein Lungensimulator angesehen werden. Das Messgerät wurde überprüft durch Messung der Größenverteilung von kugelförmigen Partikeln mit dem SMPS, Bestimmung der Oberflächenverteilung, Gewichtung mit den Depositionskurven der menschlichen Lunge und Integration der Verteilung. Die so bestimmten in Teilen der Lunge auftretenden deponierten Gesamtoberflächenkonzentrationen wurden verglichen mit den mit NSAM gemessenen Konzentrationen.

2.3 Bestimmung der Größenverteilungen von Agglomeraten und Aggregaten

In der industriellen Praxis wird zwischen Agglomeraten mit einer Struktur aus lose aneinander haftenden Primärpartikeln und Aggregaten mit Strukturen von ineinander greifenden, fest verbundenen Primärpartikeln bis hin zu kugelförmigen Partikeln unterschieden.

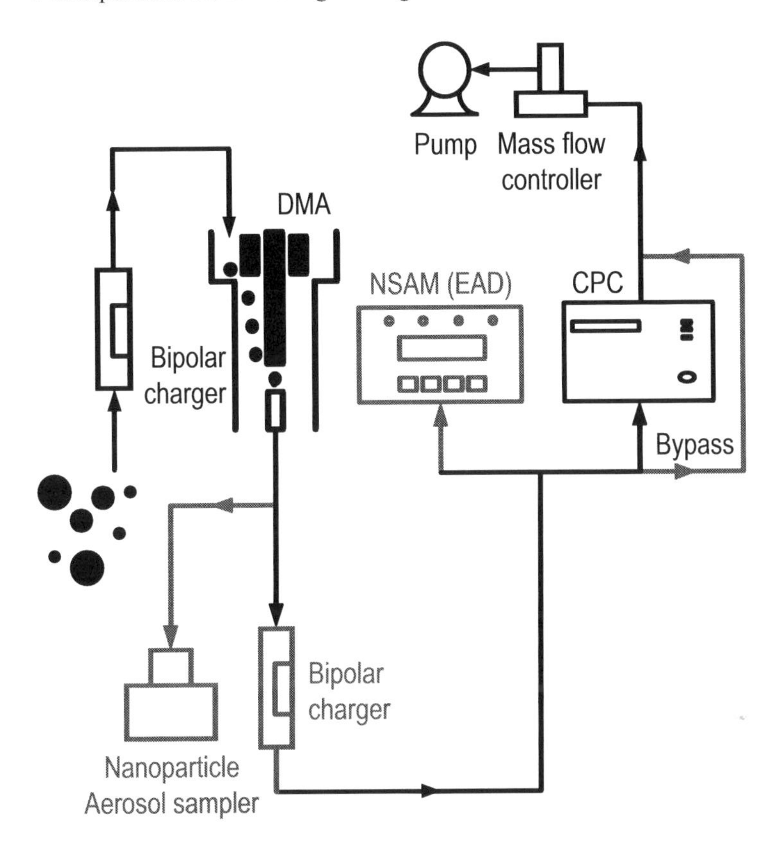

Abb. 2: Universal Nanoparticle Analyser (UNPA) [1]

Die Analyse von Agglomeraten aus verschiedenen Syntheseprozessen hat gezeigt, dass die Primärpartikel häufig in erster Näherung monodispers sind. Unter Verwendung dieser Annahme haben Lall und Friedlander [11] eine Auswertemethode für SMPS-Messungen von losen Agglomeraten mit nanoskaligen, gleich großen Primärpartikeln entwickelt, die sich in mehreren Studien als anwendbar erwiesen hat. Für die Bestimmung der Anzahlgrößenverteilungen und den daraus ableitbaren Oberflächen- und Volumengrößenverteilungen mit dem Größenmerkmal elektrischer Mobilitätsdurchmesser wird der Durchmesser der Primärpartikel benötigt. Dieser wird bisher sehr aufwändig und off-line durch Transmissionselektronenmikroskop (TEM)-Analyse nach Probenahme mit einem Elektrostatischen Präzipitator (NAS) [12] auf einem TEM-Grid bestimmt. Durch Parallelschaltung eines elektrischen Sensors zu einem Partikel zählenden Kondensationskeimzähler (CPC) oder einem Elektrischen Sensor (ES) nach einem DMA kann man die Anzahlgrößenverteilung mit dem Merkmal elektrischer Mobilitätsdurchmesser und in Teilbereichen der Größenverteilung, in denen die Größenverteilung nicht durch mehrfach geladene Partikel verfälscht ist, die Empfindlichkeit (Ladungsanzahl pro Partikel) für unterschiedliche Mobilitätsdurchmesser bestimmen.

Diese abgeleitete Messgröße ist eine Funktion der Agglomeratoberfläche und der Struktur des Agglomerates und erlaubt die Bestimmung der Primärpartikelgröße für lose Agglomerate in einem quasi-online Verfahren. Prototypen eines auf diesen Prinzipien basierenden Gerätes (genannt **U**niversal **N**ano**p**article **A**nalyser (UNPA) [1] (siehe Abb. 2) werden zurzeit getestet.

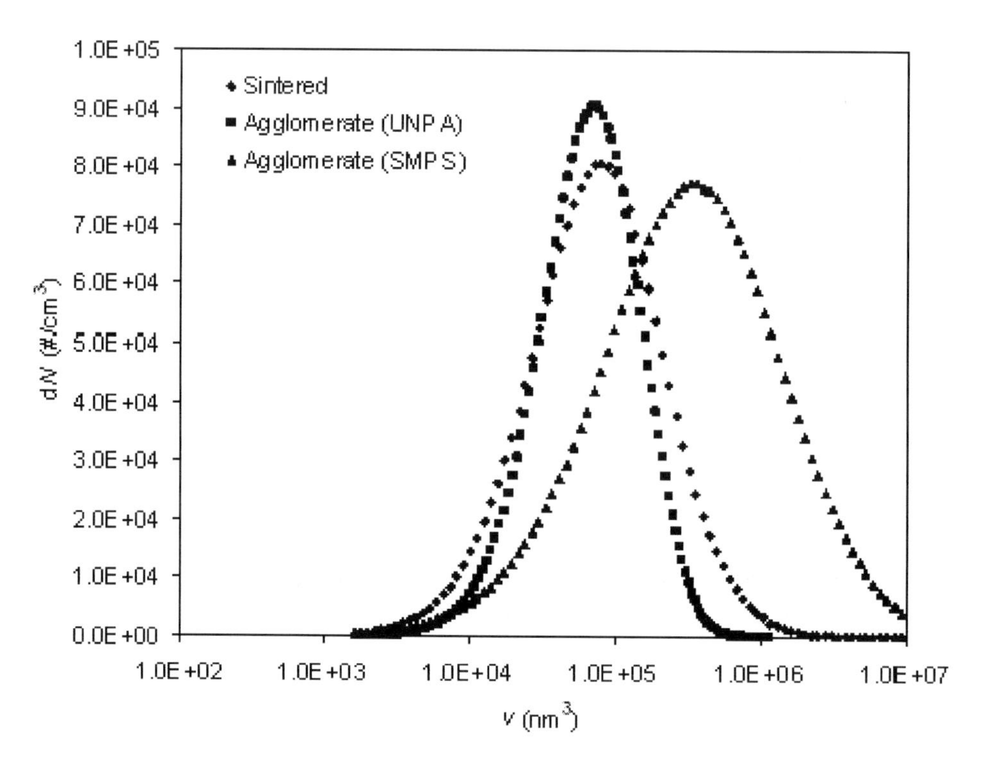

Abb. 3: Agglomerat-Anzahlkonzentration in Abhängigkeit vom Agglomeratvolumen [13]

Zur Kalibrierung wurden sie mit Testagglomeraten aus Silber beaufschlagt und die Messergebnisse mit TEM-Messergebnissen und mit anderen Messverfahren gewonnenen Ergebnissen verglichen. Bei Kenntnis des Primärpartikeldurchmessers ist es für lose Agglomerate auf der Basis von Modellrechnungen möglich, aus der Anzahlkonzentrationsverteilung in Abhängigkeit vom Mobilitätsdurchmesser die anderen Konzentrationsmaße (Oberfläche, Volumen) in Abhängigkeit von für Agglomerate relevanteren Größenmerkmalen (Anzahl der Primärpartikel, Oberfläche oder Volumen pro Agglomerat) zu berechnen. Es zeigte sich, dass zum Beispiel große Unterschiede zwischen der Auswertung

unter Annahme von Kugeln und loser Agglomerate in der Verteilung der Anzahlkonzentration in Abhängigkeit vom Volumen pro Agglomerat auftreten (siehe Abb. 3).
Zur Überprüfung der Auswertemesstechnik wurden die entsprechenden Volumenverteilungen berechnet und durch Integration der Verteilungen die entsprechenden Gesamt-Agglomerat-Volumenkonzentrationen bestimmt, die mit der bekannten Dichte von Silber in Massenkonzentrationen umgerechnet wurden. Parallel zur quasi-online Messung wurden die Agglomerate auf einem Absolutfilter gesammelt, das Gewicht der Agglomerate bestimmt und mit der bekannten Sammelzeit und dem Volumenstrom die Agglomerat-Massenkonzentration ebenfalls berechnet. Die Ergebnisse sind in Abbildung 4 vergleichend gegenübergestellt. Es zeigt sich, wie zu erwarten, ein großer Unterschied zwischen den Ergebnissen der SMPS(Kugel)-Messung und den beiden anderen Verfahren, deren Ergebnisse zufriedenstellend übereinstimmen.

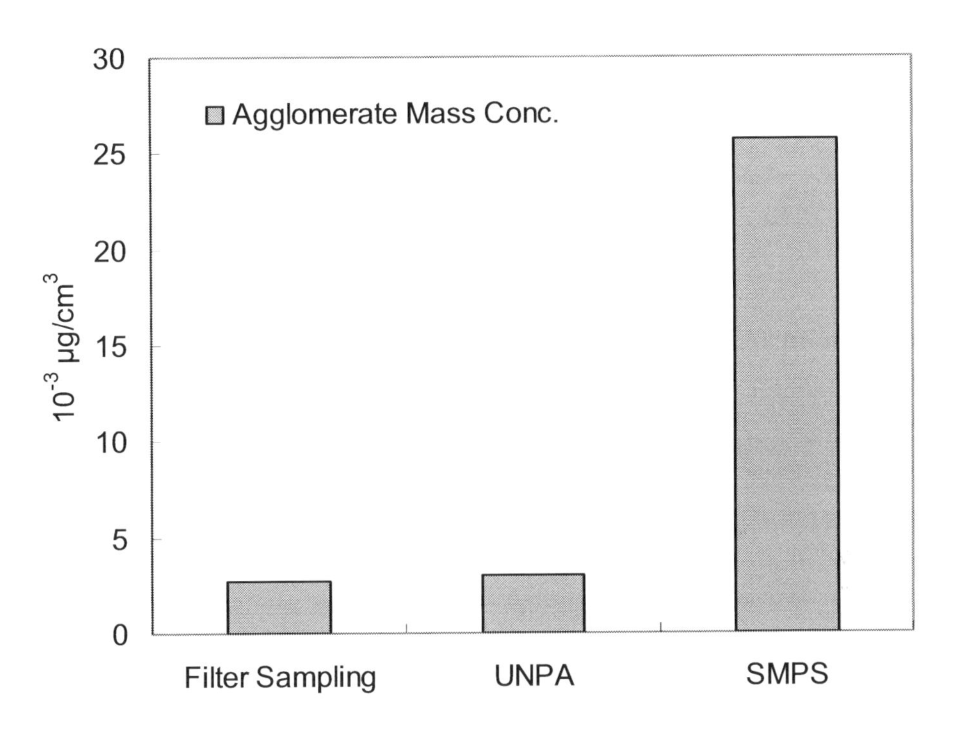

Abb. 4 Vergleich der Agglomerat-Massenkonzentrationen [13]

Für Aggregate kann die oben beschriebene Technik nur für erste Abschätzungen eingesetzt werden. Primärpartikel können bei Aggregaten nur schwer definiert werden. Entsprechende Modelle wie bei Kugeln und losen Agglomeraten fehlen. Die Empfindlichkeit von Aggregaten liegt aber zwischen der der Kugeln und der loser Agglomerate (siehe Abb. 5). Die Änderung der Empfindlichkeit von Aggregaten im Vergleich zur Kugel kann zur Korrektur der gemessenen Anzahlverteilungen von Aggregaten herangezogen werden. Über die Kalibrierung des Zusammenhangs zwischen Empfindlichkeitsänderung (Aggregat-Kugel) und der Oberfläche und des Volumens eines Aggregates können die

Oberflächen- und Volumenverteilungen bestimmt werden. Entsprechende Auswerteverfahren sind in der Entwicklung.

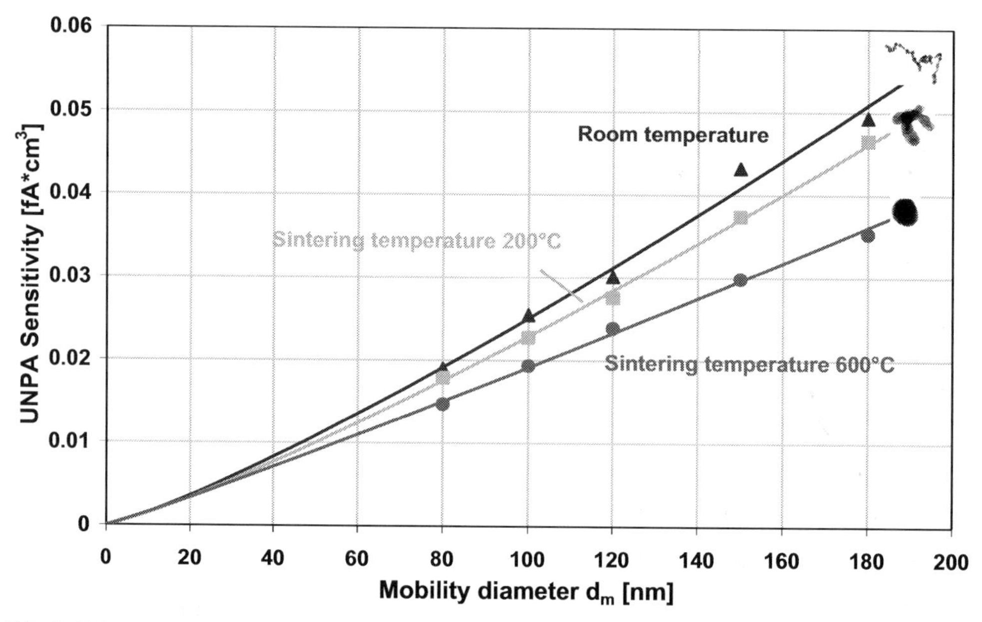

Abb. 5: UNPA Empfindlichkeiten für Silber-Kugeln, - Aggregate und -Agglomerate[11]

2.4 Bestimmung der Gesamtkonzentrationsmaße für Agglomerate und Aggregate

Wie bereits beschrieben gibt es für kugelförmige Nanopartikel bereits Messgeräte, basierend auf dem Prinzip des ES, die die Gesamtanzahlkonzentration und die in der Lunge deponierten Oberflächenkonzentrationen und mit dem inhalierten Volumen die entsprechende Dosisbestimmung erlauben. Bei Agglomeraten und insbesondere bei Aggregaten ändert sich die benötigte Reaktion des Gerätes in unbekannter Weise. Eine Anpassung der Empfindlichkeit des Elektrischen Sensors scheint unmöglich. Es wird versucht, die beobachtete Veränderung der Empfindlichkeit beim Übergang von der Kugel zum Aggregat zu nutzen, und daraus die Veränderungen der Oberfläche und des Volumens beim Übergang von der Kugel zum Aggregat zu bestimmen.

2.5 Messtechnik für weitere Partikelformen

Auch die Längenverteilung von Fasern kann bei monodispersem, bekanntem Durchmesser mit Hilfe des SMPS bestimmt werden [14]. Mit einem parallel zum Anzahlkonzentrationsmesser (CPC, ES) des SMPS messenden elektrischen Sensor kann zusätzlich eine Information über den Faserdurchmesser gewonnen werden. Agglomerate und Aggregate von Fasern müssen wie Aggregate behandelt werden. Bei Nanoplättchen können nur zweidimensionale Formen analysiert werden. Mischungen von unterschiedlichen Partikelformen (Kugeln, Fasern, Plättchen, Agglomerate) können nicht analysiert werden.

3 Diskussion

In der Nanotechnologie besteht ein zunehmendes Interesse an der Charakterisierung und Überwachung von Nanopartikeln und ihren Agglomeraten/Aggregaten in Gasen. Die vorhandenen Geräte für Anzahlkonzentrationsmessungen (CPC) und die Bestimmung ihrer Verteilungen (SMPS) sind groß, aufwändig zu betreiben und in der industriellen Praxis schwer zu handhaben. Außerdem sind sie nur begrenzt bisher auf nichtkugelförmige Partikel anwendbar. Der Einsatz eines Elektrischen Sensors (ES) bestehend aus einem unipolaren Auflader, einer Ionenfalle und einem Filter mit Elektrometer als Detektor (z. B. anstelle CPC), bietet Handhabungsvorteile und nach Entwicklung geeigneter Software auch den Vorteil nichtkugelförmige Partikel charakterisieren zu können. Es wurden mehrere Monitore zur Bestimmung von Gesamtoberflächenkonzentrationen (z. B. NSAM) kugelförmiger Partikel und von Anzahlverteilungen loser Agglomerate (UNPA) bereits entwickelt. Unter Nutzung der gleichen Hardware besteht die Möglichkeit nach Entwicklung geeigneter Software weitere Partikelformen einschließlich Aggregate zu vermessen. Die Universalität des ES ist darin zu sehen, dass er für mehrere Messgrößen mit geeigneter Kalibrierung und für unterschiedliche Partikelformen gleicher Struktur eingesetzt werden kann.

4 Literatur

[1] J. Wang, W. G. Shin, M. Mertler, B. Sachweh, H. Fissan, D. Y. H. Pui, *Measurement of Nanoparticle Agglomerates by Combined Measurement of Electrical Mobility and Unipolar Charging Properties,* Aerosol Science and Technology, 44:, 2, 97-108, 2010, DOI: 10.1080/02786820903401427

[2] H. Fissan, S. Neumann, A. Trampe, D. Y. H. Pui, W. G. Shin, *Rationale and Principle of an Instrument Measuring Lung Deposited Nanoparticle Surface Area,* Journal of Nanoparticle Research 9: 53-59, 2007, DOI: 10.1007/s11051-006-9156-8

[3] D.-R. Chen, D. Pui, D. Hummes, H. Fissan, F. Quant, G. Sem, *Design and Evaluation of a Nanometer Aerosol Differential Mobility Analyzer (Nano-DMA)*, J. Aerosol Sci. Vol. 29, No. 5/6, pp. 497-509, 1998

[4] H. Fissan, C. Helsper, H. J. Thielen, *Determination of Particle Size Distributions by Means of an Electrostatic Classifier,* J. Aerosol Sci., Vol. 14, pp. 354-357, 1983

[5] C. Qi, C. Asbach, W. G. Shin, H. Fissan, D. Y. H. Pui, *The Effect of Particle Pre-Existing Charge on Unipolar Charging and Its Implication on Electrical Aerosol Measurements*, Aerosol Science and Technology, 43, 232-240, 2009, DOI: 10.1080/02786820802587912

[6] J. M. Wei, F. E. Kruis, H. Fissan, *A Method for Measuring Surface Area Concentration of Ultrafine Particles,* European Aerosol Conference 2007, Salzburg, Abstract T02A042,2007

[7] M. Fierz, C. Houle, P. Steigmeier, H. Burtscher, *Design, Calibration, and Field Performance of a Miniature Diffusion Size Classifier*, Aerosol Science and Technology, 45: 1-10, 2011, DOI: 10.1080/02786826.2010.516283

[8] W. G. Shin, D. Y. H. Pui, H. Fissan, S. Neumann, A. Trampe, *Calibration and Numerical Simulation of Nanoparticle Surface Area Monitor (TSI Model 3550 NSAM),* Journal of Nanoparticle Research 9: 61-69, 2007, DOI: 10.1007/s11051-006-9153-y

[9] J. Löndahl, A. Massling, J. Pagels, E. Swietlicki, E. Vaclavik, S. Loft, *Size-resolved Respiratory-tract Deposition of Fine and Ultrafine Hydrophobic and Hygroscopic Aerosol Particles during Rest and Exercise*, Inhal. Toxicol. 19, 109-116

[10] C. Asbach, H. Fissan, B. Stahlmecke, T. A. J. Kuhlbusch, D. Y. H. Pui, Conceptual *Limitations and Extensions of Lung-Deposited Nanoparticle Surface Area Monitor (NSAM)*, Journal of Nanoparticle Research, 11: 101-109, 2009, Paper in proceedings, DOI: 10.1007/s11051-008-9479-8

[11] A. A. Lall, S. K. Friedlander, *On-line Measurement of Ultrafine Aggregate Surface Area and Volume Distributions by Electrical Mobility Analysis: I. Theoretical Analysis*, Journal of Aerosol Science: 37, 260–271, 2006, DOI: doi:10.1016/j.jaerosci.2005.05.021

[12] J. Dixkens, H. Fissan, *Development of an Electrostatic Precipitator of Off-Line Particle Analysis*, Aerosol Science and Technology 30: 438-453, 1999

[13] Z. Liu, S. C. Kim, J. Wang, H. Fissan, D. Y. H. Pui, *Measurement of Metallic Nanoparticle Agglomerates Generated from Spark-discharge using the Universal Nanoparticle Analyzer (UNPA)*, submittet to Aerosol Science and Technology

[14] S.H. Kim, M.R. Zachariah, *In-flight size classification of carbon nanotubes by gas phase electrophoresis, Nanotechnology, 16, 2149-2152*

PARTIKELGRÖSSENANALYSE MIT ABSOLUTER GENAUIGKEIT

Dr. rer. nat. Wolfgang Witt, Dr. rer. nat. Thomas Stübinger, Dr.-Ing. Ulrich Köhler, Dr.-Ing. Joachim List, Dipl.-Ing. Jens Jordan

Sympatec GmbH, System-Partikel-Technik, Am Pulverhaus 1, D-38678 Clausthal-Zellerfeld, WWitt@Sympatec.com

1 Einleitung

Größenstandards sind keine Erfindung der Neuzeit, als Beispiel mögen z.B. die Längenstandards für Webwaren an der Basilica di Santa Maria Maggiore in Bergamo, Italien, von 1195 - 1248 dienen.

Abb. 1: „Längenstandards" für Webwaren an der Basilica di Santa Maria Maggiore in Bergamo, Italien, 1195 – 1248.

Umso erstaunlicher ist es, dass sich die Partikelgrößenanalyse seit Jahrzehnten schwer tut, für die modernen Partikelgrößen-Messsysteme Standards zu erlassen, die eine Rückführbarkeit der Ergebnisse auf das Urmeter ermöglichen. Das hängt wesentlich damit zusammen, dass die zu messenden Proben häufig ein Haufwerk von Partikeln verschiedener Größe bilden, die als Messergebnis eine Partikelgrößenverteilung (PGV) mit Mengenart (z.B. Volumenanteil Q_3) als Funktion der Größe x liefern, z.B. die Volumensummenverteilung $Q_3(x)$.

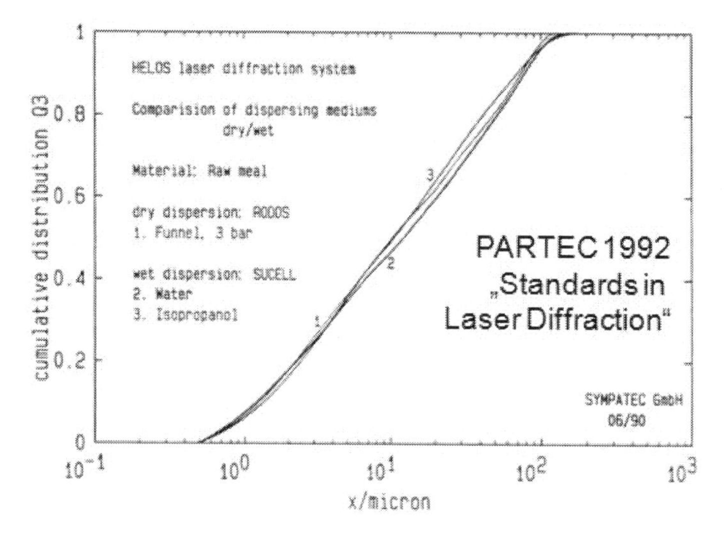

Abb. 2: Partikelgrößenanalyse von Rohmehl für die Zementproduktion mittels Laserbeugung (Sympatec HELOS mit Trockendispergierer RODOS) über nahezu 3 Dekaden in $Q_3(x)$, vorgestellt auf der PARTEC 1992 in Nürnberg [1].

Hinzu kommt, dass die Genauigkeit, mit der eine solche Verteilung bestimmt werden kann, häufig mit zunehmender Breite der Verteilung abnimmt. Die in Abb. 2 dargestellten PGVen von Rohmehlen erstrecken sich über nahezu 3 Dekaden. $Q_3(x)$ ist dabei nahezu linear über $lg(x)$ verteilt und stellte 1992 aufgrund des großen zu erfassenden Dynamikbereiches eine erhebliche Herausforderung für die damals existierenden Laserbeugungssysteme dar. Um einen sehr harten Test für solche Systeme zu etablieren, wurde daher in [1] vorgeschlagen,

"... a standard material of well-absorbing spherical particles with a wide size distribution linear in $Q_3(lg(x))$, covering more than one decade in size, traceable to the standard metre ..."

zu schaffen und dieses als Testmaterial für Laserbeugungssysteme zu verwenden. Ein solches Material ist bis heute nicht verfügbar.

2 Präzision und Genauigkeit

Die Begriffe *Präzision* und *Genauigkeit* werden über Abb. 3 verdeutlicht. Ein ideales Messinstrument sollte beides sein, präzise und genau. Die Sympatec GmbH unterstützt daher seit Jahren diverse Maßnahmen zur Verbesserung der Präzision und Genauigkeit von Partikelgrößenmesssystemen, z.B. durch Einführung von Referenzmaterialien zur Qualifizierung dieser Systeme und durch aktive Mitwirkung in einschlägigen Standardorganisationen wie z.B. der ISO/TC24/SC4. So ist der Autor dort Leiter der Arbeitsgruppe 8 für Bildverarbeitung.

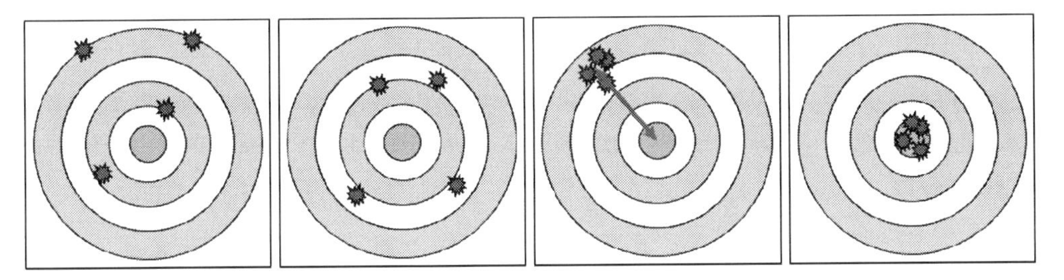

Abb. 3: Von links nach rechts: a) weder präzise noch genau, b) unpräzise aber genauer Mittelwert, c) präzise aber ungenau, da mit Offset versehen, Ziel: d) präzise und genau.

Die Genauigkeit ist dabei das Maß der Nähe einer Messgröße zu einem Standard oder dem wahren Wert. Für die Laserbeugung (LB) präzisiert die ISO 13320:2009 im Abschnitt über "Accuracy" zur Qualifizierung einen zweistufigen Prozess:

1. *"For certification for accuracy, use traceable spherical certified reference materials (CRMs), e.g. particles that are traceable and certified to or by national standards institutions. This ensures that the instrument is correctly functioning as an analytical platform. Should any modifications or major maintenance be required, again use traceable CRMs to ensure the accuracy of the instruments."*
2. *"Once the instrument performance has been compared to CRMs and accuracy has been demonstrated to be within acceptable limits, or if it has been deemed that the accuracy test is not mandated, instrument qualification can then be demonstrated with reference materials that do not have traceability to an (inter)national standards institution(s). Additionally, they do not have to be spherical."*

Im ersten Schritt der Qualifizierung eines LB-Sensors müssen also zertifizierte, sphärische Materialien sogenannte Standard-Referenzmaterialien eingesetzt werden, während für die tägliche Überprüfung praxisnähere Materialien zum Einsatz kommen dürfen, die nicht mehr notwendiger Weise sphärisch, sehr wohl aber langzeitstabil sein müssen.

2.1 Standard-Referenzmaterialien

Für den Primärtest sind danach nur noch Standard-Referenzmaterialen zugelassen. Einige dieser Materialien sind inzwischen kommerziell verfügbar. Es handelt sich um in der Partikelgröße kontinuierlich verteilte Haufwerke sphärischer Partikel, die aus einer größeren Gesamtheit durch Probeteilen auf direkt messbare Probenvolumina angepasst wurden, sogenannte "*one-shot sam-*

ples". Für die Laserbeugung fordert die ISO 13320:2009 dafür ein x_{90}/x_{10} -Verhältnis von gerade einmal 1,5:1 bis 4:1. Die Breite einer so engen Verteilung wird in der Praxis häufig überschritten, so dass ein LB-Messsystem bei breiten Verteilungen abweichende oder gar fehlerhafte Ergebnisse liefern kann, obwohl es konform mit dieser Norm qualifiziert wurde.
Die Genauigkeit der Spezifikation wird zudem mit wachsender Breite der Verteilung schlechter. So ist es z.B. schwierig, in der häufig dafür eingesetzten Mikroskopie gleichzeitig z.B. 10 µm- und 100 µm-Partikel scharf abzubilden, da diese auf einem Objektträger nicht simultan in derselben Schärfeebene liegen. Die ISO berücksichtigt diesen Sachverhalt, indem sie als Abnahmekriterien Grenzwerte spezifiziert, die sich in Addition aus einer kleinen Basistoleranz (typisch 3% - 5%) zuzüglich den vom Hersteller spezifizierten Fehlergrenzen der Standard-Referenzmaterialien (typisch > 5%) ergeben. Die daraus resultierenden großen Fehlergrenzen von etwa 10% sind heute von vielen LB-Systemen gut einzuhalten, spiegeln jedoch keinesfalls die heute mögliche Genauigkeit wider. Auch stehen diese großen Fehlergrenzen im Gegensatz zu der häufig sehr guten Präzision der Systeme.

2.2 Referenzmaterialien

Zur zweiten Gruppe für den Sekundärtest gehören die von Sympatec seit den 80er Jahren verwendeten Referenzmaterialien. Seit 1992 sind diese auch in einem weiten Größenbereich von unterhalb 1 µm bis oberhalb 1 mm auch kommerziell erhältlich.

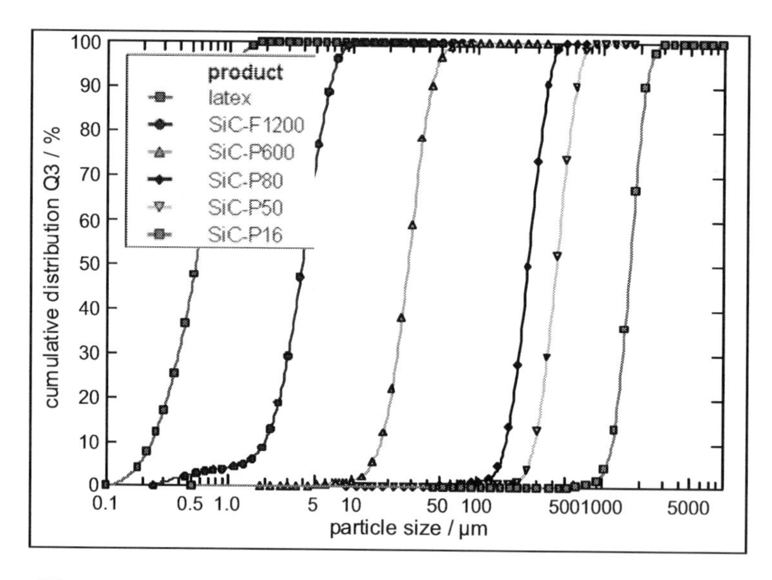

Abb. 4: Eine Auswahl seit 1992 von Sympatec verwendeten Referenzmaterialien auf Siliziumkarbid-Basis [2]

Es handelt sich dabei um langzeitstabile, nicht sphärische Schleifmittel auf Siliziumkarbidbasis (SiC). Für diese Materialien wurden Standardabweichungen σ für 6 Messungen an derselben Probe von typisch < 0,04 % und an probegeteilten Proben von typisch < 0,3 % ermittelt. Durch konsequenten Einsatz dieser Materialien in der Endkontrolle der Produktion und bei der Rezertifizierung der Systeme beim Endanwender gelang es, die System-zu-System-Vergleichbarkeit für HELOS-Laserbeugungssysteme einschließlich der Probenahmefehler der Referenzmaterialien auf typisch < 1 % zu verbessern (trocken HELOS&RODOS typ. 0,5 % auf Basis von mehr als 200 Systemen, nass HELOS&SUCELL typisch 0,62% auf Basis von ca. 100 Systemen).
Die *Präzision* ist für diese Systeme also gegeben. Allerdings ist die Rückführbarkeit der gemessenen PGVs auf das Urmeter schwierig, da die Partikel nicht kugelförmig sind. Ein hierzu benötigter Vergleich zwischen zwei absolut messenden Verfahren ist nur möglich, wenn dabei das gleiche Dispergiergerät verwendet wird (siehe Köhler et. al [3]). Für die Bestimmung der *Genauigkeit* müssen somit kugelförmige Materialien verwendet werden.

2.3 Sphärische monodisperse Partikel

Sphärische mono-disperse Partikel scheinen auf den ersten Blick optimal für diese Aufgabe geeignet zu sein. Entmischung, Einflüsse durch unterschiedliche Verweildauern infolge von Geschwindigkeitsunterschieden oder Gewichtungsunterschiede aufgrund von inhomogener Beleuchtung in der Messzone sind für diese Materialien vernachlässigbar. Viele solcher Materialien sind in einem weiten Größenbereich kommerziell mit eng tolerierten und mit auf das Urmeter rückführbaren Genauigkeiten erhältlich. Leider sind sie als Material zur Qualifizierung häufig ungeeignet, da die meisten Messsysteme darauf optimiert wurden, dass sie Größenverteilungen und nicht eine einzelne Größe x bestimmen. Monodisperses Material wird in diesen Systemen oft der Klassenmitte zugeordnet. Die erzielbare Abweichung ist dann durch die mittlere Partikelgröße und die Lage der diese Größe umschließenden Klassengrenzen gegeben. Bei der verbreiteten Laserbeugung erfordert zudem der mathematische Inversionsalgorithmus in der Auswertung eine Mindestbreite der Verteilung. Die mit diesen Materialien erzielbaren Ergebnisse sind somit nicht sinnvoll nutzbar.

3 Lattenzaunverteilungen

Mit den vorgestellten Referenzmaterialien ist es inzwischen gelungen, die *Präzision* unserer Messsysteme auf Werte deutlich unter 1% zu drücken [2]. Der Nachweis der erzielbaren absoluten *Genauigkeit* ist jedoch an die Fehlergrenzen der verfügbaren Standard-Referenzmaterialien gebunden und diese sind bei breiten Verteilungen üblicher Weise eine Größenordnung schlechter. Als möglichen Ausweg haben wir 2008 die Verwendung einer Lattenzaunverteilung (englisch "lattice fence" bzw. "picket fence distribution", PFD) vorgeschlagen [2]. Dabei liegt die Idee zugrunde, breite Verteilungen über wohldefinierte Mischungen von präzise qualifizierten kugelförmigen, monodispersen Materialien (SMMs) zu erzeugen. Die Genauigkeit der resultierenden Verteilung ist nur noch abhängig von der Genauigkeit der einzelnen SMMs, der Massendichte ρ und dem Wiegeprozess. Jeder dieser Parameter für sich kann dabei präzise bestimmt und kontrolliert werden. Bei Verwendung gleicher Massenanteile und gleichen Abständen der Partikelgrößen der einzelnen Komponenten (SMM = „Latte“) auf der logarithmischen Größenachse ergibt sich die in Abb. 5 dargestellte Lattenzaunverteilung.

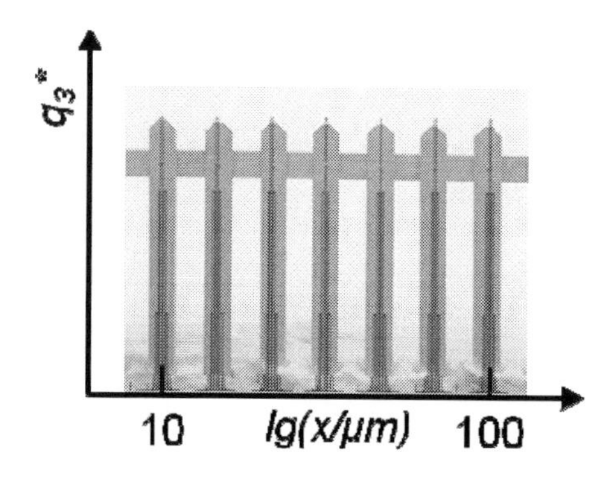

Abb. 5: Lattenzaunverteilung, dargestellt als logarithmische Verteilungsdichte $q_3*(lg(x/\mu m))$.

Die Summenfunktion $Q_3(x)$ ist damit eine Stufenfunktion mit "quasi-linearem" Verlauf und somit dem 1992 in Kapitel 1 postulierten Wunschmaterial sehr ähnlich. Darüber hinaus lassen sich mit diesem Ansatz, zumindest prinzipiell, beliebige Verteilungsbreiten auch über mehrere Dekaden hinweg ohne signifikante Verminderung der Genauigkeit erzeugen.

3.1 Auswahl der kugelförmigen monodispersen Materialien (SMMs)

Für die einzelnen Latten einer Lattenzaunverteilung sind stabile, kugelförmige SMMs mit wohldefinierter Partikelgröße x_{50} und Massendichte ρ erforderlich. Um in Nassdispergierern verwendbar zu sein und Entmischungen aufgrund von Sedimentation zu vermeiden, sollte die Dichte der Partikel wenig über der Dichte des umgebenden Mediums liegen. Zur Eignung für die Trockendispergierung sind ferner eine hohe mechanische Stabilität und eine geringe Neigung zur elektrostatischen Aufladung erforderlich. Optisch stark absorbierende Partikel sind dabei zu bevorzugen, da in diesem Fall z.B. bei der Laserbeugung parameterfreie Lösungen zur Auswertung für den gröberen Bereich (> 10 µm) eingesetzt werden können. Bei abbildenden Verfahren ist der höhere Kontrast ebenso günstig für eine verbesserte Kantendetektion.

Ausgehend von [2] wurde inzwischen eine Vielzahl von Materialien auf ihre Eignung hin untersucht: Glas, diverse Polymere, Glaskohlenstoff, Keramiken, Metalle, Wachse etc. Inzwischen favorisieren wir Glaskohlenstoff. Die uns vorliegenden Kugeln sind perfekt schwarz, haben eine glatte Oberfläche, eine hohe Bruchfestigkeit und eine von Wasser nicht sehr stark abweichende Dichte von $\rho \approx 1,3\ g/cm^3$.

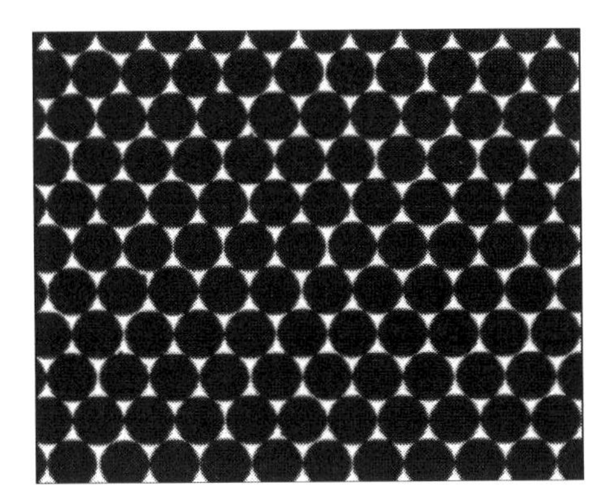

Abb. 6: Mikroskopische Aufnahme von monodispersen Glaskohlenstoffkugeln hexagonal angeordnet mit einer Größe von einigen hundert Mikrometern.

3.2 Charakterisierung der SMMs

Der genauen Charakterisierung der SMM kommt eine entscheidende Bedeutung zu. Wir haben uns für ein mehrstufiges Verfahren entschieden:

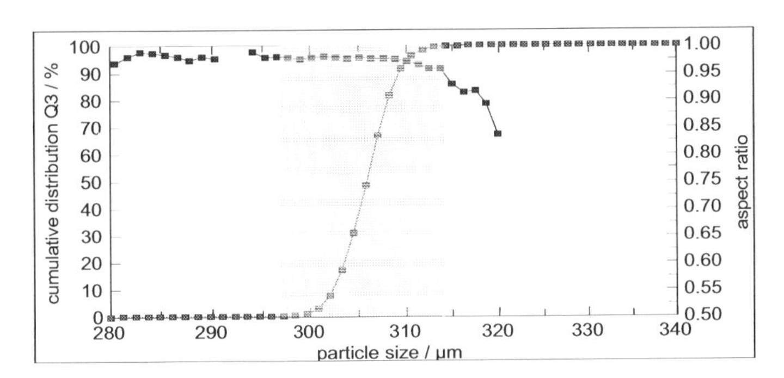

Abb. 7: Darstellung der Summenverteilung $Q_3(x)$ zusammen mit dem Seitenverhältnis (aspect ratio) der Glaskohlenstoffkugeln.

In einem *ersten Schritt* können mittels unserer Hochgeschwindigkeitsbildanalyse (QICPIC) Mengen im Kilogrammbereich hinsichtlich PGV, Partikelform und dem nicht kugelförmigen Anteil untersucht werden. Das Seitenverhältnis hat sich dabei als optimale Größe herausgestellt, um die Kugelgestalt der SMMs zu überprüfen. Abb. 7 zeigt das Seitenverhältnis, das für diese Partikel bei $\geq 0,95$ für den gesamten Bereich der Hauptverteilung $1\% < Q_3(lg(x)) < 99,9\%$ liegt.

In einem *zweiten Schritt* wird die Größe der Partikel absolut bestimmt. Dazu eignen sich bei Partikelgrößen im Bereich oberhalb 100µm lineare Anordnungen in Kapillaren oder hexagonal dichteste Packungen (siehe Abb. 8).

In beiden Fällen können die Partikel direkt auf einem zertifizierten Maßstab angeordnet werden und die mittlere Partikelgröße über eine Längenmessung langer Partikel-Ketten bestimmt werden, unbeeinflusst von möglichen Verzerrungen durch das abbildende System.

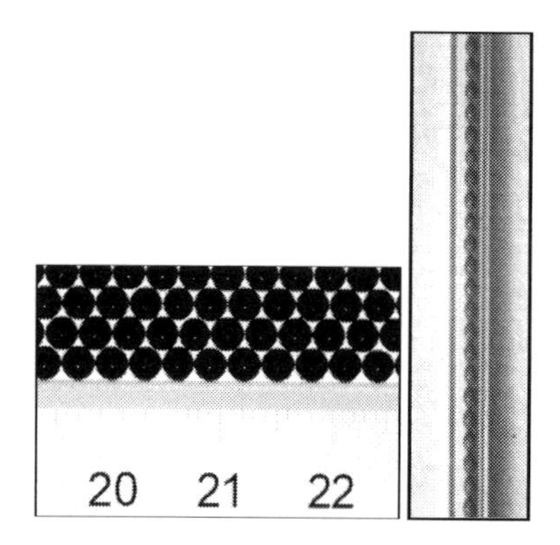

Abb. 8: Glaskohlenstoff-SMMs als hexagonal dichteste Packung (links) oder angeordnet in einer Kapillare (rechts) zur Größenbestimmung der Partikel.

Für feinere Partikel eignet sich z.B. eine Beugungsanordnung (wie nach Abb. 9). Die Fehlereinflüsse lassen sich dabei gut kontrollieren: Bei Verwendung eines HeNe-Lasers ist die Wellenlänge λ sehr genau bekannt ($\Delta\lambda/\lambda \approx \pm 10^{-8}$). Mit einer engen Küvette, einem großen Abstand und einer kleinen Apertur des Detektors lassen sich die absoluten Fehler bei der Erfassung des Beugungsbildes auf den Promillebereich begrenzen. Die so erfasste Winkelverteilung der Intensität kann mit der über Mie-Rechnung numerisch berechneten Intensitätsverteilung verglichen werden.

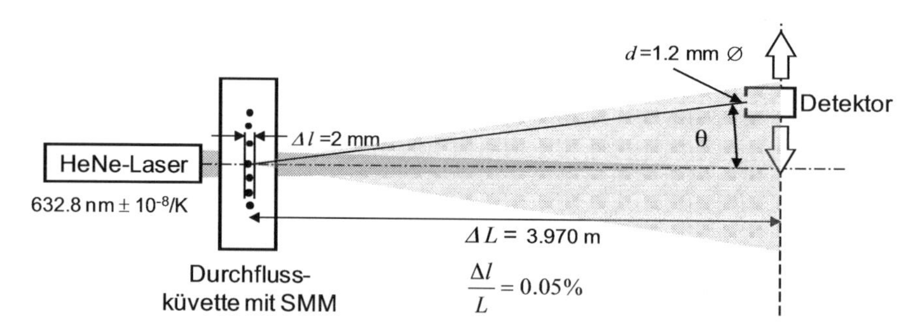

Abb. 9: Beugungsanordnung zur Bestimmung der absoluten Größe der SMMs, bestehend aus HeNe-Laser mit Raumfilter und Strahlaufweitung zur Beleuchtung der Partikel im konvergenten Strahl, Durchflussküvette zur Führung der Partikel und Fotodetektor auf Linear- oder Goniometerführung mit kleiner Apertur.

Der Vergleich reagiert sehr empfindlich auf die korrekte Wahl der Partikelgröße und der Verteilungsbreite des nahezu monodispersen Materials. Daher ist eine sehr genaue Bestimmung dieser Parameter möglich.

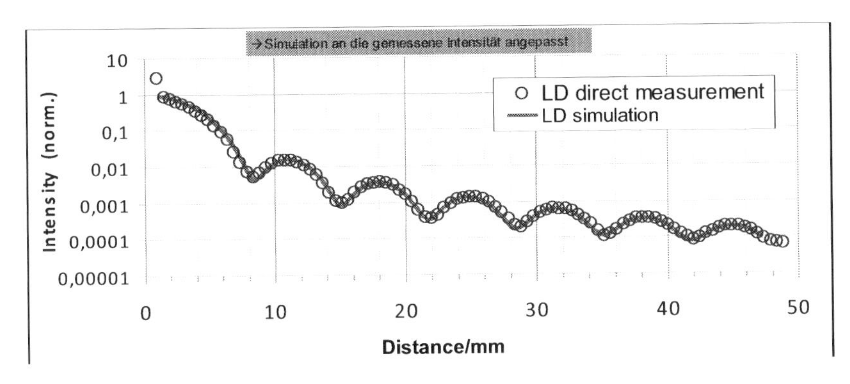

Abb. 10: Vergleich der gemessenen Intensitätsverteilung über den Abstand senkrecht zur optischen Achse (Kreise) mit der für ein sehr eng verteiltes SMM berechneten Mie-Streulichtintensität. Ermittelte Parameter: $x = 375{,}9\ \mu m \pm 0{,}6\%$, $x_{90}/x_{10} = 1{,}06$.

Da der Inversionsalgorithmus der Laserbeugung nicht zum Einsatz kommt, kann man die Fehler der Methode gut abschätzen. Im vorliegenden Fall zeigten unsere Untersuchungen, dass die PGV in diesem Fall auf besser als *1%*, jeweils für die Größe x und Mengenart Q_3, bestimmt werden kann. Die hiermit ermittelte Verteilungsbreite $x_{90}/x_{10} = 1{,}06$ entspricht dabei exakt der mittels der dynamischen Bildverarbeitung (mit Sympatec QICPIC) ermittelten Breite. Für Partikel $< 30 \mu m$ sind mit dieser Methode größere Fehlergrenzen zu erwarten, da der komplexe Brechungsindex der Partikel immer mehr Einfluss auf die Streulichtintensitäten gewinnt und daher genau bestimmt werden muss.

3.3 Anzahl und Position der "Latten" in der PFD

Es war zunächst unklar, ob die auf kontinuierliche Verteilungen ausgelegten Auswertealgorithmen insbesondere der Laserbeugung mit einer diskretisierten Verteilung einer PFD überhaupt umgehen können. Die Produktion etlicher SMMs mit speziellen Partikelgrößen ist zeitaufwändig und kostenintensiv. Daher wurde zunächst mittels Simulation geprüft, wie sich ein Laserbeugungssystem bei Vorliegen einer PFD verhält und welche Eigenschaften der PFD dabei von besonderer Bedeutung sind [2]. Die Simulation erfolgte mittels eigener Software auf Basis einer Präzisions-Mie-Berechnung von Stübinger [4]. Dazu wird (1.) adaptierbar an eine spezielle Lichtquelle für eine beliebige PGV (z.B. PFD) mittels unserer Präzisions-Mie-Berechnung die winkelabhängige Intensitätsverteilung berechnet; (2.) diese winkelabhängige Intensitätsverteilung wird über eine virtuelle Fourieroptik auf eine beliebig definierbare virtuelle Detektorgeometrie abgebildet und in Photoströme umgerechnet; (3.) die Fotoströme werden dann als Eingangsgrößen (Signale) der Inversionsprozedur der Auswertung zugeführt; daraus wird (4.) die Partikelgrößenverteilung zurückgerechnet und mit der Eingangs-PGV verglichen. Im vorliegenden Fall wurde die Berechnung an die Eigenschaften der HELOS/R-Serie angepasst und der Auswertealgorithmus der WINDOX 5 Software verwendet.

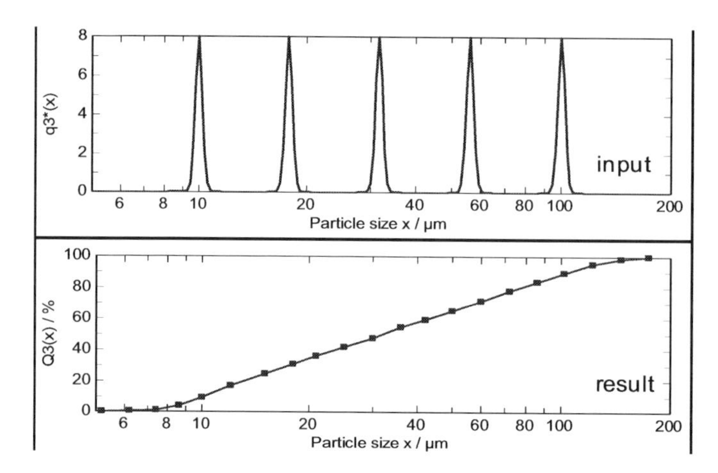

Abb. 11: Oben: Eingegebene Lattenzaunverteilung: die Verteilungsbreite der Einzelfraktionen wurde der zuvor bestimmten Verteilungsbreite des realen Materials angepasst; unten: Ausgabe der über den Inversionsalgorithmus der WINDOX 5 Software ermittelten PGV.

Bei Verwendung von 7 Latten/Dekade zeigt die Simulation nach [2] in Abb. 11, dass der Auswertalgorithmus gutmütig auf den diskretisierten Verteilungstyp der PFD reagiert und dass bereits bei dieser Lattenanzahl ein quasi lineares Ergebnis in $Q_3(lg(x))$ erzielt wird. Eine systematische Untersuchung der Anzahl der Latten/Dekade ist in Abb. 12 dargestellt.

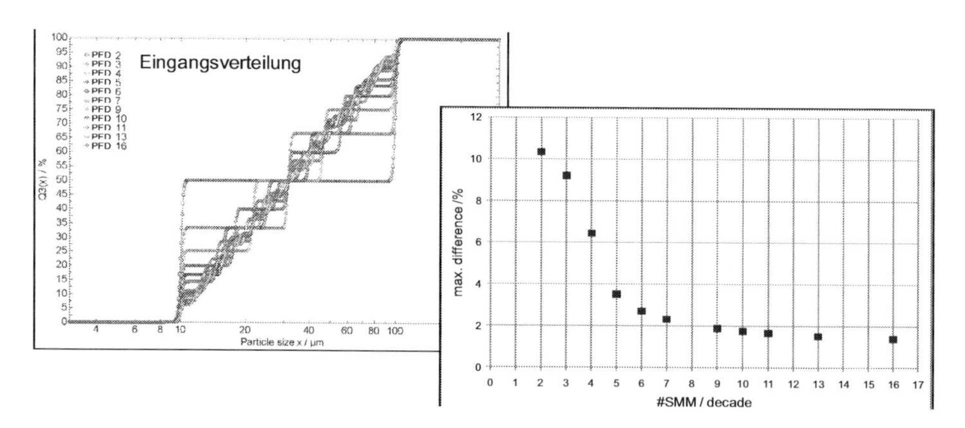

Abb. 12: Links: Eingangsverteilung der Simulation mit 2 bis 16 Latten pro Dekade; rechts: Resultierender Fehler eines gleitenden Mittelwertes über ein volles Abstandsintervall zwischen Eingangsverteilung und Ergebnis der WINDOX Auswertung.

Es zeigt sich, dass ab etwa 7 Latten pro Dekade die Abweichung zwischen zurückgerechneter Summenverteilung und dem gleitenden Mittelwert der Summenverteilung der ursprünglichen Stufenfunktion nur noch ca. 2 % beträgt und dieser Wert sich mit größerer Anzahl der Latten nur noch wenig ändert. Ungerade Anzahlen an Latten sollten unbedingt bevorzugt werden, da dann der wichtige Median x_{50} stabil durch die Zentrallatte abgebildet wird. Weiterführende Untersuchungen zeigten, dass dieses Ergebnis von der präzisen Positionierung der einzelnen Latten abhängt.

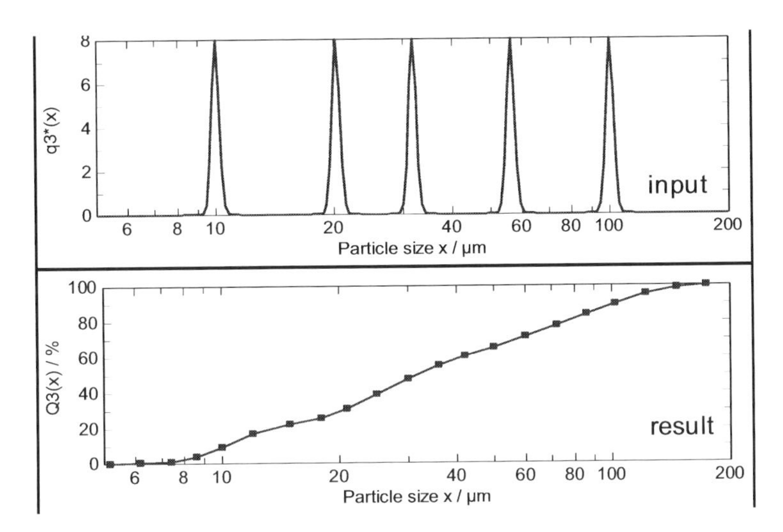

Abb. 13: Verschiebung der 2. Latte um 3 µm auf 20,8 µm = +17 % (oben) führt zu einer deutlichen Deformation des Ergebnisses (unten).

In Abb. 13 führt ein leichter Versatz der zweiten Latte um 3 µm auf 20,8 µm (+17 %) zu einer deutlichen Deformation des Ergebnisses.

Die Abhängigkeit von der Breite der SMM-Verteilungen wurde ebenfalls untersucht (hier nicht dargestellt). Dabei zeigt sich, dass die Latten zwar beliebig schmal gemacht werden können, wodurch die Qualifizierung der SMMs vereinfacht wird, die maximale Breite $x_{90}/x_{10} = 1,125$ jedoch nicht überschritten werden sollte, da anderenfalls die Beiträge der Flügel der Verteilung sich zu sehr überlagern und sich die erzielbaren Abweichungen wieder vergrößern. Dieses Ergebnis wird auch durch jüngste Untersuchung mit Simulationen aus Japan [5] bestätigt, die für $x_{90}/x_{10} < 1,06$ als notwendig ausweisen.

Bei Verwendung einer PFD mit 7 Latten/Dekade zeigt Abb. 14 die theoretisch möglichen Abweichungen für den Strahlengang und die Inversionsprozedur der aktuellen HELOS-Sensorfamilie. Die Simulation geht von einer optimalen Probenzufuhr und Dispergierung aus und berücksichtigt keinerlei Abbildungs- oder Messfehler. Die so bestimmten Abweichungen von $\Delta Q_3 < 1\%$ für den Größenbereich $x_{10} \leq x \leq x_{90}$ stellen somit die theoretisch erzielbare Fehleruntergrenze für diesen LB-Sensor dar [2].

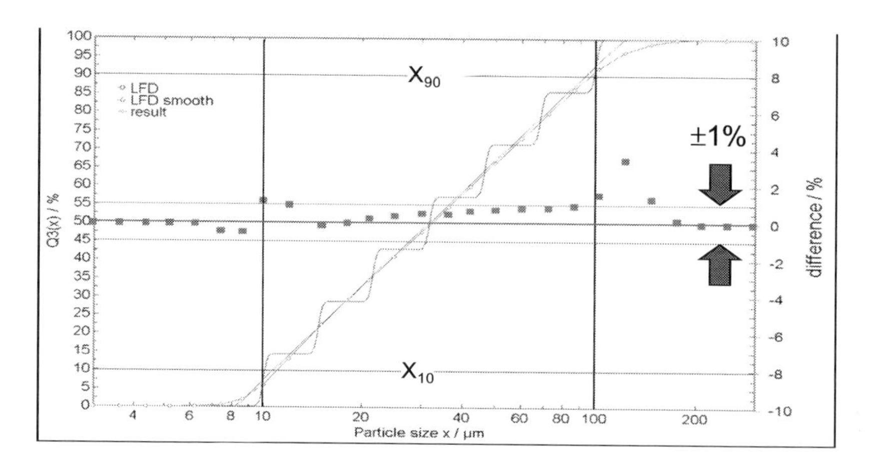

Abb. 14: Theoretisch mögliche Fehlergrenzen bei Auswertung einer simulierten PFD mit 7 Latten/Dekade (Stufenfunktion), das Ergebnis der HELOS-Auswertung (durchgezogene Linie mit Markern), Abweichungen zur Fit-Geraden in Prozent (Quadrat-Marker).

3.4 Partikelstatistik

Für ein Standardreferenzmaterial mit breiter Verteilung ist eine ausreichende Probengröße erforderlich, damit auch am groben Ende der Verteilung, wo nur noch wenige Partikel zu einem großen Massenanteil beitragen, mit ausreichender statistischer Sicherheit gemessen werden können. Andererseits ist die maximale Probenmenge häufig durch die Messmethode begrenzt. So sind bei der Nassdispergierung das Volumen V des Kreislaufes und die maximal zulässige optische Konzentration c_{opt} die entscheidenden Faktoren.

Die minimale Masse $m_{\min}$ einer zu ziehenden Probe P wird nach Sommer [6] durch die Einzelkorn-Masse der gröbsten Komponente K_1 einer Mischung aus N monodispersen Komponenten sowie der geforderten maximalen Standardabweichung bestimmt. Ebenfalls nach [6] berechnet sich die Varianz σ^2 der Massenkonzentration $\Delta Q_3^P(K_1)$ der Komponente K_1 in der Probe gemäß

$$\sigma^2\left(\Delta Q_3^{\mathrm{P}}(K_1)\right) = \frac{m_1}{m^{\mathrm{P}}} \cdot \Delta Q_3^A(K_1) \cdot \left(1 - \Delta Q_3^{\mathrm{A}}(K_1)\right) \quad (1)$$

Dabei ist m_1 die Masse eines Einzelkorns der Komponente K_1 und m^{P} die Gesamtmasse der gezogenen Probe. Der Ausdruck $\Delta Q_3^{\mathrm{A}}(K_1)$ bezeichnet die Massenkonzentration von K_1 im Ausgangsmaterial A.

Mit Hilfe der Randbedingung

$$\sigma_{\max}^2\left(\Delta Q_3^{\mathrm{P}}(K_1)\right) \Rightarrow \Delta Q_3^{\mathrm{A}}(K_1) = 0{,}5 \quad (2)$$

folgt aus Gleichung (1) für die minimale Probenmasse $m_{\min}$ bei einer geforderten maximalen Standardabweichung von 1% und einer Partikelgröße x_1 der Komponente 1 von 1 mm der Zusammenhang

$$m_{\min} = \frac{\frac{\pi}{6} \cdot x_1^3 \cdot \rho}{4 \cdot \sigma_{\max}^2 \left(\Delta Q_3^P(K_1)\right)} \Rightarrow m_{\min} = \frac{\frac{\pi}{6} \cdot (1\,\mathrm{mm})^3 \cdot 1{,}42 \frac{\mathrm{g}}{\mathrm{cm}^3}}{4 \cdot (1\%)^2} = 1{,}86\,\mathrm{g} \qquad (3)$$

Hier ist ρ die Partikeldichte, in diesem Fall der Wert von einem speziellen Glaskohlenstoff.
Für den HELOS Nassdispergierer SUCELL mit einem Kreislaufvolumen $V = 600$ ml und einer für LB geeigneten optischen Konzentration von $c_{opt} = 8\%$ ergeben sich abhängig von der Verteilungslage folgende PFDs mit 7 Latten/Dekade linear über $lg(x)$ verteilt:

Tabelle 1: Minimale Probenmasse einer Glaskohlenstoff-PFD mit 7 Latten/Dekade linear über lg(x) verteilt, abhängig von der maximalen Partikelgröße x_{max}.

$x_{max}/\mu m$	m_{min}/g	**Probenmasse/g**
1000	2,8	2,8
300	0,85	1
100	0,28	1
30	0,085	1
10	0,028	1

Es zeigt sich, dass die minimalen Probenmassen in einem gut zu realisierenden Bereich liegen. Dem Einsatz von PFDs in üblichen LB-Systemen mit Nassdispergierern steht damit nichts mehr im Wege. Trockendispergierer können aufgrund der hohen Verdünnung durch Treibgas auch größere Probenmassen problemlos verkraften.

4 Laserbeugung mit hoher Genauigkeit

Laserbeugungssysteme zur Partikelgrößenanalyse basieren auf Ersten Prinzipien, im Hinblick auf absolute Genauigkeit ist eine Kalibrierung somit streng genommen nicht erforderlich. Zur Erzielung der optimalen Genauigkeit sind jedoch die Fehler aller Komponenten zu minimieren.

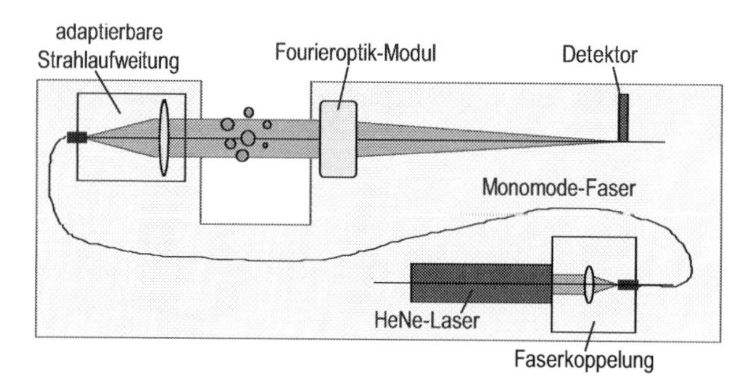

Abb. 15: Prinzipieller Aufbau des Laserbeugungssensors HELOS mit HeNe-Laser, Faserkopplung, adaptierbarer Strahlaufweitung, offener Messzone mit dispergierten Partikeln, Fourieroptik-Modul und Detektor

4.1 Lichtquelle

Die Wellenlänge λ des Lasers geht linear in die zu ermittelnde Partikelgröße mit ein. Bei Halbleiterlasern ist λ temperaturabhängig und im Prozentbereich variabel. Wir verwenden daher einen HeNe-Gaslaser, dessen Wellenlänge auf $\Delta\lambda/\lambda \approx \pm 10^{-8}$ physikalisch bedingt genau ist.
Die verwendete Beugungstheorie geht von einer ideal ebenen Welle ohne störende Beimischungen aus. LB-Sensoren verfügen daher über ein Raumfilter, um nur eine Schwingungsmode des Laserlichts herauszufiltern. Die dabei häufig verwendete Anordnung mit einer Lochblende (pin hole) erzeugt an den Kanten der Blende selbst wieder Beugung. Wir verwenden daher die in Abb. 16 gezeigte, patentierte Anordnung mit einer Monomodefaser, die keine zusätzlichen Beugungsbeiträge erzeugt und in der Messzone eine nahezu perfekte Welle liefert. Dort beleuchtet diese Welle die Partikel wie in Abb. 15 gezeigt.

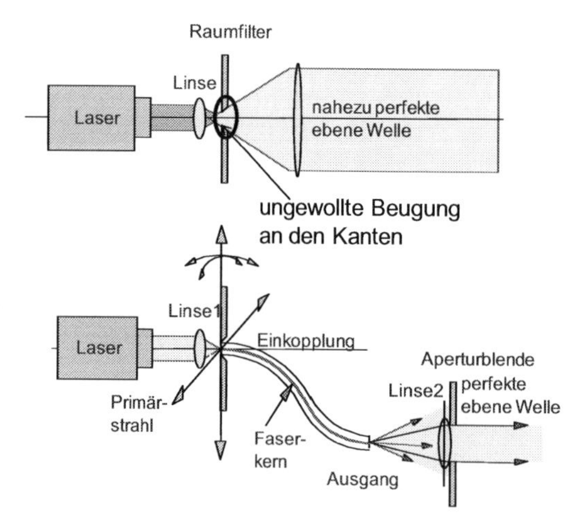

Abb. 16: Verschiedene Anordnungen zur Erzeugung einer "perfekten" ebenen Welle, oben mit Lochblende, unten die verbesserte Ausführung mit Monomode-Faser

4.2 Fourier-Optik

Das gebeugte Licht verlässt die Messzone unter einem Winkel θ. Um die Intensität des gebeugten Lichts zu erfassen, wird die Winkelverteilung $I(\theta)$ durch eine so genannte Fourier-Optik in eine Ortsverteilung $I(r)$ am Ort des Multielementdetektors umgewandelt. Dazu stehen die in Abb. 17 dargestellten Methoden zur Verfügung. (1.) bei der Abbildung im *konvergenten Strahl* ist die Größe des Beugungsbildes vom Abstand der Partikel zum Detektor abhängig. Man kann dieses ausnutzen, um den Messbereich auf einfache und kostengünstige Weise den Partikeln anzupassen. Nachteilig ist in dieser Anordnung, dass die Partikel in engen Küvetten geführt werden müssen, wenn man eine hohe Genauigkeit erreichen will. (2.) im *parallelen Strahlengang* ist die Größe des Beugungsbildes unabhängig vom Ort der Partikel, solange diese sich innerhalb des Arbeitsabstandes zur Linse befinden. Damit ist es möglich, auch ausgedehnte Aerosole, wie sie z.B. beim Einsatz der Trockendispergierung oder bei Sprays anfallen, zu messen. Wir haben uns daher für diese Anordnung entschieden. Der Wechsel des Messbereichs muss nun allerdings durch Auswahl eines Fourieroptik-Moduls mit geeigneter Brennweite f erfolgen.

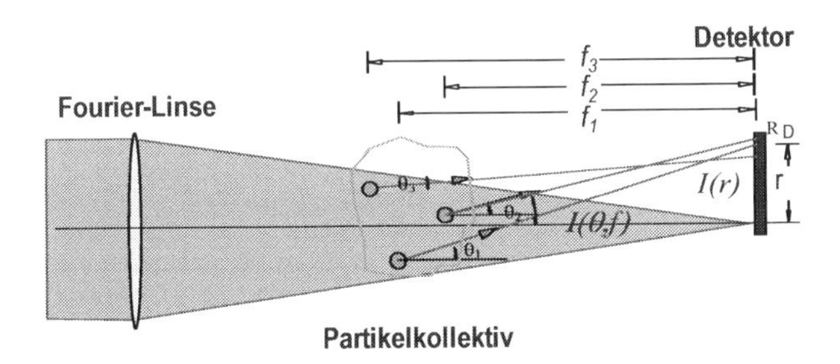

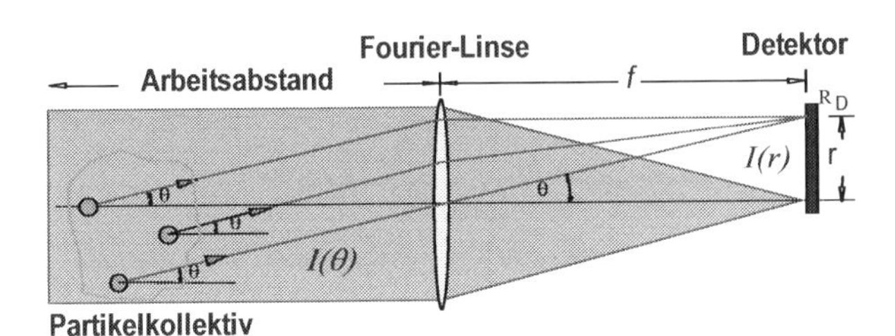

Abb. 17: Wandlung der Winkelverteilung des gebeugten Lichts $I(\theta)$ in eine Ortsverteilung $I(r)$ am Ort des Multielementdetektors; oben: Im konvergenten Strahl - hier ist die Größe des Beugungsbildes vom Abstand zum Detektor abhängig; unten: im parallelen Strahl - hier wird die Intensität selbst für ein ausgedehntes Partikelkollektiv ohne Größenänderung des Beugungsbildes auf dem Detektor abgebildet.

Die Brennweite f geht linear in die Berechnung der Partikelgröße ein. Um eine hohe Genauigkeit zu erzielen, kommt der Bestimmung der exakten Brennweite f und der genauen Positionierung des Detektors eine besondere Bedeutung zu. Die Brennweite einzelner Linsen wird hierzu interferometrisch sehr genau vermessen und der Detektor in den optimalen Brennpunkt positioniert. Bei einstellbaren Linsensystemen lässt sich der zu positionierende Abstand des Detektors von der rückwärtigen Glasoberfläche über die Simulation der Strahlengänge ermitteln.

4.3 Detektor

Die wenigsten zu analysierenden Partikel sind sphärisch. Unregelmäßig geformte Partikel erzeugen ein komplexes Beugungsbild, das jedoch immer punktsymmetrisch ist. Der Detektorgeometrie kommt somit eine besondere Bedeutung zu, wenn man Effekte der Ausrichtung der Partikel durch den Probentransport durch die Messzone auf das Ergebnis vermeiden will (siehe Abb. 18). Detektorsegmente, die über Winkel ungleich eines Vielfachen von 180° integrieren, liefern Intensitäten, die von der Ausrichtung der Partikel zum Detektor abhängen. Der hier eingesetzte Detektor integriert über exakt *180°*, so dass das Beugungsbild unabhängig von der Ausrichtung der Partikel erfasst wird. Günstig für die optimale Genauigkeit hat ein Multielement-Detektor eine unveränderliche, photolithografisch genau bekannte Geometrie. Unsere spezielle Ausführung ermöglicht eine genaue Zentrierung auf das Beugungsbild. *2000 PGVs/s* werden kontinuierlich erfasst, so dass für die Optimierung der Auswertung nicht nur das Beugungsbild $I(r)$ sondern auch ein Maß für die Signalschwankung pro Detektorelement zur Verfügung stehen.

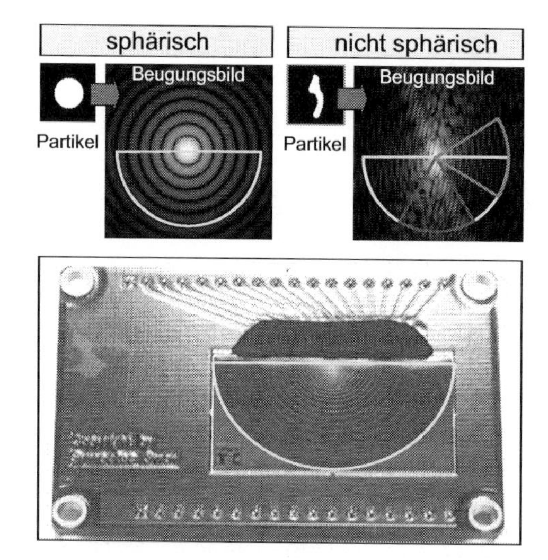

Abb. 18: Struktur der Beugungsbilder für sphärische und unregelmäßig geformte Partikel. Alle Beugungsbilder sind punktsymmetrisch. Durch Einsatz eines über 180° integrierenden Detektors ist das Ergebnis unabhängig von der Orientierung der Partikel zum Detektor.

4.4 Auswerteverfahren

Aus der Beugungsintensität $I(r)$ wird über ein Inversionsverfahren auf die Partikelgrößenverteilung $Q_3(x)$ zurückgerechnet. Nach ISO 13320:2009 ist dazu abhängig von der Größe und der

Beschaffenheit der Partikel ein geeignetes optisches Modell zu wählen. Uns stand für den gesamten Größenbereich von 0,1 - 8750 µm sowohl (1.) die Auswertung mittels *FREE,* ein parameterfrei und für den Submikronbereich erweitertes Fraunhofer-Modell, als auch (2.) eine *MIEE-Auswertung* auf Basis der Mie-Theorie zur Verfügung. Letztere benötigt jedoch die Kenntnis des komplexen Brechungsindexes $m = n - ik$. Da die Ergebnisse der Mie-Auswertung von der Rechengenauigkeit abhängen, wurde der dieser Auswertung zugrunde liegende Mie-Algorithmus über die Präzisionsanalyse [4] mit etwa 40.000 unterschiedlichen, mit sehr hoher Genauigkeit berechneten Parametersätzen überprüft.

4.5 Laserbeugungssensor HELOS

Zur Überprüfung der Genauigkeit unserer LB-Systeme wurden schließlich 10 verschiedene HELOS/BR/KR-Systeme mit unterschiedlichen Trockendispergiertypen (T4/M/L) wie vorstehend beschrieben justiert und mit unserem (nicht-sphärischen) Referenzmaterial SiC-P600'06 ohne weitere Nachjustierung geprüft.

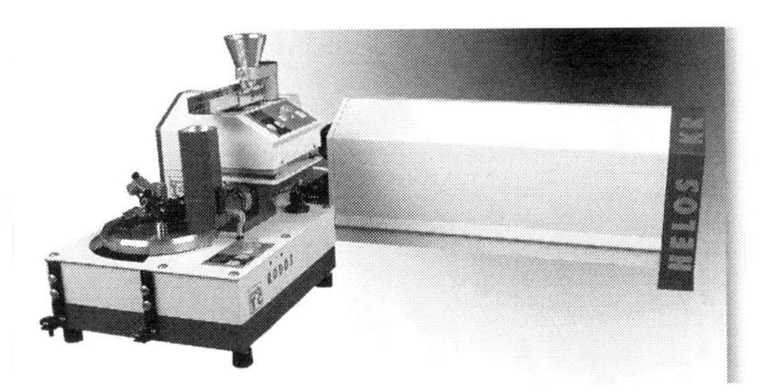

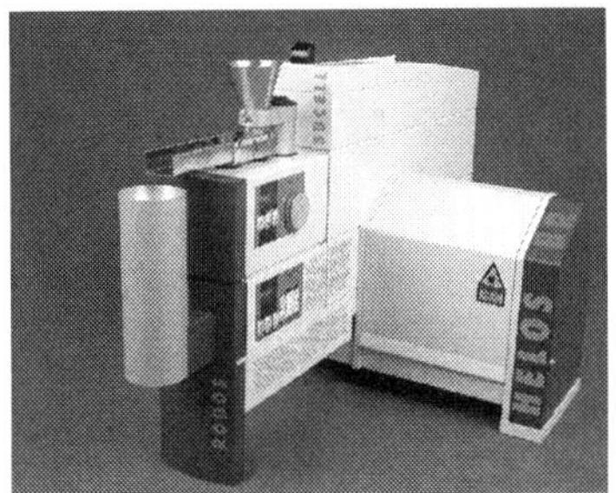

Abb. 19: Links: LB-Sensor HELOS/KR mit Trockendispergierer RODOS und Vibrationsdosierer VIBRI; rechts: HELOS/BR mit kombiniertem Trocken- und Nassdispergierer OASIS/L (bestehend aus RODOS/L und SUCELL/L) und Vibrationsdosierer VIBRI.

Es zeigt sich eine sehr hohe Präzision mit einer Standardabweichung von typisch 0,4 % über alle Messbereiche und Systeme.

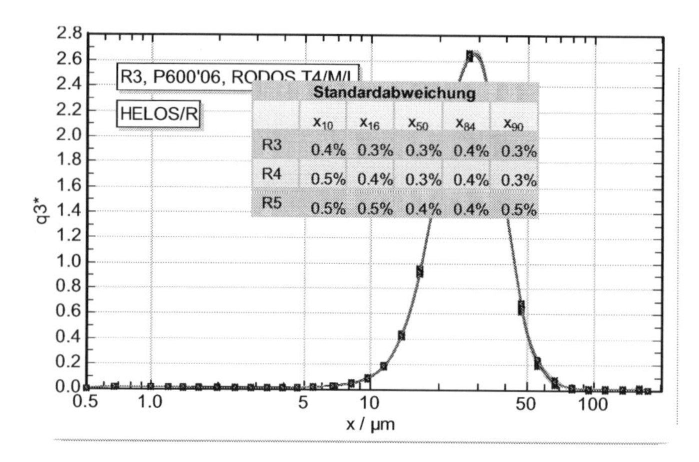

Abb. 20: Ausschnitt der Messungen von SiC-P600'06 mit 10 verschiedenen HELOS/BR bzw. /KR und verschiedenen Trockendispergierern RODOS (T4/M/L) für die Messbereiche R3 (0,5 – 175 µm), R4 (0,5 – 350 µm) und R5 (0,5 – 875 µm).

Zur Messung sehr breiter Verteilungen oder zur Messung mit hoher Auflösung steht für beide Auswerteverfahren FREE und MIEE noch eine Option zur Kombination von Messbereichen zur Verfügung. Hierzu werden, wie in Abb. 21 dargestellt, die Licht-Intensitäten der Beugungsbilder aus verschiedenen Messbereichen überlagert. Daraus wird zunächst ein gemeinsames virtuelles Beugungsbild erstellt und dieses zusammen mit der Signalstatistik der Auswertung und der Inversionsprozedur zugeführt.

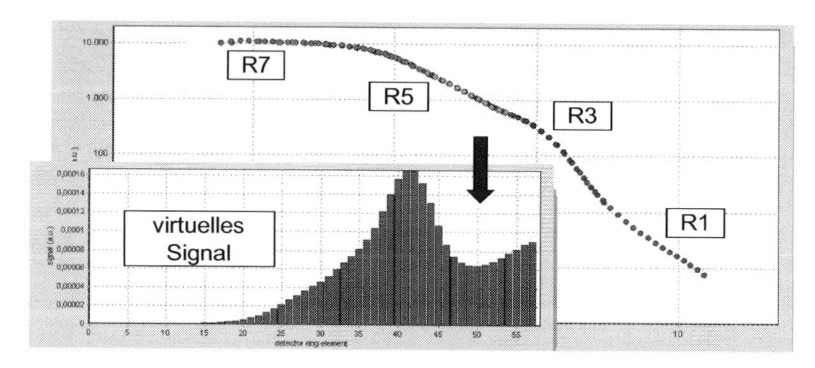

Abb. 21: Kombination der Messbereiche von R1 (0,1 - 35 µm) bis R7 (0,5 - 3500 µm) durch Überlagerung der Beugungsintensitäten als Funktion des logarithmischen Beugungswinkels und das resultierende virtuelle Detektorsignal.

Alle acht möglichen Messbereiche können dazu mit 62 Intensitätswerten (2 x 31 Kanäle bei Kombination von zwei unterschiedlichen Messbereichen) bis maximal 248 Intensitätswerten (8 x 31 Kanäle bei Kombination von acht unterschiedlichen Messbereichen) kombiniert werden und die PGV in 35 bis maximal 62 logarithmische Größenklassen (je nach Wahl der zugrunde liegenden Messbereiche) ausgewertet werden.

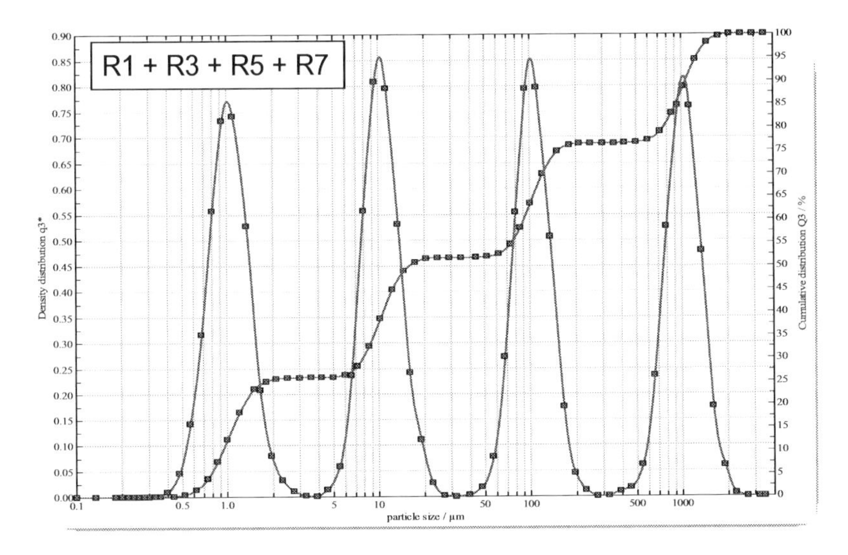

Abb. 22: Rückrechnung des Beugungsbildes einer Mischung aus 4 Komponenten mit gleichen Volumenanteilen mittels MIEE über mehr als 3 Dekaden.

Die Leistungsfähigkeit dieses Verfahrens zeigt sich in Abb. 23. Als typische Anwendung für das Zusammenrechnen von Verteilungen ist hier ein Ergebnis der Analyse einer Bodenprobe dargestellt. Die PGV erstreckt sich über 4 Dekaden und kann dennoch mit hoher Genauigkeit bestimmt werden.

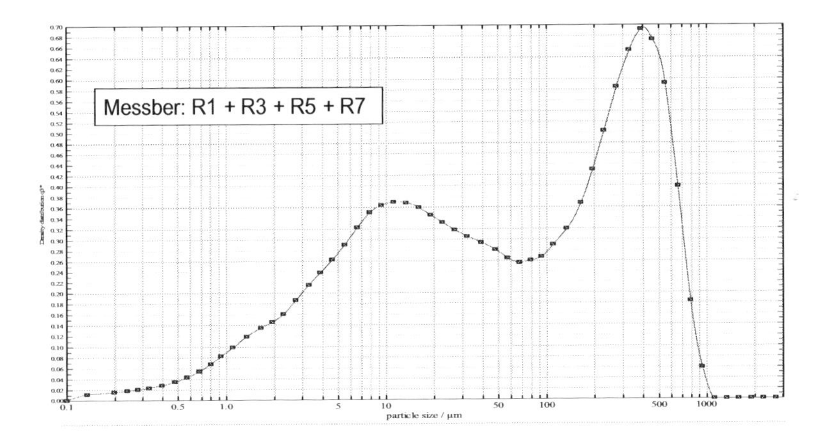

Abb. 23: Analyse einer Bodenprobe mittels HELOS/KR und Nassdispergierer QUIXEL. Es wurde dazu die PGV über die Zusammenrechnung von vier Messbereichen R1, R3, R5, R7 und der auf dem Fraunhofer-Modell basierenden, parameterfreien FREE-Auswertung bestimmt.

5 Ergebnis

Die Laserbeugungssensoren der Sympatec HELOS/R-Serie sind durch die in Kapitel 4 beschriebenen Maßnahmen auf absolute Genauigkeit und optimale Präzision optimiert worden [7]. Durch Einsatz von PFDs besteht nun erstmals die Möglichkeit, dieses auch quantitativ zu überprüfen. Inzwischen ist es gelungen, erste Latten einer Glaskohlenstoff-Lattenzaunverteilung zu erzeugen und zu qualifizieren. Die mittleren Partikelgrößen der 3 Latten entsprechen noch nicht den idealen Positionen in einer Verteilung von 7 Latten pro Dekade. Sie wurden im gravimetrischen Mengenverhältnis 1:1:1 zu einer PFD gemischt und mit dem LB-Sensor HELOS/R und dem Bildanalyse-Sensor QICPIC vermessen. Abb. 24 zeigt, dass bereits unter diesen sehr eingeschränkten Bedingungen der gemessene Medianwert x_{50} nur 2% von dem Absolutwert der Aufgabeverteilung abweicht.

Nun misst ein solches LB Messsystem nicht nur die Partikelgröße x sondern auch den Mengenanteil Q_3. Auch dafür ist eine Genauigkeit anzugeben. Dazu wurden die in Abb. 25 dargestellten 12 Mischungsverhältnisse aus zwei Fraktionen des gleichen Materials erzeugt und die Ergebnisse der Auswertung mit HELOS/R in Kombination mit dem Nassdispergierer SUCELL in diesem Diagramm dargestellt.

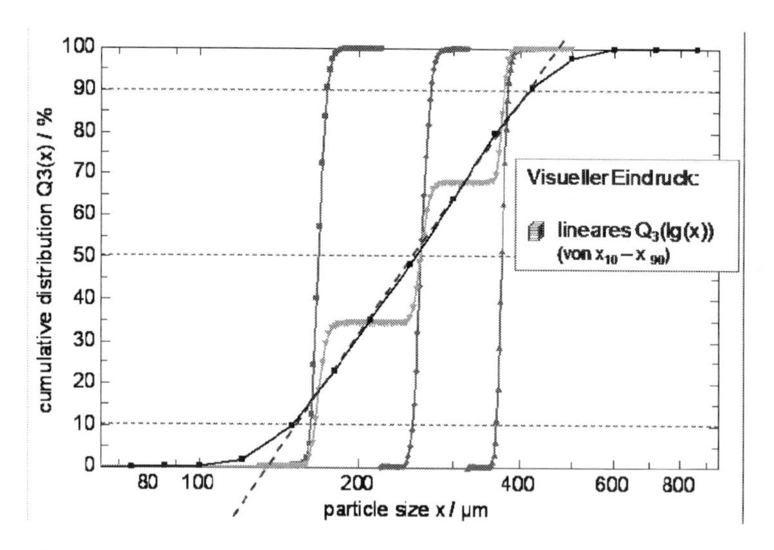

Abb. 24: Messung einer Glaskohlenstoff-PFD bestehend aus drei Latten mit $x_{50} = 260{,}9 \mu m$ und $x_{90}/x_{10} = 2{,}26$ im gravimetrischen Mischungsverhältnis 1:1:1 mittels HELOS/R & QICPIC. Das Ergebnis der Analyse ist zwischen x_{10} und x_{90} bereits weitgehend linear. Der x_{50}-Wert wird absolut mit einer Abweichung von 5,3 µm entsprechend 2 % wiedergeben. Steile Kurven: Summenverteilungen der Latten, Stufenfunktion: resultierende Aufgabeverteilung.

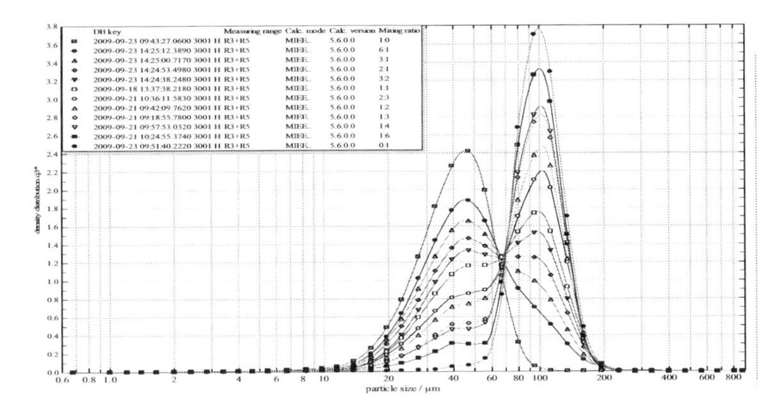

Abb. 25: Darstellung der Ergebnisse von Mischungsversuchen aus zwei Fraktionen gleichen Materials mit unterschiedlichen Mischungsverhältnissen, gemessen mit HELOS/R und SUCELL, MIEE-Auswertung und zusammengerechneten Messbereichen R3 und R5.

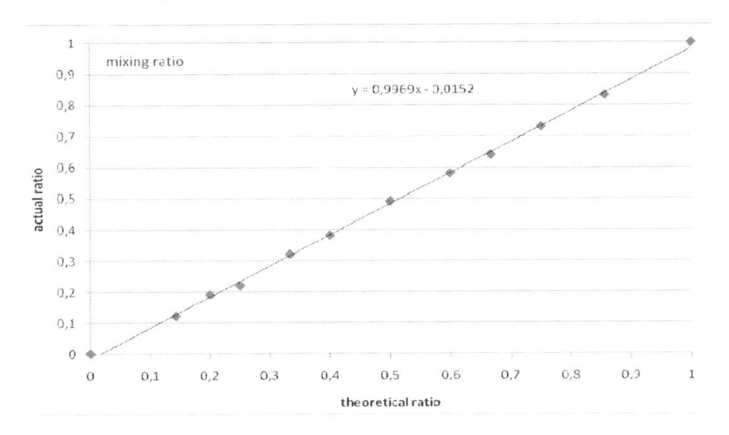

Abb. 26: Vergleich des aus der PGV bestimmten Mischungsverhältnisses der Messung (Ordinate) mit dem Mischungsverhältnis des Aufgabegutes (Abszisse) für das LB-System HELOS/R & SUCELL.

Die aus der PGV bestimmten Mengenanteile aus den Messungen wurden in Abb. 26 den Aufgabemengenanteilen gegenübergestellt, eine Regressionsgerade berechnet und die Abweichungen der Mengenanteile aus der Messung zu den Aufgabemengenanteilen ermittelt. Es zeigt sich, dass die Aufgabemischungsergebnisse gut wiedergegeben werden können. Die Steigung liegt mit *0,9969* sehr dicht an dem theoretischen Optimum von *1,0*, der Offset beträgt etwa *1,5 %,* die mittlere Abweichung in Q_3 ist < *2 %.*

6 Zusammenfassung

Partikelgrößenanalysen mit hoher *Präzision* und mit auf das Urmeter rückführbarer *absoluter Genauigkeit* sind heute möglich. Die bisher zur Qualifizierung verfügbaren, breit verteilten Standard-Referenzmaterialien erlauben jedoch nur sehr eingeschränkte Genauigkeitsangaben.

Die erstmals auf der PSA 2008 von den Autoren vorgeschlagenen Lattenzaunverteilungen erscheinen dagegen geeignet, in einem weiten Größenbereich breit verteilte kugelförmige Standard-Referenzmaterialien zu erzeugen, die wesentlich genauer als die bisher erhältlichen, kontinuierlich verteilten Materialien zum Urmeter referenziert werden können.
Unter Nutzung der Laserbeugungssensor-Familie HELOS/R zur Partikelgrößenanalyse wurde gezeigt, dass man diese Art von Sensoren erfolgreich auf Präzision und Genauigkeit optimieren kann.
Die folgenden Kenngrößen wurden anhand von Messungen einer ersten Lattenzaunverteilung verifiziert:

- Größenbereich: *0,1 µm* bis *8.750 µm*, die Auswertung erfolgt parameterfrei durch einen erweiterten Fraunhoferansatz (FREE) oder mittels der Mie-Theorie. Die Messung extrem breit verteilter Proben wird für diese Systemfamilie im gesamten Messbereich durch das Zusammenrechnen der Intensitäten verschiedener Einzelmessbereiche für beide Auswerteverfahren unterstützt.
- Präzision: Die Standardabweichung bei Wiederholungsmessungen in derselben Messanordnung an derselben Probe beträgt typisch *0,04 %*, am gleichen Instrumententyp mit probegeteilten Proben typisch *0,3 %*.
- Genauigkeit: Für Partikelgrößen $> 100\ \mu m$ wurde die absolute Genauigkeit per Partikelgröße mit etwa $\pm 2\ \%$ ermittelt, für den Volumenanteil Q_3 ebenfalls mit ca. $\pm 2\ \%$.

7 Ausblick

Mit Standardreferenzmaterialien auf Basis von Lattenzaunverteilungen wird es erstmalig möglich sein, Systeme zur Partikelgrößenanalyse hinsichtlich *Linearität*, *Empfindlichkeit* und *Auflösung* zu qualifizieren. Dazu ist es lediglich erforderlich, die Partikel der einzelnen Latten einer Verteilung auch separat verfügbar zu machen und diese bedarfsweise zur PFD hinzuzumischen. Die Transporteigenschaften von Dosier- und Dispergiersystemen können damit trocken und nass hinsichtlich der Entmischung, dem Einfluss von Geschwindigkeitsunterschieden und von inhomogener Beleuchtung bestimmt werden. Ferner ist aufgrund der Kugelförmigkeit des Materials ein unmittelbarer Vergleich zwischen verschiedenen Messmethoden möglich.
Die Arbeitsgruppe 11 der ISO/TC24/SC4 hat in 2010 beschlossen, zukünftig Lattenzaunverteilungen (PFDs) zur Qualifizierung von Partikelgrößen- und Formanalysesysteme in einem technischen Report zu empfehlen. Ein Entwurf ist derzeit in Arbeit.

8 Literatur

[1] S. Röthele, W. Witt, "Standards in Laser Diffraction", *50th European Symposium Particle Characterization*, Nuremberg, 1992

[2] W. Witt, T. Stübinger, J. Jordan, "Improved Standards in Laser Diffraction", *Particulate Systems Analysis 2008*, Stratford-upon-Avon, 2008;
W. Witt, T. Stübinger, J. Jordan, "Improved Standards in Laser Diffraction", *World Congress on Particle Technology 2010,* Nürnberg, 2010

[3] U. Köhler, J. List, W. Witt, "Comparison of Laser Diffraction and Image Analysis under Identical Dispersing Conditions", *PARTEC 2007*, Nürnberg, 2007,
U Köhler, T. Stübinger, J. List, W. Witt, "Investigations on non-Spherical Reference Material Using Laser Diffraction and Dynamic Image Analysis", *Particulate Systems Analysis 2008*, Stratford-upon-Avon, 2008

[4] T. Stübinger, U. Köhler, W. Witt, "100 Years of Mie Scattering Theory: Expanded Size Range by Extreme Precision Calculation", *Particulate Systems Analysis 2008*, Stratford-upon-Avon, 2008

[5] Prof. Yoshida, Komazawa Universität, Japan, private Kommunikation 2010

[6] K. Sommer, "Sampling of Powders and Bulk Materials", *Springer Verlag*, Berlin, ISBN 3-540-15891-X, p. 153-160

[7] W. Witt, T. Stübinger, J. List, "Laser Diffraction for Particle Size Analysis at Absolute Precision", *World Congress on Particle Technology 2010,* Nürnberg, 2010

NANOCYTES® – MAßGESCHNEIDERTE KERN-SCHALE-PARTIKEL

C. Gruber-Traub, A. Burger-Kentischer, T. Hirth, G. Tovar, A. Weber

Fraunhofer-Institut für Grenzflächen- und Bioverfahrenstechnik, Nobelstr. 12, 70569 Stuttgart, e-mail: carmen.gruber@igb.fraunhofer.de

1 Einleitung

In der Nanobiotechnologie kommt den »biofunktionalen«, das heißt mit biologisch aktiven Molekülen ausgestatteten Oberflächen eine ganz besondere Bedeutung zu. Die Anwendungen maßgeschneiderter Kern-Schale-Partikel – von der medizinischen Diagnostik über therapeutische Ansätze in der Medizin bis hin zur spezifischen Beseitigung einzelner Wirkstoffe aus der Umwelt – eröffnen neue Möglichkeiten für die Gesellschaft.

Am Fraunhofer IGB werden diese Nanopartikel mit einem Durchmesser ab 50 Nanometern sowie Mikropartikel bis mehrere 10 Mikrometer aus organischen und anorganischen Materialien synthetisert. Hierzu werden kundenspezifisch Nano- und Mikropartikel je nach Fragestellung aus kommerziell erhältlichen Polymeren oder auch maßgeschneiderten Polymeren mittels unterschiedlicher Polymerisationstechniken – wie beispielsweise der Miniemulsionspolymerisation oder der emulgatorfreier Emulsionspolymerisation – hergestellt [1, 2].

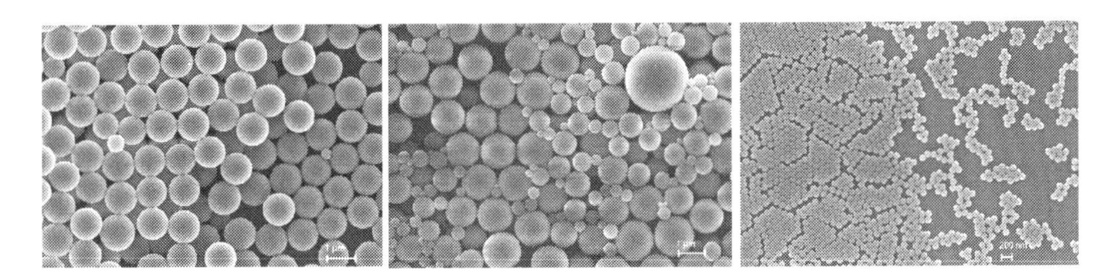

Abb. 1: Verschiedenee Partikeltechnologien; Links: Emulsionspolymerisation; Mitte: Miniemulsionspolymerisation; Rechts: Emulgatorfreie Emulsionspolymerisation.

Polymere Kern-Schale Nano- und Mikropartikel kontrollieren als Träger die Freigabe von verkapselten Effektstoffen oder Wirkstoffen (*Controlled Release*) und können für neue Formulierungskonzepte in der Pharmazie, bei Medizinprodukten, in der Kosmetik, im Pflanzenschutz und der Lebensmitteltechnik eingesetzt werden. Verschiedene therapeutisch relevante Verbindungen wie Proteine (Zytokine, Wachstumsfaktoren etc.) wurden unter Erhalt ihrer Bioaktivität bereits erfolgreich in solche nano- bzw. mikropartikulären Träger eingekapselt.

Für die Verkapselung und Formulierung der Wirkstoffe werden bei uns im Wesentlichen zwei verschiedener Methoden eingesetzt. Zum Einen werden die wirkstoffbeladenen Partikel mittels Lösungsmittelevaporation und doppelter Emulsionstechnik ($W_1/O/W_2$-Technik) hergestellt. Zum Anderen wurden Protein-beladene Partikel mittels Sprühtrocknung hergestellt [3]. Die Herstellung nicht-vernetzter und mit Hilfe von Tripolyphosphat quervernetzten Protein-beladenen Partikeln (hier: Bovine Serum Albumin (BSA) und Interferon β) mittels Sprühtrocknung wird im Folgenden beschrieben. Mittels statistischer Versuchsplanung wurde ein Modell für die Prozessparameter entwickelt, welches den Partikeldurchmesser als Bezugsgröße hatte.

2 Materialien und Methoden

2.1 Materialien

Natriumtripolyphosphat (Na-TPP), D-Mannitol wurde von Sigma Aldrich, Humane Serum Albumin (HSA) (rekombinant) von Sigma Life Science, Chitosan Hydrochlorid (Chitosan HCL) von der Firma Heppe Medical Chitosan GmbH, Bovine Serum Albumin (BSA) von Roth und Interferon-β-1b Betaseron® von der Firma Bayer Health Care Pharmaceuticals Inc. bezogen.

2.2 Methoden

Die Thermogravimetrische Analyse (TGA) wurde zur Bestimmung der Restfeuchte der Partikelproben eingesetzt. Die TGA-Messungen wurden mit dem Gerät STA 449F3 der Firma Netzsch durchgeführt. Für die Messungen wurde der Probenraum mit Stickstoff gespült und mit einer Aufheizrate von 10 °C/min auf 300 °C erhitzt. Bei den Messungen wurden Aluminium Tiegel verwendet. Zur Auswertung wurde die Software Netzsch Proteus eingesetzt. Die Massendifferenz wurde zum Zeitpunkt t = 0 min (35 °C) und 20,05 min (175 °C) bestimmt.
Zur Herstellung der Partikel mittels Sprühtrocknung wurde der Mini Sprühtrockner B-290 der Firma BÜCHI Labortechnik AG eingesetzt. Der Mini Sprühtrockner B-290 wird im Gleichstrom betrieben, das Dispergieren des zu trocknenden Gutes erfolgt über eine Zweistoffdüse.
Der Nachweis der biologischen Aktivität von Interferon-β-1b wurde von der Abteilung Molekulare Biotechnologie innerhalb unseres Institutes für die Interferon-beladenen Partikelproben vorgenommen. Für die Ermittlung der biologischen Aktivität wurden ein ELISA-Assay zur Quantifizierung der Interferonmenge und ein Anti-Viraler Assay (AVA) mit einer humanen Lungenepithelzelllinie (A549) zur Bestimmung der Bioaktivität durchgeführt.

2.2.1 Herstellung von Chitosan-Partikeln mittels statistischer Versuchsplanung

Die Überprüfung der gewählten Prozessparameter erfolgte mittels statistischer Versuchsplanung. Hierfür wurden Chitosan-Partikel mit Hilfe der Sprühtrocknung hergestellt. Die statistische Versuchsplanung der vorliegenden Arbeit erfolgte mit Hilfe der Software Stat-Easy Version 8.0. Die Versuche wurden mit dem Mini Sprühtrockner B-290 der Firma BÜCHI Labortechnik AG durchgeführt. Als Polymer wurde Chitosan Hydrochlorid eingesetzt. Für die Versuchsplanung wurde ein vollständiges faktorielles Design der Form 2^4 angewendet. Als Einflussgrößen wurden folgende Prozessparameter ausgewählt: Eingangstemperatur (T_{in}), Volumenstrom des Dispergierungsgases (Disp.Gas), die Konzentration der Produktlösung, sowie die Pumpleistung der Pumpe (Feedrate), die die Produktlösung fördert. Die Einstellung des Volumenstroms des Dispergierungsgases erfolgt bei dem Mini Sprühtrockner B-290 über einen Schwebekörper-Durchflussmesser. Der Prozessparameter Volumenstrom des Dispergierungsgases wurde daher bei der Versuchsplanung mit der einzustellenden Höhe des Schwebekörper-Durchflussmessers gleichgestellt und in mm angegeben [3]. Als Zielgröße wurde die Partikelgröße d_{50} ausgewählt. In der Tabelle 1 sind die Einflussgrößen mit ihren zwei Stufen, sowie dem Zentrumspunkt zusammengefasst.

Tabelle 1: Zusammenfassung der Einflussgrößen mit Angabe der zwei Stufen, sowie dem Zentrumspunkt.

Einflussgröße	**Einheit**	**Stufe 1**	**Zentrumspunkt**	**Stufe 2**
T_{in}	°C	100	115	130
Disp. Gas	mm	30	40	50
Disp. Gas	L/h	357	473	601
Feedrate	%	3	7	11
Konzentration	%	0,2	1,35	2,5

2.2.2 Synthese der BSA-beladenen Chitosan-Partikel

Damit sich die hergestellten Partikel in wässrigen Medien nicht sofort auflösen und somit ein Retardeffekt bei der Freisetzung des verkapselten Proteins erzielt wird, wurde Chitosan Hydrochlorid mittels ionischer Gelation quervernetzt. Als Quervernetzer diente hierbei Tripolyphosphat (TPP). Die Herstellung der Partikel erfolgte in zwei Stufen. Im ersten Schritt erfolgte die ionische Gelation, anschließend wurde eine Sprühtrocknung durchgeführt. Die Abb. 1 zeigt den Aufbau des zweistufigen Herstellungsprozesses.

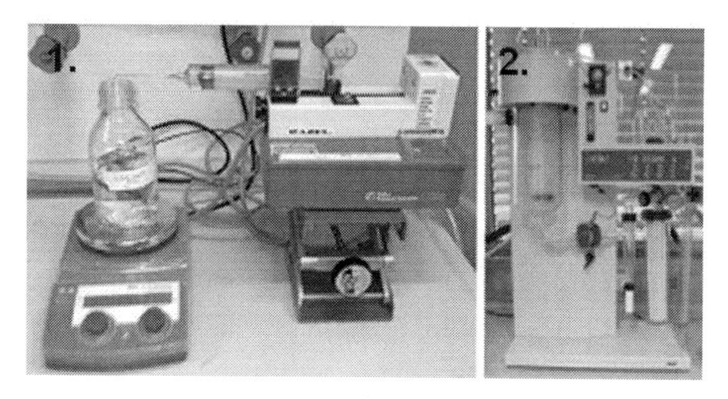

Abb. 1: Prozessschritte; 1. Versuchsaufbau der ionischen Gelation; 2. Abbildung der Sprühtrocknungsanlage.

2.2.3 Bestimmung der BSA Freisetzung

Die Regulierung der Freisetzung des verkapselten BSA aus den Chitosan-Partikeln erfolgte über den Quervernetzeranteil (TPP) der Partikel [4]. Hierbei wurde TPP eingesetzt, um die Stabilität der Partikel im wässrigen Freisetzungsmedium zu erhöhen und somit eine kontrollierte Freisetzung des verkapselten Proteins zu ermöglichen. Das Freisetzungsverhalten der quervernetzten, BSA-beladenen Chitosan-Partikel wurde über einen Zeitraum von 48 h beobachtet. Hierfür wurden Proben nach 30 min, 2 h, 4 h, 6 h, 24 h und 48 h entnommen und die BSA-Konzentration dieser Proben bestimmt.

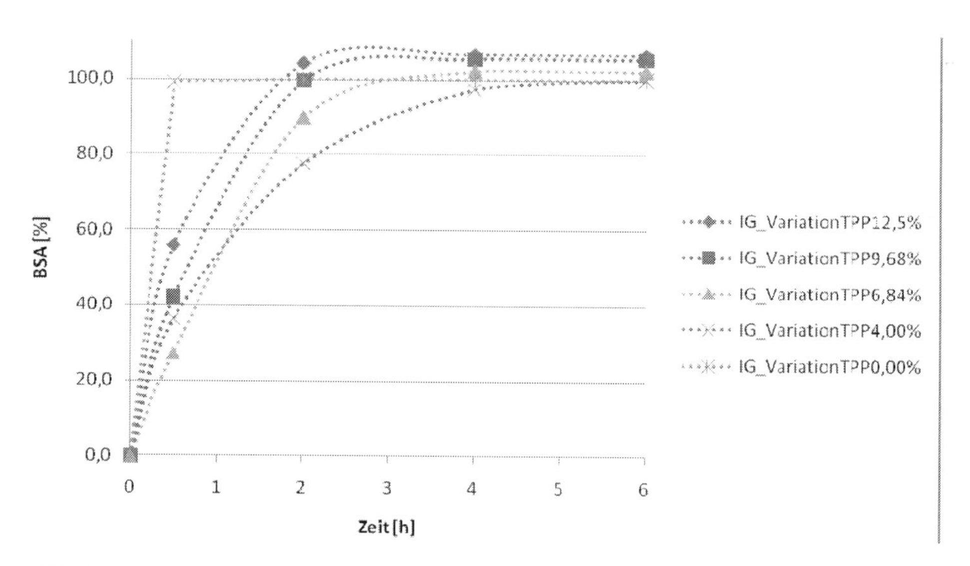

Abb. 2: Freisetzung von Bovine Serum Albumin (BSA) aus quervernetzten, BSA-beladenen Chitosan-Partikeln.

In Abb. 2 ist die Freisetzung von BSA aus den quervernetzten, BSA-beladenen Chitosan-Partikel in 0,1 M PBS-Puffer pH = 7,4 über 6 h dargestellt. Das Freisetzungsverhalten der unvernetzten

Partikel (IG_VariationTPP0,00%) unterscheidet sich deutlich von dem Freisetzungsverhalten der quervernetzten Partikel. Das verkapselte BSA wird bei diesem Partikel-Ansatz sofort in das Freisetzungsmedium abgegeben. Im Gegensatz hierzu findet bei den quervernetzten Partikeln eine kontrollierte Freisetzung statt. Bei diesen Partikelsystemen war die Freisetzung des verkapselten BSA nach 6 h abgeschlossen. Abb. 2 zeigt zusätzlich den Einfluss des Quervernetzeranteils auf das Freisetzungsverhalten des verkapselten BSA.
Die Ergebnisse des Freisetzungsversuches weisen darauf hin, dass die Freisetzungsgeschwindigkeit mit zunehmendem Quervernetzeranteil steigt.

2.2.4 Herstellung von Interferon-beladenen Partikeln

Bei der Herstellung von Interferon-beladenen Chitosan Hydrochloridpartikeln wurde die Interferon-Beladung variiert, die Prozessparameter und die Menge an Stabilisator Mannitol und Humanes Serum Albumin (HSA) wurden konstant gehalten. Von allen Ansätzen wurden die Partikel-Ausbeute, die Restfeuchte und die biologische Aktivität des formulierten Interferons bestimmt. Zusätzlich wurden rasterelektronenmikroskopische Aufnahmen von allen Ansätzen angefertigt.
In
Tabelle 2 sind die Ergebnisse der Partikel-Chargen zusammengefasst.

3 Diskussion

Für die Formulierung von Interferon – unter Erhalt dessen Bioaktivität – wurden wirkstoffbeladene Chitosan Hydrochloridpartikel mittels Sprühtrocknung hergestellt. Da die Sprühtrocknung eine sehr komplexe Methode ist, bei der die Prozessparameter auf das Polymer und das Lösungsmittel in Kombination mit der Sprühtrocknungsanlage abgestimmt werden müssen, wurden im ersten Schritt die Prozessparameter mittels statistischer Versuchsplanung ermittelt. Hierbei wurden Polymerpartikel (Chitosan Hydrochlorid) ohne Wirkstoff hergestellt. Die Auswertung dieses Versuchsblocks zeigte, dass die gewählten Prozessparameter geeignet sind und für weitere Versuche verwendet werden können. Die Partikel-Ausbeute variierte zwischen 47,6 % und 91,7 %, die Restfeuchte zwischen 9,68 % und 13,15 % und die Partikelgröße zwischen d_{10} = 0,098 µm bis 3,298 µm, d_{50} = 0,673 µm bis 7,869 µm und d_{90} = 1,775 µm bis 21,194 µm. Zusätzlich konnte ein Modell zur Vorhersage der Partikelgröße (d_{50}) erstellt werden.
Für die kontrollierte Freisetzung des Wirkstoffes (BSA als Modellprotein) wurden die Chitosan Hydrochloridpartikel mittels der ionischen Gelation unter Einsatz von Tripolyphosphat (TPP) mit anschließender Sprühtrocknung quervernetzt. Die Quervernetzung führte zu einer kontrollierte Freisetzung von BSA über einen Zeitraum von sechs Stunden im Vergleich zu 30 Minuten

bei den unvernetzten Polymerpartikeln. Da sich jedoch eine Konformationsänderung des verkapselten Modellproteins BSA zeigte, wurde die Proteinformulierung weiter optimiert. Dies wurde durch die Verringerung des Beladungsgrades und dem Einsatz von Proteinstabilisatoren (Mannitol und HSA) erreicht. Das therapeutisch wirksame Protein Interferon-β-1b wurde anschließend erfolgreich in Chitosan Hydrochloridpartikel (ohne Quernetzung) verkapselt. Der Erhalt der biologischen Aktivität wurde mittels eines Anti-Viralen Assays und ELISA nachgewiesen.

Tabelle 2: Beladungsgrad, Ausbeute und Restfeuchtegehalt der Interferon-beladenen Partikel.

Ansatz	Interferon-Beladung [%]	Ausbeute [%]	Restfeuchte [%]
IF1	0,00	72,4	6,7
IF2	0,10	83,7	6,5
IF3	0,05	82,0	6,7

Nachfolgend (Abb. 2-4) sind die rasterelektronenmikroskopischen Aufnahmen der in Tabelle 1 aufgeführten Partikelsysteme abgebildet.

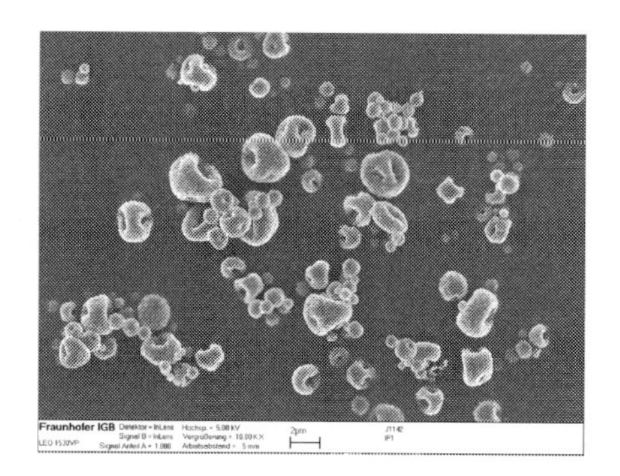

Abb. 2: REM-Aufnahme der unbeladenen Partikel (IF1).

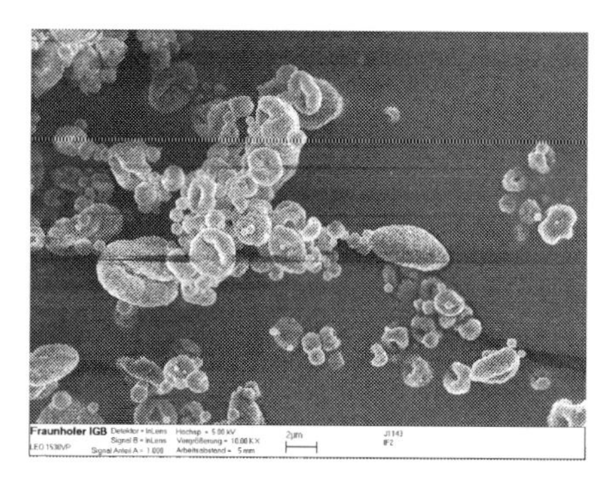

Abb. 3: REM-Aufnahme der Interferon-beladenen Partikel (0,1 % Interferon) (IF2).

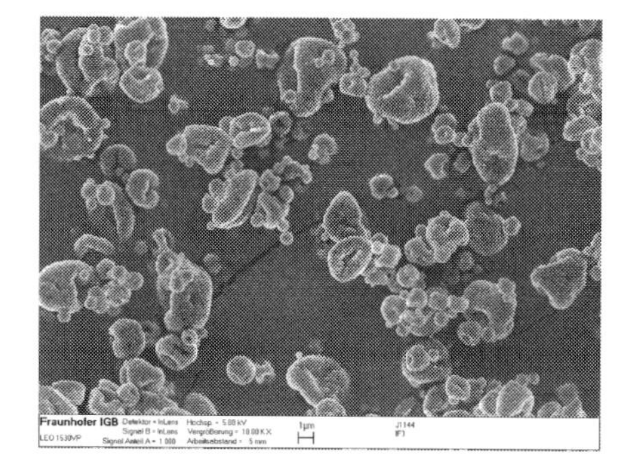

Abb. 4: REM-Aufnahme der Interferon-beladenen Partikel (0,05 % Interferon) (IF3).

4 Literatur

[1] A. Weber, C. Gruber-Traub, M. Herold, K. Borchers, G. E. M. Tovar „Biomimetic Nanoparticles", *NanoS* 2006, 02.06, 20-27

[2] S. Bryde, I. Grunwald, A. Hammer, A. Krippner-Heidenreich, T. Schiestel, H. Brunner, G. E. M. Tovar, K. Pfizenmaier, P. Scheurich, „Tumor Necrosis Factor (TNF)- Functionalized Nanostructured Particles for the Stimulation of Membrane TNF-Specific Cell Responses", *Bioconjugate Chemistry* 2005, *16*, 1459-1467

[3] S. Gretzinger, „Herstellung Chitosan-basierter partikulärer Proteinformulierungen mittels Sprühtrocknung", Bachelorarbeit, Hochschule Biberach (Biberach), 2011

[4] C. Prego, P. Paolicelli, B. Díaz, S. Vicente, A. Sánchez, Á. González-Fernández, M. J. Alonso „ Chitosan-based nanoparticles for improving immunization against hepatitis B infection ", *Vaccine* 2010, 28, 2607-2614

PARTIKELDESIGN ZUR FORMULIERUNG STABILER DISPERSIONEN

M. Wingfield
Malvern Instruments GmbH, Rigipsstrasse 19, 71083 Herrenberg, e-mail: Mark.Wingfield@Malvern.com

1 Einleitung

Dieser Beitrag gibt einen Überblick über die Anwendungsmöglichkeiten der Zetapotentialbestimmung sowie die Rheologie zur Charakterisierung der Dispersionsstabilität. Zur einfachen Darstellung der Sachverhalte werden die Einsatzmöglichen an Suspensionen diskutiert.
Aufgrund der vergleichbar großen Oberfläche neigen insbesondere Nanopartikel zu Agglomeratbildung. Ein weiteres Problem ist die Sedimentation der Partikel bzw. die Phasentrennung. Dispersionen sollten nicht nur über eine lange Zeit stabil bleiben, sondern auch bei stark schwankenden Lagerungs- bzw. Einsatztemperaturen sowie mechanischer Beanspruchung.
Zur Stabilisierung der Dispersion muss auf der einen Seite die Agglomeration verhindert werden und auf der anderen Seite muss eine Überstruktur geschaffen werden, welche die Phasentrennung verhindert.

1.1 Die elektrostatische Stabilisierung von Partikeln

Die Partikelstabilisierung erfolgt durch Bildung einer Stabilisationsschicht, die einen Mindestabstand zwischen den Partikeln gewährleistet und somit die Van der Waals-Anziehungskräfte reduziert. Die Stabilisierungsschicht besteht aus Polymermolekülen (sterische Stabilisierung) oder Ionen (elektrostatische Stabilisierung) (s. Abb. 1).
Bei der elektrostatischen Stabilisierung wird die Oberfläche der Partikel behandelt, so dass die Partikel negativ oder positiv beladen werden. In Wasser bzw. Elektrolytlösung bildet sich eine elektrische Doppelschicht um die Partikel, welche an den Partikeln haftet. Das Potential an dieser Grenzfläche wird als Zetapotential bezeichnet (s. Abb. 2).

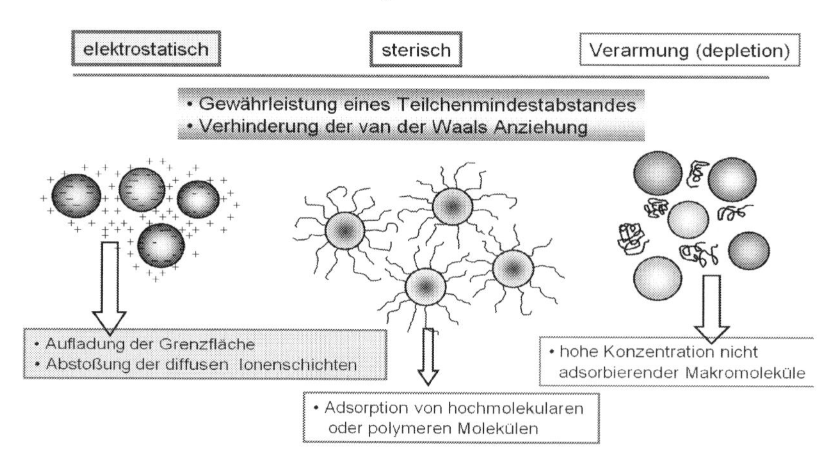

Abb. 1: Mechanismen der Stabilisierung von Partikeln

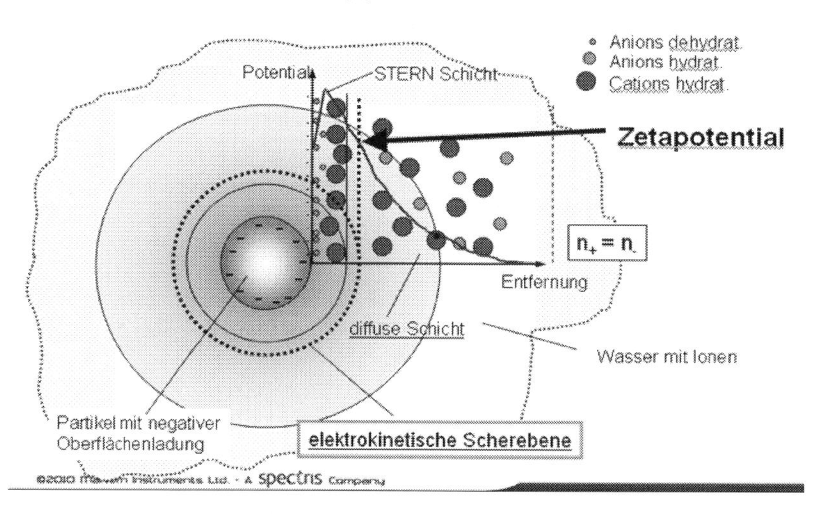

Abb. 2: Elektrische Doppelschicht und Zetapotential

Das Zetapotential lässt sich mit Hilfe der Mikroelektrophorese und Laser Doppler Anemometrie einfach bestimmen. Malvern Instruments hat über die Jahre umfangreiches Know How auf diesem Gebiet gesammelt. Mit dem Zetasizer Nano ZS kann die Partikelgröße und das Zetapotential an der gleichen Proben auch automatisch über einen pH-Bereich bestimmt werden (s. Abb. 3).

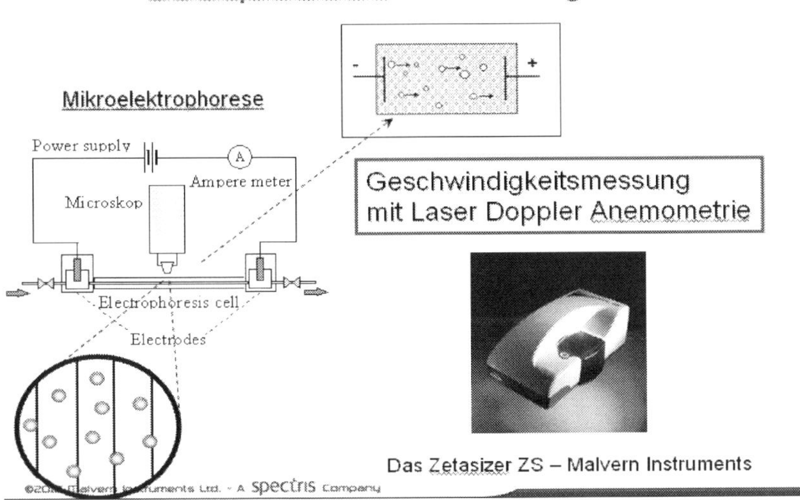

Abb. 3: Messprinzip der Zetapotentialbestimmung

Eine Veränderung der Ionenstärke führt zur Komprimierung oder Verstärkung der elektrischen Doppelschicht. Das Zetapotential ist somit stark vom pH-Wert bzw. der Ionenstärke abhängig. Zur Optimierung des Zetapotentials wird meist über einen pH- bzw Ionstärkebereich titriert. Am isoelektrischen Punkt, Zetapotential = 0, ist der Schutzmantel deaktiviert, mit der Folge einer Agglomeration oder Koagulation der Partikel (s. Abb. 4).

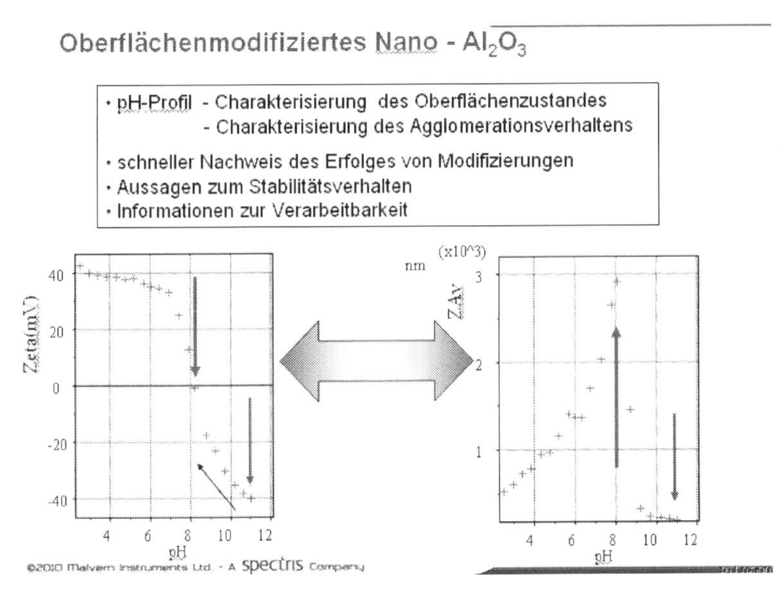

Abb. 4: Zetapotential und Größe eines oberflächenmodifizierten Aluminiumoxids in Abhängigkeit des pH-Wertes.

Auf die Partikel der Suspension wirken sowohl abstoßende elektrostatische Kräfte als auch anziehende Van der Waals-Kräfte. Bei Zetapotentialwerten größer + 30 mV oder kleiner – 30 mV dominieren die abstoßenden Kräfte, die Überlagungsenergie ist positiv und die Partikel bleiben vereinzelt (s. Abb. 5).

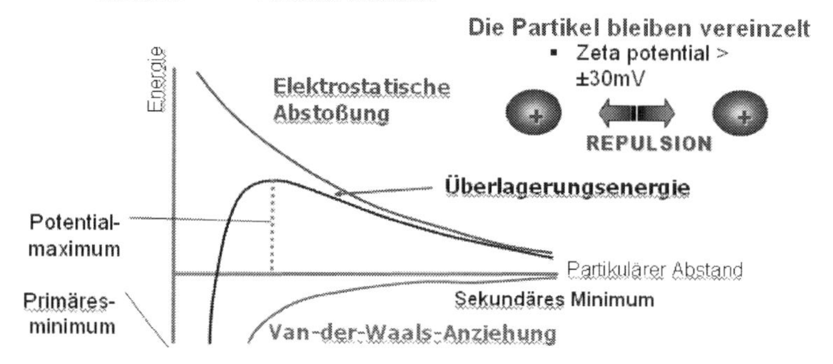

Abb. 5: Das Energiediagram gemäß der DLVO Theorie für Partikel mit einer hohen elektrostatischen Ladung.

Damit wird jedoch die Sedimentation nicht ausgeschlossen. Bei Partikelgrößen über 1 µm wird dies eintreten, wenn die Suspension nicht rheologisch stabilisiert ist. Die Partikel bilden ein hartes Bodensediment einzelner Teilchen, welches nur mit viel Mühe zu redispergieren wäre.

Ein kleiner Zetapotentialwert führt dagegen zur Flockulation, mit dem Vorteil, dass die Einzelteilchen durch mechanisches Dispergieren wieder hergestellt werden können. Aufgrund der Oberflächenladung wird eine irreversible Agglomeration der Partikel verhindert. Der flockulierte Zustand entspricht dem sekundären Minimum im Energiediagram gemäß der DLVO Theorie, (s. Abb. 6).

Das Sedimentationsverhalten der Flocken hängt von der Volumenfraktion ab. Bei hohen Konzentrationen wird eine stabilisierende Überstruktur gebildet, die zu einer Fließgrenze führt und somit wird die Sedimentation verhindert. Bei mittlerer und niedriger Partikelkonzentration wäre Sedimentation zu erwarten.

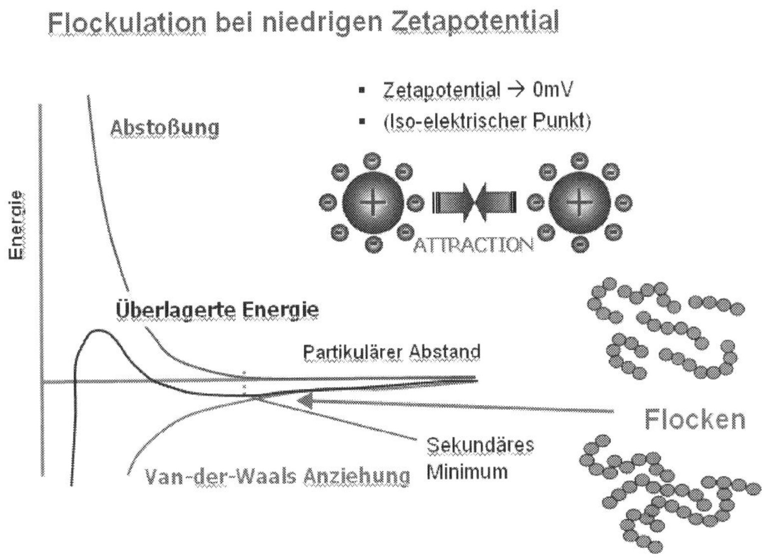

Abb. 6: Flockulation geladener Teilchen am isoelektrischen Punkt.

1.2 Dispersionsstabilisierung durch die Bildung einer Ruhestruktur

In der Praxis wird Sedimentation meist durch die Bildung einer Überstruktur mit der kontinuierlichen Phase verhindert. Rheologische Additive werden eingesetzt um die Wechselwirkungen in der Suspension zu verstärken. Hierdurch entsteht eine schwache Struktur, eine sogenannte Ruhestruktur, die die Sedimentation der Partikel verhindert. Rheologie wird zur Charakterisierung der Ruhestruktur eingesetzt. Malvern Instruments hat auf diesem Gebiet viel Erfahrung gesammelt und das neue Kinexus Rheometer (s. Abb. 7) verfügt über Messroutinen für diese Aufgabe.

Zur Bestimmung der Stabilität wird ein Rotationsrheometer benutzt. Die Probe (ca. 1 ml) wird zwischen zwei kreisförmige Messkörper eingelegt und bei vorgegebener Temperatur deformiert. Aus dem Deformationsweg und dem Drehmoment werden unter Berücksichtigung der Probengeometrie die rheologischen Kenngrössen (Dehnung, Scherrate, Schubspannung und Viskosität) berechnet, (s. Abb. 8).

Das Fließverhalten der Suspension wird u.a. maßgeblich von der Viskosität bestimmt. Sedimentation kann auch durch Additive, die zur Viskositätssteigerung führen, verhindert werden. Aber die Viskosität alleine ist nicht für die Stabilität der Suspension ausschlaggebend. Aufgrund des Interesses an den Fließeigenschaften wollen wir das Thema trotzdem kurz ansprechen.

Die rheologische Eigenschaften einer Dispersion werden entweder auf einem Rotations- oder einem Kapillarrhemeter ermittelt

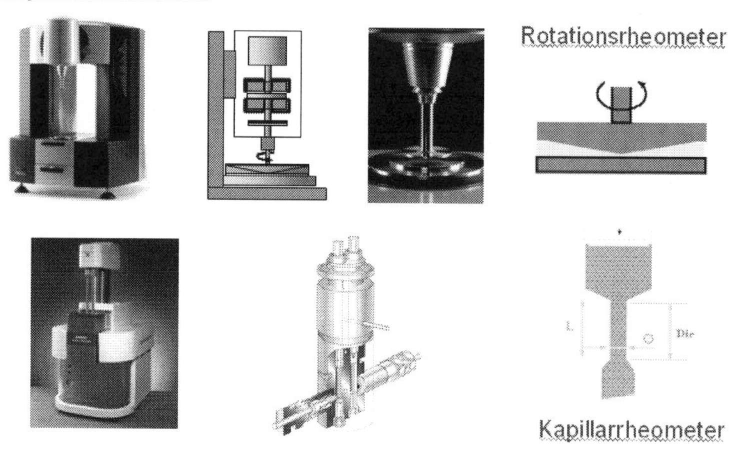

Abb. 7: Rotations- und Kapillarrheometer für die Charakterisierung der Dispersionsstabilität.

Die Berechnung von Schubspannung und Scherrate

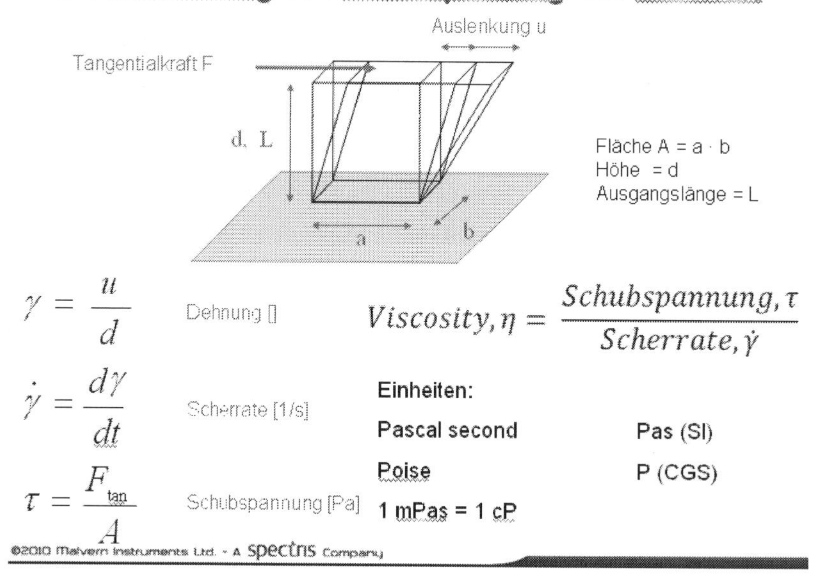

Abb. 8: Die rheologischen Kenngrößen zur Charakterisierung des Fließverhaltens.

Die Einflussfaktoren auf die Viskosität sind Zeit, Temperatur, Druck und Scherrate. Das rheologische Verhalten in Abhängigkeit der Scherrate ist besonders interessant. Es gibt drei Möglichkeiten: Bei simplen Molekülen, z.B. Wasser oder Öl ist die Viskosität unabhängig von der Scherrate. Substanzen, bei denen die Viskosität mit der Scherrate steigt bezeichnet man als dilatant. Nur wenige Substanzen gehören in diese Gruppe. Dispersionen sind meist strukturviskos, d.h.

die Viskosität wird mit zunehmender Scherrate geringer. Eine Eigenschaft, die bei vielen Anwendungen durchaus erwünscht ist, z.B. Farbe. Aber Vorsicht ist geboten. Es lohnt sich über den ganzen Scherratenbereich zu messen, da verschiedene Effekte, wie z.B. Phasentrennung oder Scherverdickung (s. Abb. 10), häufig erst bei hohen Scherraten auftreten. Für die Bestimmung der Viskosität bei hohen Scherraten ist ein Kapillarrheometer erforderlich.

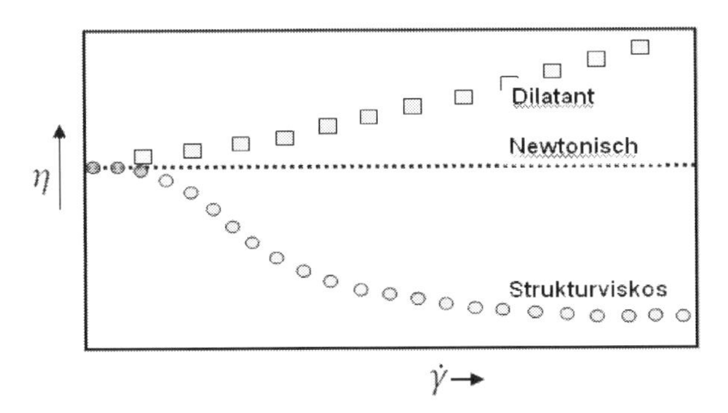

Abb. 9: Überblick über stationäres Fließverhalten.

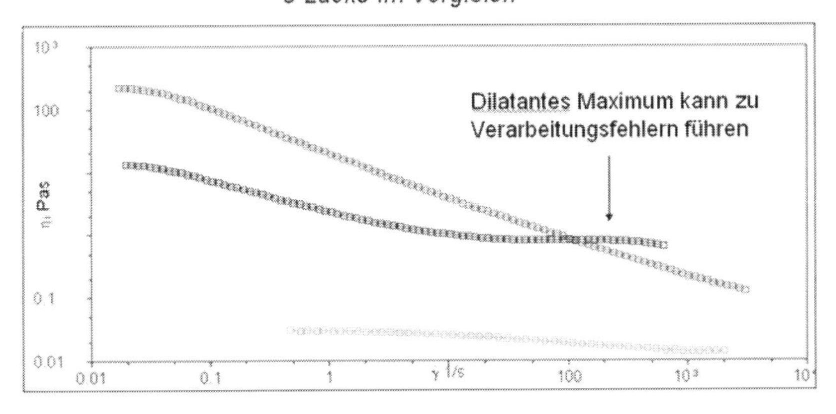

Abb. 10: Fließkurven von drei Farben. Das Auftreten eines diliatanten Maximums bei hohen Scherraten kann nicht vorhergesagt werden.

1.3 Viskoelastische Eigenschaften

Die Viskosität allein reicht nicht aus um die Fließeigenschaften zu beschreiben, wie der Vergleich von Honig und Jogurt zeigt. Die zwei Substanzen unterscheiden sich nicht durch die Viskosität sondern durch ihr Fließverhalten. Honig fließt gut, bildet einen Strahl beim Fließen und beim Stehen ebnet er sich ein und bildet eine glatte Oberfläche. Im Vergleich dazu fließt Jogurt schlecht und weist beim Stehen eine wellige Oberfläche auf (s. Abb. 11). Das elastische Verhalten von Jogurt ist auf die Proteinstruktur zurückzuführen. Jogurt ist viskoelastisch. Honig ist eine Maxwell-Flüssigkeit.

Abb. 11: Vergleich der Fließeigenschaften von Honig und Jogurt.

Zur Charakterisierung der viskoelastischen Eigenschaften wird der Oszillationsversuch eingesetzt.Wie bei der stationären Messung befindet sich die Probe zwischen zwei Platten. Die obere Platte führt eine kontinuierliche Torsionsschwingung aus (s. Abb. 12). Da die Deformation der Probe sehr klein ist, kommt die Probe nicht ins Fließen, sondern wird reversibel gedehnt. Die Ruhestruktur in der Probe bleibt erhalten.

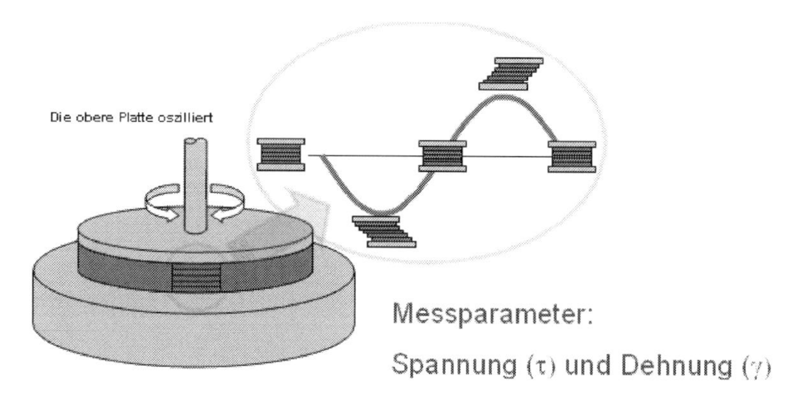

Abb. 12: Der Oszillationsversuch

Aus der Schubspannung und Dehnung wird die Steifigkeit als Schubmodul berechnet (s. Abb. 13. Das Gerät misst auch die Phasenverschiebung zwischen dem Spannungs- und Dehnungssignal. Bei einem elastischen Material wie Stahl ist die Phasenverschiebung und somit der Phasenwinkel delta sehr klein. Bei einer newtonischen Flüssigkeit sind Spannnung und Dehnung dagegen 90° außer Phase. Der Phasenwinkel ist somit ein Maß für die Viskoelastizität der Probe. Weitere viskoelastische Kenngrößen sind der Speicher- bzw. Elastizitätmodul, G′ und der Verlustmodul G′′. Überwiegt G′, d.h. tan delta < 1, so liegt eine elastische Struktur vor. Überwiegt G′′, d.h. tan delta > 1, so ist mit einem viskosen Fließverhalten zu rechnen. Sowohl der Speicher als auch der Verlustmodul sind abhängig von der Temperatur und der Frequenz.

Komplexes Modul - G*

- Steifigkeit des Materials
- Je höher der Modulwert desto steifer ist das Material

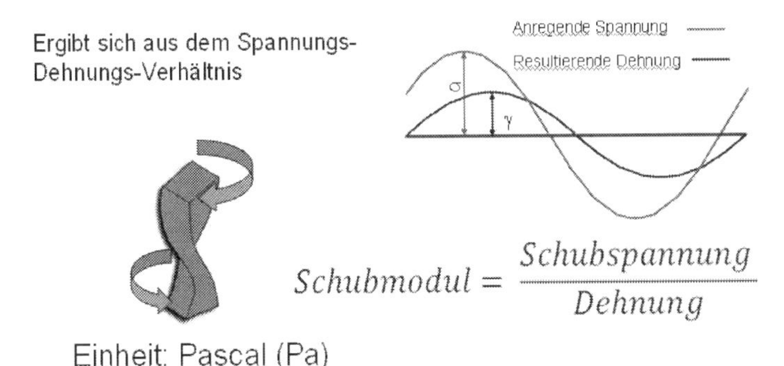

Abb. 13: Die Berechnung des Schubmoduls

1.4 Rheologische Tests zur Charakterisierung der Stabilität

Die gängigen Tests für die Untersuchung der Stabilität sind in Tabelle 1 aufgelistet.

Tabelle 1: Rheologische Tests zur Charakterisierung der Stabilität

Test	Gemessene Kenngröße	Variabel	Messaufgabe
Scherratenrampe	Viskosität	Scherrate	Fließverhalten
	Schubspannung		Fließgrenze
Schubspannungsrampe	Viskosität	Schubspannung	Fließgrenze
Frequenzsweep	Speicher- und Verlustmodule	Frequenz (Zeitskala)	Viskoelastisches Verhalten
Amplitudensweep	Speicher- und Verlustmodule	Deformationsamplitude	Linear viskoelastischer Bereich

Sprungversuch	Speicher- und Verlustmodule / Viskosität	Scherrate	Thixotropie
Schaukeltest	Speicher- und Verlustmodule	Temperatur	Stabilität

1.4.1 Fließgrenzenbestimmung

Die Fließgrenze ist die kleinste Kraft, die notwendig ist, um die Ruhstruktur in der Probe zu zerstören und die Probe zum Fließen zu bringen. Substanzen, die eine Fließgrenze aufweisen, werden als Bingham [1]- oder Casson [2]-Flüssigkeit bezeichnet. Hiervon sind einige Beispiel aus dem Alltag gut gekannt z.B. Zahnpasta, Hefeteig, Blut, Wandfarbe. Aber auch magnetorheologische Flüssigkeiten sind Bingham Flüssigkeiten.

Eine Bingham-Flüssigkeit lässt sich aus dem Verlauf der Schubspannung in Abhängigkeit der Scherrate erkennen. Bei sehr kleinen Scherraten geht die Schubspannung nicht auf Null zurück. Der Schnittpunkt auf der Schubspannungsachse entspricht der Fließgrenze (s. Abb. 14).

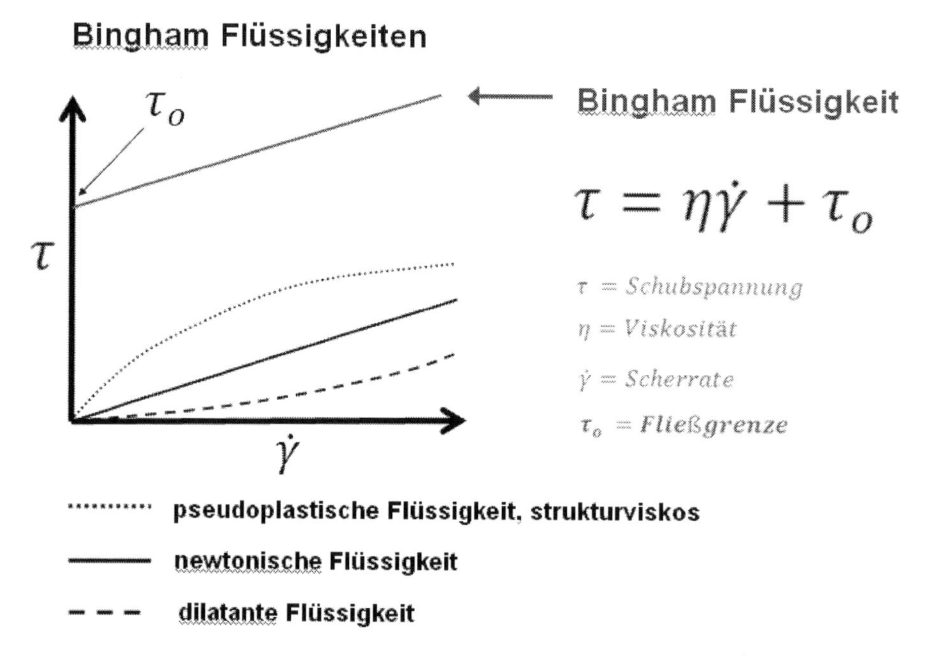

Abb. 14: Fließkurvenvergleich, Strukturviskos, newtonisch, dilatant und Bingham-Flüssigkeit.

Das Zusammenbrechen der Ruhstruktur wird von einem Viskositätsmaximum begleitet. Dadurch wird die Erkennung der Fließgrenze wesentlich erleichtert (s. Abb. 15).

Fließgrenze

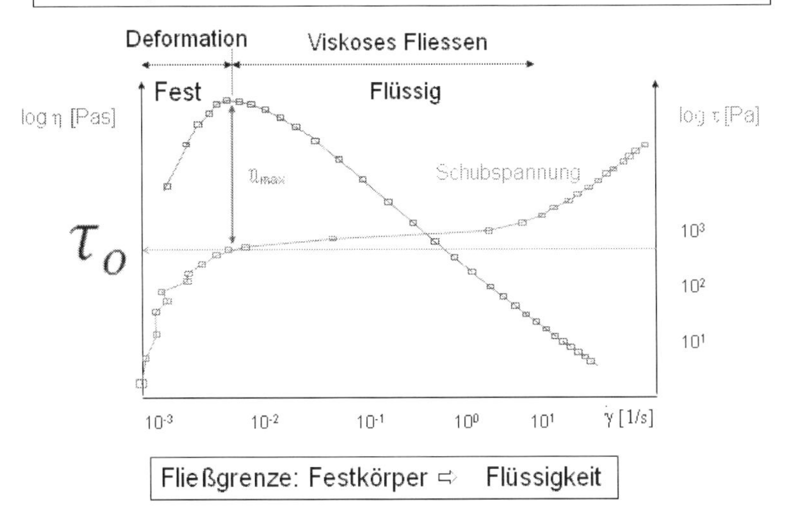

Abb. 15: Bestimmung der Fließgrenze anhand des Viskositätsmaximums.

Die Fließgrenzenbestimmung wird oft durchgeführt und ist deshalb nützlich, weil meist anhand der Partikelgröße und -dichte zumindest eine Abschätzung der notwendigen Fließgrenze möglich ist. Somit kann sich der Anwender schnell an die richtige Formulierung herantasten.

1.4.2 Der Frequenz-Sweep - Viskoelastische Festkörper und Flüssigkeiten.

Eine weitere Möglichkeit die Ruhstruktur zu charakterisieren ist der sogenannte Frequenz-Sweep. Bei vorgegebener Temperatur und Oszillationsweg werden Speicher- und Verlustmodule über den ganzen Frequenzbereich gemessen.

Ein **viskoelastischer Festkörper** gibt eine elastische Antwort auf eine Deformation über den ganzen Frequenzbereich, d.h. reagiert elastisch auf die Deformation sowohl bei kurzer Zeitskala (z.B. Beschichtungsvorgänge) als auch bei langen Zeitskalen (z.B. Sedimentation). Ein viskoelastischer Festkörper besitzt auch eine Fließgrenze.

Abbildung 16 zeigt eine Messung an Handcreme. Entscheidend über die Phasentrennung ist das Verhältnis von G′ und G′′ bei sehr kleinen Scherraten. Dominieren die elastischen Eigenschaften so ist eine Ruhstruktur vorhanden, die wiederum der Phasentrennung entgegenwirkt. Bei dieser Probe dominieren die elastischen Eigenschaften über den ganzen Frequenzbereich und somit ist Handcreme ein viskoelastischer Festkörper. Bestätigung hierfür liefert die Fließkurve (stationärer Scherversuch), die eine Fließgrenze aufweist.

Stabile Formulierungen sind in der Regel viskoelastische Festkörper.

Dispersionsstabilität – viskoelastische Festkörper

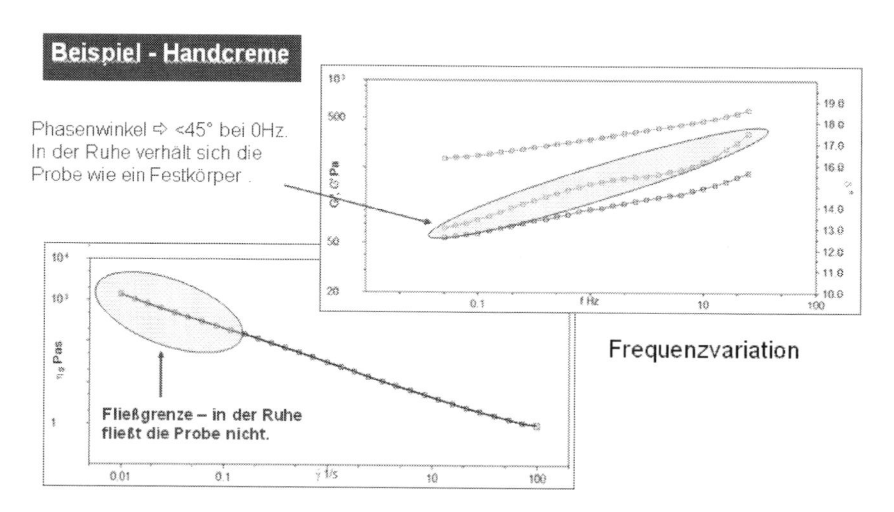

Abb. 16: Frequenz-Sweep und Fließkurven für einen typischen viskoelastischen Festkörper.

Eine **viskoelastische Flüssigkeit** ist meist unerwünscht. Hier überkreuzen sich G und G´´. Die Probe verhält sich nur bei hohen Frequenzen elastisch. Bei kleinen Frequenzen (= lange Zeitskala) überwiegen die viskosen Eigenschaften. Die Probe weist keine Fließgrenze auf sondern zeigt eine Null-Scherviskosität im stationären Scherversuch. Eine Dispersion mit diesen Eigenschaften wird wohl zur Phasentrennung neigen. Abbildung 17 zeigt eine typische viskoelastische Flüssigkeit.

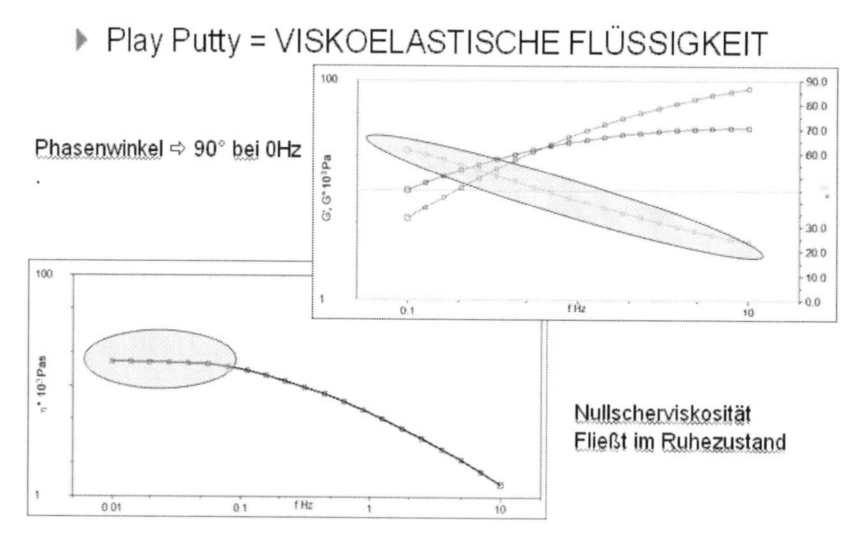

Abb. 17: Frequenz-Sweep und stationärer Scherversuch: Messungen an einer viskoelastischen Flüssigkeit.

1.4.3 Amplituden-Variation zur Bestimmung des linear viskoelastischen Bereiches.´

Die Amplituden-Variation dient auch zur Charakterisierung der Ruhestruktur. Es handelt sich um einen Oszillationstest. Bei vorgegebener Temperatur und Frequenz werden G´ und G´´ Kurven aufgenommen, während die Oszillationamplitude linear erhöht wird. Während die Ruhestruktur intakt bleibt, bleiben G´ und G´´ unverändert. Die Probe verhält sich wie ein Festkörper. Die Deformation ist reversibel und die Energie wird gespeichert als Rückstellkraft. Die Messung erfolgt im sogenannten „Linear Viskoelastischen Range" (LVR). Bei steigender Deformationsamplitude bricht die Ruhestruktur zusammen, beide Größen werden kleiner und die Probe kommt ins Fließen. Die Messung erfolgt außerhalb der LVR. Die Energie geht verloren.

Sowohl die Breite des LVR als auch der Elastizitätsmodul G´werden zur Charakterisierung der Stabilität herangezogen. Es wird eine Kohäsionsenergie berechnet (s. Abb. 18). Für die Stabilität gilt: je höher desto besser.

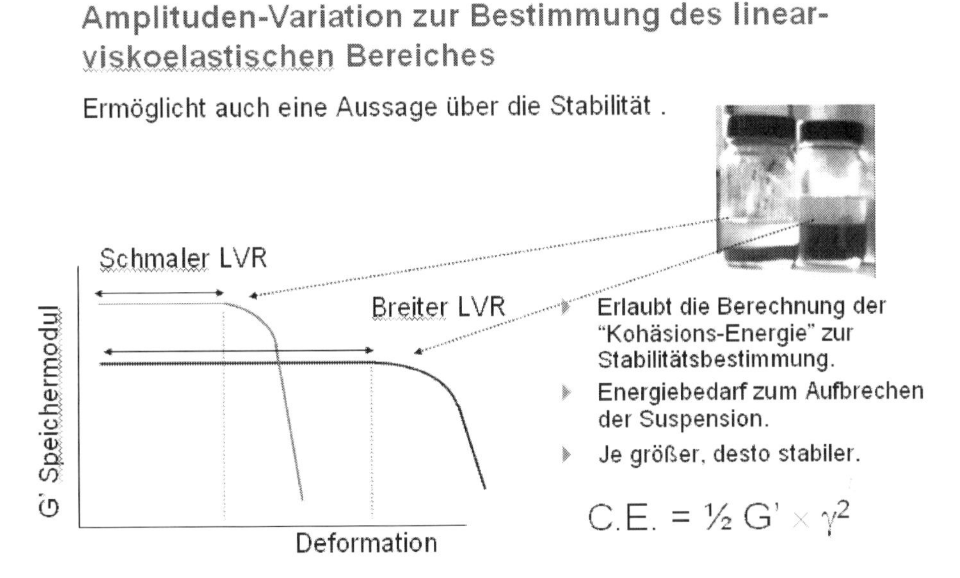

Abb. 18: Der Linear Viscoelastic Range: zwei Suspensionen im Vergleich.

1.5 Temperaturstabilität

Aufgrund der genauen und schnellen Temperierungmöglichkeiten eignet sich das Rheometer um die Probe Temperaturschwankungen zu unterziehen. Der sogenannte Schaukeltest wird oft zur Prüfung der Temperaturstabilität von Dispersionen herangezogen [3]. Es handelt sich um eine Messung bei vorgegeben Amplitude und Frequenz. Die Temperatur wird beliebig oft „geschaukelt" (Temperaturzyklus). Die Stabilität der Probe wird anhand der G´ und G´´ -Werte überprüft.

Abbildung 19 zeigt eine Messungan einer Emulsion welche eine gute e Stabilität aufweist. Abbildung 20 zeigt dagegen eine Messung an einer instabilen Emulsion [4].

Der "Schaukelversuch" zur Stabilitätsanalyse

Prinzip: • *Temperaturabhängige Oszillation bei konstanter Frequenz*

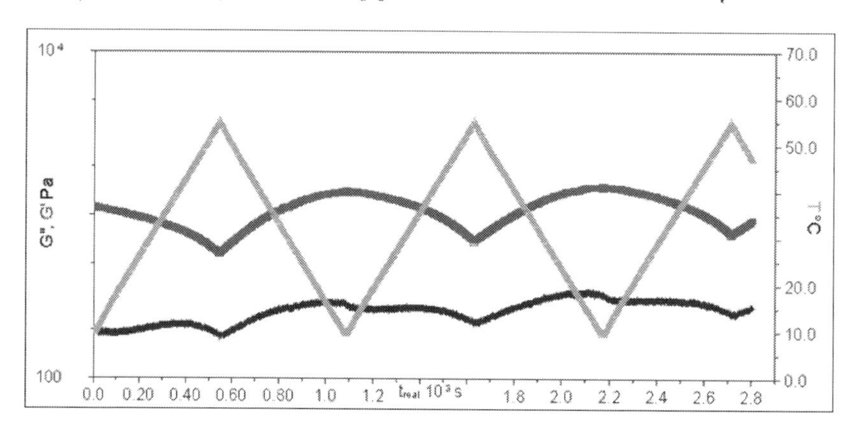

Ergebnis: **Stabile Probe zeigt keine Moduländerung trotz mehrmaliger Temperatur-Rampen**

Abb. 19: Schaukeltest an einer stabilen Emulsion

Temperature Cycle Test

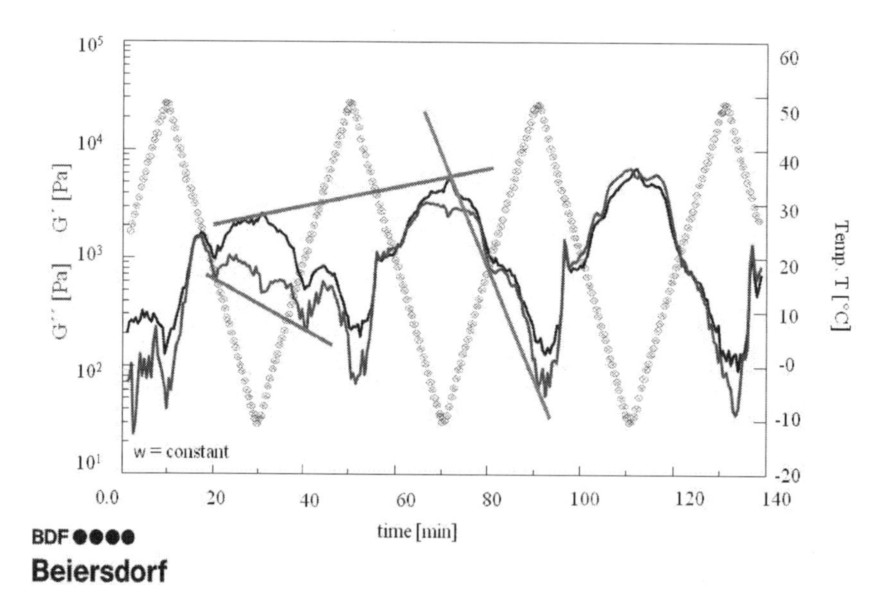

Abb. 20: Schaukeltest an einer instabilen Emulsion.

1.6 Zusammenfassung

Zetapotentialmessungen ermöglichen eine Aussage über das Agglomerationsverhalten der Partikel einer Suspension aber keine Aussage über das Sedimentationsverhalten. Herabsetzen des Zetapotentials führt zur Flockulation. Der Vorteil hiervon liegt in der Tatsache, dass aus den Flocken die Primärpartikel durch mechanisches Dispigieren wieder hergestellt werden können. Um eine Phasentrennung zu vermeiden wird gezielt eine Überstruktur in die Probe eingeführt. Mit Hilfe von rheologischen Messungen kann die Ruhestruktur auf ihre Stärke und Belastbarkeit hin überprüft werden. Damit erhält der Formulierungswissenschaftler ein nützliches Werkzeug für die Entwicklung und Qualitätskontrolle.

2 Literatur

[1] E. C. Bingham (1922) Fluidity and Plasticity McGraw-Hill (New York)

[2] Casson N., A flow equation for pigment-oil suspensions of printing ink type. In Rheology of disperse systems, C.C.Mills, Ed. (Pergamon, 1959) pp. 84-102

[3] R. Brummer, Rheology Essentials of Cosmetic and Food Emulsions, Springer Verlag, ISBN, 3-540-25553-2

[4] R. Brummer, Baiersdorf, Hamburg

EINFLUSS VON ROHSTOFFMODIFIZIERUNGEN AUF DIE WIRKUNG VON ORGANISCHEN ADDITIVEN IN ALUMINIUMOXIDSUSPENSIONEN

Conny Rödel[1], Alexander Michaelis[1,2], Manfred Fries[2], Annegret Potthoff[2]

[1] Institut für Werkstoffwissenschaft, TU Dresden, Helmholtzstr. 7, 01062 Dresden, e-mail: conny.roedel@tu-dresden.de

[2] Fraunhofer IKTS, Winterbergstr. 28; 01277 Dresden, e-mail: annegret.potthoff@ikts.fraunhofer.de

1 Einleitung

Der Einsatz disperser Systeme spielt in den verschiedensten Bereichen von Industrie und Wissenschaft eine entscheidende Rolle. Dabei durchziehen die Anwendungen z.B. in Form von Lacken, Farben, Chemikalien, Kosmetika, Medikamenten und Nahrungsmitteln nahezu alle Bereiche des täglichen Lebens. Um eine optimale Stabilisierung der Dispersionen (Suspensionen, Emulsionen) zu gewährleisten, sind eine homogene Verteilung der dispersen Phase in der umgebenden Matrix und die Kontrolle der auftretenden attraktiven interpartikulären Wechselwirkungen unerlässlich. Die maßgeblichen physikalisch-chemischen Effekte werden durch die DLVO-Theorie beschrieben [1, 2]. Die Stabilität der feindispersen Phase gegen Agglomeration, Sedimentation oder Flotation kann entweder durch eine gezielte Einstellung des Oberflächenpotentials oder durch den Einsatz von ungeladenen Polymeren erfolgen, die an der Phasengrenzfläche adsorbieren. Folglich wird in eine elektrostatische [3] und eine sterische Stabilisierung [4] unterschieden.

Bei der Herstellung technischer Keramiken ist die Masseaufbereitung der pulverförmigen Rohstoffe in verarbeitungsfähige Suspensionen nur ein Zwischenschritt innerhalb einer vielschichtigen Prozesskette. Trotzdem beinhaltet die Erzeugung einer hochkonzentrierten und fließfähigen Suspension zahlreiche Parameter, die für die weitere Verarbeitung und schließlich für die Qualität des Produktes von entscheidender Bedeutung sind. Für eine optimale Homogenisierung und Stabilisierung der Partikel kommen neben der elektrostatischen und sterischen auch elektrosterisch wirkende Hilfsmittel zum Einsatz [5]. Bei Substanzen, die für eine elektrosterische Stabilisierung in Frage kommen, handelt es sich um funktionelle geladene Polymere, die an der Phasengrenzfläche adsorbieren. Die auftretenden attraktiven Wechselwirkungen der Partikel werden demnach nicht nur durch die räumliche Ausdehnung des Hilfsmittels, sondern ebenfalls durch die elektrostatischen Abstoßungskräfte der gleichsinnig geladenen Moleküle minimiert. Im Falle von Keramiksuspensionen mit oxidischen Materialien haben sich Derivate der Polyacrylsäure bewährt [6-9].

Neben dem Einsatz stabilisierender Hilfsmittel werden bei der Aufbereitung keramischer Massen eine Reihe weiterer Zusatzstoffe eingesetzt, die nicht der Optimierung der Suspensionseigenschaften dienen. Jedes dieser Additive erfüllt erst im Laufe der Weiterverarbeitung eine spezifische Funktion, um die Verarbeitungseigenschaften des Rohstoffes zu verbessern. Zu diesen Substanzen gehören u.a. Binder und Gleitmittel sowie für die nachfolgende thermische Behandlung notwendige Sinterhilfsmittel. Durch die Verwendung unterschiedlicher Additive bei der Herstellung keramischer Suspensionen steigt jedoch die Wahrscheinlichkeit unvorhersehbarer Wechselwirkungen der Einzelkomponenten untereinander, wodurch die Qualität des Produktes beeinflusst werden kann [10].

Im Rahmen dieser Arbeit werden am Beispiel von wässrigen Aluminiumoxid-Suspensionen die komplexen Wechselwirkungen von kommerziell erhältlichen Additiven analysiert, die als Dispergator, Binder oder Gleitmittel wirken. Im Hinblick auf die Erzeugung eines fließfähigen und gut pressbaren Granulates steht die Optimierung der Suspensionsparameter im Fokus der experimentellen Arbeiten. Für ein kommerziell erhältliches Aluminiumoxid-Pulver werden Ergebnisse präsentiert und diskutiert, die mit Hilfe der Korrelation von Oberflächenladungsverhältnissen, der Suspensionsviskosität und -stabilität qualitative sowie quantitative Aussagen über die Wirkung von Additiven in verschiedenen Aufbereitungszuständen ermöglichen.

2 Materialien und Methoden

2.1 Materialien

Für die Untersuchungen wurde ein kommerzielles Aluminiumoxid-Pulver der Firma Nabaltec (Nabalox NO 625-10, im Folgenden als A bezeichnet) verwendet. Die physikalischen Parameter des Rohstoffs sind in Tabelle 1 zusammengefasst. Die Reinheit betrug laut Datenblatt des Herstellers min. 99,8 % mit einem α-Anteil von mehr als 95 %. Als funktionelle Additive wurden ein Dispergator (Natrium-Polyacrylat, 8000 g/mol, Sigma-Aldrich), ein Binder (Polyvinylalkohol, 27000 g/mol, Clariant) und ein Gleitmittel (Polyethylenglykol, 400 g/mol, Merck) eingesetzt. Zur Modifizierung wurde der Rohstoff mit Hilfe einer Rührwerkskugelmühle (LME 4T, Netzsch) und Zirkondioxid-Mahlkugeln (5-YSZ, 1 mm, Tosoh/Nikkato) zerkleinert. Die Zerkleinerung erfolgte einmal ohne (bezeichnet als B) und einmal mit dem Zusatz von 0,1 % Magnesiumoxid als Sinterhilfsmittel (bezeichnet als C, s. Tabelle 1).

Tabelle 1: Übersicht zur Partikelgröße (Mastersizer 2000, Malvern), Dichte (Pentapycnometer, Quantachrome) und spezifischen Oberfläche (BET ASAP 2010, Micromeritics) der eingesetzten Pulver.

Pulver	$d_{50;3}$ in µm	Dichte in g/cm³	spez. Oberfläche (BET) in m²/g
A	2,57	3,98	1,9
B	0,55	3,82	20,1
C	0,53	3,83	21,4

Für die Herstellung der Suspensionen wurde entionisiertes Wasser verwendet. Die Homogenisierung der Proben wurde mit einem Dissolver-Rührer (Ultra Turrax T50, IKA) durchgeführt. Die Feststoffkonzentration aller untersuchten Proben betrug 40 Ma.%. Die angegebenen Massenanteile der eingesetzten Additive beziehen sich auf die Trockenmasse des verwendeten Rohstoffs.

2.2 Methoden

Der Einfluss der organischen Additive auf die elektrokinetischen Eigenschaften der suspendierten Partikel wurde mit Hilfe elektroakustischer Messungen (Zetaprobe, Colloidal Dynamics) bestimmt. Das ermittelte ESA-Signal (Elektrokinetische Schall-Amplitude) ist direkt proportional zur elektrophoretischen bzw. dynamischen Mobilität der Partikel und kann unter der Annahme spherischer Partikel für die Berechnung des Zetapotentials genutzt werden [14-16]. Die Auswirkungen der Additive auf die Fließeigenschaften der hergestellten Suspensionen wurden durch die Aufnahme von Fließkurven (MCR 101, Anton Paar) in einem Scherratenbereich von 10 bis 1000 s^{-1} untersucht. Die Charakterisierung der Suspensionsstabilität erfolgte durch die Aufnahme von zeitaufgelösten Entmischungsprofilen (LUMiSizer, L.U.M.) [17-20]. Alle Messungen erfolgten bei einer Temperatur von 25 °C. Zur Überprüfung der qualitativen Zusammensetzung und der röntgenographischen Phasenreinheit wurden alle pulverförmigen keramischen Komponenten mit Hilfe der Röntgenpulverdiffraktometrie charakterisiert.

3 Ergebnisse und Diskussion

Ausgehend vom unbehandelten Rohstoff sind in den Abbildungen 1 und 3 die Abhängigkeiten der dynamischen Mobilität und der Viskosität vom relativen Anteil sowie vom Typus des eingesetzten Additivs dargestellt. Es ist erkennbar, dass das eingesetzte Natrium-Polyacrylat (NaPA) schon in geringsten Mengen einen signifikanten Einfluss auf die dynamische Mobilität und die Viskosität ausübt. Die verflüssigende Wirkung und der gesteigerte Betrag der dynamischen Mobilität sind ein eindeutiges Indiz für die Grenzflächenaktivität eines Dispergators. Die adsorbierten geladenen Molekülketten verringern die attraktiven Partikel-Partikel-Wechselwirkungen im

Sinne einer elektrosterischen Stabilisierung. Es wird außerdem deutlich, dass die Viskosität und die dynamische Mobilität bereits beim Zusatz von 0,2 Ma.% NaPA ein Minimum erreichen. Aus jeder weiteren Dispergatorzugabe resultieren eine Steigerung der Viskosität sowie eine Verringerung des Betrages der dynamischen Mobilität, was mit einer Verschlechterung der Suspensionseigenschaften einhergeht. Im Gegensatz dazu hat die Anwesenheit von Polyethylenglykol (PEG) und Polyvinylalkohol (PVA) keinen Einfluss auf die dynamische Mobilität der Partikel. Demzufolge ist die Affinität dieser beiden Additive zur Adsorption an der Partikeloberfläche als sehr gering einzuschätzen. Bei den entsprechenden Fließeigenschaften zeigen sich jedoch Unterschiede. Während das langkettige PVA die Viskosität mit steigendem Anteil sukzessive erhöht, hat das kurzkettige PEG auch hier keinen eindeutigen Einfluss auf die Messgröße.

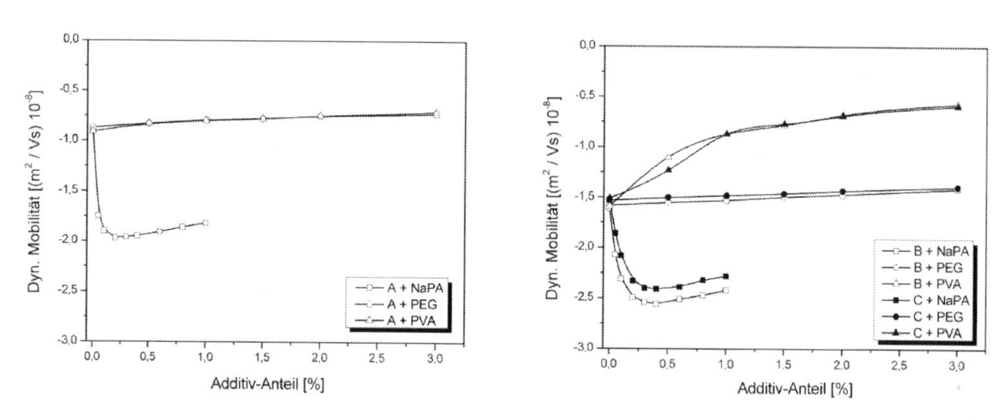

Abb. 1+2: Abhängigkeit der dynamischen Mobilität von Anteil und Typus des Additivs (unbehandelter Rohstoff links, modifizierte Pulver rechts).

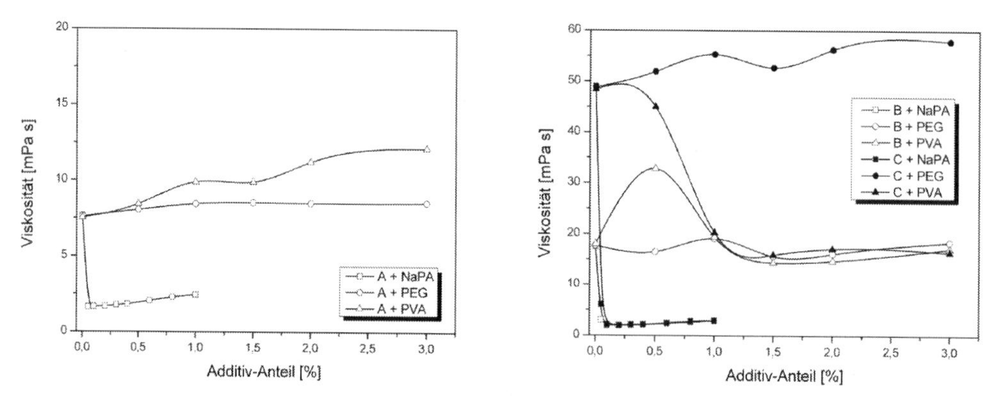

Abb. 3+4: Abhängigkeit der Viskosität (bei 100 s^{-1}) von Anteil und Typus des Additivs (unbehandelter Rohstoff links, modifizierte Pulver rechts).

Ergänzend zu den genannten Ergebnissen sind in Abbildung 5 die Sedimentationsprofile ausgewählter Suspensionszusammensetzungen zu sehen. Für die Untersuchungen ist ein NaPA-Gehalt von 0,2 Ma.% und ein PEG- bzw. PVA-Gehalt von 3 Ma.% festgelegt worden, um das Sedimentationsverhalten bei optimaler Stabilisierung (NaPA) einerseits und andererseits unter Benutzung anwendungsrelevanter Binder- bzw. Gleitmittel- Konzentrationen abzubilden. Aus den Diagrammen lassen sich grundsätzlich zwei Informationen ableiten: Der lineare Anstieg der Sedimentationskurven zu Beginn der Messung kann zur Berechnung der Sedimentationsgeschwindigkeit genutzt werden und ist ein Maß für die Stabilität einer Suspension. Am Beispiel der NaPA-stabilisierten Probe wird dies besonders deutlich. Die Sedimentationskurve besitzt einen flachen Anstieg, was einer geringen Sedimentations-geschwindigkeit entspricht. Im Gegensatz dazu zeigt die Anwesenheit von PEG nahezu keine Auswirkungen. Die PVA-haltige Probe ordnet sich hier zwischen den genannten Profilen ein. Der flachere Anstieg im Vergleich zur additivfreien Suspension ist hier allerdings nicht auf einen stabilisierenden Effekt des Polymers zurückzuführen. Vielmehr wirkt sich der sterische Einfluss des Polymers auf die Geschwindigkeit der Partikelmigration während der Sedimentation aus.

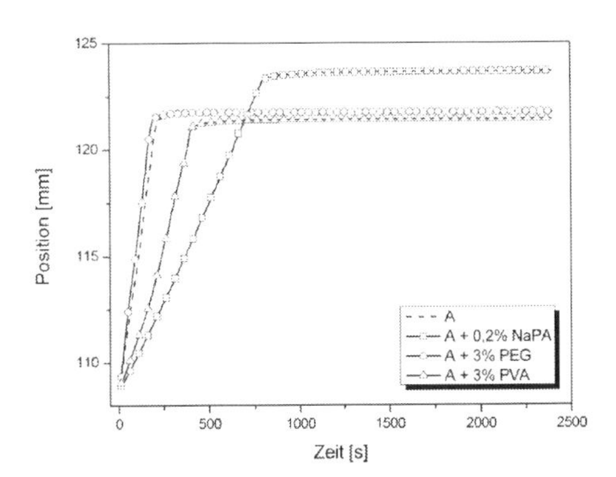

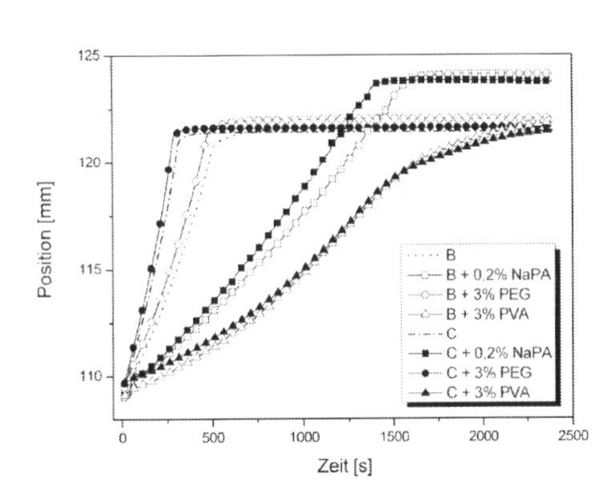

Abb. 5+6: Sedimentationsverhalten (Position der Phasengrenze) bei definierten Anteilen von NaPA, PEG und PVA (unbehandelter Rohstoff bei 110 g links, modifizierte Pulver 800 g rechts).

Eine weitere Kenngröße, die aus dem Diagramm (Abb. 5) abgelesen werden kann, ist die Sedimenthöhe. Dafür werden die Höhen der gebildeten Plateaus der verschiedenen Proben miteinander verglichen. Die Ausbildung eines Plateaus erfolgt nach dem Ende der Sedimentation d.h. es kommt im zeitlichen Verlauf der Messung zu keiner weiteren Verschiebung der Phasengrenze zwischen überstehendem Fluid und Sediment. Im Allgemeinen bilden stabilisierte Suspensionen bei der Entmischung dicht gepackte Sedimente, was in dieser Darstellung einem höheren Niveau im Vergleich zur additivfreien Suspension entspricht, während schlecht stabilisierte Systeme ein voluminöses Sediment formen [7, 8]. Demzufolge zeigt das Natrium-Polyacrylat durch die Ausbildung eines kompakten Sediments hier eindeutig das Verhalten eines Dispergators. Die Auswirkungen von PEG und PVA sind im Vergleich dazu sehr gering. Die Sedimenthöhe der PEG-haltigen Probe entspricht dem Niveau der additivfreien Probe A. Die leichte Verschiebung in

Anwesenheit von PVA ist durch den Einschluss des Polymers in die Sedimentstruktur zu erklären.

In den Abbildungen 2 und 4 sind die Abhängigkeiten der dynamischen Mobilität und der Viskosität vom relativen Anteil sowie vom Typus des eingesetzten Additivs in Bezug auf die modifizierten Pulver dargestellt. Es wird deutlich, dass die Rohstoffmodifizierungen bereits einen deutlichen Einfluss auf die Eigenschaften der Suspensionen ausüben, die noch keine Additive enthalten. So ist im Vergleich zu Abbildung 1 eine Verschiebung der dynamischen Mobilität hin zu höheren Beträgen zu verzeichnen. Ferner kommt es zu einem deutlichen Anstieg der Viskosität von 7,5 mPa s (s. Abb. 2) auf 18 mPa s für das Pulver B bzw. 49 mPa s für das Pulver C (s. Abb. 4). Die unterschiedlichen Ausgangsniveaus von B und C zeigen den Einfluss kleinster Mengen Magnesiumoxid. Die negativen Effekte wie die Viskositätserhöhung sind dabei auf die Kompression der elektrochemischen Doppelschicht aufgrund der anwesenden zweiwertigen Magnesiumionen zurückzuführen [18, 19].

Bei der Gegenüberstellung der gemessenen dynamischen Mobilitäten zeigt sich, dass PEG auch bei den modifizierten Pulvern keine nennenswerte Auswirkung auf die elektrokinetischen Eigenschaften der suspendierten Partikel hat, was sich im Falle der Charge B auch im rheologischen Verhalten der Suspensionen wiederspiegelt. Bei den Suspensionen mit dem Pulver C ist ein Anstieg der Viskosität mit steigendem PEG-Gehalt zu verzeichnen, was auf eine Wechselwirkung zwischen Polymer und Sinterhilfsmittel hindeutet. Die Zugabe von NaPA bewirkt auch bei den aufbereiteten Pulvern eine sprunghafte Verbesserung der Suspensionseigenschaften. Aufgrund der höheren spezifischen Oberfläche kann jedoch mehr Dispergator an der Phasengrenzfläche gebunden werden und das Minimum der Titrationskurve verschiebt sich auf 0,4 Ma.%. Das verwendete Magnesiumoxid wirkt sich negativ auf die elektrokinetischen Eigenschaften aus. Neben der Kompression der elektrochemischen Doppelschicht durch freie Magnesiumionen kommt es außerdem zu Komplexierungsreaktionen mit freien Carboxylat-Gruppen des adsorbierten Polymers, was ebenfalls zur Ladungskompensation an der Partikeloberfläche führt. Bei der Betrachtung der Fließeigenschaften wird dieser Unterschied hingegen nicht abgebildet. Die Viskosität wird durch den Zusatz von NaPA in beiden Fällen auf ein sehr niedriges Niveau reduziert.

Am interessantesten sind in diesem Zusammenhang die Ergebnisse der PVA-Titrationen. In Abbildung 2 ist zu sehen, dass es durch die PVA-Zugabe zu einer kontinuierlichen Verringerung des Betrages der dynamischen Mobilität kommt. Aus der Sicht der Elektrokinetik ist dieses Ergebnis als fortschreitende Destabilisierung mit steigendem PVA-Anteil zu interpretieren. Die Folge wäre eine stetig steigende Viskosität bei zunehmendem PVA-Anteil aufgrund von Agglomerationsprozessen. Die gemessenen Fließeigenschaften (s. Abb. 4) zeigen hingegen einen völlig anderen Trend. Bis auf das Maximum bei einem PVA-Gehalt von 0,5 Ma.% zeigt der Viskositätsverlauf bei der Verwendung von Pulver B keinen eindeutigen Trend und endet beim maximalen Anteil von 3 Ma.% auf dem Niveau der Ausgangsmessung. Das ermittelte Maximum der Viskosität kann experimentell reproduziert und mit einer Verarmungsdestabilisierung erklärt werden. In Verbindung mit dem Pulver C ist bei der Zugabe von PVA sogar eine verflüssigende Wirkung zu beobachten.

Die Sedimentationseigenschaften (s. Abb. 6) bestätigen die gezeigten Ergebnisse der elektrokinetischen und rheologischen Messungen für die Verwendung von NaPA und PEG. Die Sedimentationsgeschwindigkeiten und Sedimenthöhen der PEG-haltigen Proben entsprechen in guter Näherung den Werten der additivfreien Suspensionen B und C. Die Wechselwirkungen von PEG sind demnach als sehr gering einzustufen. Die stabilisierende Wirkung der NaPA lässt sich an den Sedimentationsprofilen wieder sehr gut anhand des flachen Anstieges, also einer geringen Sedimentationsgeschwindigkeit, und dem Niveauunterschied der Sedimenthöhen charakterisieren. Beim Vergleich der Sedimentationseigenschaften lässt sich ebenfalls der Einfluss des Magnesiumoxids sehr gut ableiten. Alle Suspensionen, die das Pulver C enthalten, weisen eine höhere Sedimentationsgeschwindigkeit und ein niedrigeres Plateau auf als die Suspensionen mit dem Pulver B, was die destabilisierende Wirkung der anwesenden Magnesiumionen nochmals belegt.

Die Ergebnisse der PVA-haltigen Proben B und C nehmen auch bei der Analyse der Sedimentationseigenschaften eine Sonderposition ein. So weisen diese Proben eine geringere Sedimentationsneigung auf als die stabilisierten Suspensionen, zeigen einen zeitabhängigen nichtlinearen Verlauf des Sedimentationsprofils und es sind keine nennenswerten Änderungen im Profilverlauf durch Anwesenheit des Magnesiumoxids erkennbar.

Tabelle 2: Übersicht zur Partikelgröße (Mastersizer 2000, Malvern), Dichte (Pentapycnometer, Quantachrome) und spezifischen Oberfläche (BET ASAP 2010, Micromeritics) der ausgelagerten Pulver.

Pulver	**$d_{50;3}$ in µm**	**Dichte in g/cm³**	**spez. Oberfläche (BET) in m²/g**
B	0,55	3,82	20,1
B – 750 °C	0,55	3,98	15,4
B – 1200 °C	1,47	4,10	5,8

Für eine genauere Einordnung der Messergebnisse und zur Analyse der unerwarteten Wechselwirkungen in den PVA-haltigen Suspensionen wurden alle Pulver hinsichtlich ihrer Phasenreinheit und -zusammensetzung quantitativ sowie qualitativ untersucht. Ausschlaggebend für diese Untersuchungen waren die ermittelten Dichten und spezifischen Oberflächen der modifizierten Pulver (s. Tabelle 1). Die Dichten im modifizierten Zustand betragen 3,82 respektive 3,83 g/cm³.

Damit unterschreiten sie den Ausgangswert des eingesetzten Rohstoffes deutlich, obwohl die Dichten der modifizierten Pulver durch den Eintrag von Mahlkugelabrieb (5-YSZ, Dichte: 6,1 g/cm³) über dem Ausgangswert liegen sollten. Auch die spezifischen Oberflächen mit Werten über 20 m²/g sind größer als der Erwartungswert für Aluminiumoxidpulver in dieser Größenordnung.

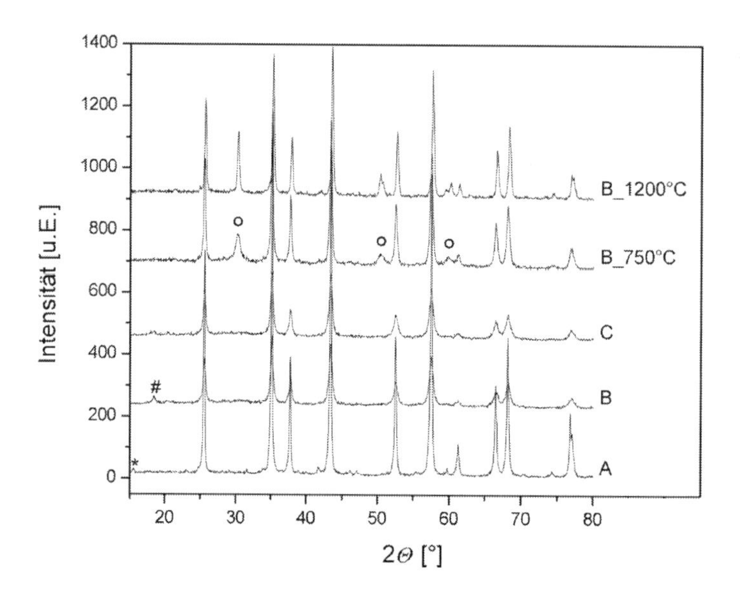

*Abb. 7: Röntgenpulverdiffraktogramme des verwendeten Rohstoffs (A), der modifizierten Pulver (B, C) und der ausgelagerten Pulver (B_750°C, B_1200°C); * β-Al_2O_3, # $Al(OH)_3$ (Nordstrandit), ° tetragonales ZrO_2.*

Die Ursache ist Nordstrandit (s. Abb. 7), das bei der Mahlung entstanden ist und zu einem Massenanteil von 10 % im modifizierten Pulver vorliegt. Diese trikline Modifikation des Aluminiumhydroxids besitzt eine Dichte von 2,44 g/cm³ und ein sehr großes Verhältnis von Oberfläche zu Volumen. Einen Hinweis auf Mahlkugelabrieb enthalten die Diffraktogramme B und C (s. Abb. 7) hingegen nicht.

Ein Teil des Pulvers B wurde bei 750 °C ausgelagert, um den Anteil an Nordstrandit durch Kalzination zu minimieren. Die röntgenographische Untersuchung der Probe B_750°C zeigt keine Reflexe, die dem Nordstrandit zugeordnet werden können. Allerdings sind nach dieser Temperaturbehandlung eindeutige Reflexe des tetragonalen Zirkondioxids zu erkennen. Die gemessene Dichte von 3,98 g/cm³ spricht in diesem Zusammenhang jedoch für eine unvollständige Phasenumwandlung des Nordstrandits und eine unvollkommene Rekristallisation des Zirkondioxids. Nach einer weiteren Temperaturbehandlung bei 1200 °C beträgt die Dichte schließlich 4,10 g/cm³ und der berechnete quantitative Phasenanteil von 5 Ma.% Zirkondioxid korreliert mit der Menge des Abriebs, der während der Partikelzerkleinerung eingetragen wurde.

4 Zusammenfassung

Im Rahmen dieser Arbeit wurden die komplexen Wechselwirkungen von kommerziell erhältlichen Additiven in wässrigen Aluminiumoxid-Suspensionen untersucht, die entweder als Dispergator, Binder oder Gleitmittel wirken. Entscheidend für die industrienahe Anwendung war in diesem Zusammenhang die Darstellung zwei modifizierter Pulver, um den Einfluss der Partikelgröße, der spezifischen Oberfläche, der Dotierung (MgO) und der verschiedenen Additive auf die Suspensionseigenschaften zu charakterisieren.

Zusammenfassend kann gesagt werden, dass das Gleitmittel (PEG) den geringsten Einfluss auf die dynamische Mobilität, die Fließ- und Sedimentationseigenschaften aller untersuchten Suspensionen ausübt. Die Zugabe des Dispergators (NaPA) bewirkt unabhängig vom Aufbereitungszustand und dem damit zusammenhängendem Eintrag von Fremdphasen eine deutliche Verbesserung der Suspensionseigenschaften, die sich in der Steigerung des Betrages der dynamischen Mobilität, der Reduzierung der Viskosität und einer Erhöhung der Sedimentationsstabilität widerspiegelt. Die Vergrößerung der spezifischen Oberfläche wirkt sich direkt auf die benötigte Dispergatormenge aus. Die Dotierung verursacht im Allgemeinen eine Verschlechterung der Suspensionseigenschaften und verringert die Wirksamkeit des Dispergators. Die Wechselwirkungen des Binders (PVA) werden deutlich durch den Aufbereitungszustand des Rohstoffs beeinflusst. Anhand der Ergebnisse kann zwar keine Verschlechterung der makroskopischen Eigenschaften (Viskosität, Sedimentationsstabilität) nachgewiesen werden. In wie weit die Partikelgrößenverteilung, die spezifische Oberfläche oder die Anwesenheit der anorganischen Fremdphasen eine Rolle spielen, ist Gegenstand aktueller Untersuchungen.

5 Danksagung

Wir danken der AiF für die finanzielle Unterstützung des Projektes *PolyGran*.

6 Literatur

[1] B. V. Derjaguin, L. D. Landau, „Theory of Stability of Highly Charged Lyophobi Sols and Adhesion of Highly Charged Particles in Solutions of Electrolytes", *Acta Physicochimica URSS*, vol. 14, pp. 633–652, 1941.

[2] E. J. W. Verwey, J. Th. G. Overbeek, *Theory of Stability of Lyophobic Colloids*, Amsterdam: Elsevier, 1948.

[3] P. C. Hidber, T. J. Graule, L. J. Gauckler, „Influence of the Dispersant Structure on Properties of Electrostatically Stabilized Aqueous Alumina Suspensions", *Journal of the European Ceramic Society*, vol. 17, pp. 239–249, 1997.

[4] D. H. Napper, *Polymeric Stabilization of Colloidal Dispersions*, London: Academic Press, 1983.

[5] J. A. Lewis, „Colloidal processing of ceramics", *Journal of the American Ceramic Society*, vol. 83, pp. 2341–2359, 2000.

[6] J. Cesarano III, I. A. Aksay, „Processing of Highly Concentrated Aqueous α-Alumina Suspensions Stabilized with Polyelectrolytes", *Journal of the American Ceramic Society*, vol. 71, pp. 1062–1067, 1988.

[7] J. Cesarano III, I. A. Aksay, A. Bleier, „Stability of aqueous α-Al_2O_3 suspensions with poly(methacrylic acid) polyelectrolyte", *Journal of the American Ceramic Society*, vol. 71, pp. 250–255, 1988.

[8] B. J. Briscoe, A. U. Khan, P. F. Luckham, „Optimising the dispersion on an alumina suspension using commercial polyvalent electrolyte dispersant", *Journal of the European Ceramic Society*, vol. 18, pp. 2141–2147, 1998.

[9] J. Davies, J. G. P. Binner, „The role of ammonium polyacrylate in dispersing concentrated alumina suspensions", *Journal of the European Ceramic Society*, vol. 20, pp. 1539–1553, 2000.

[10] F. Aldinger, H. J. Kalz, „Die Bedeutung der Chemie für die Entwicklung von Hochleistungskeramiken", *Angewandte Chemie*, vol. 99, pp. 381-391, 1987.

[11] R. W. O´Brien, „Electroacoustic Effects in a Dilute Suspension of Spherical Particles", *Journal of Fluid Mechanics*, vol. 190, pp. 71–86, 1988.

[12] R. W. O´Brien, D. W. Cannon, W. N. Rowlands, „Electroacoustic Determination of Particle Size and Zeta Potential", *Journal of Colloid and Interface Science*, vol. 173, pp. 406–418, 1995.

[13] R. Greenwood, „Review of the measurement of zeta potentials in concentrated aqueous suspensions using electroacoustics", *Advances in Colloid and Interface Science*, vol. 106, pp. 55-81, 2003.

[14] T. Sobisch, D. Lerche, „Application of a new separation analyzer for the characterisation of dispersions stabilized with clay derivatives", *Colloid and Polymer Science*, vol. 278, pp. 369–374, 2000.

[15] D. Frömer, D. Lerche, „An experimental approach to the study of the sedimentation of dispersed particles in a centrifugal field", *Archive of Applied Mechanics*, vol. 72, pp. 85-95, 2002.

[16] D. Lerche, „Dispersion stability and particle characterization by sedimentation kinetics in a centrifugal field", *Journal of Dispersion Science and Technology*, vol. 23, pp. 699-709, 2002.

[17] D. Lerche, T. Sobisch, „Consolidation of concentrated dispersions of nano- and microparticles determined by analytical centrifugation", *Powder Technology*, vol. 174, pp. 46–49, 2007.

[18] G. Tari, J. M. F. Ferreira, O. Lyckfeldt, „Influence of Magnesia on Colloidal Processing of Alumina", *Journal of the European Ceramic Society*, vol. 17, pp. 1341–1350, 1997.

[19] J. Sun, L. Bergström, L. Gao, „Effect of Magnesium Ions on the Adsorption of Poly(acrylic acid) onto Alumina", *Journal of the American Ceramic Society*, vol. 84, pp. 2710–2712, 2001.

UNTERSUCHUNG DER KATALYTISCHEN RUẞOXIDATION AN NANOPARTIKEL-SCHICHTSYSTEMEN

Lintao Zeng, Alfred Weber

Institut für Mechanische Verfahrenstechnik, TU Clausthal, Leibnizstraße 19, Clausthal-Zellerfeld, zeng@mvt.tu-clausthal.de, alfred.weber@mvt.tu-clausthal.de

1 Einleitung

Die Oxidation von Kohlenstoffpartikeln ist unter anderem in der Regenerierung von Dieselrußpartikelfiltern von Interesse. Die direkte thermische Oxidation erfordert relativ hohe Abgastemperaturen, denen die Partikelfilter auf Dauer nicht standhalten. Daher wird durch den Einsatz von Katalysatoren (z.B. Pt), die in unterschiedlicher Weise mit den Rußpartikeln in Kontakt gebracht werden, die erforderliche Temperatur herabgesetzt. Bereits Neeft et al. und Hinot [1-3] fanden, dass der Kontakt zum Kohlenstoff einen signifikanten Einfluss auf die Wirkung des Katalysators hat. Unsere eigenen Untersuchungsresultate deuten darauf hin, dass die genaue Ausbildung des Kontaktes und die Anordnung des Kohlenstoffs (Abb. 1) wenig Einfluss auf den katalytische Effekt der Pt-Nanopartikeln bei der Oxidation des Kohlenstoffs haben, wenn ein direkter Kontakt zwischen Pt- und C-Partikeln existiert.

Bei der Abscheidung von Dieselrußpartikeln auf Wandstromfiltern liegen aber lockere Kontakte vor, d.h. es existiert ein verminderter direkter Kontakt zwischen Katalysator und Rußpartikeln. Daher ist die Oxidation stofftransportlimitiert. Trotzdem weisen einige Literaturstellen darauf hin, dass der Pt-Katalysator noch eine katalytische Wirkung zeigt, was mit der so genannten Spillover-Theorie erklärt wird.

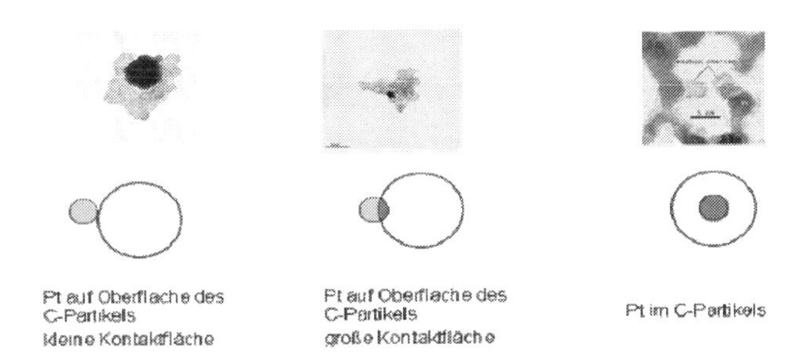

Abb. 1: Verschiedene direkte Kontake Zwischen Pt- und C-Partikeln

In der vorliegenden Arbeit wurde die Wirkung des Katalysators (Pt-Nanopartikel) an Pt-SiO_2-C-Schichtsystemen aus Nanopartikeln untersucht. Die nanoporöse SiO_2-Schicht diente als inerte

Trennschicht mit variabler Dicke zwischen der Pt-Katalysatorschicht und der Kohlenstoffschicht. Dabei wurde der Einfluss der SiO_2-Schichtdicke auf den Oxidationsverlauf sowie Reichweite und Transportmechanismus der aktivierten Sauerstoffatome untersucht. Dazu wurden Nanopartikelaerosole mit verschiedenen Methoden generiert und durch Oberflächenfiltration Schichtsysteme unterschiedlicher Höhen hergestellt. Durch die Erfassung der CO_2-Konzentration in Abgas mittels FTIR wurde der Einfluss der SiO_2-Schichtdicke auf die Oxidationsaktivität in TGA-Messungen online bestimmt. Aus dem Vergleich des Oxidationsverlaufs der verschiedenen Pt-SiO_2-C-Schichtsysteme mit der rein thermischen Rußoxidation wurden die Reichweite und der Transportmechanismus der aktivierten Sauerstoffatome ermittelt. Die Resultate können in die Entwicklung von verbesserten Rußpartikelfiltern mit längeren Standzeiten eingehen.

2 Katalytischer Oxidationsmechanismus

Entsprechend der Spillover-Theorie werden Sauerstoffatome am Katalysator aktiviert und wandern anschließend zu den Rußpartikeln, was über Oberflächendiffusion und über die Gasphase erfolgen kann [3-4]. Danach findet die Oxidation der Rußpartikel statt. Somit handelt es sich um einen dreistufigen Prozess aus Aktivierung, Wanderung und Oxidation (Abb. 2). Untersuchungen von Baumgarten [4-6] deuten auf einen nicht unerheblichen Anteil an Gasphasen-Transport des aktivierten Sauerstoffes hin. Seine Ergebnisse zeigen, dass Pt als Katalysator noch katalytische Wirkung hat, obwohl kein direkter Kontakt zwischen Katalysator und Kohlenstoff existiert. Zur Reichweite des Spillovers gibt Baumgarten nur eine grobe Abschätzung und auch in der Literatur finden sich dazu keine konkreten Werte. Ob der Transportmechanismus von aktivierten Sauerstoffatomen über Oberflächendiffusion erfolgt ist, hat er nicht erklärt.

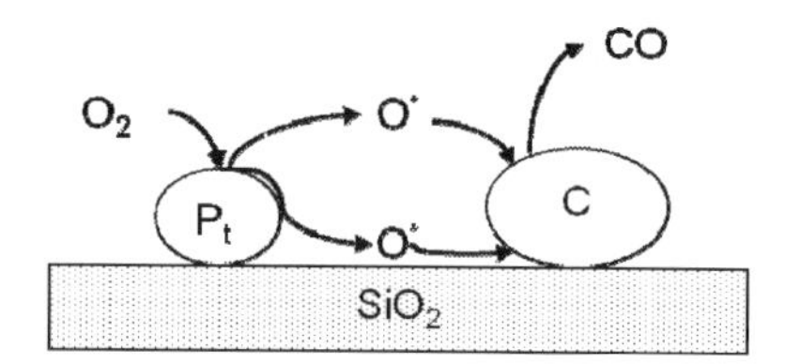

Abb. 2: Sauerstoff Spillover

3 Aufbau, Charakterisierung und Oxidation von Nanopartikelschichten

Um die Reichweite zu bestimmen, wurden definierte Pt-SiO_2-C-Schichtsysteme aufgebaut. Danach wurden die Schichtsysteme unter vorgegebenen Bedingungen oxidiert. Daher lassen sich die experimentellen Untersuchungen in Schichtaufbau und Oxidationsexperimente unterteilen (Abb. 3). Der Schichtaufbau umfasst die Herstellung und Abscheidung der einzelnen Nanopartikel sowie die Charakterisierung der Schichtsysteme. Bei den Oxidationsexperimenten wurden die Schichten in einer TGA einem vorgegebenen Temperaturprofil ausgesetzt und die Menge an CO_2 im Abgas mittels FTIR gemessen.

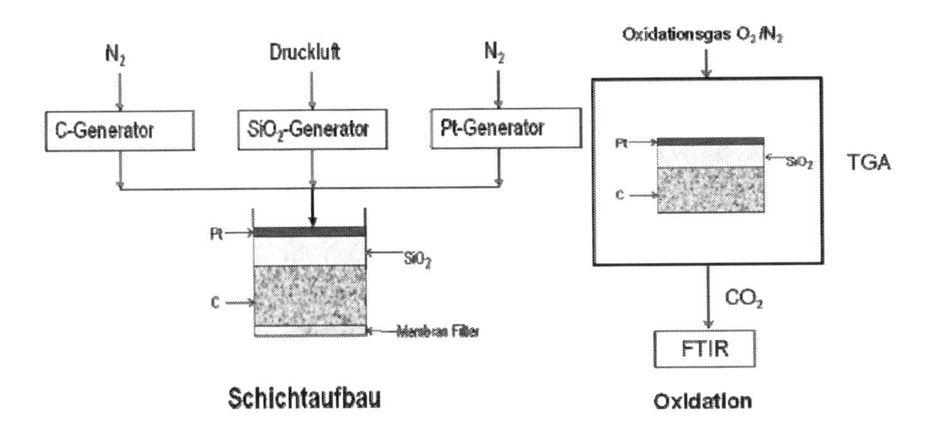

Abb. 3: Experimenteller Aufbau

Nanopartikelaerosole wurden mittels Funkenerosion (für C und Pt) und durch Zerstäuben einer Suspension mittels Atomizer (für SiO_2) generiert. Durch Oberflächenfiltration wurden die hergestellten gasgetragenen Nanopartikeln auf einem Membranfilter abgeschieden, um definierte Pt-SiO_2-C-Schichtsysteme aufzubauen. Die entstandenen Filterkuchen wurden von der Filteroberfläche abgenommen und in einen TGA-Tiegel transferiert. Durch Zugabe eines synthetischen Oxidationsgemischs O_2/N_2 (40ml/min, O_2 20%, N_2 80%) wurden die Filterkuchen bei einem vorgegebenen Temperaturprofil (25-800°C mit einer Heizrate von 20K/min) in einer TGA (Netzsch TG 209 F1) oxidiert. Da die eingebrachten Partikelschichten eine extrem kleine Kohlenstoffmasse hatten (< 135 µg), erwies sich die direkte Erfassung der Massenabnahme bei der Oxidation mittels Gravimetrie als zu ungenau. Daher wurde das Abgas in ein FTIR (Bruker Tensor 27, LN-MCT Mid) geleitet und die Kohlenstoffabnahme der Probe über die gemessene CO_2-Konzentration erfasst.

4 Ergebnisse und Diskussion

4.1 Herstellung strukturierter Partikelschichten

Die Untersuchungsergebnisse zeigen, dass die Schichthöhe über hinreichend kurze Zeitspannen, um Kuchenkompressionsphänomene zu vermeiden, proportional zur Filtrationsdauer ist (Abb. 4 links). Damit kann die Schichthöhe bei konstanter Partikelstromdichte über die Filtrationszeit genau eingestellt werden. Die REM-Aufnahme der SiO_2-Schicht zeigt, dass die einzelnen Schichten relativ homogen aufgebaut sind (Abb. 4 rechts).

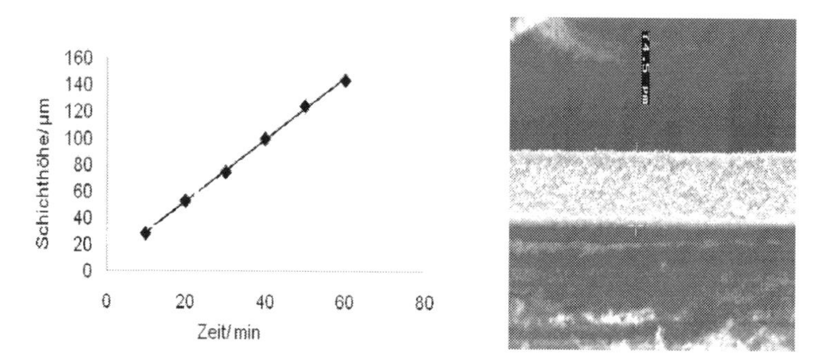

Abb. 4: Zunahme der Höhe von SiO2 Schichten als Funktion der Filtrationsdauer (links), REM-Aufnahme einer SiO_2-Schicht (rechts)

In den Abbildungen 5 und 6 werden REM-Aufnahmen und EDX-Analysen eines C-SiO_2-Pt Schichtsystems gezeigt. Die Schichten sind aufgrund der verschiedenen Grauwerte klar voneinander zu unterscheiden und weisen relativ scharfe Trennfläche auf. Dieses Ergebnis aus der REM-Aufnahme wird durch EDX-Analysen bestätigt.

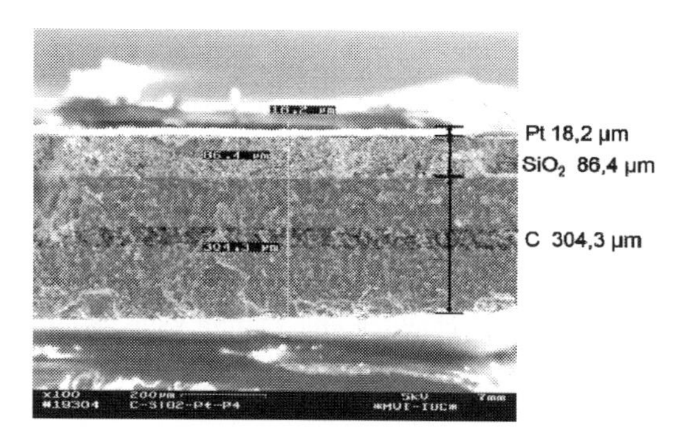

Abb. 5: REM-Aufnahme eines C-SiO_2-Pt-Schichtsystems

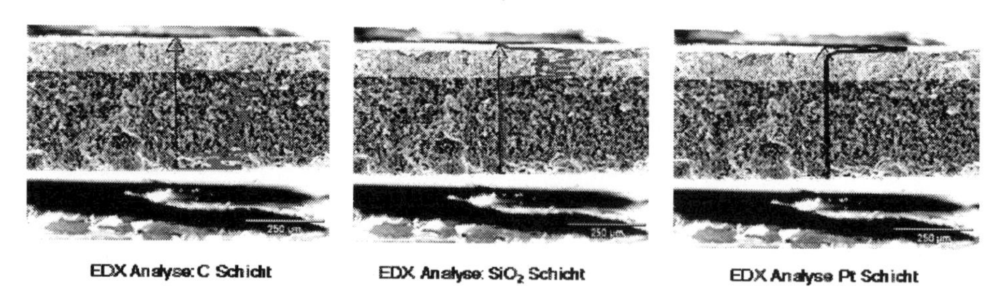

Abb. 6: EDX-Analyse des C-SiO_2-Pt-Schichtsystems aus Abbildung 5

4.2 Oxidation

4.2.1 Einfluss der SiO_2 Schichtdicke auf den Oxidationsverlauf

Während die Schichthöhen von C und Pt konstant gehalten wurden, wurde die Dicke der SiO_2-Schicht systematisch variiert, wobei dem direkten Kontakt zwischen C- und Pt-Schicht die SiO_2 Schichthöhe 0 zugeordnet wurde. Bei rein thermischer Oxidation, wurde ein Abstand von ∞ angenommen. Abbildung 7 gibt den Oxidationsverlauf der C-SiO_2-Pt-Schichtsysteme für verschiedene SiO_2 Schichthöhen (0, 60,0 µm, 111,4 µm und ∞) wieder.

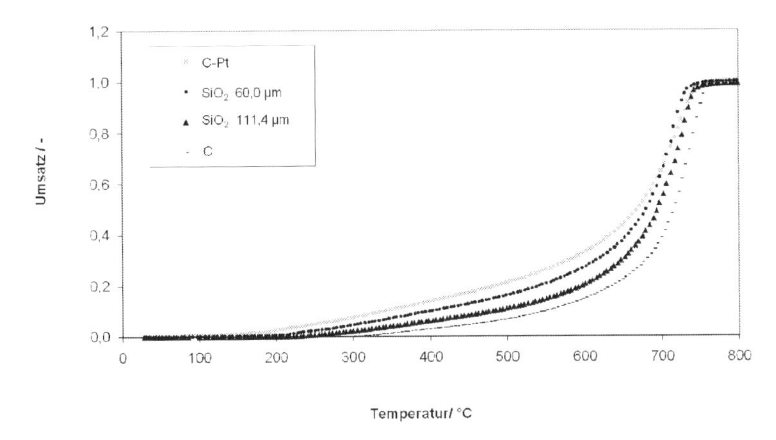

Abb. 7: Oxidationsverlauf für unterschiedliche Stärken der SiO2-Nanopartikelschicht über den ganzen Temperaturbereich

Für nicht zu hohe Umsätze (unterhalb von ca. 40 %) ist zu beobachten, dass die Umsatzrate des Kohlenstoffs mit zunehmender Dicke der SiO_2 Schicht abnimmt. Dies entspricht den Erwartungen des Spillover-Modells, wobei dem aktivierten Sauerstoff eine gewisse Lebensdauer zugeordnet wird. Für Umsätze von über 40 % spiegelt die CO_2-Konzentration im Abgas nicht den Effekt der reinen Oxidationsreaktionen wieder, sondern ist von morphologischen Änderungen der Schichtstruktur überlagert. Daher wurden für die Charakterisierung des Spillovers nur Umsätze zwischen 10 und 40 % berücksichtigt.

4.2.2 Bestimmung der Reichweite

Es wird angenommen, dass für einen gegebenen Umsatz immer die gleiche C-Schicht-Struktur resultiert, unabhängig von der zugehörigen Oxidationsdauer und der Distanz zum Katalysator. Dann stellt die Temperaturerniedrigung bis zum Erreichen eines festen Umsatzes im Vergleich zur rein thermischen Oxidation ein Maß für die Wirkung des Katalysators dar. Die Wirkung nimmt mit zunehmender Distanz zwischen Katalysator und C-Schicht ab, wie in Abbildung 8 (links), für einen Umsatz von 20 % gezeigt. Wird die lineare Abnahme der Temperaturreduzierung bis auf null verlängert, also bis zum Verlust jeglicher katalytischer Wirkung, so kann dem Spillover-Effekt der aktivierten Sauerstoffatome O* eine Reichweite von ca. 160 µm zugeordnet werden.

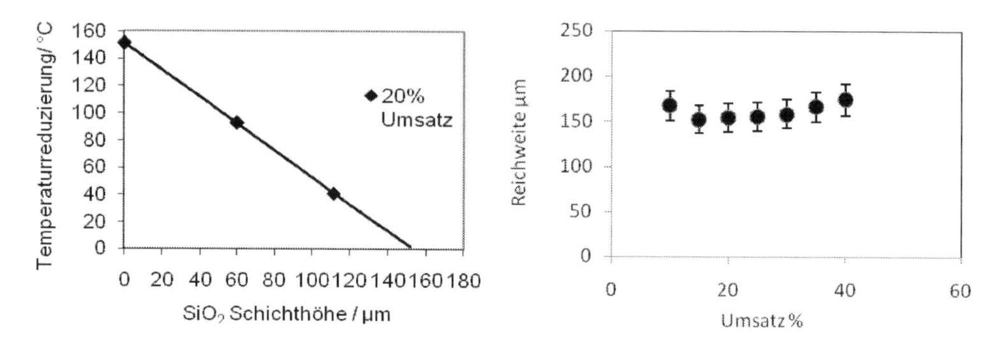

Abb. 8: Temperaturreduzierung bei Umsatz von 20% (links), Reichweite bei verschiedenen Umsätzen (rechts)

Analog wurde die Reichweite der aktivierten Sauerstoffatome bei Umsätzen von ab 10 % bis 40 % ermittelt und in Abbildung 8 (rechts) dargestellt. Innerhalb dieses Umsatzbereichs beträgt die Reichweite im Mittel 160 µm mit einer Standardabweichung von ± 8,2 µm. Dieses Resultat liegt im Bereich der wenigen in der Literatur verfügbaren Werte [5].

5 Transportmechanismus von aktivierten Sauerstoffatomen

Nach der Spillover Theorie, können die aktivierten Sauerstoffatome über die Gasphase oder über Oberflächendiffusion zu Kohlenstoff wandern. Um den Transportmechanismus von aktivierten Sauerstoffatomen zu untersuchen, wurden 3 verschiedene Schichtsysteme aus Pt- und C-Partikeln (Abb. 9 links) aufgebaut. Beim Durchströmen wurden die Schichtsysteme dem gleichen Temperaturprofil ausgesetzt und der resultierende Oxidationsverlauf gemessen (Abb. 9 rechts).

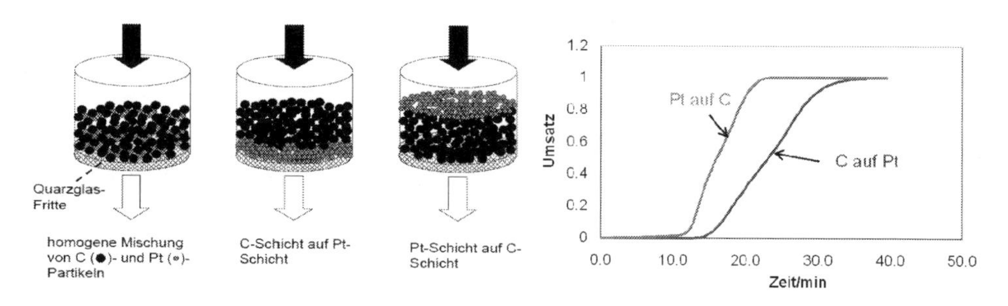

Abb. 9: verschiedene Schichtsysteme aus Pt- und C-Partikeln (links), Oxidationsverlauf für unterschiedliche Schichtsysteme (rechts)

Die Ergebnisse deuten darauf hin, dass die an der Oberfläche der Pt-Nanopartikeln aktivierten Sauerstoffatome O* tatsächlich zum einen nicht unerheblichen Teil über die Gasphase transportiert werden. Die gemessenen Oxidationsverläufe unterstützen die Erwartung, dass die Reichweite beim Durchströmen, d.h. bei konvektivem Transport, deutlich höher ist als bei reiner Diffusion (z.B. Oxidation in der TGA-Apparatur). Die Anteile von Oberflächen- und Gasphasentransport werden Gegenstand weiterer Untersuchungen sein.

6 Zusammenfassung und Ausblick

Die Ergebnisse zeigen, dass die an der Oberfläche der Pt-Nanopartikeln aktivierten Sauerstoffatome O* über die Oberfläche eines inerten Trägermaterials (hier poröse SiO_2-Schicht) und die Gasphase wandern und den Kohlenstoff ohne konvektiven Tranport noch in einer Entfernung von 160 µm oxidieren können. Innerhalb des Umsatzbereichs, in welchem keine signifikante Änderung der Morphologie der C-Schicht stattfindet, ist die Reichweite unabhängig vom absoluten Umsatz. Die Anteile von Oberflächen- und Gasphasentransport und der Einfluss struktureller Änderungen der C-Schicht und der Dicke von Pt- und C-Schicht sollen weiter untersucht werden. Zudem müssen bei höheren Temperaturen auch die Sinterprozesse in der Pt-Schicht berücksichtigt werden. Die hier vorgenommene Quantifizierung der Reichweite der katalytischen Wirkung könnte wertvolle Hinweise auf die Optimierung des Designs von katalytisch beschichteten Dieselrußpartikelfiltern geben.

Die Autoren danken der Deutschen Forschungsgemeinschaft für die finanzielle Unterstützung des Projekts DFG WE 2331/6-3.

7 Literatur

[1] J. P. A. Neeft, M. Makkee and J. A. Moulijin, Catalysts for the oxidation of soot from diesel exhaust gases. I. An exploratory study. Appl. Catal. B, 8 (1996) 57-78.

[2] J. P. A. Neeft, O. P. Pruissen, M. Makkee and J. A. Moulijin, Catalysts for the oxidation of soot from diesel exhaust gases. II. Contact between soot and catalyst under practical conditions. Appl. Catal. B, 12 (1997) 21-31.

[3] K. Hinot, H. Burtscher, A. P. Weber and G. Kasper, The effect of the contact between platinum an dsoot particles on the catalytic oxidation of soot deposits on d diesel particle filter. Appl. Catal. B, 71 (2007) 271-278.

[4] E. Baumgarten and A. Schuck, Investigations about gas phase Oxygen Spillover. React. Kinet. Catal. Lett. Vol. 62, No.2, 209-216 (1997).

[5] E. Baumgarten and A. Schuck, Oxygen Spillover and its Possible Role in Coke Burning. App. Catalysis, 37 (1988) 247-257.

[6] E. Baumgarten and B. Dedek, FTIR Spectrocopic Investigations of Oxygen Spillover, especially through the gas-Phase. A reaction interesting in coke burning. React. Kinet. Catal. Lett. Vol. 67, No.1, 21-28 (1999).

PHILOSOPHEN HABEN DIE WELT IMMER NUR VERSCHIEDEN INTERPRETIERT – VERÄNDERN PRODUKTDESIGNER SIE AUCH?

Wolfgang Ullrich

Institut für Kunstwissenschaft und Medientheorie, Staatliche Hochschule für Gestaltung Karlsruhe, Lorenzstr. 15, 76135 Karlsruhe, ullrich@ideenfreiheit.de

In ihrem 2007 erschienenen Buch *No shopping* dokumentiert die US-amerikanische Autorin Judith Levine einen Selbstversuch. Ein Jahr lang nahmen sie und ihr Lebensgefährte sich vor, auf jeglichen Konsum zu verzichten, der nicht unmittelbar zum Leben notwendig war. Tagebuchartig beschreibt sie die Ängste, Depressionen und sozialen Schwierigkeiten, die daraus erwuchsen. Regelrecht zur Beichte aber gerät ihr Bericht, als sie ihre Sportsocken – der Marke *SmartWool* – verlegt hat. Sie muss nämlich beschämt feststellen, von diesen vermeintlich banalen Dingern abhängig zu sein. Immerhin habe sich das auf ihnen aufgedruckte Versprechen "permanenter Höchstleistung" erfüllt – so gut, dass sich Levine nicht vorstellen kann, noch einmal mit anderen Socken auf die Skipiste zu gehen: "Wie kann ich ohne meine Socken Ski fahren? Wie kann ich unter diesen Umständen Höchstleistung erwarten – oder überhaupt eine Leistung?" – Also muss der Ausflug entfallen. Mehr als darunter leidet die Autorin jedoch daran, dass ein Paar Socken so große Macht auf sie ausübt. Sie spricht daher sogar von einer "beinahe pathologisch enge[n] Beziehung" – und beklagt, dass "in dem Augenblick, da ich diese Socken kaufte, [...] ein vollkommen ausreichendes Produkt (meine pinkfarbenen Polyestersocken) unzureichend, kurz darauf sogar unerträglich" wurde. Die neuen Socken von *SmartWool* seien für sie ein 'lovemark' geworden: "Mit anderen Worten: ein Fetisch".[1]

Levine gibt sich in ihrem Buch nicht religiös. Daher wundert nicht nur die Wahl des Wortes 'Fetisch', sondern vor allem das schlechte Gewissen der Autorin. Man fragt sich, auf welcher Grundlage sie sich selbst vorwirft, auch von einem Konsumgut wie Socken Ansporn und Identitätsstärkung zu erwarten. Warum sollte es gleich pathologisch sein, wenn man sich mit etwas so wohl fühlt, dass man keine Alternative mehr akzeptieren will? Ist das nicht vielmehr ein Zeichen dafür, Qualitätsunterschiede zu erkennen und über eine geschulte Urteilskraft zu verfügen? Wird in der Vokabel 'Fetisch' also nicht nur ein tief sitzender, als solcher unreflektiert bleibender

---

[1] J. Levine, *No Shopping! Ein Selbstversuch*, Köln 2007, pp. 36–49.

christlich-monotheistischer Affekt lebendig? Äußert sich nicht – in spätem Nachklang – die Eifersucht des Einen Gottes gegen alles, was auch nur ein klein bisschen Sinn und Heil verheißt? Immerhin versprechen zahlreiche Produkte eine jeweils spezifische Wirkung, die deutlich über den Gebrauchswert hinausgeht und, da sie sich als Verklärung, Heilung oder Stimulans äußert, in religiöse Leistungsprofile reicht. Allein durch ihre Gestaltung und Vermarktung stellen Produkte wie jene Socken Höchstleistung in Aussicht; sie versetzen den Konsumenten und Nutzer in eine positive Rolle (beispielsweise die eines erfolgreichen Skifahrers) und imaginieren eine Überhöhung des Alltäglichen. Sie besitzen also einen Fiktionswert, und im Extremfall stellt sich sogar – wie bei Judith Levine und ihren Wollsocken – ein Placeboeffekt ein.

Die vielen Varianten, die es von nahezu jedem Produkttyp gibt, unterscheiden sich weniger in ihrem Gebrauchs- als vielmehr in ihrem Fiktionswert. Sie bedienen jeweils andere Bedürfnisse, erzählen andere Geschichten, bieten andere Deutungen. Eine Tätigkeit oder Situation kann durch sie spezifisch erfahren oder auch ritualisiert werden: Eine elektrische Pfeffermühle macht das Würzen zu einem technoiden Präzisionsakt, während eine manuell zu bedienende es in eine Handreichung verwandelt; ist sie zudem aus Holz, wird diese zum Handwerk. Und ist sie sechzig, gar achtzig Zentimeter groß, dann gerät das Pfeffern sogar zur zelebrierten Arbeit, mit der eine Speise vor den Augen des Essenden vollendet und damit eigens gewürdigt wird. Mit einem Pfefferstreuer hingegen schüttelt man das Gewürz lediglich über dem Essen aus, so als ginge es darum, einen Mangel ungeduldig – etwas unwillig – zu kompensieren.

Die Vielfalt an Produktvarianten erlaubt somit eine Vielfalt an Umgangsweisen und Gestaltungen selbst alltäglichster Vorgänge. Diese lassen sich verleugnen, umdeuten, überhöhen oder mit bestimmten Gefühlen assoziieren. Die Vielfalt an Produktvarianten ist also Beleg dafür, dass jeweils verschiedene Sinninstanzen darum konkurrieren, Gehör zu finden. Doch handelt es sich dabei nicht nur um einen Scheinpluralismus? Um den mehr oder weniger verzweifelten Versuch der Hersteller, sich interessant zu machen und noch mehr zu versprechen als die Konkurrenz? Um einen Versuch, der letztlich in Chaos endet, in schwer erträglichem Überfluss mündet, auf völlige Banalität hinausläuft?

Anstatt zu schätzen, jeweils zwischen verschiedenen Deutungen einer Situation wählen zu können und diese so immer wieder anders zu erfahren, finden es viele Menschen – und vor allem konsumkritisch eingestellte Verbraucher – lästig, sich mit den einzelnen Varianten beschäftigen zu müssen, um eine Entscheidung treffen zu können. Es fällt ihnen schwer, darin eine Kulturtechnik zu sehen, die Wahl der jeweils richtigen Pfeffermühle also genauso als Ausweis von Urteilskraft anzuerkennen wie die Entscheidung für einen Kinofilm oder für die Lektüre eines bestimmten Buchs. So wie sich jemand, der wenig liest, in einer Bibliothek rasch überfordert fühlt und darüber mokiert, ja es als abstrus empfindet, dass so viel geschrieben wird, geht es Konsumkritikern also in Haushaltswarengeschäften oder Drogeriemärkten: Ungenügende Ausbildung in einer Kulturtechnik – der des Umgangs mit dem ja noch relativ neuen Warenpluralismus – verleitet sie zu einer abwehrend-aggressiven, oft auch ressentimentgeladenen Haltung.

Tatsächlich kommt gegenüber dem Konsumismus heutzutage derselbe Affekt zur Geltung, der jahrhundertelang gerade die Literatur, aber auch andere Formen von Hochkultur, etwa die Philosophie traf. Wenn viele Menschen und vor allem gute Christen allen Büchern misstrauten, nur weil sie nicht die eine Bibel waren, ja wenn sie lange nicht einsehen wollten, warum jedes Jahr neue Bücher erscheinen müssen, dann erinnert das an die heutigen Vorbehalte von Konsumkritikern gegenüber der Vielfalt an immer wieder neuen Pfeffermühlen, Parfums und Mineralwässern.

Im Jahr 1698 veröffentlichte der Schweizer Theologe Gotthard Heidegger, Repräsentant der reformierten Kirche, einen Traktat, in dem er sich insbesondere mit der Romanliteratur auseinandersetzte, damals noch eine relativ junge, aber boomende Branche. Für ihn jedoch waren die Romane "ein Heydnische Erfindung und in der stockdicken Finsternuß der Abgötterey entsprungen". Es waren also Fetische: eines Christen unwürdig, der doch mit der Heiligen Schrift bereits das Buch habe, das "den Menschen perfectionieren kan". Gerade aber weil die Romane nur "Gauckeleyen" seien, gebe es so viele davon – und immer wieder neue. Sie seien, so Heidegger weiter, "ein ohnendlich Meer worden", ja "wann ein Quartal verstreicht / da nicht einer oder mehr Romans auß / und in die Catalogos kommet / ist es so seltsam / als eine grosse Gesellschaft / da einer nicht Hanß hiesse". Des weiteren grollt er darüber, dass es "manchem [...] nicht an einem Wand-gestell voller Romans [ermanglet]", mit denen er oder sie sich "Tag und Nacht" beschäftige, während er oder sie "die Bibel kaum einmahl grüsset".[2] Ferner hält er der Romanliteratur vor, sie versetze das Gemüt des Lesers mit ihren "freyen Vorstellungen / feurigen Außdruckungen / und andren bunden Händeln in Sehnen / Unruh / Lüsternheit und Brunst", ja sie bringe "den Menschen in ein Schwitzbad der Passionen".[3]

Bei einem Konsumkritiker wie etwa dem Marxisten Wolfgang Fritz Haug stößt man auf den analogen Vorwurf, die Warenästhetik würde "allgemein lüstern [...] machen", ja die Hersteller erzeugten eine "Triebunruhe".[4] Und ist Heidegger der Überzeugung, dass allein die Bibel als

---

[2] G. Heidegger, *Mythoscopia Romantica oder Discours von den Romanen*, Zürich 1698, repr. Bad Homburg 1969, p. 41f., 13, 49.

[3] Ebd., p. 70.

[4] W. F. Haug, *Kritik der Warenästhetik*, Frankfurt/Main 1971, p. 111, 120.

göttliche Offenbarung Wahrheiten vermittle, weshalb gelte "Wer Romans list/ der list Lügen"[5], so schreibt Haug, Waren seien nur "Schein, auf den man hereinfällt".[6] Beide zeichnen ihr Feindbild, indem sie Fiktion auf Lüge reduzieren. Während Heidegger und andere Romankritiker alles, was nicht göttliche Offenbarung ist, nur als defiziente Form, eine Romanhandlung also im Unterschied zu einer biblischen Geschichte nur als Lüge abtun können, ist für Haug und andere Konsumkritiker alles, was als Ware gehandelt und daher vom Verkäufer möglichst attraktiv inszeniert wird, von vornherein ein Produkt der Täuschung. Dass diese als Form von Illusionismus, ja als Fiktion für den Käufer eigenen Wert haben könnte, kommt ihnen ebenso wenig in den Sinn wie den Romankritikern die Idee, dass sich auch eine gut erfundene Geschichte mit Gewinn lesen lässt.

Die Reduktion von Fiktion auf Lüge findet aber sogar noch viel länger statt als seit der Romankritik des 17. Jahrhunderts. Sie wird bereits von Platon betrieben, der die Dichter und Künstler aus seinem idealen Staat ausschließen wollte, weil ihre Werke "in großer Ferne von der Wahrheit" seien. Ihn störte, dass sie dieselben Phänomene immer wieder anders in Szene setzen, also etwas willkürlich als groß oder klein, schön oder hässlich, wichtig oder unwichtig präsentieren und insofern einem Pluralismus huldigen. Damit verlören die Rezipienten alle Maßstäbe und gerieten schließlich in eine "gereizte und wankelmütige Gemütsstimmung". Ein Dichter oder Künstler verbündet sich, so Platon, "mit dem Unvernünftigen in uns zu nichts Gesundem und Wahrem"; er "schmeichelt" ihm und verdirbt gute Naturen. Damit ist ebenfalls der Befürchtung Raum gegeben, das Fiktionale sorge für gefährliche Emotionen – für ein "Schwitzbad der Passionen" und "Triebunruhe". Platon warnte davor, dass ein Dichter und Künstler das Triebhafte "nährt und begießt, das doch ausgetrocknet werden sollte".[7] Aber auch er hat ein klares Gegenbild. Nicht Gott (wie bei Heidegger), nicht der Kommunismus (wie bei Haug), sondern die Philosophen sind für ihn Garanten der Wahrheit – und damit über Täuschung wie über bloße Emotionalisierung erhaben.

Die Fiktionen eines Malers oder – später – Romanciers oder – noch später – Produktdesigners, Werbegraphikers oder Marketingmanagers werden also jeweils diskreditiert, indem man ihnen nur Willkür und Maßlosigkeit unterstellt. Statt darin auch eine Quelle für Ansporn und Ideale zu erkennen, befürchtet man ausschließlich Täuschung; jegliche Überhöhung oder Übertreibung gerät zum moralischen Problem. Die Gleichsetzung von Fiktion und Lüge, ja die mangelnde Differenzierung zwischen ästhetischem und epistemischem Schein verhindert von vornherein, ande-

---

[5] Heidegger, *Mythoscopia Romantica*, p. 81.

[6] Haug, *Kritik der Warenästhetik*, p. 62.

[7] Platon: *Politeia* (ca. 387 v. Chr.), Werke in acht Bänden, Vierter Band, Darmstadt 1971, 603a-606d.

re Dimensionen von Kunst oder Konsum anzuerkennen. Inwieweit das Fiktionale vielleicht auch spielerische, distanzierende, reflektierende, emanzipatorische, stimulierende, kompensatorische und heilsame Wirkungen besitzt, wird gar nicht erst diskutiert.

So einig man sich heutzutage jedoch darüber ist, dass Platon polemisch agierte, als er Fiktion und Lüge in der Kunst gleichsetzte, und so sehr es auch längst Konsens ist, Romane als Form der Hochkultur vor christlich-monotheistischen Argumenten im Stil Heideggers in Schutz zu nehmen und dafür die Kraft der Phantasie zu feiern, so selbstverständlich wiederholen Kritiker Vokabeln wie 'Lüge', 'Täuschung', 'Verblendung', 'Manipulation', aber auch 'Ersatzreligion' und 'Fetisch', sobald es um Konsumprodukte geht. Da aber die Vorwürfe, die gegen den Konsumismus vorgebracht werden, auf der Tradition polemischer Gleichsetzung von Fiktion und Lüge beruhen, würde es nicht wundern, wenn das künftig einmal ähnlich große Ablehnung hervorriefe wie heute der einstige Kampf gegen die Romanliteratur.

Ist man auf die historische Parallele aber erst einmal aufmerksam geworden, lässt sie sich auch nutzbar machen. So kann man fragen, ob sich Konsumgüter – Wollsocken, Pfeffermühlen, Duschgels – nicht auch positiv mit Romanen und anderen Formen des Fiktionalen – mit Filmen oder Lifestyle-Magazinen – vergleichen lassen. Statt also die Aburteilung von Produkten zu erneuern und sie einmal mehr als Fetische zu tadeln, diente ein solcher Vergleich dann dazu, den Konsumismus genauso wie Literatur oder Kino als Teil der Hochkultur zu beschreiben. Dann wäre es gerade nicht pathologisch, sich von Dingen wie Socken motivieren zu lassen. Vielmehr wäre es Zeichen von Banausie, nicht zwischen billiger Massenware und den Produkten einer mit großem Aufwand inszenierten Marke zu unterscheiden, ja es nicht unerträglich zu finden, wenn man sich mit ersterem begnügen müsste.

Sollte man die Lügen, die man den Konsumgütern vorhält, also auch lieber als Fiktionen begreifen, die, ähnlich wie in den Künsten, wichtige Funktionen erfüllen? Und sollte man in der Existenz von Fiktionswerten nicht sogar das sicherste Merkmal hochkultureller Aktivität erblicken? Ist das "Schwitzbad der Passionen", die "Triebunruhe" also nicht vielmehr eine "schöne Kunst der Leidenschaft"? So zumindest formuliert es Friedrich Schiller, der sich in seinen Briefen *Über die ästhetische Erziehung des Menschen* (1795) ausdrücklich und vehement gegen die Tradition einer Verwechslung von Fiktion mit Lüge wendet. Dabei setzt er sich mit (protestantischen) Kunst-Skeptikern wie Jean-Jacques Rousseau, einem geistigen Erbe Gotthard Heideggers auseinander, um das "Interesse am Schein [als] eine wahre Erweiterung der Menschheit und ein[en] entschiedene[n] Schritt zur Kultur" zu sehen. Solange hingegen "das Bedürfnis drängt, ist die Einbildungskraft mit strengen Fesseln an das Wirkliche gebunden; erst wenn das Bedürfnis gestillt ist, entwickelt sie ihr ungebundenes Vermögen".[8] Modern übersetzt: Erst in einer Wohlstandsgesellschaft wird der Fiktionswert wichtiger als der Gebrauchswert. Erst dann können sogar alltägliche Produkte, die sonst nur über ihren Gebrauchswert definiert sind, dazu dienen, einzelne Tätigkeiten, Situationen oder Erfahrungen zu interpretieren, zu verfremden, zu verklären, mit zusätzlicher Bedeutung aufzuladen.

Wie aber könnte sich ein Verständnis von Konsumgütern als Produkten ästhetischen Scheins ausnehmen? Und sollte man wirklich plausibel machen können, dass darin sogar eine "Erweiterung der Menschheit" vorliegt? Im Folgenden sei bewusst ein alltägliches Beispiel betrachtet, ähnlich alltäglich wie jene Wollsocken. Damit soll bekräftigt werden, dass es nicht nur teure und exklusive Produkttypen sind, denen besondere gestalterische Aufmerksamkeit – inszenatorisches Know-How – gewidmet wird, sondern dass selbst die profane Lebenswelt zu einem Hort fiktionaler Überhöhung geworden ist. Vor allem soll aber exemplarisch gezeigt werden, wie sich ein Fiktionswert aufbaut und was er leistet.

Wer einen Drogeriemarkt betritt, um ein Duschgel zu kaufen, steht vor Regalen, auf denen die Angebote Dutzender von Marken mit meist mehreren Produktlinien und zahlreichen Varianten versammelt sind. Unterschieden wird zwischen Produkten für Männer, Frauen, Kinder und Senioren, es gibt edel aufgemachte und simpel verpackte Duschgels, einige für den Abend oder das Wochenende, andere für morgens und wochentags; wählen kann man ferner zwischen sportlichen, esoterischen, gesundheitsbewussten, stimulierenden und beruhigenden Artikeln.[9] Mag es etwas bemüht erscheinen, diese Situation mit der in einer Buchhandlung zu vergleichen, in der die Erzeugnisse diverser Autoren und Verlage ebenfalls nach Alter und Geschlecht der Kunden, ferner nach Aufmachung und vor allem Sparten rubriziert werden, so leuchtet die Analogisierung aber vielleicht ein, wenn man wieder einmal vergeblich nach dem Duschgel sucht, das man beim letzten Mal gekauft hatte. Man wird dann bemerken, dass die Markenartikler genauso wie die Verleger jede Saison neue Varianten auf den Markt bringen – und alte nicht neu auflegen. Das ist bereits Indikator dafür, dass es auch hier vor allem um einen Fiktionswert geht. Statt einen einmal erreichten Gebrauchswert zuverlässig zu garantieren, wollen die Hersteller das Duschen immer wieder anders inszenieren – ihre Kunden mit verschiedenen Plots unterhalten und mit Effekten versorgen.

Wer aber erst einmal ernst nimmt und schätzt, dass sich heutige Konsumprodukte ebenso wie Romane, Filme oder Fernsehserien primär über ihren jeweiligen Fiktionswert definieren, fände

---

[8] F. Schiller, *Über die ästhetische Erziehung des Menschen in einer Reihe von Briefen* (1795), in: Nationalausgabe, Bd. 20, hrsg. v. B. v. Wiese, Weimar 1962, p. 382, 399.

[9] Zum folgenden vgl. auch: W. Ullrich, "Unter der Dusche", in: Merkur 709 (2008), pp. 512–517.

es sogar unangemessen, wären in jedem Quartal dieselben Varianten angeboten. Zwar kann man gute Bücher auch mehrfach lesen und gerade aus der Wiederholung Intensität schöpfen, doch häufiger wird man sich freuen, die Neuerscheinung eines geschätzten Autors oder eine anders erzählte Fassung eines an sich bekannten Plots erwerben zu können. Und genauso macht es vielleicht Freude, einmal ein Duschgel zu benutzen, das mit dem Flair einer Südseereise oder der Aura von Abendsonne umgeben ist, sich beim nächsten Mal hingegen für eines zu entscheiden, das einen so hohen Kuschelfaktor wie ein Cashmere-Pullover oder aber einfach nur Power verspricht.

Geübte und ambitionierte Duschgel-Konsumenten sind daher auch nicht nur über die jeweiligen Neuerscheinungen gut informiert, sondern ihre Badezimmerkonsole erinnert sogar an das Regal eines Bücherfreunds. Wie auf ihm vielerlei Verschiedenes versammelt ist, das unterschiedliche Vorlieben, Stimmungen und Erwartungen sowie biographische Stationen spiegelt, so haben sie das passende Gel für jeden Anlass. Fühlen sie sich nach einem hektischen Arbeitstag frustriert und gestresst, greifen sie zu einem Mittel, dessen Name einen *Beruhigenden Abend* verheißt; sind sie an einem anderen Tag hingegen noch abenteuerlustig, ja wollen sie sich nicht auf dem Sofa, sondern in der Disco von Arbeitstrott erholen, dann stimmen sie sich darauf mit einem Duschgel ein, das den Namen *Energy Risk* trägt. Für sich allein wecken die Namen und Slogans jedoch erst eine vage Erwartung und eröffnen ebenso wenig einen Fiktionsraum wie der bloße Titel eines Buchs. Dazu bedarf es erst einer raffinierten Inszenierung: Das Produktdesign muss so angelegt sein, dass es, ähnlich wie der Text im Buch, einen inneren Film in Gang setzt, dem Konsumenten ein ihm sympathisches Rollenangebot macht oder ihm dazu verhilft, sich und seine Situation intensiver und interessanter zu erleben.

Wie aber soll das möglich sein? Und sind die Produktversprechen nicht immer nur hohl, entlarven sich bald selbst und lassen dann enttäuschte Konsumenten zurück, die aber gleich von den nächsten Versprechen geködert werden?

Wie sich ein fiktionaler Mehrwert und sogar wiederum ein Placeboeffekt, also mehr als ein hohles, nämlich ein durchaus wirksames Versprechen aufbauen kann, sei am Duschgel *Beruhigender Abend* erläutert. Im Unterschied zu einer Mehrheit der Duschgels ist der Name hier auf Deutsch aufgedruckt (obwohl *Dove* eine englische Marke ist). Allein dass man in der eigenen Muttersprache angesprochen wird, wirkt für viele schon beruhigend, während das sonst bei Duschgels dominierende Englisch einen Beiklang von Business und Weltläufigkeit und damit auch einen Touch von Outdoor-Abenteuer besitzt. Ein klassisch ruhiger Schriftzug – ohne dynamisierende Kursivierung – verheißt dagegen Stabilität, noch wichtiger ist aber, dass sich die weiße Schrift von einem dunkelblauen Hintergrund abhebt. Mit keiner anderen Farbe wird nämlich so oft und stark Entspannung, Erholung und Vertrauen assoziiert; man kann an die 'blaue Stunde' denken, die Stunde nach Arbeitsschluss, aber auch an Schlaf- und Beruhigungsmittel, deren Verpackungen am häufigsten blau sind.[10] Den Eindruck von Beruhigung und Einkehr verstärkt im Weiteren die Form des Produktkörpers. Seine Symmetrie – keineswegs selbstverständlich bei Duschgels – wirkt stabil und harmonisch, die Wölbung der Flasche, die zugleich ziemlich flach ist, lässt sie zudem leicht – unbeschwert – und damit geschmeidig-entspannt erscheinen.

Doch geht es, gerade bei Duschgels, nicht nur um visuelle Reize. Wer sich für ein Produkt interessiert, will vor einer Kaufentscheidung vielmehr wissen, wie es riecht. Wird deshalb die Verschlusskappe geöffnet, ist jedoch, noch bevor ein olfaktorischer Reiz wahrnehmbar ist, ein anderer Sinn, nämlich das Ohr angesprochen. Zwar achten viele gar nicht bewusst auf das Sound-Design, es wirkt aber unterschwellig. In diesem Fall klingt der Ton, den das Öffnen des Verschlusses auslöst, wie ein erleichtertes Seufzen. Suggeriert wird, dass in dem Moment, in dem man das Duschgel benutzt, schon die Entspannung – und Beruhigung – einsetzt: Es ist, als dürfe man befreit ausatmen.

Das Gel selbst riecht dezent, ist nicht stark parfümiert, und wer will, kann den auf der Packung bereits angekündigten "Sandelholzduft" erahnen, der zugleich ein Flair von Wärme verheißt. Ein intensiver Geruch wäre hingegen nicht passend, will doch, wer dieses Duschgel verwendet, danach nicht mehr unter Menschen gehen und auf sich aufmerksam machen, sondern eher für sich alleine bleiben. Neben dem Geruch ist aber auch die Substanz des Gels bedeutsam. Es kommt milchig weiß und ungefähr so cremig wie Sahne aus der Flasche. Das wird als Verwöhnung empfunden; das Weiß verheißt nicht nur Reinheit – die Chance, alles Unangenehme von sich abzuwaschen –, sondern erinnert auch an Muttermilch. Damit suggeriert *Beruhigender Abend*, man dürfe zu den eigenen Ursprüngen zurückkehren, in eine warme Welt ohne Entfremdung, in ein behütetes Zuhause. Der Begleittext auf der Rückseite der Flasche spricht nicht nur den "Stress und die Belastungen des Tages" an, denen etwas entgegengesetzt werden müsse, sondern wirbt für *Beruhigender Abend* auch mit der Behauptung, "für die Pflege von Haut und Seele ist abends eine gute Zeit". Das Duschgel wird somit als Variante von Psychotherapie verstanden; es soll dabei helfen, Alltagsfrust hinter sich zu lassen, abzuschalten und sich zu regenerieren. Es ist ganz darauf ausgerichtet, einen Placeboeffekt zu erzeugen. Dass es im Regal mit Duschgels für Frauen steht, mag bedenklich stimmen, sind diese demnach offenbar stärker als Männer von Entfremdung bedroht (was auch andere Angebote bestätigen).

Schon im Laden wird *Beruhigender Abend* seine therapeutisch-entspannende Kraft entfalten. Dank der gut aufeinander abgestimmten Sinnesreize, die von diesem Produkt ausgehen, kann

[10] Vgl. E. Heller, *Wie Farben auf Gefühl und Verstand wirken*, München 2000, p. 48.

man sich in eine bessere Welt hineinträumen. Vor dem inneren Auge entsteht das Bild eines langen Abends ganz ohne Verpflichtung. Man denkt an das gemütliche Sofa, eine Kanne mit Tee (vielleicht *Momente der Ruhe* von *Meßmer*), an eine Duftkerze (mit Bratapfelgeruch?) und Musik – und dazu an ein feines Buch. Dieses mag für das Gelingen eines solchen Abends letztlich wichtiger sein als der Tee oder das Duschgel, weil man mehr Zeit damit verbringt und es die Aufmerksamkeit stärker an sich binden kann, doch gibt es keinen Grund, deshalb die anderen Ingredienzen des Erholungsprogramms zu diskreditieren. So bereitet *Beruhigender Abend* der Lektüre auf dem Sofa erst den Raum, ist also ein Präludium zu dem Familienroman oder Lyrikband, mit dem man ein paar entspannte Stunden verbringt.

Und so leistet ein gut gestaltetes Duschgel im Rahmen seiner Möglichkeiten – immerhin muss es neben einem Fiktionswert auch seinen Gebrauchswert beweisen – Ähnliches wie ein Buch: Es trägt nicht nur zur körperlichen Sauberkeit bei, sondern erzeugt eine Stimmung, überhöht den Alltag, spendet Trost und Wärme – lässt das Duschen zu einem umfassenden Reinigungsakt, zu einem Heilsritual werden. Daher wird es auch nicht enttäuschen, und selbst wer sich nach seinem Gebrauch noch immer nicht 'bei sich' fühlt, ja wer unruhig und verspannt bleibt, wird weniger Zweifel an dem Produkt als an sich selbst haben, wird sich also für umso therapiebedürftiger halten. Das Vorurteil, Konsumprodukte würden regelmäßig als bloße leere Versprechungen auffliegen, stammt also noch aus einer gebrauchswertorientierten Zeit, als Sollbruchstellen und doppelte Böden in Verpackungen konsumkritische Debatten bestimmten. Mittlerweile hingegen – in einer Zeit, in der nicht nur Duschgels, sondern ebenso Mineralwasser, Espressomaschinen oder Wollsocken zu einer täglichen Dosis an Placeboeffekten beitragen und als legale Form von Doping fungieren – sind Mängelrügen selten geworden.

Der Grund dafür ist, dass bei der Produktgestaltung verschiedene Sinnesreize so gut aufeinander abgestimmt sind. Dies führt zu einem Phänomen, das Marketing-Wissenschaftler und Gehirnforscher als "multisensory enhancement" bezeichnen. Darin drückt sich die Erkenntnis aus, dass Reize durch Impulse verstärkt werden, die an andere Sinne adressiert sind.[11] Wie also schon ein einzelnes Produkt an Präsenz gewinnt, wenn visuelle, akustische, haptische und olfaktorische Reize zueinander passen, so wirkt erst recht die Zusammenstellung verschiedener Artikel – vom Duschgel über den Tee bis zur Kerze – intensivierend.

Konnte man früher fast nur durch die Wahl der Lektüre auf den eigenen Gefühlshaushalt Einfluss nehmen, so ist eine Choreographie der Emotionen mittlerweile zum alltäglichen Programm

[11] Vgl. M. Lindstrom: "Making Sense: Die Multisensorik von Produkten und Marken", in: H.-G. Häusel (Hg.): *Neuromarketing. Erkenntnisse der Hirnforschung für Markenführung, Werbung und Verkauf*, Planegg 2007, pp. 157–169, hier S. 161.

geworden, das selbst schon beim Kauf einer Zahnbürste, eines Joghurts oder eben eines Duschgels stattfindet. Mehr als je zuvor modellieren nahezu alle Gebrauchsgüter die jeweilige Lebenswelt, verstärken, modifizieren und überhöhen Stimmungen und erlauben es auch, verschiedene Atmosphären miteinander in Beziehung zu setzen. Das Ausbalancieren all der Emotionen ist damit ständige Aufgabe und Herausforderung, und der einzelne wird zum Emotions-DJ.
Passend dazu bemerkte Norbert Bolz seinem *Konsumistischen Manifest* (2002), dass von Produkten früher nur Bedürfnisbefriedigung und später Verführungskraft verlangt wurde, dass man ihnen heute aber mit dem Imperativ "Verändere mich!" gegenübertrete. Ein Konsumartikel werde daher "zum Medium der Transformation des Kunden", ja "wie bei Erziehung und Therapie geht es hier um 'people processing'".[12]
Man könnte hier auch an den Autor des *Kommunistischen Manifests* denken – und den Satz variieren, den Karl Marx in der elften Feuerbachschen These geprägt hat. Muss es also mittlerweile nicht heißen: Die Philosophen haben die Welt immer nur verschieden interpretiert, die Produktdesigner aber verändern sie auch? Und können Produktdesigner nicht sogar leichter als Philosophen oder Dichter nicht nur vorgeben, wie man Situationen wahrnimmt und sich in ihnen fühlt, sondern diese auch eigens gestalten und umgestalten.? Immerhin kommt ihnen zugute, dass die Produkte verwendet, die in ihnen liegenden Interpretationen also eingeübt werden. Die zu Design gewordenen Deutungen und Überhöhungen haben daher viel mehr als Texte die Chance, in Fleisch und Blut überzugehen und Rituale zu schaffen. Das Fiktionale erhält hier die Macht des Faktischen. Ein Duschgel, eine Pfeffermühle oder eine Wollsocke können insofern wirklich etwas verändern.
Doch wie oft tun sie es auch? Und welcher Art sind die Veränderungen? Sind es nicht nur kleine Einflüsse auf die jeweilige Stimmung, die ein Produkt haben kann, aber keine bleibenden Veränderungen? Um das besser einschätzen zu können, ist es hilfreich, noch einmal den Vergleich zwischen Büchern, Filmen, Magazinen einerseits und Konsumprodukten andererseits zu bemühen. Beides einander gleichzustellen, impliziert auch, in beiden Medien – oft sogar Massenmedien – zu sehen. Dann aber wird auch schnell klar, worin der größte Unterschied zwischen ihnen besteht. Während Bücher Autoren haben, Filme von Regisseuren gemacht werden, Zeitungen und Zeitschriften die Arbeit von Redakteuren darstellen, sind für die alltäglichen Konsumprodukte Manager, Marketingspezialisten und Designer verantwortlich. Sie aber besitzen keine Position, die so stark, so unabhängig, so deutlich an Inhalten orientiert und interessiert ist wie die eines Autors oder Redakteurs. Vielmehr ist in der Produktentwicklung in den letzten Jahrzehnten gerade all das, was die Fiktionswerte – und damit das Veränderungspotenzial – betrifft, immer

---

[12] N. Bolz: *Das konsumistische Manifest*, München 2002, p. 99.

mehr an die Marktforschung delegiert worden. Statt eigenmächtig zu entscheiden, welche Gefühle, Deutungen und Rituale man den Konsumenten vermitteln will, setzt man Institute darauf an, mit diversen Methoden herauszufinden, was sich jemand in seinem Innersten verspricht, wenn er unter die Dusche geht, sein Essen würzt oder Wollsocken anzieht. Mit tiefenpsychologischen Interviews und neurobiologischen Untersuchungen wird versucht, jeden noch so gut verborgenen Wunsch zu entdecken und abzusaugen. Man testet, wie einzelne Sinnesreize ankommen, welche Assoziationen ein bestimmtes Design auslöst, wie ein Produkt erlebt wird. Und man tut dies, um den Konsumenten genau das zu bieten, was sie bereits erwarten – dies freilich nicht aus Philanthropie, sondern um maximale Umsätze erzielen zu können.

Die Konsumwelt manipuliert die Menschen also nicht in der Weise, in der es oft unterstellt wird: Sie verleitet sie gerade nicht dazu, etwas zu kaufen, was sie eigentlich gar nicht wollen. Vielmehr legen es die dafür Verantwortlichen darauf an, nur und exakt das anzubieten, was ohnehin gewünscht wird. Das aber heißt auch, dass die Produkte die Konsumenten nicht in dem Sinne verändern können, dass sie ihnen neue Denkweisen oder ungewohnte Erfahrungsmuster vermitteln. Vielmehr bestätigen sie lediglich immerfort, was der Kunde ohnehin schon denkt und empfindet. Und höchstens gelingt es ihnen, bestimmte Erlebnisweisen zu intensivieren oder das Bedürfnis nach Abwechslung zu befriedigen. Doch auch die immer neuen Varianten an Duschgels und anderen Konsumprodukten bleiben fortwährend innerhalb eines festen Rahmens, bewirken also keine wirkliche Veränderung.

Sofern es sich bei Produkten um Medien handelt, sind ihre Botschaften also fast immer affirmativ, konservativ, tautologisch, ja es sind verstärkende Echos der Botschaften, die die Konsumenten selbst im Zuge der Marktforschung von sich geben.[13] Vielleicht noch nie zuvor in der Geschichte waren Menschen so sehr einer Welt ausgesetzt, die sie fortwährend mit ihren eigenen Wünschen und Erwartungen konfrontiert, welche ihnen in verdichteter und gereinigter Form präsentiert werden.

Wer das Duschgel *Beruhigender Abend* verwendet, wird also zwar vielleicht in seiner momentanen Stimmung beeinflusst, fühlt sich besser und 'heiler' als vor dem Duschen, doch wird er oder sie davon keine Einsicht vermittelt bekommen, die eine Umwertung oder neue Erfahrung zur Folge hätte. Vielmehr wird nur einmal mehr ein Plot bestätigt, der seit Jean Jacques Rousseau – seit rund 250 Jahren – Kennzeichen der westlichen Kultur ist: Dass der Mensch entfremdet leben muss, von Gesellschaft und Arbeit deformiert wird und daher einer Kompensation bedarf, prägten zahlreiche Philosophen, Schriftsteller, Künstler und Intellektuelle den Menschen immer wieder ein. Und nun wird dieselbe Geschichte auch noch von Alltagsprodukten und einem Duschgel

[13] Vgl. W. Ullrich, *Habenwollen. Wie funktioniert die Konsumkultur?*, Frankfurt/Main 2006, pp. 196ff.

mit dem Namen *Beruhigender Abend* erzählt – und dies umso lieber, als die Produkte als jene Kompensation erscheinen wollen, die das behauptete Defizit aufzuheben vermag.
Auch sonst sind es alle Arten von Verlustgeschichten und damit oft die Narrative der Kulturkritik, ja des Kulturpessimismus, die Konsumprodukte aufgreifen, um einerseits Altbekanntes zu wiederholen und um andererseits ihre eigene Bedeutung zu erhöhen. Suggerieren manche Produkte, man könne durch sie einen sozialen Aufstieg erleben, müsse also nicht länger in einer verkommenen Umgebung leben, so gibt es andere Produkte, die die Rückkehr einer vermeintlich besseren Vergangenheit in Aussicht stellen oder die Moratorien des Alltags – Urlaubsgefühle, paradiesische Umgebungen, Harmonie – bereiten. Ebenso beliebt als Basis einer Produktinszenierung ist die in allen Spielarten romantischen Denkens verbreitete Unterstellung, das Alltägliche sei langweilig und profan, Ausnahmezustände hingegen seien wünschenswert. Daher dominieren Superlative, und wenn schon Wollsocken Höchstleistung versprechen, darf man hochrechnen, was erst von Tees und Toastern, von Energy Drinks und Trinkjoghurts zu erwarten ist.
Heutige Produzenten machen sich also die tief in der westlichen Kultur verankerten und daher bei allen Marktforschungen erneut zuverlässig zutage tretenden Geschichten zunutze, die darin übereinkommen, die Gegenwart für eine Schwundstufe, für defizitär, entfremdend oder lau zu halten. Doch wo man ehedem von Religion oder Philosophie, von Literatur oder Kunst erwartete, sie würden in die Innigkeit eines neuen Mittelalters, in eine zweite Klassik, einen dritten Humanismus führen oder eine bessere Zukunft vorbereiten, sind es nun Konsumprodukte, an die sich ähnliche Heilserwartungen heften. Diese betreffen allerdings immer nur das konsumierende Individuum und nicht die gesamte Gesellschaft – anders als im Fall der diversen Strömungen der Avantgarde und der Helden des Bildungsbürgertums, die jeweils eine große allgemeine Revolution versprachen.
Das schien auch plausibel, weil Romane, Traktate, Opern, Gemälde oder Zeitungsartikel eben gerade nicht auf der Basis von Marktforschung entstehen. Ihre Urheber beziehen ihr Ethos meist sogar daraus, sich nicht nach der mutmaßlichen Nachfrage zu richten – und ihr Publikum zu befremden, zu provozieren, vor den Kopf zu stoßen und auf diese Weise zu neuen Sichtweisen zu erziehen. Nur soweit die Botschaften der Medien unabhängig von ihren Adressaten entwickelt werden, können diese auch, wenngleich vielleicht nur unter Schmerzen, einiges an Zumutungen auszuhalten, 'transformiert' werden.
Wer Produkte als Medien begreift und ihre Möglichkeiten künftig besser nutzen will, wird sich also nicht mehr auf Marktforschung verlassen dürfen. Statt noch raffiniertere Methoden zu ersinnen, um auch an das letzte Unbewusste der Konsumenten heranzukommen, ginge es dann vielmehr darum, einen neuen Beruf zu etablieren. Gefragt wären Produktredakteure, die – unabhän-

gig von bereits vorhandenen Nachfragen – darauf zu achten hätten, dass der Fiktionswert von Duschgels, Wollsocken und Espressomaschinen zumindest bei aufwändigeren – teureren? – Produkten originell, anspruchsvoll und bereichernd ist. Wenn der Fiktionswert schon fortwährend an Stellenwert gewonnen hat, dann wäre es auch nur der nächste logische Schritt, ihn eigens – mit kreativem Anspruch – zu gestalten und sich nicht nur vorgeben zu lassen, mit welchen Sujets und Reizen er erzeugt wird.

Deutlicher als heute bereits im Bereich der Printmedien oder des Kinos, wo es einerseits hochwertige Autorenfilme, andererseits aber genauso von Marktforschung begleitete Produktionen gibt, könnte sich künftig gerade auf dem Feld der Konsumprodukte eine Zweiteilung etablieren, die darin besteht, dass einfache Massenprodukte nachfrageorientiert und allein auf maximalen Umsatz hin hergestellt werden, während man statusträchtige Produkte einer Konsumhochkultur angebotsorientiert entwickelt. Zu letzteren mag auch gehören, was längst als Autorendesign etabliert ist, doch während dort Originalität meist nur hinsichtlich der Formen und Materialitäten beansprucht wird, ginge es bei als Medien verstanden Produkten stärker um die Inhalte, Werte, Vorstellungen, die man zu transportieren versucht.

Die Konsumwelt träte somit in eine neue Phase ein, in der sie ideologisch würde, insofern die Produzenten Interessen geltend machten, die über das Geldverdienen hinausreichten. Sie würden im besten Fall versuchen, alternative Plots zu denen der Kulturkritik und der Romantik zu etablieren (auch wenn diese am verkaufsträchtigsten sind, weil sie den Konsumenten die Beseitigung von Defiziten suggerieren). Sie würden aber vor allem religiöse, politische und weltanschauliche Präferenzen zum Ausdruck bringen, um die Konsumenten in ihrem Sinne zu beeinflussen – und zu verändern. Vermutlich würde es dann auch nicht lange dauern, bis sich verschiedene Interessengruppen darum bemühen würden, bei Entwicklung und Design von Produkten mitzubestimmen. Wären die letzten Jahrzehnte nicht relativ unideologisch gewesen, hätte der Kampf um die stärksten, suggestivsten, umstürzendsten Fiktionswerte gewiss längst begonnen.

In einer Zeit, in der zumindest die Marken mit höheren Ansprüchen darauf aus wären, ein ähnlich klares Profil zu haben wie bisher nur Schriftsteller, Regisseure, Philosophen oder Maler, wird wohl jemand wie Anita Roddick als große Pionierin gefeiert und bewundert werden. Als sie in den 1970er Jahren vor der Frage stand, wie sie ihren politischen Anliegen – mehr Umweltschutz, mehr soziale Gerechtigkeit – am besten zu Verbreitung verhelfen könnte, rief sie keine Partei ins Leben, sondern entschied sich, Produkte als Medien ihrer Themen zu verwenden. Sie gründete *The Body Shop* und schaffte es damit, auch Menschen ökologisch und bürgerrechtlich zu sensibilisieren, die sich sonst kaum politisch engagiert hätten. Als eine der ersten nützte sie

Konsumprodukte als Instrumente der Aufklärung und Mobilisierung. Sie bewies, dass man mit den Geschichten und Gestaltungen, die in Produkte eingehen, tatsächlich etwas verändern kann. In einer möglichen Zukunft gibt es zahlreiche Marken, die vergleichbar prononciert ein bestimmtes Welt- und Menschenbild vertreten und die damit zu den maßgeblichen Medien der Meinungsbildung, ja des öffentlichen Diskurses geworden sind. Sie werden gar wichtiger als die klassischen Medien sein, wenn es darum geht, Ideen in den Alltag – in die Handlungsabläufe der Menschen – zu implementieren. Damit werden die Produktredakteure viel Macht haben, und Produktchefredakteur einer großen Marke zu werden, wird das Ziel vieler ehrgeiziger Intellektueller sein.

Zugleich wird aber für einige auch ein anderes Ziel attraktiver werden. Sie werden ihre Stärke gerade damit beweisen wollen, dass sie auf die vielen Fiktionen und Placeboeffekte, auf die stimulierenden und anleitenden Potenziale der Konsumprodukte verzichten. Je stärker Produkte mit Sinn aufgeladen sind, desto interessanter wird es auch, sich in einer Askese zu üben und zu beweisen, dass man ohne diesen Sinn existieren kann. Bücher wie jenes von Judith Levine, die berichtet, wie es sich ein Jahr lang ohne Konsum – und ohne Wollsocken – leben ließ, sind eventuell eine erste Vorhut einer Bewegung, in der Menschen Helden sein können, weil sie ohne das tägliche Doping mit den Fiktionswerten von Duschgel und allen anderen Produkten auskommen. Tatsächlich steht Levines Buch nicht alleine; auch andere Autoren haben sich der "extremen Prüfung des Nichtkonsumierens" ausgesetzt (so die Formulierung Levines).[14] Allein dass dies Stoff für mehrere Bücher ist – und dass man diese wie eine neue Gattung von Abenteuer- oder Exerzitienliteratur offerieren kann –, zeugt von der großen Bedeutung, die Konsumprodukte mittlerweile besitzen.

Im Unterschied zu Konsumverweigerern früherer Jahrzehnte, die einfach gegen die Wohlstands- oder Wegwerfgesellschaft protestierten und stolz auf ihre Unabhängigkeit waren, spüren die heutigen Konsumasketen, dass sie mehr als nur ein paar Bequemlichkeiten verlieren, wenn sie keine Kosmetik, keine Haushaltsgeräte und kein Sportzubehör mehr kaufen. Wer oder was ist man überhaupt noch, wenn man mit dem Einkaufen aufhört? Levine stellt als Bilanz ihres Experiments sogar die Frage, "ob ein Mensch abseits der Welt käuflich erworbener Dinge und Erlebnisse ein ganz normales soziales, kulturelles oder familiäres Leben, einen Beruf, eine Identität, ja ein *Ich* haben kann".[15]

Liest man das, ahnt man, wie wichtig eine solche Frage noch werden könnte, wenn die Potenziale der Fiktionswelten, die Inszenierung von Gefühlen und Ideen durch Produkte, ja die Chancen

[14] Levine, No Shopping!, p. 13.

[15] Ebd., p. 14.

auf Veränderung des Menschen durch Konsum erst einmal voll ausgereizt werden. Die Konsumkultur befindet sich mutmaßlich erst in ihren Anfängen; man hat gerade die ersten Schritte unternommen, sich von der Gebrauchswertbindung zu emanzipieren und, als Folge gewachsenen Wohlstands, über rein materiell bestimmte Bedürfnisse hinauszugehen. Schillers Satz über die Einbildungskraft, die "ihr ungebundenes Vermögen" erst entwickle, "wenn das Bedürfnis gestillt ist", eröffnet somit die Aussicht auf Produkte, die raffinierter und vielschichtiger fiktionalisieren, ja origineller interpretieren und zukunftsfähiger verändern als heutzutage. Denkbar erscheinen Produkte, mit denen eine warenästhetische Erziehung des Menschen gelingt. Spätestens dann werden sich die Konsumkritiker auch nicht länger auf eine Reduktion von Fiktion auf Lüge zurückziehen können. Und wie die Grundsatzkritik an der Romanliteratur verstummte, nachdem im 19. Jahrhundert die Blütezeit des Romans begann, so wird auch die herkömmliche Konsumkritik verschwinden, sobald das große Zeitalter des Produktdesigns erst einmal angefangen hat. Dann werden die Konsumgüter die wichtigsten Medien sein und das leisten, was jahrhundertelang vor allem von den Medien der Schrift erwartet wurde.

NANOKOMPOSITE MIT OPTIMIERTEN EIGENSCHAFTEN AUS CHEMISCH MASSGESCHNEIDERTEN NANOPARTIKELN

T. A. Cheema, G. Garnweitner

Institut für Partikeltechnik, Technische Universität Braunschweig, Volkmaroder Straße 5, D-38104 Braunschweig, e-mail: t.cheema@tu-braunschweig.de, g.garnweitner@tu-braunschweig.de

1 Einleitung

Nanokomposite sind zweiphasige Systeme, die häufig aus einer Polymermatrix und einem anorganischen Nanopartikelfüller bestehen. Da die Materialeigenschaften von Polymeren bereits durch geringe Füllmengen stark beeinflusst werden können, ist der Einsatz von Nanokompositen in vielen Anwendungen höchst attraktiv [1]. Die Herstellung von Nanokompositen ist allerdings anspruchsvoll, da Nanopartikel aufgrund ihrer hohen Grenzflächenenergie zu Agglomeration neigen und sich während des Einbettens in die Harzmatrix rapide zu größeren Agglomeraten und Aggregaten vereinigen können. Dies führt zu Inhomogenitäten und im Extremfall zu einer Phasenseparation und verschlechtert dadurch die mechanischen oder optischen Eigenschaften der Nanokomposite massiv. Die Agglomeration kann jedoch durch eine Stabilisierung der Nanopartikel vermieden werden. Hierfür eignet sich gut eine sterische Stabilisierung, bei welcher die Stabilisatoren (Polymere oder organische Moleküle) über verschiedene Ankergruppen an die Partikeloberfläche gebunden werden. Besonders attraktiv ist hierbei die Stabilisierung mit kurz- ($C < 10$) oder längerkettigen ($10 < C < 20$) organischen Molekülen (Kleinmolekül-Stabilisierung), um den Anteil an zusätzlicher Organik gering zu halten. Da die Grenzfläche zwischen Nanopartikeln und Harz eine wesentliche Rolle bezüglich der Eigenschaften des Nanokomposites spielt, ist eine chemische Modifizierung der Nanopartikeloberfläche von besonderem Vorteil, um die Nanopartikel an die Chemie der Harzmatrix anzupassen. Durch unterschiedliche Strategien, die von einer Kompatibilisierung der Nanopartikel mit allen Matrixkomponenten bis hin zu ihrer kovalenten Anbindung an die Matrix reichen, können die Eigenschaften des Nanokomposits wesentlich verbessert werden.

In diesem Beitrag stellen wir die schrittweise, kontrollierte Herstellung von ZrO_2-Polymer-Nanokompositen durch Einbettung von ZrO_2-Nanopartikeln in Polymerharze vor. Die Herstellung der Nanopartikel erfolgte durch die sogenannte nichtwässrige Sol-Gel-Methode, mit der verschiedenste Metalloxid-Nanopartikel hergestellt werden können [2]. Die Herstellung von

ZrO_2-Nanopartikeln gelingt dabei in quasi-monodisperser und hoch kristalliner Form im 20 g-Maßstab.[3] Auch die chemische Modifizierung der Oberfläche kann durch eine einfache Rührreaktion im Anschluss an die Synthese erfolgen [3, 4]. Diese Oberflächenmodifizierung führt – für optimierte Systeme – zur Dispergierung der Nanopartikel und wird im folgenden Text als chemische Dispergierung bezeichnet. Das Nanokomposit wird dann durch Zugabe der ZrO_2-Nanopartikeldispersion zum Harz sowie der folgenden Entfernung des Lösungsmittels und Aushärtung des Harzes hergestellt. Eine solche Herstellung erlaubt prinzipiell eine ideale Verteilung der Nanopartikeln im Harz; zudem ist eine Handhabung der Nanopartikel in Dispersion anstelle der Pulverform auch aus sicherheitstechnischen Erwägungen günstig. Wie im Folgenden gezeigt wird, ist jedoch eine Optimierung der Einbettungsschritte erforderlich, um eine angestrebte Optimierung der mechanischen Eigenschaften tatsächlich zu erreichen.

2 Materialien und Methoden

2.1 Materialien

Zirkonium-*n*-propylat (70 Gew.-% Lösung in 1-PrOH, Sigma-Aldrich), Benzylalkohol (≥ 99 %, Roth), Tetrahydrofuran (p.a., Fluka) Epoxidharz LARIT RIM 135 und Härter 134i & 137i (Lange + Ritter GmbH) wurden ohne weitere Aufreinigung eingesetzt.

2.2 Methoden

2.2.1 Herstellung und chemische Dispergierung von ZrO_2-Nanopartikeln

Die ZrO_2-Nanopartikel wurden durch die nichtwässrige Sol-Gel-Methode hergestellt [2-4]. 80 mL Zirkonium-*n*-propylat wurden in 500 mL Benzylalkohol gelöst und bei 220 °C für 4 Tage gerührt. Nach der Synthese wurden die ZrO_2-Nanopartikel durch Zentrifugation abgetrennt und zweimal mit Tetrahydrofuran (THF) gewaschen. Danach wurden die Nanopartikel mit entsprechenden Stabilisatoren (funktionellen Carbonsäuren) chemisch dispergiert. Die Dispersionen wurden entweder direkt weiter verwendet (diese Proben werden fortan als *dispergiert* bezeichnet), oder die Nanopartikel wurden aus der Dispersion mittels Hexan ausgefällt und wieder in THF redispergiert (diese Proben werden als *redispergiert* bezeichnet). Der Feststoffgehalt der Dispersion wurde gravimetrisch bestimmt, die Analyse der Partikelgröße und –verteilung erfolgte mittels dynamischer Lichtstreuung (DLS) an einem „Malvern Zetasizer Nano ZS“, und Transmissionselektronenmikroskopie (TEM) an einem „Zeiss EM 912O“ und einer Beschleunigungsspannung von 120 kV.

2.2.2 Herstellung der Nanokomposite

Die Nanopartikel-Dispersion wurde dem Harz unter Rühren auf einem Magnetrührer beigemischt, und das Lösungsmittel wurde anschließend im Exsikkator unter Vakuum bei Raumtemperatur (RT) entfernt. Eine homogene Verteilung der Partikel wurde durch den Einsatz eines Dissolvers (Dispermat CA) gewährleistet. Nach erfolgtem Homogenisierungsschritt wurde das Harz durch Zugabe des Härters (mit einem Gewichtsverhältnis von 100: 30, Harz: Härter) und thermischer Behandlung bei 60 °C ausgehärtet und anschließend bei 80 °C getempert. Zuvor der Härterzugabe wurde das Harz mittels Thermogravimetrischeranalyse (TGA) mit einer „TGA/SDTA 851" der Firma „Mettler Toledo", zwischen 25 – 950 °C mit einer Heizrate von 10 °C/Minute untersucht. Die mechanischen Eigenschaften des Nanokomposites wurden mittels statischer Prüfung an einer statischen Prüfmaschine der Firma Zwick/Roell ermittelt.

3 Diskussion

Durch die chemische Dispergierung der ZrO_2-Nanopartikel ist es möglich, hochkonzentrierte und stabile Dispersionen in THF und anderen Lösungsmitteln zu erhalten; in Abbildung 1 ist eine ZrO_2-Dispersion mit einem Feststoffgehalt von 60 mg/mL dargestellt. Diese Dispersionen können über mehrere Wochen bis Monate gelagert werden, wobei keinerlei Trübung oder Ausfällung der Partikel auftritt.

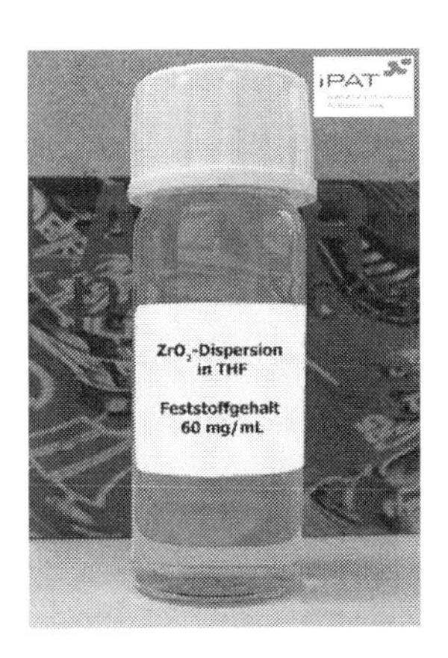

Abb. 1: Optisch klare ZrO_2-Nanopartikel-Dispersion mit einem Feststoffgehalt von 60 mg/mL

Die dynamische Lichtstreuung (DLS) ergab eine praktisch monodisperse Verteilung der Primärpartikel im Lösungsmittel (Verdünnung = 40 mg/mL) mit einem Medianwert von D_v^{50} = 5,2 nm (Abb. 2). Dass die Partikel einzeln vorliegen und eine Primärgröße von 4 – 6 nm haben, wurde auch durch TEM Aufnahmen (verdünnt auf 100 µg/mL) verifiziert (Abb. 3). Es konnte nachgewiesen werden, dass die chemische Dispergierung der Nanopartikel einen wichtigen Nachbehandlungsschritt der Nanopartikel darstellt, um stabile und monodisperse Dispersionen von ZrO_2-Nanopartikeln zu erhalten, und die Agglomeration der Nanopartikel auch in Langzeitexperimenten effizient verhindert.

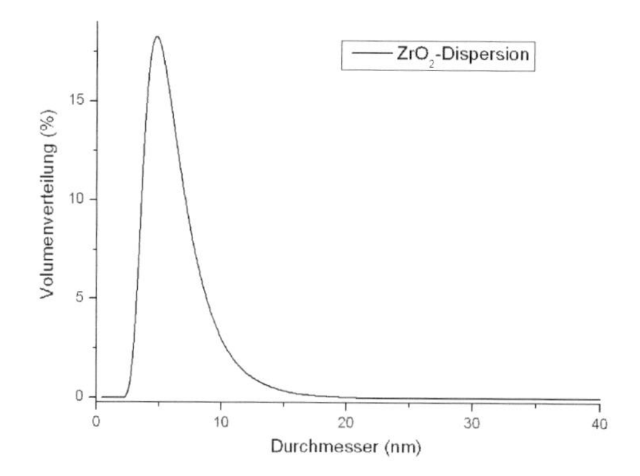

Abb. 2: DLS Messung einer stabilen ZrO_2-Nanopartikel-Dispersion in THF

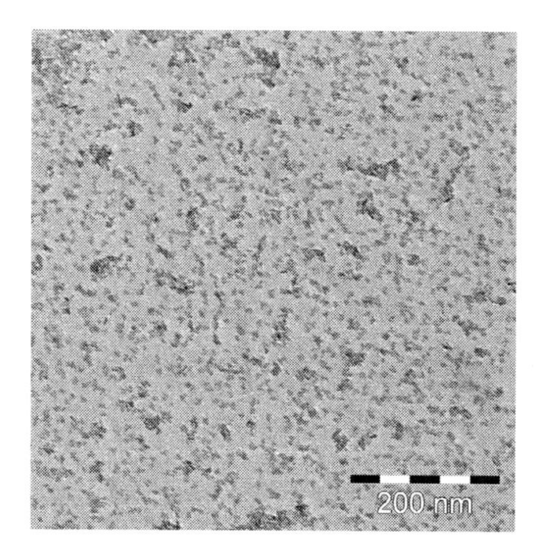

Abb. 3: TEM Aufnahme der ZrO_2-Nanopartikel-Dispersion in THF mit einer Vergrößerung von 31500x

Ein zusätzlicher wichtiger Aspekt der chemischen Dispergierung von Nanopartikeln, ist die Möglichkeit, die Partikeloberfläche chemisch so zu modifizieren, dass verschiedenste funktionelle Gruppen an der Oberfläche platziert werden können. Durch diese funktionellen Gruppen ist es weiterhin möglich, die physikalischen oder auch chemischen Wechselwirkungen zwischen Nanopartikeln und Harzmatrix zu beeinflussen.

Der Feststoffgehalt an ZrO_2-Nanopartikeln in den Nanokompositen kann durch die zugegebene Menge an Dispersion gezielt eingestellt werden. Hierfür sind der Feststoffgehalt der Dispersion und die Menge an Harz und Härter entscheidend. Die Entfernung des Lösemittels vor dem Aushärten spielt eine ausschlaggebende Rolle für die Eigenschaften des fertigen Nanokomposites, wie anhand von unterschiedlich hergestellten Nanokompositproben untersucht wurde. Hierfür wurden nach drei Methoden Nanokomposite hergestellt, die sich sowohl in der Nachbehandlung der dispergierten Nanopartikel als auch in der Entfernung des Lösungsmittels unterscheiden (Tabelle 1). Nach „Methode A" wurden die Partikel direkt nach der Dispergierung zum Harz hinzugefügt und das System in einer ersten Stufe zur Entfernung des Lösemittels für 24 Stunden im evakuierten Exsikkator (100 mbar) gelagert. Danach wurde die Nanopartikel-Harz-Mischung mittels Dissolver bei 3000 rpm bei Raumtemperatur und Atmosphärendruck homogenisiert. Bei den Methoden „B" und „C" hingegen wurde im Anschluss an den Evakuierungsschritt die Homogenisierung der Nanopartikel im Dissolver bei Unterdruck (100 – 200 mbar) und einer Temperatur von 50 °C durchgeführt. Bei „Methode B" wurden hierfür die Partikel direkt nach der Dispergierung (analog „Methode A") verwendet, während nach „Methode C" die Partikel nach der Dispergierung ausgefällt und wieder in THF redispergiert wurden.

Tabelle 1: Vergleich der Methoden „A", „B" und „C"

Methode*	**Dispersion**	**Dissolver****	**Normalspannung*****
A	*dispergiert*	RT, Luftdruck	93,3 %
B	*dispergiert*	50 °C, 100 – 200 mbar	100,5 %
C	*redispergiert*	50 °C, 100 – 200 mbar	101,7 %

* *alle Proben hatten einen Feststoffgehalt von 1 Gew-% und wurden im Exsikkator für 24 Stunden bei Raumtemperatur und 100 mbar vorbehandelt*

** *der Dissolver wurde bei allen Proben für 2 Stunden bei 3000 rpm eingesetzt*

*** *die Normalspannung ist normalisiert auf das Rein-Harz (100 %)*

Die Ergebnisse der mechanischen Untersuchungen sind am Beispiel der Normalspannung in Abbildung 4 zu sehen. Ein Vergleich der maximalen Normalspannung der nach den Methoden „A", „B" und „C" hergestellten Nanokomposite mit 1 Gew.-% ZrO_2 zeigt deutliche negative wie auch positive Einflüsse auf die Festigkeit des Nanokomposites. Bei „Methode A" tritt eine deutliche Verringerung der maximalen Normalspannung des Nanokomposites auf, was in diesem Fall auf eine unvollständige Entfernung des Lösungsmittels zurückzuführen ist, da es allein durch Evakuierung bei Raumtemperatur nicht möglich ist, das Lösungsmittel vollständig zu entfernen. Dies wird durch die in Abbildung 5 dargestellten TGA-Messungen des reinen Harzes und zweier Harz – THF Mischungen belegt. Die Mischungen wurden jeweils für 24 Stunden im Exsikkator behandelt (100 mbar, RT), wobei eine der Mischungen anschließend zusätzlich für 2 Stunden im Dissolver behandelt wurde (3000 rpm, 100 – 200 mbar, 50 °C). Die im Exsikkator getrocknete

Probe weist noch mehr als 5 Gew.-% THF auf, während in der Probe nach Behandlung im Dissolver keinerlei Lösemittel mehr beobachtet wird. Es ist daher zu empfehlen, auch die Homogenisierung unter Unterdruck durchzuführen.

Der Unterschied zwischen den Proben aus „Methode B“ und „Methode C“ entsteht aufgrund der Redispergierung. Der überflüssige Stabilisator, der nicht an die Partikeloberfläche gebunden ist, kann in diesem Schritt aus der Dispersion entfernt werden, was zu einem weiteren positiven Einfluss auf die Festigkeitseigenschaften des Nanokomposites führt, wie in *Abb. 4* zu sehen ist. Nach Optimierung der Verarbeitung kann die erwünschte Steigerung der Festigkeitseigenschaften des Nanokomposites beobachtet werden.

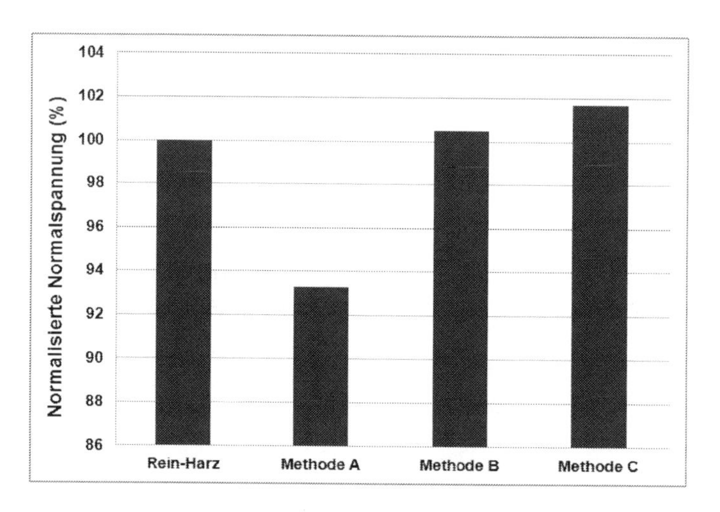

Abb. 4: Vergleich der maximalen Normalspannung bei Nanokompositen mit 1 Gew-% ZrO_2, Hergestellt nach unterschiedlichen Methoden

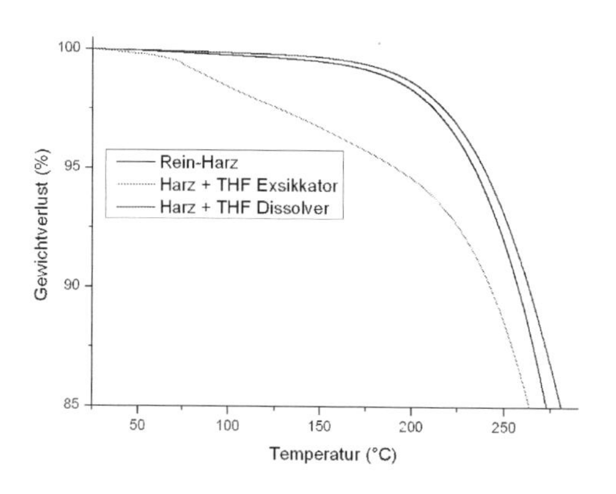

Abb. 5: TGA Kurven von Reinharz (schwarz), Harz und THF-Gemisch nach der Entfernung von THF im Exsikkator (grün), sowie nach zusätzlicher Behandlung im Dissolver (blau)

Zusammenfassend wurde in diesem Beitrag die schrittweise Herstellung von Nanokompositen durch chemische Dispergierung von ZrO_2-Nanopartikeln in Epoxidharze beschrieben. Die Nanopartikel wurden über die nichtwässrige Sol-Gel-Methode hergestellt und danach durch eine chemische Modifizierung in hochkonzentrierte und stabile ZrO_2-Nanopartikeldispersionen überführt. Diese Dispersionen wurden direkt oder nach Ausfällung und Redispergierung der Nanopartikel zur Herstellung von Nanokompositen eingesetzt. Hierbei zeigte sich, dass eine Redispergierung der Nanopartikel zur Entfernung überschüssigen Stabilisators notwendig ist, um eine bessere Festigkeit der Nanokomposite zu erreichen. Weiterhin erwies sich die Entfernung des Lösungsmittels als ein kritischer Aspekt. Nur bei vollständiger Entfernung des Lösungsmittels durch eine mechanische Behandlung im Vakuum können die erwünschten Steigerungen der mechanischen Eigenschaften von Nanokompositen bei Einbringung von Nanopartikeln in Form von Dispersionen gewährleistet werden.

4 Danksagung

Wir möchten uns bei Herrn Prof. Dr.-Ing. Peter Horst am „Institut für Flugzeugbau und Leichtbau“ der TU Braunschweig für die statischen Messungen der Nanokomposite und bei Herrn Dr. H. Diercke am "Institut für Physik der Kondensierten Materie" der TU Braunschweig für die TEM Messungen bedanken.

5 Literatur

[1] P. M. Ajayan, L. S. Schadler und P. V. Braun, *Nanocomposite Science and Technology*, Weinheim: Wiley-VCH Verlag, 2003

[2] G. Garnweitner, M. Niederberger, „Nonaqueous and surfactant-free synthesis routes to metal oxide nanoparticles“, *Journal of the American Ceramic Society*, vol. 89, pp. 1801-1808, 2006

[3] G. Garnweitner, L. M. Goldenberg, O. V. Sakhno, M. Antonietti, M. Niederberger, und J. Stumpe, „Large-Scale Synthesis of Organophilic Zirconia Nanoparticles and their Application in Organic–Inorganic Nanocomposites for Efficient Volume Holography“, *Small*, vol. 3, pp. 1626-1632, 2007

[4] N. Tsedev, G. Garnweitner, „Surface modification of ZrO_2 nanoparticles as functional component in optical nanocomposite devices“, *Materials Research Society Symposium Proceedings*, vol. 1076, pp. 175-180, 2008

TROCKENE DESAGGLOMERATION VON NANOPARTIKELFLOCKEN

S. Füchsel, U. A. Peuker, K. Husemann
Institut für Mechanische Verfahrenstechnik und Aufbereitungstechnik, TU Bergakademie Freiberg, Agricolastr. 1, Freiberg, e-mail: sascha.fuechsel@mvtat.tu-freiberg.de

1 Einleitung

Das künstliche Erzeugen von Aerosolen, was unter dem Begriff Dispergieren [1] zusammengefasst wird, ist heute in vielen technischen Prozessen immer mehr von Bedeutung. Beispiele für solche Prozesse sind das Sichten feiner Pulver, das Zerstäuben von Pulverlacken zum Beschichten von Oberflächen sowie die Aerosolherstellung für pharmazeutische Zwecke oder für die Partikelmesstechnik [2]-[6].
Die Herausforderung liegt im Bewirken von Relativbewegungen zwischen den Partikeln, um interpartikuläre Wechselwirkungen zu überwinden.
Das mit dem gewählten Verfahren technisch hergestellte Aerosol hoher Feststoffbeladungen kann zum Beispiel dazu genutzt werden, mit diesem sowohl lösliche als auch nicht benetzbare Trägermaterialien zu beschichten. Im Folgenden wird gezeigt, inwiefern submikrone, hochgradig feststoffbeladene Aerosole (Beladungen bis zu 2,5 $g_{Feststoff}/m^3_{Gas}$) erzeugt werden können. In Bezug auf die Dispergiergüte (Partikelgrößenverteilung) des Produktaerosols geht es vor allem um den Einfluss der beiden wichtigsten Prozessparameter Mahlluftdruck und Sichtraddrehzahl.

2 Charakterisierung Modellsubstanzen und Methode

2.1 Modellsubstanzen

Bei den verwendeten Modellsubstanzen handelt es sich um drei Aerosil®-Typen. Alle Aerosil®-Produkte sind synthetische, pyrogene Kieselsäuren (SiO_2) der Fa. Evonik [7]. Die Modellsubstanzen weisen in diesem Zusammenhang hydrophile Oberflächeneigenschaften auf.
In Tabelle 1 sind die verwendeten Aerosil®-Produkte, zum Verständnis der Materialbeschaffenheit, mit einigen wichtigen granulometrischen Eigenschaften aufgelistet. Die Zahl an der Markenbezeichnung Aerosil® steht für die massespezifische Oberfläche in m^2/g.
Bedingt durch den Herstellungsprozess (Flammenhydrolyse) liegen alle Aerosil®-Typen nicht in Form der Primärpartikeln sondern aggregiert (Sinterbrücken) im Bereich von 100 bis 200 nm vor. Mit der aus der Oberflächenbeschaffenheit von Aerosil® resultierenden Kohäsivität ergeben

sich aus Aggregaten gebildete flockige Agglomerate von ca. 8 bis 20 µm Größe im Aufgabezustand.

Die flockige Agglomeratstruktur, infolge sehr hoher Agglomeratporositäten bzw. sehr geringer Agglomeratdichten [8], ist in Abb. 1 bei allen verwendeten Aerosil®-Produkten deutlich zu erkennen. Vor diesem Hintergrund muss bei einer Anwendung derartiger Substanzen mit einer starken Abweichung im Prozessverhalten gegenüber dem massiver Partikel gerechnet werden.

Hydrophiles Aerosil® ist ein in der Praxis gängiges Beschichtungsmaterial. Eine sehr wichtige Eigenschaft, mit der die Anwendung als Fließregulierungsmittel begründet wird, ist die Feuchtigkeitsadsorption. Besonders bei hygroskopischen Materialien, die stark zum Verklumpen neigen, kommt dieser Effekt zur Wirkung. Dabei kann bis zu 40 % Feuchtigkeit durch Anlagern an die SiOH-Gruppen aufgenommen werden, ohne dass die Konsistenz des Pulvers negativ beeinflusst wird. Bei Materialien mit rauen Oberflächen können durch Zugabe von z.B. Aerosil®200 fließverbessernde Effekte durch die Ausfüllung der Unebenheiten und die Verminderung der mechanischen Verhakung festgestellt werden [7]. Ein typisches Beispiel dafür ist Feuerlöschpulver.

Weiterhin zeichnet sich hydrophiles Aerosil® nicht nur durch sein stark kohäsives Verhalten aus, sondern lädt sich als elektrischer Isolator im Kontakt mit anderen Isolatoren (z.B. Kunststoffrohrleitungen) elektrostatisch auf. Diese Eigenschaft erschwert eine definierte Dosierung vor allem geringer Masseströmen (< 1 g/min).

2.2 Methode

2.2.1 Definition Desagglomeration

Die trockene Desagglomeration entspricht, als Teilschritt des trockenen Dispergierprozesses, einer Zerkleinerung von Agglomeraten, welche mittels Beanspruchungsintensität und -häufigkeit beschrieben wird. Wird die Partikelgröße nur geringfügig verändert, nennt man diesen Zustand ein „stabiles Plateau" [9]-[11]. Wenn die Beanspruchungsintensitäten die Haftkräfte innerhalb der Agglomerate nicht übertreffen, erreicht man ein erstes Plateau. Bei weiter steigender Beanspruchung werden zunehmend Agglomerate aufgebrochen und Aggregate gebildet. Da diese zumeist stärkere Festigkeiten aufweisen, wird sich mit steigender Beanspruchungsintensität erneut ein Plateau einstellen. Erst mit der Überwindung der Haftkräfte zwischen den Primärpartikeln (z.B. Sinterbrückenbindung) und damit einhergehender Vereinzelung selbiger, ist ein Zerkleinerungsfortschritt zu erwarten. Wird die Beanspruchung weiterhin erhöht, zerkleinert man die Primärpartikel.

2.2.2 Charakterisierung Dispergiereinheit

Gegenüber allen bisher bekannten Methoden zur trockenen Dispergierung (z.B. [12]) sehr feiner und kohäsiver Substanzen wird im Beitrag auf die trockene Desagglomeration mit einem Strahlmühlentyp eingegangen. Angesichts der Komplexität eines in derartigen Zerkleinerungsmaschinen ablaufenden Prozesse, kann, von der genügend hohen eingebrachten Leistung [13], rein theoretisch genügend Leistung für eine erfolgreiche Desagglomeration von Materialien aus der Produktklasse Nanopartikelflocken umgesetzt werden.

Bei der verwendeten Gegenstrahl-Sichter-Mühle handelt es sich um einen einfachen, geschlossenen Mühle-Sichter-Kreislauf.

Für die klassische Anwendung als Fließbettgegenstrahlmühle, also einer Primärpartikelzerkleinerung und Klassierung, wird das Aufgabematerial in das Zentrum des Prozessraums hinein dosiert (Dosierschnecke, Ejektor oder Injektor) und in den Bereich der Beanspruchungszone transportiert [14]. Mittels des Einsaugeffekts („entrainment“ siehe [15]) der aufeinander gerichteten Freistrahlen werden die Materialpartikel in den Strahl eingesaugt, beschleunigt und sollen so im Brennpunkt der Strahlen aufeinanderprallen [16]-[19]. Im Anschluss an die Beanspruchungszone wird das beanspruchte Material in einer aufwärtsgerichteten Fontänenströmung zur Klassierzone, einem schnell rotierenden Sichtradkorb, transportiert [19]. Über den Prozessluftvolumenstrom (Schleppkraft) in Konkurrenz mit der Sichtradumfangsgeschwindigkeit (Fliehkraft) ergibt sich dabei die eigentliche Produktfeinheit (Gegenstromklassierung) [14]. Das Grobgut wird abgewiesen und an der Innenwand des Mahlraums zurück in die Beanspruchungszone transportiert. Das Feingut wird durch den Feingutauslass aus der Sichtermühle transportiert.

Bei der Prozessführung selbst müssen für einen erfolgreichen Einsatz derartiger Strahlmühlen bestimmte Faktoren beachtet werden [14]-[22]:

Es ist eine *Mindestmenge* an Material im Mahlraum (Mindestdurchsatz) erforderlich, um mit Hilfe des Einsaugeffektes der sich im Mahlraum ausbildenden Freistrahlen Partikel einzusaugen und diese für einen Zusammenprall im Brennpunkt der Beanspruchungszone genügend zu beschleunigen. Diese Mindestmenge bezieht sich dabei speziell auf das im Mahlraum ausgebildete Fließbett, um eine effektive Energiedissipation erreichen zu können.

Die zu zerkleinernden Materialpartikel sollten eine für mineralische Rohstoffe typische *Materialdichte* (z.B. Referenzmaterial Kalkstein mit 2,6 g/cm^3) aufweisen. Eine genaue Grenze für die minimal mögliche Dichte wird in der Literatur allerdings nicht angegeben.

Weiterhin ist für die erfolgreiche Zerkleinerung in einer Fließbettgegenstrahlmühle zu beachten, dass die Partikel eine möglichst geringe Korngröße aufweisen (Vorzerkleinerung). Da der energetische Aufwand bei der Strahlmahlung sehr hoch ist, werden durch die Vorzerkleinerung der

Durchsatz und die Effizienz erhöht. Es existiert zwar keine scharfe Grenze für die maximale Korngröße des Aufgabegutes, aber als grober Richtwert ist eine Grenze bei etwa 20% des Mahlluftdüsendurchmessers anzunehmen. Die Partikelform hat keinen Einfluss auf die Zerkleinerung, sondern spielt nur bei der Sichtung eine Rolle. Wichtig für den Betrieb einer Strahlmühle ist, dass das Produkt nicht oder wenig kohäsiv ist, da es sonst zu Problemen bei der Ausbildung eines Fließbettes kommt. Es gelingt dann unter Umständen nicht die Gasstrahlen mit dem Produkt zu beladen, weil sich die Freistrahlen Kanäle im Produkt frei räumen.

Zusammenfassend muss festgehalten werden, dass bis in die heutige Zeit keine allgemein gültige Modellvorstellung zu den in der Beanspruchungszone ablaufenden Prozessen existieren [14]-[22]. Allerdings kann, laut theoretischer Untersuchungen (z.B. [22]), zu den bisher noch zu wenig verstandenen Vorgängen in Strahlmühlen festgehalten werden, dass der häufigste Partikelkontakt und somit Zerkleinerungseffekt in der Randzone der Freistrahlen stattfindet, wobei der Schergradient der sich ergebenen Grenzschichtströmung einen effektiven Teil zur Beanspruchung beiträgt. Eine primäre Zerkleinerung im Brennpunkt der Strahlen ist schwer vorstellbar, da sich Stromlinien aufeinander gerichteter Freistrahlen im realen Prozess ausweichen und die geringe Trägheit der Partikel lässt diese der Strömung folgen. Die erforderliche Trägheit für einen Partikel-Partikel-Stoß am Staupunkt ist, bezogen auf die verwendete Modellsubstanz Nanopartikelflocken, nicht gegeben.

Im Zusammenhang mit dem schnellrotierenden Sichtrad ergibt sich aus der Forschungsarbeit von Benz [25], dass die Sichtradumfangsgeschwindigkeit einen wesentlich höheren Einfluss auf das Körnungsband des Produkts hat, als die Strahlgeschwindigkeit der Freistrahlen. Dass Materialagglomerate mehr oder weniger effektiv an der Außenkante eines schnell rotierenden Sichtradkorbes aufgebrochen werden, ist zwar bekannt, doch steht eine wissenschaftlich fundierte Analyse derartiger Wirkweisen des Sichtrades bisher noch aus.

Die folgenden Untersuchungen dienen diesbezüglich auch einer erweiterten Betrachtungsweise zu den Vorgängen in der verwendeten Maschinensparte.

2.2.3 Anlage

Es wurde eine auf nanoskalige Substanzen und das Dispergierverfahren angepasste Versuchsanlage (vgl. Abb. 2) auf Basis einer konventionellen Strahlmahlanlage konzipiert und konstruktiv umgesetzt.

Als *Dosiereinheit* kommt ein selbstentwickeltes, modifiziertes Ejektorprinzip zum Einsatz, um die Modelsubstanz definiert in die Strahlmühle einzudosieren. Dazu wird das Material leicht fluidisiert über eine Lanze mittels Ejektor aus einem Zwischenbehälter abgesaugt (vgl. Abb. 3). Zur kontinuierlichen Nachdosierung kommt ein handelsüblicher Schneckendosierer zum Einsatz.

Ein direktes Eindosieren mit dem Schneckendosierers ist aus verfahrenstechnischer Sicht unmöglich. Das liegt zum einen an der Tatsache, dass die Eigenschaften der Modellsubstanzen (hohe Feinheit, Kohäsivität) es unmöglich machen im geschlossenen System in einen druckabhängigen Prozess zu dosieren und zum anderen, dass eine entsprechende Zwangsführung mittels realisierten Dosiersystems durch die Beanspruchungszone der Mühle notwendig ist. Unter anderen, als den im Anlagenkonzept realisierten Bedingungen, ist eine Funktionsprüfung der Mühle (Beanspruchungszone) als Dispergiereinheit unmöglich. Ein entsprechender Umbau des auf die Dosiereinheit folgenden Mahlraums sei dazu vorausgesetzt. Wobei eine derartige Zwangsführung des Aufgabematerialstroms in die Mühle dem technischen Stand beim Bau derartiger Mühlen entspricht (vgl. Abb. 2). Die Neuerung besteht in der Vorlage des Schüttgutes über einen Zwischenbehälter (Fluidtopf), um definiert auch sehr geringe Masseströme zu realisieren (vgl. Abb. 3).

Ferner war es mit der ursprünglichen Prozessführung und -überwachung nicht möglich mit dem Nanomaterial einen stabilen Prozess zu gewährleisten. Daraus folgend wurde das saugend arbeitende Gebläse durch ein leistungsstärkeres sowie regelbares ersetzt. Das so für die Prozessstabilisierung eingesetzte Seitenkanalgebläse sorgt dabei über einen Soll-/Ist-Vergleich des Drucks im Prozessraum und der damit verbundenen Nachregelung der Gebläsedrehzahl (Frequenzumrichter mit integriertem PID-Regler) für einen konstanten Saugbetrieb durch die gesamte Anlage. Dies erweist sich als die optimale Lösung, da die Schwankungen der prozessrelevanten Einflussgrößen (z.B. Mahlluftdruck, versch. Spülluftdrücke, Sichtraddrehzahl, Treibluftvolumenstrom Ejektor, ansteigender Druckverlust in der Abscheideeinheit, etc.) somit auch kompensiert werden.

Für den Nachweis der Dispersität anhand der Partikelgrößenverteilung kommt im Bereich der *Messstrecke-Online* ein online-fähiges wide-range-Messsystem in Anlehnung an die Arbeit von Friehmelt [26] zum Einsatz. Es handelt sich dabei um die mathematische Kombination eines **S**canning **M**obility **P**article **S**izer vom Typ SMPS+C der Fa. Grimm für den feinen Partikelgrößenbereich von 0,01 µm bis ca. 1 µm und einen optischen Weißlichtpartikelzähler vom Typ welas1100 der Fa. Palas für den Bereich von 0,6 µm bis ca. 40 µm. Die Funktionalität des wide-range-Messsystem wird durch die Bereitstellung zweier gleichwertiger Teilströme für beide Messgeräte bestimmt (vgl. Abb. 4) [27]. Je nach Feststoffbeladung im Hauptströmungsrohr wird der Teilstrom über Verdünnungsstufen vom Typ VLK10 der Fa. Palas (Verdünnungsfaktor 10 pro Stufe) kaskadiert mit bis zu 3 Stufen verdünnt. Die Verdünnungsstufe, die direkt über eine entsprechend konstruierte Fingersonde (VDI-Richtlinie 2066) mit dem Hauptströmungsrohr verbunden ist, dient Gleichzeit zur Teilstromentnahme (Prinzip Strahlpumpe). Die Probeströme für die beiden Messgeräte werden dann repräsentativ aus der letzten Stufe entnommen (vgl. Abb. 4). Das Messsystem inklusive Teilstromentnhame ist insoweit adaptiert, dass ein unkontrollierter und entscheidender Einfluss auf den Dispersitätszustand des Produktaerosols ausgeschlossen wird [28].

2.2.4 Versuchsplanung

Mit den Untersuchungen wird gezeigt, inwiefern submikrone, hochgradig feststoffbeladene Aerosole erzeugt werden können. Dazu wird das Dispergierverhalten der unter Punkt 2.1 beschriebenen Modellsubstanzen im kleintechnischen Maßstab mit der unter Punkt 2.2.3 beschrieben Strahlmahlanlage untersucht.

Diesbezüglich werden folgende Versuchsbedingungen festgelegt.

Die Haupteinflussgrößen im Dispergierorgan Strahlmühle wurden, in Abhängigkeit der technischen Möglichkeiten, jeweils auf den maximal und minimal möglichen sowie einen mittleren Wert eingestellt um prinzipiell vorhandene Tendenzen als Betriebsergebnis zu ermitteln (siehe Tabelle 2). Bei entsprechend großen Abständen in der Ergebnisstruktur wurde nachträglich noch feiner aufgelöst.

Bei den Substanzen Aerosil®90 und Aerosil®OX50 können aus technischen Gründen bisher nur die beiden geringsten Prozessluftvolumenströme gefahren werden.

Bezüglich der Sichtraddrehzahl sind in Tabelle 2 ergänzend die sich für das verwendete Stahlsichtrad (Typ ATP50 der Fa. Alpine) ergebenden Sichtradumfangsgeschwindigkeiten mit angegeben. Für die Diskussion der erhaltenen Ergebnisse in den folgenden Kapiteln wird immer die direkt einstellbare Sichtraddrehzahl als Prozessparameter angegeben. Für einen Vergleich mit geometrisch größeren oder kleineren Sichträdern, sollte auf die Sichtradumfangsgeschwindigkeit zurückgegriffen werden.

Das neu konzipierte Dosiersystem wird insoweit kalibriert, dass dem Prozess ein stabiler Massestrom von 51,5 g/h zuführt wird. Damit ergeben sich bei den 3 festgelegten Luftvolumendurchsetzen die in Tabelle 2 aufgelisteten Feststoffbeladungen. Höhere Masseströme zum Erreichen der Zielbeladung von bis zu 10 $g_{Feststoff}/m^3_{Gas}$ können infolge der Verstopfungsgefahr der Absauglanze am Ejektor nicht gefahren werden. Mögliche geringere Masseströme (kleiner als $\dot{m}_{max} = 51,5\frac{g}{h}$) sind für den Einsatz einer Strahlmühle als Desagglomerator von geringerer Bedeutung (vgl. Punkt 2.2.2). Infolge der bekannten Erfahrungen mit derartigen Systemen und in Anbetracht, dass eine möglichst hohe Beladung erreicht werden soll, wird auf die Untersuchung geringerer Masseströme vorerst verzichtet.

Für alle festgelegten Parameter werden Versuchszeiten von jeweils ca. 270 Minuten eingehalten, welche gemäß der Reproduzierbarkeit 3-mal wiederholt wurden. Die Länge der Versuchsreihen ergibt sich zum einen aus der messgerätespezifischen Mindestdauer für eine Online-Messung der Partikelgrößenverteilung mit dem SMPS und zum anderen gemäß der Erforschung der Dispersität über einen praxisnahen Produktionszeitraum.
Zu beachten ist, dass für verschiedene Feststoffbeladungen jeweils die richtige Verdünnung bei der Teilstromentnahme ermittelt werden muss, wodurch die einzelnen Versuchsreihen so oft wiederholt werden bis der optimale Verdünnungsfaktor feststeht. Diese in der Praxis nur empirisch lösbare Aufgabe ist notwendig, um einen Fehler in dieser Richtung ausschließen zu können. Der Leistungseintrag durch das Verdünnungssystem und der daraus folgende Einfluss auf den Dispersitätszustand werden als vernachlässigbar gering sowie annähernd konstant eingestuft.

3 Ergebnisse und Diskussion

3.1 Einfluss der Hauptprozessparameter

Zum Einfluss der variierten Hauptprozessparameter Düsenvordruck p_0 und Sichtraddrehzahl n_{SR} auf die Partikelgrößenvolumenverteilung des Produktaerosols haben sich unter sonst konstanten Bedingungen folgende Ergebnisse ergeben:

3.1.1 Aerosil®200

In der zusammenfassenden Darstellung in Abb. 5 ist ein Desagglomerationsgrad β (siehe folgende Formel in Anlehnung an [29]) über der gewählten Sichtraddrehzahl und dem Prozessgesamtluftvolumenstrom (Funktion von Mahlluftdüsenvordruck) aufgetragen.

$$\beta = \frac{M_{1.3,F}}{M_{1.3,P}}$$

Der Wert von β ergibt das Verhältnis des erstens Moments der Partikelgrößenvolumenverteilung (mittlere Partikelgröße der Verteilung) des feinsten produzierbaren Aerosols zum betrachteten Produktaerosol der jeweiligen Modellsubstanz. Ein Wert von eins ergibt somit die maximal mögliche Desagglomeration mit der jeweiligen Modellsubstanz unter gegebenen Prozessbedingungen und ein Wert gegen Null die „totale" Agglomeration.
Beim Betrachten von β für alle drei gewählten Prozessluftvolumenströme und bei deaktiviertem Sichtrad, also Betrieb als reine Strahlmühle im Kurzschlussbetrieb, ist keine desagglomerierende Wirkung der Mühle (Beanspruchungszone) erkennbar. Der Wert für β von konstant unter 30 % wird durch das Schergefälle im Ejektor erreicht, da bei deaktiviertem Mahlluftstrom (minimaler

Prozessluftstrom) ein vergleichbares Ergebnis resultiert. Weiterhin ergeben die aus dem Zwischenbehälter abgesaugten Materialagglomerate vor dem Ejektor Werte für β nahe Null.
Schaltet man nun das Sichtrad hinzu, ist schon bei einer minimal möglichen Drehzahl von 2500 U/min ein erheblicher Sprung im Desagglomerationsgrad, bedingt durch die desagglomerierende Wirkung des rotierenden Sichtrades, zu erkennen.
Bei weiterer Steigerung der Sichtraddrehzahl auf das apparative Maximum für diese Versuchsreihen konnte nur eine geringe Verschiebung zu feineren Produktaerosolen hin mit steigender Sichtraddrehzahl nachgewiesen werden. Zur Verdeutlichung letzterer Feststellung ist in Abb. 6 die Entwicklung der Produktaerosolverteilung in Abhängigkeit der Sichtraddrehzahl für den geringsten Prozessluftvolumenstrom dargestellt. Hier ist der Sprung von deaktiviertem zu aktiviertem Sichtrad seitens der gesamten Verteilung deutlich zu erkennen. Der Desagglomerationserfolg zwischen geringster zu mittlere und weiter zu hoher Drehzahl ist nur marginal unterschiedlich. Der Trend der Volumenverteilung bei den beiden anderen Luftdurchsätzen in Abhängigkeit von der Drehzahl ergibt ein vergleichbares Bild, weshalb auf dessen Darstellung verzichtet werden kann.
Größer sind die Unterschiede bei Variation der verschiedenen Luftdurchsätze, die wiederum aus den verschiedenen Mahlluftvordrücken resultieren. Somit wird das Produktaerosol bei kleiner werdenden Luftdurchsatz bzw. Düsenvordruck deutlich feiner. Dies ist mit einer abfallenden Schleppkraft bei sinkendem Luftdurchsatz zu begründen, was die Dispergierwirkung des Sichtrades, infolge einer höheren Verweilzeit, deutlich begünstigt [20].
Das klassische Prinzip des Abweiseradsichters hat somit für die Dispergierung keine Bedeutung. Das heißt, dass mit der Morphologie und der geringen Dichte der flockigen Materialagglomerate die Fliehkraftwirkung der klassischen Gegenstromsichtung keine Rolle spielt. Die Agglomeratzerkleinerung und damit die resultierende Volumenverteilung der Aerosolpartikel ist primär auf die Stoßwirkung des rotierenden Sichtrades (Wiederstand) mit den an die Sichtradaußenkante transportierten Agglomeraten zurückzuführen [30].
Mit der Reduktion des Volumenstroms auf ein Minimum (Spülluftströme, Ejektorluft) sinkt die eingetragene Leistung um ca. 1 kW. Es ist aus wirtschaftlicher Sicht positiv zu bewerten, dass mit einem reduzierten Leistungseinsatz ein wesentlich feineres Produktaerosol zur Verfügung gestellt wird.
Weiterhin ist in Abb. 6 das feinste mit Aerosil®200 produzierbare Aerosol bei 20000 U/min eingetragen. In Bezug auf das Projektziels ist ein Volumenanteil von ca. 70 % kleiner gleich 1 µm Partikelgröße zu verzeichnen.

3.1.2 Aerosil®90

Beginnend bei deaktiviertem Sichtrad ist, anhand der äquivalenten Darstellung zu den Betrachtungen bei Aerosil®200, bei 21 m^3/h eine nur langsam anwachsende Dispergierwirkung zu erkennen (vgl. Abb. 7). Diese Entwicklung der Partikelgrößenverteilung im Produktstrom kommt bis zu einer kritischen Sichtraddrehzahl von 17500 U/min einem selbstähnlichen Abrasionsprozess gleich. Das heißt, dass mit steigender Sichtradrotation stufenweise mehr und mehr Aggregatäste von den Agglomeraten abgebrochen und umverteilt werden. Zur deutlichen Analyse dieser Entwicklung sind in Abb. 8 die Volumenverteilungen der Partikelgrößen aufgetragen. In diesem Zusammenhang weisen die Agglomerate anhand der erhaltenen Ergebnisse vom Aufgabeproduktstrom ausgehend eine gegenüber Aerosil®200 kompaktere Agglomeratstruktur auf.
Bei weiterer Steigerung der Sichtraddrehzahl kommt es bei einer Drehzahl ab 20000 U/min, infolge des weiter steigenden Leistungseintrag, zu einem regelrechten Aufbrechen der Agglomerate bis in den Bereich der Materialaggregate (zweites Plateau, vgl. Punkt 2.2.1). An diesem Arbeitspunkt ergibt sich für die betrachtete Modellsubstanz ein kritischer Leistungseintrag durch das schnell rotierende Sichtrad, der den Sprung in der Dispersität bewirkt.
Somit liegen schon bei einer Drehzahl von 20000 U/min ca. 60 Vol.-% der Produktaerosolpartikel im Bereich kleiner gleich 200 nm (max. Aggregatgröße) vor und ca. 80 Vol.-% der Produktaerosolpartikel/-agglomerate werden bei dieser Parameterkombination auf Größen kleiner 1 µm dispergiert. Die höchstmögliche Sichtradrotation bei einer Drehzahl von knapp 24000 U/min bewirkt diesbezüglich noch einmal eine Steigerung des Anteils in den Bereich kleiner gleich 200 nm um 20 Vol.-% auf 80 Vol.-%. Weiterhin wird bei dieser Parameterkombination ein Produktaerosol mit gut 87 Vol.-% kleiner 1 µm Partikel-/Agglomeratgröße festgehalten.
Die deutlich zu erkennende und typische Bimodalität der feinsten Produktaerosolverteilungen zeigt bei 20000 U/min zu dem erheblichen Anteil von 60 Vol.-% kleiner gleich 200 nm ein weiteres Maximum aber mit wesentlich geringerem Anteil von 23 Vol.-% im Partikel-/Agglomeratgrößenbereich von 0,2 bis 1,23 µm. Bei maximal möglicher Sichtraddrehzahl N_{max} (knapp 24000 U/min) ergibt sich zu dem Maximum mit einem Anteil von 80 Vol.-%. kleiner gleich 200 nm (max. Aggregatgröße) ein weiteres Maximum mit einem sehr geringen Anteil von weniger als 20 Vol.-% im Partikel-/ Agglomeratgrößenbereich von 0,7 bis 2,3 µm. Trotz des darin enthaltenen sehr geringen Anteils von 12,5 Vol.-% ungenügend zerstörter Agglomerate größer 1 µm bis ca. 2,3 µm handelt es sich um ein technisch voll verwertbares und dem Ziel gerechtes Produktaerosol. Letzteres beschriebenes Aerosol stellt bezüglich des in Abb. 7 aufgetragenen Desagglomerationsgrades das feinste produzierbare Aerosol mit Aerosil®90 dar.

Für einen Prozessluftvolumenstrom von 52 m^3/h ist auf den ersten Blick keine klar erkennbare Tendenz in Abhängigkeit von der Sichtraddrehzahl erkennbar (vgl. Abb. 7 und Abb. 9).
Die Beschreibung des Verlaufs durch einen exponentiellen Anstieg des Desagglomerationsgrades mit steigender Sichtraddrehzahl (vgl. Abb. 7), zeigt, allerdings mit einer um ca. 20 % geringeren Bestimmtheit, die gleiche Tendenz zum Ergebnisverlauf bei minimalem Luftdurchsatz. Der bei 7500 U/min Sichtradrotation als Ausreißer gekennzeichnete und reproduzierbare Desagglomerationsgrad stellt für die Versuchsreihe eine Besonderheit bezüglich der Strömungsführung zum Sichtrad dar. Hier liegt die Dispersität des Produktaerosol bei einem geringeren Leistungseintrag auf dem Niveau der feinsten und unter höherem energetischen Aufwand mit dieser Substanz produzierbaren Aerosole.
Weiterhin kommt es bei der höchstmöglichen Drehzahl N_{max} zu einem Umschlag des sich vorher abzeichnenden feineren Produktes gegenüber dem Verlauf bei 21 m^3/h. Das heißt, von Beginn an bis zu einem kritischen Punkt, mit einem vergleichbarem Produktaerosol bei 20000 U/min, zeigt der Einsatz der Beanspruchungszone in der Gegenstrahlmühle mit 3 bar Mahlluftdruck einen tendenziell positiveren Effekt auf das Dispergierergebnis. Dass bei Aerosil®90 der geringere Volumenstrom bis zu einem kritischen Punkt zu schlechteren Desagglomerationsergebnissen führt, muss also an einen anderen Desagglomerationsmechanismus in der Sichtermühle liegen.
Für weiterführende Untersuchungen sind erstens der Drehzahlbereich um den Ausreißer bei 7500 U/min und zweitens ausgewählte Punkte im weiteren Verlauf näher aufzulösen. Weiterhin ist ein Luftdurchsatz zwischen 21 m^3/h und 52 m^3/h in Abhängigkeit von der Sichtradrotation zu untersuchen. Die Untersuchungen dienen einerseits der Aufklärung der Wirkmechanismen in der Versuchsreihe bei 52 m^3/h und andererseits einer eventuellen desagglomerationsfördernden Wirkung bis zu einer kritischen Sichtradrotation.

3.1.3 Aerosil®OX50

Der Einfluss des schnellrotierenden Sichtrades und Luftdurchsatzes auf das Desagglomerationsverhalten mit Aerosil®OX50 ergibt nur marginale Unterschiede (vgl. Abb. 10). Zur Verdeutlichung des Desagglomerationsniveaus mit Aerosil®OX50 ist in Abb. 11 die Volumenverteilung der Partikelgrößen des feinsten Produktaerosols dargestellt.
Dieses Aerosol nimmt in der Darstellung in Abb. 10 den Wert β=1 für den maximal möglichen Dispersitätszustand mit der Modellsubstanz an.
Hier ist, in Anlehnung an die feinsten Aerosole mit Aerosil®90, ein deutliches Aufbrechen der Agglomerate bis in den Bereich der Materialaggregate zu verzeichnen ($Q_3(x=0,2\mu m)$ ca. 80 Vol.-%). Mit einem Volumenanteil von 90 % bei einer Partikelgröße von 1 µm und 10 % Volumenanteil zwischen 1 µm und 1,15 µm stellt es insgesamt das feinste produzierbare Aerosol

dar. Unter Berücksichtigung des Einflusses der Sichtermühle ist das Erreichen eines zweiten Plateaus primär für alle mit Aerosil®OX50 produzierten Aerosole durch das Schergefälle im verwendeten Ejektor aus dem RODOS-System der Fa. Sympatec verursacht.
Dieser ist laut den Untersuchungen von Stintz einer der bis dato effektivsten bekannten und kommerziell erhältlichen Trockendispergierer [8], [12]. Wobei Materialien aus der untersuchten Produktklasse Nanopartikelflocken noch nie allein durch Strömungskräfte so effektiv auf feine Partikelgrößen, wie sie in den vorliegenden Untersuchungen reproduzierbar nachgewiesen werden konnten, dispergiert worden. Dieser Fakt ist auf das verwendete wide-range-Partikelgrößenmesssystem zurückzuführen, welches einen fundierten Nachweis von Primärpartikelgrößen bis hin zu den gröbsten vorkommenden Agglomeraten erlaubt. Bei den Ergebnissen in der Literatur wurde eine derartige Nachweismethode für vergleichbare Untersuchungen nicht angewendet.
Die Unterschiede in der Ergebnisstruktur der verwendeten Modellsubstanzen machen deutlich, dass mit steigender Kompaktheit des Aerosil®-Produktes unter energetisch günstigen Prozessbedingungen Aerosole mit quantitativ hohen Desagglomerationserfolgen auf einem zweiten Plateau erreichbar sind. Speziell bei der kompaktesten der drei Substanzen Aerosil®OX50 ist mit dem Einsatz der Sichtermühle unter verschiedenen Prozessbedingungen (p_{ML}, n_{SR}) gegenüber der reinen Wirkung des Ejektors kein Sprung auf ein nächstes Plateau, also der Zerstörung der Aggregate und weiter der Primärpartikel festzustellen. Die Steigerung des Feinanteils im Partikelgrößenabschnitt kleiner 200 nm kommt durch die Desagglomeration der gröberen Agglomerate aus den obersten mit Agglomeraten gefühlten Klassen mit der Sichtermühle zustande. Die hauptsächlich resultierenden Aggregate werden so in die jeweilige Klasse umverteilt.

3.2 Einfluss auf die Dispersität der feinsten Aerosole nach verlängerter Transportleitung

In Anlehnung an die VDI-Richtlinie 2066 sind Onlinemessungen der Partikelgrößenverteilung der einzelnen hergestellten Produktaerosole ca. 2/3 nach dem Einlauf in die Transportleitung durchgeführt worden, was im vorliegendem Fall ca. 1m Transportleitung entspricht (Ergebnisse unter Punkt 3.1).
Der Nachweis des Einflusses einer verlängerten Transportleitung auf die Dispersität erfolgt mit identischen Online-Messungen unter äquivalenten Bedingungen an ausgesuchten Arbeitspunkten nach einer Transportleitungslänge von festgelegten 7 m. Mit einem Vergleich der Partikelgrößenverteilungen an diesen zwei Messstellen ist eine Aussage, ob eine Reagglomeration der vermessenen Produktaerosole stattfindet, abzuleiten. Diesbezüglich wird im Folgenden in Vertre-

tung auf Beispiele der feinsten produzierbaren und einem zweiten Aerosol geringerer Dispersität (1 m Transportleitung) eingegangen.

Das mit *Aerosil®200* und 21 m^3/h Luftdurchsatz sowie einer Sichtradrotation von 20000 und 2500 U/min nachgewiesene Produktaerosol ergab im Vergleich mit dem äquivalenten Versuch nach 7 m Transportleitung eine deutliche Reagglomeration (vgl. Abb. 12). Bei 20000 U/min ergibt sich eine Verschlechterung des Desagglomerationsgrades um ca. 25 % und bei 2500 U/min um ca. 50 %. An den dargestellten Fehlerbalken (Standardfehler) ist eine Inhomogenität in der Dispersität nach 7 m gegenüber der absolut repräsentativen Dispersität nach 1 m Transportleitung feststellbar. In Abb. 13 ist zur Verdeutlich der erste Moment der Volumenverteilung $M_{1,3}$ über der Produktionszeit dargestellt. Die Diagrammdarstellung zeigt, dass von einer teilweise passierenden Reagglomeration und andererseits von starken Schwankungen im Dispersitätszustand über den Produktionszeitraum bei längerer Transportstrecke auszugehen ist. Infolge der starken Schwankungen in der Dispersität an einer 6 m weiter entfernten Messstelle ist für einen längeren Transportweg mit starken qualitativen Einschränkungen in der Dispersität des Produktaerosols zu rechnen.

Mit der Modellsubstanz *Aerosil®90* wird der Unterschied zwischen beiden Online-Messstellen anhand der Messreihe bei 21 m^3/h sowie N_{max} und 2500 U/min Sichtradrotation quantifiziert. Bei dem technisch interessanteren und auch feinsten Aerosol (β=1) ist eine deutliche reproduzierbare Reagglomeration um fast 65 %-Punkte zu erkennen (vgl. Abb.14). Dies betrifft einen Großteil der Partikel im Größenbereich der Aggregate und Primärpartikel (kleiner 200 nm). Der Volumenanteil der Partikel Größenbereich zwischen Aggregatgröße und ca. 1 µm ist diesbezüglich, nach 7-facher Verweilzeit in der Transportleitung, um ca. 50 Vol.-% gestiegenen (vgl. Abb. 15). Der Volumenanteil in den Klasse über ca. 1 µm Partikelgröße hat damit einen Zuwachs von ca. 12 %. Die Reagglomeration bezieht sich somit auf die zuvor vollständig aufgebrochenen Agglomerate (II. Plateau).

Bei den von vornherein gering dispergierten Produktaerosolen ergibt sich erwartungsgemäß kaum ein Unterschied im Dispersitätszustand (vgl. Abb.14).

Die Dispersitätsveränderungen der Aerosole mit *Aerosil®OX50* in Abhängigkeit der Transportleitungslänge sind an ausgewählten Beispielen in Abb. 16 dargestellt. Hierbei ist beim feinsten Aerosol (3 bar Mahlluftdruck und 2500 U/min Sichtradrotation) mit Aerosil®OX50 nach einer Transportleitungslänge von 7 m eine deutliche Verschiebung des Desagglomerationsgrades der Partikel in den Bereich gröberer Agglomerate von ca. 40 %-Punkte zu verzeichnen. Bei genauer Betrachtung der Verteilungssumme $Q_3(x)$ fällt nach 7 m Transportweg ein Anteil von fast 50 Vol.-% kleiner gleich der maximalen Aggregatgröße von 200 nm auf (vgl. Abb. 17). Das be-

deutet einen Verlust von gut. 30 Vol.-% in diesem Größenbereich infolge von Reagglomerationsvorgängen auf der längeren Transportstrecke. Dieser Anteil von ca. 30 Vol.-% ist fast vollständig in den Größenbereich über 1 µm Partikelgröße reagglomeriert, da die Bimodalität der Verteilung weitestgehend erhalten bleibt.
Bei den anderen Prozesseinstellungen mit Aerosil®OX50 ergibt sich reproduzierbar ein ähnliches Bild, da sie alle nach einem Meter Transportleitung auf einem ähnlichen Dispersitätsniveau liegen. Dazu ist in Abb. 16 ein zweiter untersuchter Punkt dargestellt.
Für die technisch interessanten Aerosole ($Q_3(x=1\mu m)\rightarrow 100$ Vol.-%) muss, wenn man das Aerosol sehr weit transportieren muss, über eine entsprechende Stabilisierung, z.B. mittels unipolarer Aufladung (Prinzip bedingte Maximalbeladung beachten, z.B. [31]), nachgedacht werden. Kann man allerdings auf eine längere Transportstrecke verzichten (max. 1 m), ist eine Weiterverarbeitung des Aerosols mit quantitativ hohen Feinheiten für alle drei Modellsubstanzen problemlos einzurichten.

4 Zusammenfassung

Mit den im Rahmen der Forschungsarbeit entwickelten Erkenntnissen wurden die für das trockene Desagglomerieren nanoskaliger, kohäsiver Schüttgüter (z.B. Aerosil® der Fa. Evonik) und dem Bewerten des Dispergiererfolgs notwendigen Voraussetzungen geschaffen. Das Verhalten der Produktklasse Nanopartikelflocken hat sich dabei als sehr komplex herausgestellt. Es wurden für die praktische Verfahrenstechnik Erkenntnisse erarbeitet, wie es unter bestimmten Voraussetzungen möglich ist, entsprechend feine Aerosole durch rein mechanische Desagglomeration herzustellen.
Zusammenfassend zeigen die erzielten Ergebnisse, dass das Wirkprinzip der eigentlichen Strahlmahlung (Beanspruchungszone) nicht zur gewünschten Desagglomeration führen kann, da für einen erfolgreichen Einsatz einer Fließbettgegenstrahlmühle die Voraussetzungen bezüglich der Materialeigenschaften und Prozessbedingungen nicht erfüllt sind (vgl. Punkt 2.2.2). Lediglich das schnell rotierende Sichtrad in Verbindung mit einer möglichst hohen Verweilzeit im Prozessraum zeigt bei den Materialien Aerosil®200 und Aerosil®90 ein signifikant deutliches Desagglomerationsverhalten auch bis in den Partikelgrößenbereich der Materialaggregate. Der Einfluss der Sichtermühle steht bei der Desagglomeration mit Aerosil®OX50 eher im Hintergrund. Hier kommt der primäre Effekt zum Erreichen eines zweiten Desagglomerationsniveaus durch den zur Aufgabe verwendeten Ejektor.

Für die Stabilitätsprüfung ist festzuhalten, dass eine Stabilisierung für einen längeren Transport der verschiedenen technisch interessanten Produktaerosole in einen Anschlussprozess notwendig ist. Bei direkter Weiterverarbeitung der Produktaerosole spielen Stabilitätsprobleme keine Rolle. Der in diesen Arbeiten realisierte Nachweis der Dispersität mit dem wide-range- Partikelgrößenmesssystem stellt eine wichtige Methode dar, um über mehrere Größenordnungen das Dispergierergebnis quantifizieren zu können.

5 Literatur

[1] DIN-Norm 66160, 1992

[2] Heidenreich, S., Büttner, H., Ebert, F.: Aerosole und ihre technische Bedeutung. Chem.-Ing.-Tech. 75 (2003) 12, S. 1787-1809

[3] Zahradnicek, A.: Untersuchung zur Dispergierung von Quarz- und Kalksteinfraktionen im Korngrößenbereich 0,5 - 10 µm. Dissertation Universität Karlsruhe, Universität Karlsruhe, 1976

[4] Masuda, H., Gotoh, K.: Dry dispersion of fine particles. Colloid Surface A 109 (1996), S. 29-37

[5] Blum, J. et al.: The de-agglomeration and dispersion of small dust particles - principles and applications. Rev. Sci. Instrum. 67 (1996) 2, S. 589-595

[6] Bohan, J. F.: Dry powder dispersion system for particle size analysis using aerodynamic time-of-flight. Powder handling&processing 8(1996)1, S. 59-61

[7] Oswald, M., Rößler, A., Menzel, F., Deller, K.: Praxisnahe Charakterisierung von Aerosil. Degussa AG Hanau-Wolfgang, 2005

[8] Stintz, M.: Technolgie-relevante Charakterisierung von Partikeln und Partikelssystemen. Habilitation. TU Dresden. 2005

[9] Heffels, C., et al.: Modellbasierte Präparationstechnik für disperse Systeme. Chem.-Ing.-Tech. 71(1999)9, S. 966-967

[10] Rajathurai, A. M., Roth, P., Fißan, H.: A shock and expansion wave-driven powder disperser. Aerosol Sci. Tech. 12(1990)3, S. 613-620

[11] Kaye, B. H.: Generating aerosols. KONA 15(1997), S. 68-80

[12] Niedballa, S.: Dispergieren von feinen Partikeln in Gasströmungen - Einfluß von Dispergierbeanspruchung und oberflächenmodifizierenden Zusätzen. Dissertation. TU Bergakademie Freiberg 1999

[13] Nied, R.: Strömungsmechanik und Thermodynamik in der mechanischen Verfahrenstechnik. Bonstetten: Dr.-Ing. Roland Nied Unternehmensberatung 2002.

[14] Nied, R.: Die Fließbett-Gegenstrahlmühle. Aufbereitungstechnik 23(1982)5, S. 236-242

[15] Nattier, J., Fast, G., Kuhn, D.: Orts- und zeitaufgelöste Untersuchung der Ausbreitung und Mischung eines Freistrahls zu Selbstzündungsexperimenten. Wissenschaftliche Berichte FZKA 7280, 2007.

[16] Höffl, K.: Zerkleinerungs- und Klassiermaschinen. Leipzig 1985: Deutscher Verlag für Grundstoffindustrie

[17] Kaiser, F.: Die Fließbettstrahlmühle. Chem.-Ing.-Tech. 45 (1973) 10a, S. 676-680

[18] Kaiser, F., Nied, R.: Moderne Strahlmühlen. Aufbereitungstechnik 21(1980)10, S. 507-514

[19] Muschelknautz, E., Giersiepen, G., Rink, N.: Strömungsvorgänge bei der Zerkleinerung in Strahlmühlen. Chem.-Ing.-Techn. 421(1970) 1, S. 6- 15

[20] Füchsel, S., et.al..Technische Aerosole hoher Feststoffbeladung mittels trockener Dispergierung. ProcessNet-Jahrestagung, 21.- 23.09.2010, Aachen

[21] Furchner, B.: Hosokawa Alpine Aktiengesellschaft. Augsburg. 2009

[22] Weng, M.: Ingenieure Dr. Weng und Partner. aixprocess PartG. Aachen. 2010

[23] Berthiaux, H., Chiron C., Dodds, J.: Modelling fine grinding in a fluidized bed opposed jet mill, Part I: Batch grinding kinetics; Part II: Continuous grinding. Powder Technology. 106 (1999), S.78-97

[24] Rajathurai, A. M.: Untersuchung zur Dispergierung und Desagglomeration von submikronen Partikelensemblen. Dissertation. Universität Duisburg 1990

[25] Benz,M., Herold, H., Ulfik,B.: Performance of a fluidized bed jet mill as a function of operating parameters. International Journal of Mineral Processing 44-45 (1996), S. 507-519

[26] Friehmelt, R.: Aerosol-Meßsysteme: Vergleichbarkeit und Kombination ausgewählter online Verfahren. Dissertation. Universität Kaiserslautern, 1999

[27] Füchsel, S., et al.: Online-Messung hinter einer Fließbettgegenstrahlmühle, 12. Probenahmetagung Freiberg, 2006

[28] Füchsel, S., Peuker, U.A., Husemann: Online-Partikelgrößenmessung mit einem „WIDE-RANGE-System“ hinter einer Strahlmühle. ProcessNet-Jahrestreffen Fachausschüsse "Partikelmesstechnik" und "Grenzflächenbestimmte Systeme und Prozesse", 1.-2.03.2011, Clausthal-Zellerfeld

[29] Bernhardt, C., Husemann, K., Fuhrmann, J.: Zur Dispergierung hydrophober Partikeln für die granulometrische Analyse. GVC Fachausschusssitzung „Partikelmeßtechnik“, Schliersee 5. - 9.5.1996

[30] Husemann, K.: Neuer Modellansatz für Abweiseradsichter mit Hilfe der Stoßtheorie. GVC Fachausschusssitzung „Partikelmeßtechnik“ und „Zerkleinern“, Freiburg 10.-11.4.2003

[31] Unger, L., et al.: Unipolar field charging of particles by electrical discharge: effect of particle shape. Journal of Aerosol Science (2004) 35, S. 965 - 979

6 Tabellen und Abbildungen

Tabelle 1: Vergleich der verwendeten Aerosil®-Produkte [9]

Substanz	Massespezifische Oberfläche in m^2/g (BET nach DIN 66131)	mittlere Größe Primärpartikel in nm	Stampfdichte in kg/m^3 (nach DIN EN ISO 787-11)
Aerosil®200	200±25	12	50
Aerosil®90	90±15	20	80
Aerosil®OX50	50±15	40	130

Tabelle 2: Haupteinflussgrößen bei Untersuchungen

Düsenvordruck Mahlluft in bar	Normluftvolumenstrom in m^3/h	Beladung in g/m^3
0	21	2,5
3	52	1,0
6	73	0,7

Sichtraddrehzahl in min^{-1}	Sichtradumfangsgeschwindigkeit in m/s
0	0
2500	6,6
10000	26,2
N_{max} (ca. 24000)	62,5

Abb. 1: Agglomeratdarstellung (REM) der verwendeten Modellsubstanzen

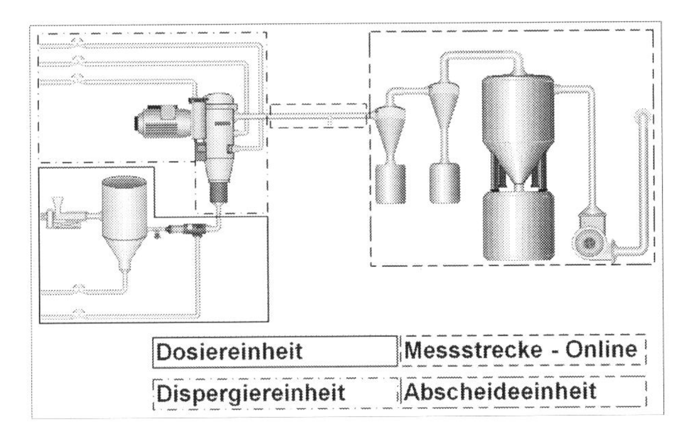

Abb. 2: Anlagenschema

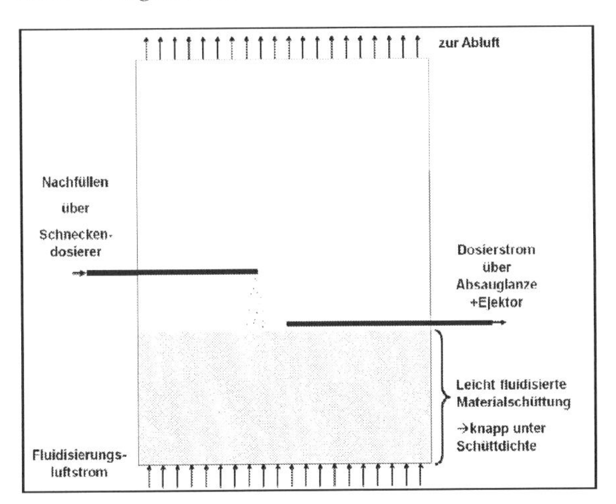

Abb. 3: Prinzipskizze Fluidtopf

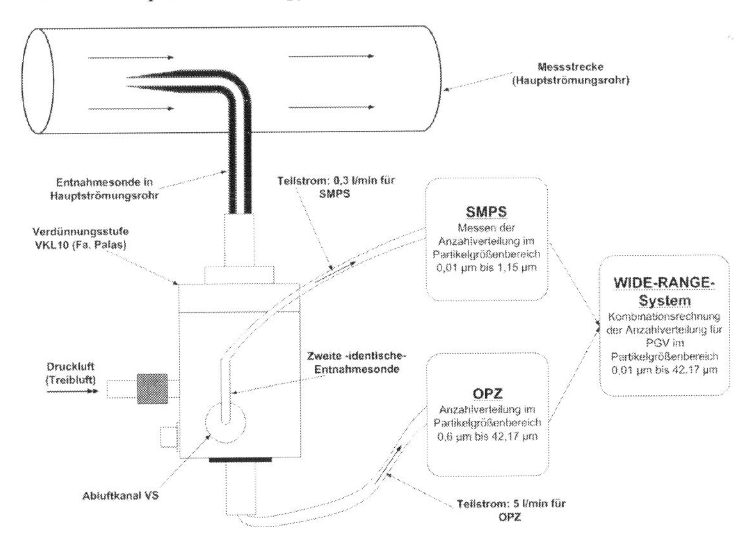

Abb. 4: Prinzipskizze Online-Messstrecke

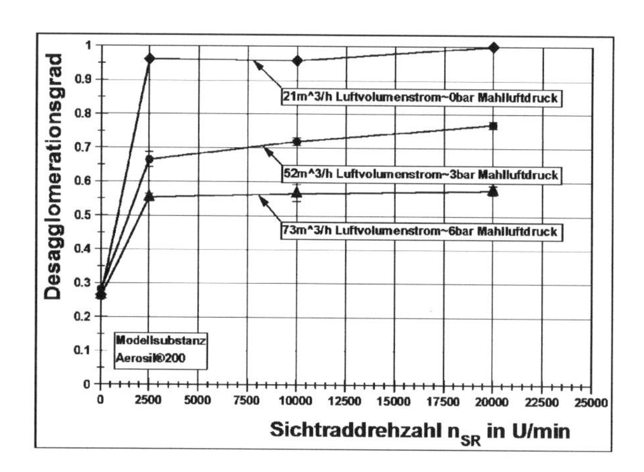

Abb. 5: Einfluss Prozessluftdurchsatz [f(Düsenvordruck p_0)] und Sichtraddrehzahl n_{SR} auf PGV des Produktaerosols anhand des Desagglomerationsgrad für Aerosil®200

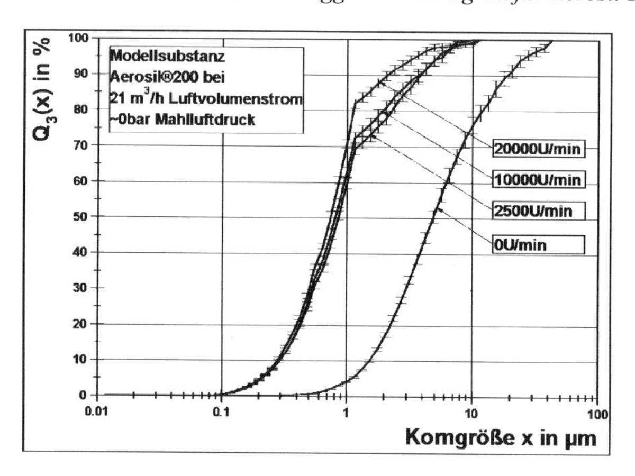

Abb. 6: Einfluss der Sichtraddrehzahl auf die Volumenverteilung der Partikelgrößen bei minimalem Luftdurchsatz für Aerosil®200

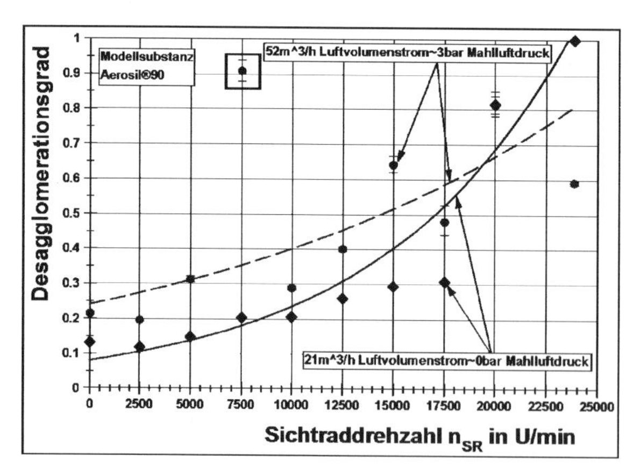

Abb. 7: Einfluss Prozessluftdurchsatz [f(Düsenvordruck p_0)] und Sichtraddrehzahl n_{SR} auf PGV des Produktaerosols anhand des Desagglomerationsgrad für Aerosil®90

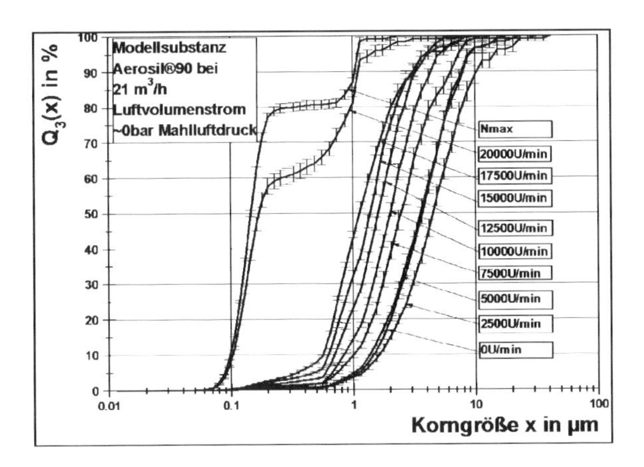

Abb. 8: Einfluss der Sichtraddrehzahl auf die Volumenverteilung der Partikelgrößen bei minimalem Luftdurchsatz für Aerosil®90

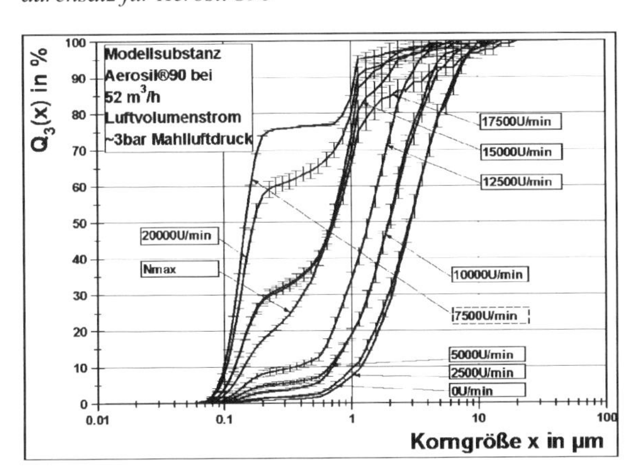

Abb. 9: Einfluss der Sichtraddrehzahl auf die Volumenverteilung der Partikelgrößen bei einem mittleren Luftdurchsatz für Aerosil®90

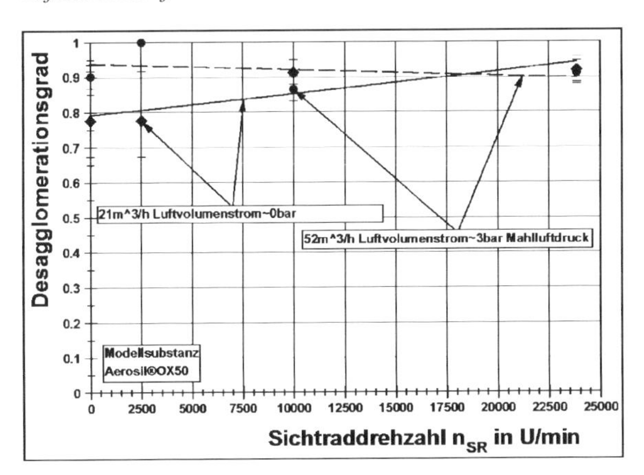

Abb. 10: Einfluss Prozessluftdurchsatz [f(Düsenvordruck p_0)] und Sichtraddrehzahl n_{SR} auf PGV des Produktaerosols anhand des Desagglomerationsgrad für Aerosil®OX50

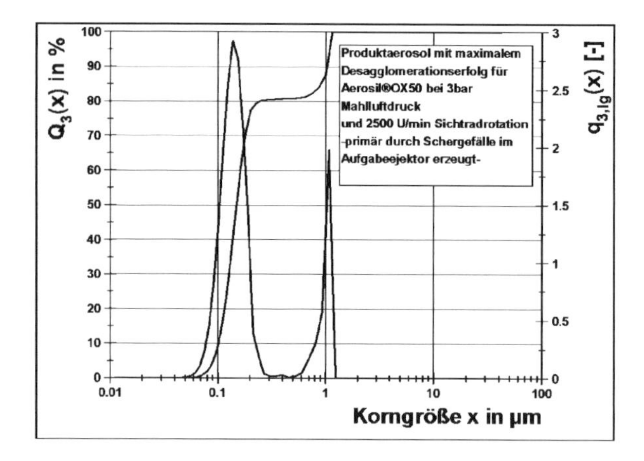

Abb. 11: Verteilungssumme $Q_3(x)$ sowie Verteilungsdichte $q_{3,lg}(x)$ bei einer 2500 U/min Sichtradrotation und 52 m^3/h Prozessgesamtluftvolumenstrom für Aerosil®OX50

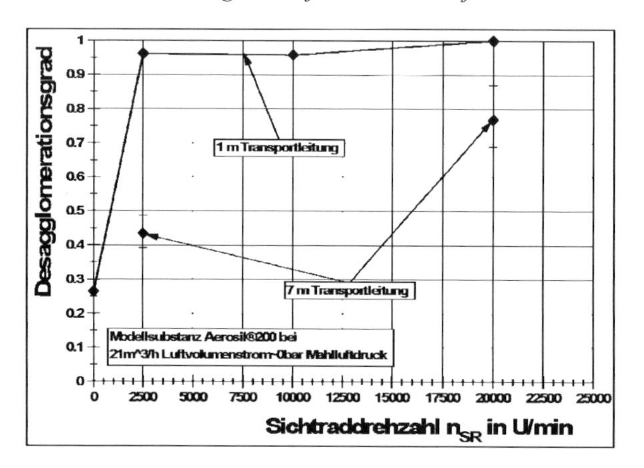

Abb. 12: Einfluss Transportleitungslänge auf Desagglomerationsgrad in Abhängigkeit von der Sichtraddrehzahl n_{SR} für einen minimalen Prozessluftdurchsatz und Aerosil®200

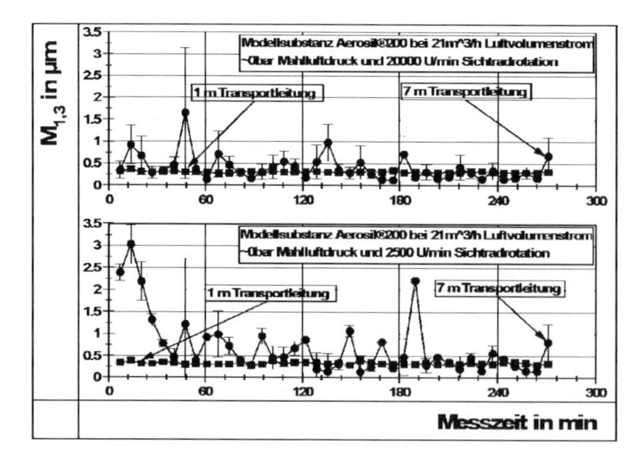

Abb. 13: Einfluss Transportleitungslänge auf $M_{1,3}$ für zwei Sichtraddrehzahlen für einen minimalen Prozessluftdurchsatz und Aerosil®200

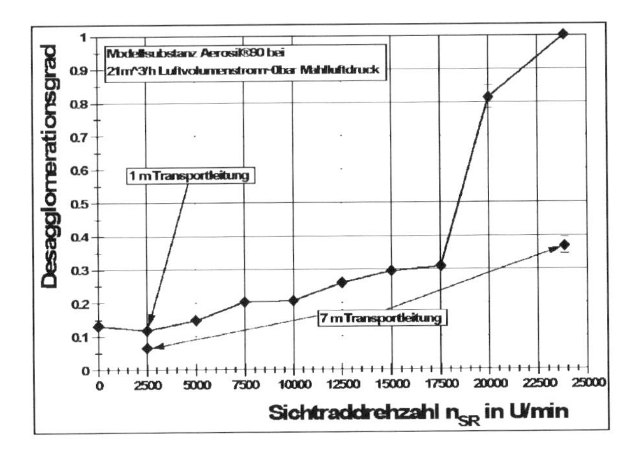

Abb.14: Einfluss Transportleitungslänge auf Desagglomerationsgrad in Abhängigkeit von der Sichtraddrehzahl n_{SR} für einen minimalen Prozessluftdurchsatz und Aerosil®90

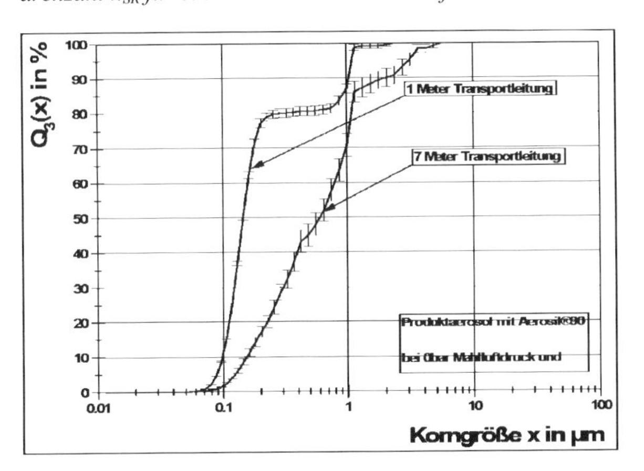

Abb. 15: Einfluss Transportleitungslänge auf die Volumenverteilung der Partikelgrößen bei minimalem Luftdurchsatz und maximaler Sichtradrotation für Aerosil®90

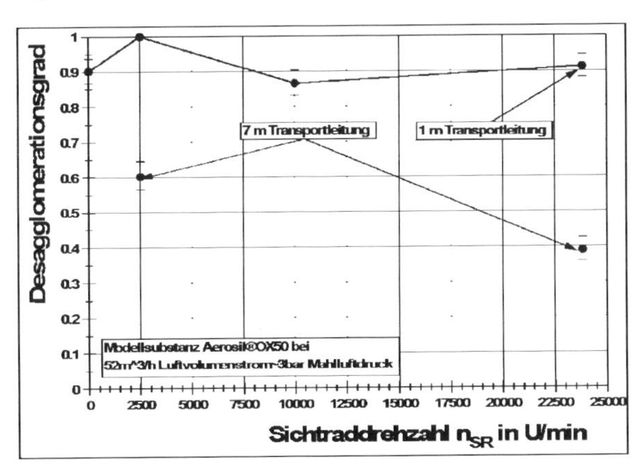

Abb. 16: Einfluss Transportleitungslänge auf Desagglomerationsgrad in Abhängigkeit von der Sichtraddrehzahl n_{SR} für einen minimalen Prozessluftdurchsatz und Aerosil®OX50

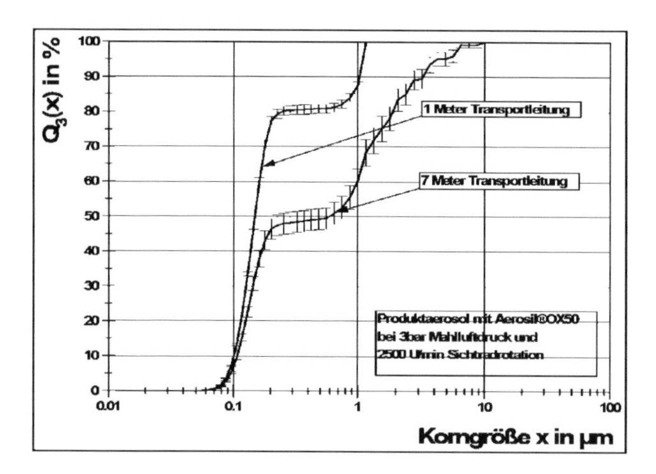

Abb. 17: Einfluss Transportleitungslänge auf die Volumenverteilung der Partikelgrößen bei minimalem Luftdurchsatz und maximaler Sichtradrotation für Aerosil®OX50

HERSTELLUNG UND STABILISIERUNG SUBMIKRONER ORGANISCHER PARTIKEL MITTELS RESS UND RESSAS

Michael Türk, Nina Teubner, Dennis Bolten

Karlsruher Institut für Technologie (KIT), Technische Thermodynamik und Kältetechnik, Engler-Bunte-Ring 21, D-76131 Karlsruhe, E-Mail: tuerk@kit.edu

1 Einleitung

Viele neue Wirk- und Effektstoffe sind in Wasser schwer löslich oder sogar unlöslich. Daher erfordern wässrige Anwendungsformen besondere Formulierungsverfahren um die physiologische (Pharma, Lebensmittel, Kosmetik) und technische Wirkung (Toner und Druckfarben) optimal nutzen zu können [1]. So zeichnen sich submikrone organische Wirk- und Effektstoffe aufgrund ihrer erhöhten spezifischen Oberfläche durch eine deutlich verbesserte Löslichkeit, eine verbesserte biologische Resorption sowie die Modifikation von optischen und anderen physikalischen Eigenschaften aus [1-3]. Jedoch haben die bisher in der Industrie eingesetzten konventionellen Zerkleinerungsmethoden wie z.B. bei Gasstrahl- oder Kugelmühlen und die Sprüh- und Gefriertrocknung den Nachteil, dass sie das Produkt thermisch und mechanisch stark belasten sowie zu einer unerwünscht breiten Partikelgrößenverteilung (PGV) führen [2, 3]. Dagegen ermöglicht die schnelle Expansion überkritischer Lösungen (RESS) eine schonende Herstellung von submikronen Partikeln [4-12]. Die bei diesem Verfahren eingesetzten überkritischen Fluide (SCFs) verfügen über ein großes Potential zur Herstellung neuer Materialien unter milden Prozesstemperaturen. So ist beispielsweise überkritisches CO_2 (sc-CO_2), bedingt durch die niedrige kritische Temperatur von 304 K, ein gutes Lösungsmittel für thermolabile pharmazeutische Wirkstoffe. Außerdem ist im Vergleich zu den häufig eingesetzten flüssigen organischen Lösungsmitteln die Trennung des Lösungsmittels vom Produkt technisch einfach und produktschonend zu realisieren, da bei Umgebungsdruck und -temperatur die Phasentrennung von selbst auftritt.

Im Hinblick auf neuartige Formulierungen mit verbesserten Eigenschaften müssen sich aktuelle und zukünftige Arbeiten intensiv mit der Stabilisierung der Partikeln bzw. der Funktionalisierung der Partikeloberfläche direkt nach der Herstellung beschäftigen. Damit kann die Agglomeration der Partikel verhindert und die Weiterverarbeitung bzw. Herstellung geeigneter Formulierungen durch die Einbettung in geeignete Trägersubstanzen ermöglicht werden. Prinzipiell sind hierfür zwei unterschiedliche Prozesswege möglich [11]:

- Herstellung von Pulvern durch Stabilisierung der Partikel in der Gasphase (CORESS).
- Überführung der Partikel in eine wässrige Tensidlösung (RESSAS).

Die erste Variante kann für die Herstellung sog. Retardarzneiformen zur kontrollierten Wirkstofffreigabe verwendet werden. Bei diesen Arzneiformen sind die Wirkstoffpartikel mit einem biologisch abbaubaren Polymer überzogen, so dass der Wirkstoff im Magen geschützt und erst im Darm gezielt freigesetzt wird [11]. Die zweite Variante hat im Vergleich zu der ersten Methode den Vorteil, dass nur der Wirkstoff im SCF gelöst ist und somit die Prozessführung vereinfacht wird. Außerdem wird beim RESSAS-Verfahren, bedingt durch die direkte Abscheidung der Partikel in der flüssigen Tensidlösung, die Agglomeration der Partikel behindert. So zeigen die Arbeiten verschiedener Arbeitsgruppen, dass stabile Nanosuspensionen mit Partikeln kleiner als 500 nm im Durchmesser hergestellt werden können [4-12].

2 Grundlagen

2.1 RESS- / RESSAS-Verfahren

Die bei den RESS- / RESSAS-Versuchen verwendete Apparatur ist in Abb. 1 schematisch dargestellt. Eine ausführliche Beschreibung der Versuchsanlage, der Versuchsdurchführung und der Messtechnik ist in der Literatur zu finden [8, 9, 12].
Das gasförmige Lösungsmittel wird verflüssigt und auf den gewünschten Extraktionsdruck verdichtet. Im Flüssigkeitsthermostat wird das Lösungsmittel auf die gewünschte über-kritische Temperatur erwärmt und das überkritische Lösungsmittel belädt sich im Vorlagebehälter mit dem zu mikronisierenden Feststoff. Anschließend wird die überkritische Lösung isobar auf die gewünschte Vorexpansionstemperatur erwärmt. Danach folgt eine schlagartige Expansion durch eine Kapillardüse ($D_I = 50\ \mu m$) in die Expansionskammer auf Umgebungsdruck. Dies führt im Überschallfreistrahl sehr schnell zu sehr hohen Übersättigungen und somit zu spontanen Phasenübergängen und anschließendem Partikelwachstum [11]. Während beim konventionellen RESS-Verfahren die Partikel in der Expansionskammer direkt auf Filtern abgeschieden werden, wird bei dem hier angewandten Verfahren die überkritische Lösung in die wässrige Tensidlösung expandiert (RESSAS). Durch diese Weiterentwicklung des RESS-Verfahrens sollen das Wachstum und die Agglomeration der Partikel behindert und die Partikel frühzeitig stabilisiert werden. Um die Schaumentwicklung zu vermindern bzw. zu unterdrücken wird über den Kopf der Kammer Stickstoff (0,1 MPa bis 0,6 MPa) eingeblasen.

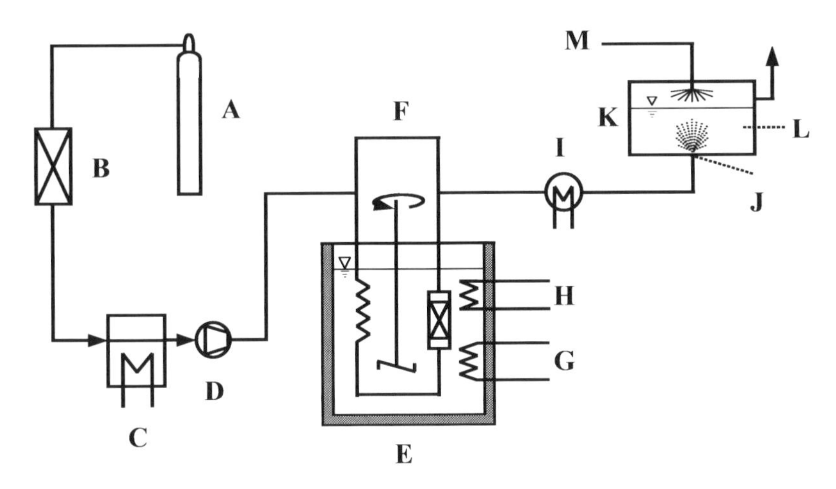

*Abb. 1: Schema der Versuchsanlage: **A**, Vorratsbehälter; **B**, Molekularsieb; **C**, Kältemaschine; **D**, Pumpe; **E**, Thermostat mit Vorlagebehälter; **F**, Bypassleitung; **G**, Kühlung; **H**, Heizung; **I**, Vorheizung; **J**, Düse; **K**, Expansionskammer; **L**, Tensidlösung; **M**, Stickstoff.*

Für die Untersuchungen zur Stabilisierung von submikronen organischen Partikeln in wässrigen Schutzkolloidlösungen wurde die vorhandene Versuchsanlage [8] erweitert bzw. modifiziert (s. Abb. 2). Beim bisherigen Versuchsaufbau wird die überkritische Lösung durch eine, im beheizbaren Boden der zylindrischen und für Drücke bis 1 MPa ausgelegten Expansionskammer (d = 4 cm) angebrachte, Kapillardüse in die wässrige Schutzkolloidlösung expandiert. Hier kann zur Kontrolle der Schaumbildung an der Flüssigkeitsoberfläche über den Kopf der Kammer durch mehrere, über den Querschnitt gleichmäßig verteilte Bohrungen, Stickstoff in die Expansionskammer geleitet werden. Somit können mit dieser Anlage auch Untersuchungen mit stark schäumenden Schutzkolloiden, wie z.B. SDS, durchgeführt werden [8, 9]. Die in Anlehnung an Arbeiten von Young et al. [4] neu gefertigte, in der Höhe verstellbare, Expansionseinheit besteht im Wesentlichen aus einem temperierbaren Wasserbad und einem darin befindlichen Scheidetrichter ($V = 2\ dm^3$); weiterhin kann die Eintauchtiefe der beheizbaren Düse in die Flüssigkeit bzw. die Entfernung zur Flüssigkeitsoberfläche variiert werden. Durch die konische Bauform vergrößert sich mit zunehmender Höhe die Oberfläche; dies führt, im Vergleich zur zylindrischen Kammer, zu einer größeren Oberfläche und somit auch geringeren Schaumhöhe. Bei dieser Kammer kann durch die am unteren Ende angebrachte Öffnung zunächst die Flüssigkeit problemlos entnommen und danach der Schaum ausgewaschen werden. Dies ermöglicht eine <u>getrennte</u> Bestimmung der PGV und der Wirkstoffkonzentration in der Flüssigkeit und im Schaum [13].

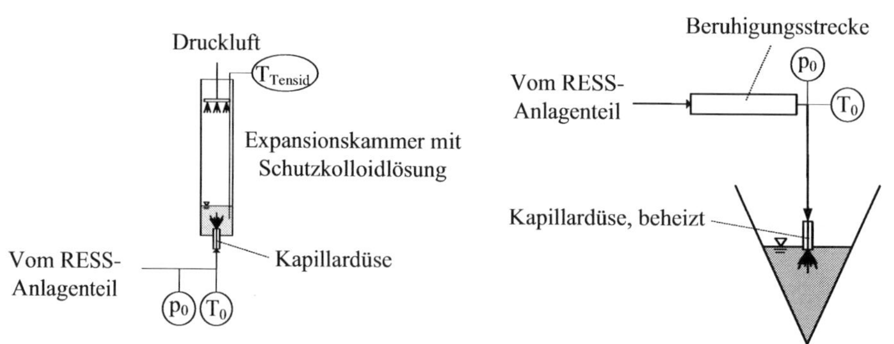

Abb. 2: Schematische Darstellung der bereits vorhandenen (links, nach [8, 9]) und der neu aufgebauten (rechts) Expansionskammer [13]. Nachfolgend wird der linke Versuchsaufbau mit Variante I und rechte Versuchsaufbau mit Variante II bezeichnet.

2.2 Tenside

Als Tenside werden Substanzen bezeichnet, die an Phasengrenzflächen adsorbieren und dadurch die Grenzflächenspannung herabsetzen. Dabei nimmt die Grenzflächenspannung mit steigender Tensidkonzentration bis zur kritischen Mizellkonzentration (CMC) kontinuierlich ab. Oberhalb der CMC bleibt die Grenzflächenspannung (σ_{GGW}) konstant und die verschiedenen Tenside bilden dann unterschiedliche Mizellformen (kugel-, zylinderförmige oder lamellare Formen) aus. Voraussetzung hierfür ist die asymmetrische Struktur des Moleküls, welches aus einem hydrophoben und einem hydrophilen Teil bestehen muss. Weitere Informationen über die Eigenschaften und die Wirkungsweise von Tensiden können der Literatur (z.B. [8, 14]) entnommen werden.

2.3 Kontaktwinkel

Der Kontaktwinkel (auch: Randwinkel) bezeichnet den Winkel, der sich durch die an der Tropfenoberfläche geneigte Tangente mit der Festkörperoberfläche bildet. Der Winkel sagt etwas über die Benetzbarkeit einer Festkörperoberfläche aus. Je kleiner der Kontaktwinkel, desto höher die Wechselwirkung zwischen den Stoffen an der Phasengrenzfläche und desto besser ist die Benetzbarkeit. Abb. 3 oben zeigt eine schematische Darstellung zur geometrischen Definition des Kontaktwinkels einer Flüssigkeit auf einem Feststoff. Am Punkt der Dreiphasenlinie, an dem Festkörper, Flüssigkeit und Dampfphase zusammenstoßen stellt sich der Winkel so ein, dass die Summe der Kräfte Null ergibt. Dabei lässt ein Kontaktwinkel zwischen 0° und 90° auf eine gute Benetzbarkeit schließen, während größere Kontaktwinkel i.d.R. auf eine schlechtere Benetzbarkeit hinweisen (s. Abb. 3 unten).

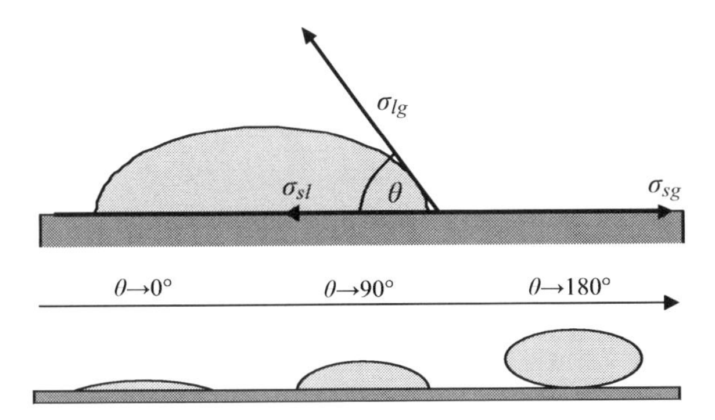

Abb. 3: oben: Zur Definition des Kontaktwinkels θ, unten: verschiedene Formen der Benetzbarkeit, von links nach rechts: völlige Benetzung (θ → 0°), definierte Benetzung (0° < θ < 180°), völlige Nichtbenetzbarkeit (θ = 180°).

3 Materialien und Methoden

3.1 Materialien

Als überkritisches Fluid wurde CO_2 eingesetzt, welches eine Reihe positiver Eigenschaften bietet (physiologisch unbedenklich, keimfrei, nicht brennbar, nicht explosiv, umwelt-freundlich, kostengünstig). Darüber hinaus weist CO_2 eine moderate kritische Temperatur (T_c = 304 K) und einen moderaten kritischen Druck auf (p_c = 7,38 MPa). Das verwendete CO_2 wurde von der Linde AG (Wiesbaden, Deutschland) bezogen und hat eine Reinheit von ≥ 99,5 % mit einen Restwassergehalt von ≤ 200 ppm, der zusätzlich durch ein eingebautes Molekularsieb weiter gesenkt wird.

Als Modellsubstanz für in Wasser schwerlösliche Wirkstoffe wurden u.a. Carbamazepin, Ibuprofen, Naproxen und Phytosterol verwendet. Das verwendete Phytosterol besteht aus den drei Hauptkomponenten β-Sitosterol (83%), Stigmasterol (10,7%) und Campesterol (6,3%) [8]. Als Schutzkolloid wurden neben den beiden nichtionischen Tensiden Tween®80 und Polydocanol auch das wasserlösliche Polymer Polyvinylpyrrolidon (PVP K25) sowie Natriumdodecylsulfat (SDS) eingesetzt. In Tabellen 1 und 2 sind die wichtigsten Eigenschaften der verwendeten Substanzen (Molmasse M, Konzentration des Wirkstoffes in reinem Wasser c_w, Schmelztemperatur T_M bei Umgebungsdruck sowie der HLB-Wert (Hydrophilic-Lipophilic-Balance)) zusammengestellt. Für die Kontaktwinkelmessung wurde als Referenz zu den Tensiden 2-fach filtriertes Milli-Q-Wasser verwendet.

Tabelle 1: Liste der verwendeten Wirkstoffe.

Wirkstoff	CAS-Nummer	Lieferant	M [g/mol]	c_w [g/l]	T_M [K]
Carbamazepin	298-46-4	Sigma Aldrich Chemie GmbH	236,27	$1{,}8 \cdot 10^{-2}$	460
Ibuprofen	15687-27-1	Knoll AG	206,29	$3{,}6 \cdot 10^{-2}$	348,6
Naproxen	22204-53-1	Sigma Aldrich Chemie GmbH	230,26	$1{,}5 \cdot 10^{-2}$	427,7
Phytosterol	83-46-5	Sigma Aldrich Chemie GmbH	414,7	$6 \cdot 10^{-7}$	413

Tabelle 2: Liste der verwendeten Schutzkolloide [8, 10, 12].

Tensid	CAS-Nummer	Art	M [g/mol]	σ_{GGW} [mN/m]	CMC [g/l]	HLB-Wert [-]
Tween® 80	9005-65-6	nichtionisch	1310	36	0,013	15
Polydocanol	9002-92-0	nichtionisch	574,5	29	0,048	14
PVP K25	9003-39-8	-	7640	63	-	-
SDS	151-21-3	anionisch	288,4	33	2,31	40

3.2 Analysemethoden

Die PGV der pulverförmigen Substanzen (Originalmaterial und mikronisiert) sowie in den verschiedenen wässrigen Schutzkolloidlösungen wurde mit einem Coulter LS230 und / oder Coulter LS13320 der Firma Beckmann Coulter bestimmt. Diese Geräte ermöglichen die Bestimmung der Partikelgröße im Bereich von 0,04 bis 2000 µm.

Die Konzentration von Naproxen in den unterschiedlichen Schutzkolloidlösungen wurde mittels HPLC-Analyse bestimmt. Die verwendete Säule war eine LiChrospher-Säule 100-5 RP18 (125 x 4 mm ID) der Firma Agilent (Santa Clara, CA, USA). Die Säulentemperatur betrug 297 K und es wurde ein Fluoreszenzdetektor mit Ex = 250 nm (Anregung), Em = 410 nm (Fluoreszenz) eingesetzt.

Die Kontaktwinkel wurden am Lehrstuhl für Wasserchemie des Engler-Bunte-Instituts am KIT mit dem Messgerät OCA 20 der Firma Data Physics gemessen. Als Standardmethode wurde die Methode des liegenden Tropfens (Sessile Drop-Methode) verwendet. Dafür wurden die pulverförmig vorliegenden Wirkstoffe zu Tabletten (Höhe: 2-3 mm, Durchmesser: 1,3 cm) gepresst und anschließend tropfenweise mit verschiedenen Tensid/Wasser-Lösungen (1 Gew.-%) benetzt.

Die Dosierung des Tropfens konnte mittels einer automatischen Mikroliterdosiereinheit über die Software SCA 20 gesteuert werden. Dabei sollte der Tropfen so klein wie möglich sein, um den Effekt des Eigengewichts zu minimieren und eine möglichst kugelförmige Kontur zu erreichen; dabei betrug das Dosiervolumen i.d.R. 0,6 µl. Der gesamte Benetzungsvorgang wurde mit einer CCD-Kamera aufgezeichnet. Mit Hilfe der Software wurde weniger als 1 Sekunde nach Platzierung des Tropfens die Tropfenkontur auf Grundlage eines digitalen Bildes ausgewertet. Die Software SCA 20 nutzt dazu die Methode des Sessile Drop Fitting, die auf der Young-Laplace-Gleichung basiert (Gl. 1).

$$\sigma_{sl} = \sigma_{sg} - \sigma_{lg} \cdot \cos\theta \qquad (1)$$

In Gl. (1) bedeuten:

σ_{sl}: Grenzflächenspannung zwischen fester und flüssiger Phase [mN/m],
σ_{sg}: Grenzflächenflächenspannung zwischen fester und gasförmiger Phase [mN/m],
σ_{lg}: Grenzflächenflächenspannung zwischen flüssiger und gasförmiger Phase [mN/m],
θ: Kontaktwinkel [°].

Zunächst wird die Kontaktlinie (Basislinie) mit dem Festkörper gebildet. Anschließend wird aus dem Helligkeitsprofil die gesamte Tropfenkontur auf Grundlage der Gleichung ermittelt. Dabei werden korrigierend Einflüsse aus Grenzflächeneffekten und Eigengewicht des Tropfens berücksichtigt. Nach erfolgreicher Anpassung der Tropfenkontur wird der Kontaktwinkel als Steigung der Tangente im Schnittpunkt der Konturlinie mit der Basislinie ermittelt.
Die treibende Kraft für die Benetzung, d.h. Ausdehnung eines Flüssigkeitstropfens auf einer Feststoffoberfläche, ist die so genannte „Benetzungsspannung S":

$$S = \sigma_{sg} - \sigma_{sl} - \sigma_{lg}. \qquad (2)$$

Durch Umformung von Gl. (1) und mittels der gemessenen Grenzflächenspannung σ_{lg} kann dann mit Gl. (3) die Benetzungsspannung berechnet werden.

$$S = \sigma_{\mathrm{lg}} \cdot (\cos\theta - 1) \qquad (3)$$

Diese ist ein Maß für die Benetzbarkeit einer festen Oberfläche durch eine Flüssigkeit und ist somit auch ein Maß für die Stärke der Wechselwirkung zwischen Feststoff und Flüssigkeit. So ist für positive Werte von S (d.h. $\theta < 90°$) bzw. für $S = 0$ (d.h. $\theta = 0°$) eine komplette und spontane Benetzbarkeit der Oberfläche möglich, während für negative Werte on S (d.h. $\theta > 90°$) die Feststoffoberfläche nicht oder nur unvollständig von der Flüssigkeit benetzt wird. Somit sollte die experimentelle Bestimmung der beiden Größen θ und S wertvolle Informationen für die Beurteilung der verschiedenen Schutzkolloide hinsichtlich ihres „Stabilisierungsvermögens" für die unterschiedlichen Modellwirkstoffe liefern (siehe auch [15]).

4 Ergebnisse

4.1 RESS- / RESSAS-Experimente

Nachfolgend werden die Ergebnisse unserer Untersuchungen zum Einfluss

- des eingesetzten Schutzkolloids
- des verwendeten Modellwirkstoffes
- der Expansionskammer bzw. Düsenposition
- der vorgelegten Menge an Schutzkolloidlösung
- des pH-Wertes der Schutzkolloidlösung
- der eingesetzten Pufferlösung

auf die Größe und die Konzentration sowie den Abscheidegrad (A) der stabilisierten Partikel diskutiert und in Tab. 3 zusammengefasst. A ist dabei wie folgt definiert:

$$\mathrm{A}_{Abgas} = \left[m_{Abgas} / \left(m_{Lsg} + m_{Abgas} \right) \right] \cdot 100 \qquad (4)$$

mit m_{Abgas} = gemessene Naproxenmasse im Abgas und m_{Lsg} = gemessene Naproxenmasse in der Schutzkolloidlösung.

Für die Untersuchungen zur Stabilisierung von submikronen organischen Partikeln wurden i.d.R. folgende Prozessbedingungen gewählt:

Die Temperatur im Extraktor (T_E) betrug immer 313 K, der Druck im Extraktor (p_E) war identisch mit dem Vorexpansionsdruck (p_0) von 20 MPa und die Vorexpansionstemperatur (T_0) betrug 343 K. Die eingesetzte beheizbare Kapillardüse ($T_D = T_0 + 5$K) hatte einen Innendurchmesser von 50 µm. Auf eine Variation der Vorexpansionsbedingungen (p_0, T_0) wurde verzichtet, da die RESS-Experimente zeigten, dass die Partikelgröße (s. [12]) nahezu unabhängig von p_0 und T_0 ist. Die Schutzkolloidkonzentration betrug bei den Versuchen mit der Nr. 5-9 und 12-16 jeweils 0,4 Gew.-% und mit der Nr. 10 & 11 sowie 18 & 19 jeweils 1 Gew.-%. Nr. 4-6, 9-19: V = 50 ml; Nr. 7: V = 100 ml; Nr. 8: V = 150 ml.

Tabelle 3: Ergebnisse der mit Naproxen und Phytosterol durchgeführten RESS- / RESSAS-Experimente (T_E = 313 K, $T_D = T_0$ + 5 K, T_0 = 343 K, $p_E = p_0$ = 20 MPa, D_i = 50 μm). Die angegebenen Zahlenwerte sind i.d.R. Mittelwerte aus 3 Einzelmessungen.

V-Nr.:		Var.	$x_{50,3}$ [μm]	Δ[1)] [-]	$c_{Naproxen}$ [g/l]	A_{Abgas} [%]	pH-Wert [-]
Versuche mit Naproxen							
1	Originalmaterial		15,2	1,1			
2	RESS (D_i = 50 μm)		0,70	0,3	-	100	
3	RESS (D_i = 75 μm)		0,56	1,4	-	100	
4	H_2O	I	4,95	1,2	0,18	23	-
5	H_2O/PVP K25	I	0,25	3,7	3,06	3,8	≈ 4
6	H_2O/PVP K25	I	0,29	5,3	1,06	4,1	≈ 4
7	H_2O/PVP K25	I	0,20	3,1	0,87	4,4	≈ 4
8	H_2O/PVP K25	I	0,17	1,2	0,74	4,8	≈ 4
9	H_2O/PVP K25	II	0,28	3,7	0,64	7,2	≈ 4
10	H_2O/Tween®80	II	7,77	1,0	0,56		≈ 4,8
11a	H_2O/Tween®80 (Lösung)	II	4,75	2,5	0,64		≈ 4,8
11b	H_2O/Tween®80 (Schaum)	II	15,9	6,7	-		≈ 4,8
12	H_2O/Tween®80/Puffer B[3)]	II	9,9	1,0	1,69		≈ 6,4
13	H_2O/Polydocanol	II	13,8	4,1			≈ 4.5
14	H_2O/PVP K25	II	0,28	3,7	0,88		≈ 4
15	H_2O/PVP K25/Puffer A[2)]	II	5,6	0,9	2,87		≈ 6,5
16	H_2O/PVP K25/Puffer B[3)]	II	0,22	0,7	2,44		≈ 6,4
17	H_2O/Tween®80/PVP K25	II	3,9	1,2	3,69		-
Versuche mit Phytosterol							
18	Originalmaterial		47	1,3			
19	H_2O/Tween®80	II	0,23	0,9	-		-
20a	H_2O/Tween®80 (Lösung)	II	0,27	1,0	-		-
20b	H_2O/Tween®80 (Schaum)	II	5,6	2,3	-		-

[1)] $\Delta = (x_{85} - x_{15})/2 \cdot x_{50}$, [2)] Puffer A: KH_2PO_4/NaOH, [3)] Puffer B: TRIS/HCL.

Basierend auf den in Tab. 3 zusammengefassten Ergebnissen kann festgestellt werden:

Die beiden Tenside Tween®80 (HLB-Wert ≈ 15) und Polydocanol (HLB-Wert ≈ 14) sind zur Stabilisierung von Naproxen (log K_{ow} = 3,3; mit K_{ow} = Verteilungskoeffizient zwischen Oktanol und Wasser) in wässrigen Schutzkolloidlösungen bei pH-Werten im Bereich von 4,5 - 5 nicht geeignet. Dieses Ergebnis ist, insbesondere für Tween®80, verwunderlich da frühere Arbeiten zeigten, dass sich das chemisch sehr ähnliche Ibuprofen (log K_{ow} = 3,5) und das schlechter wasserlösliche Phytosterol (log K_{ow} ≈ 8) sehr gut mit Tween®80 und auch SDS (HLB-Wert = 40) stabilisieren lässt [5]. PVP K25 eignet sich sehr gut zur Stabilisierung submikroner (< 0,3 µm) Naproxenpartikel bei einem pH-Wert von ≈ 4. Die bei einem pH-Wert von ≈ 6,2 durchgeführten Untersuchungen mit Tween®80 bzw. PVP K25 verdeutlichen, dass auch die Art des Puffers für die PGV von Naproxen von großer Bedeutung ist.

Die Ergebnisse der mit dem neuen Versuchsaufbau mit Naproxen (log K_{ow} = 3,3) und Phytosterol (log K_{ow} ≈ 8,) durchgeführten Untersuchungen zeigen, dass die häufig beobachtete bimodale bzw. breite PGV hauptsächlich durch den Schaum verursacht wird. Es wird jedoch auch deutlich, dass die Kenntnis der Eigenschaften des reinen Schutzkolloids (HLB-Wert, Grenzflächenspannung) und der zu stabilisierenden Substanz (log K_{ow}-Wert, Sättigungslöslichkeit) nicht zu einer Abschätzung bzw. Vorhersage des „Stabilisierungs-vermögens" ausreichen.

4.2 Kontaktwinkel

Bei den orientierenden Untersuchungen zur Bestimmung des Kontaktwinkels θ zwischen der Schutzkolloidlösung und den festen Wirkstoffen sowie der Benetzungsspannung S wurde wie in Kapitel 2.3 beschrieben vorgegangen. Die Ergebnisse einer ersten, vorläufigen Auswertung der Messergebnisse lassen sich wie folgt zusammenfassen:

- Während der Benetzungswinkel zwischen Wasser und Phytosterol bzw. Ibuprofen größer als 90° ist und somit auf eine schlechte Benetzbarkeit hinweist, ist der Benetzungswinkel bei Carbamazepin und bei Naproxen kleiner als 90°.
- Bei allen untersuchten Wirkstoffen führt die Zugabe von Tween®80 zu reinem Wasser zu einer Verkleinerung (i.d.R. Halbierung) von θ bzw. betragsmäßigen Abnahme von S und somit zu einer verbesserten Benetzung der Feststoffoberfläche.
- Die verbesserte Benetzung der Feststoffoberfläche führt, in Übereinstimmung mit den eigenen experimentellen Ergebnissen, bei Phytosterol und Ibuprofen [9] zu stabilisierten Partikeln in Bereich von x_{50} = 50 bis 280 nm und bei Carbamazepin [16] und Naproxen [12] zu wesentlich größeren Partikeln ($x_{50} \geq 5$ µm).
- Zur Klärung dieses Sachverhaltes müssen weitere experimentelle und theoretische Untersuchungen zur Benetzungskinetik, zur Benetzbarkeit und zu den Wechselwirkungen zwischen dem Schutzkolloid und der zu stabilisierenden Substanz durchgeführt werden.

5 Zusammenfassung

Aufbauend auf früheren Arbeiten wurden mit der in der Arbeitsgruppe vorhandenen RESS- bzw. RESSAS-Anlage weitere Untersuchungen zur Stabilisierung von schwer wasserlöslichen Wirkstoffen durchgeführt. Die bisherigen Ergebnisse zeigen, dass submikrone Phytosterol-, Ibuprofen- und Naproxenpartikel in verschiedenen Tensidlösungen stabilisiert (50 nm $\leq$ x50 $\leq$ 280 nm) werden können und dass die oftmals beobachtete bimodale PGV i.d.R. durch den Schaum bedingt ist. Jedoch führt bei Naproxen die Erhöhung des pH-Wertes der PVP-Lösung durch Puffer A zu einer deutlichen Vergrößerung der stabilisierten Partikel (280 nm $\rightarrow$ 5,6 µm) während Puffer B praktisch keinen Einfluss auf die Partikelgröße (280 bzw. 220 nm) hat; dagegen führt bei Tween®80 die Erhöhung des pH-Wertes durch Puffer B zu größeren Partikeln. Für das verbesserte Verständnis der für die Stabilisierung von submikronen Wirkstoffpartikeln maßgeblichen Vorgänge sind weitere systematische Untersuchungen zur Benetzbarkeit von festen Oberflächen und zu den Wechselwirkungen zwischen dem Schutzkolloid und der zu stabilisierenden Substanz notwendig.

6 Danksagung

An dieser Stelle wird der Deutschen Forschungsgemeinschaft (DFG) für die finanzielle Unterstützung der dargestellten Arbeiten gedankt; diese wurden im Rahmen des Paketantrages „Stabilisierung organischer Nanopartikeln in wässrigen Medien“ und dem Teilprojekt: „Untersuchungen zur Herstellung von Nanosuspensionen mit überkritischen Fluiden“ (Tu 93/7-1, 7-2) in enger Zusammenarbeit mit den Teilprojekten „Einfluss von Wachstumskinetik und Transport von gasgetragenen Nanopartikeln auf deren Partition zwischen wässriger und gasförmiger Phase in Blasensäulen“ (Projektleiter A. Weber, TU Clausthal) und „Untersuchung der Herstellung von wirkstoffhaltigen Nanususpensionen: Molekulare Simulation des Partikelwachstums“ (Projektleiter Th. Kraska, Universität zu Köln) durchgeführt. Die Autoren bedanken sich bei Dipl.-Ing. Heiko Schwegmann für seine Unterstützung bei der Kontaktwinkelmessung.

7 Literaturverzeichnis

[1] D. Horn, J. Rieger; Angew. Chem., 113 (2001) 4460

[2] B. Subramaniam, R.A. Rajewski, K. Snavely; J. Pharm. Sci., 86, 8 (1997) 885

[3] R.H. Müller, B.H.L. Böhm, M.J. Grau; Pharm. Ind., 61, 74 (1999) 175

[4] T.J. Young, S. Mawson, K.P. Johnston, I.B. Hendriksen, G.W. Pace, A.K. Mishra; Biotechnol. Prog., 16 (2000) 402

[5] M.J. Meziani, P. Pathak, R. Hurezeanu, M.C. Thies, M. Enick, Y.-P. Sun; Angew. Chem. Int. Ed., 43 (2004) 704

[6] T.J. Young, K.P. Johnston, G.W. Pace, A.K. Mishra; AAPS PharmSciTech, 5 (1) (2004) (Article 11).

[7] A. Sane, M.C. Thies; J. Phys. Chem. B, 109 (2005) 19688

[8] R. Lietzow; *Herstellung von Nanosuspensionen mittels Entspannung überkritischer Fluide (RESSAS)*, Dissertation (2006), Universität Karlsruhe (TH)

[9] M. Türk, R. Lietzow; J. of Supercritical Fluids, 45 (2008) 346

[10] M. Türk, D. Bolten; Chemie Ingenieur Technik 81, No. 6 (2009) 817

[11] M. Türk; J. of Supercritical Fluids, 47 (2009) 537

[12] M. Türk, D. Bolten; J. of Supercritical Fluids, 55 (2010) 778

[13] M. Rohmer; *Konstruktion und Aufbau einer neuen Expansionseinheit für die Entspannung überkritischer Lösungen in flüssige Medien*, Diplomarbeit (2008), Universität Karlsruhe (TH)

[14] H.-D. Dörfler; *Grenzflächen und kolloid-disperse Systeme: Physik und Chemie*, Springer-Verlag, Berlin - Heidelberg (2002)

[15] P. E. Luner, S. R. Babu, S. C. Mehta; Int. J. Pharmaceutics, 128 (1996) 29

[16] D. Bolten; Dissertation in Bearbeitung (2011), Karlsruher Institut für Technologie (KIT)

EINFLUSS VON SCHAUMSCHICHTHÖHE UND PH-WERT AUF DIE STABILISIERUNG VON NANOPARTIKELN IN SCHAUMBEHAFTETEN BLASENSÄULEN

D. Koch, A. P. Weber

Institut für Mechanische Verfahrenstechnik, Technische Universität Clausthal, Leibnizstraße 19, 38678 Clausthal-Zellerfeld, e-mail: koch@mvt.tu-clausthal.de

1 Einleitung

Die Herstellung von Nanosuspensionen gewinnt in der Technik immer mehr an Bedeutung. Um die Bioverfügbarkeit von Wirkstoffen zu erhöhen, werden zum Beispiel in pharmazeutischen Anwendungen organische Partikel im submikronen Größenbereich angestrebt. Technisch kann die Herstellung durch das Entspannen einer überkritischen Lösung in eine wässrige Tensidlösung (RESSAS) unmittelbar nach der Partikelentstehung realisiert werden, wobei die Tensidlösung zur Stabilisierung der Partikelgröße beiträgt [1, 2]. Zudem kann durch das Tensid die optimale Verteilung der Pharmapartikel gesteuert werden, indem der Wirkstoff in einer Formulierung gezielt aktiviert wird und so Verträglichkeit und Resorption im menschlichen Organismus gesteuert werden [3].

Die Stofftransportprozesse im RESSAS-Prozess, wie diffusiver Stofftransport an die Phasengrenzfläche, Phasenübergang der Nanopartikel aus der Gasphase in die Suspension sowie Agglomeration in Gasphase, Flüssigkeit oder Schaum (Abb. 1, rechter Teil) lassen sich in einer Blasensäule als Modellsystem abbilden (Abb. 1, linker Teil) und untersuchen. Diese Transportprozesse laufen in den aufsteigenden Gasblasen in der Blasenkammer (Abb. 1, Bereich A) sowie in den Blasen der Schaumschicht oberhalb des Flüssigkeitsspiegels (Abb. 1, Bereich B) ab. Hierbei wird der Stofftransport in die Flüssigphase, der sich an einer steigenden Partikelkonzentration festmachen lässt, mittels Extinktionsmessung während des Versuchs online erfasst. Die Agglomeration der Nanopartikel wird separat für Flüssig- und Schaumphase über Messungen mittels Photonenkreuzkorrelationsspektroskopie erfasst.

In Versuchen zeigte sich, dass der pH-Wert der Tensidlösung ebenfalls einen Einfluss auf die Partikelgrößenverteilung der Kohlenstoffpartikel in Flüssigkeit und Schaum hat. Diese Einflussgröße wird in Kombination mit verschiedenen Schaumschichthöhen diskutiert.

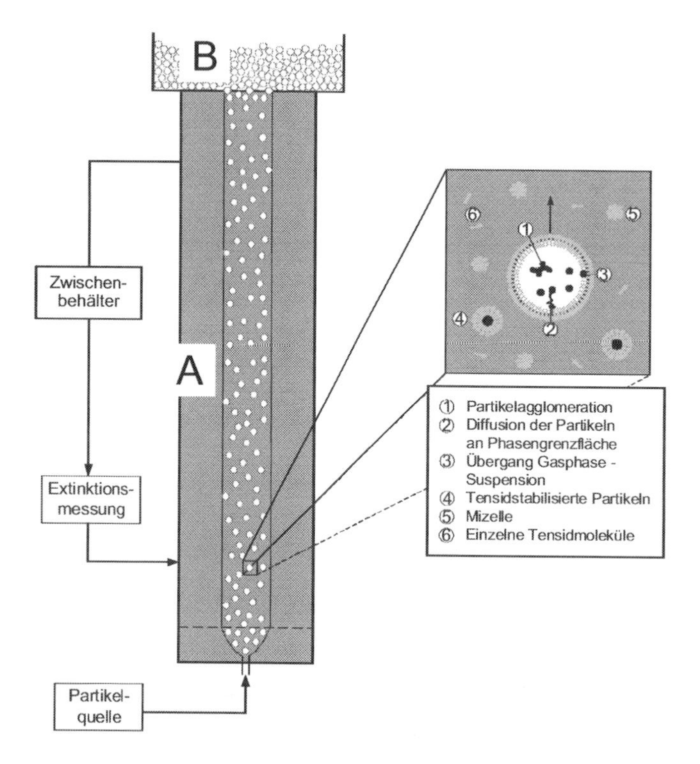

Abb. 1: Modellsystem und Partikeltransportprozesse in einer aufsteigenden Gasblase

2 Materialien und Methoden

2.1 Materialien

2.1.1 Kohlenstoffpartikel

Für die Herstellung der Kohlenstoffpartikel werden spektralreine Graphitstäbe mit einer Verunreinigung < 2 ppm (Firma Plano GmbH, Wetzlar) als Elektrodenmaterial im Funkengenerator, der im Abschnitt 2.2.1 eingehender erläutert wird, verwendet.

2.1.2 Tensid

Zur Herstellung der Tensidlösung wird demineralisiertes Wasser mit einer Leitfähigkeit von 0,055 µS/cm und die oberflächenaktive Substanz Tween®80 verwendet.

Das Tensid Tween®80 (Firma Carl Roth GmbH, Karlsruhe) ist zu der Gruppe der nichtionischen Tenside zu zählen. Es handelt sich bei Tween®80 um ein Polyoxyethylen-80-sorbitanmonooleat, wobei die Polyoxethylengruppen den hydrophilen Teil des Tensids darstellen. Die Molekularmasse des Tensidmoleküls beträgt 1310 g/mol. Tween®80 ist sowohl in der Kosmetik- und Arzneimittelindustrie als auch in der Lebensmittel- und Futtermittelindustrie zugelassen [3, 4]. In der Lebensmittelindustrie ist Tween®80 als Zusatzstoff E433 bekannt.

Die kritische Mizellbildungskonzentration (CMC) beträgt laut Hersteller 0,0013 % (wt). Eigene Messungen ergaben eine CMC von 0,0035 % (wt) [5]. Somit wird mit der in den experimentellen Arbeiten verwendeten Konzentration von 1 % (wt) auf jeden Fall oberhalb der kritischen Mizellbildungskonzentration gearbeitet.

2.1.3 Pufferlösung

Zur Einstellung des pH-Wertes der Tensidlösung werden zwei verschiedene Pufferlösungen (Firma Dechant pH-Redox-Leitwert, Villingen-Schwenningen) verwendet. Für eine pH-Wertverschiebung in die basische Richtung findet ein Phosphat (NaH_2PO_4 + Na_2HPO_4)-Puffer mit einem pH-Wert von 7,0 (Einstellung mittels Natronlauge) Anwendung. Ein Citrat/Salzsäure-Puffer (pH=4,0) wird hingegen für die pH-Wertverschiebung ins Saure verwendet.

2.2 Methoden

2.2.1 Funkengenerator

Die Herstellung der Kohlenstoffnanopartikel erfolgt für die Blasensäulenversuche mit einem Funkengenerator, der mit Stickstoff als Trägergas durchströmt wird. Zur Erzeugung der Kohlenstoffpartikel werden zwei Graphitelektroden mit einem Abstand von 0,25 mm eingesetzt. Bei Erreichen einer ausreichend hohen Spannung (Durchschlagsspannung) folgt ein Funkenüberschlag, der durch seine hohe kinetische Energie ein Herauslösen von Elektrodenmaterial bewirkt. Die resultierenden Primärpartikel sind überwiegend sphärisch und agglomerieren aufgrund ihrer hohen Konzentration zu größeren Agglomeraten. Die entstehenden Agglomerate haben einen Durchmesser von etwa 55 nm bei einer Partikelkonzentration von etwa $1{,}7 \cdot 10^7$ cm^{-3}.

2.2.2 Scanning Mobility Particle Sizer (SMPS)

Für die Bestimmung der Partikelgrößenverteilung und –konzentration findet ein Scanning Mobility Particle Sizer (SMPS) der Firma Grimm Aerosol Technik (Ainring; Model: Series 5.400) Anwendung, mit dem Partikel im Größenbereich von 5,4 bis 1183 nm erfassbar sind.

Hierzu werden die Partikel mittels Differentiellen Mobilitätsanalysators (Differential Mobility Analyser, DMA) entsprechend ihrer elektrischen Mobilität klassiert. Das so erhaltene, nahezu monodisperse Aerosol wird anschließend dem Kondensationspartikelzähler (Condensation Particle Counter, CPC) zugeführt. Durch die Kondensation von 1-Butanol-Dampf auf den Nanopartikeln werden diese in den Mikrometerbereich vergrößert und die Partikelanzahlkonzentration einer Klasse kann durch Laserlichtstreuung optisch gezählt werden.

2.2.3 Extinktionsmessung

Die Konzentration des in die Suspension eingebrachten Kohlenstoffs wird mittels eines Extinktionmessgeräts überwacht.

Die Extinktionmessung beruht auf einem fotometrischen Verfahren, bei dem die Intensitätsschwächung eines Lichtstrahls beim Durchgang durch ein Fluid erfasst sind. Die in dem Fluid enthaltenen, dispergierten Partikel schwächen die Intensität des transmittierten Lichtstrahls. Aus dem Verhältnis von momentaner Intensität I zu Anfangsintensität I_0 kann die Transmission ($T = I/I_0$) bestimmt werden, woraus sich die Extinktion als $E = -\ln(T)$ ergibt.

Mittels einer Massenkalibrierung kann die eingetragene Kohlenstoffmasse bestimmt werden, die wiederum ein Maß für die Abscheidung in der Suspension ist.

2.2.4 Photonenkreuzkorrelationsspektroskopie

Die Messungen, die auf dem Prinzip der Photonenkreuzkorrelationsspektroskopie (PCCS) beruhen, dienen der Bestimmung der Partikelgrößenverteilung der Kohlenstoffpartikel in der Suspension und werden mit dem Gerät „Nanophox“ der Firma Sympatec (Clausthal-Zellerfeld) durchgeführt.

Die Auswertung der PCCS-Messungen liefert Informationen über die charakteristische Partikelgrößen x_{10}, x_{50} und x_{90}, die aus einer Volumenverteilung bestimmt werden.

3 Experimentelle Ergebnisse und Diskussion

Zur Untersuchung des Einflusses der Schaumschichthöhe und des pH-Wertes der Suspension wurden Versuche mit einer Schaumschichthöhe von 10 cm bzw. 15 cm durchgeführt. Die Variation des pH-Wertes erstreckte sich auf einen Wertebereich von 3,7 bis 6,0.

Hinsichtlich der Einstellung der verwendeten Schaumschichthöhen wird auf die Blasensäule (siehe Abb. 1) ein Schaumaufsatzbehälter aus Plexiglas (PMMA) mit verschiedenen Höhen montiert. Der aus den geschlossenen Schaumaufsatzbehältern durch eine kreisförmige Öffnung austretende Schaum wird direkt entfernt und in Bechergläsern gesammelt (4x15 Minuten während Partikelzugabe: S1 bis S4, 1x15 Minuten nach Ende der Partikelzugabe: S5). Nach dem Zusammenfall des Schaumes erfolgt die Bestimmung der Partikelgrößen in der Schaumflüssigkeit mittels Photonenkreuzkorrelationsspektroskopie.

Während des Versuches erfolgt eine Probenentnahme der Flüssigkeit in der Blasensäule im 15 Minuten-Rhythmus, um die zeitabhängige Abscheidung und Partikelgröße in der Flüssigkeit zu beurteilen. Die Proben F1 bis F4 werden während der Partikelzugabe genommen, F5 nach Ende

Partikelzugabe bis zum Versuchsende. Online wird während der gesamten Messung der Kohlenstoffeintrag in die Suspension mittels Extinktionsmessung bestimmt.

Tabelle 1 zeigt die abgeschiedenen Kohlenstoffmengen für die durchgeführten Versuche. Mittels Filterversuchen, bei denen eine Totalfiltration des kompletten Aerosolstroms, der aus dem Funkengenerator austritt, stattfindet, wurde die Menge des aufgegebenen Kohlenstoffs bestimmt. Die maximale Kohlenstoffmassebeträgt 0,00147 g.

Der Tabelle 1 sind auch die verwendeten Kombinationen von Blasensäulen- und Schaumaufsatzhöhe, ebenso wie die eingestellten pH-Werte der Tensidlösungen (vor Versuchsbeginn) zu entnehmen.

Tabelle 1: In der Suspension abgeschiedene Kohlenstoffmengen für verschiedene Kombinationen von Blasensäule (BS) und Schaumaufsatz (SA)

Versuch		**pH-Wert**	**Abgeschiedene Kohlenstoffmenge**	**Prozentualer Anteil**
BS	**SA / cm**	**/ -**	**/ g**	**/ %**
		4,0	0,00135	92
15	15	5,6	0,00097	66
		6,0	0,00087	59
15	10	5,5	0,00134	91

3.1 15 cm Blasensäule, 15 cm Schaumaufsatzbehälter

Abbildung 2 zeigt die charakteristischen Partikelgrößen der Partikel, die über den Versuchsverlauf in der Flüssigphase abgeschieden wurden, für die Versuche, die mit einer Kombination aus 15cm hoher Blasensäule und 15 cm hohen Schaumaufsatz bei 3 verschiedenen pH-Werten (4,0, 5,5 und 6,0), durchgeführt wurden. Hierbei wurde in allen Fällen eine 1%-ige Tween80-Lösung verwendet, bei der für den pH-Wert von 6,0 mit dem Phosphatpuffer und den pH-Wert von 4,0 mit einem Citratpuffer zwecks pH-Wertverschiebung eingesetzt wurde. Der unmodifizierte pH-Wert für eine 1%-ige Tween90-Lösung variiert zwischen 5,5 und 5,6.

Ausgehend von der gleichen Größenverteilung der aufgegebenen Kohlenstoffpartikel (x_{10}=23 nm, x_{50}=55 nm, x_{90}=116 nm) nimmt die Partikelgröße über den Versuchsverlauf kontinuierlich zu. Scheinbar werden die kleineren Partikel, die im Aufgabegut enthalten sind, in der Flüssigphase abgeschieden. Abbildung 2 gibt die Partikelgrößen x_{50} zu den jeweiligen Versuchszeitpunkten wieder, die mittels Photonenkreuzkorrelationsspektropie bestimmt wurden. Die kleinsten Partikel sind in der Flüssigphase (=Suspension) zu Beginn der Partikelzugabe (Probe F1) zu erkennen, bei denen eine pH-wertabhängige Größe zu erkennen ist. Bei allen drei verwendeten pH-Werten wächst die Partikel in der zweiten Probe (F2) an. Wiederum identische Partikelgrößen in der dritten beladenen Probe (F3) sind mit 28 nm in den Flüssigphasen zu finden, die pH-Werte von 4,0 und 5,6 aufweisen. Bei einem pH von 6,0 sind die Partikel nach gleicher Versuchsdauer mit 18 nm deutlich kleiner. Die größten Partikel in der vierten Flüssigkeitsprobe (F4) sind beim geringsten pH-Wert mit einer Größe von 39 nm zu finden. Mit steigendem pH-Wert nehmen die Partikel über 29 nm auf 22 nm ab. Die Partikelgrößen sind nach Ende der Kohlenstoffzugabe (F5) mit Ausnahme der Probe mit pH=5,6 ähnlich zu den Partikelgrößen zuvor (pH=4,0: 38 nm; pH=6,0: 23 nm). Dementgegen steht die Größenzunahme, die in der ungepufferten Probe (pH=5,6) zu beobachten ist. Hier wachsen die Partikel von 29 nm auf 35 nm an.

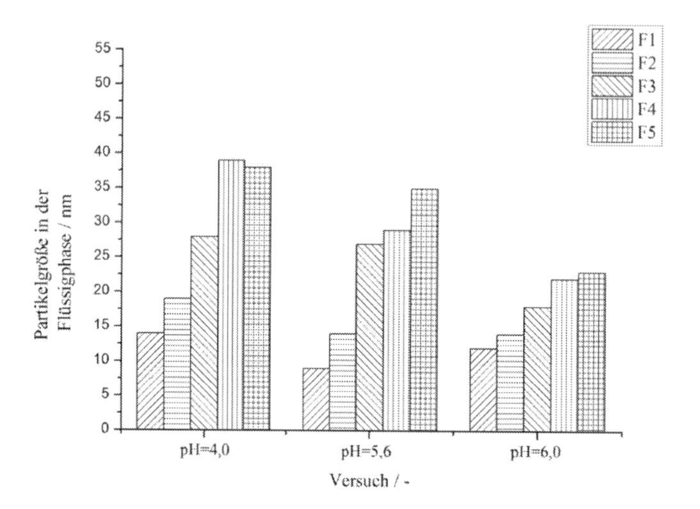

Abb. 2: Charakteristische Partikelgrößen (x_{50}) in der Flüssigphase bei verschiedenen pH-Werten für 15 cm Blasensäule und 15 cm Schaumaufsatz

Tabelle 2 zeigt die Breite der Partikelgrößenverteilung, wozu die charakteristischen Durchmesser x_{10}, x_{50} und x_{90} gezeigt sind. Hier ist zu erkennen, dass die Partikel scheinbar über die Versuchsdauer kontinuierlich größer werden. Bei einem pH-Wert von 4,0 findet von Probe F1 bis F3 ein kontinuierliches Wachstum der Partikel statt, wobei die mit 17 nm größten Partikel der Probe F1 zu den kleinsten Partikeln in Probe F2 werden. Analog gilt das gleich für Probe F2 (24 nm) zu F3 (23 nm). Ein Vergrößerungseffekt der größten Partikel (36 nm) in F3 zu den kleinsten Partikeln in F4 (31 nm) ist nicht zu beobachten, denn hier sind die kleinsten Partikel kleiner als zuvor. An dieser Stelle tritt eine Verbreiterung der Partikelgrößenverteilung auf. In Probe F5 sind mit 39 nm gleichgroße Partikel wie in F4 zu beobachten. Der um 1 nm geringere x_{50}-Durchmesser der Partikel kann im Rahmen der Messgenauigkeit vernachlässigt und als ebenfalls konstant angesehen werden. Ein ähnliches Phänomen kann bei pH=5,6 zwischen Probe F1 und F2 beobachtet werden. Hiernach vergrößern sich die Partikel in F3 etwas mehr, bevor zu hin zu denen in

Probe F4 kaum anwachsen. Ein deutliches Partikelwachstum und deutliche Vergrößerung aller Partikel ist hin zu Probe F5 zu verzeichnen. Bei einem pH von 6,0 kann im Allgemeinen in geringer ausgeprägtes Partikelwachstum sowie eine engere Verteilungsbreite der Partikel beobachtet werden.

Tabelle 2: Partikelgrößen x_{10} / x_{50} / x_{90} in der Flüssigkeit bei verschiedenen pH-Werten für 15 cm Blasensäule und 15 cm Schaumaufsatz

pH-Wert	**Charakteristische Partikelgröße x_{10} / x_{50} / x_{90}**				
	Probe F1	**Probe F2**	**Probe F3**	**Probe F4**	**Probe F5**
/ -	**/ nm**	**/ nm**	**/ nm**	**/ nm**	**/ nm**
4,0	12 / 14 / 17	16 / 19 / 24	23 / 28 / 36	31 / 39 / 48	31 / 38 / 48
5,6	7 / 9 /11	11 / 14 / 17	21 / 28 / 34	23 / 29 / 37	28 / 35 / 44
6,0	9 / 12 / 14	11 / 14 / 17	15 / 18 / 22	18 / 22 / 26	19 / 23 / 29

Wie aus Abbildung 2 und Tabelle 2 zu erkennen ist, bleibt die Partikelgröße in der Flüssigphase über den Versuchsverlauf nicht konstant, sondern steigt kontinuierlich an. Die Kohlenstoffpartikel werden über die komplette Versuchsdauer mit konstanter Ausgangsgröße in der Blasensäule aufgegeben. Da beispielsweise keine Reaktion von Kohlenstoff mit Tensidlösung bzw. von Stickstoff-Trägergas mit Tensidlösung stattfindet, bleibt der pH-Wert über den kompletten Versuch konstant. Folglich kann die Größenänderung der Partikel über die Versuchsdauer nicht mit einem veränderlichen Einfluss des pH-Wertes erklärt werden. Somit ist das Partikelwachstum auf Agglomeration oder/ und unzureichende Stabilisierung der Partikel nach dem Phasenübergang zurückzuführen. Bei den pH-Werten 4,0 und 6,0 können die Partikel nach Ende der Partikelzugabe (F5) stabilisiert werden, da die Partikel nicht bzw. minimal weiter an Größe zunehmen. Niemann *et al* [8] beschrieben die Stabilisierung von Partikeln durch die Adsorption von Tensidmolekülen auf der Partikeloberfläche, nachdem der Phasentransfer von Gas- in Flüssigphase stattgefunden hat. Hierbei entstehen Wechselwirkungen zwischen Partikeln und Tensidmolekülen [9]. Die Tensidmoleküle bestehen aus einer hydrophilen, polaren Polyethergruppe („Tensidkopf") und einem unpolaren Kohlenwasserstoffrest, der den sog. hydrophobe „Tensidschwanz" darstellt. Die unpolaren Kohlenwasserstoffreste treten mit den hydrophoben Kohlenstoffpartikeln in Wechselwirkung. Die Wechselwirkungen sind im Falle einer Partikelstabilisierung durch das Tensid im Gleichgewicht. Agglomeration kann folglich stattfinden, wenn das Wechselwirkungsgleichgewicht zwischen „Tensidschwanz" und Kohlenstoffpartikel beispielsweise durch anwesende Ionen beeinflusst wird. Hierdurch können je nach Ionenart (Kation, Anion) Verschiebungen von Bindungselektronen aufgrund höherer Bindungskräfte auftreten, die verschiedene Auswirkungen auf das Partikelgrößenwachstum haben können. Die für die Erhöhung des pH-Werts auf 6,0 zugesetzten Anionen scheinen die Wechselwirkung zwischen den unpolaren Gruppen des Tensids und den Kohlenstoffpartikeln zu verstärken, wodurch die im Vergleich deutlich kleineren Partikel zu erklären sein könnten. Die Verschiebung des pH-Wertes ins saure Milieu (pH=4,0) bewirkt die Anwesenheit von Kationen, die im Vergleich zu pH=5,6 geringfügig größere Partikel in der Suspension entstehen lassen, die jedoch in ihrer Größe stabilisiert werden können. Im Fall der Agglomeration, die bei pH=5,6 beobachtet werden kann, dürften die Wechselwirkungen zwischen Partikel und Tensid nicht stark genug sein, um die Partikel gegen Agglomeration zu stabilieren.

Die abgeschiedene Kohlenstoffmenge in der Suspension steigt während der Versuchsdauer an, wie Abbildung 3 zeigt. Die Partikelzugabe beginnt 20 Minuten nach Versuchsbeginn. Entsprechend ist während der ersten 20 Minuten kein Kohlenstoffeintrag über die Auswertung der Extinktionsmessung zu beobachten. Nach Beginn der Partikelzugabe beginnt nach einigen Minuten die Kurve anzusteigen, was den Eintrag von Kohlenstoffpartikeln in die Tensidlösung wiederspiegelt. Die Hysterese des Messsignals gegenüber der Kohlenstoffzugabe dürfte auf die Kombination von Verweilzeit des Kohlenstoffs und Einsatzschwelle des Detektors zurückzuführen sein. Letzteres heißt, dass für eine Änderung der Ausgangsspannung am Extinktionsmessgerät eine kritische Kohlenstoffmenge erforderlich ist, die in der Lösung erst nach einer gewissen Zeit erreicht ist.

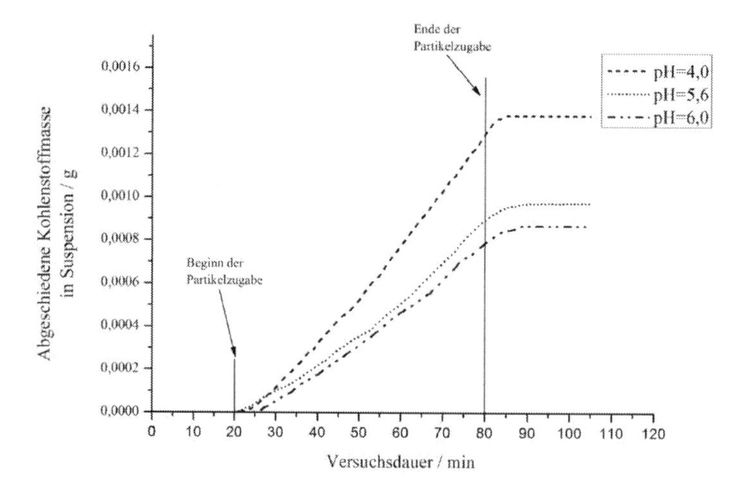

Abb. 3: Zeitlicher Verlauf der abgeschiedenen Kohlenstoffmenge in die Suspension bei verschiedenen pH-Werten für 15 cm Blasensäule und 15 cm Schaumaufsatz

Der lineare Anstieg nach Überschreiten der Kohlenstoffnachweisgrenze ist bei allen pH-Werten zu erkennen. Der Anstieg ist beim niedrigsten pH-Wert von 4,0 am größten, welches auf die höchste eingebrachte Kohlenstoffmasse von mit 0,00135 g (siehe Tab. 1) zurückzuführen ist, die 10 Minuten nach Ende der Partikelzugabe mittels Extinktionsmessgerät detektiert werden kann, sobald die Kohlenstoffkonzentration in der kompletten Suspension ausgeglichen ist. Dieses entspricht einer Kohlenstoffkonzentration in der Suspension von $2{,}65 \cdot 10^{-6}$ g/g oder einem Eintrag von $1{,}93 \cdot 10^{-5}$ g/min. Die geringste Steigung weist die Kurve für den Versuch mit pH=6,0 auf. Hier ist mit 0,00087 g die geringste Kohlenstoffmenge in die Flüssigkeit eingebracht worden, welches einer Konzentration von $1{,}043 \cdot 10^{-6}$ g/g oder einem Kohlenstoffeintrag von $1{,}24 \cdot 10^{-5}$ g/min entspricht. In der Mitte liegt der Versuch mit dem natürlichen pH-Wert der Tween80-Lösung (pH=5,6) mit einer eingebrachten Kohlenstoffmenge von 0,00097 g (Konzentration: $1{,}59 \cdot 10^{-6}$ g/g, Eintrag: $1{,}38 \cdot 10^{-5}$ g/min).

Nach dem Ende der Partikelzugabe steigen alle drei Kurven noch weiter an, bis der Verlauf konstant ist. Die für kurze Zeit, bis ca. 10 Minuten nach Versuchsende weiter zunehmende Kohlenstoffmasse, die aus dem Extinktionssignal berechnet werden kann, ist auf die Trägheit des Systems zurückzuführen. Diese Zeitspanne spiegelt die Dauer wieder, bis ein Konzentrationsausgleich des eingebrachten Kohlenstoffs im Zwischenbehälter der Suspension stattgefunden hat, der sich im Flüssigkeitskreislauf vor dem Extinktionsmessgerät befindet.

Abbildung 4 zeigt die charakteristischen Partikelgrößen in der Schaumphase, deren Proben parallel zu den zuvor beschriebenen Proben der Flüssigphase gesammelt wurden. Durch das kontinuierliche Entfernen des Schaumes oberhalb des Schaumaufsatzbehälters spiegeln die Proben keine sich kontinuierlich entwickelnde Partikelgrößenentwicklung wie in der Flüssigkeit wider, sondern eher Momentaufnahmen über eine Dauer von jeweils 15 Minuten. Um diese Einzelergebnisse beurteilen zu können, wurden die relativen Fehler berechnet, die typischerweise einen Wert von ±25% aufweisen und in Abbildung 4 als Balken eingezeichnet sind. Eine Diskussion der Verteilungsbreite erfolgt an dieser Stelle nicht, da alle Partikelgrößen innerhalb des relativen Fehlers liegen.

Im Vergleich der Partikelgrößen in Flüssigkeit und Schaumphase zeigt sich, dass die größeren Partikel, die in der Blasensäule aufgegeben werden, in der Schaumphase abgeschieden werden können. Die Partikelgrößen der Schaumphase liegen alle (Ausnahme: Probe S2 bei pH=4,0) oberhalb der charakteristischen Partikelgröße x_{50} des Aufgabeguts. Offensichtlich können Partikel, die nicht mittels Stofftransport in der Flüssigphase abgeschieden werden, über den Schaum aus dem austretenden Aerosol entfernt werden. Die deutlich größeren Partikel, die vor allem bei einem pH-Wert von 5,6 in der Schaumphase ausgemacht werden können, liegen oberhalb der x_{90}-Partikel des aufgegebenen Kohlenstoffs. Hier bleibt zu vermuten, dass die Partikel trotz ihrer geringen Verweilzeit in dem sich immer neubildenden Schaum agglomerieren oder die Agglomeration während des Zusammenfallens des Schaumes eintritt.

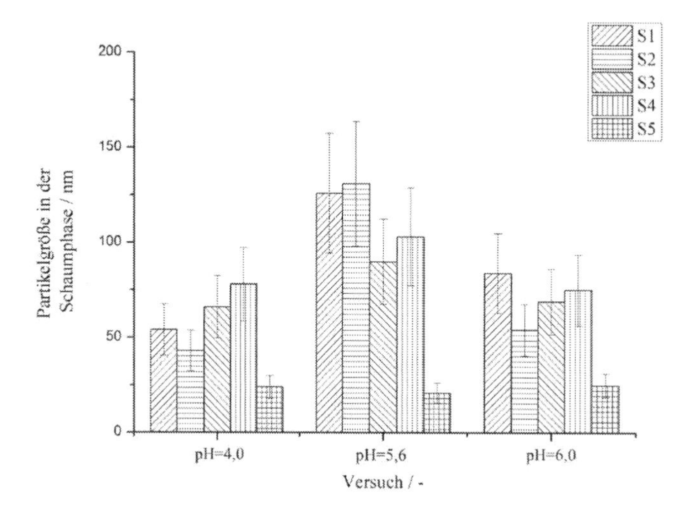

Abb. 4: Charakteristische Partikelgrößen (x_{50}) in der Schaumphase bei verschiedenen pH-Werten für 15 cm Blasensäule und 15 cm Schaumaufsatz

Bei den drei durchgeführten Versuchen ist pH-wertunabhängig zu beobachten, dass die letzte Probe (S5) deutlich kleinere Partikel in der Schaumphase aufweist als zuvor. Die letzte Probe spiegelt das „Schaumsegment" wieder, dass nach Ende der Partikelzugabe generiert wurde, wodurch kaum noch Partikel in die Schaumschicht eingetragen werden.

Während der Partikelzugabe ist über die Versuchsdauer keine deutliche Entwicklung der Partikelgröße in der Schaumphase zu erkennen. Die Werte liegen alle im überlappenden Bereich der Fehlerbalken, wodurch eine Interpretation der Ergebnisse erschwert wird. Durch die sich immer wieder erneuernde Schaumschicht oberhalb der Blasensäule kann eine zeitliche Entwicklung der Partikelgröße, wie es für die Flüssigphase zuvor möglich war, nicht beschrieben werden. Eine Überprüfung des aus der Schaumschicht austretenden Aerosols ist messtechnisch nicht möglich, da der Schaum abgeführt werden muss und kein Gasstrom zwecks SMPS-Messung separiert werden kann.

3.2 15 cm Blasensäule, 10 cm Schaumaufsatzbehälter

Wird nun die Schaumschichthöhe durch die Verwendung eines kleineren, 10 cm hohen Schaumaufsatzes variiert, ergeben sich die folgenden Partikelgrößen in Flüssigkeit und Schaumschicht (Abb. 5-7). Die Versuche wurden nur für den unmodifizierten pH-Wert der Tensidlösung von pH=5,5 durchgeführt, womit zunächst ein Vergleich der Ergebnisse mit denen für einen 15 cm hohen Schaumaufsatz übersichtlicher gestaltet werden kann.

Wie bereits zuvor für die Versuche mit größerem Schaumaufsatzbehälter und kleinerer Blasensäule diskutiert, ändert sich der pH-Wert während des Versuchsverlaufs ebenso wie die Größenverteilung des aufgegebenen Kohlenstoffs nicht.

Abbildung 5 zeigt die Entwicklung der Partikelgrößen in der Flüssigphase. Über den kompletten Versuchsverlauf ist hier ein kontinuierliches Partikelwachstum (12, 20, 29, 40 und 42 nm) zu erkennen, wobei die Partikel der letzten beiden Proben nur minimal voneinander abweichen.

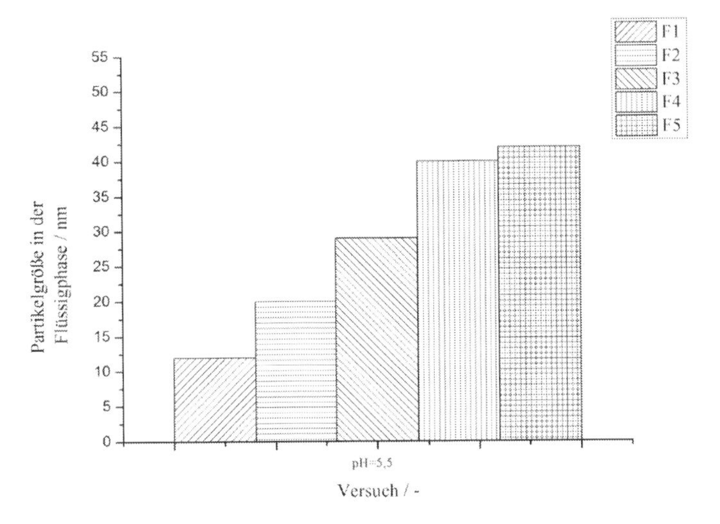

Abb. 5: Charakteristische Partikelgrößen (x_{50}) in der Flüssigphase bei pH=5,0 für 15 cm Blasensäule und 10 cm Schaumaufsatz

Die Verteilungsbreite der in der Flüssigphase abgeschiedenen Partikel ist Tabelle 3 zu entnehmen. Der Effekt, dass die größten Partikel (x_{90}) der vorherigen Probe zu den kleinsten Partikeln (x_{10}) der folgenden Probe werden, ist auch für diesen Versuch zu beobachten. Ab Probe F3 ist die Größenzunahme geringer ausgeprägt als in F1 und F2. Nach Ende der Partikelzugabe (F5) nehmen alle Partikel noch leicht an Größe zu.

Tabelle 3: Partikelgrößen x_{10} / x_{50} / x_{90} in der Flüssigkeit bei verschiedenen pH-Werten für 15 cm Blasensäule und 10 cm Schaumaufsatz

pH-Wert	**Charakteristische Partikelgröße x_{10} / x_{50} / x_{90}**				
	Probe F1	**Probe F2**	**Probe F3**	**Probe F4**	**Probe F5**
/ -	**/ nm**	**/ nm**	**/ nm**	**/ nm**	**/ nm**
5,5	9 / 12 / 15	16 / 20 / 25	23 / 29 / 36	32 / 40 / 50	33 / 42 / 52

Im Vergleich zu dem vorher diskutierten Versuch mit gleichem pH-Wert, aber einer höheren Schaumschicht von 15 cm (Abb. 2) fällt auf, dass hier zwischen den beiden letzten Proben kein deutliches Partikelwachstum stattfindet. Zudem sind die Partikel bei einer 10cm hohen Schaumschicht mit maximal 42 nm kleiner als zuvor bei einer höheren Schaumschicht (max. x_{50}=35 nm). Ein Rückkopplungseffekt zwischen Flüssig- und Schaumphase kann auf Grund der unterschiedlichen maximalen Partikelgrößen vermutet werden, der zum jetzigen Zeitpunkt noch nicht durch ein Modell untermauert werden kann und eingehendere Untersuchungen fordert.

Die Abscheidung des Kohlenstoffs aus der Gas- in die Flüssigphase findet konstant statt, wie Abbildung 6 veranschaulicht. Am Ende des Versuchs (=10 Minuten nach Ende der Partikelzugabe) ist eine Kohlenstoffmasse von 0,00134 g in die Tensidlösung übergegangen. Dieses entspricht einem Eintrag von $1{,}91 \cdot 10^{-5}$ g/min und bezogen auf die komplette Suspensionsmenge eine Kohlenstoffkonzentration von $2{,}20 \cdot 10^{-6}$ g/g.

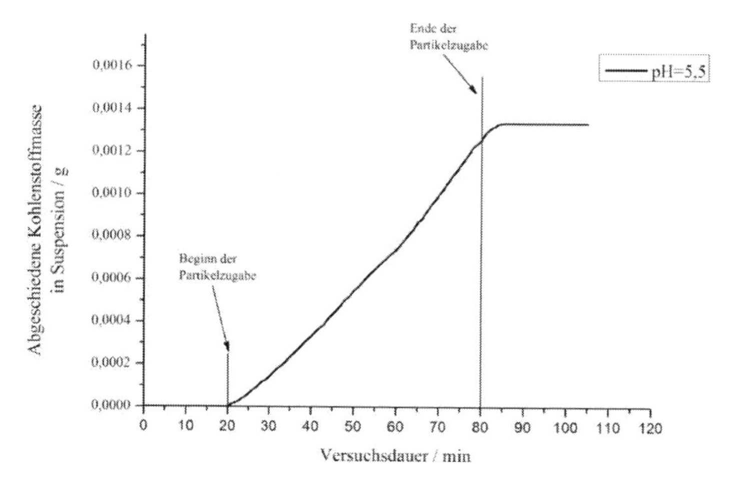

Abb. 6: Zeitlicher Verlauf der abgeschiedenen Kohlenstoffmenge in die Suspension bei pH=5,0 für 15 cm Blasensäule und 10 cm Schaumaufsatz

Über die Variation der Schaumschichthöhe, während der pH-Wert und die Höhe der Blasensäule konstant gehalten werden, lässt sich die Abscheidung des Kohlenstoffs in der Flüssigphase beeinflussen. Der Feststoffgehalt in der Flüssigphase ist bei einer Schaumschichthöhe von 15 cm deutlich mit 0,00097 g deutlich geringer ausgeprägt (-0,37 mg) als bei Verwendung einer 10 cm hohen Schaumschicht, bei der 0,00134 g Kohlenstoff in die Tensidlösung eingetragen werden. Dieses entspricht einer Abscheidung von 66 % bzw. 91 % der gesamten, aufgegebenen Kohlenstoffmenge. Die Abscheidung des Kohlenstoffs scheint mit dem Aufbau einer höheren Schaumschicht erschwert zu werden, da weniger Kohlenstoff in die Suspension übergeht.

Hinsichtlich der Partikelgrößen in der Flüssigkeit ist festzustellen, dass die Partikel bei einer Schaumschichthöhe von 10 cm mit 42 nm in der letzten Probe größer sind als jene mit 35 nm bei der höheren Schaumschicht (15 cm). Die größeren Partikel bei Einstellung einer geringen

Schaumschichthöhe auf der Blasensäule könnten auf dem höheren Feststoffanteil in der Suspension bedingt sein, wodurch eine Agglomeration begünstigt sein könnte. Dieses ist im Zusammenhang mit dem Größeneinfluss in der Schaumschicht noch weiter zu untersuchen, um das Verhalten mittels eines Modells beschreiben zu können.

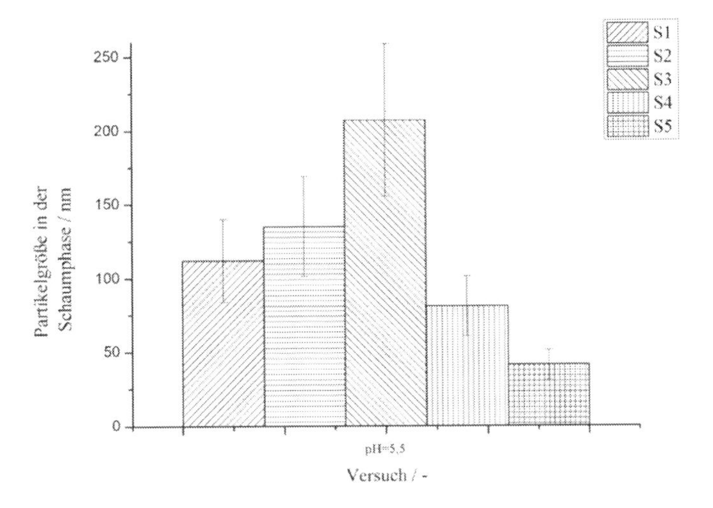

Abb. 7: Charakteristische Partikelgrößen (x_{50}) in der Schaumphase bei pH=5,0 für 15 cm Blasensäule und 10 cm Schaumaufsatz

Wie bereits zuvor bei Abbildung 4 erläutert wurde, kann kein konkreter zeitlicher Verlauf der Entwicklung der Partikelgrößen in der Schaumphase anhand von Abbildung 7 beschrieben werden, da auch hier die Fehlerbalken der Proben, die während der Partikelzugabe gesammelt wurden, überlappen.

Ebenso wie in Abbildung 4 lässt sich hier bei verminderter Schaumschichthöhe erkennen, dass die Partikel während der kompletten Dauer der Partikelzugabe größer sind als in der Flüssigphase (Abb. 5) und größer als die x_{50}-Partikel (55nm) des Aufgabeguts sind. Vermutlich sind die mit über 100 nm deutlich größeren Partikel zunächst auf die Abscheidung der großen Kohlenstoffpartikel zurückzuführen. Die deutlich größer werdenden Partikel in der Schaumphase können trotz der geringen Verweilzeit des „Schaumsegmentes“ entweder auf Agglomeration im Schaumaufsatzbehälter oder auf Agglomeratbildung während des Schaumzerfalls im Becherglas erklärt werden.

Im Vergleich mit Abbildung 4 (mittlerer Versuch) fällt auf, dass die Partikel in der Schaumphase bei einer geringeren Schaumschichthöhe größer sind. Die größten Partikel sind bei einer 10 cm hohen Schaumschicht 207 nm groß, wohingegen maximal 131 nm große Partikel bei einer Schaumschichthöhe von 15 cm auszumachen sind. Da bei beiden Versuchen mit einer Flüssigphase gearbeitet wurde, die einen pH-Wert von 5,6 aufweist, kann ein Ioneneffekt nicht als Erklärungsmöglichkeit für die unterschiedlichen Partikelgrößen in der Schaumphase herangezogen werden. Der variable Parameter an dieser Stelle ist die Verweilzeit des jeweiligen „Schaumsegments“ im Schaumaufsatzbehälter. Normalweise wäre hier zu erwarten gewesen, dass die Partikel, die in der Schaumphase abgeschieden werden, mit steigender Verweilzeit größer sind, da ein längerer Zeitraum für eine Agglomeration im Schaumaufsatzbehälter zur Verfügung steht. Das gegenläufige Ergebnis der Partikelgrößen zeigt, dass an dieser Stelle eine weitere Variation der Schaumschichthöhe notwendig ist, um die Größenabhängigkeit der Partikel von der Schaumschichthöhe zu untersuchen.

4 Zusammenfassung

Die durchgeführten Untersuchungen zeigen, dass sich die Abscheidung und Stabilisierung von Kohlenstoffnanopartikeln in schaumbehafteten Blasensäulen beeinflussen lässt. Durch die Variation von Schaumschichthöhe oberhalb der Blasensäule lassen sich Nanopartikel weitestgehend gleicher Größe in der Flüssigphase stabilisieren. Die Nanopartikel, die in der Schaumphase abgeschieden werden, weißen eine deutlichere Abhängigkeit von der Schaumschichthöhe auf, deren Systematik aber noch nicht verstanden ist.
Einen Einfluss auf die Stabilisierung der Nanopartikel weist auch der pH-Wert und die Anwesenheit von Ionen aus einer Pufferlösung auf. Durch eine pH-Werterhöhung werden in der Flüssigphase (bei konstanter Schaumschichthöhe) kleinere Partikel stabilisiert. Die Partikel in der Schaumschicht weisen bei pH-Verschiebung mittel Phosphatpuffer auf pH=6,0 unter Berücksichtigung einer konstanten Schaumschichthöhe kleinere Größen auf, welches auf Wechselwirkungen von Partikel und Ionen zurückzuführen sein dürfte.

5 Danksagung

Die Autoren danken der Deutschen Forschungsgemeinschaft für die finanzielle Unterstützung des Projektes DFG We 2331/5-2.

6 Literatur

[1] M. Türk und R. Lietzow, *Stabilized Nanoparticles of Phytosterol in Rapid Expansion From Supercritical Solution Into Aqueous Solution*, AAPS PharmSciTech, Vol. 5 (4), Article 56, 2004.

[2] M. Türk, R. Lietzow, *Formation and stabilization of submicron particles via rapid expansion processes*, J. of Supercritical Fluids, Vol. 45, pp. 346-355, 2008.

[3] K. Koswig und H. Stache, *Die Tenside*, Carl Hanser Verlag, München Wien, 1993.

[4] H.D. Goff, *Colloidal aspects of ice cream – a review*, Intern. Dairy J., Vol. 7 (6-7), pp. 363-373, 1997.

[5] M. Hermeling, *Partition von gasgetragenen Nanopartikeln in Modellblasensäulen*, Dissertation, TU Clausthal 2010.

[6] E. Dickinson, *Food emulsions and foams: Stabilization by particles*, Current Opinion in Colloid & Interface Science, Vol. 15, pp. 40-49, 2010.

[7] B.P. Binks et al., *pH-Responsive Aqueous Foams Stabilized by Ionizable Latex Particles,* Langmuir, Vol. 23, pp. 8691-8694, 2007.

[8] B. Niemann et al., *Nanoparticle Precipitation in Reverse Microemulsions: Particle Formation Dynamics and Tailoring of Particle Size Distributions,* Langmuir, Vol. 24 (8), pp. 4320–4328, 2008.

[9] C. Kitchens und C. Roberts., *Copper Nanoparticle Synthesis in Compressed Liquid and Supercritical Fluid Reverse Micelle Systems,* Industrial & Engineering Chemistry Research, Vol. 43 (19), pp. 6070–6081, 2004.

VARIATION DER PRODUKTEIGENSCHAFTEN SPRÜHGETROCKNETER NANOSKALIGER SIO_2-GRANULATE

S. Eckhard, M. Fries, K. Lenzner
Fraunhofer Institut Keramische Technologien und Systeme IKTS, Winterbergstraße 28, 01277 Dresden, e-mail: susanna.eckhard@ikts.fraunhofer.de, manfred.fries@ikts.fraunhofer.de

1 Einleitung

Trägermaterialien für die Anwendung im Katalysatorbereich müssen definierte Eigenschaften aufweisen. Neben einer möglichst hohen spezifischen Oberfläche ist eine hohe mechanische Stabilität der Trägerstrukturen für Prozesse wie Transport, Füllen oder Regenerieren notwendig. Nanoskaliges SiO_2 stellt für diese Aufgabenstellung ein gut geeignetes Material dar, wobei das Primärkorn im Ausgangszustand stark aggregiert vorliegt. Um die aggregierten Primärpartikel schrittweise zu vereinzeln und damit die gewünschte Erhöhung der spezifischen Oberfläche zu erreichen, soll eine wässrige Aufbereitung des Materials in einer Rührwerkskugelmühle erfolgen. Mittels Sprühtrocknung können die erreichten Deaggregationszustände konserviert und poröse Trägerstrukturen mit den gewünschten Eigenschaften erzeugt werden [1]. Die Auswirkungen des Deaggregationszustands der Primärpartikel auf die Granulateigenschaften (spezifische Oberfläche, innere Struktur, mechanische Granulateigenschaften) werden durch eine umfassende Charakterisierung der Sprühgranulate untersucht.
Neben der Art und Menge an zugesetzten organischen Additiven hat die innere Struktur von Sprühgranulaten einen Einfluss auf die mechanischen Eigenschaften wie Bruchfestigkeit und Bruchdeformation [2-4]. Die artefaktfreie Präparation und die quantitative Analyse dieser porösen Granulatstrukturen stellt dabei eine besondere Herausforderung dar. Erste Ansätze zur Quantifizierung innerer Granulatstrukturen liefern Walker et al. [5] und Soottitantawat et al. [6]. Sie versuchen, einerseits die Größe der Hohlräume in Granulaten [5] wie auch den Anteil an Hohlgranulaten innerhalb einer Probe [6] abzuschätzen. Höhn et a. [7] entwickelten im Rahmen eines DFG Schwerpunktprogramms eine Methode zur schonenden Präparation und reproduzierbaren und objektiven Strukturquantifizierung poröser keramischer Granulate, die im Rahmen der vorliegenden Arbeit angewendet wurde.
Um einen Zusammenhang zwischen der Granulatstruktur als Effekt des variierten Aufbereitungs- bzw. Deaggregationszustands und den resultierenden mechanischen Granulateigenschaf-

ten (Festigkeit) zu erarbeiten, werden die Granulate zunächst präpariert und anschließend Makro- und Mikrostrukturparameter quantitativ bestimmt. Die Charakterisierung der mechanischen Granulateigenschaften erfolgt mittels eines kommerziellen Granulatfestigkeitsprüfgeräts.

2 Materialien und Methoden

2.1 Materialien

Das in den Untersuchungen verwendete nanoskalige SiO_2-Primärpulver Sipernat 22S wurde im Rahmen des DFG Schwerpunktprogramms 1423 „Prozess-Spray" durch die Firma Evonik zur Verfügung gestellt. Im Anlieferungszustand liegt das Material stark aggregiert vor. Um die Primärpartikel zu vereinzeln, ist ein Aufbereitungsschritt erforderlich.

Die Aufbereitung des Materials erfolgte mit einer Rührwerkskugelmühle (AHM90, Hosokawa Alpine AG) unter Nutzung von ZrO_2–Mahlkugeln (0,5 mm). Um den Deaggregationsfortschritt als Funktion der Mahldauer zu bestimmen, wurde nach unterschiedlichen Aufbereitungszeiten (Tabelle 1) die Primärpartikelgrößenverteilung charakterisiert. Vor der Sprühtrocknung erfolgte eine Verdünnung aller Suspensionen auf einen vergleichbaren Feststoffgehalt von 21 Ma%. Um die Stabilität der Sprühgranulate zu erhöhen, wurden 1 Ma% Binder (Polyvinylalkohol Mowiol 4-88, Fa. Clariant) zugegeben. Von den so modifizierten Suspensionen erfolgte eine Bestimmung von Viskosität, pH-Wert und Feststoffgehalt. Die Suspensionseigenschaften und die ermittelten Primärpartikelgrößen sind in der nachfolgenden Tabelle 1 dargestellt.

Tabelle 1: Suspensionscharakterisierung nach variierter Aufbereitungsdauer

		Suspension 1	**Suspension 2**	**Suspension 3**	**Suspension 4**
Mahldauer		0h	1h	3h	5h
Größe [µm]	d_{10}	1,99	0,63	0,08	0,08
	d_{50}	4,21	3,48	0,19	0,18
	d_{90}	9,28	10,40	3,39	3,26
Viskosität bei $D=240s^{-1}$ [mPas]		452,4	193,7	128,3	87,3
pH [-]		6,2	5,7	5,5	5,1
Feststoffgehalt [Ma%]		21,0	21,3	21,1	21,0

Um den jeweils erreichten Deaggregationszustand zu konservieren und weitere technologische Einflüsse zu minimieren, erfolgte die Sprühtrocknung aller Suspensionen unter vergleichbaren Bedingungen. Die Granulate wurden auf einem Sprühtrockner unter Nutzung des Gegenstrom-

prinzips (Mobil Minor, GEA NIRO A/S) getrocknet. Die Zerstäubung erfolgte über eine Zweistoffdüse; das Zerstäubungsgas war Luft.
Sowohl Eintrittstemperatur, Trocknungsgasdurchsatz als auch Zerstäubungsgasdruck wurden mit 210°C, 71 kg/h bzw. 0,2 bar konstant gehalten. Der Suspensionsmassenstrom variierte, bedingt durch die unterschiedlichen Viskositäten der Suspensionen, im Bereich von 2,5 und 3,5 kg/h.

2.2 Methoden

Alle Granulate wurden in Bezug auf die mechanischen Eigenschaften (Festigkeit und Deformationsverhalten) und die innere Struktur charakterisiert. Aus den ermittelten Daten sollen sowohl Korrelationen zwischen Aufbereitungs- bzw. Deaggregationszustand und den resultierenden inneren Granulatstrukturen als auch zwischen den inneren Granulatstrukturen und den mechanischen Eigenschaften abgeleitet werden.

2.2.1 Bestimmung der mechanischen Eigenschaften

Die Bestimmung der mechanischen Brucheigenschaften der Granulate erfolgt mit Hilfe eines manuellen Granulatfestigkeitsprüfgerät GFP (Fa. Etewe). Für die repräsentative Charakterisierung der Proben erfolgt zunächst eine Fraktionierung der Granulatschüttung auf eine Fraktion von 45-63 µm, die in etwa dem d_{50}-Wert der Granulatgrößenverteilung entspricht. Für die eigentliche Messung werden einzelne Granalien mittels einer Platzierhilfe auf einem Biegebalken platziert, der sich mit einer definierten Geschwindigkeit von 10 µm/s gegen einen festen Stempel bewegt. Berührt die Granalie den darüber liegenden Stempel wird der Ausgangsdurchmesser der Granalie detektiert. Im weiteren Verlauf der Messung wird die Granalie zwischen den beiden Platten deformiert und zerstört. Über die gesamte Messdauer werden Messwerttripel (Weg, Zeit, Kraft) gespeichert und eine Kraft-Weg-Kurve berechnet. Im Anschluss an die Messung werden Chargenmittelwerte für Bruchkraft und Bruchweg ermittelt und unter Annahme einer Kugelform der Granalien die Bruchfestigkeiten berechnet. Um statistisch abgesicherte Daten zu erhalten werden pro Probe 50 Einzelgranalien untersucht.
Neben der Bestimmung der mittleren Bruchkraft, Bruchfestigkeit oder Bruchdeformation der untersuchten Gesamtcharge liefert besonders die Darstellung der Bruchfestigkeitsverteilung Informationen über die Homogenität einer Probe. Breite Verteilungen mit sehr hohen bzw. niedrigen Extremwerten deuten auf stark differierende innere Strukturen oder inhomogene Binderverteilungen hin. Bei der Anwendung als Katalysatorträger können zu geringe Festigkeiten qualitätsmindernd wirken, da die Granulate während Transport und Regeneration leicht zerstört werden können und somit z.B. als Bruchstücke den Strömungswiderstand der Schüttung erhöhen. In

Abbildung 1 sind ein Schema des verwendeten Granulatfestigkeitsprüfgeräts sowie eine exemplarische Kraft-Deformationskurv dargestellt.

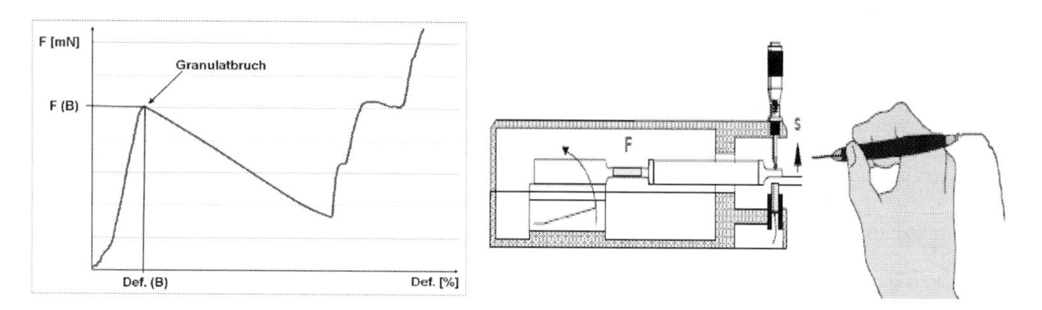

Abb. 1: Beispiel gemessene Kraft-Deformations-Kurve (links), Schematischer Aufbau GFP (rechts)

Die Granulatgrößenverteilung der Proben wurde mit einem Lasergranulometer (Mastersizer2000, Fa. Malvern) nach Trockendispergierung bei geringem Dispergiedruck (0,1 bar) ermittelt.

2.2.2 Aktive Oberfläche und Strukturanalyse

Die Charakterisierung der aktiven Oberfläche erfolgte exemplarisch an ausgewählten Granulaten über die Messung der spezifischen Oberfläche nach BET (ASAP 2010, Fa. Micromeritics).

Die Präparation der porösen Granulate mit nachfolgender bildanalytischer Strukturanalyse erfolgte nach einer Methodik von Höhn et. al [7]. Durch die Präparation einer engen Fraktion der Probe (45 – 63 μm) kann ein annähernd mittiger Schnitt durch die Äquatorfläche der Granalien realisiert werden. Die inneren Strukturen werden mit zwei Vergrößerungen visualisiert (Rasterelektronenmikroskop NVision, Fa. Zeiss) um eine Quantifizierung auf makrostruktureller (200fache Vergrößerung) und mikrostruktureller Ebene (20000fache Vergrößerung) zu ermöglichen. Auf der Makrostrukturebene werden mittlere Schalendicke, Makroporosität und Anteil an Voll-, Hohl- und Übergangsgranalien je Charge bewertet. Die Mikrostruktur wird über die Mikroporosität sowie über Primärpartikelgröße und -abstand charakterisiert (Abb. 2).

Für die bildanalytische Strukturquantifizierung wird die fraktionierte Probe in Epoxidharz eingebettet und anschließend mechanisch poliert. Um Artefakte wie Verschmierungen oder Ausbrüche zu vermeiden, die eine objektive und reproduzierbare Strukturquantifizierung unmöglich machen, werden die Granalien zusätzlich mittels Ionenstrahltechnik präpariert. Über einen nichtfokussierenden Ionenstrahl wird weiches und hartes Material schrittweise ohne Einbringung von mechanischen Kräften abgetragen, so dass glatte, ungestörte Oberflächen für die Bildanalyse entstehen.

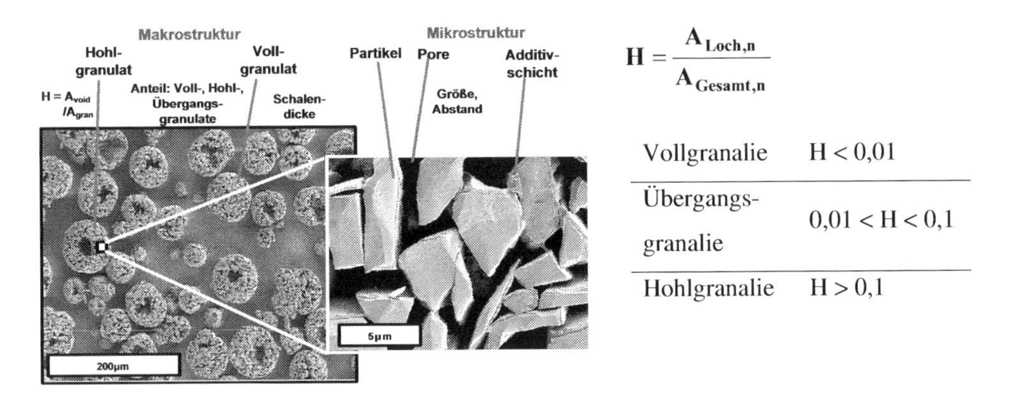

$$H = \frac{A_{Loch,n}}{A_{Gesamt,n}}$$

Vollgranalie	H < 0,01
Übergangs-granalie	0,01 < H < 0,1
Hohlgranalie	H > 0,1

Abb. 2: Mikro- und Makrostrukturparametern, Klassierung der Granulate nach H

3 Diskussion

3.1 Ergebnisse Strukturpräparation und Quantifizierung

Die spezifische Oberfläche der Granulate nimmt mit zunehmender Aufbereitungsdauer zu: Granulat 1 / Aufbereitungsdauer 0h, BET 158,8 ± 0,8 m²/g, Granulat 4 / Aufbereitungsdauer 5h, BET 178,6 ± 0,9 m²/g. Mittels Lasergranulometrie konnte mit zunehmender Mahldauer eine steigende Vereinzelung der Primärpartikel nachgewiesen werden, welche über die Sprühtrocknung im Granulat konserviert werden kann (Tabelle 1).

Die Änderung der inneren Struktur der Granulate in Abhängigkeit vom Aufbereitungszustand des Primärpulvers wird anhand der nachfolgenden Bilder deutlich (Abb. 3). Granulat 1 besteht aus größeren Flocken des unzureichend vereinzelten Primärmaterials und weist große innere Hohlräume auf. Die nicht aufgeschlossenen Aggregate des SiO_2 im Anlieferungszustand werden in den Granulatstrukturen konserviert. Ein deutlicher Unterschied ist zwischen der inneren Struktur des Granulats 1 und 2 zu erkennen. Bereits eine kurze Aufbereitung (1h) des Materials genügt, um die Flocken aufzubrechen und eine makroskopisch homogene Granulatstruktur zu erzielen. Beim Vergleich der Granulate 2 bis 4 (zunehmende Deaggregation) werden weitere Veränderungen der inneren Granulatstruktur sichtbar. Mit zunehmender Vereinzelung der Primärpartikel entstehen bevorzugt Hohlgranalien, was auf eine steigende Mobilität der Primärpartikel während der Trocknung schließen lässt. Auch die Schalenstruktur scheint mit zunehmender Deaggregation der Primärpartikel dichter gepackt. Diese Aussagen werden durch die Ergebnisse der Makrostrukturquantifizierung bestätigt (Tabelle 2).

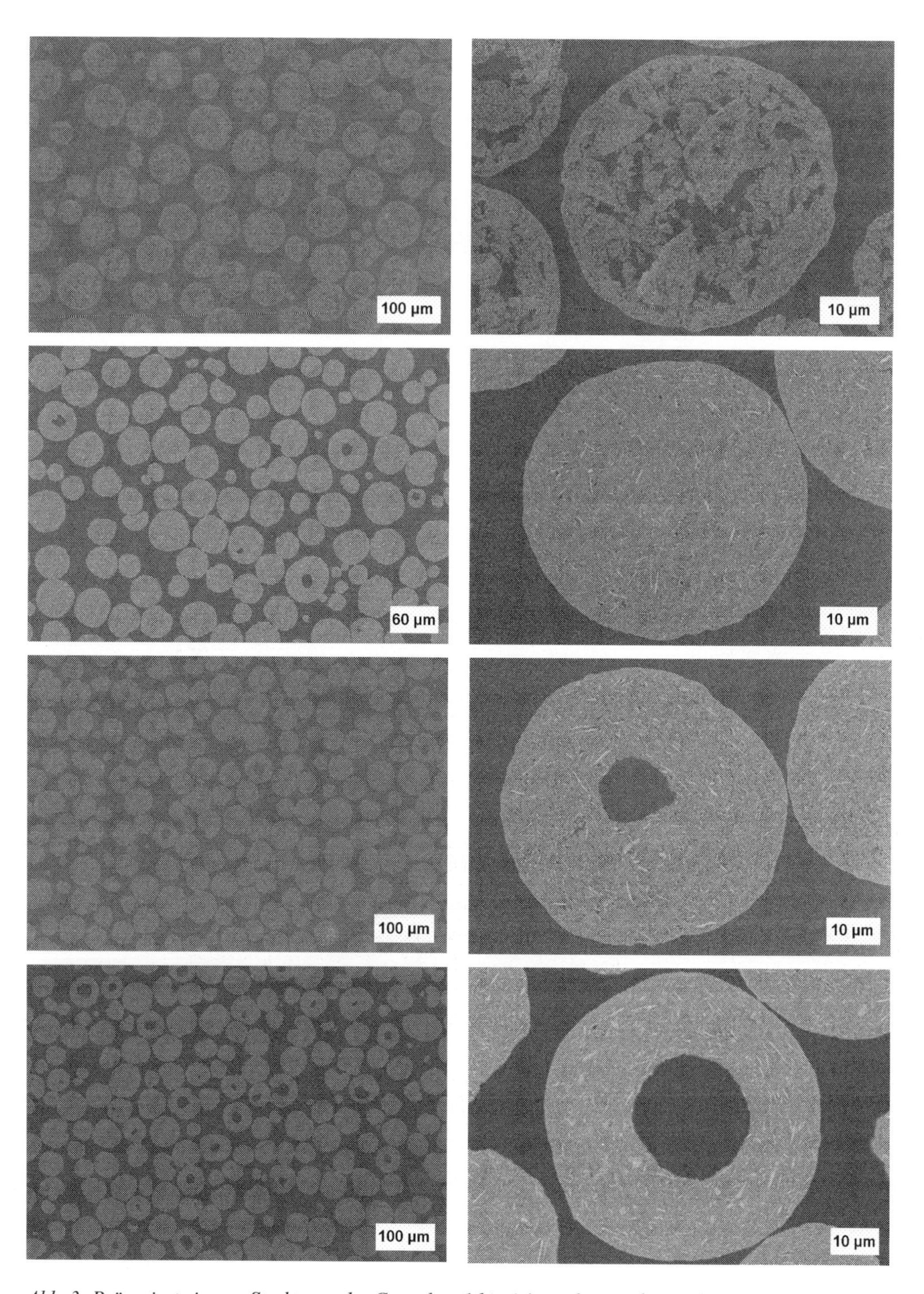

Abb. 3: Präparierte innere Strukturen der Granulate 1 bis 4 (von oben nach unten)

Tabelle 2: Makrostrukturquantifizierung der Granulate 1-4

		Granulat 1	**Granulat 2**	**Granulat 3**	**Granulat 4**
Mahldauer		0h	1h	3h	5h
Vollgranulat	[%]	0,2	94,2	89,2	74,4
Übergangsgranulat	[%]	7,5	4,0	7,9	14,3
Hohlgranulat	[%]	92,3	1,8	2,9	11,3
Mittlere Schalendicke	[%]	(57,9)	92,9	91,1	84,6
P_{makro}	[%]	(7,47)	0,04	0,07	0,36

Für Granulat 1, welches subjektiv die lockerste Partikelpackung aufweist, wurde die höchste Makroporosität (Porosität zwischen den Flocken) ermittelt. Die höchste mittlere Schalendicke wurde für Granulat 2 bestimmt, wobei die Schalendicke mit steigender Aufbereitungsdauer abnimmt. Die großen Flocken aus Granulat 1 wurden bereits nach einer Stunde mechanischer Beanspruchung aufgebrochen und führen zu homogenen, locker gepackten Strukturen, wie in Granulat 2 detektiert. Der höchste Anteil an Vollgranalien in der Charge 2 (94,2 %) bestätigt dies. Mit zunehmender Aufbereitungsdauer und damit steigender Deaggregation der Primärpartikel steigt der Anteil an Hohlgranalien (Granulat 3 und 4). Dies geht mit steigenden Makroporositäten und sinkenden mittleren Schalendicken einher.

Eine Mikrostrukturquantifizierung war nicht möglich, da für das nanoskalige Material keine Aufnahmen mit ausreichender Auflösung zur Detektion von Primärpartikeln, Mikroporosität oder Partikelabständen angefertigt werden konnten. Die Situation verdeutlicht Abbildung 4.

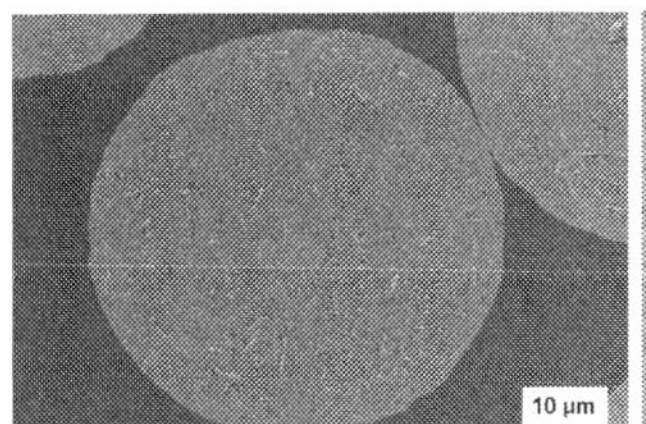

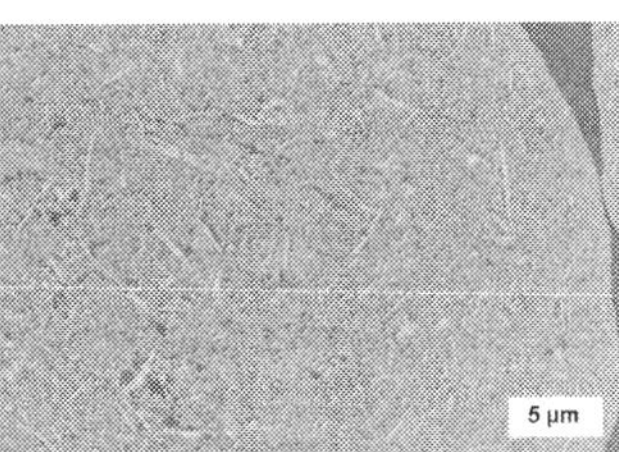

Abb. 4: Querschnitt Granulat 2, Vergrößerung 1500x (links), 3000x (mitte), 30000x (rechts)

In Abbildung 4 sind nadelförmige Artefakte der inneren Struktur zu erkennen, welche mit steigender Aufbereitungsdauer in Erscheinung treten. Die Analyse der Art der Artefakte und die Ursachen für deren Auftreten sind Gegenstand laufender Arbeiten.

Eine exemplarische Untersuchung mittels EDX ergab, dass die Artefakte ebenfalls aus SiO_2 bestehen. Der zugehörige EDX Plot ist nachfolgend in Abbildung 5 dargestellt.

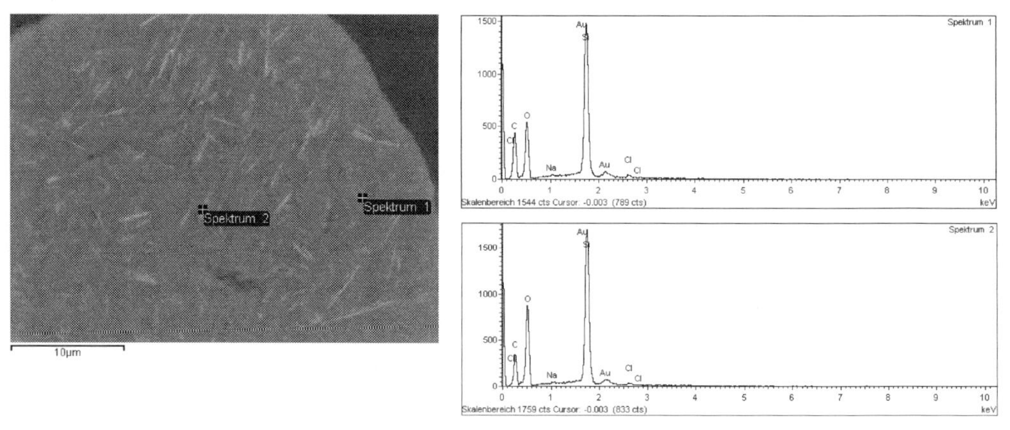

Abb. 5: Elementanalyse Spektrum 1 in SiO_2 Matrix, Spektrum 2 auf Faserartefakt

3.2 Ergebnisse der Charakterisierung der mechanischen Granulateigenschaften

Die ermittelten mechanischen Granulateigenschaften sind in Tabelle 3 dargestellt.

Tabelle 3: Mechanische Eigenschaften der Granulate

	Granulat 1	**Granulat 2**	**Granulat 3**	**Granulat 4**
Mahldauer	0h	1h	3h	5h
Granulatgröße d_{10}	24	35	38	35
[µm] d_{50}	77	65	77	75
d_{90}	181	122	155	172
Mittlere spezifische Bruchlast [MPa]	0,4 ± 0,1	3,8 ± 0,8	5,0 ± 1,2	6,3 ± 2,5
Mittler Bruch-deformation [%]	7,9 ±1,9	10,6 ± 1,6	11,2 ± 2,2	8,1 ± 2,1

Deutlich ist eine Festigkeitssteigerung sowie eine Erhöhung der Steifigkeit der Sprühgranulate mit zunehmender Vereinzelung der nanoskaligen Primärpartikel und den damit reduzierten Partikelabständen zu beobachten. Dies wird in der nachfolgenden Abbildung 6 verdeutlicht.

Trotz identischem Feststoff- und Bindergehalt der vier versprühten Suspensionen wurden sehr unterschiedliche Granulatfestigkeiten ermittelt. Die Differenzen sind auf die unterschiedlichen Granulatstrukturen und damit auf den jeweiligen Aggregationszustand des Primärpulvers zurückzuführen.

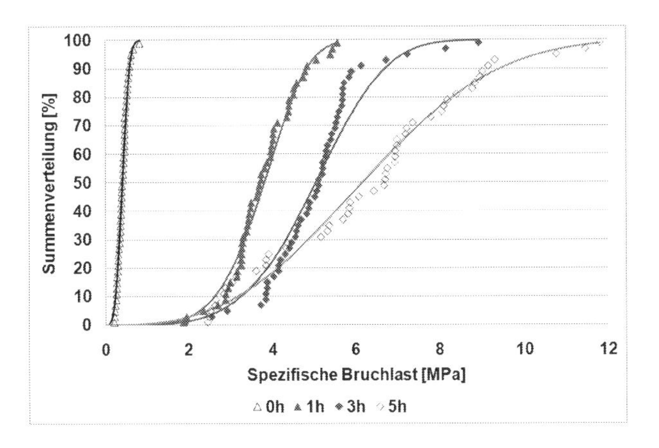

Abb. 6: Bruchlastverteilungen der Granulate 1-4

3.3 Korrelationen

Aus der Charakterisierung der vier unterschiedlich aufbereiteten Suspensionen wird eine sinkende Viskosität mit zunehmender mechanischer Beanspruchung des Materials deutlich. Dafür ist eine zunehmende Vereinzelung der im Ausgangszustand stark aggregierten Primärpartikel verantwortlich, die durch prozessbegleitende Partikelgrößenmessungen nachgewiesen werden konnte (Tabelle 1). Die zunehmende Vereinzelung wird in den Querschnitten der sprühgetrockneten Granalien sichtbar (Abb. 3 und 4) und korreliert mit den ermittelten Werten der spezifischen Oberfläche.

Die variierten Aggregationszustände zeigen deutliche Auswirkungen auf die innere Granulatstruktur und die mechanische Granulateigenschaften: Die mit steigender Aufbereitungsdauer zunehmend deaggregierten Primärpartikel sind während der Trocknung des Suspensionstropfens länger mobil, womit Granulate mit dichter gepackten Schalen und steigenden Makroporositäten entstehen. Die mittleren Schalendicken sinken und der Anteil an Hohlgranalien in der Charge steigt. Dies kann mit den Ergebnissen der Makrostrukturquantifizierung (Tabelle 3) bestätigt werden.

Mit steigender Aufbereitungsdauer der Suspension und zunehmender Partikeldeaggregation wurden steigende mittlere spezifische Granulatfestigkeiten gemessen. Dieser Anstieg der Granulatfestigkeiten wird primär auf die wesentlich dichter gepackten Schalenstrukturen zurückgeführt. Trotz geringster Schalendicke weisen die Granulate der Charge 4 die höchste Festigkeit auf. Weiterhin kann eine festigkeitssteigernde Wirkung durch die bei höherer mechanischer Beanspruchung entstehenden nadelförmigen Strukturen vermutet werden.

Die Quantifizierung der Mikrostruktur der mit steigender mechanischer Beanspruchung dichter gepackten Schalenstrukturen steht im Fokus weiterer Arbeiten. Um den für sub-µm-Partikel entwickelte Quantifizierungsalgorithmus anwenden zu können sollen alternative, hochauflösende Abbildungsverfahren getestet werden.

4 Zusammenfassung

In der vorliegenden Arbeit wurde ein strak aggregiertes nanoskaliges SiO_2 Primärmaterial wässrig aufbereitet. Mit steigender Aufbereitungsdauer wird eine zunehmende Deaggregation der Primärpartikel erreicht. Dieser Zustand wird durch die Sprühtrocknung konserviert, was durch exemplarischen Messungen der spezifischen Oberfläche nach BET bestätigt werden konnte. Um die Auswirkungen der Primärpartikelvereinzelung auf die innere Granulatstruktur und die mechanischen Granulateigenschaften zu untersuchen, wurden die Granulate mithilfe einer neu entwickelten Methode präpariert und charakterisiert. Die Änderung der inneren Granulatstruktur als Ergebnis unterschiedlicher Aggregationszustände wird aus den Bildern der Querschnitte deutlich und kann durch die Ergebnisse der Makrostrukturquantifizierung belegt werden. Die zunehmende Partikelvereinzelung führt zu steigenden Makroporositäten, reduzierten Schalendicken und geringeren Anteilen an Vollgranalien. Darüber hinaus konnte ein Anstieg der Granulatfestigkeit mit zunehmender Vereinzelung der Primärpartikel festgestellt werden.

5 Literatur

[1] K. Okuyama, M. Abdullah, I.W. Lenggoro, F. Iskandar, „Preparation of functional nanostructured particles by spray-drying", Advanced Powder Technology, vol. 17 (6), pp. 587-611, 2006

[2] D. Barrera-Medrano, A.D. Salman, G.K. Reynolds, M.J. Hounslow, „Granule Structure", in Handbook of Powder Technology - Granulation, (A.D. Salman, M. Hounslow, J.P.K. Seville eds.), ch 25, pp. 1189-1212, Elsevier, 2007

[3] T. Hotta, K. Nakahira, M. Naito, N. Shinohara, M. Okumiya, K. Uematsu, „Origin of the strength change of silicon nitride ceramics with the alteration of spray drying conditions", *Journal of the European Ceramic Society*, vol. 21, pp. 603-610, 2001

[4] D.E. Walton, C.J. Mumford, „Spray dried products – Characterization of particle morphology", *Trans IChemE*, vol. 77 A, pp. 21-38, 1999

[5] A. Soottitantawat, J. Peigney, Y. Uekaji, H. Yoshii, T. Furuta, M. Ohgawara, P. Linko, „Structural analysis of spray-dried powders by confocal laser scanning microscopy", *Asia-Pacific Journal of Chemical Engineering*, vol. 2, pp. 41-46, 2007

[6] W.J. Walker, J.S. Reed, S.K. Verma, „Influence of slurry parameters on the characteristics of spray-dried granules“, *Journal of the American Ceramic Society*, vol. 82-7, pp. 1711-1719, 1999

[7] S. Höhn, S. Eckhard, M. Fries, M. Nebelung, „Quantifizierung der inneren Struktur von Sprühgranulaten auf der Basis keramischer Mischsysteme“, *Proceedings SPRAY 2010*, Heidelberg 3.-5. Mai 2010

UNTERSUCHUNGEN ZUR PORENBILDUNG VON FESTSTOFFEN

Dietmar Klank, Sven Jare Lohmeier
QUANTACHROME GmbH & Co. KG, Rudolf-Diesel-Str. 12, 85235 Odelzhausen, Email: dietmar.klank@quantachrome.de

1 Einleitung

Pulver als Ausgangsstoffe und Endprodukte werden in vielen industriellen Bereichen meist durch Partikelgrößenverteilungen charakterisiert. Die Porosität der Partikel bleibt bei den zugrunde liegenden Messverfahren oft unberücksichtigt. Dieser Beitrag beschäftigt sich mit Untersuchungen zur Ausbildung und Charakterisierung von porösen Strukturen und dem Einfluss der Porosität auf die Ergebnisse von unterschiedlichen Messverfahren. Untersucht wurden

a.) mikroporöse, synthetisierte Feststoffe,
b.) durch Aktivierung hergestellte Feststoffe, die sich in einem quasi unveränderlichen Zustand befanden,
c.) Feststoffe, die sich in einem veränderlichen Zustand befanden, d.h. die finale Porenbildung war während des Messprozesses noch nicht abgeschlossen,
d.) Feststoffe, deren Porenbildung durch die Probenvorbereitung oder durch die Messung selbst beeinflusst wird.

Untersucht wurden mikro-, meso- und makroporöse Materialien, wobei zur Einteilung die IUPAC-Nomenklatur [1] verwendet wurde, welche die Porenarten wie folgt definiert

Mikroporen: Porendurchmesser < 2 Nanometer,
Mesoporen: Porendurchmesser 2 bis 50 Nanometer,
Makroporen: Porendurchmesser > 50 Nanometer.

Im vorliegenden Beitrag werden für jede der vier untersuchten Klassen a – d je eine untersuchte Stoffgruppe besprochen.

2 Materialien und Methoden

2.1 Materialien

Die untersuchten Materialien wurden synthetisiert, aus Partikeln bzw. durch Aktivierung natürlicher Produkte hergestellt oder sind natürlichen Ursprungs:

a.) mikroporöse, synthetisierte Feststoffe: **zeotypes Aluminiumphosphat LUH-2**

b.) durch Aktivierung hergestellte Feststoffe, die sich in einem quasi unveränderlichen Zustand befanden: **Holzkohle**

c.) Feststoffe, die sich in einem veränderlichen Zustand befanden, d.h. die finale Porenbildung war während des Messprozesses noch nicht abgeschlossen: **Zementstein**

d.) Feststoffe, deren Porenbildung durch die Probenvorbereitung oder durch die Messung selbst beeinflusst wird: **Bodenproben**

Vergleichende und verallgemeinernde Aussagen wurden durch die zusätzliche Untersuchung von Zeolith 4A, Papier, Aktivkohle, porösem Polymer, beschichteten und unbeschichteten Tabletten sowie Gips gewonnen.

2.1.1 Zeotypes Aluminiumphosphat LUH-2

Synthetisiert und untersucht wurde das zeotype LUH-2 (Leibniz Universität Hannover-2) mit –CLO-Topologie, ein neu synthetisiertes großporiges, zeotypes Aluminiumphosphat mit einer hierarchischen Mikro-Mesoporosität. Die Synthese der zeotypen Verbindung LUH-2 in einer anionen-gemischten ionischen Flüssigkeit und die anschließende Calcination sind in [2] beschrieben. Die mikroporöse Struktur von LUH-2 wird in Abbildung 1 verdeutlicht.

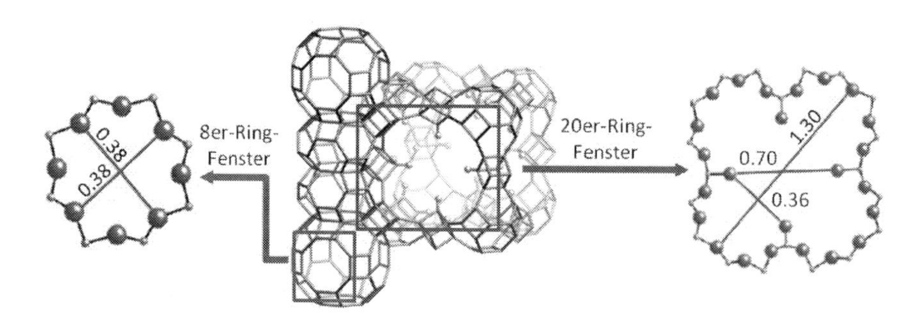

Abb. 1: Schematische Abbildung zur Angabe der effektiven Porendurchmesser der 8er- und 20er-Ring-Fenster von LUH-2, aus [2]. Abstandswerte in Nanometer (nm) angegeben.

Die Kristallisation von LUH-2 wurde mittels zeitaufgelöster Rasterelektronenmikroskopie (REM) verfolgt. Tabelle 1 zeigt die wesentlichen Kristallisationsphasen anhand der REM-Aufnahmen [2].

Tabelle 1: Übersicht über den Kristallisationsprozess des LUH-2. Gezeigt sind raster-elektronenmikroskopische Aufnahmen (REM) in Abhängigkeit von der Reaktionszeit unter Angabe von Größe und Gestalt der abgebildeten Partikel, aus [2].

Reaktionszeit / min	Größe / Gestalt	REM
5	Primärpartikel ≈ 60-90 nm größtenteils ungeordnet aggregiert	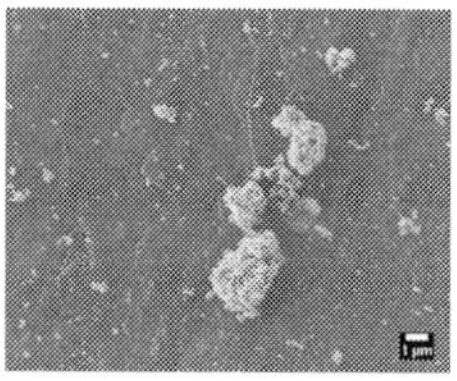
10	sphärische Aggregate aus Primärpartikeln ≈ 4-6 µm Makroporen	
15	angenähert kubische Aggregate aus Primärpartikeln ≈ 6-8 µm Makroporen, Aussparungen	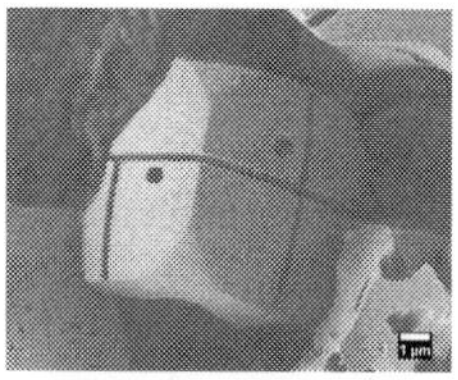
20	kubische Aggregate aus Primärpartikeln ≈ 10-15 µm, raue Oberfläche, wenig Makroporen	
30	kubische Aggregate aus Primärpartikeln ≈ 10-15 µm leicht raue Oberfläche, keine Makroporen	
60	kubische Mesokristalle ≈ 10 - 15 µm keine Makroporen, glatte Oberfläche	

2.1.2 Holzkohle

Eine Probenreihe von Holzkohlen wurde hinsichtlich der Mikroporenentwicklung und Charakterisierbarkeit mit der BET-Methode untersucht. Die Holzkohlen basieren auf unterschiedlichen Holzarten und Herstellungsbedingungen. Zur Verdeutlichung der kinetisch gehemmten N_2-Adsorption bei 77 K wurden zwei exemplarische Holzkohleproben ausgewählt.

2.1.3 Bodenproben

Untersucht wurden unterschiedliche Bodenproben aus Mitteleuropa mit unterschiedlichen Anteilen an sandigen und tonigen Bestandteilen. Die hier vorgestellten Untersuchungen wurden an einem Ackerboden aus der Region Heidelberg (Baden-Württemberg) und einem Gartenboden aus Brehna (Sachsen-Anhalt) durchgeführt. Die Probenvorbereitung erfolgte sukzessive steigend von Raumtemperatur bis 300 °C am jeweils gleichen Probenmaterial.

2.1.4 Zementstein

Zu den untersuchten Feststoffen mit zeitlichen Veränderungen gehören insbesondere die untersuchten Baustoffproben, welche aufgrund von chemischen Reaktionen an der Partikeloberfläche ihre Eigenschaften und Porenstrukturen zeitabhängig ausbilden und noch über Wochen und Monate signifikant verändern. Für den hier exemplarisch ausgewählten Zementstein steigt die spezifische Oberfläche des Endproduktes gegenüber dem Ausgangspulver auf einen mehrfachen Wert an. Dies ist ein wesentlicher Unterschied zur Gefügebildung bei anderen Feststoffarten, wo durch das Zusammenpressen, Sintern oder Verwachsen von Partikeln die spezifischen Oberflächen der Press- und Grünkörper gegenüber dem Ausgangspulver mehr oder weniger stark abnehmen. Der Zementstein wurde durch Abbinden von CEM III-Zement (Fa. Schwenk) mit einem Wasser/Zement-Verhältnis 0,43 ohne Verdichtung hergestellt.

2.2 Methoden

Die eingesetzten Messmethoden und Messgeräte sind in der nachfolgenden Tabelle 2 aufgeführt.

Tabelle 2: Die zur Untersuchung der aufgeführten Materialien verwendeten Messmethoden und Messgeräte.

Parameter	Messmethode	verwendete Messgeräte	Hersteller [Literatur]
BET-Oberfläche	Gasadsorption	NOVA 2200e	QUANTACHROME [3, 17]
Porenvolumina und	Quecksilber-	POREMASTER 60 GT	QUANTACHROME

Makroporenverteilung	porosimetrie		[4]
Porenvolumina und Mesoporenverteilung	Gassorption	NOVA 2200e, QUADRASORB SI	QUANTACHROME [5, 18]
Porenvolumina und Mikroporenverteilung	Gassorption	AUTOSORB-iQ-MP, AUTOSORB-1-MP	QUANTACHROME [6, 18]
Wasseraufnahme	Dynamische Dampfsorption	AQUADYNE DVS	QUANTACHROME [7]
Porenverteilung durchgehender Poren	Kapillar-Flüs-sigkeits-Poro-metrie	POROMETER 3 G zh	QUANTACHROME [8]
Partikelgrößenvertei-lung	Laserbeugung	CILAS 1090 LD	CILAS [9]
Partikelgrößen- und Partikelformverteilung	Bildanalyse	OCCHIO FC200S+	OCCHIO [10]

2.2.1 Gasadsorption

Bei der Gasadsorption wurden sowohl einfache BET-Messungen zur Oberflächen- und damit auch der Porenabschätzung durchgeführt, als auch hochauflösende Isothermen mit Messgeräten ohne und mit Turbomolekularpumpe. Messgeräte ohne Turbomolekularpumpe (NOVA, QUADRASORB) ermöglichen neben der Bestimmung der BET-Oberfläche die Abschätzung des Isothermentyps und Ermittlung von Gesamt-, Mikro- und Mesoporenvolumen sowie der Mesoporenverteilung. Messgeräte mit Turbomolekularpumpe (AUTOSORB-iQ-MP, AUTOSORB-1-MP) wurden für die zusätzliche Charakterisierung der Adsorption in Mikroporen im untersten Relativdruckbereich ($p/p_0 > 10^{-7}$) verwendet. In Tabelle 3 sind die mit verschiedenen Adsorptiven durchgeführten Messungen aufgeführt.

Für die weiteren Messverfahren wird auf die angegebene Literatur verwiesen:

- Dynamische Wasserdampfsorption (DVS): Das für die Untersuchung des Wassersorptionsverhaltens verwendete AQUADYNE DVS arbeitet gravimetrisch mit einer dualen, hochpräzisen, elektronischen Mikrowaage mit einer Auflösung von 0,1 µg und gestattet die Parallelbestimmung von zwei Proben und damit die Untersuchung eventueller Probenheterogenitäten.

- Quecksilberporosimetrie und Kapillar-Flüssigkeitsporometrie: Die Quecksilberporosimetrie wurde jeweils über den gesamten Druckbereich bis 4000 bar mit einer Doppelbestimmung in der dualen Hochdruckstation des POREMASTER 60 GT durchgeführt, ebenfalls zur Untersuchung eventueller Probenheterogenitäten. Für einige Proben wurde alternativ die Kapillar-Flüssigkeitsporometrie angewendet, welche ebenfalls auf der WASHBURN-Gleichung [12] beruht, jedoch quecksilberfreie Porenanalysen von durchgehenden Porensystemen ermöglicht.
- Laserbeugung und Bildanalyse: Zur Bestimmung von Partikelgrößen- und Partikelformverteilungen wurde das Lasergranulometer CILAS 1090 LD (Laserbeugung nass und trocken) sowie die vollautomatische Bildanalyse mit dem OCCHIO FC200S+ im Messbereich 0,5 – 1000 µm angewendet.

Tabelle 3: Adsorptive, Messtemperaturen, Sättigungsdampfdruck p_0 und Relativdruckbereich p/p_0 der Gasadsorptionsmessungen.

Adsorptiv	***T* / K**	**p_0 / mm Hg**	**p/p_0-Bereich**	**Untersuchte Proben**
N_2	77 K	760	< 0.995	LUH-2, Holzkohle, Zementstein, Bodenproben, Zeolith 4A
N_2	298 K	119747*	< 0,007	Holzkohle
Ar	87 K	760	< 0.995	LUH-2, Zementstein
H_2	77 K	54150*	< 0.014	Zeolith 4A,
CO_2	273 K	26142	< 0,029	LUH-2, Holzkohle, Bodenproben, Zeolith 4A
H_2O	298 K	23,8	< 0,995	Holzkohle, Zementstein,

* genäherter p_0* nach Dubinin [11]

3 Diskussion

3.1 Zeotypes Aluminiumphosphat LUH-2

Untersucht wurde LUH-2 mittels Gasadsorption von Stickstoff bei 77 K und Argon bei 87 K. Neben der erwarteten Mikroporosität des LUH-2 aus den Anfangsbereichen der Isothermen (Abb. 2) kann durch die auftretenden Hysteresen vom Typ H2 auch eine vorliegende Mesoporosität abgeleitet werden.

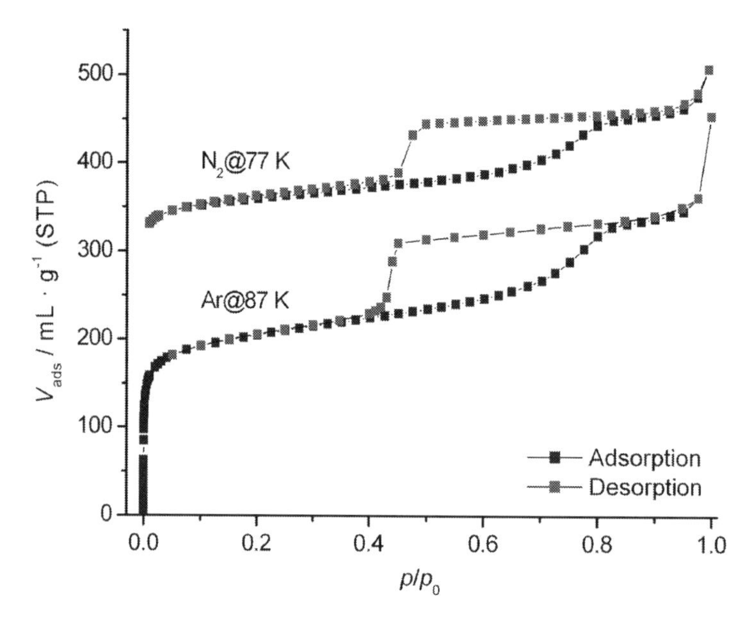

Abb. 2: Lineare Auftragung der Argon- und Stickstoff-Adsorptions- und Desorptionsisothermen des calcinierten LUH-2 mit –CLO-Topologie, aufgenommen bei einer Messtemperatur von 87 K bzw. 77 K. Der Übersichtlichkeit halber wurde die N_2-Isotherme um einen Wert von 170 mL · g^{1} verschoben. Probenvorbereitung bei 200 °C im Feinvakuum 24 h, aus [2].

Diese Mesoporosität resultiert aus sogenannten Tintenfassporen, bei denen die Poren einen großen Porenkörper mit einem engen Porenhals als Zuleitung besitzen. Bedingt durch diese Porengeometrie kommt es zu einer stark verzögerten Desorption des Porenfluids aus den Mesoporen, wobei die Desorption dann aber sprunghaft in einem sehr schmalen Relativdruckbereich erfolgt. Die mittels der NLDFT-Methode [13] berechnete Porenweitenverteilung des LUH-2 liegt im mesoporösen Bereich zwischen 5 bis 10 nm. Durch den Vergleich von N_2 77 K- und Ar 87 K-Isothermen kann der Mechanismus (Kavitation oder Porenblockierung) der Desorption in den Flaschenhalsporen geklärt werden [14]. Die in Abbildung 2 dargestellten Adsorptionsisothermen führen zu sehr ähnlichen Porenverteilungen, während die aus der Desorption erhaltenen Porenverteilungen deutlich gegeneinander verschoben sind [2]. Die Abhängigkeit der Porenverteilung von den Eigenschaften des Messgases weist auf den sogenannten Kavitationseffekt hin. Aus Isothermen mit solchen Kavitationseffekten lässt sich die Dimension der Porenhälse aus dem Desorptionsast nicht eindeutig berechnen, wohl aber angeben, dass die Poreneingänge kleiner 5 nm sind.

Die gefundene Mesoporosität kann nicht über den strukturellen Aufbau des LUH-2 begründet werden. Vermutlich entsteht sie durch die Aggregation von nanoskaligen Primärpartikeln als interpartikuläre Mesoporosität. Abbildung 3 zeigt eine schematische Darstellung zur Entstehung der strukturellen Mikro- und interpartikulären Mesoporosität des LUH-2.

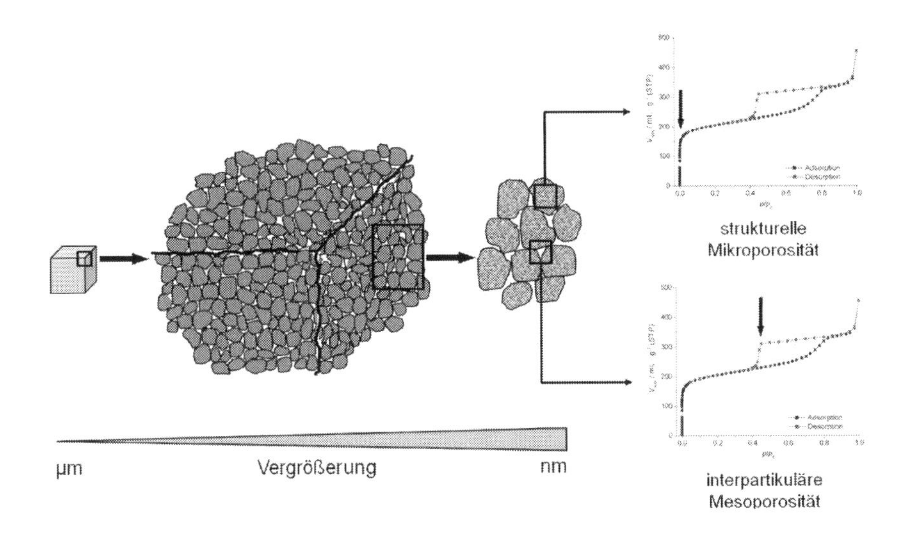

Abb. 3: Schematische Darstellung des Aufbaus von kubischen Kristallen des LUH-2 aus Nanopartikeln und die daraus resultierende strukturelle Mikroporosität und interpartikuläre Mesoporosität, aus [2].

Weiterer Untersuchungen bedarf die Klärung, inwieweit mit Hilfe anderer Adsorptive bei höheren Messtemperaturen auch die kleinen Poreneingänge des LUH-2 mit Durchmessern von 0,38 nm gefüllt werden. Es gibt Hinweise darauf [2], dass durch CO_2-Adsorption bei 273 K diese kleinsten Mikroporen gefüllt werden, während die Adsorption von N_2 bei 77 K und auch Ar bei 87 K in diesen Poren aufgrund kinetischer Hemmungen nicht stattfinden sollte, obwohl beide Adsorptive kritische Moleküldurchmesser kleiner 0,38 nm besitzen.

Das Phänomen der kinetischen Hemmungen lässt sich anhand der durchgeführten Vergleichmessungen an Zeolith 4A verdeutlichen. Dieser Zeolith besitzt eine geordnete Kristallstruktur und einheitliche Mikroporen von 0,4 nm. In Abbildung 4 sind die N_2 77 K-, CO_2 273 K- und H_2 77 K-Isotherme dargestellt.

Während bis zu hohen Relativdrücken fast keine N_2-Adsorption stattfindet, steigen die CO_2- und die H_2-Isotherme bereits bei geringen Relativdrücken steil an. Dieses völlig entgegengesetzte Adsorptionsverhalten von N_2 und CO_2 lässt sich mit den Durchmessern beider Adsorptivmoleküle nicht erklären, sondern basiert einzig auf den niedrigen Messtemperaturen von 77 K bei der N_2-Adsorption. Ergänzend sei erwähnt, dass relativ große Mengen Argon bei 87 K am Zeolith 4A adsorbiert wurden, wobei eine Adsorptionsisotherme Ar 87 K auch bei einer Messzeit von fünf Tagen noch nicht im Gleichgewicht war. Es zeigt sich im Zusammenhang mit den kritischen Moleküldurchmessern in Tabelle 4 anhand der Diffusion in 0,4 nm-Poren, dass bei 77 K das etwas kleinere H_2–Molekül gegenüber dem N_2–Molekül um ein Vielfaches schneller in die Poreneingänge diffundiert und dass eine Temperaturerhöhung von nur 10 K das größere Ar gegenüber N_2 deutlich schneller in die 0,4 nm-Poren diffundieren lässt. Sowohl kleine Änderungen im kritischen Moleküldurchmesser als auch Änderungen bei den Messtemperaturen spielen für die Diffusionsvorgänge in die Ultramikroporen eine entscheidende Rolle.

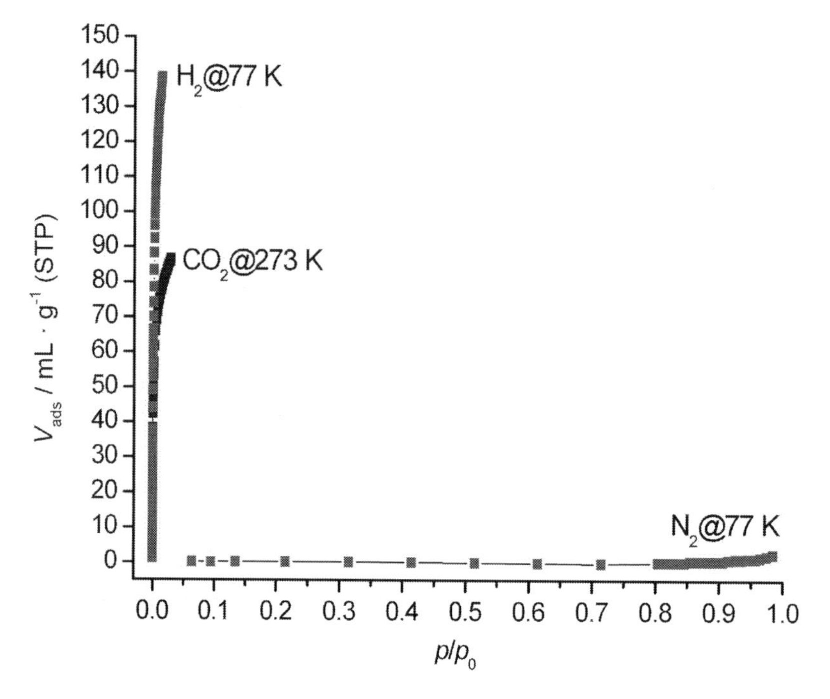

Abb. 4: N_2 77 K- und CO_2 273 K-Isotherme des Zeolith 4A.

Tabelle 4: Adsorptive, Messtemperaturen und kritische Moleküldurchmesser der Adsorptive..

Adsorptiv	T / K	d_{krit} / nm
N_2	77 K	0,30
H_2	77 K	0,24
Ar	87 K	0,38
CO_2	273 K	0,28

3.2 Holzkohle

Wie anhand der Untersuchungen an Zeolith 4A und anderer Molekularsiebe gezeigt wurde [15], sind Mikroporen kleiner 0,5 nm mittels N_2-Adsorption bei 77 K aufgrund sogenannter kinetischer Hemmungen nicht zu quantifizieren. Dieser Effekt, der auf der thermischen Trägheit der Adsorptivmoleküle bei niedrigen Temperaturen beruht, ist bei Routine-BET-Messungen nicht immer zu erkennen. Er lässt sich bei ungeordneten Porensystemen insbesondere dann schwer zuordnen, wenn die Poreneingänge im Übergangsbereich 0,5 nm liegen und mit Standard-BET-Geräten und -Messbedingungen eine scheinbar plausible BET-Oberfläche ermittelt wird.

Untersucht wurden Holzkohlen, von denen einige auch nach langen Messzeiten BET-Oberflächen kleiner als 1 m^2/g ergeben, während bei anderen eine starke Abhängigkeit der BET-Oberfläche von der Messzeit nachgewiesen wurde (Tabelle 5, Probe A), wobei zweifelhaft ist, dass selbst die 820 Minuten-BET-Messung zum Adsorptionsgleichgewicht führte. Alternativ wurden Messungen mit CO_2 bei 273 K, H_2O bei 298 K sowie N_2 bei 298 K durchgeführt (Tabelle 5).

Tabelle 5: Messzeit und verwendete Adsorptive bei den jeweiligen Messtemperaturen zur Bestimmung der BET-Oberfläche, des Mikroporenvolumens (V_{mikro}) und des totalen Porenvolumens nach GURVITCH ($V_{Gurvitch}$) von verschiedenen Holzkohle-Proben.

Holzkohle	Messzeit BET / min	BET N_2 77 K / m^2/g	BET CO_2 273 K / m^2/g	BET H_2O 298 K / m^2/g	V_{mikro} CO_2 273 K / cm^3/g	$V_{Gurvitch}$ H_2O 298 K / cm^3/g
A	440	151	---	---	---	---
A	820	195	310	127	0,12	0,10
B	240	< 1	200	121	0,10	0,09

Die Messungen mit CO_2 bei 273 K und H_2O bei 298 K führen zu Adsorptionsgleichgewichten und deutlich höheren Oberflächen und Porenvolumina als mit N_2 bei 77 K. Die Besonderheit der kinetischen Hemmungen an den Holzkohlen bei den N_2 77 K-Messungen wird in Abbildung 5 graphisch verdeutlicht.

Dargestellt sind die Messpunkte der CO_2 273 K-, N_2 298 K- und N_2 77 K-Isotherme jeweils unterhalb des Relativdrucks $p/p_0 = 0{,}2$ aufgenommen an zwei Holzkohleproben. Während die adsorbierten Mengen bei N_2 77 K extrem weit auseinander liegen, werden nahe Raumtemperatur adsorbierte Mengen von H_2O, CO_2 und N_2 in der gleichen Größenordnung aufgenommen. Auch die Porengrößenverteilungen beider Holzkohlen, berechnet aus den CO_2-Isothermen mittels Monte-Carlo-Simulation (siehe Abb. 6), unterscheiden sich nur in den Porenvolumina, jedoch nicht in den Mikroporenverteilungen mit den Hauptpeaks zwischen 0,36 und 0,68 nm.

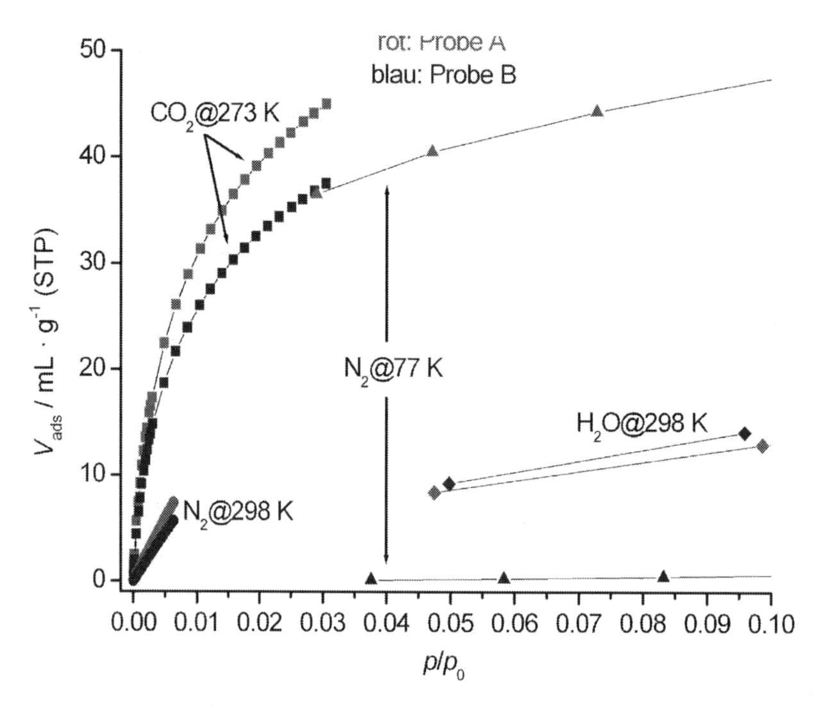

Abb. 5: Messwerte der Adsorption von CO_2 bei 273 K und N_2 bei 77 K bzw. 298 K unterhalb des Relativdrucks von $p/p_0 = 0,2$.

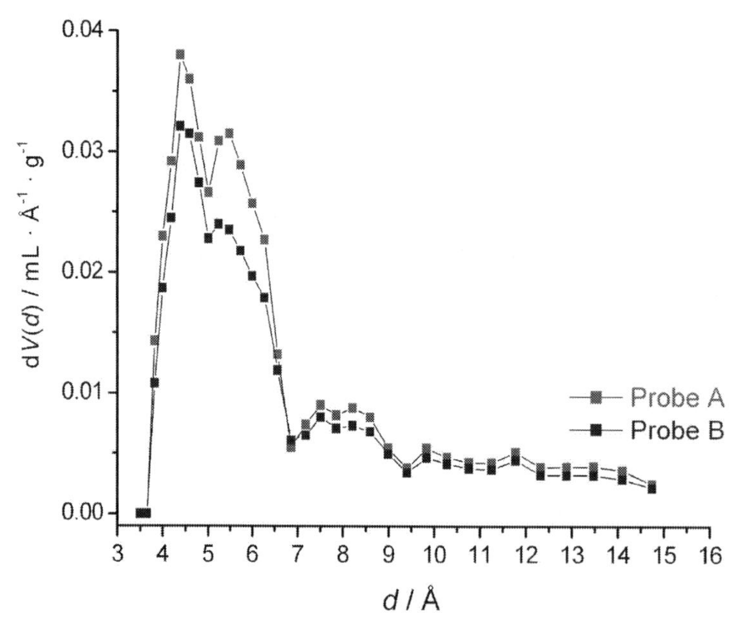

Abb. 6: Mikroporenverteilung von Holzkohle A (rot) und B (blau), berechnet mittels Monte-Carlo-Simulation von CO_2-Isothermen bei 273 K.

Zu erklären ist dies durch die Unterscheidung der Porendurchmesser am Poreneingang mit denen im Inneren der Holzkohlepartikel. Der Unterschied in den Mikroporenvolumina zwischen beiden Proben liegt insbesondere im Porenbereich 0,45 – 0,60 nm und wird den Mikroporen an der äußeren Oberfläche zugerechnet. Anhand der vernachlässigbaren N_2 77 K-Adsorption an Holzkohle B ergibt sich, dass keine signifikanten Transportporen in Form größerer Mikro- oder Mesoporen vorhanden sind. Die Poreneingänge erklären die deutliche N_2 77 K-Adsorption sowie die langen Diffusionszeiten der N_2-Moleküle bei 77 K in einen Teil des Porensystems von Probe A. Enge Mikroporen scheinen die Eingänge in das Porensystem der Holzkohlen zu bilden, wobei die Poreneingänge in das Mikroporensystem der Holzkohle B kleiner als 0,5 nm sind.

3.2.1 Bodenproben

Bodenproben sind Gemenge natürlicher Bestandteile, wie Sand, Ton und Humus, deren Eigenschaften wesentlichen Einfluss auf unterschiedlichste Austauschprozesse in Böden besitzen. Während die Sandfraktion mit < 0,1 m^2/g kaum einen Anteil in die spezifische Oberfläche von Bodenproben einbringt, beträgt gewöhnlich die spezifische Oberfläche der Schlufffraktion 0,1 – 1 m^2/g und die der Tonfraktion 5 – 500 m^2/g, während die Oberfläche der Huminstoffe 800 – 1200 m^2/g erreichen kann [16]. Die spezifischen Oberflächen von Böden können sehr stark schwanken. Während der Humusgehalt in bewirtschafteten Böden oft unter 2,5 % liegt, beeinflusst der Tongehalt die Adsorptionskapazität der Böden meist sehr stark. Stellvertretend für eine Reihe unterschiedlicher Bodenproben werden in Abbildung 7 BET-Ergebnisse in Abhängigkeit von der Probenvorbereitung an einem Acker- und einem Gartenboden dargestellt.

Deutlich zu erkennen sind die Schwankungen in der BET-Oberfläche beider Proben sowie die Maxima der BET-Oberflächen. Während bei Vorbereitungstemperaturen kleiner als 150°C die Tonminerale das in den Schichtsilikaten sehr fest gebundene Wasser nicht desorbieren und die BET-Oberflächen in Abhängigkeit der Probenvorbereitungstemperatur deutlich ansteigen, erfolgt über 150°C eine Zerstörung der Huminstoffe und ein entsprechendes Absinken der spezifischen Oberflächen. Inwiefern die Maxima der BET-Oberflächen der tatsächlichen Summe der spezifischen Oberfläche der Bestandteile entsprechen, kann ohne Trennung der anorganischen und organischen Bestandteile anhand der BET-Messungen nicht sicher festgestellt werden, da auch unterhalb von 150°C bereits mit teilweiser Zerstörung von Huminstoffen gerechnet werden muss.

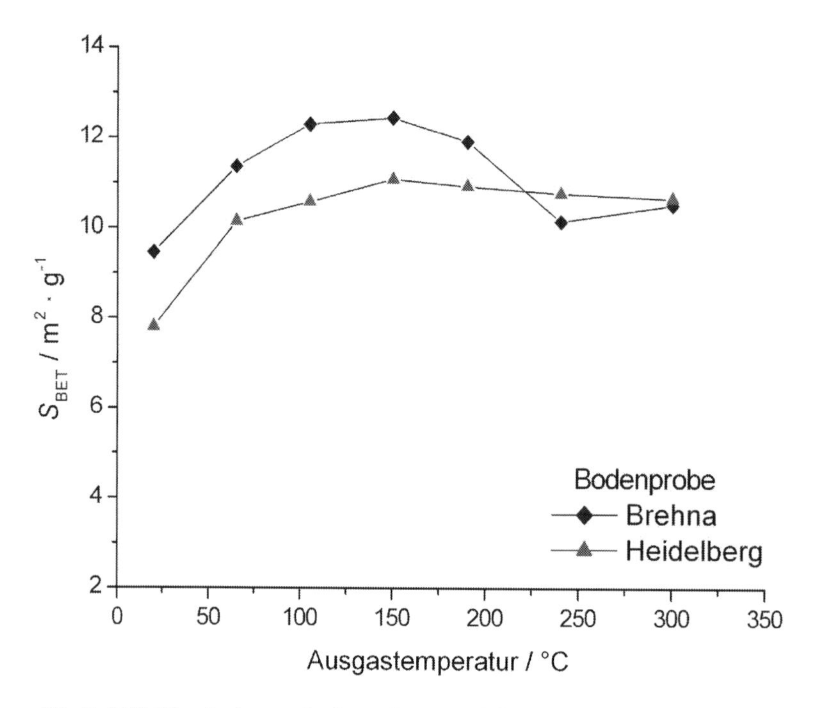

Abb. 7: BET-Oberfläche von Bodenproben in Abhängigkeit von der Temperatur der Probenvorbereitung.

3.2.2 Zementstein

Anhand von Zementstein kann gezeigt werden, wie Abbindevorgänge über lange Zeit die Porenstruktur von Baustoffen verändern. Untersucht wurden ein frischer Zementstein und der zugrunde liegende Zement. Im Gegensatz zu vielen anderen Stoffsystemen, bei denen sich die spezifische Oberfläche der Ausgangspulver durch Sintern, Verkleben oder Agglomerieren der Partikel im Endprodukt deutlich verringert, handelt es sich beim Abbinden von Zement um eine chemische Reaktion, welche das Porensystem wasser- und zeitabhängig verändert. Die BET-Oberfläche des Zementpulvers von 0,90 m^2/g steigt im untersuchten Zementstein innerhalb von 48 h auf 11,83 m^2/g.

Eine BET-Oberfläche der Ausgangsprodukte kann sich im Endprodukt deutlich erhöhen, wenn Oberflächenreaktionen der Partikel zu kleineren Gebilden, z.B. durch

a.) Entstehen zusätzlicher kleinerer Partikel,

b.) Umstrukturierungen an der Partikeloberfläche,

c.) Aufwachsen von kleinen zusätzlichen Gebilden auf der Partikeloberfläche

d.) Herauslösen kleiner Teilbereiche aus den Partikeln mit zusätzlicher Rauhigkeit der Einzelpartikel bzw. einer zusätzlichen Porosität in den Partikeln selbst.

Beim Zement erklären insbesondere die Kristallisationsprozesse im Porenwasser eine Erhöhung der spezifischen Oberfläche im Zementstein. Die N_2 77 K -Isothermenformen von Zementpulver und Zementstein ähneln sich sehr. Beide entsprechen dem Typ 2 für unporöse bzw. makroporöse Feststoffe und beide Proben zeigen mehr oder weniger ausgeprägt den sogenannten N_2-Artefakt bei der Desorption nahe $p/p_0 = 0{,}45$. Beim Zementpulver ist er zwar nicht sehr stark ausgeprägt, lässt sich aber eigentlich aus der Partikelgrößenverteilung nur durch vorgeprägte Poren innerhalb bestimmter Zementpartikel erklären, während der stärker ausgeprägte N_2-Artefakt beim Zementstein aus der Verbindung der Zementpartikel resultiert. Wie beim synthetisierten LUH-2 resultiert der N_2-Artefakt aus Kavitationseffekten und zugrundeliegenden engen Poreneingängen von kleiner als 5 nm. Die dahinterliegenden Porenräume können sich deutlich in den Mikrometerbereich erstrecken, wie Abbildung 8 anhand der Porenverteilung des Zementsteins nach zwei Tagen mit einem deutlichen Maximum bei 2 µm aus der Quecksilberporosimetrie zeigt.

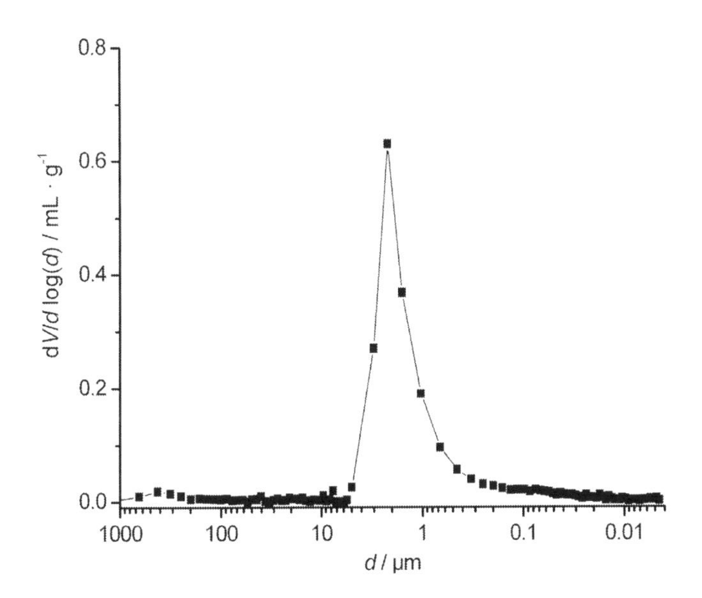

Abb. 8: Porengrößenverteilung von Zementstein (Quecksilberporosimetrie).

Die Wassersorption wurde am Zementstein über einen Zeitraum von 21 Tagen gemessen, wobei vollautomatische Wasseradsorptions- und -desorptionszyklen aufgenommen wurden. Anhand Abbildung 9 lässt sich der Gang der sieben untersuchten Ad- und Desorptionszyklen erfolgen. Die ausgeprägte Hysterese, aufgrund der Zementtrocknung am Anfang der Messung, wird sukzessive kleiner, die Desorptionsstufen bei Feuchten von 30 – 40 % dagegen ändern sich kaum. Der Abbindeprozess ist nach 21 Tagen erfahrungsgemäß noch lange nicht abgeschlossen. Zementstein gehört zu den Probenarten, deren Porenanalyse nicht nur eine reproduzierbare Versuchsanordnung benötigt, sondern auch eine genaue Beschreibung der Probenherkunft oder -herstellung.

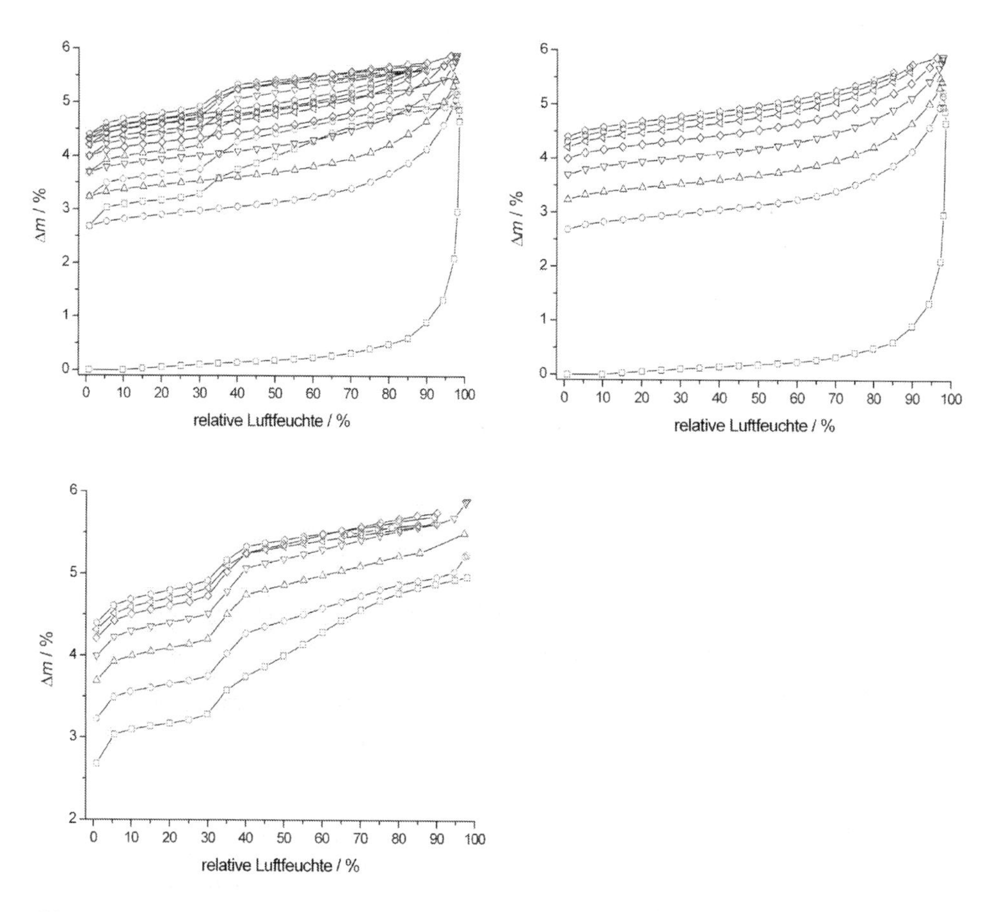

Abb. 9: Wassersorption an frischem Zementstein über 21 Tage, Adsorptions- und Desorptionszyklen (links oben), Adsorptions- 1-7 (rechts oben) und Desorptionsisothermen 1-7 (unten).

4 Fazit

Eine Vielzahl von Aufgabenstellungen lassen sich nicht allein mit der Annahme nichtporöser oder gar glatter, kugelförmiger Partikel erklären. Zu den auftretenden Problemstellungen und Lösungsansätzen gehören:

- Untersuchung des Vorhandenseins von Submikroporen < 0,5 nm, welche bei der klassischen BET-Methode (N_2 77 K) zu niedrige spezifische Oberflächen ergeben. Durch Verwendung von Adsorptiven bei höheren Messtemperaturen (CO_2 273 K, H_2O 298 K) können solche Stoffklassen und Probengruppen dahingehend untersucht werden, dass Fehlschlüsse hinsichtlich der Mikroporenstruktur ausgeschlossen werden. Standard-BET-

Messungen sollten kritisch auf Plausibilität der Ergebnisse (unerwartet kleine BET-Oberflächen bei hochporösen Stoffen) und Messzeiten (unerwartet lange BET-Messungen) bewertet und gegebenenfalls mit geänderten Messbedingungen (Gleichgewichtszeiten, Adsorptive, Messtemperaturen) verifiziert werden.

- Untersuchung von N_2 77 K-Isothermen mit Auswertung sowohl des Adsorptions- als auch des Desorptionsastes und gegebenenfalls Vergleichmessung von Ar 87 K. Auf diese Weise werden Fehlinterpretationen beim Auftreten des sogenannten Stickstoffartefakts vermieden und zusätzliche Aussagen zur Porenform und der Unterscheidung zwischen Poreneingängen und Porenräumen von Tintenfassporen und Porennetzwerken gewonnen.
- Zeitabhängige Untersuchung von Materialien zur Charakterisierung von Alterungs-, Aufbau- oder Abbindeprozessen, wie anhand der Untersuchungen am Zementstein gezeigt wurde. Bei veränderlichen Materialien kommt man nicht umhin, neben den zeit-abhängigen Untersuchungen auch die Lagerungsbedingungen exakt zu kontrollieren und/oder zu protokollieren, um eine Vergleichbarkeit von Messergebnissen zu ermöglichen oder Erklärungsansätze für unterschiedliche Messergebnisse zu finden.
- Untersuchung der Probenvorbereitungsbedingungen mit Variation von Temperatur, Druck (Vakuum), Zeit oder Luftfeuchte. Proben können signifikante Ergebnisunterschiede verursachen, wenn sie sich durch die Probenvorbereitung verändern. Abbindende Baustoffe und Bodenproben gehören zu den schwierig vorzubereitenden Probenarten.

Prinzipiell stehen mit der Gasadsorption sowie mit der Quecksilberporosimetrie und Kapillar-Flüssigkeitsporometrie Methoden über einen großen Porengrößenbereich (ca. 0,3 nm – 1 mm) zur Verfügung, um Aussagen aus Partikelgrößen- und Partikelformanalysen zu hinterfragen bzw. durch die Charakterisierung von Oberfläche und Porenstruktur zu ergänzen.

5 Literatur

[1] K. S. W. Sing, D. H. Everett, R. A. W. Haul, L. Moscou, R. A. Pierotti, J. Rouquerol, T. Siemieniewska, *Pure Appl. Chem.* **1985**, *57*, 603.

[2] S. J. Lohmeier, *Synthese und Charakterisierung von in ionischen Flüssigkeiten hergestellten Aluminiumphosphaten*, Dissertation **2011**, Leibniz Universität Hannover.

[3] D. Klank, *Produktgestaltung in der Partikeltechnologie* / von Ulrich Teipel (Hrsg.) - Stuttgart: Fraunhofer-IRB-Verlag, **2006**, 545-558

[4] ISO-Norm 15901-1.

[5] ISO-Norm 15901-2.

[6] DIN-Norm 66135-1.

[7] DIN-Norm 66138.

[8] Partikelwelt 13, QUANTACHROME GmbH & Co. KG, **2011**, 1.

[9] Partikelwelt 9, QUANTACHROME GmbH & Co. KG, **2008**, 9.

[10] Partikelwelt 13, QUANTACHROME GmbH & Co. KG, **2011**, 5.

[11] M. M. Dubinin, *Chemistry and Physics of Carbon*, Ph. L. Walker jr., Marcel Dekker Inc., New York, 1966, Bd. 2, 63

[12] E. W. Washburn, *Phys. Rev.*, **1921**, *17*, 273.

[13] M. Thommes, *Powder Tech Note 31*, QUANTACHROME Instruments, Florida, USA.

[14] M. Thommes, B. Smarsly, M. Groenewolt, P. I. Ravikovitch, A. V. Neimark, *Langmuir* **2006**, *22*, 756.

[15] D. Klank, *Untersuchungen zur Entwicklung der Porenstruktur von Abbrandreihen kohlenstoffhaltiger Adsorbentien*, Dissertation **1992**, Universität Leipzig, 35.

[16] H.-P. Blume, G. W. Brümmer, R. Horn, E. Kandeler, I. Kagel-Knabner, R. Kretzschmar, K. Stahr, B.-M. Wilke, *Lehrbuch der Bodenkunde*, Spektrum Akademischer Verlag, 16. Auflage, **2010**.

[17] S. Brunauer, P. H. Emmett, E. Teller, *J. Am. Chem. Soc.* **1938**, *60*, 309.

[18] Partikelwelt 7, QUANTACHROME GmbH & Co. KG, **2008**, 18-21.

ADVANCED METHODS FOR THE MODIFICATION OF POLYVINYLBENZE MICROSPHERES

Leonie Barner[1], Christopher Barner-Kowollik[2]

[1] Fraunhofer Institut für Chemische Technologie, Joseph-von-Fraunhofer-Str. 7, 76327 Pfinztal, Germany, e-mail: leonie.barner@ict.fhg.de

[2] Karlsruhe Institute of Technology (KIT), Institut für Technische Chemie und Polymerchemie, Engesser-Str. 18, 76128 Karlsruhe, Germany, e-mail: christopher.barner-kowollik@kit.edu

1 Introduction

Functional polymeric microspheres have high potential as functional scaffolds in material science applications [1]. They can be used as solid phases in chromatographic applications, in heterogeneous catalytic systems, and as devices to bind biomolecules.

Highly cross-linked poly(divinyl benzene) microspheres (pDVB microspheres) can be synthesized via the precipitation polymerization technique [2]. Both porous and non-porous particles can be synthesised. The microspheres are highly attractive materials for a wide range of applications due to their mechanical, chemical and heat stability as well as their tolerance to a wide pH regime. In addition, they exhibit a large specific surface area and are easy to recover from suspensions. They do not swell or dissolve in common solvents and can be synthesized via the precipitation polymerization technique as mono- or narrow-disperse particles with diameters between 2 and 5 μm [2]. Microspheres synthesized via precipitation polymerization are free of surfactants or stabilizers. An additional advantage is the residual vinyl bonds on the surface of the particles [3]. These residual vinyl bonds facilitate the attachment of polymer strands to the surface of the microspheres via a wide range of polymerization protocols. In addition, numerous approaches are available to transfer these vinyl groups into other functional groups which can subsequently be used to graft polymers onto the surface. Various methods of controlled polymerization techniques (e.g. atom transfer radical polymerization (ATRP), reversible addition fragmentation chain transfer (RAFT) and anionic ring opening polymerization (AROP)) and highly orthogonal conjugation methods (e.g. copper catalyzed Huisgen 1,3-dipolar cycloaddition of azides and terminal alkynes (CuAAc), thiol-ene addition and RAFT hetero Diels-Alder cycloaddition (RAFT-HDA)) have been applied to functionalize the surface of these microspheres.

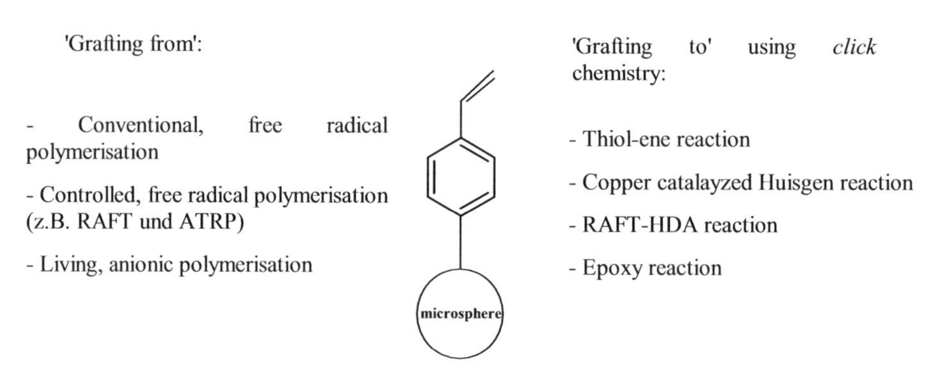

Fig. 1: General reactions for the modification of PDVB microspheres.

2 Functionalization of Polymeric Microspheres via Grafting Techniques

In general, two grafting techniques can be distinguished: the 'grafting to' and the 'grafting from' technique. The 'grafting to' technique is based on the covalent attachment of a preformed polymer chain that contains a suitable end-functionalized group to a surface which also needs to exhibit a suitable functional group. Suitable groups for the preformed polymer are hydroxyl-, amino-, carboxyl- or thiol- functionalities. A wide range of techniques can be utilized to prepare end-functionalized polymers including living polymerization techniques such as anionic and cationic polymerization and controlled radical polymerization methods such as ATRP and RAFT polymerization. An advantage of the 'grafting to' technique is that the preformed, end-functionalized polymer can be characterized prior to grafting and therefore well-defined polymers can be attached to the surface.

In the 'grafting from' approach, monomers are polymerized from a surface which has functionalities that can act as initiators. As the monomers can easily diffuse to the reactive sites of the surface, higher grafting densities are possible. The 'grafting from' technique can be coupled with living/controlled free radical polymerization techniques, e.g. nitroxide-mediated polymerization (NMP) [4], ATRP [5] and RAFT [6] leading to grafts consisting of well-defined and narrow-disperse polymers.

2.1 Modification via 'Grafting From'

The residual vinyl groups on the surface of the microspheres can be utilized in two different ways. First, they can directly be used as a 'vinyl monomer functionality' and therefore take part in a radical polymerization which leads to the growing of a polymer chain from the surface. Second, the vinyl groups can be modified to serve as initiators in grafting reactions.

'Grafting From' via ATRP: Zheng and Stöver were the first to apply the ATRP technique to graft polymer chains from pDVB microsphereses [7], they grafted of styrene from narrow-disperse polymer particles. The residual vinyl groups on the microspheres surface were hydrochlorinated to form chloroethylbenzene initiating sites. Subsequently the ATRP of styrene was performed using $CuBr_2$/bipy as the catalyst system. So far 4-methylstyrene, methyl acrylate (MA), methyl methacrylate (MMA), hydroxyethyl methacrylate (HEMA), and 2-(dimethylamino)ethyl methacrylate (DMAEMA) were grafted from the surface of microspheres applying the ATRP technique [1].

'Grafting From' via RAFT Polymerization: An advantage of this technique is that the residual vinyl groups on the surface can be used directly to graft polymers from the surface without prior modification of the core microspheres. Styrene, *N,N'*-dimethyl acrylamide and n-butyl acrylate have been grafted via RAFT from PDVB microspheres. In addition, glycopolymers (e.g. galactose and mannose) have been grafted. These functional microspheres can be used for protein recognition, the activity has bee shown with a series of lectins [8].

'Grafting From' via Anionic Polymerization: Anionic polymerization is the method of choice if extremely uniform macromolecules in conjunction with high molecular weights are required. Joso et al. showed that anionic polymerization can be used for grafting of polymers from microspheres [9]. They utilized anionic ring opening polymerization (AROP) to graft poly(ethylene oxide) (PEO) from core pDVB microspheres which can be easily performed in a one-pot procedure in the presence of Li^+ counterions using the phosphazene base *t*-BuP_4.

2.2 Modification via 'Grafting To'

If the 'grafting to' method is applied to the modification of microspheres, it is essential that they bear a suitable functionalized group on their surface. In some cases, it is therefore necessary to transform the residual vinyl groups into appropriate functionalized groups prior to the covalent attachment of a preformed polymer chain that contains a suitable end-functionalized group.

'Grafting To' via Epoxy Groups: Irgum and co-workers [10] were the first ones to apply the 'grafting to' method to the modification of microspheres. They transformed the residual vinyl groups of pDVB microspheres into epoxy groups by suspending the particles in dichloromethane and subsequent addition of 3-chloroperoxybenzoic acid (MCPBA) which was added under stirring and followed by a reaction for 90 min at room temperature. Subsequently, they grafted a thiol-terminated sulfopropyl methacrylate polymer to the epoxy groups of the microspheres by nucleophilic addition of the thiol end-functionalized polylmer to the epoxy functionality of the surface and tested the modified microspheres as cation-exchange materials for protein separations.

'Grafting To' via *Click* Chemistry: The *click* concept (or philosophy) was reported in 2001 by Sharpless [11] with the objective to establish an ideal set of efficient and highly selective reactions in synthetic chemistry. The classical example of *Click* chemistry is the copper catalyzed Huisgen 1,3-dipolar cycloaddition of azides and terminal alkynes (CuAAc). However, there exists a number of additional reactions that fulfill the *click* criteria, such as certain carbo and hetero Diels-Alder (DA and HDA, respectively) reactions, which are among the most promising orthogonal surface modification tools [12].

In the RAFT-HDA concept, polymers prepared by RAFT polymerization in the presence of electron-deficient dithioesters are conjugated to materials bearing a suitable diene functionality through a hetero Diels-Alder (HDA) cycloaddition. Nebhani et al. [13] applied the RAFT-HDA concept to graft poly(ε-caprolactone) (PCL) to the surface of microspheres with electron-deficient surface expressed RAFT groups.

The residual vinyl groups on the surface of the microspheres also allow the direct coupling of thiol-endfunctionalized polymers via a thiol-ene reaction. Goldmann et al. [14] reported the successful thiol-ene modification of pDVB microspheres using a SH-functionalized poly(*N*-isopropylacrylamide) (PNIPAAm). They also used the copper catalyzed Huisgen reaction to graft pHEMA to the microspheres. In this case, the residual vinyl bonds on the microsphere surface were first used to attach azide groups via the thiol-ene reaction of an α-thiol-ω-azide compound (1-azido-undecane-11-thiol). Subsequently, alkyne end functionalized pHEMA was used to graft pHEMA to the azide-modified surface via *click*-chemistry.

3 Conclusions

A range of controlled and precise polymerization methods – ranging form controlled radical and living anionic polymerization to highly orthogonal chemistry – exists to modify pDVB microspheres that have high potential as functional materials in a range of applications. In the future, these techniques will hopefully be applied more and more to develop novel functional materials for applications to solve problems in the analytical and biomedical fields.

4 References

[1] L. Barner, *Adv. Mater.*, 21, 2547-2553, 2009.

[2] K. Li, H. D. H. Stöver, *J. Polym. Sci., Part A: Polym. Chem.*, *31*, 3257, 1993.

[3] J. S. Downey, R. S. Frank, W. H. Li, H. D. H. Stöver, *Macromolecules*, *32*, 2838, 1999.

[4] S. Voccia, C. Jerome, C. Detrembleur, P. Leclere, R. Gouttebaron, M. Hecq, B. Gilbert, R. Lazzaroni, R. Jerome, Chem. Mat., 15, 923, 2003.

[5] Y. Inoue, T. Matsugi, N. Kashiwa, K. Matyjaszewski, Macromolecules, 37, 3651, 2004.

[6] J. Quinn, T. P. Davis, L. Barner, C. Barner-Kowollik, Polymer, 48, 6467, 2007.

[7] G. Zheng, H. D. H. Stöver, Macromolecules, 35, 6828, 2002.

[8] A. Pfaff, L. Barner, A. H. E. Müller, A. M. Granville European Polym. J. 2011, doi:10.1016/j.europolymj.2010.09.020.

[9] R. Joso, S. Reinicke, A. Walther, H. Schmalz, A. H. E. Müller, L. Barner, Macromol. Rapid Commun., 30, 1009, 2009.

[10] A. Nordborg, F. Limé, A. Shchukarev, K. Irgum, J. Separation Sci., 31, 2143, 2008.

[11] H. C. Kolb, M. G. Finn, K. B. Sharpless, Angew. Chem., Int. Ed., 40, 2004, 2001.

[12] L. Nebhani, C. Barner-Kowollik Adv. Mat., 21, 3442, 2009.

[13] L. Nebhani, S. Sinnwell, A. J. Inglis, M. H. Stenzel, C. Barner-Kowollik, L. Barner Macromol. Rapid Commun., 29, 1431, 2008.

[14] A. S. Goldmann, A. Walther, R. Joso, D. Ernst, K. Loos, C. Barner-Kowollik, L. Barner, A. H. E. Müller Macromolecules, 42, 3707, 2009.

ANALYSE DES SPRAYPROZESSES VON KOMPLEX-VISKOSEN POLYMERLÖSUNGEN IN DER PULVERPRODUKTION

A. Lampa, U. Fritsching
Mechanische Verfahrenstechnik, Universität Bremen, Badgasteiner Str. 3, Bremen, e-mail: lampa@iwt.uni-bremen.de, ufri@iwt.uni-bremen.de

1 Einleitung

Die Herstellung und Konditionierung von Pulverprodukten erfolgt in vielen Fällen mittels Sprayprozessen. Sprays sind durch instationäre Transportvorgänge (Masse, Impuls, Stoff) charakterisiert, die jeweils großen Einfluss auf die Prozess- und Produkteigenschaften haben. In diesem Beitrag wird das Auftreten von unterschiedlich skalierten Spraystrukuren in berandeten Umgebungen bei der Pulverproduktion untersucht. Zu den großskaligen Strukturen zu rechnen sind beispielsweise das Oszillieren des Sprühkegels oder das Auftreten von Rück- bzw. Rezirkulationsströmungen. Zusätzlich werden auch die kleinskaligen Wechselwirkungen von Gas und Partikeln beschrieben. Diese Wechselwirkungen können zu einer Ausbildung von Partikelclustern führen. Diese Strukturen bilden sich in signifikanten Regionen des Sprays aus und beeinflussen dort den lokalen Impuls-, Wärme- und Stoffaustausch und -transport.
Das Ziel der Untersuchungen ist die gesteuerte Beeinflussung der Sprayausbreitung zur Optimierung der Partikelbildung. Unterschiedliche Sprühkammergeometrien sollen eingesetzt werden, mit deren Hilfe eine gezielte Steuerung des Entrainments und der Rezirkulation von Gas und Partikeln ermöglicht wird. Weiterhin ist der Einsatz von Heißgas bei der Zerstäubung zu bewerten.
Die Steigerung der Zerstäubungseffizienz durch die Verwendung von Heißgas bei der Gaszerstäubung konnte sowohl theoretisch als auch in verschiedenen Praxisversuchen nachgewiesen werden ([10], [11]). Die Prozessintensivierung bei der Heißgaszerstäubung beruht auf dem erhöhten spezifischen Energieeintrag in den Zerstäubungsvorgang durch die Gaserhitzung. Weiterhin wird bei der Verwendung hoch erhitzter Gase der Scher- und Dehnprozess an der Flüssig/Gas- Phasengrenze der viskosen Fäden/Ligamente durch die erhöhte Gasviskosität intensiviert. Diese Erhöhung macht die Gaszerstäubung mit erhitzten Gasen für die Fragmentierung viskoser Fluide besonders interessant, da in diesem Fall die Dehnung viskoser Elemente im Zerstäubungsprozess einen wesentlichen Zerfallsmechanismus darstellt.

Das Manuskript zeigt die Beschreibung isothermer berandeter Sprühprozesse mit Zweistoffzerstäubung im Labormaßstab auf und einen hochskalierten Prozess im Technikumsmaßstab, in dem Polymerlösungen mittels eines heißen Zerstäubergasmassenstroms zerstäubt und getrocknet werden.

Die Analyse der Wechselwirkung zwischen der Gasströmung und den Tropfen im Spray findet auf verschiedenen Größenskalen statt. Die experimentelle Basis für die Untersuchungen bilden Particle-Image-Techniken zur Bestimmung der räumlichen Verteilungen von momentanen Partikelgeschwindigkeiten und -konzentrationen im Spray. Die maßgebende Kennzahl zur Beschreibung von Partikel-Gas Wechselwirkungen ist die Partikel-Stokes-Zahl, die das Verhältnis aus Partikel- und Fluidrelaxationszeit abbildet. Mit Annahme der Gültigkeit des Stokes'schen Widerstandsgesetz ergibt sich:

$$St_p = \frac{\tau_p}{\tau_g} = \frac{1}{18} \frac{\rho_p d_p^2 u_{rel}}{\mu_g L}. \quad (1)$$

Partikeln mit $St_p \ll 1$ folgen den Schwankungen und Wirbelbewegungen der Gasströmung unmittelbar. Dahingegen ergeben sich bei $St_p \sim 1$ ähnlich große Wechselwirkungen vom Gas auf das Partikel wie in umgekehrter Weise. Für $St_p \gg 1$, dominieren die Trägheitskräfte die Trajektorien der Tropfen bzw. der Partikeln. Bei den vorliegenden Laborexperimenten wurden Strömungen im Bereich $St_p \sim 1$ untersucht. Die Relativgeschwindigkeit zwischen der Gasphase und den Partikeln konnte in den bisherigen Untersuchungen nur näherungsweise bestimmt werden, da eine entsprechende Messtechnik noch nicht zur Anwendung gekommen ist. Die Gasströmung weist kohärente Strukturen auf, die mit den Partikeln in Wechselwirkung stehen (s. auch [7]).

Zwei Phänomene, die zunächst in Grundlagenexperimenten (z.B. [12], [1]) nachgewiesen wurden, sollen hier in Sprayprozessen dargestellt werden. Zum einen die Beobachtung, dass sich Partikelclusterstrukturen insbesondere in Zonen der Partikel-Gas-Strömung bilden, in denen die Partikel-Stokeszahl in der Größenordnung von eins liegt. Zum anderen die Tatsache, dass sich diese Cluster insbesondere in Zonen hoher Scherraten und niedriger Wirbelviskosität in der Gaszone finden.

2 Materialien und Methoden

2.1 Spraymessung mit Particle Image Velocimetry im Labormaßstab

Die Messungen finden in einer Laborsprühkammer (Abb. 1) unter Anwendung eines Particle-Image-Velocimetry (PIV) - Systems statt. Der aufgeweitete Laserlichtschnitt im Zentrum des

Sprays weist eine Dicke von ca. 1 mm auf. Die Kamera ist im rechten Winkel zur Laserlichtschnittebene angeordnet und ermöglicht die Aufnahme von Doppelbildern mit einer Frequenz von 7,4 Hz und einer Auflösung von 2048 x 2048 Pixel. Der Zeitabstand zwischen den beiden Bildern eines Doppelbildes beträgt minimal 10 µs. Zur direkten Verfolgung der Dynamik der kohärenten Strukturen der Spraytropfen in der Strömung ist eine höhere zeitliche Auflösung erforderlich, da die Geschwindigkeit der Partikeln bis zu 50 m/s beträgt, die Aufnahmefrequenz zwischen den Doppelbildern ist dafür zu gering. Momentaufnahmen der Partikelströmung oder die statistische Verteilung der Strömungsgrößen (aus Mehrfachaufnahmen) können so analysiert werden.

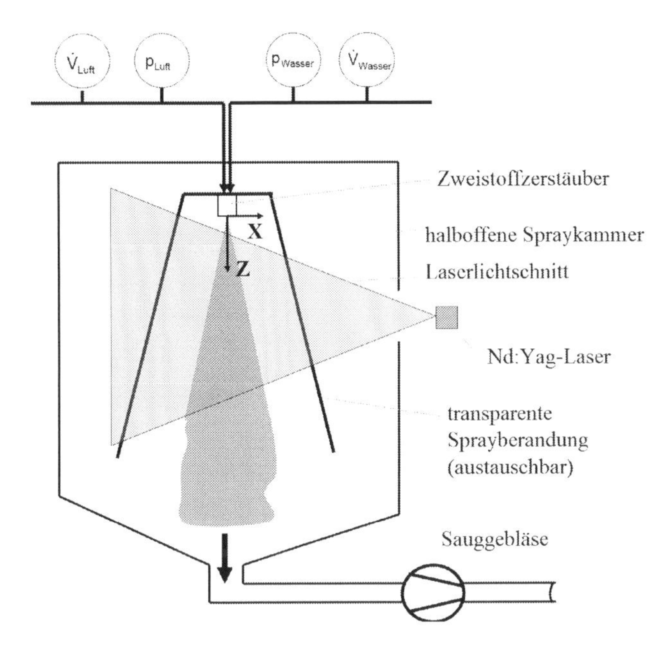

Abb. 1: Versuchsaufbau und Koordinatensystem

Insgesamt wurden vier verschieden geformte Berandungen für den Sprayprozess untersucht (Abb. 2*)*, bei denen die Zerstäuberdüse jeweils zentral von oben in den Sprayraum eingeführt wird. Die Einbauten unterscheiden sich in zwei geometrischen Merkmalen:

- Anfangsquerschnitt der Kammer (a x a, s. Abb. 2),
- Öffnungswinkel der Kammer.

Die Sprayberandungen sind oben und seitlich geschlossen. Im Betrieb der Zerstäuber ergibt sich ein sehr feines Spray (ca. $d_{50,3} \sim 10$ µm), welches aufgrund der Rezirkulationsbewegung des Gases als dichter Nebel zum Verbleib in der Sprühkammer verbleibt. Ein Vakuumsauger am unteren Teil der Sprühkammer zieht Wassernebel und Gas ab. Die Acrylglasberandungen sind nach unten offen (Abb. 2), so dass ein Druckausgleich mit der Umgebung möglich ist und der Einfluss des Saugers auf die Sprühkegelströmung möglichst gering ausfällt.

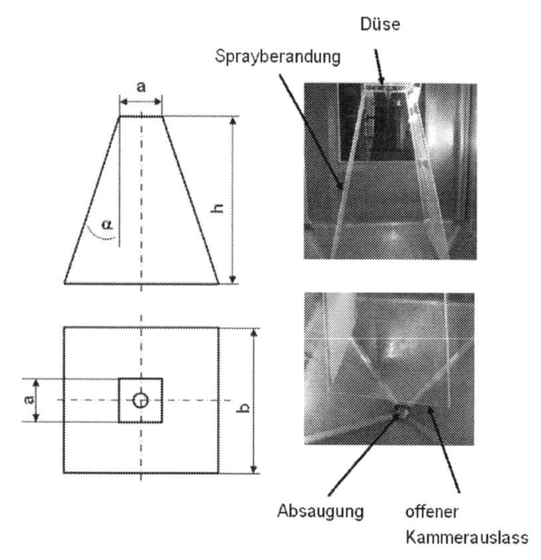

	a/ mm	α/ °	h/ mm
Berandung V1	200	10	900
Berandung V2	200	15	900
Berandung V3	400	10	900
Berandung V4	400	0	900

Abb. 2: Geometrie der Sprayberandung

Der Massenstrom an Flüssigkeit (Wasser) beträgt ca. 0,1 l/min. Der Normvolumenstrom der Luft beträgt bei maximal 4 bar Zerstäubergasdruck 50 l/min. Die Beladung des Sprays (Massenstromverhältnis Wasser zu Luft) beträgt minimal 1,6 und maximal 100. Die hier verwendeten Zweistoffzerstäuber sind bereits in früheren Untersuchungen eingesetzt worden ([13], [4]), integrale Daten wie bspw. zur Tropfengrößenverteilung in Sprays der verwendeten Düsen sind dort dokumentiert.

2.2 Methoden

Die Auswertung der Clustereigenschaften des Sprays im Labormaßstab erfolgt aus den PIV-Aufnahmen. Eingangsdaten sind die Laserlichtschnittaufnahmen sowie die Geschwindigkeitsfelder der Partikelkollektive. Die Abbildung 3 zeigt die Abfolge der Cluster-Auswertung. Das dargestellte (rote) Quadrat stellt hierbei exemplarisch den Ort eines Clusters mit der charakteristischen (quadratischen) Abmessung dar.

Im ersten Schritt der Auswertung erfolgt die Hervorhebung der Clusterstrukturen mittels Bildverarbeitungsmethoden. Im zweiten Schritt wird auf den gesamten Bildausschnitt der Garncarek-Algorithmus [2] angewendet. Dabei wird der skalare Inhomogenitätsindex H auf einer Reihe von Längenskalen ausgewertet. Der Inhomogenitätsindex H beschreibt die Abweichung der Ordnung im Spray vom Zustand eines zufällig verteilten Systems (Poisson-Verteilung). Die Lage des Maximums des Inhomogenitätsindex bezeichnet die charakteristische Abmessung (Längenskala) eines Clusters ($B_{Cluster}$). Im dritten Schritt wird ein konkretes Cluster im Bildausschnitt identifiziert, das diesem charakteristischen Maß entspricht. Alle Informationen, die sich aus einem Doppelbild generieren lassen, wie etwa Geschwindigkeitsvektoren und lokal daraus abgeleitete Größen (Wirbelstärke, Scherrate, ..), werden am Ort des Clusters bestimmt. Diese Daten wiederum werden mit den Informationen aus der statistischen Behandlung aller weiteren Doppelbilder am selben Ort verglichen.

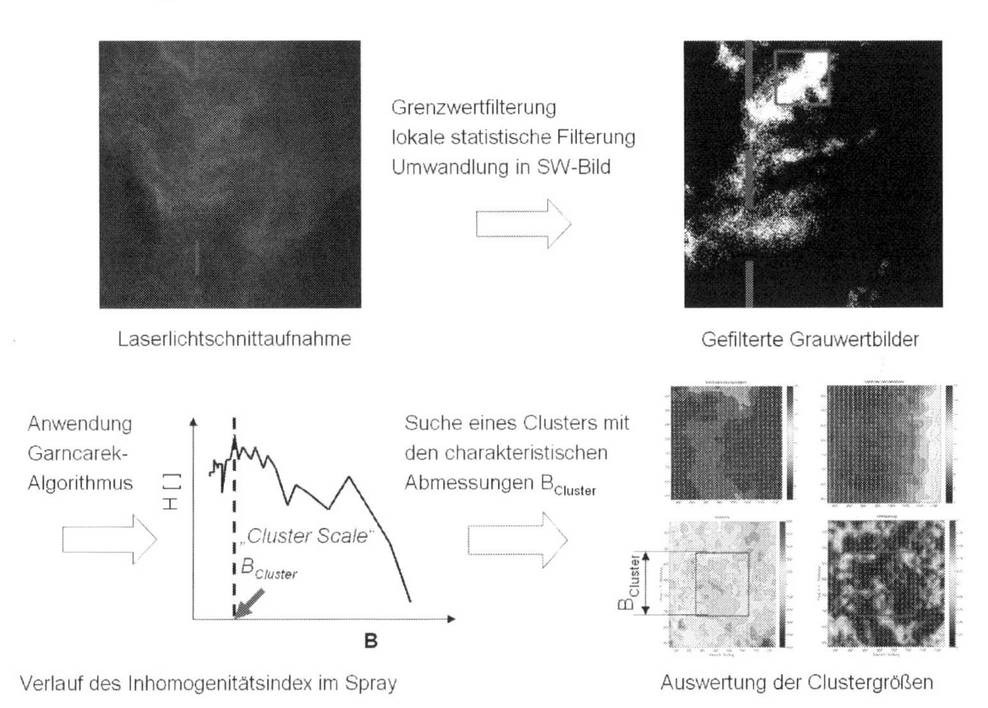

Abb. 3: Auswerteverfahren für die Clusteranalyse

3 Diskussion

3.1 Darstellung des zeitgemittelten Strömungszustandes des Sprays im Außenbereich

Die gemittelten Geschwindigkeiten (1000 Bilder) der Strömung im Außenbereich der Sprayströmung geben Aufschluss über die vorliegenden Sekundärströmungen im Spray. Die Stärke der Rezirkulationsbewegung der Luft kann genauso abgeschätzt werden, wie die Stärke des Entrainments. Für die Rezirkulationsbewegung wurde der aufwärtsgerichtete Volumenstrom Q_{up} ausgewertet (s. Abb. 4).

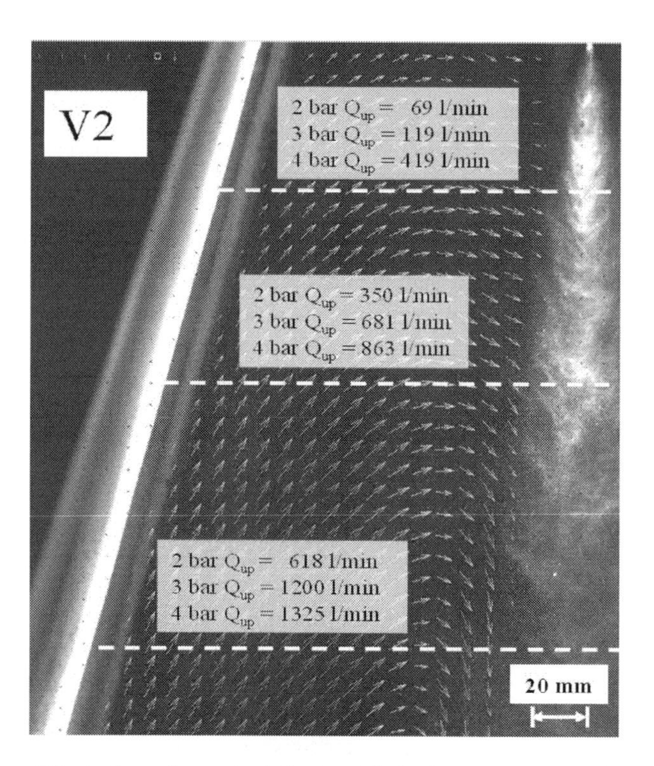

Abb. 4: Gasströmung in Außenbereich der Strömung, Rezirkulation und Entrainment, Variante V2

Das Ergebnis, dargestellt in Abbildung 5 (für den normierten aufwärtsgerichteten Volumenstrom in 190 mm vom Düsenaustritt), zeigt eine Abnahme mit steigendem Zerstäubergasdruck. Der Volumenstrom der rezirkulierenden Luft übersteigt den Gasvolumenstrom der Zweistoffdüse um ein Vielfaches. Die Berandung mit dem größten Querschnitt (V3) weist die größten Werte für Q_{up} auf. Überraschenderweise ergibt sich für die Variante V1 mit einem kleineren Querschnitt als die Variante V2 ein höherer Volumenstrom.

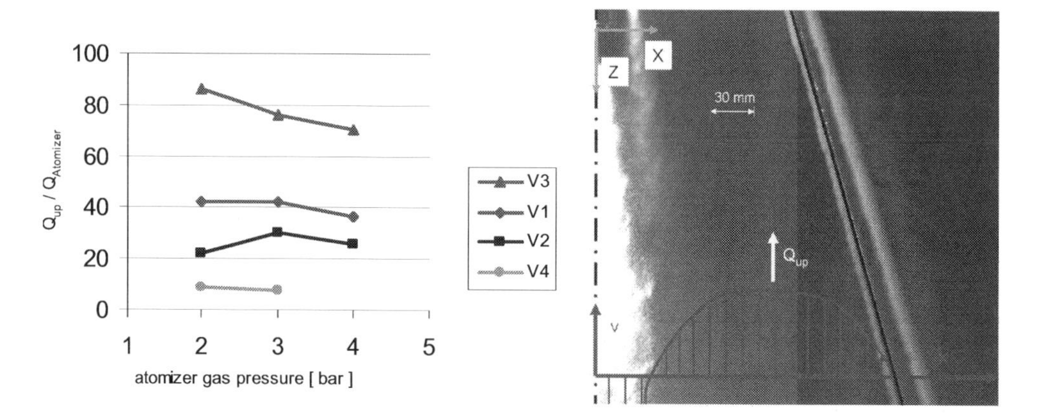

Abb. 5: Gasströmung in Außenbereich der Strömung, Rezirkulation und Entrainment, Variante V2

Der Grund dafür ist, dass das Rezirkulationsgebiet je nach Berandung in axialer Richtung verschoben sein kann. Für V4 ergibt sich eine Strömungstotzone im oberen Bereich, die einen starken Rückgang von Q_{up} bei z = 190 mm zur Folge hat.

3.2 Beschreibung der instationären Spraystruktur in Abhängigkeit der Prozessbedingungen

Wird der Betrag der momentanen Geschwindigkeitsverteilung der Partikeln im Spray zu unterschiedlichen Zeitpunkten gegenübergestellt (Abb. 6), so zeigt sich, dass die Sprühkegelströmung starke zeitliche und räumliche Fluktuationen aufweist. Diese Fluktuationen setzen sich aus großskaligen Wirbelstrukturen sowie möglicher Oszillationsbewegungen des Sprays und einer Kreiselbewegung des Sprays zusammen (vgl. [14]). Die Kreiselbewegung lässt sich nicht unmittelbar aus den zweidimensionalen Laserlichtschnittaufnahmen erkennen (vgl. [13]).

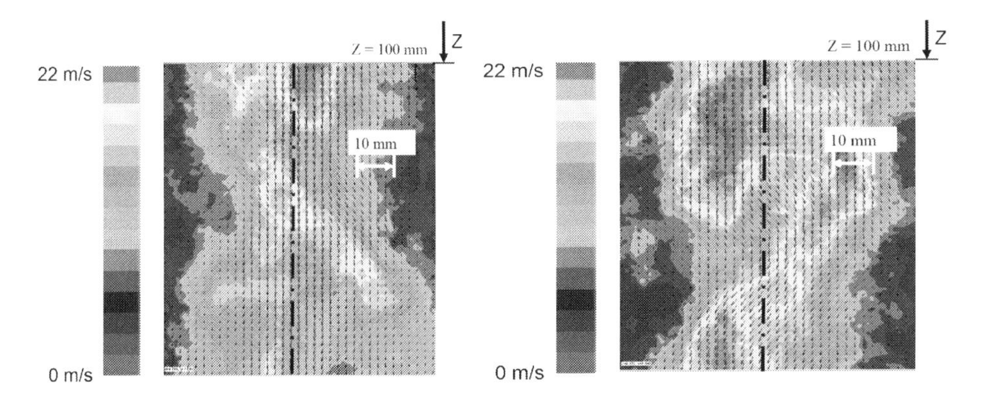

Abb. 6: momentane Geschwindigkeitsverteilung (Vektor- und Isodarstellung) der Partikeln bei 3 bar Zerstäubergasdruck zu zwei verschiedenen Zeitpunkten

In Abhängigkeit von der Form der Sprayberandung ergeben sich unterschiedliche Strömungssituationen im Spray. Allen Ergebnissen gemein ist, dass sich Wirbel im Randbereich des Sprühkegels bilden (Abb. 7), wie sie typischerweise in Scherströmungen auftreten. Ein Einfluss auf den Sprühwinkel durch die unterschiedliche Größe der Sprühkammerberandung kann zunächst nicht festgestellt werden. Bei der Untersuchung der Sprayumrandung mit dem kleinsten Startquerschnitt und großem Expansionswinkel (Sprayberandung V2) zeigen sich zeitweise (fluktuierende) starke Konvektionsbewegungen der Tropfen vom Sprühkegel in das Rezirkulationsgebiet des Sprays hinein. Erkennbar ist dies durch eine besonders hohe Konzentration der Tropfen im Außenbereich der Strömung (s. Abb. 8).

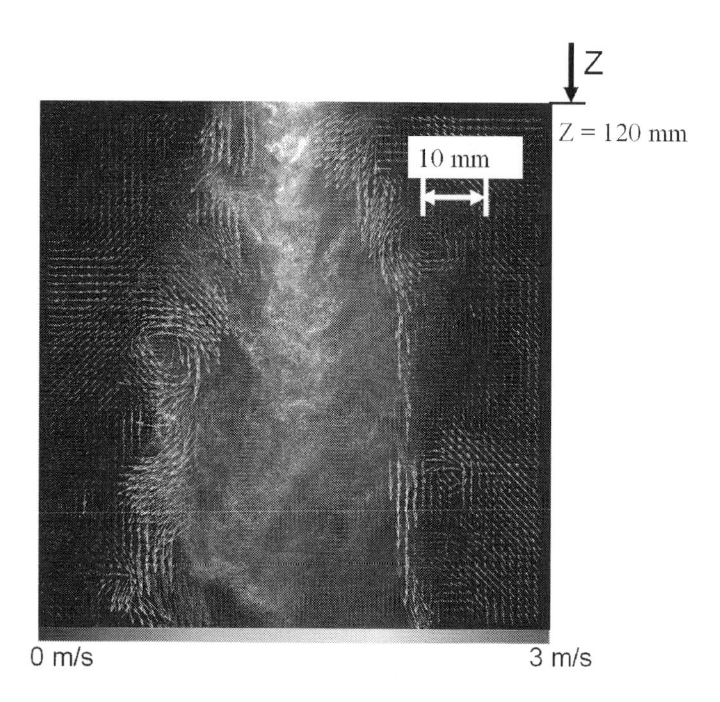

Abb. 7: Gasentrainmentströmung im Außenbereich der Sprayströmung

Die Wirbelbewegung im Außenbereich der Sprayströmung ist so stark, dass die Tropfen in Aufwärtsrichtung transportiert werden. Diese im Außenbereich der Sprühkammer transportierten Tropfen werden zum größten Teil wieder durch die Entrainmentbewegung in den Sprühkegel eingezogen. Zeitweise rezirkulieren die Tröpfchenwolken bis in den Düsenbereich.

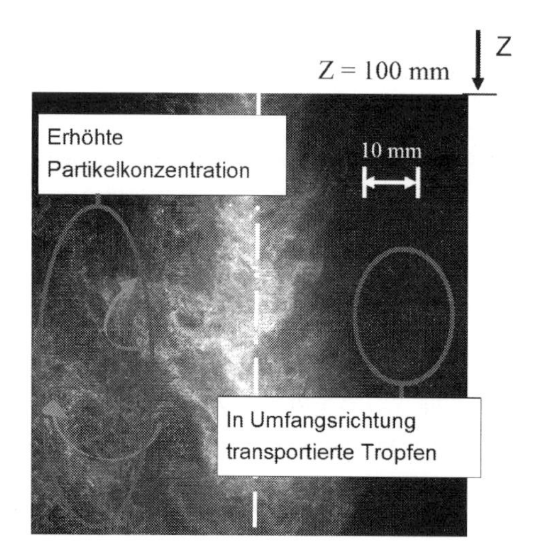

Abb. 8: kritische Sprayinstabilität, Laserlichtschnittaufnahme der Wassertropfen, 4 bar Zerstäubergasdruck, Düsenabstand 100 mm

Diese Rezirkulationen von Tropfenclustern beeinflussen die Partikelverweilzeitverteilung und die Gas-Partikel-Wechsel-wirkungen im Sprayprozess. Für Sprayprozesse, die hohe Massenströme in relativ schmalen Berandungen aufweisen, muss eine Optimierung der Strömungsstrukturen im Spray stattfinden.

Um eine möglichst stationäre Spraystömung zu erhalten, sollte der Startquerschnitt der Sprühkammer im Vergleich zum Querschnitt des Sprühkegels möglichst groß sein. Im Anlagenbau muss eine Optimierung stattfinden, da ein großer Sprühkammerquerschnitts mit hohen Kosten verbunden ist. Ein kleiner Öffnungswinkel wirkt sich positiv auf die Stabilität des Sprays aus, wenn der Anfangsquerschnitt nicht ausreichend groß gewählt werden kann (Variante V1). Allerdings sollte der Öffnungswinkel nicht zu groß gewählt werden, um einer Destabilisierung der Sprayströmung (Variante V2) entgegen zu wirken. Bei der Variante V4 mit einem konstanten Querschnitt von 400 mm stellte sich eine Strömungszone um die Zerstäuberdüse ein, die eine Anhäufung von feinen Tropfen und ein Beschlagen der Acrylglasberandung zur Folge hat. Insgesamt ist die Strömung in Variante V4 als am unvorteilhaftesten anzusehen, da Partikelanhaftungen im unteren Bereich der Berandung vorhanden sind. Insgesamt ist die Gestaltung des Sprayraums von entscheidender Bedeutung für die sichere Auslegung des Prozesses. Die Applikation eines stärkeren Vakuums am unteren Teil der Kammer oder ein überlagerter Luftmassenstrom sind zur Erreichung einer engen Verweilzeitverteilung empfehlenswert.

3.3 Ergebnisse Clusterauswertung

Im Hinblick auf die Clustergröße zeigt sich in Abbildung 9, dass eine Vergrößerung des Strömungsquerschnitts allgemein zu einem Wachsen der Partikelcluster führt (vgl. [5], [3]). Zugleich erhöht sich die allgemeine Inhomogenität im Spray.

Der Einfluss der variierten Parameter auf die mittlere Clustergröße und die allgemeine Inhomogenität im Spray ist jedoch gering und nicht signifikant, da die Streuung der über 200 Bildausschnitte gemittelten Clusterskalen erheblich ist. Ein Grund ist, dass die Clusterstrukturen sich stark in Form und Größe unterscheiden (Abb. 3). Der Garncarek-Algorithmus kann diese Abweichungen nur grob approximieren, da dieser sich auf quadratische Clustergeometrien beschränkt [2]. Dennoch stellt dieser Algorithmus ein vergleichsweise einfach anzuwendendes, quantitatives Maß für die Bewertung der Inhomogenität und die Größenskala der Clusterstrukturen dar, das den Einfluss der Betriebsparameter tendenziell beschreiben kann.

Die Particle-Imaging-Methode wurde erfolgreich angewendet, um die Clustereigenschaften mit dem zeitlich gemittelten Zustand des Sprays an der Clusterposition zu vergleichen. Die Eigenschaften, die untersucht wurden sind die Absolutgeschwindigkeit der Partikeln, sowie die Scher-

und Wirbelbewegungen im Spray. Mit der Kenntnis der Relativgeschwindigkeit zwischen Tropfen und Gas könnte die Driftbewegung der Partikel mit höheren Partikel-Stokeszahlen quantitativ erfasst werden. Ein entsprechender Ansatz wurde von Hardalupas durchgeführt [7]. Der Nachteil dieser Methode ist die geringe Messfläche, die nur 8x12 mm groß ist, welches der ungefähren mittleren Clustergröße im vorliegenden Spray entspricht (Abb. 9). Um die Wechselwirkungen zwischen kohärenten Strömungsstrukturen im Gas und den Partikelclustern zu untersuchen muss ein deutlich größeres Gebiet im Spray untersucht werden. Dafür ist der Vorteil der Methode aus [7], dass gleichzeitig die Partikelgrößen im Spray ermittelt werden können und damit explizit die Partikelstokeszahlen bestimmt werden können.

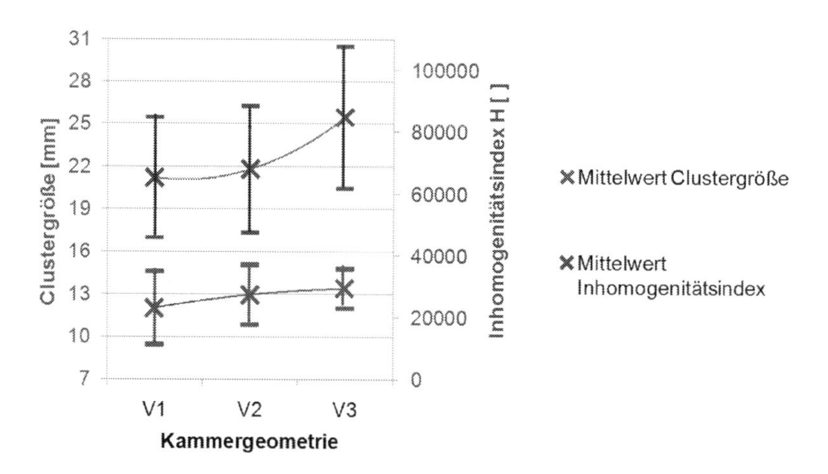

Abb. 9: Mittlere Clustergröße in Abhängigkeit von der Sprayberandung, 4 bar Zerstäubergasdruck, Düsenabstand ca. 100 mm

Das Resultat ist, dass die Partikelcluster nicht schneller als die zeitlich gemittelte Partikelbewegung an der Clusterposition ist. Die räumlichen und zeitlichen Schwankungen der Geschwindigkeiten (Abb. 6) sind besonders ausgeprägt. Ein anderer Trend kann bei der Analyse der Scher- und Verwirbelungsprozesse im Spray festgestellt werden. Tendenziell weisen die Partikelcluster geringere Werte bei Scherung und der Wirbelstärke auf als die zeitlich gemittelte Strömung. Dieser Zusammenhang soll sowohl mit experimentellen (vgl. [7], [8]), als auch mit numerischen Methoden (vergl. [14], Large Eddy Simulationen + Lagrange Tracking) weitergehend untersucht werden.

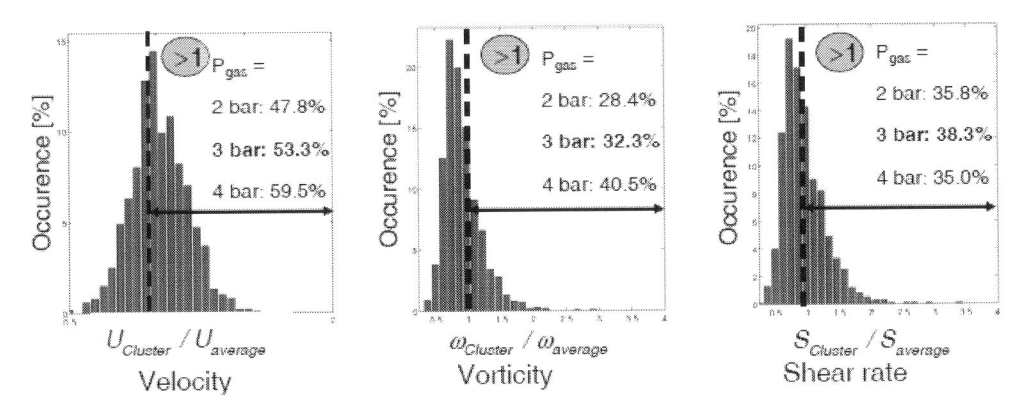

Abb. 10: Verhältnis der Clustergeschwindigkeit von der zeitlich gemittelten Geschwindigkeit der Spray-strömung am Ort des Clusters, 4 bar Zerstäubergasdruck, 1000 Bilder

3.4 Pulvererzeugung im Technikumsmaßstab mittels Heißgaszerstäubung

In der Heißgaszerstäubung viskoser Medien finden derzeit zwei unterschiedliche Zweistoffzerstäubertypen Anwendung. Zum einen Freifallzerstäuber, die einen relativ großen Teilkreisdurchmesser der Gasöffnungen ($d_{Teilkreis}$) von 54 mm aufweisen (s. Abb. 11) und in den bisherigen Versuchen nur eine geringe Zerstäuberleistung aufzeigen konnten.

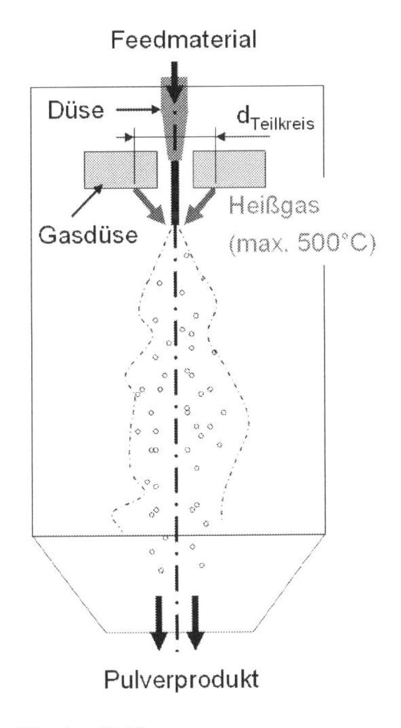

Abb. 11: Heißgasprozess

Close-coupled Zerstäuber mit geringeren Teilkreisdurchmessern ($d_{Teilkreis}$ von 10 bzw. 17 mm) ermöglichen einen deutlich intensiveren Impulsaustausch zwischen Gas und Flüssigkeit. Zerstäubungsversuche mit PVP-Lösungen (K90, 10 m%, $\eta \sim 400$ mPas) mit kaltem Gas (Zerstäubergastemperatur 25 °C) zeigen eine vollständige Zerstäubung des viskosen Feedmaterials. Der Einfluss der Temperatur auf die Viskosität der Polymerlösung zeigt, bei einer konstanten Scherrate von 1000 /s, Scherviskositäten über 400 mPas bei Raumtemperatur und deutlichem Viskositätsabfall mit steigender Temperatur (bis auf ca. 100 mPas bei 75 °C). Bei dem vorliegenden Prozess der Heißgaszerstäubung wird auf einen überlagerten Trocknungsmassenstrom, der typischerweise koaxial zum Spray geführt wird, verzichtet. Beim Design des Prozesses soll deshalb insbesondere durch konische Einbauten sichergestellt werden, dass das Spray räumlich und zeitlich stabil bleibt. Außerdem wird mit der umgebenden Geometrie die Stärke des Entrainment und der Rezirkulation gezielt beeinflusst. Die im Heißgasprozess relativ geringen verfügbaren Gasdrücke von bis zu 7 bar und der zu hohe Druckverlust in der Düse sorgen dafür, dass die eingesetzte Hochtemperaturgasdüse nur über einen geringen Durchfluss an Gas und eine maximale Gastemperatur von 250 °C verfügt. Abbildung 12 zeigt das getrocknete Produkt aus PVP-K30-Lösung mit 30 Massenprozent Polymeranteil. Auffällig ist der noch hohe Faseranteil im Produkt, der sich typischerweise auch in ähnlichen Sprühtrocknungsverfahren ergibt (vgl. [9]).

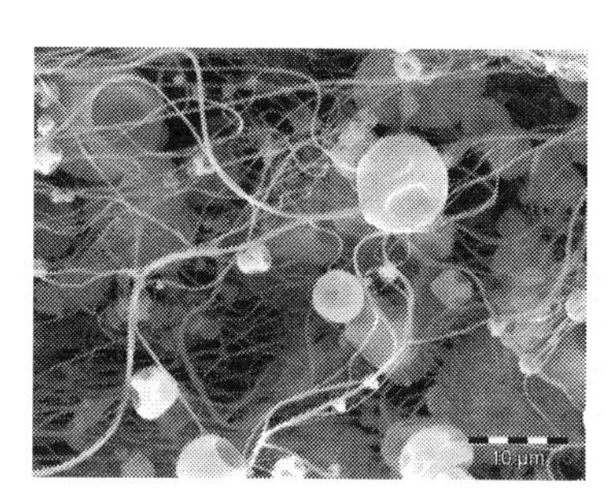

Abb. 12: PVP Zerstäubung (K30, 30 m%, $\eta \sim 110$ mPas, $T_g = 250$ °C)

Die Erhöhung der Zerstäubergastemperatur und des Zerstäubervolumenstroms soll zur Verbesserung der Zerstäubung, sowie der Unterdrückung der Faserbildung beitragen. Zudem werden die im dargestellten Modell Optimierungskriterien hinsichtlich der Kammergeometrie auf den Heißgasprozess übertragen.

4 Zusammenfassung

Die Clusterbildung, das Entrainment von Umgebungsgas und die Rezirkulationsbewegung des Sprays haben einen großen Einfluss auf den Wärme- und Stoffübergang, die Verweilzeiten und

die Agglomeration von Partikeln. Die Produkteigenschaften sind daher nicht nur von den Düsenparametern, sondern auch von dem Sprühkammerdesign abhängig.
Durch die Particle Imaging Methode wurde für den gegebenen experimentellen Aufbau gefunden:

- starke räumliche und zeitliche Fluktuationen der Größen im berandeten Sprayprozess liegen vor (Oszillieren, Kreiselbewegung, Clustergrößen, ..)
- das Sprühkammerdesign beeinflusst maßgeblich das Entrainment und die Rezirkulationsbewegung im Spray
- die ermittelten Partikelkonzentrationsinhomogenitäten werden durch das Sprühkammerdesign und die Düsenparameter nicht systematisch beeinflusst
- die mittlere Clustergeschwindigkeit ist nicht schneller als die mittlere Sprayströmung
- kein signifikanter Einfluss des Zerstäuertyps (intern- /externmischend) auf die Clusterbildung

Die Möglichkeiten, komplex viskose Polymerlösungen direkt mit einem heißen Zerstäubergasmassenstrom zu zerstäuben und zu trocknen, konnten gezeigt werden. Im Fokus der weiteren Untersuchungen steht die Frage, wie die Tropfen/Partikel–Gas-Wechselwirkungen gezielt vorhergesagt und eingestellt werden können, um maßgeschneiderte Pulverprodukte zu erzeugen.

5 Danksagung

Die Untersuchung wurde im Rahmen des DFG Schwerpunktprogramms „Prozess-Spray - Herstellen funktionaler Feststoffpartikeln im Sprühverfahren – Von den Anforderungen an das Pulver und an seine Eigenschaften zum geeigneten Prozess“ durchgeführt. Die Projektmitglieder bedanken sich ganz herzlich für die Unterstützung.

6 Literatur

[1] Aliseda, A., Cartellier, A., Hainaux, F., and Lasheras, J.C., Effect of preferential concentration on the settling velocity of heavy particles in homogeneous isotropic turbulence, J. of Fluid Mechanics Vol. 468: 77-105 (2002).

[2] Czainski, A.: Quantitive Characterization of inhomogeneity in Thin Metallic Films Using Garncarek´s Method, J. Phys. D: Appl. Phys. 27: 616-622 (1994).

[3] Hayakawa, S., Okajima, S., and Tokuoka, N., The study of spray structure by numerical simulation – The effect of interaction between droplets on spatial inhomogeneity, Proceedings of 22th ILASS, Europe Meeting 2008, Comer See, Italien.

[4] Heinlein, J., and Fritsching U.: Droplet clustering in sprays, Experiments in Fluids, Vol. 40: 464-472 (2006).

[5] Kuno K., Tokuoka N., Transition of Spatial Inhomogeneity of Droplets in Spray, Proceedings of 21th ILASS, Europe Meeting 2007, Mugla, Türkei.

[6] Scholler, M., and Fritsching, U., Oscillating Jet Flow in Enclosures with Non-circular Cross Section , Int. Journal of Flow Control, Vol. 1, No. 2.: 167-173 (2009).

[7] Hardalupas Y., Sahu S., Experimental characterization of isothermal and evaporative sprays, Proceedings of 23th ILASS, Europe Meeting 2010, Brno, Tschechische Republik.

[8] Rottenkolber G., Ottomotoren im Kaltstart: Laseroptische Messverfahren zur Charakterisierung des Kraftstofftransports , Forschungsberichte aus dem Institut für Thermische Strömungsmaschinen, Bd. 14/2001, 2001, Berlin.

[9] Tewes M., Peuker U., Zerstäuben von Polymerlösungen unterschiedlicher Viskosität und Molekülmasse bei konditioniertem Zerstäubungsgas, Konferenzbeitrag Spray 2010, Heidelberg, Deutschland

[10] Lohner H., Czisch C., Schreckenberg P., Fritsching U., Bauckhage K., Atomization of viscous melts, Atomization and Sprays 15 (2005) 2, 169-180

[11] Dunkley J., Hot Gas Atomisation – Economic and Engineering Aspects, Proc. PM2005, World PM Congress, Wien 2005

[12] Fessler J.R., Kulick J.D., Eaton J.K., Preferential concentration of heavy-particles in a turbulent channel flow, Phys. Fluids 6 (1994) 11, 3742-3749

[13] Kröger B., Einfluss einer Luftverteilerströmung auf die Ausbreitung der dispersen Phase in einem Sprühtrocknerturm, Dissertation, Uni Bremen, 2001

[14] Scholler M., Fritsching, U.: Oscillating Jet Flow in Enclosures with Non-circular Cross Sections, Int. J. of Flow Control Volume 1 (2009) Number 2

STRUKTURCHARAKTERISIERUNG SPRÜHGETROCKNETER PROTEINHALTIGER MATRIXPARTIKEL ZUR MIKROVERKAPSELUNG

S. Drusch[1], Y. Serfert[2], H. Steckel[3], A. Berger[2], S. Hamann[3], V. Zaporojtchenko[4], K. Schwarz[2]

[1] Fachbereich Life Sciences and Technology, Luxemburger Str. 10, Beuth Hochschule für Technik, Berlin, email: drusch@beuth-hochschule.de

[2] Institut für Humanernährung und Lebensmittelkunde, Abteilung Lebensmitteltechnologie, Christian-Albrechts-Universität zu Kiel, Heinrich-Hecht-Platz 10, 24118 Kiel

[3] Pharmazeutisches Institut, Abteilung für pharmazeutische Technologie und Biopharmazie, Christian-Albrechts-Universität zu Kiel, Gutenbergstr. 76, 24118 Kiel

[4] Institut für Materialwissenschaften, Materialverbunde, Christian-Albrechts-Universität zu Kiel, Kaiserstr. 2, 24143 Kiel

1 Einleitung

Um die Stabilität von funktionellen Lebensmittelinhaltstoffen zu erhöhen und/oder deren Freisetzung zu modifizieren, können diese mittels unterschiedlicher Techniken verkapselt werden [1]. Eine dieser Techniken ist die Mikroverkapselung mittels Zerstäubungstrocknung, bei der der Inhaltsstoff in eine amorphe kohlenhydratbasierte Matrix eingeschlossen wird. Im Fall lipophiler Inhaltsstoffe ist der Einsatz von grenzflächenaktiven Substanzen zum Dispergieren des Inhaltsstoffs in einer wässrigen Lösung der Trägermatrix notwendig. Der Einsatz eines Überschusses an grenzflächenaktiver Substanz bietet zusätzlich die Möglichkeit, die Oberflächenzusammensetzung des trocknenden Tropfens gezielt zu modifizieren und so die Verkapselungseffizienz von z.B. Proteinen und Lipiden zu verbessern [2-4]. Für eine zielgerichtete Entwicklung einer geeigneten Formulierung ist dabei eine vorherige Charakterisierung der Grenzflächenaktivität der Proteine ebenso notwendig wie die Analyse der Oberflächenzusammensetzung der sprühgetrockneten Partikel.

Ziel der vorliegenden Arbeit war die Charakterisierung der Oberflächenakkumulation von Proteinen und Proteinhydrolysaten an der Oberfläche von Tropfen, wie sie im Prozess der Sprühtrocknung nach der Zerstäubung entstehen sowie die Charakterisierung der Zusammensetzung korrespondierender sprühgetrockneter Feststoffpartikel.

2 Materialien und Methoden

2.1 Materialien

Als Proteinquellen wurden kommerziell verfügbares Natriumkaseinat und Molkenproteinhydrolysat sowie entsprechende Hydrolysate eingesetzt. Das Kaseinhydrolysat hatte einen Hydrolysegrad von 7,6 %, das Molkenproteinhydrolysat von 18,1 %. Alle Proteine wurden von der Fonterra Europe GmbH (Hamburg) bereitgestellt. Sprühgetrocknete Feststoffpartikel wurden nach Vermischen der Proteine mit Glukosesirup (C*Dry 01934, Cargill Deutschland GmbH, Krefeld) hergestellt. Zur Markierung der Proteine für die Untersuchung der Oberflächenzusammensetzung sprühgetrockneter Feststoffpartikel mittels konfokaler Laserscanningmikroskopie wurden Rhodamin B-isothiocyanat (RBITC), Fluorescein-isothiocyanat (FITC) und N-Succinimidyl-7-methoxycoumarin-3-carboxylat (MCCA) verwendet. Als Modellsubstanz für die Mikroverkapselung wurde Fischöl (Omevital 18/12, Cognis GmbH, Illertissen) mit einem Gehalt von ca. 30 % langkettigen mehrfach ungesättigten Fettsäuren verwendet.

2.2 Methoden

Die Charakterisierung der Oberflächenakkumulation der Proteine und Proteinhydrolysate erfolgte mittels modifizierter dynamischer Tropfenkonturanalyse. Durch Modifizierung der Dosiereinheit eines Kontaktwinkelmessgeräts (OCA20, Fa. Dataphysics Instruments GmbH) konnte der Abfall der Oberflächenspannung in einem für die Lebenszeit eines Tropfens im Sprühtrocknungsprozess relevanten Zeitraum untersucht werden [5]. Mittels zweier ineinander geführter Kanülen war es möglich, eine proteinhaltige Lösung in einen Wassertropfen zu injizieren (Abb.1).

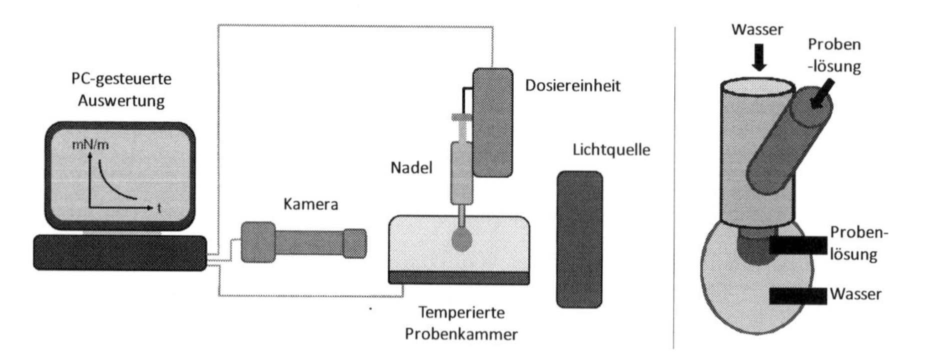

Abb. 1: Modifiziertes Tropfenkonturanalysesystem

Die Sprühtrocknung proteinhaltiger Feststoffpartikel sowie fischölhaltiger Emulsionen erfolgte auf einem Niro Mobile Minor (Niro GmbH, Müllheim) bei 180 °C Einlasstemperatur und 70 °C

Austrittstemperatur. Zur Oberflächencharakterisierung der sprühgetrockneten Feststoffpartikel wurden die konfokale Laserscanningmikroskopie (CLSM; Leica TCS-SP 1, Leica Microsystems GmbH, Wetzlar), Raman-Mikroskopie (Senterra, Bruker Optik GmbH, Ettlingen) und Röntgen-Photoelektronenspektroskopie (XPS; Omicron NanoTechnology GmbH, Taunusstein) eingesetzt. Die Beurteilung der Lipidoxidation während der Lagerung (20 °C, 33 % relative Luftfeuchte) erfolgte über die Bestimmung des Hydroperoxidgehalts nach der Thiocyanatmethode [6].

3 Ergebnisse und Diskussion

Bei der Charakterisierung der Oberflächenakkumulation mittels modifizierter Tropfenkonturanalyse zeigte sich eine erhöhte Oberflächenaktivität von Proteinhydrolysaten gegenüber nicht hydrolysierten Proteinen. Dies zeigte sich im Fall von Natriumkaseinat und Kaseinhydrolysat anhand der kürzeren Lag-Phase, d.h. der Zeit, über die die Oberflächenspannung nach Proteininjektion zunächst noch konstant bleibt (Tabelle 1). Im Fall von Molkenproteinisolat und -hydrolysat konnte auch ein Unterschied in der Steigung der Regressionsgeraden während des Abfalls der Oberflächenspannung nachgewiesen werden.

Tabelle 1: Charakterisierung der Oberflächenakkumulation von Natriumkaseinat und Kaseinhydrolysat mittels modifizierter Tropfenkonturanalyse

Probe	Proteingehalt [%]	Lag-Phase [$ms^{0,5}$]	Steigung der Regressionsgerade [$mN*m^{-1}/ms^{0.5}$]	Regressionskoeffizient
Natrium-kaseinat	0,1	33,7	0,51	0,971
	0,25	36,8	2,59	0,966
	0,5	23,7	3,94	0,953
	0,75	25,8	7,88	0,952
	1,0	27,4	6,38	0,927
Kasein-hydrolysat	0,1	25,3	1,04	0,854
	0,25	21,8	1,73	0,848
	0,5	20,7	4,84	0,807
	0,75	23,3	6,09	0,862
	1,0	15,7	4,51	0,780

Das für die CLSM notwendige Labeln der Proteine beeinflusste teilweise deren Oberflächenaktivität, so dass Rückschlüsse auf die Oberflächenakkumulation nicht gelabelter Proteine nur bedingt möglich sind. In Übereinstimmung mit Lamprecht et al. [7] wurde darüber hinaus die Auflösung bei der CLSM als kritische Determinante für die Analytik identifiziert. Trotz spektraler Unterschiede zwischen dem Trockenglukosesirup und den Proteinen konnte mittels Raman Mikroskopie keine klare Verteilung dieser beiden Matrixkomponenten erzielt werden. Als Ursache wird die gleichzeitige Anregung oberflächennaher Molekülschichten, in der beide Komponenten vorliegen, angesehen, so wie es von Kudelski et al. [8] beschrieben wird.

Mittels XPS konnte der Proteingehalt an der Oberfläche sprühgetrockneter Feststoffpartikel zuverlässig quantifiziert werden. Der Proteingehalt an der Oberfläche war dabei gegenüber dem durchschnittlichen Proteinanteil der sprühgetrockneten Feststoffpartikel deutlich erhöht. Bei gleicher Proteinkonzentration war der Anteil an der Oberfläche bei Proteinhydrolysaten höher als bei nicht hydrolysiertem Protein. Im Vergleich zum Natriumkaseinat führte die erhöhte Oberflächenbedeckung des Kaseinhydrolysats bei der Verkapselung von Fischöl in Kombination mit Trockenglukosesirup zu einer verringerten Verkapselungseffizienz. Eine Erhöhung des Proteinanteils erhöhte die Verkapselungseffizienz, jedoch nicht die Stabilität gegenüber oxidativen Veränderungen des verkapselten Fischöls.
Zusammenfassend lässt sich feststellen, dass über eine modifizierte Tropfenkonturanalyse die Oberflächenaktivität von grenzflächenaktiven Substanzen in einem für die Zerstäubungstrocknung relevanten Zeitraum charakterisiert werden kann und damit Rückschlüsse auf die Eignung zur Oberflächenmodifizierung sprühgetrockneter Feststoffpartikel möglich sind. Im Fall der untersuchten Milchproteine zeigten die hydrolysierten Proteine eine höhere Oberflächenaktivität als die nicht hydrolysierten Proteine. Es zeigte sich jedoch auch, dass im Fall der Mikroverkapselung von lipohilen Inhaltsstoffen eine erhöhte Oberflächenaktivität nicht notwendigerweise mit einer erhöhten Funktionalität einhergeht. Es wird vermutet, dass die Grenzflächenelastizität und damit die Stabilität der Emulsion gegenüber prozessbedingter Scherbelastung berücksichtigt werden muss. Darüber hinaus wird postuliert, dass überschüssiges Protein einen Einfluss auf die für die Sauerstoffdiffusion relevanten freien Volumenelemente hat. Entsprechende Untersuchungen sind Gegenstand laufender Untersuchungen.

4 Literatur

[1] S. Drusch and S. Mannino, Patent-based review on industrial approaches for the microencapsulation of oils rich in polyunsaturated fatty acids. Trends in Food Science & Technology, vol. 20, pp. 237-244, 2009.

[2] A. Millqvist-Fureby, U. Elofsson and B. Bergenståhl, Surface composition of spray-dried milk protein-stabilised emulsions in relation to pre-heat treatment of proteins. Coll Surf B, vol. 21, pp. 47-58, 2001.

[3] A. Millqvist-Fureby and P. Smith, In-situ lecithination of dairy powders in spray-drying for confectionery applications. Food Hydrocolloids, vol. 21, pp. 920-927, 2007.

[4] J. Elversson and A. Millqvist-Fureby, In situ coating - An approach for particle modification and encapsulation of proteins during spray-drying. International Journal of Pharmaceutics, vol. 323, pp. 52-63, 2006.

[5] S. Drusch, S. Hamann, A. Berger, Y. Serfert and K. Schwarz, Surface accumulation of milk proteins and milk protein hydrolysates at the air-water interface on a time-scale relevant for spray-drying. Food Res Int, submitted for publication, 2011.

[6] International Dairy Federation, Anhydrous milk fat. Determination of peroxide value. International IDF Standards, vol. pp. Square Vergot 41, Brussels, Belgium, sec. 74A:1991, 1991.

[7] A. Lamprecht, U. F. Schäfer and C.-M. Lehr, Structural analysis of microparticles by confocal laser scanning microscopy. AAPS PharmSciTech, vol. 1, pp. article17, 2000.

[8] A. Kudelski, Raman spectroscopy of surfaces. Surface Science, vol. 603, pp. 1328-134, 2009.

5 Danksagung

Die Arbeiten wurden von der Deutschen Forschungsgemeinschaft im Rahmen des Schwerpunktprogramms SPP1423 „Prozess-Spray" gefördert.

APPLICATION OF DIRECT QUADRATURE METHOD OF MOMENTS IN MODELING OF EVAPORATING SPRAY FLOWS

S. R. Gopireddy, R. M. Humza, E. Gutheil
Interdisciplinary Center for Scientific Computing (IWR), University of Heidelberg, INF 368, 69120 Heidelberg,
e-mail: srikanth.reddyg@iwr.uni-heidelberg.de, rana.humza@iwr.uni-heidelberg.de, gutheil@uni-hd.de

1 Introduction

The evolution of particulate and other dispersed-phase systems can be modeled using population balance equations (PBE). The PBE is a continuity equation defined over a number density function. For spray systems, such a PBE is proposed by Williams [1] based on kinetic theory. The quadrature method of moments (QMOM) has been studied as an attractive approach to solve Williams' equation by defining the spray dynamics globally [2, 3]. Considering the number density of droplet distribution in sprays, in QMOM, moment equations are approximated as weighted sum of radii by assigning higher weights to droplets that contribute more in transport and dynamics of system, using Guassian quadrature formulation based on product-difference algorithm proposed by Gordon [4]. This method has been validated [2] and extended [3] to include the effects of aggregation and breakup. However, while applying it to practical systems, two major problems have been faced. At first, it poses difficulties in treating systems where the dispersed-phase velocity strongly depends upon internal coordinates of the system and secondly, numerical issues are quite challenging in case of bivariate (and multivariate) density functions which are characteristic in many technical applications. To overcome these problems, direct quadrature method of moments (DQMOM) has turned out to be an attractive alternative [5], which is particularly efficient in cases of polydispersed multiphase flows. This approach is adapted in the present study for a water/nitrogen spray.

The DQMOM has been applied to various research problems other than spray flows. DQMOM is adapted and validated for the coagulation and sintering of particles by extending to bivariate population balance equations [6]. Recently, DQMOM has been applied in studying exhaust particle formation and evolution in the wake of ground vehicle [7] and DQMOM is compared with method of classes (also known as discrete droplet model) for simulations of bubbly flows [8]. In latest studies DQMOM is employed in modeling polydisperse fluidized powders [9]. It is also used in combination with a micro-mixing model and compared with a stochastic field method for treating turbulent reactions [10]. In the field of spray flows, DQMOM is applied to study multi-

component evaporation [11], and it has been extended to include evaporation and coalescence [12], but these studies assumed only simplified models for evaporation and coalescence.
So far DQMOM has not been considered to treat the process of spray drying. The principal physical processes that the droplets undergo in spray flows encountered in spray drying are (1) transport in real space or convection, (2) droplet evaporation and drying, (3) acceleration or deceleration of droplets due to drag and (4) coalescence and collision of droplets leading to polydispersity.
The present paper concerns an evaporating spray in a steady gas flow where experimental data are available for model evaluation. This paper is organized as follows. In section 2, the experimental configuration is described. Section 3 is devoted to mathematical modeling of spray flows using the direct quadrature method of moments. Finally, computational results compared with the experimental data are discussed.

2 Experimental Setup

Experiments have been carried out at BASF, Ludwigshafen, where a water spray was injected into a cylindrical spray chamber. The carrier gas is nitrogen at room temperature. Three different experiments were conducted by keeping the spray inflow rate at 80.4, 150.8 and 203 kg/h while the gas flow rate was fixed at 200 Nm^3/h. The droplet size distribution is recorded at sections of 0.14, 0.54, and 0.84 m distance from the nozzle using Laser Doppler Anemometry. Measurements at 0.14 m were taken as starting point for initial data generation for computations. The schematic diagram of the experimental setup with dimensions and measurement positions is shown in Fig. 1.

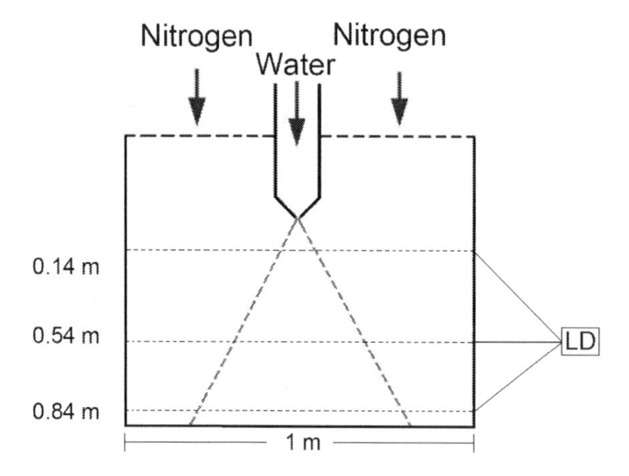

Fig. 1: Schematic diagram of the experimental setup

The spray column has a diameter of 1 m. Different nozzles were used, produced by Delavan and Schlick. The present simulation concerns the experimental data generated using the Delavan nozzle SDX-SD-90 with an internal diameter of 2 mm and an outside diameter of 12 mm at the nozzle throat and 16 mm at the top.

3 Mathematical Model

3.1 DQMOM formulation

The mathematical model to describe the spray is based on Williams' spray equation [1]

$$\frac{\partial f}{\partial t} = -\frac{\partial(\mathbf{u}f)}{\partial \mathbf{x}} - \frac{\partial(Rf)}{\partial r} - \frac{\partial(\mathbf{F}f)}{\partial \mathbf{u}} + Q_f + \Gamma_f, \tag{1}$$

which describes the transport of the probability density function $f(r, \mathbf{u}; \mathbf{x}, t)$ in terms of time, t, and in general three-dimensional physical space, $\mathbf{x}$. In Eq. (1), $\mathbf{u}$ denotes droplet velocity, $\mathbf{F}$ drag force, and $R = dr/dt$ droplet evaporation where r is the droplet radius. The last two terms in Eq. (1) describe droplet interaction where Q_f represents the source term due to coalescence and Γ_f accounts for droplet collisions. In this study, a joint radius-velocity NDF is considered, which is approximated by DQMOM as a sum of weighted Dirac-delta functions of droplet radii and velocities [12], given as

$$f(r, \mathbf{u}) = \sum_{n=1}^{N} w_n \delta(r - r_n)\delta(\mathbf{u} - \mathbf{u}_n), \tag{2}$$

where w_n and r_n are chosen as N representative quantities of weights and radii, and $\mathbf{u}_n$ is the corresponding velocity. Application of DQMOM results in closed transport equations for droplet weights or number density, mass density and momentum density, respectively, and in one physical dimension, they yield

$$\frac{\partial w_n}{\partial t} + \frac{\partial(w_n \mathbf{u}_n)}{\partial x} = a_n \tag{3}$$

$$\frac{\partial(w_n \rho r_n)}{\partial t} + \frac{\partial(w_n \rho r_n \mathbf{u}_n)}{\partial x} = \rho b_n \tag{4}$$

$$\frac{\partial(w_n \rho r_n \mathbf{u}_n)}{\partial t} + \frac{\partial(w_n \rho r_n \mathbf{u}_n \mathbf{u}_n)}{\partial x} = \rho \mathbf{c}_n, \tag{5}$$

where a_n, b_n and $\mathbf{c}_n$ are the source terms that may account for evaporation, drag force, coalescence and collision.

3.2 Source terms

Equations (3) – (5) can be solved with appropriate initial and boundary conditions to find $w_n(x,t)$, $r_n(x,t)$ and $u_n(x,t)$ provided the source terms i.e. a_n, b_n and $\mathbf{c}_n$ are known. The present study focuses on effect of evaporation, drag force and gravity. These source terms can be found through moment transformation of phase-space terms, which yields a linear system for the solution of source terms:

$$P_{k,l} = \int\int r^k \mathbf{u}^l \left[-\frac{\partial(Rf)}{\partial r} - \frac{\partial(\mathbf{F}f)}{\partial \mathbf{u}}\right] \mathrm{d}r\mathrm{d}\mathbf{u}. \tag{6}$$

The exact form of the DQMOM linear system relies on the choice of moments. To obtain a solution, the moments are so chosen that the resulting coefficient matrix is non-singular. For instance, in case of $N = 3$, the moments set can be chosen as [12] k □ $\{0, 1, 2, \ldots, 2N\}$; l □ $\{0,1\}$. Though this approach has been tested to model non-evaporating sprays, very little literature [12, 13] is available on evaporating sprays. This work [12, 13], however, concerns a very simplified evaporation model considering the change in droplet size with time either as a linear function of droplet volume or non-linear function of droplet volume, which is similar to the well established but very simplified d^2 law, which has many limitations including negligence of convective effects and assuming constant liquid and film properties. In order to overcome this, in this work, the advanced convective droplet model accounting for heating and evaporation as suggested by Abramzon and Sirignano [14] is employed. It considers effects of convection around the evaporating droplets for different Reynolds numbers. Moreover, the present model accounts for both variable properties of the liquid and inside the film. The following equation is rewritten for the rate of decrease in droplet radius with time, $R = \mathrm{d}r/\mathrm{d}t$:

$$\frac{\mathrm{d}r}{\mathrm{d}t} = -\left(\frac{\rho_f}{\rho_l}\right)\frac{1}{2r}D_f\widetilde{\mathrm{Sh}}\ln(1+B_M), \tag{7}$$

where $\widetilde{\mathrm{Sh}}$ denotes the modified Sherwood number, B_M Spalding's mass transfer number, and the subscript f refers to film properties. The modified Sherwood number is given as $\widetilde{\mathrm{Sh}} = 2 + \frac{\mathrm{Sh}-2}{F(B_M)}$ with $F(B_M) = (1+B_M)^{0.7}\,\frac{\ln(1+B_M)}{B_M}$ and $\mathrm{Sh} = 1 + (1+\mathrm{Re}_d\mathrm{Sc})^{1/3}\max[1, \mathrm{Re}_d{}^{0.077}]$. The Spalding mass transfer number is $B_M = (Y_\infty - Y_s)\,/\,(Y_s - 1)$.

When there is a difference in velocities of surrounding gas and droplets, the gas will exert drag force on droplets, which lead to either increase or decrease in the droplet velocities. Droplets are affected by drag force and by the gravitational force [15], i.e.

$$\mathbf{F} = \frac{3}{8}\frac{\rho_g}{\rho_l}\frac{1}{r}(\mathbf{u}_g - \mathbf{u})|\mathbf{u}_g - \mathbf{u}|C_D + \mathbf{g}, \tag{8}$$

where **F** is the total force on a droplet per unit mass, g = 9.81 m/s^2 the acceleration due to gravity. The unsteady behavior of the droplets, buoyancy effects, compressibility of the gas, rotation effects, the fluid motion within the droplet or other more subtle forces are not considered as they are negligible for low Mach numbers and large ratios of droplet to gas densities. In Eq. (8), C_D is the drag coefficient. For small droplet Reynolds numbers ($\mathrm{Re}_d < 1$) the drag coefficient is given as

$$C_{D,St} = 24/\mathrm{Re}_d \quad \text{with } \mathrm{Re}_d = 2r\rho|\mathbf{u}_g - \mathbf{u}|/\mu \tag{9}$$

For higher droplet Reynolds numbers, Schiller and Naumann [15] proposed the correlation

$$C_{D,SN} = \begin{cases} C_{D,St}(1 + 0.15\,\mathrm{Re}_d^{0.687}) & \text{if} \quad \mathrm{Re}_d < 10^3 \\ 0.44 & \text{if} \quad \mathrm{Re}_d \geq 10^3 \end{cases}. \tag{10}$$

4 Results and Discussion

In this section, the results from DQMOM are presented and compared with experimental data and with the simpler model QMOM. Simulations were carried out considering different ambient gas temperatures and different inflow rates of both liquid and gas in order to study the effect of evaporation and drag force along with gravity on droplet characteristics. The experimental data provide the cumulative volume frequency of different droplet sizes. These volume frequencies are converted into surface frequencies through dividing the individual volume frequencies by the corresponding diameter. Then droplet velocities are calculated using Stokes droplet velocity relation [14]. The moment sets [12] are calculated using these data, which are in turn used to calculate the weights (representing surface frequencies), radii and velocities through the product-difference algorithm. These data (weights, radii and velocities) then are used as initial data to start computations.

Equations (3) – (5) are numerically solved using a two step MacCormack method [16]. Though the present simulations concern the homogeneous case of the system defined in Eqs. (3) – (5), we have also done computations showing the comparison between homogeneous and inhomogeneous condition of this system. When homogeneous case results are compared to experimental data, the time axis of the model is matched to the experimental position through use of velocity. Figure 2 (left) displays the results of a comparison of QMOM and DQMOM, where DQMOM results are compared for Eqs. (9) and (10), i.e. for low and high Reynolds number. Here, the liquid inflow rate is 80.4 kg/h. It can be seen that QMOM produces unphysical behavior whereas DQMOM improves the results of QMOM significantly even for lower droplet Reynolds numbers. The right part of Fig. 2 gives a comparison of DQMOM with experiment for two different initial flow rates. Agreement of experimental and simulation results for the lower inflow rate is excellent whereas the higher flow rate is close for the first and last experimental position. In the intermediate position, the experiment did not match the liquid inflow rate of 150 kg/h, so that a deviation is obtained. Therefore, for the remainder of the computations, the lower inflow rate was chosen for further analysis and evaluation of the DQMOM method.

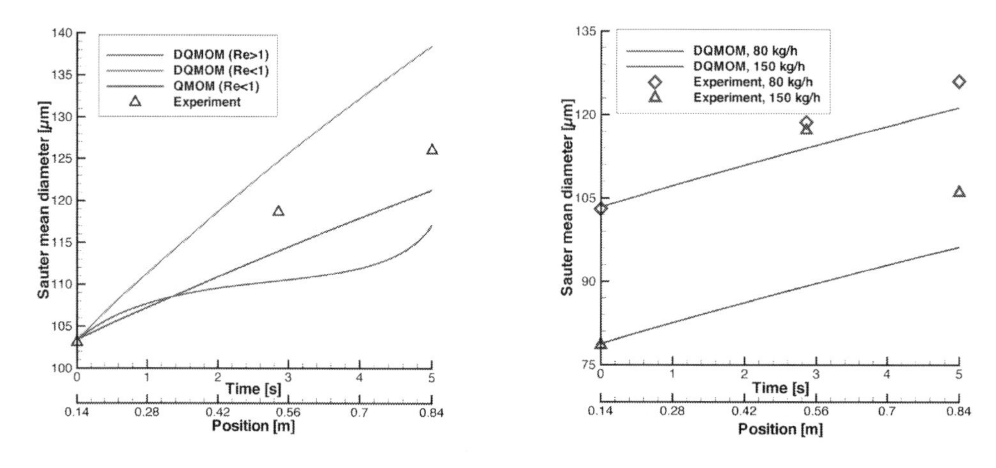

Fig. 2: Comparison of QMOM and DQMOM results with experiment (left), and comparison of DQMOM and experiment for different liquid initial flow rates (right)

For the low liquid inflow rate, calculations have been performed at an ambient temperature of 293 K, and profiles of different spray parameters, i.e. Sauter mean diameter, specific surface area, and number density are compared with experimental data at the same conditions. In order to analyze the effect of evaporation on droplet size, simulations have been carried out at different temperatures of the surrounding gas. The influence of drag force on droplet velocities is studied through consideration of different gas inflow rates. The combined effect of evaporation and drag force along with gravity on droplet characteristics is also investigated.

The left part of Fig. 3 shows the profile of the Sauter mean diameter, which is increasing with time and position. Here, time abscissa label is for simulation results and position for experiment. The increase in Sauter mean diameter can be explained by quick evaporation of smaller sized droplets leading to less or zero contribution in total surface area compared to the larger droplets. The similar effect is reflected in the specific surface area shown in the right part of Fig. 3, and this conforms to left part of the figure as well as experimental results.

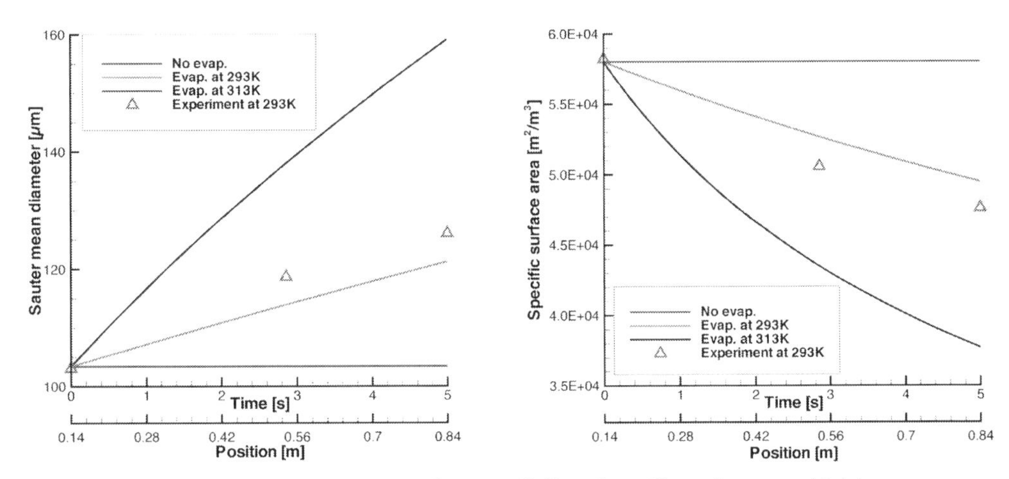

Fig. 3: Effect of evaporation on Sauter mean diameter (left) and specific surface area (right)

In Fig. 4 (left), the velocity profiles of a droplet having a radius of 86 μm and an initial velocity of 1.94 m/s is subjected to different velocities of the surrounding gas. When there is no drag, the droplet velocity remains unaffected as seen in the figure. Different surrounding gas flow rates exposing drag on a droplet with fixed size (left) show the droplet to decelerate continuously and after a certain time, the droplet reaches a steady state value. The time taken to reach this steady value depends on the relative velocity, i.e. more time for large relative velocity as it is reflected in the case of higher drag force. Velocity profiles of three different droplets of radii 24 μm, 86 μm and 143 μm with an initial velocity of 1.09 m/s, 1.94 m/s and 2.76 m/s respectively, subjected to surrounding gas flow of 0.078 m/s (experimental value) are shown in the right part of Fig. 4. It can be clearly observed that droplets decelerate continuously and follow the streamlines of the gas after a certain time. Larger droplets with higher relative velocity take more time until they follow the gas streamlines compared to smaller size droplets with lower relative velocity.

Figure 5 (left) shows the combined effect of evaporation, drag force and gravity on the droplets with the same experimental conditions as shown in Fig. 4 (right). The droplets initially decelerate because of drag, and they adapt to the surrounding gas velocity; however, after a certain amount of time, droplet velocity increases linearly with time because of gravity, which affirms the accuracy of the numerical method.

So far, the computations shown have been performed for the homogeneous situation. The right part of Fig. 5 shows a comparison of the homogeneous and inhomogeneous situations, i.e. Eqs. (3-5) have been solved without and with the convective contribution. The profile of number density when subjected to evaporation, drag force and gravity is displayed. Here, the computational results of both the homogeneous (time as abscissa) and inhomogeneous (position as abscissa) solutions in comparison with experimental results are presented. It can clearly be observed that, with evaporation, the number density decreases as the droplets evaporate leading to complete evaporation of smaller size droplets conforming to the experimental results. The agreement between inhomogeneous solution and experiment is excellent whereas the homogeneous solution overestimates loss of droplet number density because of the neglected convective effects.

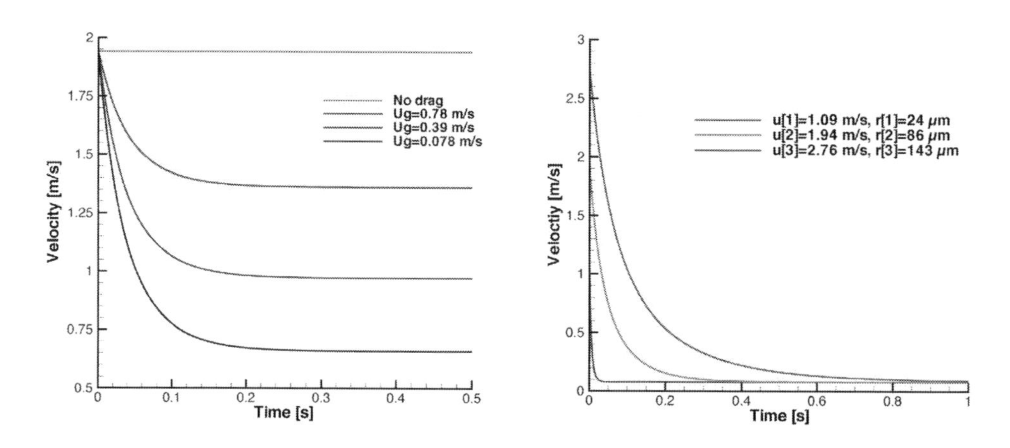

Fig. 4: Velocity profile of a droplet with initial radius of 86 μm exposed to different surrounding gas flow rates (left) and three different sized droplets at fixed gas flow rate (right)

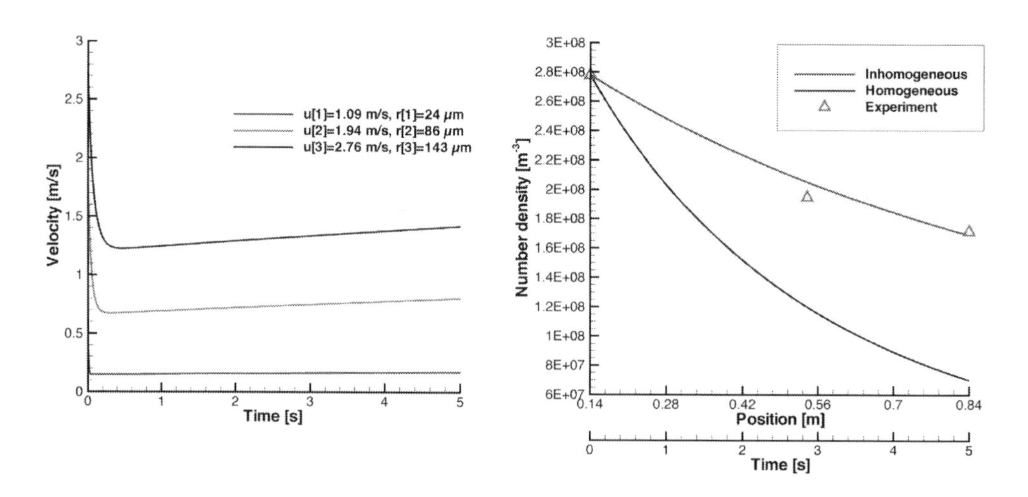

Fig. 5: Effect of evaporation, drag and gravity on three different droplet velocities (left) and on droplet number density (right)

5 Conclusions

The paper presents a numerical study on the evaporation of dilute water sprays using DQMOM. An advanced model for convective droplet evaporation is implemented together with source terms in the DQMOM equations for gravity and drag force. An appropriate numerical solution scheme is identified to account for these implementations, and its accuracy has been validated. The numerical results are compared with experimental data from BASF, Ludwigshafen. It appears that the present model is suitable to capture all trends in varying parameters such as both liquid and gas inflow rates, ambient gas temperature, and droplet characteristics.
A comparison of DQMOM results with the earlier QMOM shows unphysical behavior of QMOM whereas DQMOM represents the experimental data very well. The inhomogeneous solution of the DQMOM equations greatly improves the results obtained with the homogeneous equations.

6 Acknowledgements

The authors gratefully acknowledge financial support of Deutsche Forschungsgemeinschaft (DFG) through SPP 1423. They thank Dr. Wengeler from BASF, Ludwigshafen, for providing the experimental data.

7 References

[1] F. A. Williams, „Spray combustion and atomization“, *Physics of Fluids*, vol. 1, pp. 541-545, 1958

[2] D. L. Marchisio, J. T. Pikturna, R. O. Fox, R. D. Vigil and A. A. Barresi, „Quadrature method of moments for population balances with nucleation, growth and aggregation“, *AIChE Journal*, vol. 49, pp. 1266-1276, 2003

[3] D. L. Marchisio, R. D. Vigil and R. O. Fox, „Quadrature method of moments for aggregation-breakage processes“, *Journal of Colloid and Interface Science*, vol. 258-2, pp. 322-334, 2003

[4] R. G. Gordon, „Error bounds in equilibrium statistical mechanics“, *Journal of Mathematical Physics*, vol. 9, pp. 655-663, 1968

[5] D. L. Marchisio and R. O. Fox, „Solution of population balance equations using the direct quadrature method of moments“, *Journal of Aerosol Science*, vol. 36, pp. 43-73, 2005

[6] R. O. Fox, „Bivariate direct quadrature method of moments for coagulation and sintering of particle populations“, *Journal of Aerosol Science*, vol. 37, pp. 1562-1580, 2006

[7] T. L. Chan, Y. H. Liu and C. K. Chan, „Direct quadrature method of moments for the exhaust particle formation and evolution in the wake of the studied ground vehicle", *Journal of Aerosol Science*, vol. 41, pp. 553-568, 2010

[8] B. Selma, R. Bannari and P. Proulx, „Simulation of bubbly flows: Comparison between direct quadrature method of moments (DQMOM) and method of classes (CM)", *Chemical Engineering Science*, vol. 65-6, pp. 1925-1941, 2010

[9] L. Mazzei, D. L. Marchisio and P. Lettieri, „Direct quadrature method of moments for the mixing of inert polydisperse fluidized powders and the role of numerical diffusion", *Industrial Engineering and Chemistry Research*, vol. 49-11, pp. 5141-5152, 2010

[10] J. Akroyd, A. J. Smith, L. R. McGlashan and M. Kraft, „Comparison of the stochastic fields method and DQMoM-IEM as turbulent reaction closures", *Chemical Engineering Science*, vol. 65-20, pp. 5429-5441, 2010

[11] A. Bruyat, C. Laurent, and O. Rouzaud, „Direct quadrature method of moments for multicomponent droplet spray vaporization", *Proceedings of ICMF 2010*, May 31- June 3, Tampa, FL

[12] R. O. Fox, F. Laurent and M. Massot, „Numerical simulation of spray coalescence in an Eulerian framework: direct quadrature method of moments and multi-fluid method", *Journal of Computational Physics*, vol. 227-6, pp. 3058-3088, 2008

[13] D. Choi, L. Schneider, N. Spyrou, A. Sadiki and J. Janicka „Evaporation of tetralin spray with direct quadrature method of moments and Eulerian multi-fluid method", *Proceedings of ICMF 2010*, May 31- June 3, Tampa, FL

[14] B. Abramzon and W. A. Sirignano, „Droplet vaporization model for spray combustion calculations", *International Journal of Heat and Mass Transfer*, vol. 32-9, pp. 1605-1618, 1989

[15] M. Stieß, *Mechanische Verfahrenstechnik – Partikeltechnologie 1*, Berlin, Heidelberg: Springer, 2009

[16] D. A. Anderson, J. C. Tannehill and R. H. Pletcher, *Computational Fluid Mechanics and Heat Transfer*, Taylor and Francis, 1994

AUTOMATISIERTE MIKRO-ELEKTROPHORESE ZUR BESTIMMUNG VON ZETAPOTENTIAL–VERTEILUNGEN

Hanno Wachernig

Particle Metrix GmbH, Am Latumer See 13, 40668 Meerbusch, wachernig@particle-metrix.de

1 Einleitung

Konventionelle Mikro-Elektrophoresegeräte waren sehr lange verpönt. Grund ist die Elektroosmosebewegung, die bei Anlegen eines konstanten E-Feldes gleichzeitig mit der Elektrophorese auftritt und mit viel Justieraufwand verbunden war. Durch dieses Manko gingen viele Annehmlichkeiten der Mikro-Elektrophorese abhanden. Im ZetaView® 90° Laser – Streulicht Mikroskop sind Laserbeleuchtung und Mikroskop - Optik synchron und im Autofokus verschiebbar. Damit ist dem Experimentator die Bürde der Justierung abgenommen, ohne auf nützliche Aussagen der Elektroosmose verzichten zu müssen: Mit der Methode können Profile genauso wie Elektrophorese – Histogramme aufgenommen werden. Die Methode reicht zur Direktbeobachtung bis 80 nm, zeichnet sich durch hohe Auflösung aus und bietet durch die Diskriminierung einzelner Partikeln interessante Anwendungen im makromolekularen und nano-skaligen Partikelbereich, die in diesem Beitrag vorgestellt werden.

2 Methode

Das wesentlich Neue an der optischen Elektorphorese - Methode ist der synchrone Autofocus von Laserbeleuchtung und beobachtender Mikroskopoptik. Dadurch sind die inneren Zellmaße unter Kontrolle, was ermöglicht, die Elektrophorese von der Elektroosmose zu unterscheiden [1].

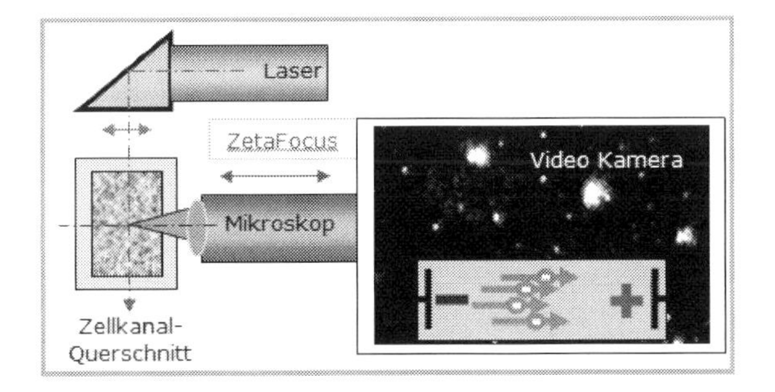

Abb. 1: Zellkanalquerschnitt der 90° Streulichtanordnung, Lasereinstrahlung vertikal, Mikroskop mit Videokamera horizontal. Laserfokus und Mikroskop – Fokus werden synchron durch das Zellinnere bewegt, um Geschwindigkeitsprofile aufnehmen zu können.

Der optische Aufbau ist in Abbildung 1 dargestellt und in [2] weiter beschrieben. Auf die Möglichkeiten der kontrollierten Elektroosmose zur Qualitätssicherung wird hier nicht eingegangen. Auf die hohe Auflösung des Messprinzips wurde früher schon hingewiesen [3]. Die erforderliche Probenkonzentration ist < 1000 ppm im Volumen und > 10^7 Partikeln/cm³.

3 Experimente und Ergebnisse

Zum Unterschied von Streulichtmethoden, die auf Interferenz beruhen wie die dynamische Lichtstreuung, bietet die Diskriminierung von Einzelpartikeln die Möglichkeit, an nur wenigen Partikeln Studien durchzuführen. Das ist der Fall, wenn Agglomerate von Nano-Partikeln und Makromolekülen von Proben vorhanden sind, deren Hauptanteil unterhalb von 10 nm liegt. Im Größenbereich < 10 nm versagen auflösende Zetapotential - Methoden. In dieser Präsentation wird zur Diskussion gestellt, ob die Ergebnisse an den Agglomeraten ein Abbild der Originalpartikeln darstellen. Einige Ergebnisse sind in Tabelle 1 zusammengefasst: Die Größenverteilung wurde mit Nanotrac DLS 180° heterodyn-Rückstreuung gemessen, das Zetapotential (ZP) mit dem hier beschriebenen ZetaView Gerät. Der Hauptanteil der Partikeln, der mit DLS gut detektiert werden kann, war mit Einzelpartikel - Diskriminierung nicht möglich zu sehen. Wohl konnte die Zetapotential - Verteilung der Agglomerate gemessen werden. Zwei Proben waren bezüglich der elektrophoretischen Geschwindigkeitsverteilung bimodal, der Rest monomodal.

Tabelle 1: Ergebnisse Nano-Kolloide

Probe	Größenverteilung DLS X50 vol / nm	ZP Mittel / mV	Peak #1 / mV	Peak #1 / %	Peak #2 / mV
Chitosan imare	0,95	53			
SiO2 #1, IRMM	30	-37			
SiO2 #2, IRMM	30	-52	-55	90%	-22
Huminstoff Uni TÜ	50	-57,8			
Au Colloid NIST	29	28,7	-29,9	75%	-10
Ag Colloid CR	2	-29			

Polyelektrolytlösungen wie kationisches Chitosan werden in der Behandlung von Kolloiden in unterschiedlichster Art verwendet, unter anderem werden Poly-DADMAC (Poly(diallyldimethylammonium chloride)) und PVS (Potassium PolyVinylsulfat) häufig zur Ladungstitration eingesetzt. Uns lagen zwei Produkte unterschiedlicher Qualität vor, ein Ladungsstandard von WAKO und ein industrielles Produkt von Sigma Aldrich. Die Zetapotential – Verteilung der beiden anionischen PVS Produkte wurde verglichen.

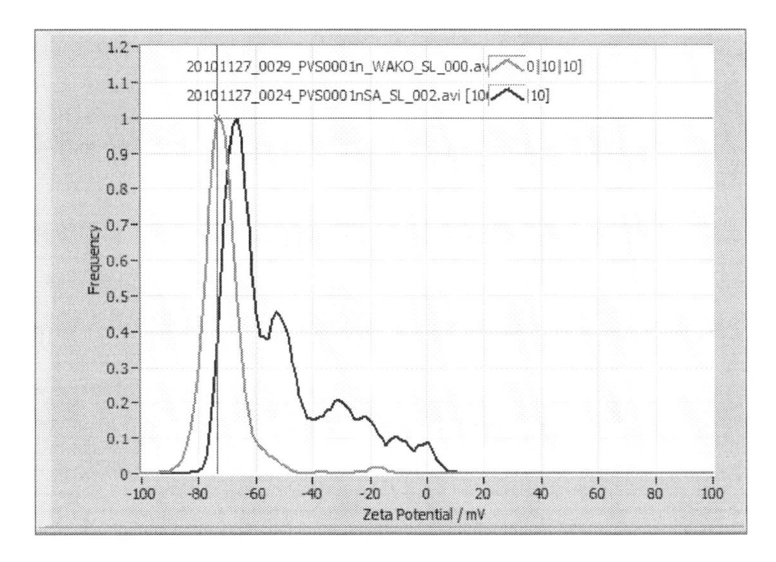

Abb. 2: Zetapotential-Verteilung von anionischen 0,001n PVS Lösungen. Monomodal (rot): Prüflösung; mehrmodal (blau): industrielles Produkt.

4 Diskussion

Aus Experimenten mit SiO_2-Protein- und Metalloxid-Suspensionen ist uns bekannt, dass durch Absenken des absolut genommenen Zetapotentials unter den kritischen Koagulationspunkt in der Partikelgrößenverteilung zwar Agglomerate gemessen werden, jedoch das Zetapotential einheitlich bleibt. Dieser Effekt wird darauf zurückgeführt, dass das geringere Zetapotential die Wahrscheinlichkeit für Van der Waals–Stöße zwar erhöht, jedoch nicht die Zetapotentialverteilung bimodal macht. Aus eigenen Experimenten mit dem Laser Streulicht Videomikroskop geht hervor, dass gewöhnlich nach Mischung unterschiedlich geladener Teilchen nach einer gewissen Zeit eine einheitliche Verteilung entsteht. In Mischungen von Bitumen und Tonerde bleibt jedoch in manchen Fällen eine Bimodalität [4]. In den oben geschilderten geschilderten Fällen wäre es interessant herauszufinden, was der Grund für die Bimodalität des Zetapotentials sein könnte und welche Experimente zur Problemlöung beitragen könnten. Dies wird hier zur Diskussion gestellt.

5 Literatur

[1] Hanno Wachernig und Bernd Mielke, Patentschrift DE 10 2008 007 743, *„Verfahren und Vorrichtung zur Erfassung der Partikelverteilung in Flüssigkeiten"*, May 2008

[2] *Particle Metrix Firmenschriften, ZetaView Broschüre*, Januar 2007

[3] Hanno R. Wachernig, *"Zetapotential Distribution Analysis by Electrophoresis Video Microscopy"*, 83rd ACS Colloid & Surface Science Symposium, June 14-19, 2009, New York, NY

[4] J. Liu, Z. Zhou, Z. Xu and J. Masliyah, *"Bitumen–Clay Interactions in Aqueous Media Studied by Zeta Potential Distribution Measurement"*, Journal of Colloid and Interfacial Science, Vol. 252, Bd. 2, 15. Aug. 2002, S. 409-418

STEUERUNG VON HOCHTEMPERATURPROZESSEN BEI DER VERBRENNUNG/VERGASUNG VON BIOMASSE ZUR EMISSIONSMINDERUNG

Dipl.-Ing. (FH) Martin Schmidt, Dipl.-Ing. (FH) Sven Schütz, Dipl.-Ing. (FH) Leander Mölter
Palas® GmbH, Greschbachstraße 3b, 76229 Karlsruhe, www.palas.de, mail@palas.de

1 Einleitung

In jüngster Zeit wird das Verbrennen von Brennstoffen aus Biomasse in der Presse bezüglich der Grenzwerte diskutiert.
Wie bei Fachleuten allgemein bekannt, können sich die emittierte Partikelgrößenverteilung und die Partikelmenge bei der Vergasung/Verbrennung von Biomasse durch den Feuchtegehalt und die Art des Brennstoffes (Holzpellets etc.) sowie durch die Luftzufuhr erheblich ändern.
An der Universität Magdeburg wird zurzeit untersucht, inwieweit es möglich ist, durch die Partikelgrößen- und Partikelmengenbestimmung im heißen Reingas z.B. nach einem Rauchgaswäscher und/oder Zyklon bei ca. 460 °C die Prozessparameter, wie Luftzufuhr und Holzarten, auf eine bestimmte maximale Partikelemission einzustellen.
Die Partikelgrößen- und Partikelmengenbestimmung oberhalb von 450 °C zu messen ist notwendig, um eine Auskondensierung der im Gas enthaltenen Teere zu verhindern. Durch das Auskondensieren von Teeren wird die Messung z.B. auch durch eine Aggregation der Partikel extrem verfälscht.
Die Partikelgrößen- und Partikelmengenbestimmung in diesen hohen Temperaturen wird mit einem von Palas® neu entwickelten Aerosolsensor welas® 2070 T470 und dem welas® digital oder Promo® System durchgeführt.
Die Schwierigkeiten bei der Partikelmessung im heißen Abgas sowie die Vorteile und Grenzen dieser Messmethode werden für diese Anwendung anhand von Messergebnissen erläutert.

2 Auswahl des Messverfahrens

Die Auswahl der geeigneten Messmethode orientiert sich an der Messaufgabe, also an der technischen oder wissenschaftlichen Fragestellung, den praktischen Gegebenheiten und den messtechnischen Bedingungen. Hierbei sind z.B. der Größenbereich, die Konzentration, die stofflichen Eigenschaften und die Form der Partikel sowie der gewünschte Informationsgehalt der

Messung, wie Anzahl- oder Volumenverteilung, zu berücksichtigen. Eine wichtige Rolle spielen die geforderte Genauigkeit und die Schnelligkeit.

Eine Messaufgabe sollte ohne Abstriche an die Genauigkeit und Aussagekraft immer mit minimalem Aufwand, sowohl technisch als auch finanziell, gelöst werden. Je nach Wahl des Messverfahrens und der Darstellung einer Partikelgrößenverteilung können bestimmte Informationen mehr oder weniger stark hervorgehoben werden.

2.1 Einzelpartikelanalyse contra Gravimetrie bzw. Messung am Partikelkollektiv

Zurzeit werden für die Partikelmessung Messgeräte eingesetzt, mit denen die Massenkonzentration am Partikelkollektiv bestimmt wird. Mit diesem gravimetrischen Messverfahren kann jedoch weder die Partikelanzahlkonzentration eindeutig festgestellt werden, noch können mögliche Konzentrationsschwankungen erfasst werden, da das gravimetrische Messverfahren nicht das entsprechende zeitliche Auflösungsvermögen besitzt. Mit einem zählenden Messverfahren ist hingegen eine zeitliche Auflösung der Messung und damit die Ermittlung von Konzentrationsschwankungen, z.B. im Stunden- oder Minutentakt und im Hinblick auf die Prozessteuerung auch im Sekundentakt, möglich.

Gravimetrische Messverfahren benutzen die Gesamtmasse als Bewertungskriterium. Die Masse ist über die Dichte direkt proportional zum Gesamtvolumen. Vergleicht man ein Partikel vom Durchmesser $d_1 = 0{,}2$ µm mit einem Partikel vom Durchmesser $d_2 = 20$ µm, so ist letzteres im Durchmesser hundertmal größer: $d_2 = 100 \times d_1$.

Ganz anders sieht es jedoch aus, wenn man die Masse bzw. das Volumen der beiden Partikel vergleicht, da das Volumen eines Partikels proportional zur dritten Potenz seines Durchmessers ist. Für das Volumen der beiden Partikel gilt daher: $V_2 = 1\,000\,000 \times V_1$

Eine Million Partikel des Durchmessers 0,2 µm haben demnach die gleiche Masse wie ein Partikel des Durchmessers 20 µm. Diese physikalischen Zusammenhänge machen deutlich, dass geringe Unterschiede von kleinen Partikeln mit gravimetrischen Messverfahren ebenso wenig erfasst werden können wie mit optischen Messverfahren, die am Partikelkollektiv messen. Nur mit einem hochauflösenden, zählenden Einzelpartikelgrößenanalysator können diese Partikelgrößenunterschiede erkannt werden.

Man sieht, wie außerordentlich wichtig es sein kann, die wenigen Partikel am oberen Ende einer Verteilung möglichst vollständig und genau zu erfassen.

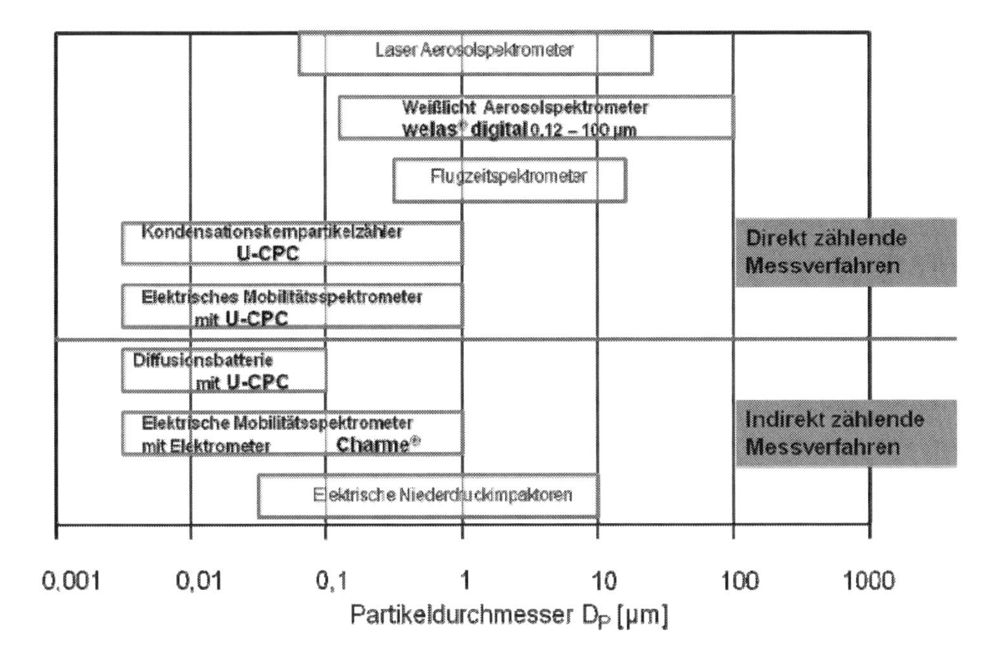

Abb. 1: Übersicht über gebräuchliche Messverfahren, Quelle: Palas® Brevier 2. Auflage

Die in Abbildung 1 abgebildete Übersicht über gebräuchliche Partikelmessverfahren und ihre Partikelgrößenbereiche kann als Hilfestellung zur Auswahl des geeigneten zählenden Messverfahrens dienen.

Abbildung 1 ist zu entnehmen, dass z.B. der Partikelgrößenbereich von ca. 200 nm bis 40 µm, der bei der Biomassevergasung relevant ist, mit einem Weißlicht-Aerosolspektrometer, das in einen hohen Konzentrationsbereich messen kann, den wichtigsten Partikelgrößenbereich abdeckt.

2.2 Anforderungen an die Partikelmessung zur Prozesssteuerung am Beispiel der Biomassevergasung

An der Universität Magdeburg wird zurzeit untersucht, inwieweit es möglich ist, durch die Partikelgrößen- und Partikelmengenbestimmung im heißen Reingas z.B. nach einem Rauchgaswäscher und/oder Zyklon bei ca. 460 °C die Prozessparameter, wie Luftzufuhr und Holzarten, auf eine bestimmte maximale Partikelemission einzustellen.

An der Entnahmestelle in der Rauch- bzw. Brenngasleitung nach einer Wirbelschicht (Labor) herrschen die folgenden Bedingungen:

- Temperatur: ca. 600 °C
- Druck: Normaldruck (Atmosphäre)
- Staubbeladung : 5 bis max. 500 mg/Nm³

- Volumenstrom: 500-700 m^3/s
- typ. Gaszusammensetzungen: siehe Tabelle
- sonstige Belastung: gasförmige Teere im Gas (bis 450 °C max. gasförmig)

Tabelle 1: Gaszusammensetzung bei der Biomassevergasung

Komponente	Messbereich 1 „Verbrennung“	Messbereich 2 „Vergasung“
H_2O	0-50 Vol%	wie Messbereich 1
H_2	--	0-30 Vol%
CO	0-1000ppm	0-25 Vol%
CO_2	0-30 Vol%	wie Messbereich 1
CH_4	--	0-25 Vol%
O_2	0-25 Vol%	0-5 Vol%
N_2	0-100 Vol.%	wie Messbereich 1
NO/NO_2	0-5000 ppm	--
HCl	0-1000 ppm	wie Messbereich 1
CnHm	0-1000 ppm	0-1 Vol% (außer CH_4)
NH_3	0-5000 ppm	wie Messbereich 1
H_2S	--	0-1000 ppm

Mittels einer schnellen Partikelgrößenanalyse sollen die Betriebsbedingungen in der Vergasung gesteuert und bezüglich der Partikelemissionen optimiert werden. Hierzu muss das Messgerät die hohen Anzahlkonzentrationen, die sich aus der Staubbeladung von bis zu 500 mg/Nm^3 Luft ergeben, ohne Koinzidenzfehler, d.h. ohne Überschreitung des max. Konzentrationslimits messen können.

Die Temperatur darf während der Messung, d.h. bis nach dem optischen Messvolumen die Temperatur von 450 °C nicht unterschreiten, um die Kondensation von Teeren aus der Gasphase zu vermeiden.

Aufgrund der vorhandenen aggressiven Gaskomponenten wie z.B. HCl muss der Sensor zudem beständig gegen chemisch aggressive Medien sein.

2.3 Aufbau der Weißlichtaerosolspektrometer welas® digital und Promo®

Beim Aerosoltransport in den Aerosolsensor ist zu beachten, dass die Transportwege, d.h. die Probenahmeleitungen möglichst kurz sind, um Partikelabscheidungen bis zur Messtelle zu minimieren. Im welas® digital und Promo® sind die Aerosolsensoren über Lichtwellenleiter mit der Steuer- und Auswerteeinheit verbunden. Somit kann der vergleichbar kleine Aerosolsensor praktisch direkt an der Probenahmestelle installiert werden.

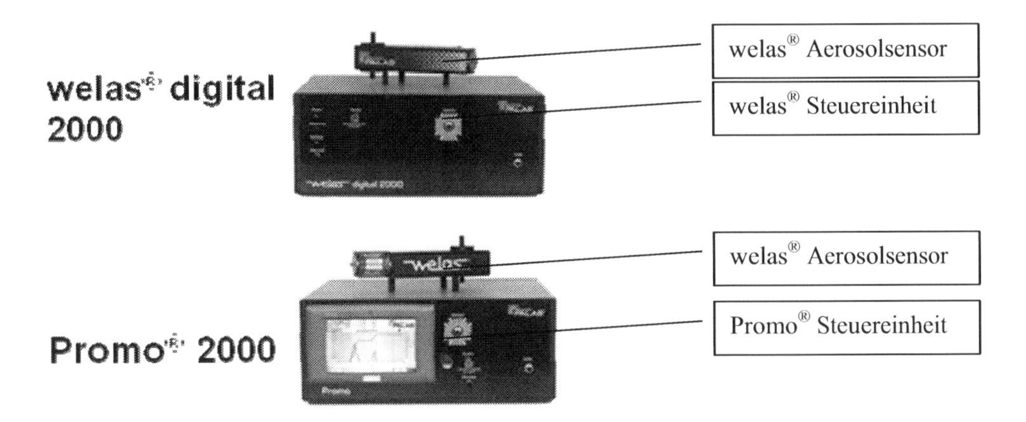

Abb. 2: Weißlichtaerosolspektrometer welas® digital und Promo®

Um die Partikelgrößen und Partikelmengen im Prozess möglichst exakt und zeitlich aufgelöst messen zu können, muss ein Aerosolspektrometer besondere technische Anforderungen erfüllen. Es sollte die Partikel in Partikelgrößenbereichen bis ca. 40 µm und in hohen Konzentrationen bis ca. 10^6 P/cm³ eindeutig und zuverlässig bestimmen können. Dazu ist u. a. eine eindeutige Kalibrierkurve eine entscheidende Voraussetzung.

Die Weißlichtaerosolspektrometer welas® und Promo® haben dank der Weißlichtquelle und der 90° Streulichtdetektion eine eindeutige Kalibrierkurve. Sechs verschiedene Kalibrierkurven für unterschiedliche Brechungsindizes können auf Wunsch mitgeliefert werden.

Ein Vorteil des kleinen, mit Weißlicht projizierten und abgegrenzten Messvolumens ist, dass dieses – im Gegensatz zum Laserstrahl – über den Querschnitt homogen ausgeleuchtet ist. Das von den Partikeln gestreute Licht wird mit einem Photomultiplier gesammelt, der orthogonal zur Bildebene angebracht ist. Die Höhe des Streulichtimpulses ist ein Maß für den Partikeldurchmesser, während die Anzahl der Impulse die Information zur Konzentration liefert, da der Volumenstrom bekannt ist.

Durch den optischen Aufbau des welas®-Systems und das patentierte T-förmige Messvolumen aus weißem Licht, mit dem praktisch ohne Randzonenfehler gemessen wird, ist eine eindeutige Partikelgrößenbestimmung mit sehr gutem Auflösungsvermögen und sehr guter Klassifiziergenauigkeit gewährleistet.

Die Messkammer ist optional beheizbar, um Querempfindlichkeiten und Partikelgrößenänderungen in Abhängigkeit von der relativen Luftfeuchte zu vermeiden – ein wichtiger Punkt, denn durch eine Änderung der relativen Luftfeuchte von ca. 40 % auf 90 % können z.B. hydrophile Partikel wie NaCl-Partikel bis um den Faktor 2 anwachsen oder durch eine Temperaturabsenkung gasförmige Komponenten auskondensieren und als Tröpfchen das Messergebnis verfälschen.

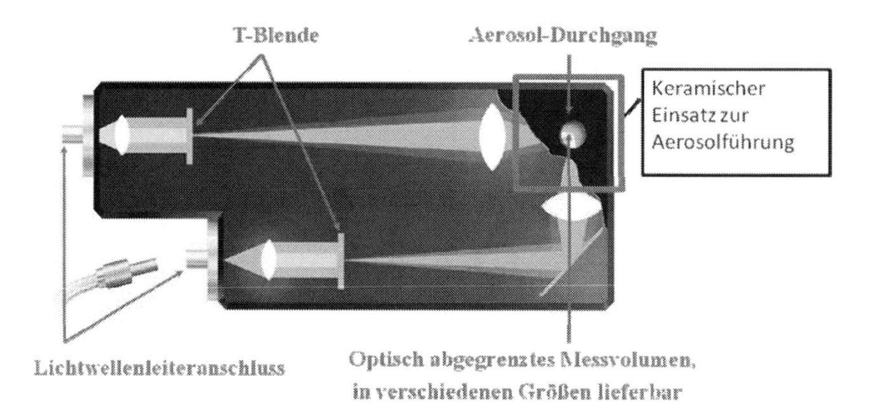

Abb. 3: Querschnitt durch den welas® Sensor von oben

3 Aufbau des Aerosolsensors zur Messung in Temperaturen bis 450 °C

Für die Anwendung der Partikelgrößen- und Partikelmengenanalyse in Temperaturen bis 450 °C wurde der Aerosolsensor welas® 2070 T470 entwickelt.

Das 600 °C heiße, partikelbeladene Gas wird über eine auf 470 °C beheizte Probenahmeleitung dem Aerosolsensor zugeführt. In dieser Leitung wird der Gastrom auf eine Temperatur von 470 °C abgekühlt. Da die Temepratur in der Probenahmeleitung oberhalb des Kondensationspunktes von Teeren (450 °C) liegt, kann Teerkondensation in der Probenahmeleitung vermieden werden.

Die Aerosolführung im Sensor (blau) erfolgt durch einen speziell angefertigten keramischen Einsatz, der für die hohe Temperatur von 470 °C ausgelegt ist. Dieser Einsatz ist mittels Schnellverschlüssen am Grundkörper des Sensors befestigt. Dies erlaubt eine schnelle Reinigung der zum Schutz der optischen Linsen eingesetzten Schutzgläser (grün).

Zur Absaugung des Gases in den Sensor wird eine spezielle nach innen explosionsgeschützte Absaugpumpe verwendet.

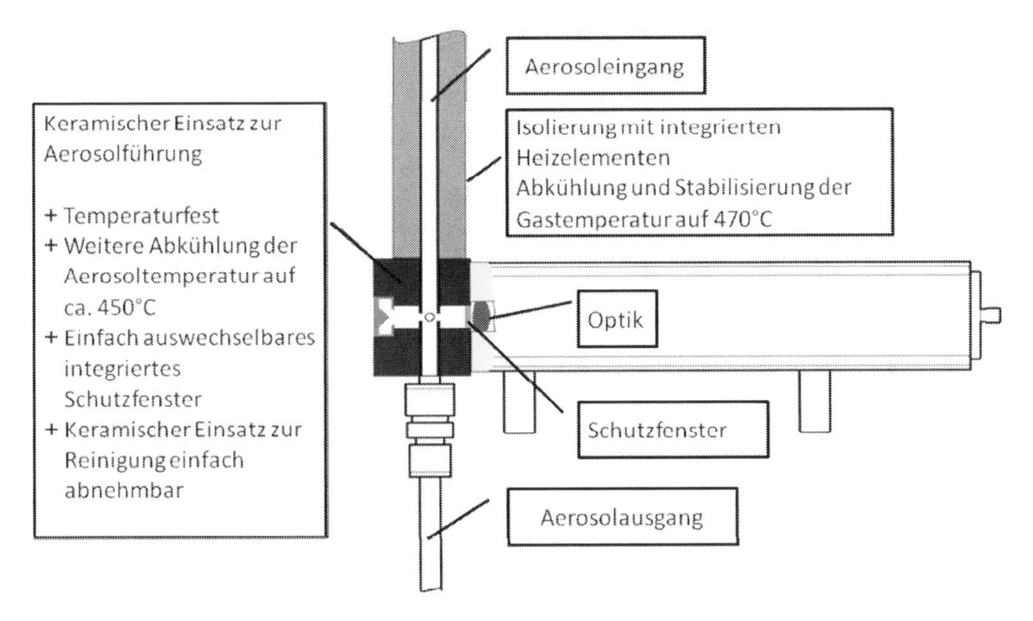

Abb. 4: Querschnitt durch den welas® Sensor von vorne

3.1 Einstellung des Absaugvolumenstromes durch den Aerosolsensor

Wie schon in 2.3. erwähnt ist die Anzahl der Streulichtimpulse ein Maß für die Partikelkonzentration und die Impulshöhe ein Maß für die Partikelgröße. Es gilt:

$$c_N = \frac{\dot{N}_{\text{gezählte Partikel}}}{\dot{V}_{ist}}$$

$\dot{N}$ - Partikelanzahl / Zeit
$\dot{V}_{ist}$ - Messvolumenstrom
ist abhängig von p, T
c_N - Partikelanzahlkonzentration

Zur Ermittlung der Partikelkonzentration muss also der Messvolumenstrom durch den Sensor bekannt und konstant sein. Die Messung des Betriebsvolumenstromes durch den Aerosolsensor ist im partikelbeladenen Abgas bei hohen Temperaturen relativ aufwendig.
Daher erfolgt die Messung des Betriebsvolumenstromes durch das optische Messvolumen im welas® Aerosolsensor über das Streulichtsignal der gemessenen Einzelpartikel.

3.2 Messung der Partikelgröße im welas® und Promo® System

Über die Lichtwellenleiter wird weißes Licht in den Aerosolsensor eingekoppelt und dort T-förmig im Messvolumen fokussiert. In Abbildung 3 ist der Aufbau des kompakten welas®-Sensors dargestellt. Im Winkel von 90° zum einfallenden Licht wird das Streulicht über eine T-Blende beobachtet. Durch den T-förmigen Lichtstrahl und die T-förmige Beobachtungsebene erhält man ein dreidimensionales T-förmiges Messvolumen (Abb. 5).

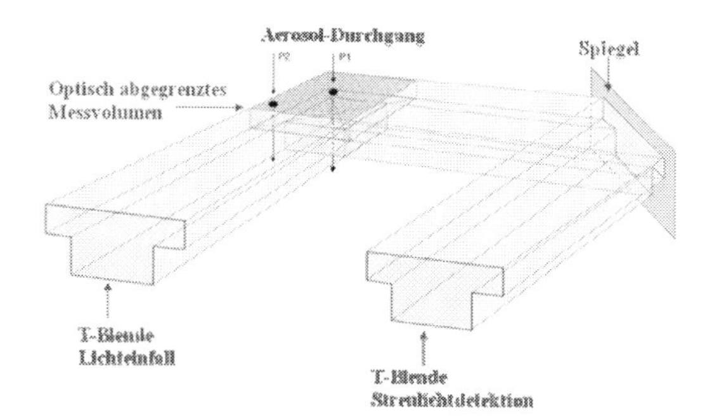

Abb. 5: 3 dimensionales, T-förmiges Messvolumen im welas® Sensor

Da das Aerosol mit einer Vakuumpumpe durch den Sensor gesaugt wird, ist die Flugzeit zwischen Ein- und Austritt der Partikel ins Messvolumen konstant.

In Abbildung 6 ist der jeweilige Impulsverlauf dreier gleich großer Partikel in Abhängigkeit von der Position ihrer Flugbahn durch das Messvolumen dargestellt. Ausgewertet werden die Signale von Partikel 1 und Partikel 2. Das Signal von Partikel 3, Randzonenfehler wird verworfen, da die Signaldauer zu kurz ist. Der Randzonenfehler führt dazu, dass die Partikel zu klein gemessen werden. Je größer die Partikel, desto größer der Fehler.

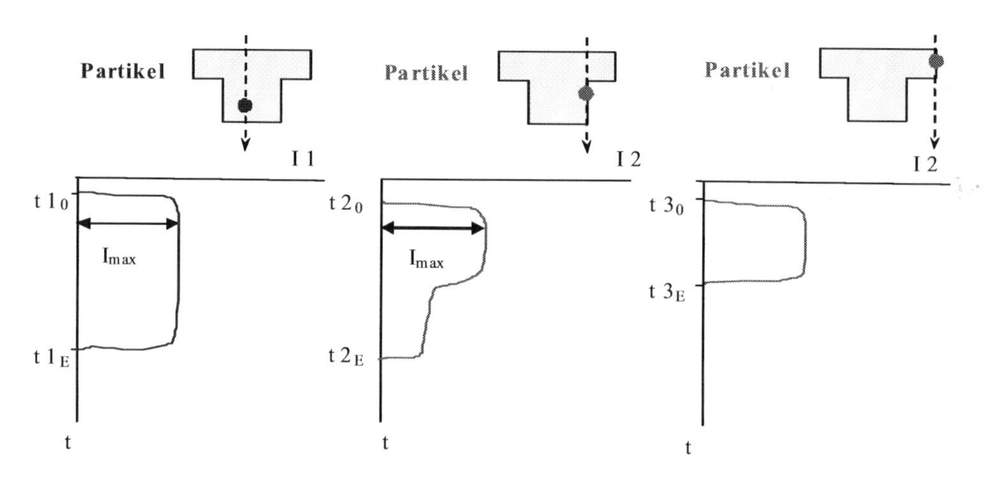

Abb. 6: Streulichtsignale von Partikeln im welas® Sensor

Fliegen mehrere Partikel gleichzeitig durch das Messvolumen (Abb. 7), so kann man sich leicht vorstellen, dass die Impulshöhe höher ist als bei nur einem Partikel von vergleichbarer Größe. Ohne Koinzidenzerkennung würden hier die Partikel zu groß und die Konzentration zu niedrig gemessen.

Beim welas® digital und Promo® System (Abb. 7) wird durch die Laufzeitmessung der Koinzidenzfehler erkannt (der Impuls ist zu lang) und der Messwert bezüglich der Partikelgröße verworfen, sodass nur Einzelsignale in der Auswertung der Partikelgrößenverteilung berücksichtigt werden (Abb. 8).

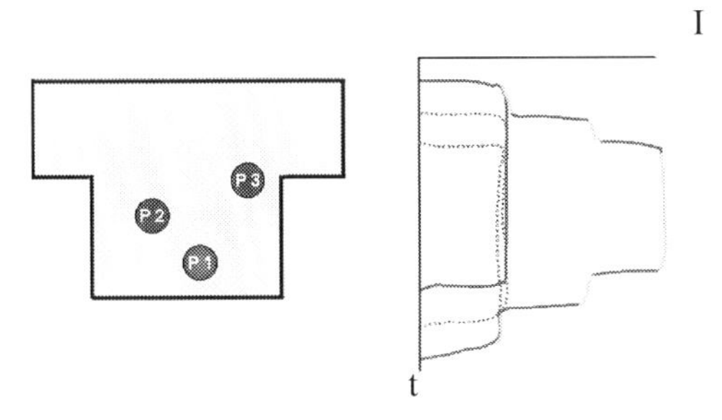

Abb. 7: Streulichtsignale im Koinzidenzfall. Im welas® Sensor werden diese Signale aufgrund der längeren Flugzeit verworfen.

Nur eine koinzidenzfreie Partikelmessung ermöglicht eine zuverlässige Partikelgrößen- und Partikelanzahlbestimmung des Aerosols. Der Anwender ist selbst dafür verantwortlich, gemäß der Messaufgabe ein Partikelmessgerät mit der richtigen Messvolumengröße einzusetzen, um möglichst koinzidenzfrei zu messen. Durch den patentierten modularen Aufbau des welas® digital und Promo® System kann je nach Messproblem bezüglich der zu messenden Partikelkonzentration der optimale Sensor mit der optimalen Messvolumengröße ausgewählt werden.

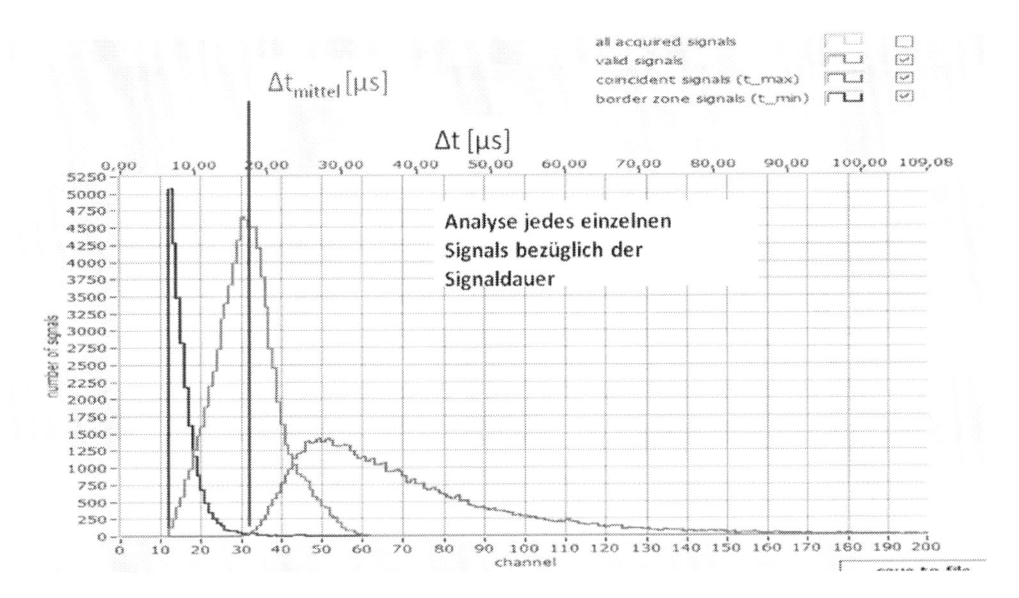

Abb. 8: Gemessene Verteilungen der Signaldauer für Randzonenpartikel (blau), korrekt gemessene Partikel (rot) und koinzidente Signale (Mehrfachpartikel (grün))

Beim welas® digital und Promo® System wird das Merkmal, der Partikeldurchmesser, aus der Höhe der Streulichtimpulse bestimmt.

Das gemessene Streulicht wird über eine eindeutige Kalibrierkurve den jeweiligen Größenklassen zugeordnet. Der eingesetzte Photomultiplier ist speziell auf die spektrale Verteilung der Weißlichtquelle abgestimmt.

Die Berechnung der Daten beruht auf eindeutig nachvollziehbaren Formeln. Die welas® digital und Promo® System Software zur Auswertung der Messergebnisse erlaubt, unter bestimmten Annahmen zur Gestalt und zum Brechungsindex der Partikel, die Umrechnung von Anzahldurchmesser in Partikeloberfläche, Partikelvolumen, Sauterdurchmesser etc. Gleichzeitig kann der Luftdruck, die relative Luftfeuchte, die Temperatur und z.B. die Geschwindigkeit, die mit anderen Sensoren gemessen wurden, erfasst werden.

3.3 Messung der Partikelkonzentration und Partikelgeschwindigkeit im welas® und Promo® System.

Die Anzahl der gemessenen Impulse wird genutzt, um den Partikelstrom, also die Menge der gezählten Partikel pro Zeit, zu bestimmen.

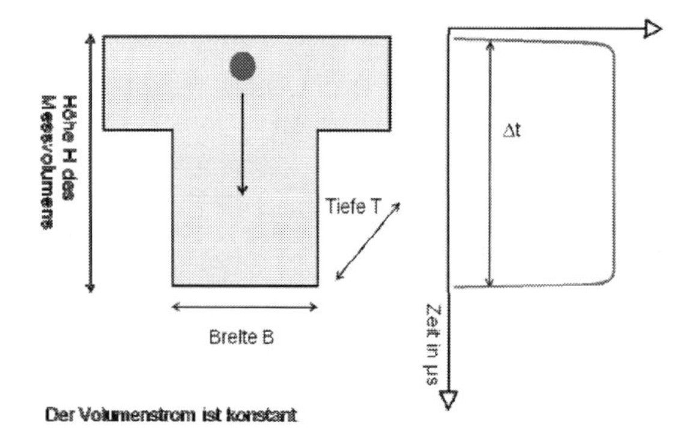

Abb. 9: Aus der Länge des Streulichtsignales kann bei exakt bekannter Messvolumensgröße der Gasvolumenstrom durch das Messvolumen ermittelt werden.

Die Abmessungen des Messvolumens im welas® Sensor sind exakt bekannt. Über die Messung der Signallänge, also der Flugzeit des Partikels durch das Messvolumen und bekannter Höhe des Messvolumens wird die Partikelgeschwindigkeit ermittelt.

$$v_{Partikel} = \frac{H}{\Delta t}$$

Unter der Annahme, dass die Partikelgeschwindigkeit gleich der Gasgeschwindigkeit ist, kann der Betriebsgasvolumenstrom durch das Messvolumen ermittelt werden:

$$\dot{V}_{ist} = v_{Partikel} \bullet B \bullet T$$

Mit dem welas® digital und Promo® kann die Partikelkonzentration unter den jeweiligen Betriebsbedingungen eindeutig bestimmt werden:

$$c_N = \frac{\dot{N}_{\text{gezählte Partikel}}}{\dot{V}_{\text{ist}}}$$

4 Messergebnisse und Kalibrierung

Die Versuchanlage zur Biomassevergasung wird zurzeit an der Universität Magdeburg fertiggestellt. Messergebnisse aus dem Vergasungsprozess können daher erst in einer der nächsten Veranstaltungen vorgestellt werden. Daher werden im weiteren Verlauf Ergebnisse aus der Verifizierung und Kalibrierung des Systems gezeigt.

Mittels monodisperser Partikel, erzeugt mit dem Palas® Sinclair-LaMer Generator MAG 3000, kann die hohe Auflösung und die sehr gute Klassifiziergenauigkeit der Palas® Aerosolspektrometer eindeutig nachgewiesen werden.

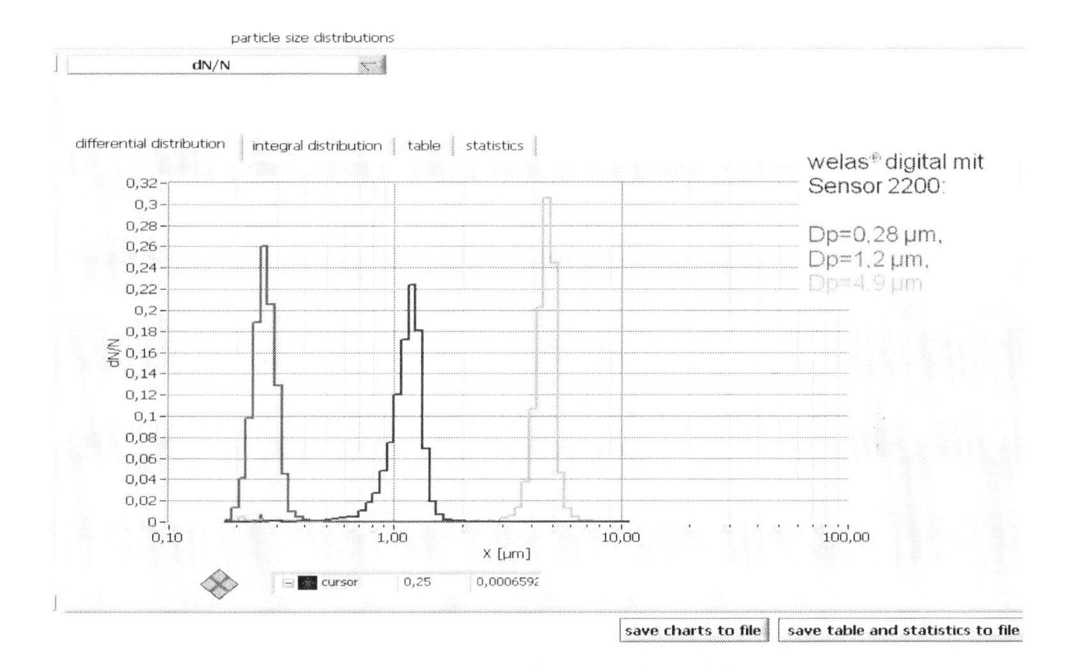

Abb. 10: Anzahldichteverteilung von monodispersen DEHS Partikeln der Größe 0,28 µm, 1,2 µm und 4,9 µm.

Der MAG 3000 funktioniert nach dem Prinzip von Sinclair-LaMer (1943). Er besteht aus einer Kernquelle zum Erzeugen der Kondensationskerne dp ≈ 85 nm, einem Verdampfer zum Verdampfen des Partikelmaterials, einem Wiedererhitzer und einem Kondensationskamin, in dem das Partikelmaterial am Kondensationskern kondensiert. Es handelt sich hier um einen heterogenen Kondensationsprozess.

Durch die Einstellung der Kondensationskernkonzentration bei konstanter Dampfmenge kann die Partikelgröße der erzeugten Partikel schnell und einfach eingestellt werden.

Gibt man wenig Kondensationkerne in den Kondensationprozess, so entstehen große Tröpfchen. Wird die Anzahl der Kondensationskerne bei gleicher Dampfmenge erhöht, so entstehen mehr, aber kleinere Tröpfchen.

Mit der schnellen Messtechnik in welas® digital und Promo® kann dieser Prozess sichtbar gemacht werden. Wird die gemessene mittlere Partikelgröße über die Zeit aufgetragen, so ist zu Beginn der Messung ein konstanter Partikeldurchmesser dp von 3,3 µm erkennbar. Dann wird durch Öffnen des Sieder Bypasses die Kondensationkernanzahl reduziert. Innerhalb von 3 Sekunden steigt der Durchmesser erkennbar auf 4,3 µm an.

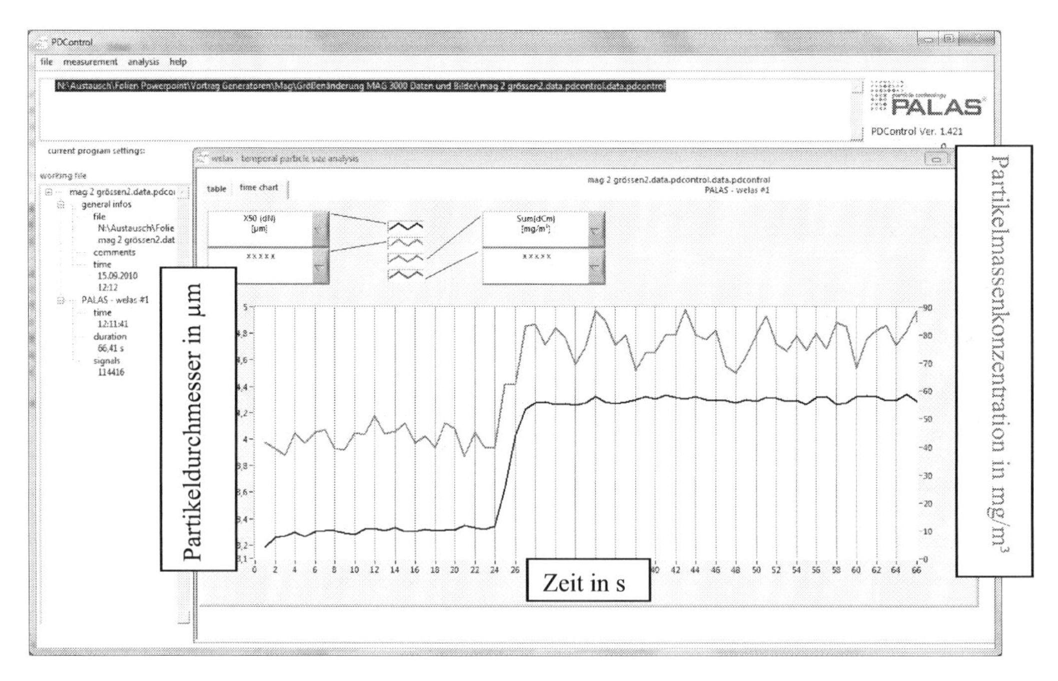

Abb. 11: Änderung des mittleren Durchmessers über die Zeit bei Variation der Kernanazahl im Kondensationsprozess MAG 3000

Die schnelle Information in der Änderung der Partikelgröße in Verbindung mit der simultan an denselben Partikeln gemessenen Änderung der Partikelkonzentration ist die Grundlage für die Steuerung des Vergasungsprozesses an einer Anlage.

5 Zusammenfassung

Im welas® digital und Promo® werden 3 relevante Signale für jedes Einzelpartikel gemessen und gespeichert:

- Höhe des Partikelimpulses,
- Zeitdauer des Partikelimpulses
- und Zeitpunkt des Partikelimpulses.

In Verbindung mit der T-Blendentechnik kann damit

- die sehr hohe Auflösung bezüglich Partikelgröße und –konzentration erreicht werden,
- der Koinzidenzfehler (Koinzidenzfehlerkorrektur nach Prof. Sachweh und Dr. Umhauer) korrigiert werden,
- und durch Messung der Durchgangszeit der Partikel im Messvolumen die Partikelgeschwindigkeit bestimmt werden.
  Damit ist die Angabe der Partikelkonzentration unter Betriebsbedingungen möglich.

Durch die neue schnelle Signalerfassung wird die Auswertung von Partikelgröße und Konzentration mit einer zeitl. Auflösung von bis zu 10 ms durchgeführt.
Durch die Auswahl geeigneter Werkstoffe für das Aerosolführungsrohr im Aerosolsensor kann die chemische Beständigkeit erhöht werden.
Zur Vermeidung von Kondensationseffekten muss die Gastemperatur über dem Taupunkt gehalten werden – die Heizung der Aerosolzuführung und der Aerosolkomponenten innerhalb des Aerosolsensors ist notwendig.
Dies ist im welas® Sensor 2070 T450 für Konzentrationen bis zu 10^6 P/cm³ und Temperaturen bis 450 ° C möglich.
Im Aerosolspektrometer Promo® kann die Ansteuerung und Datenübertragung des Messgerätes extern, z.B. über ein Prozessleitsystem oder das Internet erfolgen.
Somit ist Promo® ideal für die Steuerung von Hochtemperaturprozessen wie die Biomassevergasung geeignet.

6 Literatur

[1] ISO/DIS 21501-1: Determination of particle size distribution – Single particle light interaction methods – Part 1: Light-scattering aerosol spectrometer, 2005.

[2] ISO/DIS 21501-4: Determination of particle size distribution – Single particle light interaction methods – Part 4: Light-scattering airbone particle counter for clean spaces, 2005.

[3] Mölter, L.; Keßler, P.: Grundlagen der Partikelgrößen- und Partikelanzahlbestimmung in der Außenluft mit zählenden Messverfahren. Gefahrstoffe 64 (2004), Nr. 7/8, S. 319-323.

[4] Mölter, L.; Keßler, P.: Partikelgrößen- und Partikelanzahlbestimmung in der Außenluft mit einem neuen optischen Aerosolspektrometer. Gefahrstoffe 64 (2004), Nr. 10, S. 439-447.

[5] Friehmelt, R.: Aerosol-Messsysteme. Vergleichbarkeit und Kombination ausgewählter Online-Verfahren. Diss. Universität Kaiserslautern 1999.

[6] Stieß, M.: Mechanische Verfahrenstechnik 1, S. 107-110, Streulichtverfahren. Streuungsmessung am Einzelteilchen. 2., neu bearbeitete Auflage, Berlin/ Heidelberg 1995.

HERSTELLUNG UND CHARAKTERISIERUNG BIOBASIERTER POLYMERSCHAUMPARTIKEL

A. Schneider, E. Potyra
Fraunhofer Institut für Chemische Technologie, Joseph-von-Fraunhofer-Str. 7, 76327 Pfinztal, E-Mail: Anja.Schneider@ict.fraunhofer.de

1 Einleitung

Biopolymere haben in den letzten Jahren sowohl in der Industrie, als auch beim Verbraucher zunehmend an Bedeutung gewonnen. Insbesondere hinsichtlich der Abfallwirtschaft, CO_2–Bilanz und Schonung petrochemischer Ressourcen wird verstärkt versucht, Standardkunstoffe durch biobasierte Polymere zu ersetzen. Definitionsgemäß werden dabei Polymerwerkstoffe welche aus nachwachsenden Rohstoffen bestehen und/oder eine Biodegradabilität aufweisen als Biopolymere bezeichnet. Polymerschäume finden aufgrund ihrer guten mechanischen und isolierenden Eigenschaften in vielen Sektoren, z.B. der Verpackungs- und Automobilindustrie, Anwendung. Zu deren Herstellung wurden bislang vorwiegend Polystyrol, Polyurethan und Polypropylen verwendet. Je nach Anforderungen, die an den Schaum gestellt werden, kommen zur Herstellung verschiedene Prozesse zum Einsatz. Dazu sind der Schaumspritzguss und die Schaumextrusion, sowie das die Partikelschaumtechnologie zu nennen. Letzteres bildet eine Art Sonderverfahren, bei dem verschiedene Prozesse kombiniert werden. Neben der Prozessführung, dem verwendeten Treibmittel und der Nachbehandlung, spielen dabei die Eigenschaften der verwendeten Kunststoffe und die zugegebenen Additive eine maßgebliche Rolle bei der Ausbildung und Charakteristik der Schaumstruktur. Im vorliegenden Beitrag wird über den Einfluss ausgewählter Additive auf die Eigenschaften von Biopolymeren und deren daraus resultierenden Verschäumbarkeit mittels Partikelschaumtechnologie und Schaumstruktur berichtet.

2 Herstellungsprozess von Polymerschaumpartikeln

2.1 Theorie der Schaumbildung

Die Grundlage zur Herstellung eines Schaumstoffes ist die Expansion eines Gases, dem sogenannten Treibmittel, welches in eine Polymermatrix eingebracht und gelöst wird. Ziel dabei ist es, das Gas möglichst gleichmäßig zu verteilen um eine homogene Schaumstruktur zu erreichen.
Der Prozess der Schaumbildung lässt sich in vier Phasen unterteilen:

- Bildung einer einphasigen Polymer-Gas-Lösung
- Zellnukleierung
- Zellwachstum
- Zellstabilisierung

Am Beispiel der Schaumextrusion sind diese Phasen in Abbildung 1 schematisch dargestellt.

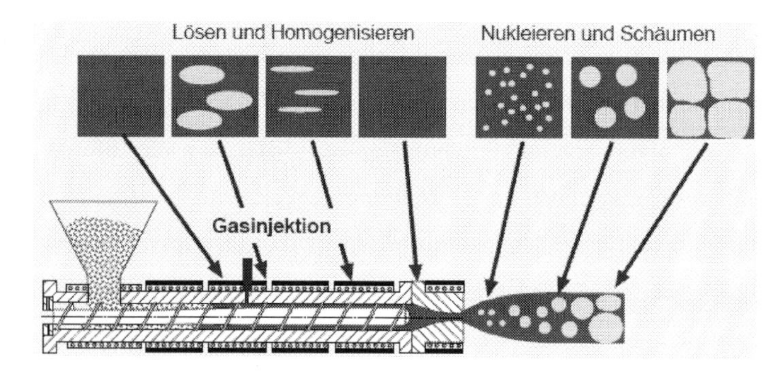

Abb. 1: Prozessschritte bei der Schaumextrusion [9]

Die **Bildung einer einphasigen Polymer-Gas-Lösung** findet im Extruder statt. Das aus einem chemischen Treibmittel frei werdende oder direkt zugegebene Gas löst sich in der Polymerschmelze, wobei Verarbeitungsdruck und Temperatur eine entscheidende Rolle spielen. Nachdem das Gas in der Polymerschmelze gelöst ist, muss es sich durch Diffusion gleichmäßig ausbreiten um eine homogene Verteilung in der Schmelze zu erreichen.
Tritt die Schmelze aus der Extruderdüse aus, bewirkt der starke Druckabfall eine Herabsetzung der Löslichkeit des Gases im Polymer und die Bildung von Zellkeimen **(Zellnukleierung)** wird eingeleitet. Die Keimbildung kann dabei nach zwei verschiedenen Mechanismen erfolgen. Bei der homogenen Nukleierung findet die Keimbildung in einer völlig homogenen Polymerschmelze ohne Ver-

unreinigungen oder Additiven statt [2]. Liegen in der Polymer-Gas-Lösung jedoch Verunreinigungen, Additive oder Nukleierungsmittel vor, erfolgt die Keimbildung an der Phasengrenze zwischen Schmelze und Partikel. Dieser Vorgang wird als heterogene Nukleierung bezeichnet [2].
Der **Zellwachstumsprozess** beschreibt das Anwachsen der Zellkeime. Zu Beginn wird das Wachstum der Gasblasen durch die wirkenden hydrodynamischen Kräfte dominiert. Es wird angenommen, dass die Blasen zunächst unabhängig voneinander wachsen und isoliert in einem unendlich viskoelastischen Medium vorliegen. Die treibende Kraft für das Anwachsen der Gasblasen ist die Druckdifferenz zwischen dem Inneren der Blase und der sie umgebenden Polymer-Gas-Lösung. Die Wachstumsgeschwindigkeit ist in diesem Stadium von der Oberflächenspannung und den viskoelastischen Eigenschaften der Polymerschmelze abhängig und nicht von der Gasdiffusion zwischen Blase und Polymer-Gas-Gemisch. Hat die Blase eine gewisse Größe erreicht, kann das Wachstum nicht mehr allein durch den Druckunterschied aufrechterhalten werden. Dies ist dann der Fall wenn die Geschwindigkeit der Gaszufuhr in die Blase geringer ist als es das Blasenwachstum erfordert. Ab diesem Zeitpunkt ist das Wachstum diffusionsgesteuert.
Unter **Zellstabilisierung** wird die Fixierung der Schaumstruktur verstanden. Dabei wird die Viskosität der Polymerschmelze soweit erhöht, dass der Druck in der Zelle nicht mehr ausreicht um das Polymer weiter zu dehnen. Die Schmelze wird abgekühlt, wodurch die Zellwände stabilisiert werden und die Schaumstruktur „eingefroren“ wird.

2.2 Partikelherstellung

Zur Herstellung von geschäumten bzw. treibmittelbeladenen Partikeln gibt es verschiedene Verfahren. In dieser Arbeit wurde der Unterwassergranulierungsprozess verwendet. Hierbei wird der austretende Schmelzestrang mit einem rotierenden Messer in annähernd runde Partikel zerschnitten (Abb. 2). Dieser Prozess erfolgt in einem geschlossenen Wasserkreislauf, was eine Einstellung der Wassertemperatur und des Druckes erlaubt. Beide Parameter haben hierbei Einfluss auf das Schaumergebnis. Je höher die Temperatur des Wassers ist, umso mehr können die Schaumpartikel nach Austritt aus der Extruderdüse noch nachschäumen. Je höher der Wasserdruck ist, desto geringer ist das Blasenwachstum. Ist der Außendruck auf die austretende Schmelze höher als der Gasdruck im Partikel, findet noch keine Aufschäumung statt. Dabei wird Kunststoffgranulat produziert, welches mit Treibmittel beladen ist. Dieses Granulat kann in einem anschließenden zweiten Verfahrensschritt, dem sogenannten Vorschäumprozess, verschäumt werden. Dazu wird das Polymer in einem abgeschlossenen Behälter mit Wasserdampf behandelt. Dabei ist sowohl die Bedampfungsdauer, als auch der Druck maßgeblich für die spätere Schaumstruktur.

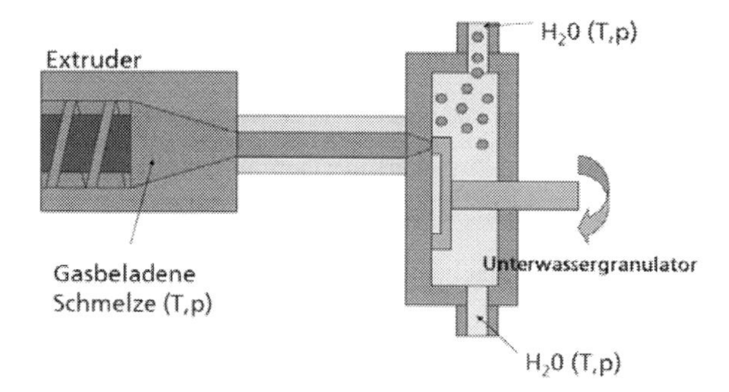

Abb. 2: Schematische Darstellung eines Unterwassergranulators [7]

3 Materialien

3.1 Basispolymere

Zur Untersuchung des Herstellungsprozesses und der Einflussfaktoren auf die Schaumbildung wurden die Cellulosederivate Celluloseacetobutyrat (CAB) und Cellulosepropionat (CP) eingesetzt. CAB und CP sind amorphe Thermoplasten, die durch Veresterung von Cellulose gewonnen werden. Von technischer Bedeutung sind heute insbesondere die Celluloseester der Essigsäure, Buttersäure und Propionsäure. Zur Veresterungsreaktion werden meist die entsprechenden Anhydride dieser Säuren eingesetzt.

Abb. 3: Reaktionsmechanismus der Bildung von Celluloseestern

Demnach ist die chemische Struktur von Celluloseestern folgendermaßen aufgebaut.

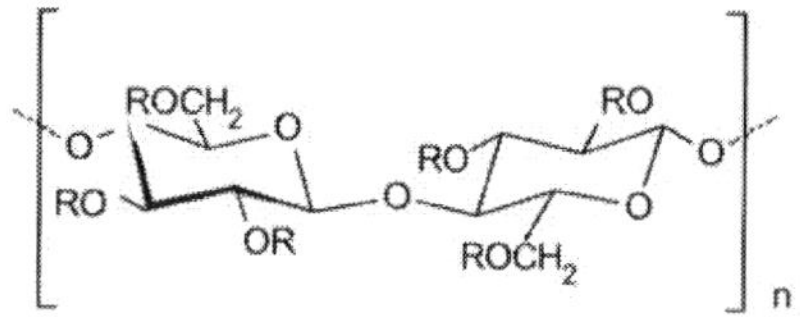

CP: R = $-CO-CH_2-CH_3$

CAB: R = $-CO-CH_3$ und $-CO-CH_2-CH_2-CH_3$

Die Bedeutung thermoplastischer Celluloseester–Formmassen beruht auf dem breiten Eigenschaftsprofil, das in seiner Gesamtheit bei keinem anderen Thermoplasten zu finden ist. Sie zeichnen sich im Allgemeinen durch hohe Schlagzähigkeit, hohe Transparenz, Spannungsrißunempfindlichkeit und Witterungsbeständigkeit aus. Hinzu kommen noch hohe Kriechstromfestigkeit und gute elektrische Isoliereigenschaften, gute Hydrolyse- und Mineralölbeständigkeit und unbegrenzte Einfärbbarkeit.

Die Kennwerte der Celluloseester sind in Tabelle 1 aufgeführt. Beide Polymerwerkstoffe haben einen Weichmacheranteil von 5 %.

Tabelle 1: Kennwerte von CAB und CP

	Handelsname	MVR [cm³/10min]	Molmasse [g/mol]	Dichte [g/cm³]
CAB	*Cellidor B 500-05*	5,0	$4{,}0 * 10^5$	1,20
CP	*Cellidor CP 400-10*	7,0	$4{,}0 * 10^5$	1,21

3.2 Additive

Zur Untersuchung ihrer Einflussfaktoren auf die Schaumstruktur wurden verschiedene Additive verwendet. Die eingesetzten Materialien und ihre jeweilige Funktion sind in Tabelle 2 aufgeführt. Als Treibmittel wurde eine Mischung aus 80 % n-Pentan und 20 % iso-Pentan verwendet.

Tabelle 2: Verwendete Additive und ihre Funktion

Markenname	Bestandteil	Funktion
Hecofoam 900 C	100 % endothermes Feinkomponentensystem, Zusammensetzung nach EG-RL-67/548	Nukleierungsmittel
Honeywell ACumist B-6	Polyethylen-(PE-)Wachs	Nukleierungsmittel, Verarbeitungseigenschaften
Aerosil 200	hydrophile pyrogene Kieselsäure	Nukleierungsmittel, Rheologie
Nanofill 3000	Schichtsilikat	mechan. Eigenschaften

4 Verarbeitung

Die in Kapitel 3 aufgeführten Polymere wurden im ersten Verfahrensschritt mit den in Tabelle 2 genannten Additiven compoundiert, anschließend mit Treibmittel beladen und danach zu Schaumpartikeln verarbeitet.

4.1 Compoundherstellung

Zur Compoundierung wurde ein dichtkämmender gleichläufiger Doppelschneckenextruder der Firma Coperion verwendet. Der aus Vorversuchen ermittelte Additivgehalt betrug dabei jeweils 3 Gew.-%. Temperaturprofil und Prozessparameter der Compoundierung sind in Tabelle 3 zusammengefasst. Die Parameter änderten sich mit den verschiedenen Additiven kaum, nur in der Auslastung des Extruders war ein signifikanter Unterschied zu beobachten.

Tabelle 3: Prozessparameter der Compoundierung

		CAB	CP
Extruder	Zone 1 (°C)	gekühlt	gekühlt
	Zone 2 (°C)	180	180
	Zone 3 (°C)	180	180
	Zone 4 (°C)	180	180
	Zone 5 (°C)	180	180
	Zone 6 (°C)	180	180
	Zone 7 (°C)	180	180
	Zone 8 (°C)	180	180
	Zone 9 (°C)	180	180
	Zone 10 (°C)	180	180
	Zone 11 (°C)	180	180
	Zone 12 (°C)	190	190
	Düse (°C)	200	200
	Durchsatz (kg/h)	40	40
	T - Masse (°C)	206	209
	p - Masse (bar)	40	33
	Ex. Drehzahl (U/min)	300	300
	I - Extruder (%)	28-68	25-57

4.2 Partikelherstellung

Das unter Kapitel 4.1 hergestellte Granulat wurde in einem zweiten Verfahrensschritt mit einem Treibmittel versetzt. Dazu wurde Pentan, zu einem Anteil von 6 Gew.-%, während des Extrusionsprozesses mit einer HPLC–Pumpe vom Typ PU-2087 der Firma Jusco direkt in den Extruder eingespritzt und dort gelöst. Das mit Treibmittel beladene Polymer wurde unter Einstellung von Druck und Temperatur im Unterwassergranulator granuliert. Die eingestellten Prozessparameter sind in Tabelle 4 dargestellt.

Tabelle 4: Prozessparameter der Partikelherstellung

		CAB	CP
Extruder	Zone 1 (°C)	180	180
	Zone 2 (°C)	180	180
	Zone 3 (°C)	180	180
	Zone 4 (°C)	170	170
	Zone 5 (°C)	170	170
	Zone 6 (°C)	170	170
	Zone 7 (°C)	170	170
	Zone 8 (°C)	170	170
	Zone 9 (°C)	170	170
	Zone 10 (°C)	170	170
	Durchsatz (kg/h)	8	8
	T - Masse (°C)	176	175
	p - Masse (bar)	64	60
	Ex. Drehzahl (U/min)	200	200
	I - Extruder (%)	57	55
UWG	Drehzahl (U/min)	5000	5000

4.3 Vorschäumen

Die mit Treibmittel beladenen Granulate wurden drei Tage luftdicht gelagert und anschließend im letzten Prozessschritt verschäumt. Die Lagerung diente dabei dem Zweck, Diffusionsvorgänge des Gases im Granulat zu ermöglichen, was zu einer gleichmäßigeren Schaumstruktur führt. Zum Vorschäumen der Polymerbeads, wurde ein Vorschäumer vom Typ EDVD 150 der Firma Erlenbach verwendet. Das Granulat wurde bei diesem Prozess in einen Dampfkessel gesaugt und dort mit einströmendem Wasserdampf behandelt. Die Temperaturerhöhung bewirkt eine Erweichung des Polymers und eine Expansion des Gases, wodurch das Polymer aufgeschäumt wird. Dampfdruck und Bedampfungsdauer können mit einer Steuereinheit manuell variiert werden. Um ein Verklumpen der Schaumpartikel zu vermeiden, befindet sich im Dampfkessel ein Rührwerk, welches für eine gleichmäßige Verteilung sorgt. Ist der Schaumprozess abgeschlossen, werden die Schaumpartikel mittels Druckluft in ein Fließbett gefördert und dort getrocknet. Anschließend wurden die Schaumpartikel für mindestens einen Tag offen gelagert, damit noch eventuell im Polymer vorhandenes Treibmittel ausgasen konnte.

Tabelle 5: Vorschäumparameter

	Dampfdruck in bar			Dampfzeit in s		
CAB	0,2	0,3-0,4	0,2	10-30	20-50	10-30
CP	0,2	0,3-0,8	0,2-0,5	15-20	20-80	15-50

5 Charakterisierung

Zur Charakterisierung der hergestellten Polymerschaumpartikel wurden die rheologischen Eigenschaften der verwendeten Polymere und Compounds untersucht und die Schaumstruktur mittels Rasterelektronenmikroskopie dargestellt.

5.1 Rheologie

Um den Zusammenhang zwischen der Viskosität eines Polymers oder eines Compounds und dessen Verschäumbarkeit zu untersuchen, wurden die Dehnviskosität und die Schmelzefestigkeit der verwendeten Polymere mit dem Dehnungstester Rheotens 71.97 der Firma Göttfert gemessen. Das Messprinzip beruht dabei darauf, dass ein Schmelzestrang mit Hilfe zweier gegenläufiger, gezahnter Walzen solange verstreckt wird bis er reißt oder die maximale Geschwindigkeit der Abzugswalzen erreicht ist. Die Walzen werden linear beschleunigt, wobei die gesamte Abzugseinrichtung auf einem Wägebalken gelagert ist, mit dem die zur Verstreckung der Schmelze notwendige Kraft gemessen wird. Als Schmelzequelle diente das Kapillarrheometer 2002 der Firma Göttfert, mit dem ein Schmelzestrang mit gleichmäßiger Geschwindigkeit produziert wurde. Das sich aus dieser Messung ergebende Kraft–Geschwindigkeit–Diagramm liefert ein Relativmaß über die Schmelzefestigkeit des untersuchten Polymers. Mit einem Berechnungsverfahren, basierend auf den Arbeiten von Prof. Wagner und Mitarbeitern vom IKT Universität Stuttgart [10], wird aus diesen Rohdaten die effektive Dehnviskosität berechnet. Die verwendete Düse des Kapillarrheometers hatte einen Durchmesser von 1 mm und eine effektive Länge von 30 mm. Die Geschwindigkeit mit der die Schmelze durch die Düse gefördert wurde betrug 0,5 mm/s und die Beschleunigung der Walzen bei jeder Messung 20 mm/s^2. Die Messtemperatur bei CAB und CP betrug 190 °C.

5.2 REM – Aufnahmen

Um eine Aussage über die Schaumstruktur treffen zu können wurden von allen Schaumpartikeln Aufnahmen mit einem Rasterelektronenmikroskop (REM) vom Typ Supra 55 VP der Firma Zeiss gemacht. Untersucht wird dabei sowohl zwischen Zellstruktur (offenzellig, geschlossenzellig, gemischtzellig), als auch der Zellgröße (mikrozellig, feinzellig, grobzellig). Dies ist ausschlaggebend für das Anwendungsspektrum des Schaums, z.B. für die Schalldämmung oder Wärmedämmung.

6 Ergebnisse/Diskussion

6.1 Rheologie

Alle Messparameter wurden bei der Bestimmung der Schmelzefestigkeit und Dehnviskosität konstant gehalten. In Abbildung 4 ist die Schmelzefestigkeit und die daraus berechnete Dehnviskosität von reinem CAB und CAB, compoundiert mit jeweils 3 % PE-Wachs, Aerosil und Nanofill, dargestellt. Hinsichtlich der relativen Schmelzefestigkeit ist kein signifikanter Einfluss der Additive auf das Basispolymer festzustellen. Die mit PE–Wachs compoundierte Probe weist eine geringfügig höhere Schmelzefestigkeit als reines CAB auf. Die dazugehörige Dehnviskositätskurve zeigt, dass bei dieser Probe die Dehnverfestigung wesentlich ausgeprägter ist als bei reinem CAB und den anderen Compounds. Mit steigender Dehngeschwindigkeit nimmt die Viskosität weiter zu, während sie bei den mit Aerosil und Nanofill compoundierten Proben gleich bleibt.

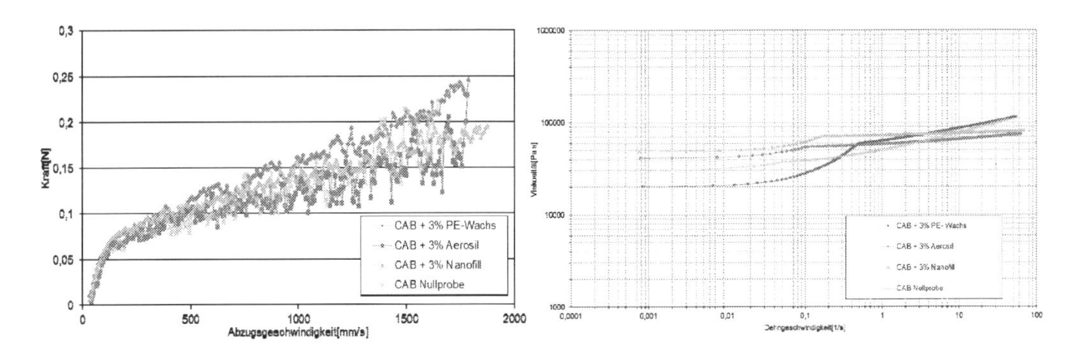

Abb. 4: Schmelzefestigkeit (links) und Dehnviskosität (rechts) von reinem CAB und CAB-Compounds

Abbildung 5 zeigt analog zu obiger Abbildung die Schmelzefestigkeits- und Dehnviskositätskurven von reinem CP und CP–Compounds mit jeweils 3 % Aerosil und Nanofill. Auch hier sind bezüglich der relativen Schmelzefestigkeit keine signifikanten Unterschiede festzustellen. Die mit Schichtsilikat compoundierte Probe weist Ähnlichkeiten mit der Nullprobe auf, während die mit pyrogener

Kieselsäure compoundierte Probe eine gänzlich andere Charakteristik aufweist. Bis zu einer Dehngeschwindigkeit von ca. 20 s^{-1} nimmt die Viskosität des Materials stark zu und sinkt mit höheren Geschwindigkeiten wieder ab bis auf Werte unterhalb der Nullprobe und der mit Kieselsäure compoundierten Probe.

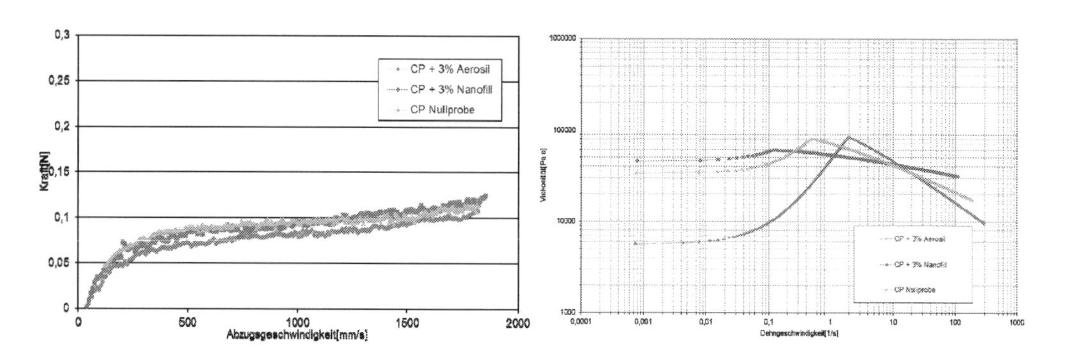

Abb. 5: Schmelzefestigkeit (links) und Dehnviskosität (rechts) von reinem CP und CP-Compounds

6.2 Schaumstruktur und Partikelgrößenverteilung

Abbildung 6 zeigt die Schaumstruktur von reinem CAB, welches mit 6% Pentan verschäumt wurde. Der Partikelgrößendurchmesser beträgt ca. 4700 µm. Die Schaumpartikel weisen eine grobzellige Struktur auf, wobei die Zellgröße inhomogen ist. Die Wandstärke der Zellen ist relativ groß. Daraus ergibt sich eine relativ hohe Dichte für Schaumformteile von ca. 120 g/l.

Abb. 6: REM-Aufnahme eines CAB-Schaumpartikels

Die Schaumstrukturen der CAB–Compounds weisen eine deutliche Verbesserung hinsichtlich der Größe der Zellen und deren Homogenität auf. In Abbildung 7 sind die Strukturen von CAB–Schaumpartikeln, welche mit PE–Wachs, pyrogener Kieselsäure und Schichtsilikat compoundiert wurden, dargestellt. Die Dichte eines CAB-Formteils konnte durch Zugabe von 3 % Schichtsilikat und 1 % Nukleierungsmittel von 120 g/l auf 47 g/l reduziert werden. Die Schaumstruktur ist bei allen Proben gemischtzellig.

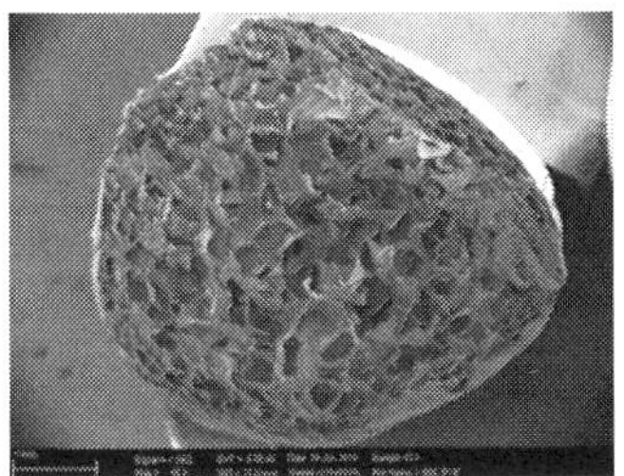
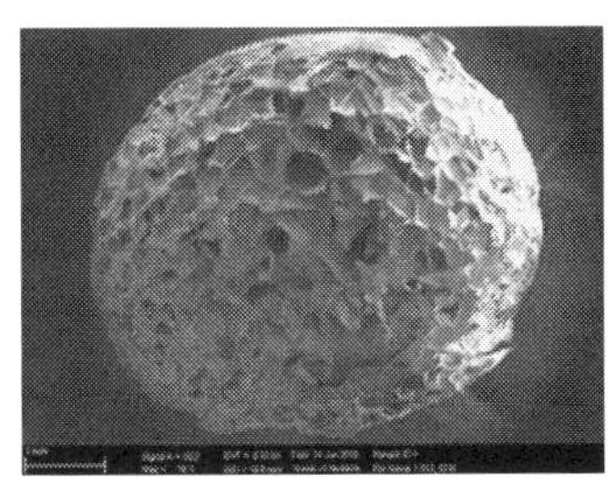

Abb. 7: CAB-Schaumpartikel mit jeweils 3 % PE-Wachs, Aerosil und Nanofill

Die Schaumstrukturen der aus CP hergestellten Schaumpartikel sind in Abbildung 8 dargestellt. Die mit Schichtsilikat compoundierte Probe weist eine nochmals homogenere Schaumstruktur auf, als die mit Kieselsäure compoundierte Probe bei einer gleichzeitig geringeren Dichte. Die Zellstruktur ist wie bei CAB gemischtzellig.

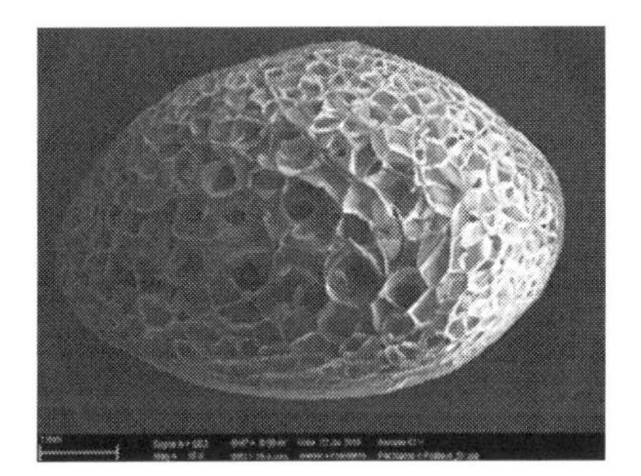
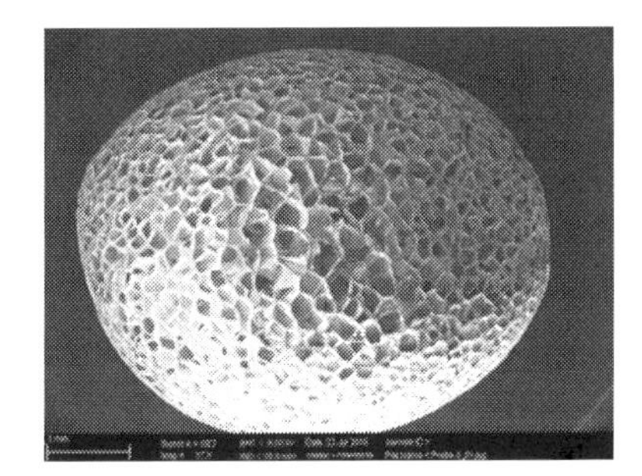

Abb. 8: CP-Schaumpartikel mit jeweils 3 % Aerosil und Nanofill

7 Literatur

[1] Endres H., Siebert-Raths A., Technische Biopolymere, Carl Hanser Verlag, München, 2009

[2] Stange J., Einfluss rheologischer Eigenschaften auf das Schäumverhalten von Polypropylen unterschiedlicher molekularer Struktur, Shaker Verlag, Aachen, 2006

[3] Ziegler M., Verarbeitung und Werkstoffverhalten von extrudierten Polypropylen-Partikelschäumen, Wissenschaftliche Schriftreihe des Fraunhofer ICT, Band 31, Pfinztal, 2000

[4] Bottenbruch L., Polycarbonate Polyacetale Polyester Celluloseester, Carl Hanser Verlag, 1992

[5] Wang J., Rheology of Foaming Polymers and Its Influence on Microcellular Processing, Department of Mechanical and Industrial Engineering, University of Toronto, 2009

[6] Tänzer W., Biologisch abbaubare Polymere, Deutscher Verlag für Grundstoffindustrie, Stuttgart, 2000

[7] Diemert J., Schäume – Innovationspotentiale für Kunststoffverarbeiter, Fraunhofer ICT, 2008

[8] Schneider A., Herstellung und Charakterisierung biobasierter Partikelschäume, Fraunhofer ICT, 2010

[9] Altstädt V., Lehrstuhl für Polymere Werkstoffe, Universität Bayreuth

[10] Wagner M., Collignon B., Verbeke J., Rheotens-mastercurves and elongational viskosity of polymer melts, Steinkopff Verlag, 1996

EINFLUSS VON PROZESS- UND FORMULIERUNGSPARAMETERN AUF DIE HERSTELLUNG NANOPARTIKULÄRER BESCHICHTUNGEN

N. Barth, D. Steiner, C. Schilde, A. Kwade

Institut für Partikeltechnik, TU Braunschweig, Volkmaroder Str. 5, 38104 Braunschweig, e-mail: nina.barth@tu-braunschweig.de

1 Einleitung

Dünne Schichten stellen eine der wichtigsten Anwendungsformen nanotechnologischer Produkte dar und finden beispielsweise Einsatz als Nanokomposit-Beschichtungen, superhydrophobe Beschichtungen oder ultradünne Hartstoffschichten [1-5]. Hierbei können die Vorteile nanoskaliger Produkte, wie beispielsweise die hohe spezifische Oberfläche des Materials, sehr gut unter Verwendung minimaler Mengen genutzt werden. Zur Herstellung nanoskaliger bzw. nanostrukturierter Dünnschichten existiert eine Vielzahl verschiedener Verfahren. Neben etablierten gasphasenbasierten Dünnschichttechniken wie beispielsweise Aufdampfen oder Sputtern [6] werden dabei auch lösungsmittelbasierte Verfahren, insbesondere Sol-Gel-Prozesse, eingesetzt [7]. Die Herstellung nanostrukturierter Dünnschichten über Sol-Gel-Prozesse ist in vielen anwendungsrelevanten Bereichen dünner Beschichtungen sehr attraktiv und wird unter anderem für die Herstellung von Korrosionsschutz-, Hart-, Barriere-, Antiadhäsiv- oder Antireflexbeschichtungen verwendet [8, 9].

Eine weitere Möglichkeit ist die Herstellung nanoskaliger oder nanostrukturierter Schichten ausgehend von Nanopartikeln oder Nanomaterialien über lösungsmittelbasierte Beschichtungsprozesse. Zurzeit nimmt der Einsatz derartiger Beschichtungen in verschiedenen Anwendungen stark zu, da hierfür einfache lösungsmittelbasierte Beschichtungsprozesse verwendet werden können, die wesentlich preiswerter sind als beispielsweise Gasphasenabscheideverfahren. Während etwa in kratzfesten Lacken, Frostschutzschichten oder Hybrid-Solarzellen nur geringe bis mittlere Volumenanteile an Nanomaterialien in einer Polymermatrix eingebettet sind [10], treten immer stärker Anwendungen in den Vordergrund, die zu einem großen Anteil oder fast ausschließlich aus Nanopartikeln bestehende Schichten benötigen [11-14]. Ein bekanntes Anwendungsbeispiel für solche nanopartikulären Schichten stellt das Gebiet der „druckbaren Elektronik“ dar, bei denen die Verwendung von Partikeldispersionen eine kostengünstige Herstellung elektronischer Komponenten ermöglicht [15].

Bei der Herstellung nanopartikulärer Beschichtungen hängen die anwendungstechnischen Eigenschaften der Beschichtungen neben den Materialeigenschaften stark von den zugrunde liegenden Strukturen ab. Neben dem Herstellungsprozess der Nanopartikel haben auch alle folgenden Verarbeitungsschritte der Prozesskette, wie Formulierung und Dispergierung der nanopartikulären Beschichtungssuspension sowie deren Verarbeitung, maßgeblichen Einfluss auf die Strukturbildung und späteren anwendungstechnischen Schichteigenschaften. Insgesamt liegt eine Dreiecksbeziehung von Prozess, Struktur (physikalische Eigenschaften) und verarbeitungs- und anwendungstechnischen Eigenschaften vor (siehe Abb. 1).

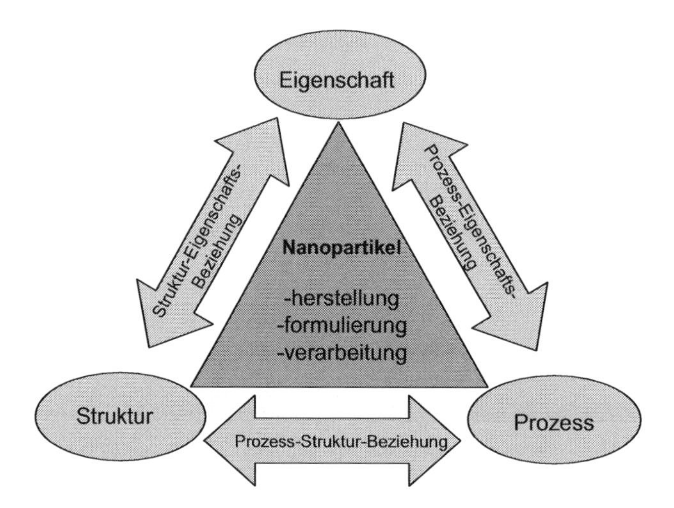

Abb. 1: Prozess-Struktur-Eigenschafts-Beziehungen

Im Rahmen dieser Studie wurden Schichten mit einem Filmziehgerät auf festen Edelstahl-Substraten aufgetragen. Variiert wurden die Spalthöhe und Trocknungstemperatur, da diese Prozessparameter die anwendungstechnischen Eigenschaften der Beschichtung wie beispielsweise die mechanischen Schichteigenschaften maßgeblich beeinflussen.

2 Materialien und Methoden

2.1 Materialien

Als Beschichtungssubstrat kam elektropoliertes Edelstahlblech 1.4301 (X5CrNi1810) von 1 mm Stärke zum Einsatz. Als Beschichtungsmaterial diente das pyrogene Aluminiumoxid AEROXIDE® Alu C mit einer mittleren Primärpartikelgröße von 13 nm und einer spezifischen Oberfläche von 100 m^2/g der Firma Evonik Degussa [16]. Dispergiert wurde das Aluminiumoxid in destilliertem Wasser bei pH 5,8 ohne Zugabe von Stabilisatoren. Bei diesem pH-Wert liegen ein hohes Zetapotential und damit eine gute elektrostatische Stabilisierung vor. Als Bindemittel wurden Metylcellulose (MC), Polyvinylalkohol (PVA) und Polyvinylpyrrolidon (PVP) eingesetzt. Zur Untersuchung des Einflusses von Netzadditiven wurden unterschiedliche Siloxane verwendet. Zusätzlich musste für einige Formulierungen ein Antischaummittel zugegeben werden. Verwendet wurde hierfür das Contraspum K1012 der Firma Zschimmer & Schwarz. Dabei konnte der Einfluss des Antischaummittels auf die Suspensionsstabilität über Messung der Partikelgrößenverteilung ausgeschlossen werden.

2.2 Methoden

2.2.1 Herstellung und Charakterisierung der Suspensionen

Die wässrigen Al_2O_3-Suspensionen wurden mit einem Feststoffgehalt von $c_m = 0{,}34$ (34 Massenprozent) in einer Dreiwalze S 80 der Firma Exakt mit einem spezifischen Energieeintrag von 1250 kJ/kg 75 Minuten lang auf eine mittlere Partikelgröße von 139 nm dispergiert (siehe Tabelle 1). Um den Feststoffgehalt für die nachfolgenden Beschichtungsversuche bei konstanter Partikelgrößenverteilung zu variieren, wurde die Suspension anschließend auf eine entsprechende Konzentration verdünnt und mit einem Dissolver CA60 der Firma Getzmann bei 3000U/min für 15 Minuten homogenisiert.

Tabelle 1: Geometrie- und Betriebsparameter der Dreiwalze

Walzen		**Eingestellte Parameter**	
Walzendurchmesser	80 mm	Spaltbreiten	S_1=5µm
Walzenlänge	200 mm		S_2=10µm
Nutzbare Arbeitsbreite	170 mm	Umfangsgeschwindigkeit	1,68 m/s
Walzendrehzahlverhältnis	9:3:1	Temperatur	25°C

Die Partikelgrößenverteilung der resultierenden Aggregate wurde mittels dynamischer Lichtstreuung im Nanophox der Firma Sympatec ermittelt. Zudem wurde die Oberflächenspannung der Suspensionen und der Kontaktwinkel der Suspensionen auf den verwendeten Substraten mit einem „Contact Angle Measuring System G10“ der Firma Krüss gemessen.

2.2.2 Herstellung und Charakterisierung der Beschichtungen

Die Beschichtungen wurden mit einem automatischen Filmziehgerät ZZA 2300 der Firma Zehnter mit einer Glasplatte als Unterlage erzeugt. Als Rakel diente der Universal-Applikator ZUA 2000 mit einer Filmbreite von 80 mm. Die Ziehgeschwindigkeit wurde auf 20 mm/s und die Spalthöhe auf 10, 20, 50, 100 und 150 µm eingestellt (siehe Tabelle 2). Die Trocknung der

Schichten erfolgte im Ofen entweder bei 180° oder bei einem Temperaturprofil von 40 – 120 °C für jeweils eine Stunde.

Tabelle 2: Geometrie- und Betriebsparameter des Filmziehgerätes

Rakelbreite [mm]	80
Ziehgeschwindigkeit [mm/s]	20
Spalthöhen [µm]	10, 20, 50, 100, 150

Die Beurteilung der Qualität der Beschichtungen erfolgte zunächst optisch anhand von Fotos. Die Schichtdicke wurde mit einer Präzionsmessuhr (Auflösung 1µm) gemessen. Die Oberflächenbeschaffenheit und die Rauhigkeit der Schichten wurden mittels eines Konfokalmikroskopes (VK-9710 von Keyence) bestimmt. Um eine statistische Sicherheit der Oberflächenbeschaffenheits- und Rauhigkeitsmessung für jede Beschichtung zu gewährleisten, wurde die Messung an 10 zufällig auf der Beschichtung verteilten Punkten bestimmt. Um auch mechanische Eigenschaften der Schichten quantifizieren zu können, wurden die Beschichtungen in einem Triboindenter der Firma Hysitron, mit einem Berkovich-Indenter indentiert. Dabei wurde weggesteuert für die maximalen Indentationstiefen 100, 200, 400, 600, 800 und 1000 nm gemessen. Für jede Eindringtiefe wurden 40 Indentationsmessungen durchgeführt. In Abb. 2 sind beispielhaft Mittelwert und Standardabweichung der maximalen Indentationkraft in Abhängigkeit der Anzahl der Indents dargestellt. Die Abbildung zeigt, dass mit 40 Indents pro Eindringtiefe ausreichend statistische Sicherheit gegeben ist [17]. Auf der rechten Seite von Abb. 2 ist die Beanspruchungsfunktion des Nanoindenters dargestellt. Die Belastungs- und Entlastungsgeschwindigkeit bei der Indentierung betrug 20 nm/s.

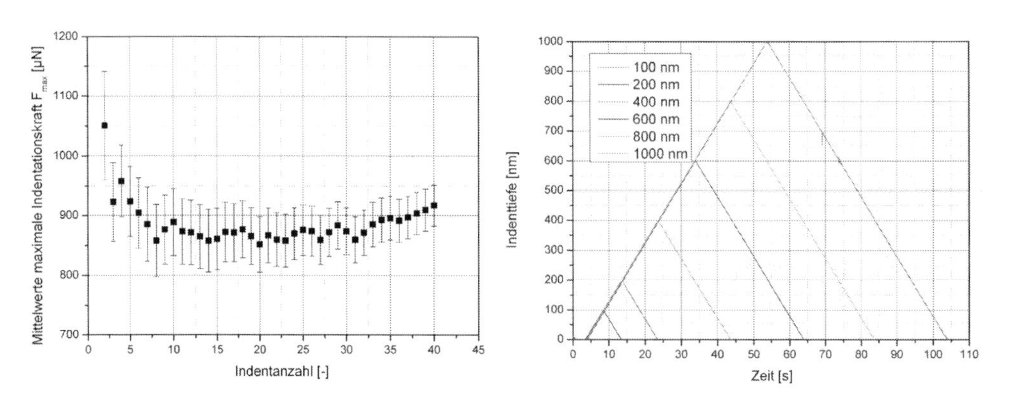

Abb. 2: Maximale Indentationkraft als Funktion der Anzahl der gemessenen Indents (links), Beanspruchungsfunktion des Nanoindenters (rechts)

Aufgrund der starken plastischen Verformung der nanopartikulären Beschichtungen können typische Modelle zur Ermittlung von Härte und E-Modul aus der resultierenden Kraft-Weg-Kurve der Nanoindentationsmessung, zum Beispiel das nach Oliver und Pharr [18], nicht angewendet werden. Aus diesem Grund müssen andere Messgrößen für die Beschreibung der mikromechanischen Beschichtungseigenschaften wie die maximale Indentationskraft, sowie die plastische und elastische Verformungsarbeit verwendet werden. In Abb. 3 ist schematisch dargestellt, wie die Anteile an plastischer und elastischer Verformungsarbeit ermittelt werden können. Dabei werden die Flächen innerhalb (plastische Verformungsarbeit) und unterhalb (elatische Verformungsarbeit) der Kraft-Weg-Kurve der Nanoindentationsmessung berechnet [19].

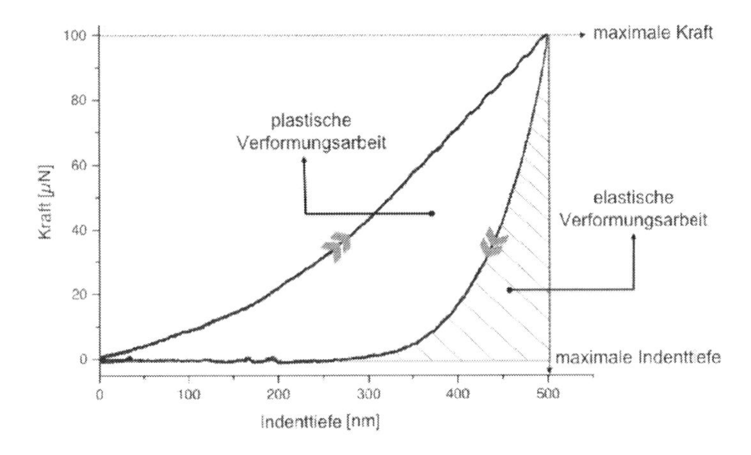

Abb. 3: Schematische Darstellung zur Ermittlung der maximalen Indentationskraft und der Verformungsarbeiten

3 Ergebnisse und Diskussion

3.1 Identifizierung einer geeigneten Formulierung

Die Formulierungseigenschaften einer Suspension, wie beispielsweise Viskosität oder Benetzung, haben maßgeblichen Einfluss auf die sich einstellenden Strukturen und damit auf die anwendungstechnischen Beschichtungseigenschaften. Um die Benetzung einer Beschichtungssuspension auf einem Substrat zu gewährleisten oder zu verbessern, muss die Oberflächenspannung der Suspension möglichst klein und die Oberflächenspannung des Substrates möglichst groß sein (Youngsche Gleichung). Um den Benetzungswinkel zwischen Suspension und Substrat zu verringern, kann die Oberflächenspannung der Suspension mittels Netzadditiven herabgesetzt werden und/oder das Substrat vorbehandelt werden, um dessen Oberflächenspannung zu erhöhen. In Abb. 4 sind die Kontaktwinkel (sessile drop) der wässrigen Nanopartikelsuspension mit 10 Gewichtsprozent Feststoff (c_m = 0,1) unter Zugabe verschiedener Additive auf den verwendeten Edelstahlsubstraten aufgetragen. Die Abbildung zeigt, dass die Zugabe von Bindemitteln wie Polyvinylpyrrolidon und Polyvinylalkohol den Kontaktwinkel zwischen der Suspension und dem Edelstahl herabsetzt. Eine zusätzliche Zugabe von Netzadditiv 1 (Tego Twin 4100 der Firma Tego, ein Trisiloxan) führt zu einer weitere Absenkung des Kontaktwinkels unabhängig vom verwendeten Bindemittel. Die alleinige Zugabe des Netzadditivs resultiert in einer Absinkung des Kontaktwinkels in gleicher Größenordnung. Die Oberflächenspannung (pendant drop) der Suspension ohne Additive beträgt 42 mN/m, die der Suspension mit Netzadditiv 22 mN/m. Die Zugabe von Netzmitteln verringert die Oberflächenspannung der Suspension und verbessert somit das Benetzungsverhalten der Suspension auf dem Edelstahl-Substrat.

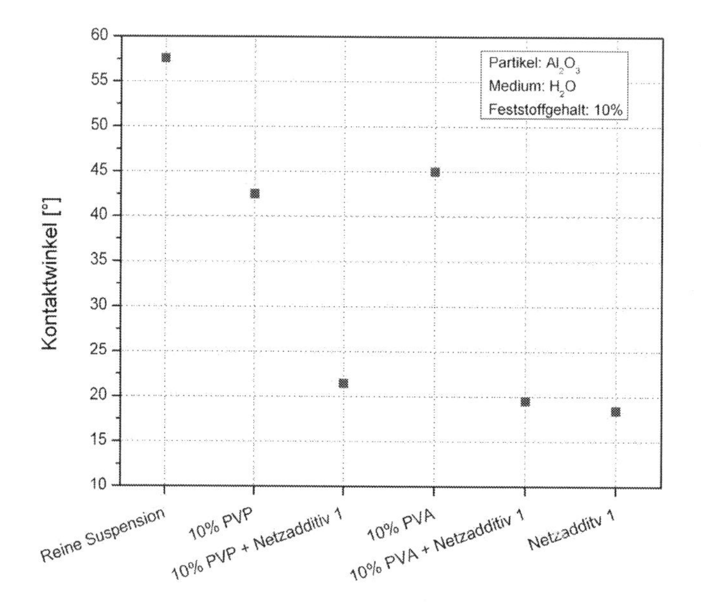

Abb. 4: Kontaktwinkel der wässrigen Suspension auf Edelstahl-Substrat bei Zugabe von Bindern und Netzadditiven

Nachfolgend wird der Einfluss des Benetzungsverhaltens der Suspension auf dem verwendeten Edelstahlsubstrat gezeigt. In Abb. 5 sind die Nassschichten von wässriger Al_2O_3-Suspension (c_m = 0,1) ohne (a) und mit verschiedenen Additiven (b-d) dargestellt. Die Beschichtungen wurden mit einer Spalthöhe von 10µm und einer Ziehgeschwindigkeit von 20 mm/s hergestellt. Die Abbildung zeigt, dass die Zugabe von Netzadditiven (c und d) eine sehr viel homogenere Schicht entstehen lässt. Die alleine Zugabe von Polyvinylalkohol führt zu keiner sichtbaren Verbesserung (b). Dies entspricht den Ergebnissen der Kontaktwinkelmessungen. Die Suspension mit dem niedrigsten Kontaktwinkel und damit der geringsten Oberflächenspannung zeigt die besten Verlaufseigenschaften.

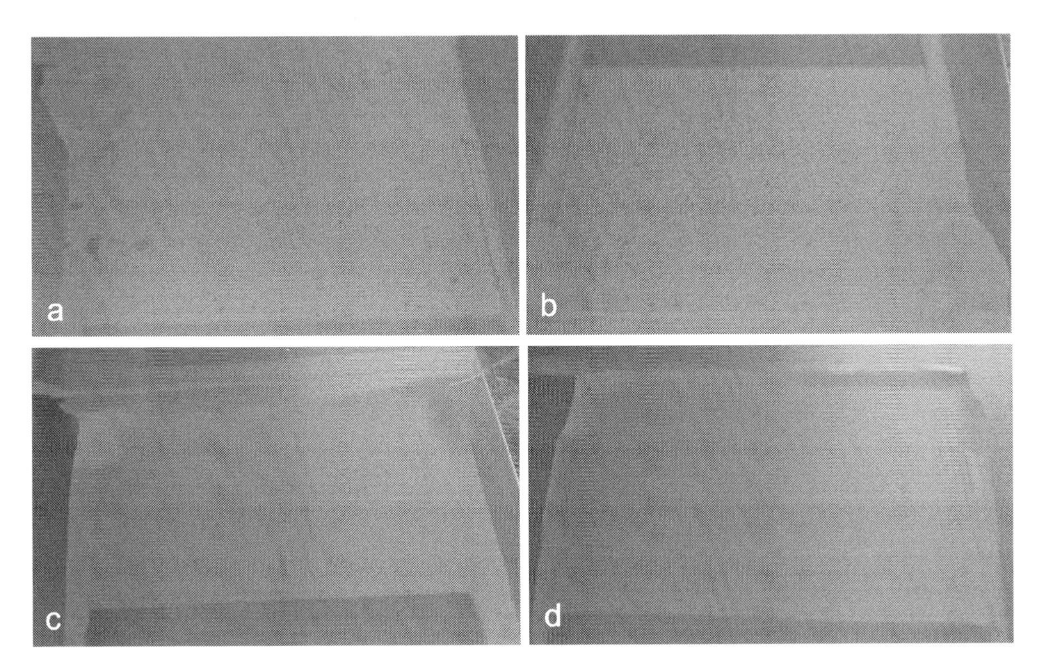

Abb. 5: a) Suspension ohne Additive b) mit 10% PVA c) mit 10% PVA + Netzadditiv d)mit Netzadditiv

Um auszuschließen, dass sich neben des Benetzungsverhaltens der Suspension auch Dispersitätsgrößen wie die Partikelgrößenverteilung gleichzeitig verändern, wurde die Partikelgrößenverteilung für die vier verschiedenen Formulierungen ermittelt. Die Partikel der Suspension ohne Additive weisen einen Medianwert x_{50} von 139 nm auf. Nach Zugabe des Netzadditivs beträgt der Medianwert 143 nm. Diese Abweichung von 4 nm liegt in der Messgenauigkeit des Systems. Die Zugabe des Netzadditivs beeinflusst somit die Stabilität der Nanopartikel nicht. Bei Zugabe von MC oder PVA nimmt die mittlere Partikelgröße mit steigender Konzentration des Bindemittels bis zu mehreren Mikrometern zu. Die Suspension ist nicht stabil. Daher wurden für die nachfolgenden Beschichtungen lediglich das Netzadditiv 1 und kein Bindemittel zugegeben.

3.2 Einfluss der Spalthöhe auf die Schichtdicke und die mechanischen Eigenschaften

Als wesentlicher Einflussfaktor des Beschichtungsprozesses auf die entstehende Beschichtungsstruktur und damit die anwendungstechnischen Eigenschaften wurde die Spalthöhe während der Beschichtungsversuche variiert. Dabei ist zu erwarten, dass sich auch die Trockenschichtdicken bei Veränderung der Spalthöhe (20, 50, 100 und 150µm) stark unterscheiden. Eine wesentliche Fragestellung ist, inwieweit sich die anwendungstechnischen Eigenschaften, in diesem Fall die mikromechanischen Schichteigenschaften unterscheiden. Wie in Abb. 6 zu erkennen, stellt sich mit steigender Spalthöhe eine größere Trockenschichtdicke ein.

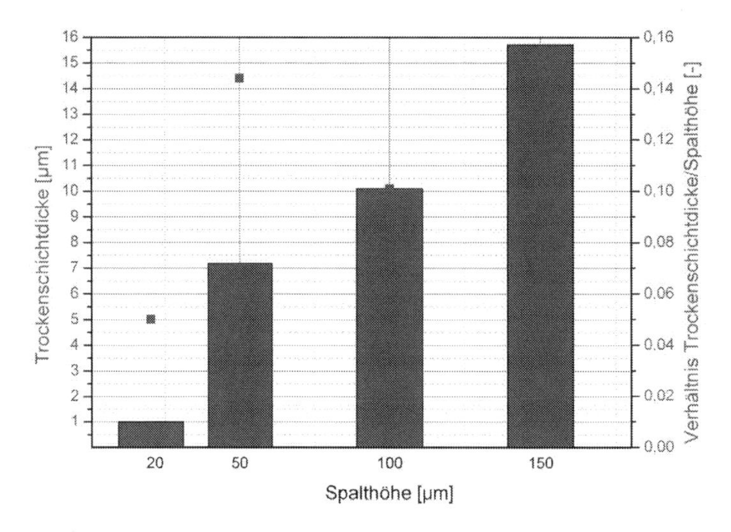

Abb. 6: Einfluss der Spalthöhe auf die Trockenschichtdicke

Die resultierende Trockenschichtdicke beträgt bei den größeren Spalten etwa 1/10 der eingestellten Nassfilmdicke. Diese Werte sind bei einem Feststoffgehalt von $c_m = 0,1$ in einer realistischen Größenordnung. Die Abweichung der Schichtdicken von diesem Verhältnis bei den dünneren Schichten ist auf Messungenauigkeiten der Messuhr bei den kleinen Schichtdicken zurückzuführen, da in diesem Messbereich die Auflösungsgrenze des Messgerätes liegt. Um auch die mechanischen Eigenschaften dieser Schichten erfassen zu können, wurden Nanoindentationen (Abb. 7) durchgeführt.

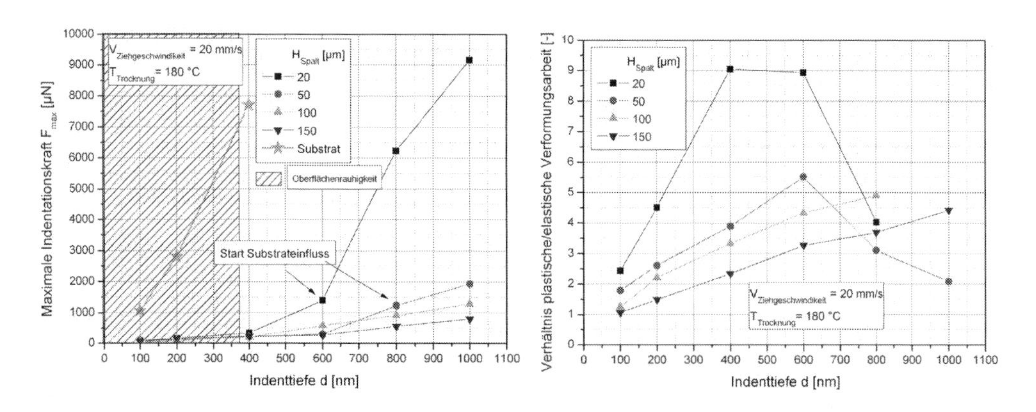

Abb. 7: Maximale Indentationskraft in Abhängigkeit der Indenttiefe für verschieden dicke Schichten (links), Verhältnis plastische/elastische Verformungsarbeit in Abhängigkeit der Indenttiefe für verschiedene Schichtdicken (rechts)

Abb. 7 links zeigt die maximale Indentationkraft in Abhängigkeit der Indenttiefe für verschiedene Schichtdicken. Zusätzlich ist die Indentationkraft bei Indentierung des unbeschichteten Substrates gezeigt. Unabhängig von der Schichtdicke zeigt sich mit zunehmender Indenttiefe ein

Anstieg der maximalen Indentationkraft. Bei den Kurven der beiden dünneren Schichten ergibt sich ein Abknicken der Kurven bei etwa 600 nm und ein darauf folgender starker Anstieg der maximalen Indentationkraft. Der Bereich von Indenttiefen kleiner 400 nm liegt in der Größenordnung der Schichtrauhigkeiten und liefert daher prozentual sehr große Standardabweichungen der Messergebnisse. Zur Beurteilung der mikromechanischen Eigenschaften können geringere Indenttiefen daher nur schwer herangezogen werden (Abb. 8).

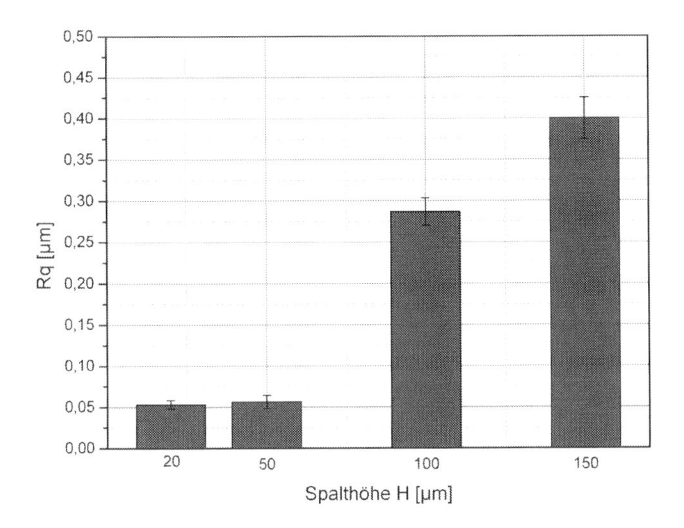

Abb. 8:Quadratisch gemittelte Rauhigkeitswerte R_q für verschiedne Schichtdicken

Für die dünnste Schicht (Nassfilmdicke 20 µm, Trockenschichtdicke 1 µm) ist zwischen einer Indenttiefe von 600 und 1000 nm aufgrund des starken Anstiegs der maximalen Indentationskraft ein Substrateinfluss zu erkennen. Auch bei der nächst dickeren Schicht (Nassfilmdicke 50 µm, Trockenschichtdicke 7 µm) ist noch ein Einfluss des Substrates festzustellen. Zu Vergleichszwecken ist in Abb. 7 zusätzlich die maximale Indentationkraft auf dem unbeschichteten Substrat aufgetragen. Die mikromechanischen Eigenschaften des Substrates und der dünnsten Beschichtung liegen in einem ähnlichen Größenbereich und besitzen eine vergleichbare Steigung, was auf Substrateinflüsse während der Indentation der Beschichtungen zurückzuführen ist. Bereits in früheren Veröffentlichungen wurde beobachtet, dass bei Eindringtiefen größer 10% der Schichtdicke Substrateinfluss nicht ausgeschlossen werden kann [20]. Der Absolutwert der Eindringtiefe, bei dem noch kein Substrateinfluss vorliegt, hängt dabei stark von den mechanischen Schichteigenschaften selbst ab. Bei stark elastischem Materialverhalten und gleichzeitig sehr hohen maximalen Indentationskräften sollten die mechanischen Eigenschaften des Substrates bei deutlich geringern Indentationstiefen die Messung der mikromechanischen Beschichtungseigenschaften beeinflussen. Bei stark plastischem Materialverhalten und gleichzeitig sehr niedrigen maximalen Indentationskräften sollte sich ein Substrateinfluss erst bei wesentlich größeren Indenttiefen bemerkbar machen.

Auf der rechten Seite von Abb. 7 ist das Verhältnis aus plastischer und elastischer Verformungsarbeit in Abhängigkeit der Indenttiefe dargestellt. Die Kurven der beiden dickeren Schichten zeigen einen linearen Anstieg des Verhältnisses mit steigender Indenttiefe. Bei den beiden dünneren Schichten erfolgt ein Einknicken bei einer Indenttiefe von 600 nm. Es wird ersichtlich, dass bei den dünneren Schichten bei höheren Indentationstiefen der Anteil an elastischer Verformungsarbeit stark zunimmt und damit das Verhältnis aus plastischer zu elastischer Arbeit sinkt. Dies lässt ebenfalls auf den Einfluss des wesentlich härteren und elastischeren Substrats schließen. Diese Messreihe zeigt, dass bei einer Indentierung bis zu 1000 nm von Beschichtungen mit Trockenschichtdicken größer 10 µm (Nassfilmdicken von 100 µm oder größer) kein Substrateinfluss vorliegt. In Abb. 9 sind charakteristische Indents (Kraft-Weg-Kurven) für die Nassfilmdicken von 100 und 150 µm dargestellt. Es ist zu erkennen, dass die maximale Indentationkraft umso größer ist, je dünner die Schicht ist.

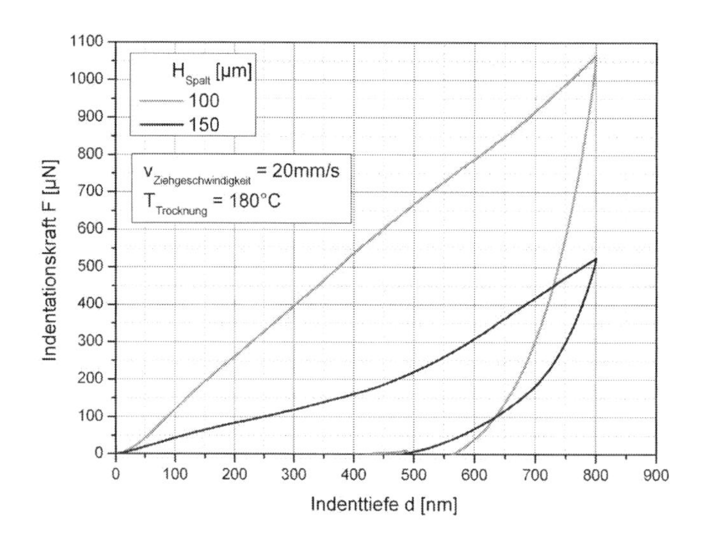

Abb. 9: Indentationkraft als Funktion der Indenttiefe für zwei verschiedene Schichtdicken

3.3 Einfluss der Trocknungstemperatur auf die Schichtdicke und die mechanischen Eigenschafteten

Der Trocknungsprozess wurde beispielhaft an der Beschichtung untersucht, die mit einer Spalthöhe von 100 µm und einer Ziehgeschwindigkeit von 20 mm/min hergestellt wurde, da sich gezeigt hat, dass bei dieser Schichtdicke Substrateinfluss bei der Nanoindentationsmessung bis 1000 nm ausgeschlossen werden kann. Es wurden zwei Schichten mit einer Spalthöhe von 100 µm mit derselben Suspension hergestellt. Eine Schicht wurde konstant bei 180°C, die andere bei kontinuierlich steigender Temperatur von 40-120° für einer Stunde getrocknet. Die Ergebnisse zeigen, dass die Schicht, die bei 180°C getrocknet wurde, dünner ist als die, die dem Temperaturprofil unterzogen wurde (Abb. 10).

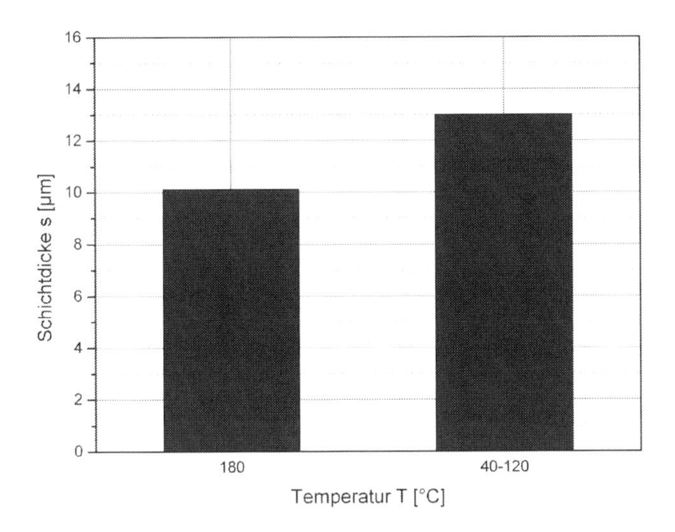

Abb. 10: Einfluss der Trocknungstemperatur auf die Trockenschichtdicke

Die Ursache für den Unterschied in der Schichtdicke ist wahrscheinlich in den verschiedenen Verdampfungsgeschwindigkeiten des Lösemittels begründet. Bei 180 °C verdampft das Wasser wesentlich schneller als bei dem Temperaturprofil und die Partikel werden durch Kapillarkräfte stärker zusammen gezogen. Bei einer langsamen Steigerung der Temperatur von 40 auf 120°C verdampft das Lösungsmittel langsamer und die Kapillarkräfte sind geringer. In Abb. 11 links ist der Einfluss der Trocknungstemperatur auf die maximale Indentationskraft in Abhängigkeit von der Indenttiefe dargestellt. Wird wieder der Bereich außerhalb von 400nm Indenttiefe betrachtet, zeigt sich deutlich, dass für die Indentierung der Schicht, die bei 180°C getrocknet wurde, bei gleicher Indenttiefe eine höhere maximale Indentationskraft auftritt. Dies stimmt mit der zuvor gewonnenen Erkenntnis überein, dass die maximale Indentationskraft mit steigender Schichtdicke sinkt. Im rechten Teil von Abb. 11 sind charakteristische Einzelindents bei einer Indenttiefe von 800 nm für die beiden Beschichtungen gezeigt.

Dass durch alleinige Variation der Trocknungstemperatur bei konstantem Feststoffvolumenanteil und Beschichtungsparametern (z.B. Nassfilmdicke) sich die resultierende Schichtdicke verändert, bedeutet eine geringere Porosität der dünneren Schicht. Dies ist in Abb. 11 links schematisch dargestellt. Bei poröseren Schichten sind mehr Hohlräume zwischen den Partikeln und die Partikel können durch den Indenter durch geringere Kräfte verschoben werden. Der Al_2O_3-

Feststoffanteil von 10% in der Suspension entspricht einem Volumenanteil von 2,77%. Bei einer Nassfilmdicke von 100 µm und der resultierenden Trockenschichtdicke von 10 µm entspricht dies einer theoretischen Porosität von 72,3%. Die dickere Schicht (13 µm) weist eine Porosität von 78,7% auf. Dies sollte sich auch im Anteil der plastischen Verformungsarbeit bemerkbar machen. In Abb. 12 ist das Verhältnis aus plastischem und elastischem Anteil über der Indenttiefe aufgetragen. Das Verhältnis steigt mit tiefer werdenden Indents. Es zeigt sich, dass die dickere Schicht einen größeren plastischen Anteil hat und sich die Partikel stärker umordnen als bei der dünneren kompakteren Schicht.

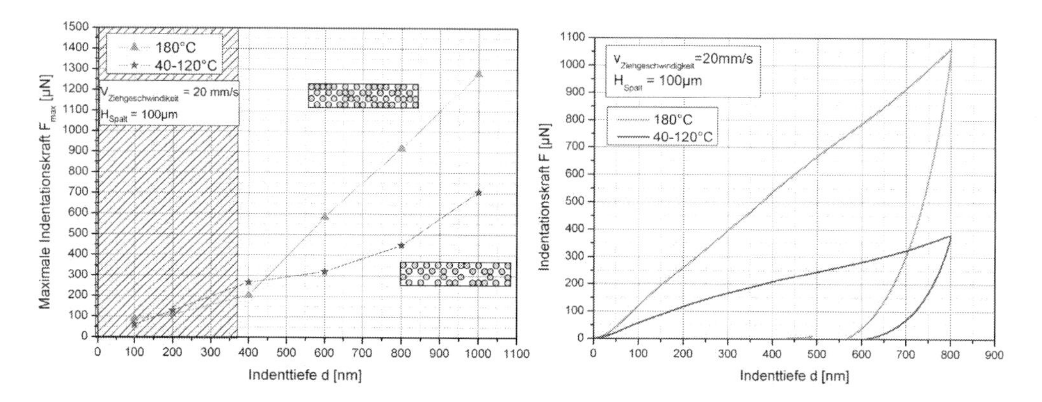

Abb. 11: Einfluss der Trocknungstemperatur auf die maximale Indentationskraft (links); Indentationskraft als Funktion der Indenttiefe für unterschiedliche Trocknungstemperaturen(rechts)

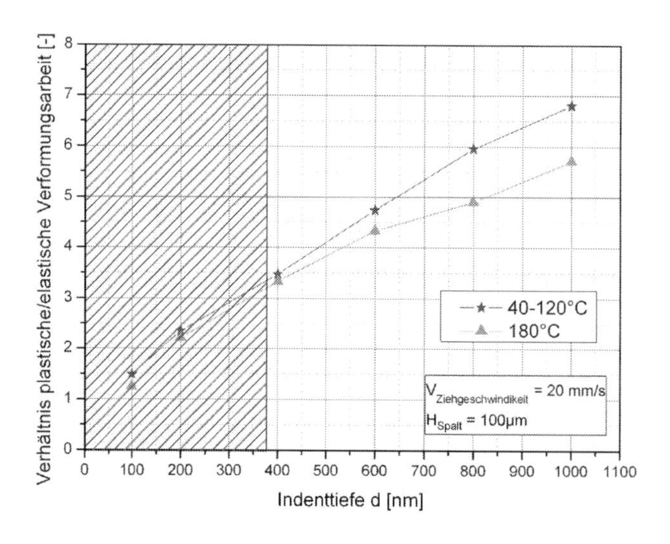

Abb. 12: Einfluss der Trocknungstemperatur auf den elastischen und plastischen Anteil der Beschichtung

4 Zusammenfassung und Ausblick

In dieser Studie wurde eine zur Beschichtung von Edelstahlblechen mit Al_2O_3-Nanopartikel entwickelte Formulierung verwendet, um den Einfluss der Spalthöhe während eines Rakelbeschichtungsprozesses sowie den anschließenden Trocknungsprozess zu untersuchen. Es wurde gezeigt, dass die Nanoindentation eine geeignete Methode ist, um die mechanischen Eigenschaften dieser Schichten zu untersuchen. Der Substrateinfluss konnte für Schichtdicken größer 10 µm oder sehr geringe Indentationstiefen ausgeschlossen werden. Dabei beeinflusst die Oberflächenrauhigkeit der Beschichtung sowie die mikromechanischen Eigenschaften an sich maßgeblich den Messbereich der Nanoindentationsmessung. Zudem zeigte sich, dass die Trocknungstemperatur einen Einfluss auf die Schichtdicke und damit die Porosität der Schichten hat. Eine höhere Trocknungstemperatur führt zu dichteren Schichten mit wesentlich höheren maximalen Indentationskräften. Aufgrund der größeren Schichtdichte nimmt auch der Anteil der elastischen Verformungsarbeit zu.
In weiteren Untersuchungen soll der Trocknungsprozess und der Einfluss verschiedener Lösemitteln auf die Schichtstrukturen und Eigenschaften systematisch untersucht werden. Auch der Einsatz von unterschiedlichen Partikeltypen ebenso wie die Abriebbeständigkeit solcher Beschichtungen ist von besonderer Bedeutung.

5 Literatur

[1] R. Hauert und J. Patscheider, „From alloying to nanocomposites - Improved performance of hard coatings“, vol. 2-5, pp. 247-259, 2000

[2] A. Cavaleiro und J. T. M. De Hosson, *Nanostructured Coatings* 2006.

[3] C. Lu, Y. W. Mai und Y. G. Shen, „Recent advances on understanding the origin of superhardness in nanocomposite coatings: A critical review“, vol. 41-3, pp. 937-950, 2006

[4] K. K. S. Lau, J. Bico, K. B. K. Teo, M. Chhowalla, G. A. J. Amaratunga, W. I. Milne, G. H. McKinley und K. K. Gleason, „Superhydrophobic Carbon Nanotube Forests“, vol. 3-12, pp. 1701-1705, 2003

[5] M. Sun, C. Luo, L. Xu, H. Ji, Q. Ouyang, D. Yu und Y. Chen, „Artificial lotus leaf by nanocasting“, vol. 21-19, pp. 8978-8981, 2005

[6] W. Menz, „Oberflächen- und Dünnschichttechniken in der Industrie“, vol. 60-2, pp. 108-112, 1988

[7] C. J. Brinker und G. W. Scherer, *Sol-Gel Science,* London: 1990.

[8] B. Mahltig, „Sol-Gel Technik zur Realisierung von funktionellen Beschichtungen. Sol-gel technique for preparation of functional coatings“, vol. 16-3, pp. 129-132, 2004

[9] D. Grosso, C. Boissiere und C. Sanchez, „Ultralow-dielectric-constant optical thin films built from magnesium oxyfluoride vesicle-like hollow nanoparticles“, vol. 6-8, pp. 572-575, 2007

[10] L. Cao, A. K. Jones, V. K. Sikka, J. Wu und D. Gao, „Anti-Icing Superhydrophobic Coatings“, vol. 25-21, pp. 12444-12448, 2009

[11] D. Fattakhova-Rohlfing, T. Brezesinski, J. Rathouský, A. Feldhoff, T. Oekermann, M. Wark und B. M. Smarsly, „Transparent Conducting Films of Indium Tin Oxide with 3D Mesopore Architecture“, vol. 18-22, pp. 2980-2983, 2006

[12] B. G. Prevo, D. M. Kuncicky und O. D. Velev, „Engineered deposition of coatings from nano- and micro-particles: A brief review of convective assembly at high volume fraction“, vol. 311-1-3, pp. 2-10, 2007

[13] A. Yabuki und N. Arriffin, „Electrical conductivity of copper nanoparticle thin films annealed at low temperature“, vol. 518-23, pp. 7033-7037, 2010

[14] M. Fuchs, D. Breitenstein, M. Fartmann, T. Grehl, S. Kayser, R. Koester, R. Ochs, S. Schlabach, D. V. Szabó und M. Bruns, „Characterization of core/shell nanoparticle thin films for gas analytical applications“, vol. 42-6-7, pp. 1131-1134, 2010

[15] A. Reindl, M. Mahajeri, J. Hanft und W. Peukert, „The influence of dispersing and stabilizing of indium tin oxide nanoparticles upon the characteristic properties of thin films“, vol. 517, pp. 1624-1629, 2009

[16] C. Schilde, C. Mages-Sauter, A. Kwade und H. P. Schuchman, „Efficiency of different dispersing devices for dispersing nanosized silica and alumina“, vol. 207, pp. 353-361, 2011b

[17] J. Arfsten, I. Kampen und A. Kwade, „Mechanical testing of single yeast cells in liquid environment: Effect of the extracellular osmotic conditions on the failure behavior“, vol. 100-7, pp. 978-983, 2009

[18] W. C. Oliver und G. M. Pharr, „An improved technique for determining hardness and elastic modulus using load and displacement sensing indentation experiments“, vol. 7-6, pp. 1564-1583, 1992

[19] C. Schilde, „Effect of Important Precipitation Process Parameters on the redispersion Process and the Micromechanical Properties of Precipitated Silica“, vol. 32-7, pp. 1078-1087, 2009

[20] T. Chudoba, M. Griepentrog, A. Dück, D. Schneider und F. Richter, „Young's modulus measurements on ultra-thin coatings“, vol. 19-1, pp. 301-314, 2004

HERSTELLUNG UND ANWENDUNG VON THERMOPLASTISCHEN MWNT-COMPOSITEN MIT DEM NANODIREKT-VERFAHREN

I. Mikonsaari, Ch. Hübner

Fraunhofer Institut für Chemische Technologie (ICT), Joseph-von-Fraunhofer Str. 7, 76327 Pfinztal, e-mail: irma.mikonsaari@ict.fraunhofer.de

1 Einleitung

Nanofüllstoffe können in thermoplastischen Matrices bereits in relativ niedrigen Konzentrationen Eigenschaftsveränderungen hervorrufen, die mit Füllstoffen herkömmlicher Partikelgrößen im µm-Bereich erst in wesentlich höheren Füllgraden verwirklicht werden können. Dies ist in der im Vergleich zu herkömmlichen Füllstoffabmessungen deutlich höheren volumenbezogenen spezifischen Oberfläche der Nanofüllstoffe begründet. Ferner können Nanofüllstoffe sehr hohe Aspektverhältnisse aufweisen, die sich für bestimmte Anwendungen als sehr vorteilhaft erweisen (z.B. Schichtsilikate für Barriereeigenschaften oder CNTs für die elektrische Leitfähigkeit). In vielen Fällen sind eine gute Verteilung der Nanofüllstoffe in der Polymermatrix und die Erreichung einer definierten Morphologie der Compounds zur Realisierung der angestrebten Zielfunktion oder Zieleigenschaft von entscheidender Bedeutung.

Die z.T. extreme Agglomerationsneigung von Nanopartikeln stellt besondere Anforderungen an die Schmelzecompoundierung hinsichtlich der Deagglomeration und der Dispergierung. Hierbei spielen neben den in die Schmelze eingebrachten Scherkräften während der Compoundierung auch die Oberflächenchemie und die Geometrie der Nanofüllstoffe eine entscheidende Rolle.

Die Dispergiergüte ist in komplexer Weise mit den Material- und den Verarbeitungsparametern verknüpft. Allgemeingültige Zusammenhänge zwischen ihnen lassen sich bisher trotz der hohen Anzahl von Publikationen in diesem Bereich nicht immer aufstellen.

Die Bestimmung der Dispergiergüte selbst ist noch immer Gegenstand intensiver Forschungen. Die Schwierigkeit besteht hierbei darin, die Verteilung über mehrere Größenordnungen des Längenmaßstabes hinweg kostengünstig, schnell, zuverlässig und über größere Volumenbereiche der untersuchten Proben hinweg bestimmen zu können. Rückschlüsse auf die Qualität der Dispergierung der Nanomaterialien in den Matrices lassen sich durch die Anwendung von traditionellen Prüfmethoden zur Bestimmung makroskopischer Materialeigenschaften nicht immer zuverlässig ziehen.

Vor diesem Hintergrund beschäftigt sich das Fraunhofer ICT mit der Weiterentwicklung der Compoundiertechnik zur Einarbeitung von Nanomaterialien in thermoplastische Matrices. Hierbei werden neben traditionellen Optimierungen der Schneckenkonfiguration in den verwendeten gleichläufigen Doppelschneckenextrudern im Hinblick auf die Verarbeitung von CNTs auch neue Methoden wie die Verwendung überkritischer Fluide (SCF) zur Beeinflussung der Nanofüllstoff-Schmelze-Interaktion sowie die Einkoppelung von Ultraschall in die Verfahrenseinheit des Extruders angewendet. Die Modifikationen an den verwendeten Extrusionsanlagen, wie z.B. die Einkoppelstellen für den Ultraschall und die überkritischen Fluide sind konstruktiv so ausgelegt, dass sie mit den Extruderblöcken kompatibel sind und auf diese Weise prinzipiell an jeder Stelle der Verfahrenszone eingesetzt werden können. Dies führt zu einer großen Flexibilität in den möglichen Verfahrensführungen. Des Weiteren können bereits in Trägermedien vordispergierte Nanomaterialien eingesetzt werden, um den Dispergierprozess vom Extrusionsprozess abzukoppeln. Im Beispiel des NanoDirekt-Prozesses werden als Ausgangsmedium wässrige Nanosuspensionen verwendet.

Als Materialbasis werden vorwiegend die Matrices PE, PP, PS und PA verwendet. Als Additive kommen unbehandelte sowie oberflächenmodifizierte Schichtsilikate, pyrogene Kieselsäure, Ruß und CNTs zum Einsatz. Die erhaltenen Compounds werden hinsichtlich ihres Brandverhaltens, ihrer mechanischen Eigenschaften, ihrer Oberflächeneigenschaften oder ihrer elektrischen Leitfähigkeit untersucht.

Im Falle von nicht sphärischennanoskaligen Füllstoffteilchen (Schichtsilikate, CNT, CNF) spielt insbesondere auch der Einfluss der Bauteilherstellung im Spritzguss auf die Eigenschaften des hergestellten Bauteils eine zentrale Rolle und ist daher Gegenstand der Untersuchungen. Die während der Fließvorgänge bei der Werkzeugfüllung auftretenden Orientierungen der Nanofüllstoffe können lokal sehr unterschiedliche und darüber hinaus anisotrope Eigenschaften im Bauteil hervorrufen.

Neben der Compoundier- und Spritzgießtechnik werden auch Charakterisierungsmethoden zur Bestimmung der Dispergierung der Nanopartikel in den verschiedenen Matrices entwickelt.

Im Poster werden Ergebnisse aus laufenden Projekten auf diesem Gebiet gezeigt und diskutiert.

2 Polymere MWNT-Composite nach dem NanoDirekt-Verfahren

Die Zielsetzung des Vorhabens NanoDirekt -Direktprozess zur Herstellung von Nanosuspensionen und deren Zudosierung in thermoplastische Matrices zur Herstellung von Nanocomposites - war es, die technischen, wirtschaftlichen und gesundheitlichen Einschränkungen der Herstellung von polymeren Nanocomposites durch die Einführung eines Direktverfahrens zu lösen und damit die Möglichkeiten zur Anwendung dieser Werkstoffe im industriellen Maßstab zu schaffen.

2.1 Lösungsweg

Das nanoskalige, agglomerierte CNT-Pulvermaterial mit sehr großer spezifischer Oberfläche wurde zunächst mit einem Lösungsmittel benetzt und in Suspension gebracht. Die Deagglomeration der Primärpartikel erfolgt in diesem Medium unter sehr hoher Scherenergie in einer Rührwerkskugelmühle. Parallel zu der Deagglomeration wird die Suspension so stabilisiert, dass in den nachfolgenden Prozessstufen keine Agglomeration mehr geschehen kann. Das hochviskose Materialsystem wird gegen den Betriebsdruck des Extruders in die polymere Schmelze dosiert. Danach wird das Suspensionsmedium abgezogen. Das entstehende Granulat wird der Endverarbeitungsstufe zugeführt und dort zum Produkt verarbeitet. Zur Überwachung des Prozesses (Strukturanalyse der Suspension und der Nanocomposite) wird geeignete Messtechnik eingesetzt.

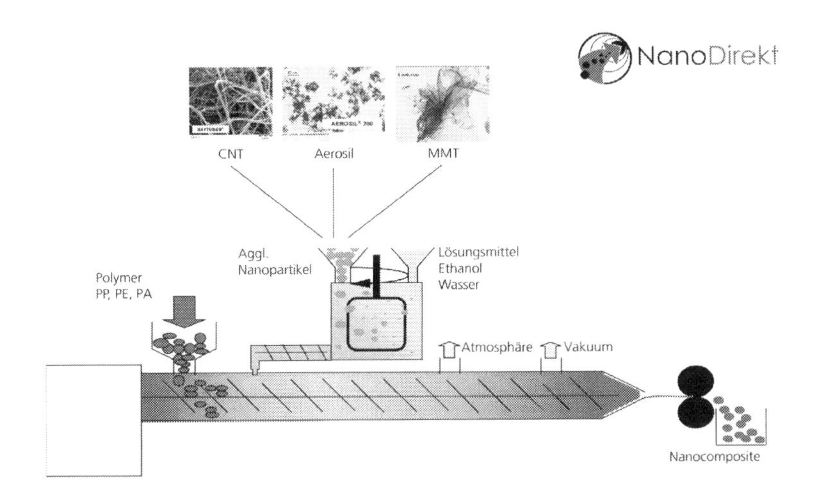

Abb. 1: NanoDirekt-Anlage

Als Zielsetzung für das Verbundprojekt wurde im Vorhaben eine Demonstratoranlage aufgebaut, an welcher die einzelnen, für das Gelingen des Gesamtprozesses notwendigen Schritte integriert und zu einer automatisierten Einheit verschmolzen wurden.

2.2 Ergebnisse

2.2.1 Verwendete CNTs

Es wurden die Kohlenstoffnanoröhrchen CNTs der Fa. Bayer MaterialScience – Typ Baytubes C150 P verwendet, welche eine hohe Verfügbarkeit auf dem Markt haben.

Die CNTs sind faserförmig mit einem sehr hohen Aspect Ratio von bis zu 100. Diese Fasern liegen nach dem Herstellungsprozess ineinander verknäult vor. Abbildung 2 zeigt ein solches Agglomerat und die wesentlichen Materialparameter.

Als Zielsetzung für das Verbundprojekt wurde im Vorhaben eine Demonstratoranlage aufgebaut, an welcher die einzelnen, für das Gelingen des Gesamtprozesses notwendigen Schritte integriert und zu einer automatisierten Einheit verschmolzen wurden.

	BaytubesC150P
Material	>95% C
Spezifische Oberfläche	200-300 m²/g
Länge	1-10 µm
Durchmesser	5-20 nm
Agglomeratgröße	0,1-1,0 mm

Abb. 2: Baytubes C150P

2.2.2 Verwendete Polymere

Die Baytubesss C150P wurden über die Suspensionsphase in die Thermoplaste PA6, PP und HDPE eingearbeitet.

2.2.3 Hergestellte Nanocompounds

Die extrudierten Materialien wurden in Dünnschnitten in Lichtmikroskopie und in TEM Aufnahmen untersucht, um die Dispergierung zu charakterisieren. Abbildung 3 oben zeigt die erzielte Dispergierung im NanoDirekt Prozess in Lichtmikroskopie in HDPE und als Vergleich dasselbe Compound aus der Schmelzeextrusion mit pulverförmigen Baytubes C150P Feed. Abbildung 3 unten zeigt TEM-Aufnahmen von PP-, PA- und HDPE-Baytube C150P NanoDirekt Compounds.

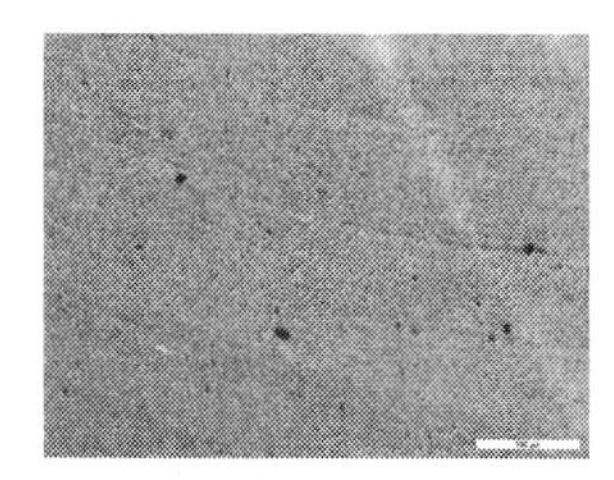

2 wt-% CNT in HDPE nach NanoDirekt-Verfahren

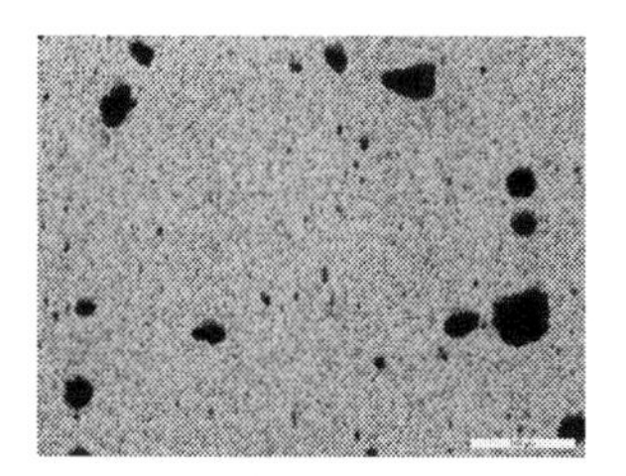

2 wt-% CNT in HDPE nach konventioneller Schmelzekompoundierung

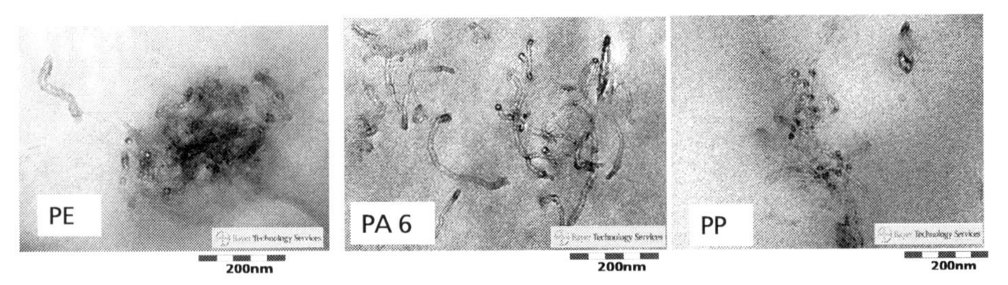

TEM Aufnahmen der hergestellten Nanocompounds

Abb. 3: Erzielte CNT-Nanocompounds

Es wurden Compounds mit verschiedenen Füllgraden an CNTs hergestellt und auf ihre elektrische Leitfähigkeit hin untersucht. Hierzu wurden aus den Granulaten Pressplatten hergestellt und der Oberflächenwiderstand gemessen. Abbildung 4 zeigt die Perkolationskurven für die untersuchten Thermoplaste. Die Perkolationsschwelle liegt für alle Compounds zwischen 1,5 und 1,8 w-%. Die CNTs in der PA6 Matrix besitzen die niedrigste Perkolationsschwelle, die CNTs scheinen in dem TEM-Bild auch am besten dispergiert zu sein. Verglichen am Stand der Technik liegen die Perkolationsschwellen bei sehr viel niedrigeren CNT-Gehalten.

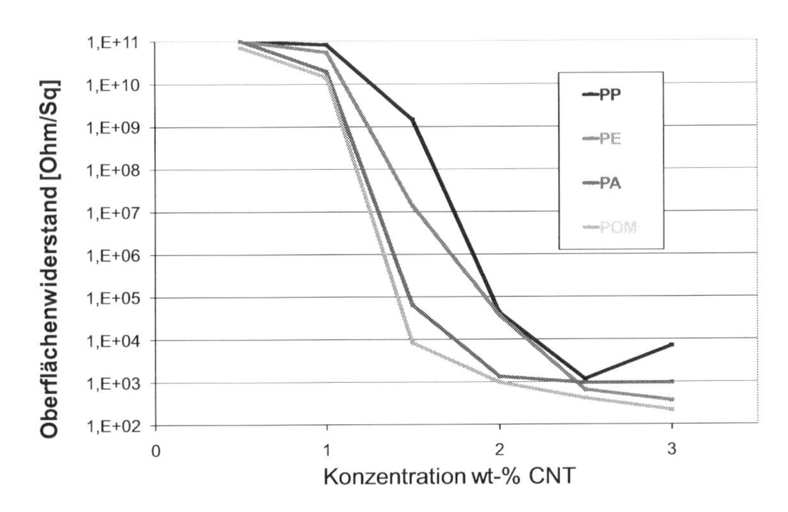

Abb. 4: Oberflächenwiderstand der untersuchten gefüllten Thermoplaste

Das PA6-CNT-Compound wurde anschließend als Bauteil abgemustert, um die Verarbeitbarkeit im Spritzguss zu untersuchen. Als Bauteil wurde ein beheizbarer Außenspiegel eines PKWs ausgewählt. Abbildung 5 zeigt das spritzgegossene Bauteil.

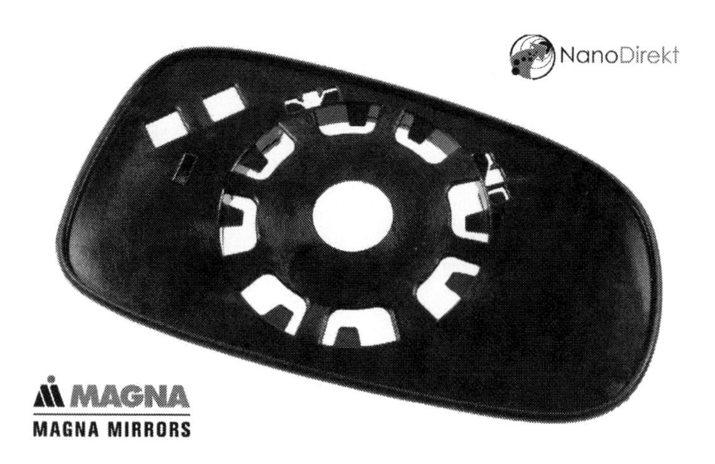

Abb. 5: Beheizbarer Automobilaußenspiegel

PARTIKELOBERFLÄCHENMODIFIKATIONEN MITTELS KLICK-CHEMIE IN DER ELEKTROPHOTOGRAPHIE: EFFIZIENTE FUNKTIONALISIERUNG FÜR DEN AUFBAU DREIDIMENSIONALER OBJEKTE

C. Speyerer[1], S. Güttler[2], K. Borchers[3], G. Tovar[1,3], T. Hirth[1,3], A. Weber[1,3*]

[1] Institut für Grenzflächenverfahrenstechnik IGVT, Universität Stuttgart, Nobelstraße 12, 70569 Stuttgart

[2] Fraunhofer Institut für Produktionstechnik und Automatisierung IPA, Nobelstraße 12, 70569 Stuttgart

[3] Fraunhofer Institut für Grenzflächen- und Bioverfahrenstechnik IGB, Nobelstraße 12, 70569 Stuttgart

achim.weber@igb.fraunhofer.de

1 Einleitung

Der Aufbau dreidimensionaler (3D) Strukturen mit Hilfe automatisierter Fertigungsprozesse nimmt eine zunehmend wichtigere Rolle in der Kunststoffindustrie ein. Unter den Begriffen *Solid Freeform Fabrication* und *Rapid Prototyping* existieren bereits verschiedene Verfahren, mit deren Hilfe computergenerierte Baupläne schichtweise in reale Objekte umgesetzt werden können [1]. Die meisten Verfahren sind dabei jedoch auf Auflösungen größer 250 µm oder auf eine einzige Materialkomponente beschränkt [2]. Um komplexe Strukturen aus unterschiedlichen Komponenten zu erzeugen, wie z.B. ein künstliches Blutgefäß (Abb. 1), werden jedoch hochauflösende Technologien benötigt (Auflösungen kleiner 100 µm), die eine gleichzeitige Verdruckbarkeit mehrerer Bestandteile ermöglichen.

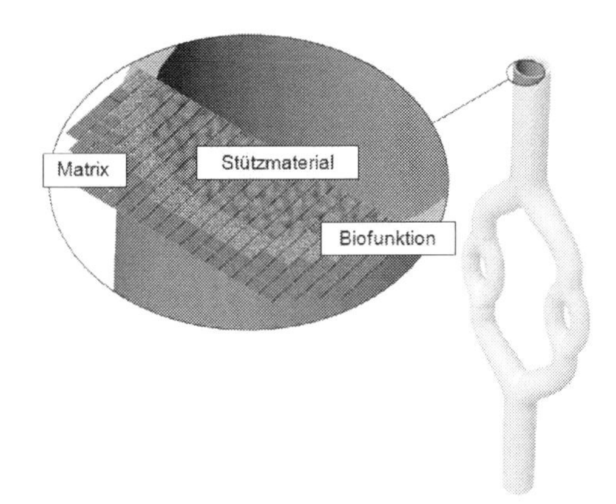

Abb. 1: Komplexer Aufbau eines künstlichen Blutgefäßes aus drei unterschiedlichen Komponenten; Matrix = formgebende, beständige Komponente, Stützmaterial = selektiv entfernbare Komponente zum Aufbau poröser Strukturen, Biofunktion = bioaktive Komponente zur verbesserten Zelladhäsion.

Die hochaufgelöste, zweidimensionale (2D) Anordnung mehrerer Komponenten ist bereits aus dem konventionellen Schriftdruck bekannt. Mit Hilfe des Inkjet-Prozesses sowie der Elektrophotographie („Laserdruck“) können dabei bereits bis zu sechs verschiedene Farbtinten/-toner im gleichen Zyklus verdruckt werden. In den letzten Jahren sind eine Vielzahl an Veröffentlichungen über die Verwendung der Inkjet-Technologie zur Herstellung unterschiedlicher Strukturen erschienen, die vermehrt auch 3D-Fertigungsprozesse beinhalten [3, 4]. Bisher beschränkt sich der Einsatz der Elektrophotographie im Gegensatz dazu nach wie vor auf zweidimensionale Anwendungen.

Dabei bietet das xerographische Verfahren gute Voraussetzungen für eine Anwendung im Rapid Prototyping: Im Vergleich zum Inkjet-Prozess ermöglicht das lösungsmittelfreie Verfahren die Übertragung eines hohen Feststoffgehaltes, der einen schnellen dreidimensionalen Aufbau gestattet. Darüber hinaus können hochmolekulare Polymere verdruckt werden, so dass der Einsatz kurzkettiger Precursor-Komponenten entfällt, deren Cytotoxizität zum Beispiel medizinische Anwendungen limitiert [5]. Einen weiteren Vorteil bietet die Zuverlässigkeit des Druckprozesses, der im Gegensatz zum Inkjet-Druck nicht von der Stabilität der Tröpfchenerzeugung in feinen Düsen, sondern ausschließlich von der Tonerqualität abhängt [6].

2 Materialien und Methoden

2.1 Materialien

Die Herstellung konventioneller Tonerpartikel erfolgt durch Extrusion und einen mechanischen Mahlprozess, bei dem das Material mit Hilfe eines Hochgeschwindigkeits-Luftstroms zerkleinert wird (Abb. 2).

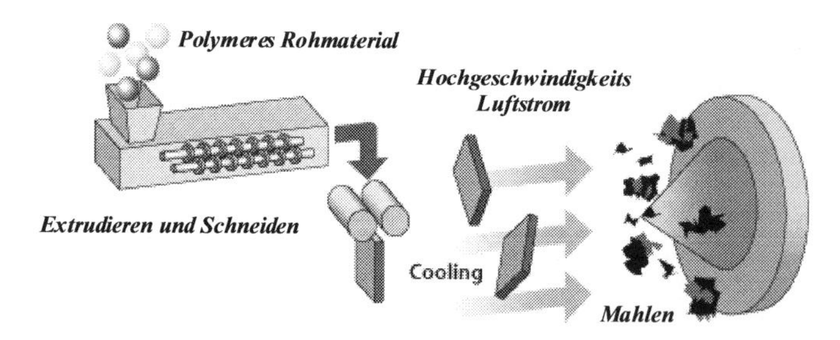

Abb. 2: Konventionelle Erzeugung von Tonerpartikeln über Extrusion und anschließenden Mahlprozess.[8]

Dabei entstehen Polymerpartikel mit ungleichmäßiger Oberflächenstruktur (Abb. 3a), deren Inhomogenität negative Auswirkungen auf den Druckprozess mit sich bringt [7]. Daher ist das

Interesse an alternativen Syntheseverfahren zur Erzeugung sphärischer Partikel in den letzten Jahren zunehmend gestiegen.

Im konventionellen Verfahren erfolgt die Fixierung der Tonerpartikel auf dem Substrat durch temperierbare Rollen, die das Polymermaterial aufschmelzen (T > 130 °C) und unter Druck in die Papierfasern einwalzen. Dieser Prozess erwies sich zur Erzeugung von 3D-Objekten als ungeeignet. Der wiederholte Schmelzprozess führte zu einer makroskopischen Deformierung der bereits aufgetragenen Tonerschicht, die die Übertragung weiterer Tonerschichten verhinderte [9].

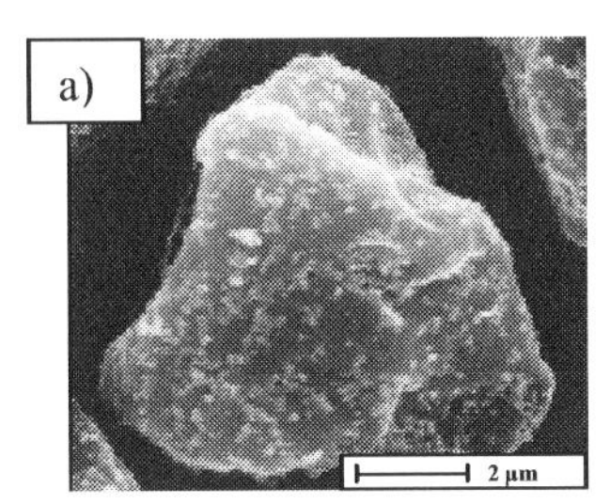

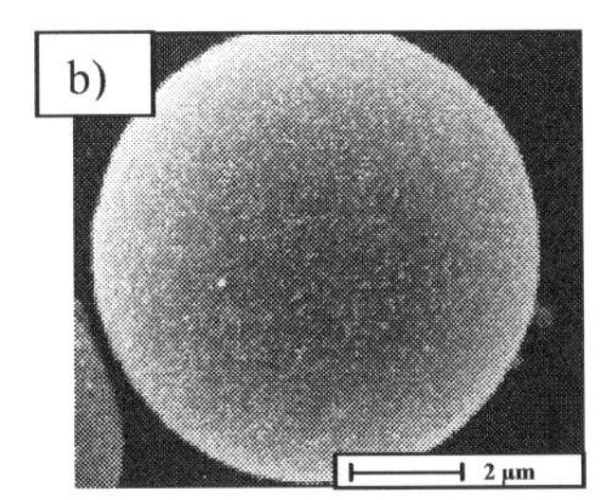

Abb. 3: Tonerpartikel, erzeugt mittels konventioneller Verfahren (a) und chemischer Synthese (b) [10]

Zurzeit wird daher ein alternatives Verfahren zur 3D-Fixierung von Tonerpartikeln untersucht. Anstelle des konventionellen thermischen Prozesses, der auf der Verknäulung der thermoplastischen Polymerketten beruht, basiert das neue Verfahren auf der Ausbildung kovalenter Bindungen zwischen den Partikeloberflächen mittels Click-Chemie (Abb. 4). Zu diesem Zweck wird ein Tonermaterial entwickelt, dessen Partikeloberfläche mit Reaktivgruppen modifiziert ist. Um eine ausreichend große Kontaktfläche während der chemischen Fixierung durch Ansintern der Partikel zu erreichen, ohne die Stabilität der reaktiven Gruppen dabei zu gefährden, wird ein Tonermaterial mit niederer Erweichungstemperatur angestrebt.

Da eine zukünftige Anwendung in der Medizintechnik bei der Materialauswahl im Vordergrund stand, soll das Copolymer darüber hinaus folgende Kriterien erfüllen:

1) Biokompatibilität
2) Beständigkeit gegen Hydrolyse
3) Isolierend, aber polarisierbar (Ohmscher Widerstand $R = 10^{11} - 10^{13}$ Ωcm)
4) Nicht hygroskopisch
5) Glasübergangstemperatur zwischen 60 °C - 90 °C
6) E-Modul $E > 500$ N/mm^2

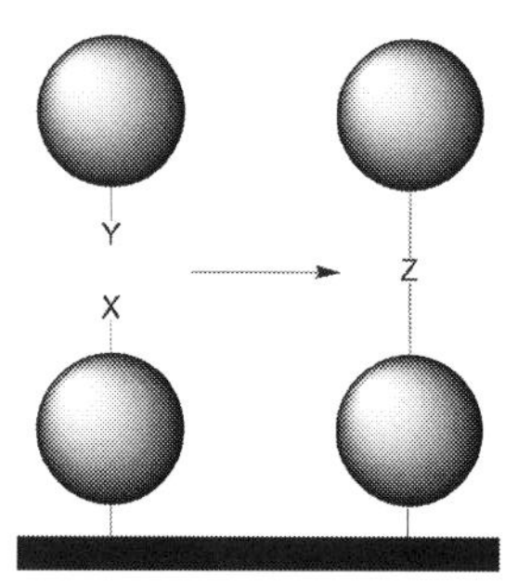

Abb. 4: Schematische Darstellung der dreidimensionalen Fixierung von Tonerpartikeln durch kovalente Bindungen mittels Click-Chemie.

2.2 Methoden

Als agglomerationsfreie Alternative zur konventionellen thermischen Polymerisation wurde die Partikelsynthese mittels UV-initiierter Suspensionspolymerisation durchgeführt (Abb. 5). Das flexible Verfahren gestattete eine gezielte Kontrolle der Erweichungstemperatur über einen weiten Bereich. Auf diese Weise konnte die thermische Belastung während des Sinterprozesses minimiert und somit eine frühzeitige Reaktion der funktionellen Gruppen verhindern werden.

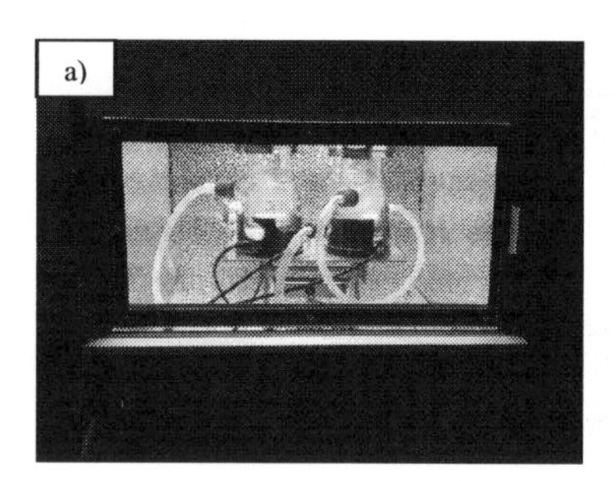

Abb. 5: UV-initiierte Suspensionspolymerisation in unterschiedlichen Synthesemaßstäben; a) UV-Reaktorkammer für die Polymerisation von max. vier Ansätzen (Volumina 25 - 50 mL / Ansatz), b) UV-Tauchlampe für Ansätze bis 2000 mL.

Durch die Copolymerisation mit einer bifunktionellen Monomer-Komponente war zudem die Synthese vernetzter Polymerpartikel möglich, die sich gegebenenfalls als unlösliches Matrixmaterial eignen. Die inerte Partikeloberfläche des verwendeten Acrylat-Copolymers wurde im Anschluss an die Polymerisation mittels Hydrolyse und metallorganischer Enolat-Chemie aktiviert (Abb. 6). Auf diese Weise erfolgte die Anbindung verschiedener Reaktivgruppen, die voraussichtlich die Möglichkeit zur weiterführenden Oberflächenmodifizierung mittels Click-Chemie bieten.

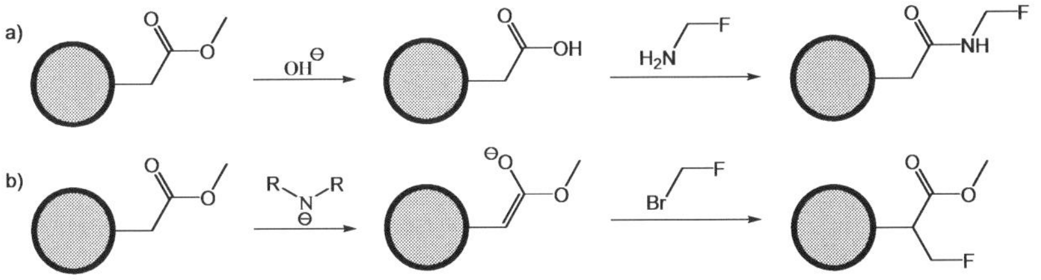

Abb. 6: Untersuchte Aktivierungsmöglichkeiten der inerten Acrylat-Oberfläche mittels Hydrolyse (a) und metallorganischer Enolat-Chemie (b).

3 Diskussion

Im Hinblick auf eine geplante Anwendung in der Medizintechnik, fiel die Wahl des Grundmaterials auf das hydrophobe Polymethylmethacrylat (PMMA), dessen Biokompatibilität bereits seit Jahren bekannt ist [11]. Um den vergleichsweise hohen Glaspunkt (T_g = 106 °C) weiter zu senken, wurde eine Copolymerisation mit Methylacrylat (MA) durchgeführt. Wie in Abbildung 6 dargestellt, konnte der Glaspunkt T_g durch die Verhältnisse der Comonomere über einen großen Bereich verschoben werden, um eine optimale Sintertemperatur der Tonerpartikel zu gewährleisten.

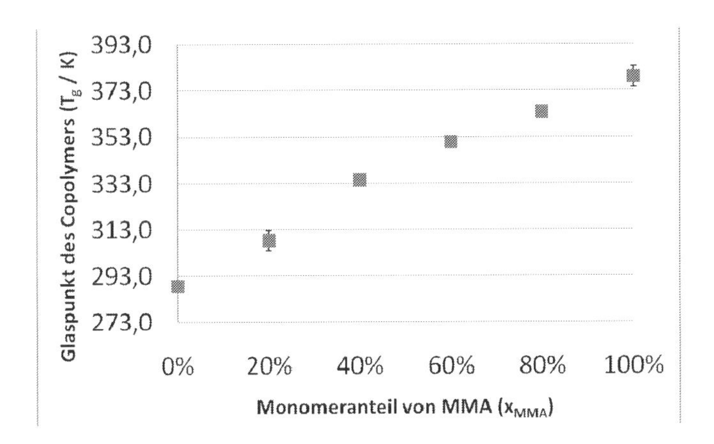

Abb. 7: Einfluss des Monomeranteils von MMA, x_{MMA} (mol%), auf den Glaspunkt T_g des resultierenden Copolymers Poly(MMA-co-MA).

Die geringen Temperaturen während der Polymerisation ermöglichten die agglomerationsfreie Herstellung von sphärischen Partikeln (Abb. 7), deren Glaspunkte weit unterhalb der konventionellen Glasübergangstemperaturen von herkömmlichen Tonern lagen.

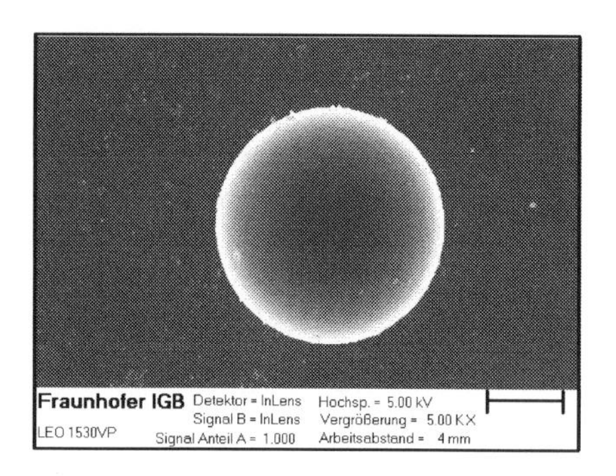

Abb. 8: Typischer sphärischer Partikel aus Poly(MMA-co-MA), der mittels UV initiierter Suspensionspolymerisation synthetisiert wurde (xMMA = 25 %, Tg = 45 °C).

Darüber hinaus wurde die Terpolymerisation der beiden Monomere mit Ethylenglykoldimethacrylat (EGDMA) und Divinylbenzol (DVB) untersucht. Geringe Vernetzungsgrade ($d_c \leq 5$ %) waren dabei ausreichend, um unlösliche Polymerpartikel zu erzeugen. Dadurch ergibt sich die Möglichkeit zum Aufbau von dreidimensionalen Objekten aus nicht vernetzten Stütztonern sowie quervernetzten Matrixtonern. Erste Untersuchungen haben gezeigt, dass der lösliche Stütztoner in Anwesenheit des Matrixtoners mit organischen Lösungsmitteln rückstandsfrei herausgewaschen werden konnte (Abb. 8), während die Partikel des Matrixtoners im Gegensatz dazu nur geringfügig anquollen (Volumenzunahme ca. 20 %). Auf diese Weise ist die Erzeugung poröser 3D-Materialien in Zukunft denkbar.

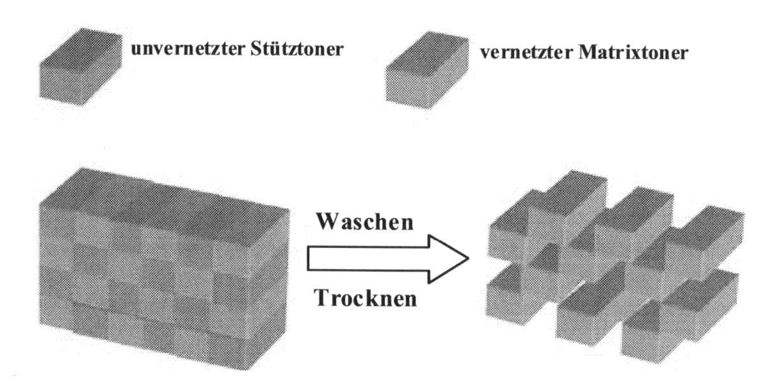

Abb. 9: Schematische Darstellung eines 3D-Objektes aus zwei unterschiedlichen Tonerkomponenten; blau = selektiv auswaschbarer, unvernetzter Stütztoner, grün = vernetzter, unlöslicher Matrixtoner.

4 Literatur

[1] S. M. Peltola, F.P.W. Melchels, D. W. Grijpma, M. Kellomäki, "A review of rapid prototyping techniques for tissue engineering purposes", *Annals of Medicine*, vol. 40-4, pp. 268-280, 2008

[2] W.-Y. Yeong, C.-K. Chua, K.-F. Leong, M. Chandrasekaran, "Rapid prototyping in tissue engineering: challenges and potential", *Trends in Biotechnology*, vol. 22-12, pp. 643-652, 2004

[3] B.-J. de Gans, P. C. Duineveld, U. S. Schubert, "Inkjet Printing of Polymers: State of the Art and Future Developments", *Advanced Materials*, vol. 16-3, pp. 203-213, 2004

[4] D. G. Yu, L.-M. Zhu, C. J. Branford-White, X. L. Yang, "Three-Dimensional Printing in Pharmaceutics: Promises and Problems", *Journal of Pharmaceutical Sciences*, vol. 97-9, pp. 3666-3690, 2008

[5] E. Yoshii, "Cytotoxic effects of acrylates and methacrylates: Relationships of monomer structures and cytotoxicity", *Journal of Biomedical Materials Research*, vol. 37-4, pp. 517-524, 1997

[6] S. Güttler, O. Refle, S. Fulga, A. Grzesiak, C. Seifarth, V. Stadler, A. Weber, C. Speyerer, "Electro Photography ("Laser Printing") an Efficient Technology for Biofabrication", *NIP26 and Digital Fabrication 2010*, pp. 567-570, 2010

[7] J. Hasegawa, N. Yanagida, M. Tamura, "Toner prepared by the direct polymerization method in comparison with the pulverization method", *Colloids and Surfaces A: Physiochemical and Engineering Aspects*, vol. 153-1-3, pp. 215-220, 1999

[8] http://www.konicaminolta.com/about/research/core_technology/img/toner_pict0003.gif, 03.01.2011

[9] A. Kumar, "Electrophotographic Solid Freeform Fabrication", *Technical Report Nr. ONR ESFF-10 2003*, Office of Naval Research, 2003

[10] http://www.zeon.co.jp/content/000016444.gif, 27.07.2009

[11] B. Ratner, A. Hoffman, F. Schoen, J. Lemons, *Biomaterials science: an introduction to materials in medicine*, San Diego, Elsevier Academic Press, 2004

HERSTELLUNG SUBMIKRONER PVDF - PARTIKEL MITTELS RAPID EXPANSION OF SUPERCRITICAL SOLUTION (RESS)

E. Breininger[2], B. Strandberg[2], R. Vukićević[1], M. Imran-ul-haq[1], S. Beuermann[1], M. Türk[2*]

[1] Universität Potsdam, Institut für Chemie, Karl-Liebknecht Str. 24-25, D-14476 Golm / Potsdam

[2] Karlsruher Institut für Technologie (KIT), Institut für Technische Thermodynamik und Kältetechnik, Engler-Bunte-Ring 21, D - 76131 Karlsruhe; *E-Mail: tuerk@kit.edu

1 Einleitung

Nach Polytetrafluorethylen ist Polyvinylidenfluorid (PVDF) das mengenmäßig bedeutendste Fluorpolymer. Von PVDF sind 5 Kristallformen bekannt, wobei die β-Phase für die ferro-, piezo- und pyroelektrischen Eigenschaften verantwortlich ist. Die Kombination von hervorragenden elektrisch aktiven Eigenschaften mit einer ausgezeichneten chemischen, thermischen und mechanischen Stabilität macht PVDF äußerst attraktiv für eine große Anzahl von biomedizinischen Anwendungen sowie Filtrationsprozessen. Eine viel versprechende neue Methode zur Herstellung von PVDF ist die Synthese in überkritischem CO_2 (sc-CO_2).

Wie zum Teil erst kürzlich erschienene Übersichtsartikel zeigen, finden verschiedene neue, innovative Verfahren mit überkritischen Fluiden als Hilfs- und / oder Lösungsmittel zur Herstellung von organischen Mikro- oder Nanopartikeln für pharmazeutische und kosmetische Anwendungen zunehmendes Interesse [1-5]. Bisher sind jedoch nur einige wenige Studien zur Mikronisierung von biokompatiblen Polymeren wie z. B. L- oder DL-Polymilchsäure (PLA) [4, 6-11] und von perfluorierten Polymeren publiziert [12-18]. Diese Arbeiten zeigen, dass die Größe der Partikel und deren Morphologie hauptsächlich durch die Übersättigung bzw. Polymerkonzentration sowie die Vorexpansionstemperatur und den Vorexpansionsdruck (T_0, p_0) gesteuert werden kann. Beispielsweise können mit dem sog. RESOLV-Prozess Tetraphenylporphyrinpartikel mit einem Durchmesser zwischen 42 und 86 nm ohne den Einsatz von Stabilisatoren hergestellt werden [6]. Untersuchungen zur Mikronisierung von PLA zeigen [6,11], dass bei gleicher Molmasse die Partikelgröße durch die Breite der Molmassenverteilung gesteuert werden kann. So ergaben RESS-Versuche mit PLA mit einem PDI (= M_n/M_w) von 1,4 Partikel mit einem mittleren Durchmesser von 270 nm und mit einem PDI von 2,4 Partikel mit einem mittleren Durchmesser von 730 nm [11]. Die wichtigsten Ergebnisse der bisherigen eigenen Arbeiten zur Partikelbildung von PVDF lassen sich wie folgt zusammenfassen [17, 18]:

- Die Kristallinität der hergestellten PVDF-Polymere ist maßgeblich durch die Endgruppen bestimmt und praktisch unabhängig von der Molmasse.
- Bei gleicher Endgruppe führt eine niedrige Molmasse zu einer höheren Löslichkeit in CO_2.
- Bei ähnlicher Molmasse führt eine geringere Kristallinität zu einer höheren Löslichkeit in CO_2.
- Die Größe der gebildeten PVDF-Partikel ist durch die Kristallinität und somit Löslichkeit in CO_2 bestimmt, während die Dispersität der Partikelgrößen durch die Endgruppen beeinflusst wird.
- Die Ergebnisse der Simulation zeigen, dass sowohl eine Verringerung der Löslichkeit in CO_2 als auch der Verweilzeit in der Expansionskammer zu kleineren Partikeln führen.

In dieser Arbeit wird die Beeinflussung der Partikelgröße durch die Molmasse der Polymere und die Beladung des CO_2 diskutiert.

2 Materialien und Methoden

2.1 Materialien

Als überkritisches Lösungsmittel wurde CO_2 der Linde AG mit einer Reinheit von 99,995 % verwendet. Bei den nachfolgend präsentierten Ergebnissen wurden zwei verschiedene Polymergruppen untersucht. Zum einen kamen verschiedene Polyvinylidenfluoride (PVDF) und zum anderen unterschiedliche Polymilchsäuren (L-PLA) zum Einsatz.

2.1.1 Eigenschaften und Herstellung von Polyvinylidenfluorid

PVDF-Polymere sind hochkristalline, thermoplastische Kunststoffe mit sehr guten thermischen, mechanischen und elektrischen Eigenschaften. Sie sind in einem Bereich von 233 bis 423 K temperaturbeständig und kaum entflammbar. Die Polymere besitzen einen niedrigen Reibungskoeffizienten und eine hohe Kriechfestigkeit unter Dauerbelastung. Außerdem sind sie wasserunlöslich und chemisch beständig. Die Besonderheit bei diesen Polymeren ist, dass sie über pyro- bzw. piezoelektrische Eigenschaften verfügen. Die in dieser Arbeit verwendeten PVDF-Polymere wurden durch Lösungspolymerisation von Vinylidenfluorid in 70 Gew. % CO2 bei 150 MPa und 393 K erhalten. Die Molmasse wurde entweder durch den thermisch zerfallenden Initiator Di-tert-buylperoxid (DTBP-Probe) oder durch perfluoriertes Hexyliodid (PFHI-Probe) kontrolliert. Experimentelle Details finden sich in [19]. In Abbildung 1 sind REM-Aufnahmen zweier PVDF-Polymere, erhalten aus Reaktion in sc-CO_2, gezeigt. Die Bilder zeigen deutliche Unterschiede, die durch die verschiedenen Polymerendgruppen und Molmassen hervorgerufen wurden [20].

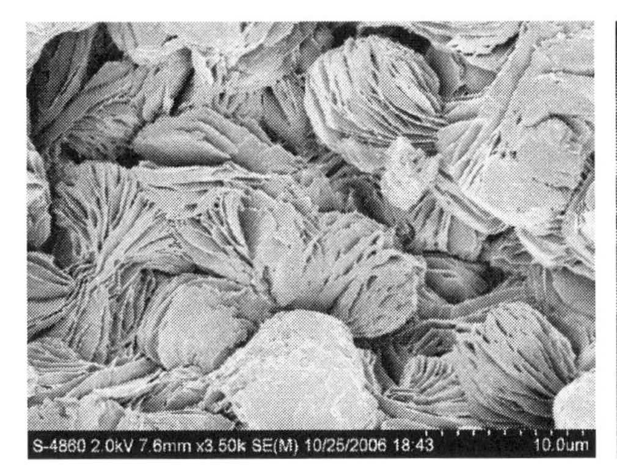

Abb. 1: REM-Aufnahmen von PVDF mit DTBP-induzierten Endgruppen und einer Molmasse (M_n) von ca. 2200 g / mol (links) [19] und von PVDF mit CCl_3Br-induzierten Endgruppen und einer Molmasse (M_n) von ca. 6300 g / mol (rechts) [20].

Neben der am Institut für Technische Thermodynamik und Kältetechnik (ITTK) hergestellten L-PLA kam eine von der Fa. Böhringer Ingelheim zur Verfügung gestellte Charge zum Einsatz. Weiterhin wurden zwei, von der Fa. Böhringer Ingelheim gelieferte, Copolymere untersucht. Die wichtigsten Informationen über die verwendeten Polymere sind in der nachfolgenden Tabelle 1 zusammengestellt.

Tabelle 1: Eigenschaften der verwendeten PVDF-Polymere.

Polymer	Bezeichnung	M_n [g·mol^{-1}]	Hersteller	Ref.
BTCM	PIM 26 A	6000	AG Beuermann	[18]
PFHI	P 16 A	7500	AG Beuermann	[18]
PFHI	P 16 B	8200		
DTBP	P 3 B	5800	AG Beuermann	[18]
DTBP	P 1 A	14000		
L-PLA	L-PLA_P3	4200	AG Türk	[22]
L-PLA	L-PLA_P4	5200		
L-PLA	R 203 H	16000	Böhringer Ingelheim	[21]
L-PLA-	R 502 H	5100		
L-PLA-	R 503	15000		

Die Abbildung 2 zeigt die am ITTK des KIT hergestellte L-PLA.

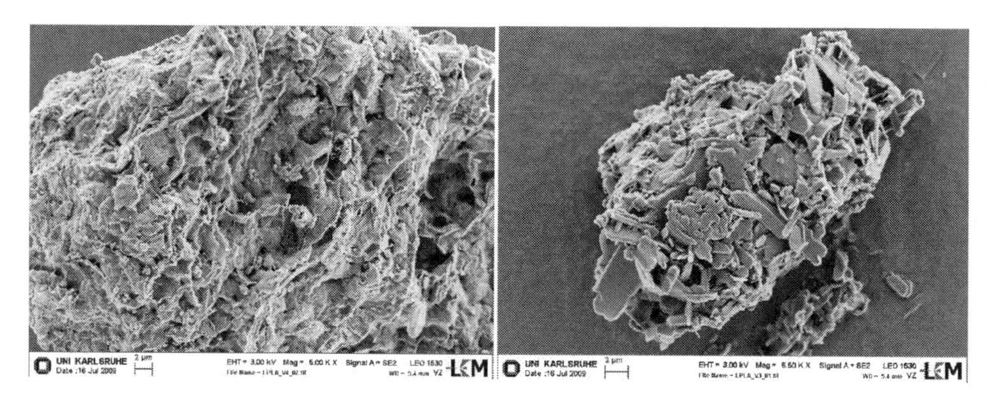

Abb. 2: REM-Aufnahmen von L-PLA (Ausgangsmaterial) mit einer mittleren Molmasse von M_n = 5200 g/mol [22].

2.2 Charakterisierungsmethoden

Die DSC-Analysen (Differential Scanning Calorimetry) des Ausgangsmaterials und der mikronisierten Polymerpartikel wurden am Institut für Thermische Verfahrenstechnik des KIT mit einem DSC 204 Phoenix der Firma Netzsch, Selb durchgeführt. Typischerweise wurden 5 - 8 mg Polymer eingewogen. Die Heiz- bzw. Kühlrate betrug 10 K / min und es wurden 60 ml / min N_2 als Schutzgas eingeströmt.

Zur Bestimmung der Partikelgrößenverteilung (PSD) wurden Proben des Ausgangsmaterials und der mikronisierten Polymerpartikel mit dem Rasterelektronenmikroskop (REM) untersucht. Dazu wurden die Partikel auf einen Nuclepore®-Filter mit einer Porengröße von 30 bzw. 100 nm abgeschieden. Die REM-Aufnahmen wurden am LEO1530 des Laboratoriums für Elektronenmikroskopie am KIT durchgeführt. Auf diesen REM-Aufnahmen wurden dann mit Hilfe des Programms ImageJ® die Durchmesser aller Partikel ausgemessen; dabei wurden in der Regel für die Bestimmung einer PSD etwa 600 Partikel ausgezählt. Somit konnte dann die Anzahl der Partikel bestimmt werden, deren Partikeldurchmesser kleiner als x_i ist. Dabei geben x_i und x_{i+1} die Unter- und Obergrenze eines Intervalls mit der Intervallbreite von 10 nm an. In diesen Intervallen wurden nun die Anzahl an Partikel zählt, mit der Anzahl aus den unteren Intervallen addiert und durch die Gesamtzahl der Partikel geteilt. Daraus erhält man dann die anzahlbezogene Summenhäufigkeitsverteilung Q_0:

$$Q_0(x) = \frac{Anzahl\ der\ Partikel\ mit\ x < x_i}{Anzahl\ aller\ Partikel}.$$

Dabei ist der Medianwert ($x_{50,0}$) die Partikelgröße, unterhalb derer 50 % aller Partikel liegen und es gilt $Q_0(x_{50,0}) = 0,5$. Somit ist $x_{10,0}$ ($x_{90,0}$) die Partikelgröße, unterhalb derer 10 % (90 %) aller Partikel liegen.

Die Molmassenverteilungen wurden durch Gelpermeationschromatographie (GPC) mit Dimethylacetamid, das 0.1 % LiBr enthält, als Eluent bei einer Temperatur von 45 °C ermittelt. Die GPC-Anlage (Agilent 1200) besteht aus einer isokratischen Pumpe, einem Brechungsindexdetektor, und drei GRAM Säulen (10 μm, 8 × 300 mm, Porengrößen 100 und 1000 (2)) von Polymer Standards Services (PSS). Die Kalibrierung erfolgt mit Polystyrolstandards (PSS) [19, 20].

2.3 Versuchsdurchführung

Der RESS-Prozess basiert auf dem guten Lösungsvermögen von überkritischen Fluiden (z.B. sc-CO_2) für schwerflüchtige organische Stoffe. Bei diesem Verfahren wird die zu mikronisierende Substanz zunächst in überkritischem CO_2 bei der Temperatur T_E und dem Druck p_E gelöst und die Partikelbildung wird durch die Expansion der überkritischen Lösung durch eine Kapillardüse (T_0, $p_0 = p_E$) und der daraus resultierenden starken Übersättigung der Gasphase verursacht. Im Gegensatz zu den Antisolvent-Verfahren können mit dem RESS-Prozess, bedingt durch die sehr schnelle Entspannung auf Umgebungsdruck, die daraus resultierende hohe Abkühlrate und die dabei auftretende Phasentrennung, submikrone Partikel ($x_P \leq 100$ nm) lösungsmittelfrei hergestellt werden. Eine ausführliche Darstellung der Versuchsanlage und der Versuchsdurchführung ist in der Literatur zu finden [18].
Die Löslichkeit der unterschiedlichen Polymere in CO_2 wurde nach der „kontinuierlichen Strömungsmethode“ in Kombination mit der „gravimetrischen“ Methode, diese sind in [18] ausführlich beschrieben, bestimmt. Bei allen durchgeführten Versuchen betrug die Versuchszeit 3 Stunden. Um einen möglichen Einfluss der Verweilzeit von CO_2 im Extraktor auf die Beladung ermitteln zu können, wurde der CO_2-Massenstrom durch Variation des Düsendurchmessers, bei sonst gleichen Prozessbedingungen (p, T), verändert.
Die o.g. experimentellen Untersuchungen zur Mikronisierung und zur Löslichkeit wurden bei den folgenden Bedingungen durchgeführt: $T_E = 323$ K, $p_0 = p_E = 20$ MPa und $T_0 = 333$ K.

3 Diskussion der Ergebnisse

3.1 Löslichkeit der Polymere in sc-CO_2

In Abbildung 3 sind die Ergebnisse der Untersuchungen zur Löslichkeit der verschiedenen Polymere in sc-CO_2 dargestellt; dabei wurde eine Düse mit dem Durchmesser von $d_1 = 50$ µm und eine Düse mit $d_2 = 35$ µm verwendet. Somit ergab sich, im Vergleich zum Durchmesser d_1, i.d.R. für die Düse mit dem Durchmesser d_2 eine um den Faktor 2,8 höhere Verweilzeit und Differenzen in der CO_2-Beladung von 15 bis 50 %. Eine Ausnahme bildete hier nur das L-PLA-Copolymer mit der Molmasse von 5100 g/mol.

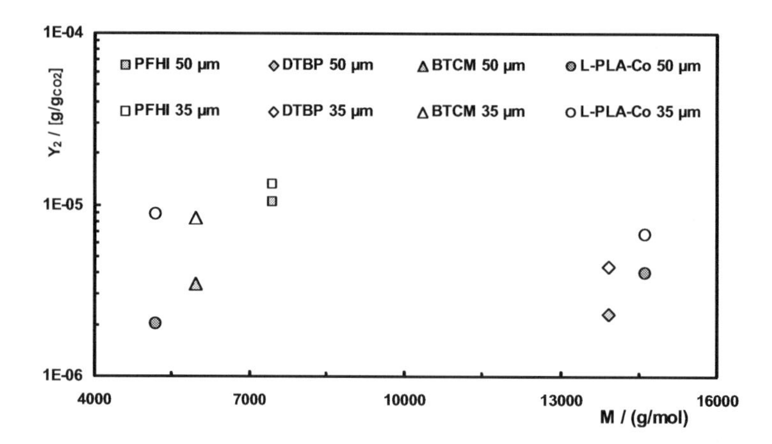

Abb. 3: Einfluss des Düsendurchmessers und damit der Verweilzeit auf die CO_2-Beladung.

Die Ergebnisse der Untersuchungen zum Einfluss der Molmasse auf die Beladung sind in der Abb. 4 dargestellt. Im Allgemeinen lässt sich für alle Polymere die Tendenz erkennen, dass mit steigender Molmasse die Beladung abnimmt. Für zwei PVDFs (PFHI und DTBP) ist sogar die Steigung der Trendlinie annähernd gleich. Bei den PLAs ist die Steigung der Trendlinie für die reine L-PLA (□) in etwa gleich der Steigung bei den PVDFs. Ebenso hat hier die Molmasse einen Einfluss auf die Beladung. Wie aus dem Diagramm ersichtlich weicht die Steigung der Copolymere der Polymilchsäure von der Steigung der Ausgleichsgeraden der anderen Polymere ab. Diese Abweichung kann auf den Kristallisationsgrad zurückgeführt werden. Je größer der Kristallisationsgrad, desto schlechter ist die Löslichkeit der Polymere, was sich mit einer geringeren Steigung in Abbildung 4 bemerkbar macht. Die L-PLA-Copolymere (◇) von der Fa. Böhringer Ingelheim sind amorph, während die L-PLA teilkristallin sind.

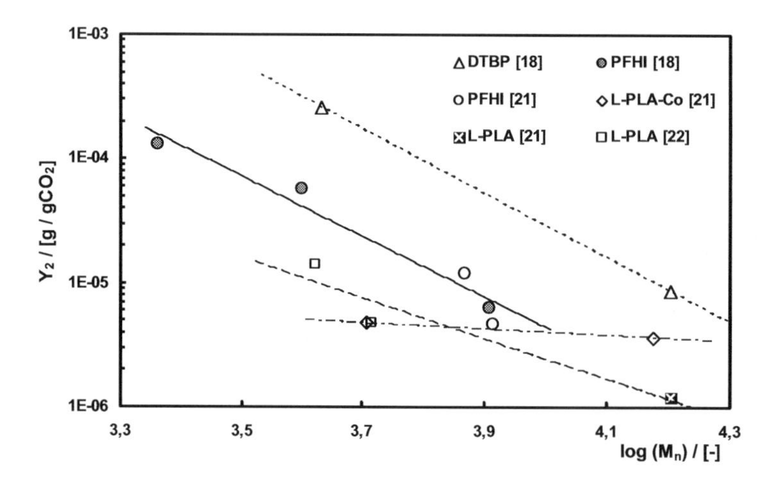

Abb. 4: CO_2-Beladung in Abhängigkeit von der Molmasse der unterschiedlichen Polymere.

Aus der mittels der Gel-Permeations-Chromatographie (GPC) für das Originalmaterial und das restliche, im Extraktionsbehälter zurückgebliebene Polymer gemessenen Molmassenverteilung kann durch Differenzbildung auch die Molmassenverteilung des mikronisierten Polymers berechnet werden. Man erkennt in Abbildung 5 deutlich, dass bei DTBP sehr gleichmäßig „extrahiert" wurde während sich bei PFHI, wie häufig beobachtet, der niedermolekulare Anteil bevorzugt in CO_2 löst.

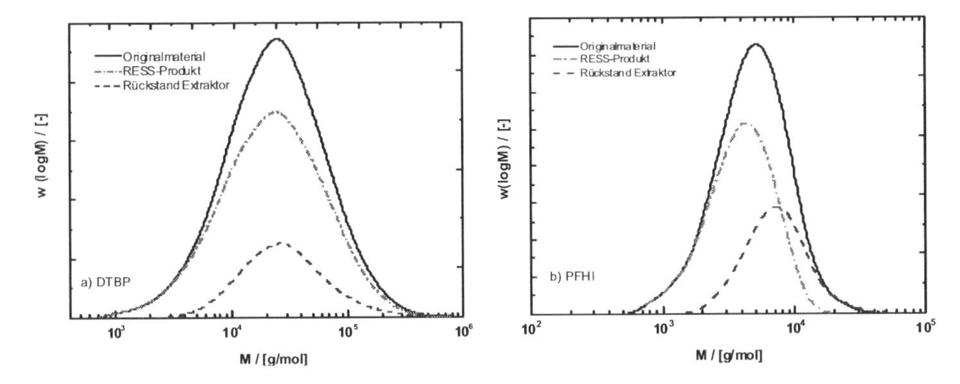

Abb. 5: Molmassenverteilung von a) DTBP und von b) PFHI; die beiden RESS-Versuche wurden bei T_E = 323 K, $p_0 = p_E$ = 20 MPa und T_0 = 333 K durchgeführt.

3.2 Partikelgröße der Polymere

Um die entstandenen Polymerpartikel charakterisieren zu können, wurden während des Versuches Proben aus der Expansionskammer entnommen und wie in Kap. 2.2 beschrieben ausgewertet. Bei den Untersuchungen zum Einfluss der Verweilzeit auf die Partikelgröße wurde PFHI mit der Molmasse M_n = 7500 g/mol (Ausgangsmaterial) eingesetzt. Abb. 6 zeigt eine typische REM-Aufnahme von PFHI vor und nach der Mikronisierung durch das RESS-Verfahren.

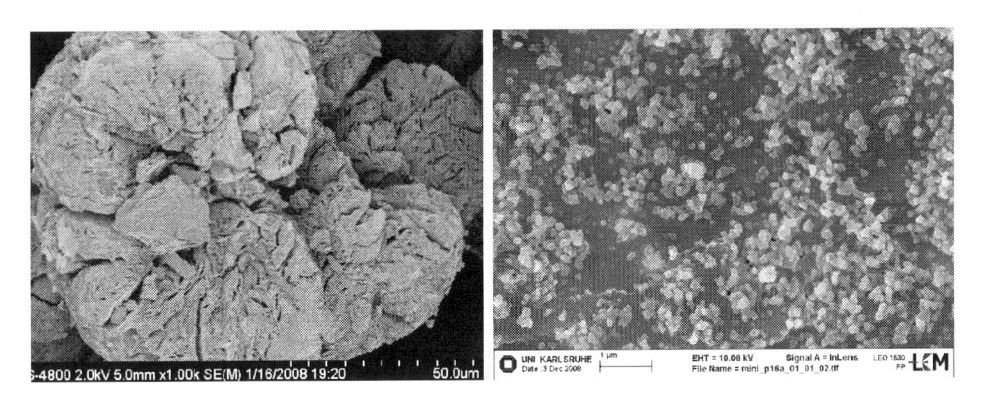

Abb. 6: Ausgangsmaterial (links) und mikronisiertes PFHI (rechts); der RESS-Versuch wurden bei T_E = 323 K, $p_0 = p_E$ = 20 MPa und T_0 = 333 K durchgeführt [21].

In Abbildung 7 ist die PSD der mikronisierten PFHI-Partikel für die beiden unterschiedlichen Düsendurchmesser, die zu unterschiedlichen Verweilzeiten im Extraktor führen, dargestellt und in Tabelle 2 zusammengefasst. Die Untersuchungen zur CO_2-Beladung mit PVDF (s. Abb. 3) zeigten, dass bei einer längeren Verweilzeit von CO_2 in dem Extraktorbehälter sich mehr Polymer in CO_2 löst. Im Falle der längeren Verweilzeit (d = 35 µm) im Extraktorbehälter und damit höheren Beladung des CO_2 wurden Partikel mit einem Medianwert von $x_{50,0}$ = 125 ± 5 nm gefunden, während sich bei einer geringeren Verweilzeit (d = 50 µm) und damit geringeren Beladung des CO_2 ein Medianwert von $x_{50,0}$ = 106 ± 4 nm ergibt. Dies ist in Übereinstimmung mit unseren theoretischen Untersuchungen zur Partikelbildung und des Partikelwachstums beim RESS-Prozess. So zeigten Beispielrechnungen für den Modellwirkstoff Naproxen, dass sich die Partikelgröße von x_P = 19,3 nm bei einem Gleichgewichtsmolenbruch von $y_2 = 1{,}34 \cdot 10^{-6}$ auf x_P = 51,9 nm bei $y_2 = 2{,}68 \cdot 10^{-5}$ erhöht [23]. Weiterhin zeigen diese Berechnungen, dass eine Reduzierung der Zeit, die den Partikeln zwischen der Machscheibe am Ende des Überschallfreistrahls und dem Abscheidefilter zur Verfügung steht, ebenfalls zu kleineren Partikeln führt.

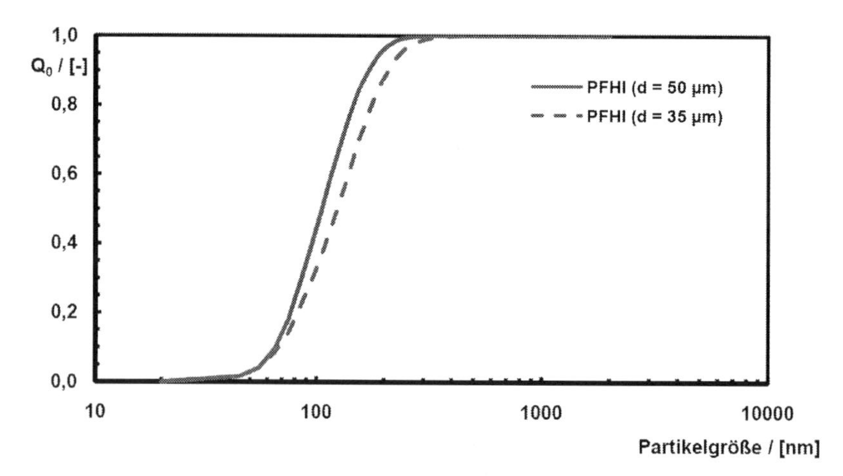

Abb. 7: PSD von PFHI-Partikeln; die RESS-Versuche wurden bei T_E = 323 K, $p_0 = p_E$ = 20 MPa und T_0 = 333 K durchgeführt [21].

Tabelle 2: PSD der mit dem RESS-Verfahren mikronisierten PFHI-Partikel.

d [µm]	$x_{10,0}$	$x_{50,0}$	$x_{90,0}$	Δ[1)]	PDI [-]
50	65 ± 2	106 ± 4	171 ± 6	0,49	1,99
35	68 ± 3	125 ± 5	209 ± 8	0,57	1,51

[1)] $\Delta = \left(x_{90,0} - x_{10,0}\right) / x_{50,0}$

4 Zusammenfassung

Das Hauptziel dieser Arbeit war die Mikronisierung des Polymers PVDF mit dem RESS-Prozess. Darüber hinaus wurde die Löslichkeit verschiedener Polymere in überkritischem CO_2 untersucht und der Einfluss der Verweilzeit von CO_2 im Extraktor untersucht.

Ferner wurden Untersuchungen zur Molmassenverteilung vor und nach dem RESS-Prozess und zur Größe der gebildeten Polymerpartikel durchgeführt.

Die Ergebnisse der o.g. Untersuchungen zeigen, dass sowohl die Molmasse der Polymere als auch die Verweilzeit von CO_2 im Extraktor einen Einfluss auf die Löslichkeit der Polymere in CO_2 hat; diese nimmt mit abnehmender Molmasse und zunehmender Verweilzeit zu.

Weiterhin hat sich herausgestellt, dass die Partikelgröße durch die Beladung des CO_2 und die Verweilzeit im Extraktor beeinflusst wird. So führt eine höhere Beladung sowie eine längere Verweilzeit jeweils zu größeren Partikeln.

5 Danksagung

Teile der hier vorgestellten Arbeiten wurden im Rahmen verschiedener von der DFG geförderter Vorhaben (Tu 93/5-1, 5-2, 5-3, 5-4, und Tu 93/7-1, 7-2) finanziell unterstützt, wofür an dieser Stelle gedankt wird. Die Autoren bedanken sich auch bei Herrn Dr. Harald Liedtke von der Fa. Boehringer Ingelheim Pharma GmbH & Co. KG für die großzügige und unkomplizierte Bereitstellung der Polymerproben.

6 Literatur

[1] M. Türk; *J. Supercrit. Fluids* **2009**, *47,* 537.

[2] S.-D. Yeo, E. Kiran; *J. Supercrit. Fluids* **2005**, *34,* 287.

[3] E. Reverchon, R. Adami, S. Cardea, G. Della Porta; *J. Supercrit. Fluids* **2009**, *47*, 484.

[4] M. J. Cocero, A. Martin, F. Mattea, S. Varona; *J. Supercrit. Fluids* **2009**, *47*, 546.

[5] E. Weidner; *J. Supercrit. Fluids* **2009**, *47*, 556.

[6] A. Sane, M. C. Thies; *J. Supercrit. Fluids* **2007**, *40*, 134.

[7] M. Türk, G. Upper, P. Hils; *J. Supercrit. Fluids* **2006**, *39,* 253.

[8] K. Matsuyama, K. Mishima, H. Umemoto, S. Yamaguchi; *Environ. Sci. Technol.* **2001**, *35,* 4149.

[9] K. Matsuyama, Z. Donghui, T. Urabe, K. Mishima; *J. Supercrit. Fluids* **2005**, *33*, 275.

[10] D. Hermsdorf, S. Jauer, R. Signorell; *Molecular Physics* **2007**, *8*, 951.

[11] M. Imran ul-haq, A. Acosta-Ramirez, P. Mehrkhodavandi, R. Signorell; *J. Supercrit. Fluids* **2010**, *51*, 376.

[12] Y. Chernyak, F. Henon, R. B. Harris, R. D. Gould, R. K. Franklin, J. R. Edwards, J. M. DeSimone, R. G. Carbonell; *Ind. Eng. Chem. Res.* **2001**, *40*, 6118.

[13] A. Blasig, Ch. Shi, R. M. Enick, M. C. Thies; *Ind. Eng. Chem. Res.* **2002**, *41*, 4976.

[14] A. Sane, S. Taylor, Y.-P Sun, M. C. Thies; *Chem. Commun.* **2003**, 2720.

[15] A. Sane, M. C. Thies; *J. Phys. Chem. B*, **2005**, *109*, 19688.

[16] K. T. Lim, G. H. Subban, H. S. Hwang, J. T. Kim, C. S. Ju, K. P. Johnston; *Macromol. Rapid Commun.* **2005**, 26, 1779.

[17] M. Türk, S. Beuermann, M. Imran-ul-haq, E. Breininger; in: Produktgestaltung in der Partikeltechnologie 4, **2008** Herausgeber: U. Teipel ISBN 978-3-8167-7627-7, 149.

[18] E. Breininger, M. Imran-ul-haq, M. Türk, S. Beuermann; *J. Supercrit. Fluids* **2009**, *48*, 48.

[19] S. Beuermann, M. Imran-ul-haq; *J. Polym. Sci., Part A. Polym Chem.* **2007**, *45*, 5626.

[20] M. Imran-ul-haq, B. Tiersch, S. Beuermann; *Macromolecules* **2008**, *41*, 7453.

[21] B. Strandberg; Studienarbeit, **2008**, Universität Karlsruhe (TH), Institut für Technische Thermodynamik und Kältetechnik.

[22] U. Berner; Studienarbeit, **2009**, Karlsruhe Institut für Technologie (KIT), Institut für Technische Thermodynamik und Kältetechnik.

[23] M. Türk, D. Bolten, *J. Supercrit. Fluids* **2010**, *55*, 778.

NEUE TECHNOLOGIEN ZUR HERSTELLUNG THERMOPLASTISCHER PULVER

C. Eloo, M. Rechberger

Fraunhofer-Institut für Umwelt-, Sicherheits- und Energietechnik UMSICHT, Osterfelder Str. 3, Oberhausen, e-mail: christina.eloo@umsicht.fraunhofer.de

1 Einleitung

Thermoplastische Werkstoffe in Pulverform kommen in verschiedensten Verfahren zum Einsatz. Beispiele sind generative Fertigungsverfahren, wie das Selektive Lasersintern und Beschichtungsverfahren, das Wirbelsintern, Rotationssintern oder elektrostatische Beschichten. Die Auswahl verschiedener Werkstoffe ist jedoch vor allem beim Selektiven Lasersintern sehr gering. Aufgrund der immer größeren Akzeptanz dieses Verfahrens steigt der Bedarf nach funktionellen Werkstoffen auf Basis unterschiedlicher Thermoplaste. Auch in der Pulverbeschichtungsbranche besteht ein großes Anwendungspotenzial für thermoplastische Beschichtungspulver, da diese bei hohen Anforderungen an die Funktionalität der Beschichtung den etablierten duroplastischen Pulverlacken meist deutlich überlegen sind. Bisher scheitert ein breiter Einsatz allerdings daran, dass kein Verfahren zur wirtschaftlichen Herstellung von ausreichend feinen Thermoplastpulvern besteht. Es werden Partikeldurchmesser kleiner 100 µm benötigt.
Die industrielle Herstellung pulverförmiger Kunststoffe erfolgt üblicherweise durch Tieftemperatur-Mahlung von Kunststoffgranulaten [1]. Aufgrund der visko-elastischen Eigenschaften ist dies jedoch nur mit hohem mechanischem Aufwand, bei gleichzeitiger intensiver Kühlung möglich. Die erhaltenen Pulver haben eine kubische Morphologie mit glatten Bruchkanten [2]. Fällungsprozesse während der Polymerisation liefern kugelförmige Partikel, allerdings ist eine Additivierung des Polymers schwierig. Weitere Verfahren sind nur im Labormaßstab umgesetzt [1, 3, 4]. Als Alternative wurden einige Verfahren im Bereich der Hochdrucksprühprozesse unter Verwendung nahe- oder überkritischer Fluide (z.B. CO_2) entwickelt. Zu nennen ist das vergleichsweise einfache und kostengünstige, jedoch diskontinuierliche PGSS-Hochdrucksprühverfahren (Particles from Gas Saturated Solutions), mit dem hauptsächlich niedrigviskose Polymere pulverisiert werden. Es können feine Pulver mit unterschiedlichen Partikelformen erzeugt werden [5, 6].
Mit der hier vorgestellten Technologie werden die Compoundierung hochviskoser Thermoplaste und ihre Pulverisierung in einer kontinuierlichen Anlage kombiniert. Durch Verwendung von

überkritischem Kohlendioxid ($scCO_2$) werden hohe Drücke im Extruder aufgebaut. Der Einsatz von $scCO_2$ als Prozesshilfsmittel bei der Compoundierung sorgt aufgrund der mit dem Einlösen in die Polymerschmelze verbundenen Viskositätserniedrigung - insbesondere bei hochviskosen Polymerschmelzen - im Extruder für eine leichtere Verarbeitung [7]. Es können Viskositätsreduzierungen bis zu 80 % und eine deutliche Verbesserung der Dispergierwirkung erzielt werden [8]. In diesem Beitrag werden der Stand der Entwicklung und erste Erfahrungen über den Einfluss der Prozessparameter auf die Morphologie und Größe der erzeugten Polymerpartikel vorgestellt.

2 Versuchsanlage

Die Versuchsanlage besteht aus einem gleichläufigen Doppelschneckenextruder mit einem Schneckendurchmesser von 25 mm und einem L/D-Verhältnis von 50. Der Extruder ist zur Verarbeitung hochviskoser Polymerschmelzen bei gleichzeitig hoher Dispergierwirkung von Füllstoffen geeignet. Durch spezielle Schneckenelemente und eine präzise Gehäusefertigung wird eine gasdichte Absperrung und eine gute distributive Einmischung des Kohlendioxids erreicht. Die in den Versuchen eingesetzte Schnecke ist so konzipiert, dass durch den Einsatz verschiedener förderaktiver Elemente ein Druckaufbau stattfindet. Rückfördernde Knetblöcke bauen zusätzlich ein Materialpolster vor der CO_2-Eindosierung auf. Um eine gute Dispergierung des zudosierten CO_2 und der zu compoundierenden Additive in die Polymerschmelze zu erreichen, werden Knetblöcke und Zahnradelemente verwendet.

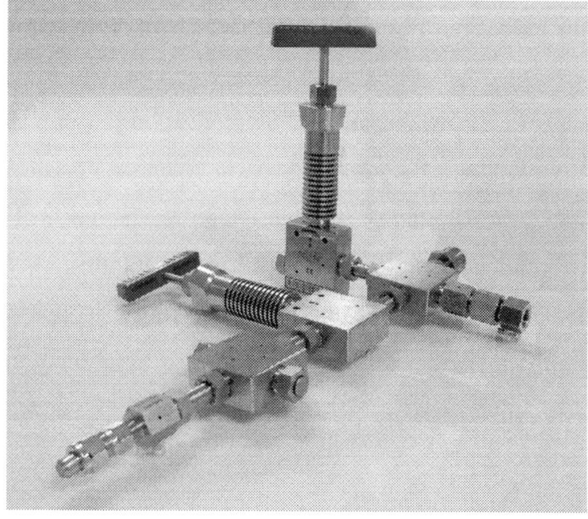

Abb. 1: Hochdruckextruder-Versuchsanlage (links) und Hochdrucksprüheinheit (rechts)

Bereits ein Polymer-Massenstrom von 3 kg/h ist ausreichend, um einen Sperrdruck von über 150 bar im Extruder aufzubauen, wodurch das Austreten des CO_2 verhindert wird. Am Ausgang des Extruders wurde die übliche Strangdüse durch eine Hochdrucksprüheinheit ersetzt. In dieser Einheit befinden sich zusätzliche statische Mischer, die für eine intensive Dispergierung von $scCO_2$ und Polymerschmelze sorgen, sowie zusätzliche Temperatur- und Druckfühler. Die gesamte Einheit wird durch einen elektrisch beheizten Kupferblock isoliert, um das Einfrieren der Polymerschmelze zu verhindern (Abb 1; rechts). Zum Anfahren des Systems und zum sicheren Betrieb wurden ein Bypass und eine Berstscheibe integriert. Die Düse ragt in einen Sprühturm. Es werden Vollkegeldüsen mit verschiedenen Öffnungsquerschnitten verwendet.

Mittels Kreisgasführung werden die entstehenden Partikel über einen Zyklon und einen Feinstfilter abgeschieden (Abb. 1; links), dabei dient das entspannte Kohlendioxid als Trägergas. Um dem Joule-Thomson-Effekt an der Düse entgegenzuwirken, kann das im Kreis geführte CO_2 beheizt und somit die Bildung der Partikelform beeinflusst werden. Mit der beschriebenen Konstruktion ist es möglich, bis zu 100 kg/h CO_2 direkt in die Polymerschmelze einzudüsen. Das Kohlendioxid kann an zwei Stellen im Extruder sowie an einer Stelle in der Hochdrucksprüheinheit eingespeist werden.

3 Materialien und Methoden

3.1 Polybutylenterephthalat

Die Ergebnisse werden exemplarisch an den Untersuchungen von Polybutylenterephthalat (PBT), einem teilkristallinen Thermoplast, dargestellt. PBT wird durch Polykondensation von Terephthalsäure und 1,4-Butandiol hergestellt. In Abbildung 2 ist die schematische Struktur des PBT zu sehen.

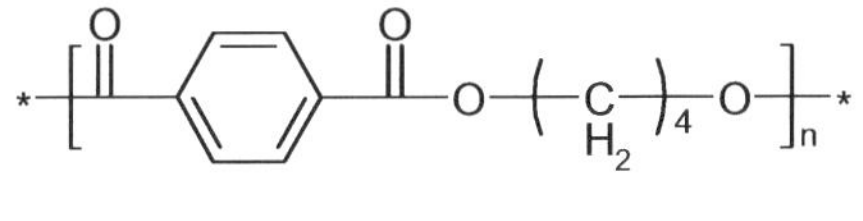

Abb. 2: Allgemeine Strukturformel des PBT

PBT gehört zu den Polyestern und zeichnet sich durch hohe Festigkeit und Steifigkeit aus. Das Pulver soll als Werkstoff für das Selektive Lasersintern eingesetzt werden, wobei es besonders für Bauteile aus dem Automotive-Bereich interessant ist.

Das verwendete PBT ist niedrigviskos, was für den späteren Anwendungsprozess aber auch für die Pulverherstellung von Vorteil ist. Zusätzlich wurden Organoclays als nanoskalige Additive eingesetzt.

Tabelle 1: Eigenschaften von Polybutylenterephthalat

Eigenschaft	**Einheit**	
Dichte	g/cm³	1,25 – 1,35
Viskosität (bei 230 °C)	Pa s	400
Schmelzbereich	°C	220 - 230

Abbildung 3 zeigt die Schmelzdruckkurve von PBT. Durch das Einlösen von CO_2 tritt bei höheren Drücken eine Schmelztemperaturabsenkung auf. Während unter Luftatmosphäre die Schmelztemperatur des reinen Polymers noch bei 227 °C liegt, wird sie durch eine Druckerhöhung auf 150 bar um fast 15 K auf 215 °C erniedrigt.

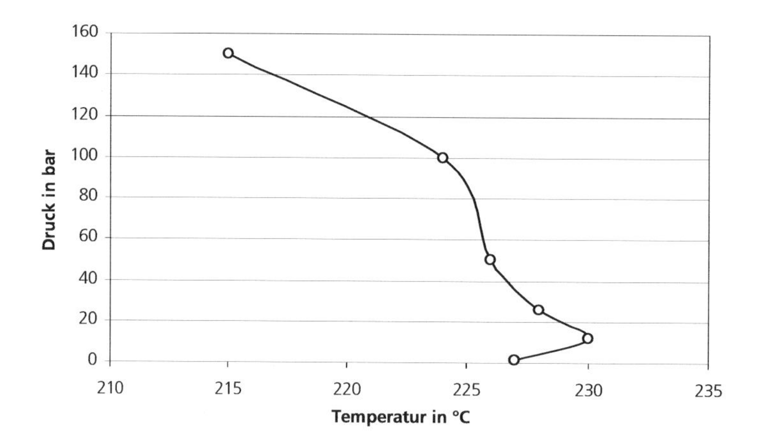

Abb. 3: Schmelzdruckkurve von PBT in Gegenwart von CO_2 [9]

3.2 Bestimmung der Partikelmorphologie

Die Partikelmorphologie der hergestellten Pulver wurde mit einem Raster-Elektronenmikroskop (REM) untersucht. Von jeder Probe wurden Übersichts- und Detailaufnahmen aufgenommen, sodass auch die Oberflächenstruktur der Partikel zu erkennen ist. Anhand dieser REM-Aufnahmen wurde die Qualität der erzeugten Partikel beurteilt.

3.3 Bestimmung der Partikelgröße

Die Partikelgrößenverteilung der Pulver wurde mittels Laserbeugung in wässrigen Dispersionen bestimmt (Mastersizer 2000 mit Dispergiereinheit Hydro S/Malvern). Als Berechnungsgrundlage wurde das Fraunhofer-Modell für irreguläre Partikel verwendet. Je nach Dispersionsverhalten war es notwendig, Tenside als Dispergierhilfsmittel einzusetzen. Zur Zerstörung von losen Agglomeraten wurde die Probe während der Messung mit Ultraschall behandelt. Jede Probe wurde unter gleichen Bedingungen zweimal vermessen. Das Ergebnis ist eine Volumensummenverteilung. Bei Annahme gleicher Partikeldichte kann somit zu jeder Partikelgröße der Massenanteil in der Pulverprobe unterhalb dieser Partikelgröße angegeben werden. Zum Beispiel entspricht die mittlere Partikelgröße d_{50} der Partikelgröße, die von 50 Gew.-% der Partikel unterschritten wird.

4 Probenahme

Die Probennahmen fanden im stationären Zustand des Sprühprozesses statt. Die Stationarität wurde als gegeben angenommen, wenn sich die folgenden Parameter (Tabelle 2) für mindestens fünf Minuten nur im genannten Bereichen bewegten. Die Pulver wurden hinsichtlich Morphologie und Partikelgrößenverteilung charakterisiert.

Tabelle 2: Zulässige Parameterschwankungen für stationären Zustand

Prozessparameter	Einheit	Bereich
CO_2-Massenstrom	kg/h	± 1
Vorexpansionsdruck	bar	± 5
Vorexpansionstemperatur	°C	± 2

5 Ergebnisse und Diskussion

Es wurden verschiedene Parameterkombinationen getestet, um Bereiche zu identifizieren, in denen ein Versprühen der Schmelze möglich ist. Direkt einstellbar sind das Temperaturprofil und die Schneckendrehzahl des Extruders und damit indirekt die Massetemperatur der Schmelze beziehungsweise der Druckaufbau in der Anlage. Außerdem der Polymer-Massenstrom sowie die Frequenz der CO_2-Pumpe. Durch Kombination dieser Parameter stellen sich die Vorexpansionstemperatur, der Vorexpansionsdruck und der CO_2-Massenstrom ein. In den in Tabelle 3 dargestellten Parameterbereichen fanden Versuche zur Pulverisierung von PBT statt.

Tabelle 3: Untersuchte Parameterbereiche zur Pulverisierung von PBT

Prozessparameter	**Einheit**	**Bereich**
Massetemperatur (Extruder)	°C	230 bis 280
Vorexpansionsdruck	bar	1 bis 200
Polymer-Massenstrom	kg/h	3 bis 25
CO_2-Massenstrom	kg/h	10 bis 105
Lösemittelverhältnis	-	1 bis 15
Schneckendrehzahl	min^{-1}	50 bis 800
Düsendurchmesser	mm	0,7; 1; 1,6

Insgesamt wurden über 50 Versuche unter Verwendung von drei verschiedenen Düsendurchmessern mit PBT durchgeführt. Es hat sich gezeigt, dass Temperaturen von mindestens 20 °C über dem Schmelzpunkt des Polymers günstige Prozessbedingungen ergeben. Hohe Lösemittelverhältnisse (Verhältnis CO_2-Massenstrom/Polymer-Massenstrom, LMV) erniedrigen die Viskosität der Schmelze und vereinfachen somit den Sprühprozess. Von der Austrittsbohrung der Düse hängt der Gesamtdurchsatz ab, da hierdurch der Rückstaudruck in der gesamten Anlage definiert wird (zulässiger Höchstdruck der Anlage: 200 bar). Im Folgenden werden die Ergebnisse der durchgeführten Untersuchungen dargestellt und die Abhängigkeit von den eingestellten Prozessparametern diskutiert.

5.1.1 Partikelgrößenverteilung in Abhängigkeit der Prozessparameter

Die Haupteinflussgrößen des Prozesses auf die Partikelgrößenverteilung sind

- die Massetemperatur,
- das Lösemittelverhältnis,
- die Schneckendrehzahl und
- der Düsendurchmesser.

Abbildung 4 zeigt die Volumensummenverteilung zweier Pulver in Abhängigkeit der Massetemperatur. Die Pulver wurden unter vergleichbaren Bedingungen hergestellt, lediglich die Massetemperatur liegt in Versuch 20 etwa 20 °C über der Massetemperatur von Versuch 18. Es zeigt sich, dass durch Erhöhung der Massetemperatur - und somit Reduzierung der Viskosität - die Partikelgröße um fast 25 % reduziert werden kann. In Versuch 18 wurde bei einer Massetemperatur von 275 °C ein grobes Pulver mit einer durchschnittlichen Partikelgröße von 174 µm hergestellt. Die Korngrößenverteilung in Versuch 20 ist zu kleineren Partikelgrößen verschoben (d_{50} = 24 µm). Dieser Trend ist auch bei weiteren Versuchen zu erkennen.

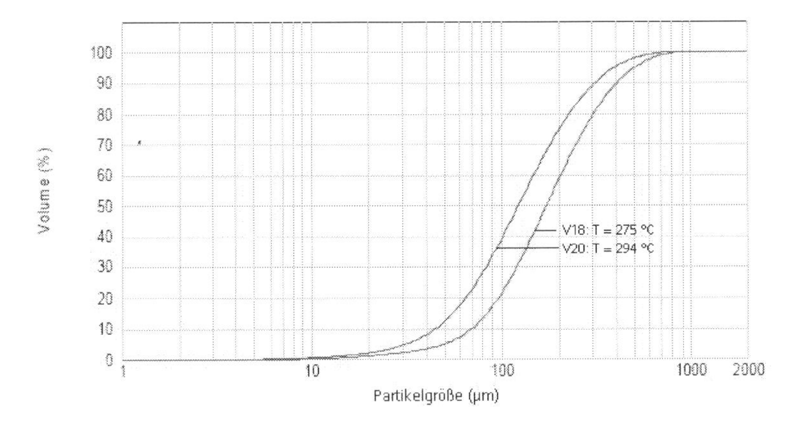

Abb. 4: Volumensummenverteilung in Abhängigkeit der Massetemperatur (Versuch 18 / Versuch 20)

Die Abhängigkeit der Partikelgröße vom Lösemittelverhältnis wird in Abbildung 5 exemplarisch dargestellt. In Versuch 2 wurde bei einem Lösemittelverhältnis von 4,5 ein grobes Pulver mit einer mittleren Partikelgröße von 558 µm hergestellt. Versuch 3 wurde mit einem höheren Lösemittelverhältnis (7,1) durchgeführt, und die mittlere Partikelgröße verringerte sich auf 406 µm.

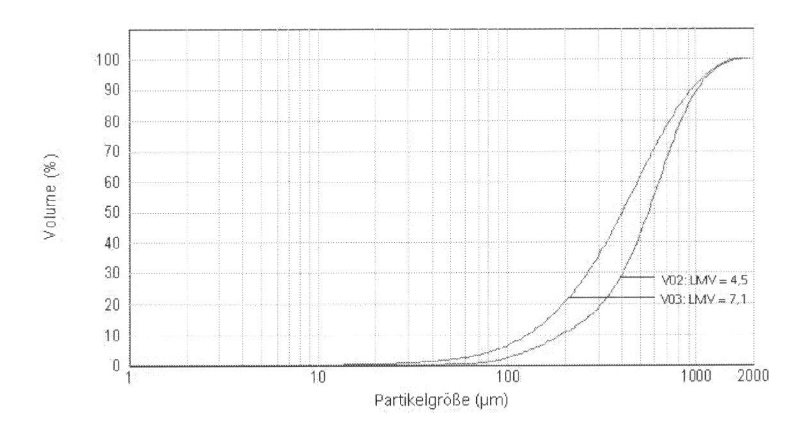

Abb. 5: Volumensummenverteilung in Abhängigkeit des Lösemittelverhältnisses (Versuch 2 / Versuch 3)

Es hat sich gezeigt, dass die Partikelgrößenverteilung durch Erhöhung des Lösemittelverhältnisses reduziert werden kann, allerdings ist dieser Effekt weniger ausgeprägt, als die Erhöhung der Massetemperatur.

Abbildung 6 zeigt den Zusammenhang zwischen der Partikelgrößenverteilung und der Schneckendrehzahl. Die Pulverherstellung in den Versuchen 16 und 17 wurde bei nahezu identischen Bedingungen durchgeführt. Bei Versuch 16 wurde bei einer Schneckendrehzahl von 700 min^{-1} ein Pulver mit einer mittleren Partikelgröße von 133 µm hergestellt. Durch eine Erhöhung der Schneckendrehzahl auf 800 min^{-1} konnte die mittlere Partikelgröße auf 113 µm (Versuch 17) verringert werden. Der Vergleich zeigt, dass mit steigender Schneckendrehzahl bei sonst vergleichbaren Bedingungen die Partikelgröße abnimmt.

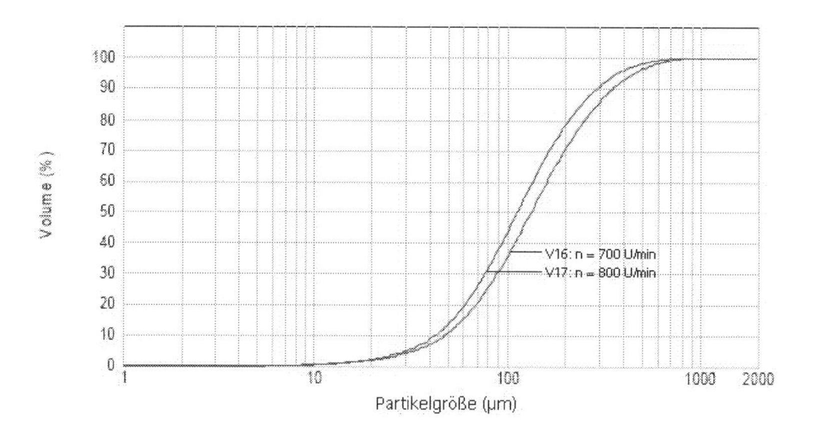

Abb. 6: Volumensummenverteilung in Abhängigkeit der Schneckendrehzahl (Versuch 16 / Versuch 17)

Der gleiche Effekt ist auch bei weiteren Versuchspaaren zu erkennen. Die Schneckendrehzahl hat einen unmittelbaren Einfluss auf die Mischung der im Extruder erzeugten Dispersion. Interessant ist, dass sich dieser Trend bei den Versuchen mit der größten Düse (Austrittsbohrung 1,57 mm) umzukehren scheint. Hier erhöht sich die Partikelgrößenverteilung mit steigenden Schneckendrehzahlen bei sonst vergleichbaren Bedingungen. Eine Erklärung hierfür könnten die geringeren Drücke im Extruder sein, die sich aufgrund des kleineren Sperrdrucks der Düse einstellen. Durch den kleineren Druck fällt auch der Joule-Thomson-Effekt geringer aus, die Polymerschmelze wird weniger abgekühlt und es können sich vermehrt Agglomerate im Sprühturm bilden.

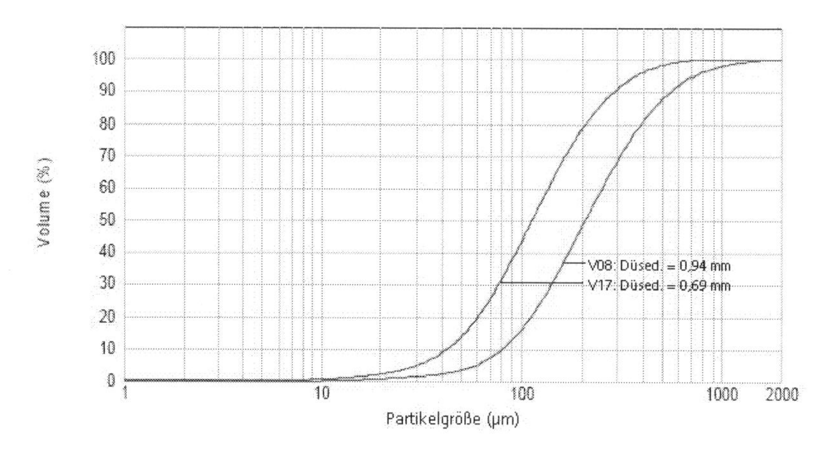

Abb. 7: Volumensummenverteilung in Abhängigkeit des Düsendurchmessers (Versuch 8 / Versuch 17)

Abbildung 7 vergleicht die Partikelgrößenverteilung der erzeugten Pulverproben aus den Versuchen 8 und 17 in Abhängigkeit des Düsendurchmessers. Der Vergleich lässt erkennen, dass die Partikelgröße von Pulvern mit dem Durchmesser der Düsenöffnung bei ähnlichen Bedingungen abnimmt. Ein kleinerer Düsendurchmesser führt zu einer kleineren Korngröße der einzelnen Partikel. Da jedoch der Rückstaudruck im Extruder durch die kleinere Düsenöffnung zunimmt und der Druck im Extruder auf 200 bar begrenzt ist, kann nur eine geringere Menge des Kohlendioxids im Extruder hinzufügt werden.

5.1.2 Partikelmorphologie in Abhängigkeit der Prozessparameter

Mit dem Rasterelektronenmikroskop wurden verschiedene geometrische Formen der Partikel festgestellt. Abbildung 8 zeigt die verschiedenen Strukturen: Fasern, unregelmäßige Knollen und kugelförmige Partikel. Bei manchen Versuchen entstanden keine Pulver, sondern Polymerstränge oder watteähnliche Agglomerate; diese Proben wurden nicht mittels REM untersucht. Eine eindeutige Zuordnung zwischen eingestellten Parametern und Partikelmorphologie konnte nicht gefunden werden.

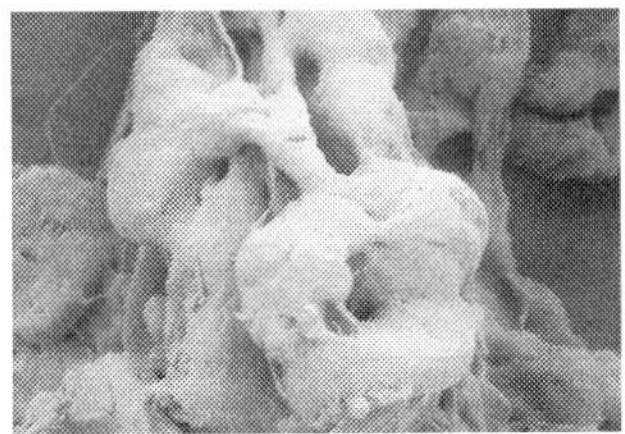

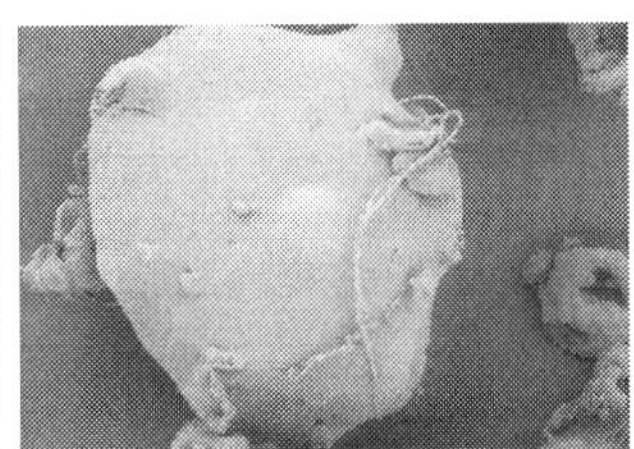

Abb. 8: PBT-Partikel mit faserförmiger, unregelmäßiger und kugelförmiger Struktur (von links nach rechts)

Fasern entstehen vor allem bei kleinen Düsendurchmessern. Die Länge der Fasern reicht von wenigen Mikrometern bis zu ca. 300 µm. Insgesamt gilt, dass höhere Massetemperaturen und höhere Schneckendrehzahlen zu einer geringeren Fadenbildung führen.

Abb. 9: Knollenförmige Strukturen der PBT-Partikel (links: Versuch 8; rechts: Versuch 10)

In den meisten Versuchen wurden Pulver mit unregelmäßig geformten Partikeln und einem geringen Faseranteil hergestellt. Abbildung 9 zeigt exemplarische REM-Aufnahmen von Partikeln der Versuche 8 und 10. Bei diesen Versuchen wurde eine Düse mit mittlerem Öffnungsquerschnitt eingesetzt.

Die in Abbildung 10 dargestellten REM-Aufnahmen zeigen einzelne stark vergrößerte Partikel aus den Versuchen 7 und 13. Das Pulver aus Versuch 7 wurde mit einem Lösemittelverhältnis von 8,7 hergestellt. Die Oberfläche der Partikel aus diesem Versuch erscheint glatt und weist keine durch entweichendes Kohlendioxid entstehenden Krater auf. Die Oberfläche ist mit einigen Fäden belegt, die sich sehr wahrscheinlich durch die Bewegung im Sprühturm bis zur Erstarrung der Polymerschmelze um die Partikel gewickelt haben. Das Lösemittelverhältnis aus Versuch 13 ist hingegen mit 11,1 relativ hoch. Es entstehen unregelmäßig geformte Partikel, deren Oberflächen sehr porös sind. Sehr wahrscheinlich entstehen Krater bzw. Kanäle durch austretendes CO_2 direkt nach der Pulverisierung, solange die Polymertröpfchen noch ausreichend weich sind. Das entweichende CO_2 führt zu einer hohen Porosität der einzelnen Pulverpartikel und somit zu geringeren Schüttdichten der Pulver.

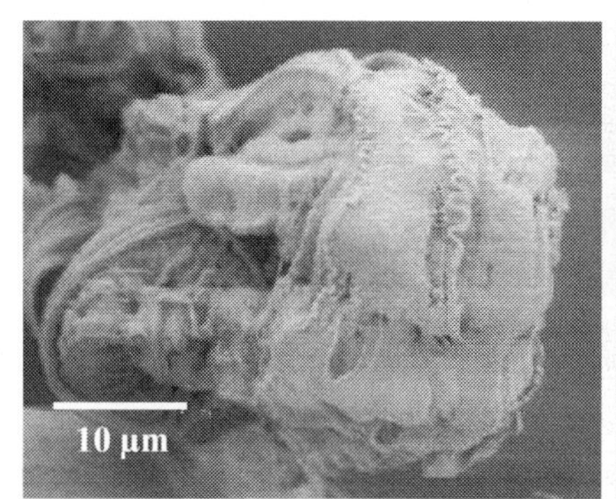

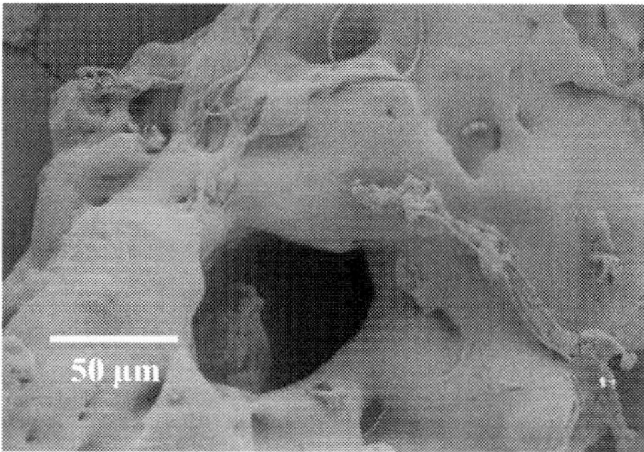

Abb. 10: Oberflächenbetrachtung einzelner Partikel (links: Versuch 7; rechts: Versuch 13)

In einigen Versuchen entstanden auch nahezu kugelförmige Partikel mit glatten Oberflächen. Neben den Kugeln sind teilweise noch dünne Fasern auf der Oberfläche zu erkennen. Abbildung 11 zeigt REM-Aufnahmen von Partikeln der Versuche 19 und 22, bei denen eine Vollkegeldüse mit einer Bohrung von 0,69 mm eingesetzt wurde. Es scheint, dass hohe Schneckendrehzahlen bei hohen Massetemperaturen und relativ niedrigen LMV die Bildung von sphärischen Partikeln mit glatten Oberflächen begünstigen. Durch die höhere Massetemperatur erniedrigt sich die Viskosität der Schmelze. Dadurch wird die Entgasung des Tropfens begünstigt.

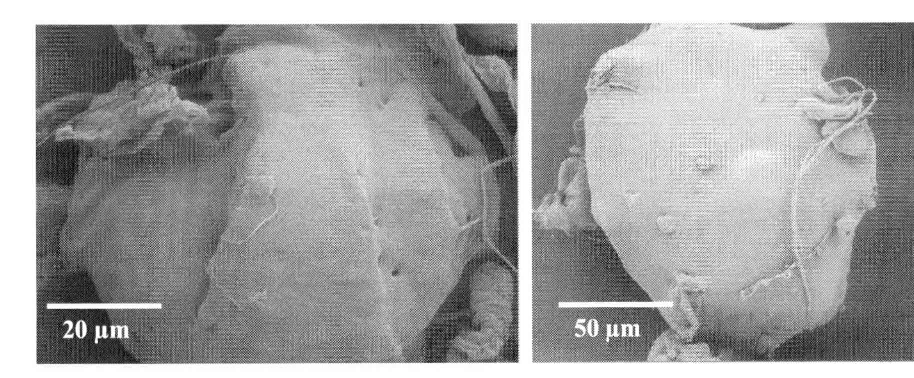

Abb. 11: Nahezu kugelförmige Partikel mit glatten Oberflächen (links: Versuch 19; rechts: Versuch 22)

Durch eine Zunahme der Sprühturmtemperatur können die Partikel unter der Bildung von Agglomeraten miteinander verkleben oder verschmelzen. Bei einer Nachexpansionstemperatur von über 150 °C im Sprühturm wurden Agglomerate aus kugelähnlichen Knollen, wie sie in Abbildung 12 zu sehen sind, hergestellt.

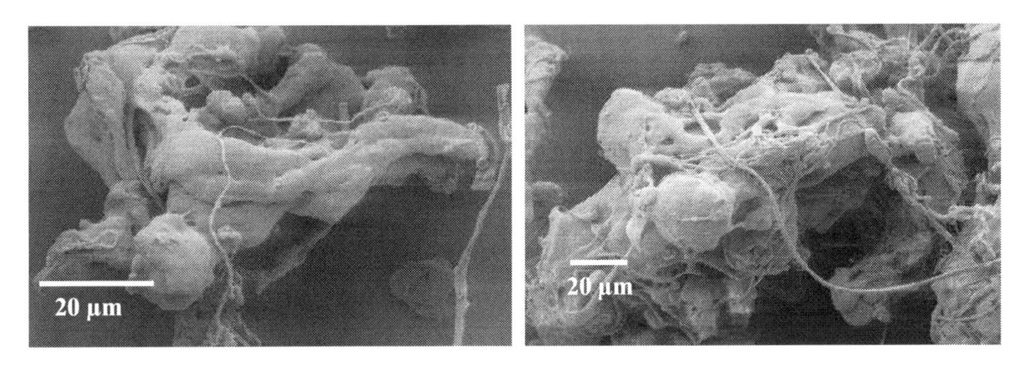

Abb. 12: Agglomerate durch zu hohe Nachexpansionstemperaturen (Versuch 22)

Bei den Versuchen mit der großen Düsenaustrittsbohrung von 1,57 mm konnten Partikel bei geringeren Drücken, und im Vergleich zu den Versuchen mit kleineren Austrittsbohrungen, mit höheren LMV hergestellt werden. Anhand der REM-Aufnahmen ist der Trend erkennbar, dass weniger Fäden in den Pulvern vorhanden sind. Durch die größere Austrittsbohrung entstehen allerdings auch größere Partikel.

Abb. 13: Kaum Fadenbildung bei Verwendung einer Düse mit größerer Austrittsbohrung

5.1.3 Einfluss von nanoskaligen Additiven

Bei der Verwendung von Organoclay-gefüllten Masterbatches konnten bei der Zerstäubung der Komposite ähnliche Parameter wie bei den Versuchen mit reinem PBT eingestellt werden. Es zeigte sich, dass (sehr wahrscheinlich durch eine geringere Viskosität) schon bei niedrigeren Temperaturen und/oder Lösungsmittelverhältnissen ein kontinuierlicher Sprühprozess eintrat. Ein Einfluss der Nanopartikel auf die Morphologie der Pulverpartikel war nicht erkennbar. Es entstanden hauptsächlich unförmige Partikel. Besonders bei hohen LMV waren Krater/Kanäle auf den Partikeloberflächen zu erkennen.

5.1.4 Zusammenfassung

Zusammenfassend lässt sich sagen, dass bei höherer Massetemperatur die Viskosität der Schmelze abnimmt und somit der Dispergiervorgang zwischen Polymerschmelze sowie Kohlendioxid und damit die Zerstäubung der Tröpfchen verbessert wird. Weiterhin ist die Ausformung der Schmelze zu Tropfen bei höheren Temperaturen begünstigt, wodurch sich eine Abnahme der Partikelgrößen der erzeugten Pulver einstellt. Die Fadenbildung wird unterbunden, und es entstehen eher kugelförmige Partikel. Mit größeren Lösemittelverhältnissen wird ebenfalls die Viskosität der Polymerschmelze reduziert und die Zerteilung der Tropfen während der Entspannung begünstigt. Darüber hinaus steigen mit dem Lösemittelverhältnis ebenfalls Strömungsgeschwindigkeiten und die auf die Polymerschmelze wirkenden Dehn- und Scherspannungen, die eine Vordispergierung und Zerteilung des Polymerstranges bewirken, wodurch die eigentliche Zerstäubung begünstigt wird. Das Ergebnis sind Pulver mit kleineren Partikelgrößen und wenig Fadenbildung. Nachteil sind poröse Partikel, die sich aufgrund des hohen CO_2-Anteils bilden.

Eine höhere Schneckendrehzahl hat bei gleichbleibenden geometrischen Abmessungen eine höhere Strömungsgeschwindigkeit zur Folge. Dadurch werden auch die Scherraten erhöht, was wiederum zu einer besseren Durchmischung führt. Die Dispergierung des Kohlendioxids in die

Polymerschmelze kann dadurch verbessert werden. Die mechanischen Kräfte nehmen durch höhere Strömungsgeschwindigkeiten und höhere Scherraten in der Düse zu. Dadurch werden kleinere Tröpfchen bei der Verdüsung gebildet. Allerdings ist der Einfluss der Schneckendrehzahl im Vergleich zu Lösemittelverhältnis und Massetemperatur eher gering. Außerdem gibt es einen signifikanten Einfluss auf die Partikelgröße durch die Wahl der Düse. Je größer der Öffnungsquerschnitt, desto größer die resultierenden Partikel. Hohe Nachexpansionstemperaturen, begünstigt durch hohe Massetemperaturen und geringe Vorexpansionsdrücke, führen zu einer Erhitzung des Sprühturms, was eine Agglomeratbildung zur Folge hat.

6 Ausblick

Optimierungspotenzial der Pulverpartikel hinsichtlich Morphologie und Größe besteht in der Anpassung des kompletten Zerstäubersystems. Der Einsatz mehrerer Düsen könnte sinnvoll sein. Dabei müssen jedoch spezielle Geometrien entwickelt werden, die eine Überlappung der Sprühkegel vermeiden. Außerdem soll der Einfluss weiterer Düsenbauarten und -geometrien - wie zum Beispiel Zweistoffdüsen - auf die Partikelbildung untersucht werden. Erst dann ist der Einsatz als fließfähiges Pulver mit Partikelgrößen kleiner 100 µm für das selektive Lasersintern möglich.
In weiteren Forschungsarbeiten soll - neben weiteren Polymeren - auch der Einfluss höherer Vorexpansionsdrücke geprüft werden. Denkbar ist die Verwendung einer Schmelzepumpe.

7 Literatur

[1] Otaigbe J., McAvoy J., Gas Atomization of Polymers I: Feasibility Studies and Process Development, Advances in Polymer Technology; Vol. 17; No. 2; p. 145-160, 1998.

[2] Vauck W., Müller H., Grundoperationen chemischer Verfahrenstechnik, VEB Deutscher Verlag für Grundstoffindustrie, Leipzig, p. 257, 1989.

[3] Shekunov B.Y., Edwards A.D., Forbes R., Crystallization and plasticization of poly(l-lactide) (PLLA) with supercritical CO_2, Proceedings of the Sixth International Symposium on Supercritical Fluids, Versailles, France, 28–30 April 2003, pp. 1801–1806, 2003.

[4] Jung, J., Perrut, M., Particle design using supercritical fluids: Literature and patent survey, The Journal of Supercritical Fluids, Vol. 20, p. 179-219, 2001.

[5] Kappler P., Partikelbildung und -morphologie bei der Hochdruckmikronisierung gashaltiger Lösungen, Dissertation, Ruhr-Universität Bochum, 2003.

[6] Kilzer A., Herstellung von Feinpulvern aus hochviskosen Polymerschmelzen mit Hochdrucksprühverfahren, Dissertation, Ruhr-Universität Bochum, 2004.

[7] Carcia-Leiner M., Lesser A.J., Processing of intractable polymers using high-pressure carbon dioxide, Annual Technical Conference –Society of Plastics Engineers 61, p. 1610-1614, 2003.

[8] Elkowith M.D., Lee L.J., Tomasko D.L., Effect of supercritical carbon dioxide on morphology development during polymer blending; Polymer Engineering and Science 4, p. 1850-1861, 2000.

[9] Petermann M., Abschlussbericht zum BMBF-Projekt „Verdichtetes Kohlendioxid als Prozessadditiv zur Herstellung polymerer und mikronisierter Nanokomposite - nanocrosser« (Förderkennzeichen: 03X0009), Ruhr-Universität Bochum, 2008.

BENETZUNGSEIGENSCHAFTEN VON CARBON NANOTUBE PULVERN

A. Dresel[1], Y. Gaus[1], U. Teipel[1,2]

[1] Georg-Simon-Ohm Hochschule Nürnberg, Mechanische Verfahrenstechnik/Partikeltechnologie, Wassertorstraße 10, Nürnberg, e-mail: alexander.dresel@ohm-hochschule.de

[2] Fraunhofer Institut für Chemische Technologie ICT, J.-v.-Fraunhofer-Straße 7, Pfinztal

Kurzfassung

Carbon Nanotubes – röhrenförmige Partikel mit Durchmessern im nanoskaligen Größenbereich (< 100 nm) – müssen für viele Anwendungen in niedrigviskosen Medien dispergiert werden. Die Benetzung der Carbon Nanotube Pulver ist dabei durch die Inkorporation der Partikel in die Prozessflüssigkeit ein wesentlicher Bestandteil des Dispergierprozesses und somit eine signifikante Produkteigenschaft.

Die Charakterisierung der Benetzungseigenschaften von nano-dispersen Systemen mittels Kontaktwinkelanalysen stellt jedoch häufig eine problematische Aufgabe dar. Im Wesentlichen können die Benetzungseigenschaften von Pulvern herkömmlich mittels inverser Gaschromatographie oder der Flüssigkeitssorptions-Methode ermittelt werden.

In dieser Arbeit werden Untersuchungen zum Benetzungsverhalten von Carbon Nanotube-Pulvern mittels Flüssigkeitssorption vorgestellt. Dazu wurden die Benetzungseigenschaften verschiedener mehrwandiger Carbon Nanotubes mit n-Hexan und Wasser näher untersucht. Dabei konnte ein signifikanter Einfluss der Morphologie der Agglomerate auf die Benetzungscharakteristik identifiziert werden. Die ermittelten Benetzungseigenschaften könnten dabei auf inhomogene Benetzungsgeschwindigkeiten in den hochdispersen Röhrenstrukturen der Agglomerate hinweisen. Des Weiteren führte die Fragmentierung der Agglomeratstrukturen zu einer deutlich homogeneren Permeation der untersuchten Fluide durch die Carbon Nanotube Pulver.

1 Einleitung

Disperse nanopartikuläre Systeme besitzen diverse interessante Produkteigenschaften, wie z. B. eine sehr große Oberfläche bei geringsten Feststoffmassen. Nanoskalige Partikel weisen aber auch negative Eigenschaften, wie Agglomerat- und Aggregatformation oder komplexes Benetzungs- und Dispergierverhalten auf [1]. Das Benetzungsverhalten partikulärer Systeme ist jedoch in vielen Prozessen und für viele Produkte eine wesentliche Produkteigenschaft [2]. Insbesonde-

re in Dispergierprozessen von feinen dispersen Pulvern in niedrigviskosen Medien ist die Benetzung von partikulären Systemen neben der Des-Agglomeration, Suspensions-Stabilisierung und homogenen Partikelverteilung ein weiterer Prozessschritt [1]. Die Oberfläche des zu dispergierende Pulvers muss von dem Fluid benetzt werden, was zum einen die Immersion des Pulvers in die Flüssigkeit und zum anderen die Penetration des Fluids in das disperse System einschließt [3]. Die Benetzung stellt somit in Dispergierprozessen disperser Systeme einen integralen Prozessteil dar und ist für schlecht benetzende Materialsysteme häufig ein geschwindigkeitslimitierender Faktor [1].
Carbon Nanotubes (CNTs) – ein hochdisperses System aus röhrenförmigen Partikeln mit Durchmessern im nanoskaligen Größenbereich (< 100 nm) – neigen durch ihre großen spezifischen äußeren Oberflächen aufgrund von van-der-Waal´schen Partikelwechselwirkungen häufig zur Agglomeration und Bildung von CNT-Aggregaten. Um die besonderen Eigenschaften wie gute elektrische und thermische Leitfähigkeit sowie hervorragende mechanische Festigkeitseigenschaften in CNT-Kompositen nutzen zu können, ist häufig deren Dispergierung in niedrigviskosen Medien erforderlich [4]. Somit stellt auch das Benetzungsverhalten von Carbon Nanotubes mit Prozessfluiden eine wichtige Produkteigenschaft dar.
Für die Bestimmung der Benetzungseigenschaften in Pulvern können im Wesentlichen zwei Verfahren unterschieden werden: die Inverse Gaschromatographie und die Sorptionsmethode nach Washburn [5]. Im Rahmen dieser Arbeit wurde die Washburn-Methode für die Untersuchungen der Benetzungseigenschaften von Carbon Nanotubes in unterschiedlichen Fluiden angewendet und die Ergebnisse der Experimente sind im Folgenden dargestellt und diskutiert.

2 Grundlegende Aspekte

Der Begriff Benetzung bezeichnet die Benetzbarkeit von Feststoffoberflächen durch eine Flüssigkeit. Dabei ist ein System aus zwei oder mehr Phasen durch die Kräfte, die an den Phasengrenzen wirken und wiederum durch die Oberflächenspannung charakterisiert werden können, gekennzeichnet. Die Ursache für viele Benetzungs- bzw. Kapillarerscheinungen sind somit die Oberflächenspannungen, die zwischen verschiedenen Phasen auch als Grenzflächenspannungen bezeichnet werden.
Thermodynamisch lässt sich die Oberflächenspannung aus der Änderung der freien Enthalpie eines geschlossenen Systems definieren und ergibt sich aus der partiellen Ableitung der freien Enthalpie ∂g nach der Oberfläche ∂A unter isobaren und isothermen Bedingungen bei konstanter Stoffmenge n. Unter diesen Bedingungen ist die freie Enthalpie g gleich der reversiblen Ar-

beit W_{rev}, die vom System verrichtet wird. Die Oberflächenspannung γ lässt sich demnach entsprechend der Gleichung 1 formulieren [2]:

$$\left(\frac{\partial g}{\partial A}\right)_{T,p,n} = \frac{dW_{rev}}{dA} = \gamma \tag{1}$$

Die Grenzflächenenergie (die Grenzflächenspannung) muss weiterhin an der Berührungsfläche minimal werden, wodurch sich an der Dreiphasengrenze ein Randwinkel Θ wie in Abbildung 1 an der Berührungslinie fest-flüssig-gasförmig ausbildet. Die Abbildung 1 zeigt weiterhin die zwischen je zwei Phasen wirkenden Oberflächenspannungen γ_{sv} (fest-gasförmig), γ_{lv} (flüssig-gasförmig) und γ_{sl} (fest-flüssig), die gemäß der Young`schen Geleichung (siehe Gleichung 2) miteinander im Gleichgewicht stehen.

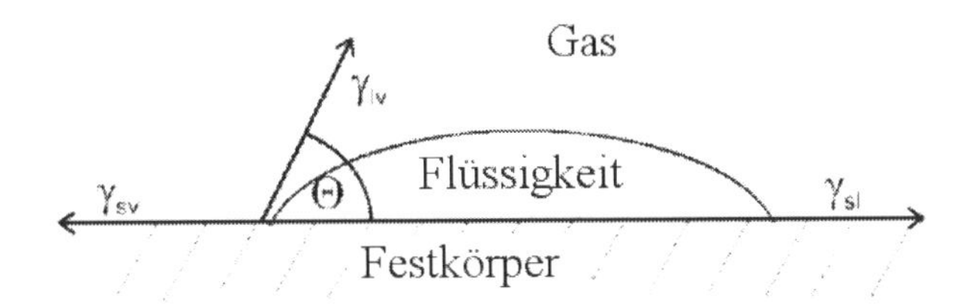

Abb. 1: Benetzung einer Feststoffoberfläche mit einer Flüssigkeit

$$\gamma_{sl} = \gamma_{sv} - \gamma_{lv} * cos\Theta \tag{2}$$

Die Benetzungseigenschaften einer Flüssigkeit auf einer Feststoffoberfläche können somit mit dem Randwinkel charakterisiert werden. Dabei kann von einer vollständigen Benetzung für $\Theta = 0°$, von einer teilweisen Benetzung für $\Theta \leq 90°$ und von einer Nichtbenetzung für $\Theta > 90°$ ausgegangen werden.

3 Sorptionsmessungen zur Bestimmung von Benetzungseigenschaften

Der Randwinkel von Flüssigkeiten an glatten homogenen Oberflächen kann direkt an der Projektion eines ruhenden Tropfens an der Dreiphasengrenze bestimmt werden. Für disperse Materialien ist diese direkte herkömmliche Methode jedoch nicht anwendbar. Der Benetzungswinkel von pulvrigen Systemen kann jedoch mit Hilfe der Sorptionsmethode und der Washburn-Gleichung ermittelt werden.

Die Washburn-Gleichung verbindet die Gleichung von Hagen-Poiseuille (Gleichung 3), welche den Volumenstrom dV/dt eines Fluids mit der Viskosität η durch eine kreisrundes Rohr (Kapillare) der Länge h mit einem Radius r bei einer anliegenden Druckdifferenz Δp zwischen Anfang und Ende des Rohrs beschreibt, mit dem Laplace-Druck in Gleichung (4). Die Washburn Gleichung (5) beschreibt demnach die Bewegung eines Fluids in einer zylindrischen Kapillare durch die Abhängigkeit der benetzten Länge h in einer bestimmten Zeit t [6].

$$\frac{dV}{dt} = \frac{\pi * \Delta p * r^4}{8 * \eta * h}, \quad mit \quad dV = \pi * r^2 * dh \tag{3}$$

$$\Delta p = \frac{2 * \gamma_{lv} * cos\Theta}{r} \tag{4}$$

$$\frac{h^2}{t} = \frac{r * \gamma_{lv} * \cos\Theta}{2 * \eta} \tag{5}$$

Die Randwinkelbestimmungen mittels Sorptionsmethode werden mit einer Apparatur, wie in Abbildung 2, durchgeführt. Die Apparatur setzt sich aus einem Probengefäß, in dem sich das zu benetzende Pulver befindet, in Verbindung mit einer Waage und der benetzenden Flüssigkeit im Behälter darunter zusammen. Das Fluid kann über einen Filter in das disperse System eindringen, was über die Zunahme der Masse oder der Steighöhe der Flüssigkeit in der Pulverschüttung erfasst wird.

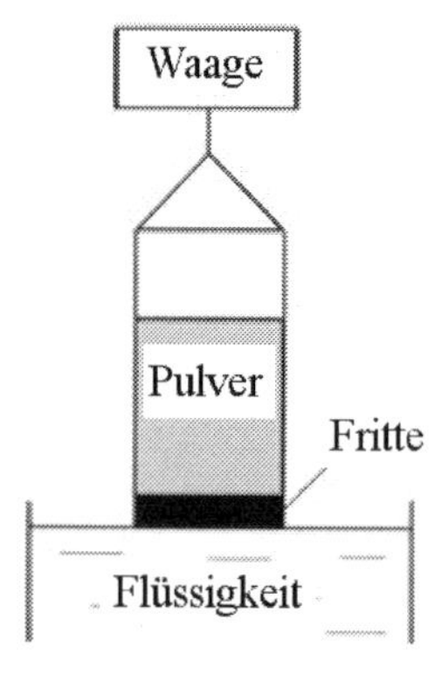

Abb. 2: Schematische Darstellung der Sorptionsmethode zur Bestimmung von Benetzungseigenschaften von Flüssigkeiten an dispersen Systemen

Die Washburn-Gleichung und somit die Proportionalität zwischen h und $t^{1/2}$ konnte zur Beschreibung der Benetzung einzelner Kapillaren sowie für Bündel aus parallel angeordneten Kapillaren bestätigt werden [2]. In der modifizierten Washburn-Gleichung (6) wird jedoch eine Orientierung c von Mikrokapillaren mit einem mittleren Durchmesser $\bar{r}$ in der Pulverschüttung berücksichtigt. Der Kapillarradius r wird somit zur Beschreibung der Kapillarität in einer Pulverschüttung durch den Faktor $(c * \bar{r})$, der so genannten Materialkonstanten, ersetzt. Dieser Faktor hängt wesentlich von den Pulvereigenschaften und der Packungsdichte der Probe ab [2].

$$h^2 = \frac{t*(c*\bar{r})*\gamma_{lv}*cos\Theta}{2*\eta} \qquad (6)$$

Durch die Sorptionsmethode wird herkömmlich die Massenzunahme m_l der benetzenden Flüssigkeit in der Pulverschüttung in Abhängigkeit der Zeit gemessen. Im Zusammenhang mit der Flüssigkeitsdichte ρ_l und der durchströmten Querschnittsfläche A lässt sich die benetzte Länge h nach Gleichung 7 in der modifizierten Washburn-Gleichung (6) eliminieren. Die resultierende Gleichung 8 ermöglicht dann die Auswertung der messtechnisch erfassten Daten hinsichtlich der Materialkonstanten oder des Randwinkels über die Abhängigkeit zwischen m_l und $t^{1/2}$ [2].

$$h = \frac{m_l}{\rho_l * A} \qquad (7)$$

$$m_l^2 = \frac{\rho_l^2 * A^2 * (c*\bar{r})*\gamma_{lv}*cos\Theta}{2*\eta}*t \qquad (8)$$

Die Gleichung (8), welche für die Sorptionsmethode herangezogen werden kann, setzt jedoch durch die oben gezeigte Ableitung die drei folgenden Annahmen voraus [2]:

- Die Durchströmung der Pulverschüttung ist laminar
- Die Struktur und Packungsdichte der Pulverschüttung ist während der Messung konstant
- Gravitationseffekte bleiben vernachlässigbar gering

4 Materialien und Methoden

4.1 Carbon Nanotube Pulver

Für die Untersuchungen der Benetzungseigenschaften wurden verschiedene Carbon Nanotube Materialien verwendet. Dabei wurden mehrwandige Baytubes® C150P (Bayer Material-Science AG, Leverkusen, Germany) und CNT-MW (wie synthetisiert, FutureCarbon GmbH, Bayreuth, Germany) verwendet. Produkteigenschaften beider Materialien können der Tabelle 1 entnommen werden.

Tabelle 1: Materialeigenschaften verwendeter Carbon Nanotubes [7]

	Baytubes® C150P	**CNT-MW**
Dichte	1,974 g/cm^3	2,072 g/cm^3
Oberfläche	198,3 m^2/g	228,8 m^2/g

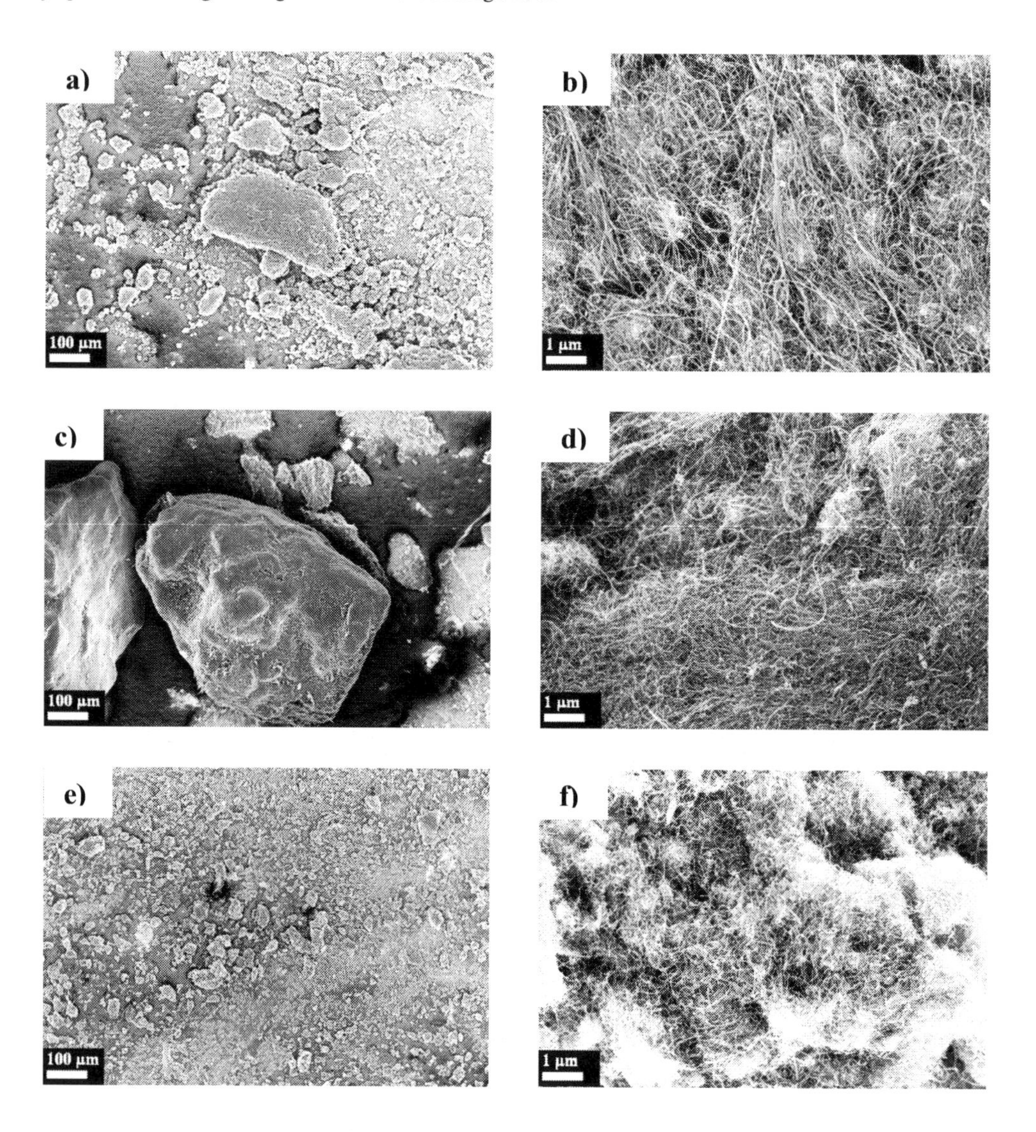

Abb. 3: Elektronenmikroskop Aufnahmen verschiedener Carbon Nanotubes und unterschiedlicher Vergrößerung; a) - b) CNT-MW-as synthesized, c) - d) Baytubes® C150P, e) - f) zerkleinerte Baytubes® C150P

Die Größenverteilungen der Agglomerate der verwendeten Carbon Nanotubes wurden mittels Laserbeugungsspektrometrie (LS230, Beckman Coulter GmbH) ermittelt. Die Auswertung erfolgte dabei mit der Fraunhofer-Näherungsmethode. Der ermittelte Medianwert ($x_{50,3}$) der CNT-MW lag bei 181 µm. Hingegen waren die Baytubes® C150P Agglomerate mit 565 µm wesentlich größer. Daneben wurden auch zerkleinerte Baytubes® C150P mit einem Medianwert von 94 µm hinsichtlich der Benetzungseigenschaften untersucht. Die Größe der agglomerierten CNTs zeigen ebenfalls die Aufnahmen aus der Rasterelektronenmikroskopie in der Abbildung 3. Die Abbildung zeigt die Aufnahme unterschiedlicher Vergrößerungen der CNT-

MW (a, b), der Baytubes® C150P (c, d) sowie der zerkleinerten Baytubes® C150P (e, f). Weiterhin stellen die Aufnahmen die Morphologie der Agglomerate sowie die hochporöse Röhrenstruktur in den Agglomeraten dar.

4.2 Experimentelles

Die Untersuchungen der Benetzungseigenschaften wurden mit einem Tensiometer (Tensiometer K12/2, Krüss GmbH, Hamburg, Germany) durchgeführt. Die Probenzellen für die Messungen waren zylindrisch und besaßen einen Innendurchmesser von 10 mm. Die Messungen wurden mit n-Hexan (52767, Fluka, Sigma-Aldrich Chemie GmbH) als nahezu vollständig benetzende Flüssigkeit und vollentsalztes Wasser als polare benetzende Flüssigkeiten für die CNT-Materialien verwendet.

Da die Benetzungsgeschwindigkeit unter anderem wesentlich von der Packungsdichte und Porosität des Pulvers beeinflusst wird [2], wurden die CNT-Pulverschüttungen verdichtet um eine möglichst hohe Reproduzierbarkeit der Messungen zu erreichen. Die Verdichtung erfolgte dabei mit einer Klopfvorrichtung durch eine vertikale Verdichtungsbewegung. Im Folgenden wurden die Benetzungseigenschaften von Carbon Nanotubes anhand nicht-zerkleinerter sowie zerkleinerter Baytubes® C150P für vollständige Benetzung sowie für die Benetzung mit einem polarem Fluid (Wasser) untersucht. Aufgrund der unterschiedlichen Schüttdichten ergaben sich verschiedene CNT-Mengen, für die Untersuchungen von ca. 0,07 g für die CNT-MW, ca. 0,22 g für Baytubes® C150P und ca. 0,2 g für die zerkleinerten Baytubes® C150P.

5 Diskussion

5.1 Probenpräparation und Reproduzierbarkeit

Die Reproduzierbarkeit der Probenpräparation wurde für die CNT-MW-Partikel durch die Benetzung mit n-Hexan analysiert. Dazu erfolgte eine Verdichtung der Proben für 5 Minuten. Des Weiteren wurden entsprechend einer Verdichtungsperiode 3 Proben vermessen. Die Ergebnisse sind anhand der Flüssigkeitszunahme $\mathbf{m_l}$ in der Schüttung in Abhängigkeit der Messzeit t in der Abbildung 4 dargestellt. In der Abbildung sind die Messkurven nach 5-minütiger Verdichtung durch die Volllinien und den gefüllten Symbolen gekennzeichnet. Die Abbildung zeigt deutlich, dass die Benetzung nach längstens dreizehn Sekunden bei allen Proben abgeschlossen war. Die Flüssigkeitsmasse nahm bis ca. 1,35 g während der Messungen zu. Des Weiteren zeigt die Abbildung eine relativ gute Übereinstimmung der Kurvensteigungen, was somit auf eine reproduziere Probenpräparation durch die Klopfverdichtung hinweist.

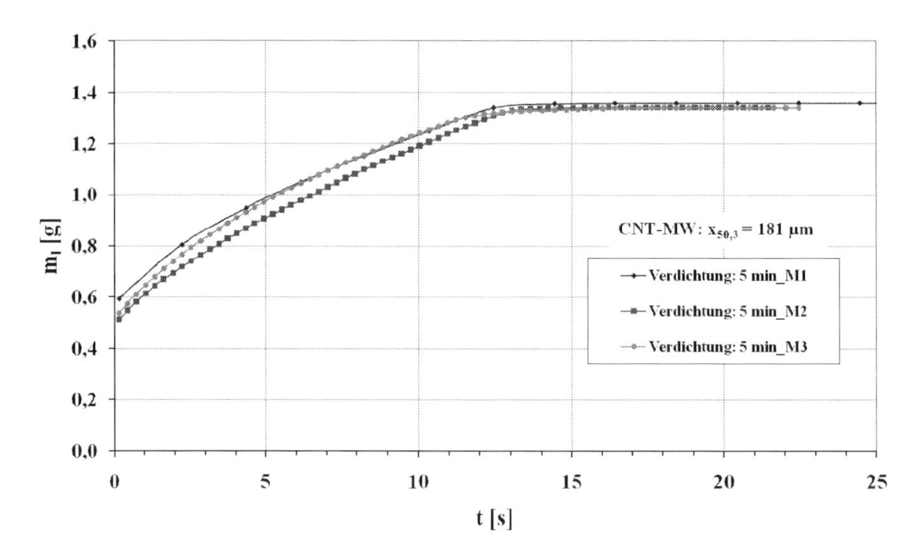

Abb. 4: Reproduzierbarkeit der Probenpräparation nach unterschiedlich langer Verdichtung

5.2 Benetzungseigenschaften mit n-Hexan und Wasser

Die Benetzungseigenschaften der Baytubes® C150P wurden an jeweils drei Einzelproben, die durch Klopfverdichten für die Dauer von 1 min präpariert wurden, mit n-Hexan und Wasser ermittelt. Die Abbildung 5 zeigt die Ergebnisse anhand der Massenzunahme $\mathbf{m_l}$ der Flüssigkeit in der Pulverschüttung in Abhängigkeit der Sorptionszeit $\mathbf{t^{1/2}}$. In der Abbildung kennzeichnen die Volllinien mit den gefüllten Punkten die Benetzung der Partikel mit n-Hexan und die gestrichelten Linien mit den offenen Markierungen die Benetzung mit Wasser. Die Abweichungen der Einzelmessungen weisen auf eine relativ gute Reproduzierbarkeit der Kurvensteigungen hin. Lediglich eine der Messungen der Benetzung mit Wasser weicht von den beiden zu vergleichenden deutlicher ab. Die Benetzung mit n-Hexan, bei der man von vollständiger Benetzung ($\Theta = 0°$) ausgehen kann, ist nach einer Flüssigkeitsmassenzunahme in der Probe bis ca. 1,2 g nach 12 $s^{1/2}$ abgeschlossen. Die Benetzung mit Wasser war hingegen nach einer Massenzunahme von bis zu 1,6 g bzw. 1,7 g nach 4 $s^{1/2}$ bis 5 $s^{1/2}$ beendet.

Nach der modifizierten Washburn-Gleichung (Gleichung 8) und der Gültigkeit der zugrundeliegenden Annahmen ergibt sich nach der Sorptionsmethode eine direkte Proportionalität zwischen der Massenzunahme der benetzenden Flüssigkeit im Schüttgut und der Wurzel aus der Benetzungszeit. Die Abbildung 5 zeigt aber eine deutliche Nicht-Linearität der Kurvenverläufe in der Auswertung von $\mathbf{m_l}$ in Abhängigkeit von $\mathbf{t^{1/2}}$. Diese Abweichungen werden wahrscheinlich durch unterschiedliche Benetzungsgeschwindigkeiten in der Pulverschüttung hervorgerufen. Vor allem in den relativ großen CNT-Agglomeraten, die wie in Abbildung 3 gezeigt durch das hochporöse

Netzwerk aus Nanoröhren strukturiert sind, könnte eine inhomogene, dynamische und möglicherweise unvollständige Permeation der Fluide eintreten.

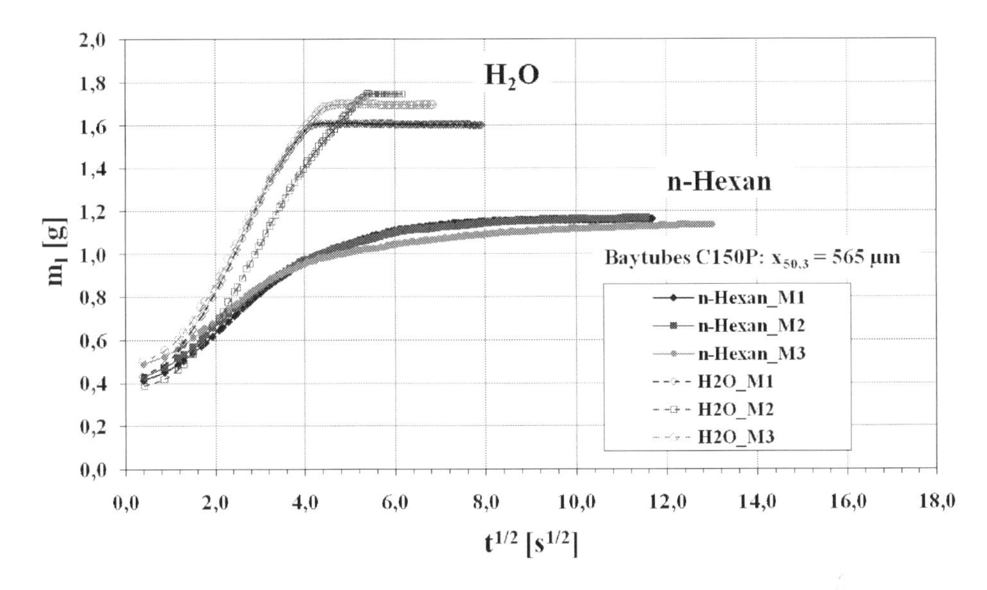

Abb. 5: Benetzung von Baytubes® C150P mit n-Hexan und Wasser

Um den Einfluss der Agglomeratstruktur auf das Befeuchtungsverhalten näher zu untersuchen wurden die Baytubes® C150P-Agglomerate in einem Mörser aufgebrochen. Nach der Zerkleinerung wurden die Benetzungseigenschaften mit n-Hexan bzw. Wasser ermittelt. In der Abbildung 6 sind die Ergebnisse ebenfalls durch die Abhängigkeit $\mathbf{m_l}$ von $\mathbf{t^{1/2}}$ dargestellt. Die Abbildung zeigt eine sehr gute Reproduzierbarkeit der Sorptionsmessungen mit Wasser anhand der gestrichelten Kurven und offenen Punkten. Die Benetzung war dabei nach einer Massenzunahme bis ca. 1,9 g nach 6,4 $s^{1/2}$ beendet. Eine stärkere Abweichung zeigte eine Sorptionskurve bei der Benetzung mit n-Hexan (Volllinie mit gefüllten Markierungen). Die Flüssigkeitsmassenzunahme betrug dabei 1,3 g nach ca. 6 $s^{1/2}$.

Die Abbildung 6 stellt deutlich die generelle lineare Zunahme der Masse der benetzenden Flüssigkeit $\mathbf{m_l}$ in Abhängigkeit der Wurzel aus der Benetzungszeit $\mathbf{t^{1/2}}$ dar. Die von den reproduzierbaren Sorptionskurven von n-Hexan abweichende Messung zeigt jedoch unterhalb von 2,2 $s^{1/2}$ nicht-lineare Benetzungseigenschaften. Im Vergleich zu der Benetzung der nicht-zerkleinerten CNT-Agglomeraten zeigen die zerkleinerten CNTs jedoch im Allgemeinen deutlicher die Proportionalität nach der modifizierten Washburn-Gleichung zwischen $\mathbf{m_l}$ und $\mathbf{t^{1/2}}$. Neben der Verringerung der Partikgelgröße von 565 µm auf 94 µm hatte die Zerkleinerung auch eine stellenweise Aufweitung der Aggregate und Rissbildung in den Agglomeratoberflächen zur Folge. Auf diese Änderung der Agglomeratmorphologie weist vor allem die Rasterelektronenmikroskopie der zerkleinerten CNTs (siehe Abb. 3f) im Vergleich zu den unbehandelten Baytubes® C150P in der Abbildung 3d anhand der deutlich gröber strukturierten Agglomeratoberfläche hin. Diese stellenweise Aufweitung des CNT-Aggregats lässt auf eine bessere Permeation der Flüssigkeit in die CNT-Agglomerate schließen.

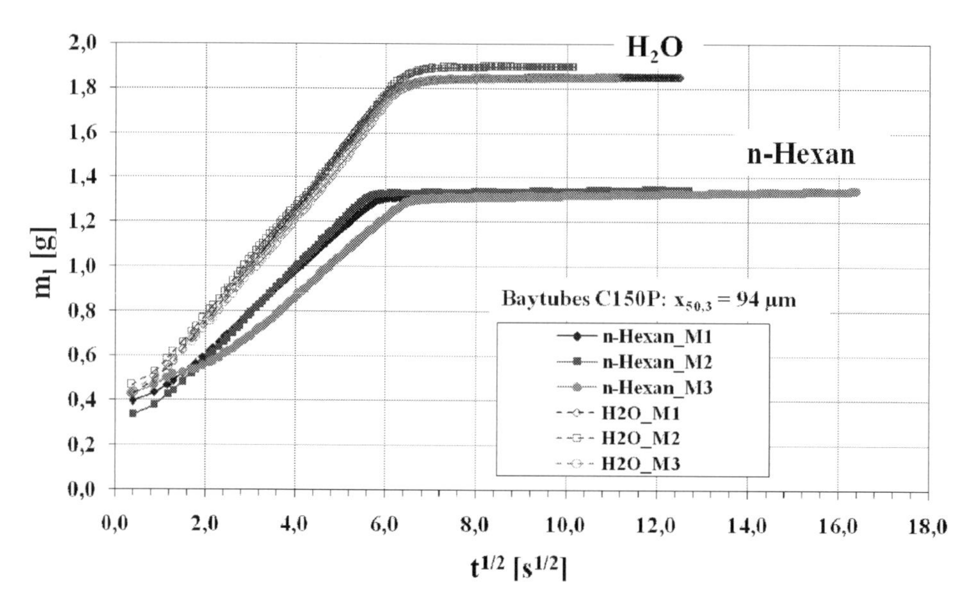

Abb. 6: Benetzung zerkleinerter Baytubes® C150P mit n-Hexan und Wasser

Die unterschiedlichen Sorptions- und demnach Benetzungseigenschaften hinsichtlich der untersuchten Flüssigkeiten von zerkleinerten und nicht-zerkleinerten CNT-Agglomeraten zeigen deutlich den Einfluss der Morphologie der Partikel auf die Benetzungsgeschwindigkeit. Vor allem die großen CNT-Agglomerate und die hochporösen Röhrenstruktur in den Agglomeraten führen wahrscheinlich zu einer unstetigen bzw. dynamischen Permeation der betrachteten Flüssigkeiten durch die Pulverschüttungen. Des Weiteren zeigten auch die unter der Annahme der vollständigen Benetzung mit n-Hexan bestimmten Materialkonstanten eine tendenzielle Abnahme durch die Zerkleinerung. Die eindeutige Klärung des Einflusses der CNT-Agglomeratmorphologie auf die Benetzungseigenschaften bedarf jedoch weiterer Untersuchungen und Analysen.

6 Zusammenfassung

Die Benetzungseigenschaften von Carbon Nanotube Pulvern mit n-Hexan als vollständig benetzende Flüssigkeit sowie Wasser konnten mittels der Washburn-Methode untersucht werden. Die Sorptionsmethode zeigte dabei reproduzierbare Ergebnisse. Des Weiteren konnte ein signifikanter Einfluss der Agglomeratmorphologie auf die Permeation der Fluide durch die Carbon Nanotube-Pulver identifiziert werden. Vor allem das Aufbrechen der Agglomeratstrukturen führte zu einer gleichmäßigen Flüssigkeitssorption und resultierte somit in der direkten proportionalen Abhängigkeit der Flüssigkeitszunahme in der CNT-Schüttung von der Wurzel der Benetzungszeit. Die Sorption der Fluide durch die CNT-Pulver zur Auswertung und Bestimmung charakteristischer Benetzungseigenschaften und -größen nach dem Washburn-Modell bedarf weiterer Untersuchungen.

7 Danksagung

Die Autoren möchten sich bei Herrn Prof. Dr.-Ing. Thomas Frey und Frau Dipl.-Ing. (FH) Tanja Einhellinger aus der Fakultät Werkstofftechnik der GSO-Hochschule Nürnberg für die Bereitstellung des Tensiometers sowie der Unterstützung bei den Messungen bedanken. Des Weiteren geht unser besonderer Dank an Herrn Prof. Dr.-Ing. habil. Karl-Ernst Wirth und seinen Mitarbeitern, insbesondere Frau Dipl.-Ing. Elodie Lutz, vom Lehrstuhl für Feststoff- und Grenzflächenverfahrenstechnik der Friedrich-Alexander-Universität Erlangen-Nürnberg, für die Durchführung der Rasterelektronenmikroskopie.

8 Literatur

[1] Pohl, M., *Benetzen und Dispergieren nativer und gezielt agglomerierter pyrogener oxidischer Partike,* Dissertation, Universität Fridericiana Karlsruhe (TH), Karlsruhe, Fakultät für Chemieingenieurwesen und Verfahrenstechnik (2006)

[2] Teipel, U., Mikonsaari, I., *Determining Contact Angles of Powders by Liquid Penetration,* Particle & Particle Systems Characterization, vol. 21 (2004), pp. 255–260

[3] Hogekamp, S., Pohl, M., *Methoden zur Beurteilung des Befeuchtungs- und Dispergierverhalten von Pulvern, Chemie Ingenieur Technik*, vol. 76, no. 4 (2004), pp. 385-390

[4] Coleman, N., J., *Liquid-Phase Exfoliation of Nanotubes and Graphene*, Adv. Funct. Mater., Vol. 19 (2004), pp. 3680-3695

[5] Rulison, C., *Oberflächenenergie von Nanopartikeln*, Krüss Newsletter, vol. 15 (2006)

[6] Washburn, E., W., *The dynamics of capillary flow*, Phys. Review, vol. 17 (1921), pp. 273-283

[7] Dresel, A., Herrmann, M., Teipel, U., *Mikrostrukturen von Carbon Nanotubes (CNTs)*, Produktgestaltung in der Partikeltechnologie, 5. Symposium, Pfinztal (2011)

MIKROVERKAPSELUNG VON ALUMINIUMPARTIKELN IN EINER HOCHDRUCKWIRBELSCHICHT

M. Prinner[1], H. Kröber[1], J. Neutz[1], U. Teipel[1, 2]

[1] Fraunhofer Institut für Chemische Technologie, J.-v.-Fraunhofer-Str. 7, 76327 Pfinztal, e-mail: hartmut.kroeber@ict.fraunhofer.de, jochen.neutz@ict.fraunhofer.de

[2] Mechanische Verfahrenstechnik/Partikeltechnologie, Georg-Simon-Ohm-Fachhochschule, Wassertorstraße 10, Nürnberg, e-mail: ulrich.teipel@fh-nuernberg.de

1 Einleitung

Der Beschichtung von Partikeln kommt in Industrie, Forschung und Entwicklung eine zunehmend größere Bedeutung zu. Exemplarisch sei hier der Einsatz beschichteter Partikeln in Pharmazeutika, Düngemitteln oder in gefüllten funktionellen Kunststoffen genannt. Die Gründe für den Einsatz mikroverkapselter Partikeln sind vielseitig. So können Mikroverkapselungen z.B. das Freisetzungsverhalten eines Wirkstoffes steuern oder die Haftung und Kompatibilität bei Verbundwerkstoffen zwischen den einzelnen Komponenten entscheidend verbessern, so dass z.B. die mechanischen Eigenschaften des Bauteils verbessert werden oder der Einsatz nicht kompatibler Stoffpaarungen ermöglicht wird.

Konventionelle Verfahren nutzen einen mit einer Düse ausgestatteten Wirbelschicht-Reaktor wie etwa den Wurster-Coater, mit dem Partikeln bis in den Größenbereich von 80 bis 100 µm beschichtet werden können. Die Beschichtung erfolgt bei diesen Prozessen durch Eindüsen des in einem Lösungsmittel gelösten Beschichtungsmaterials in eine Wirbelschicht. Nach Benetzung der Partikeln in der Wirbelschicht durch die während der Eindüsung entstandenen Tropfen muss das Lösungsmittel schnell verdampfen, um eine Agglomeration der Partikeln und den damit verbundenen Zusammenbruch der Wirbelschicht zu verhindern. Aus diesem Grund sind hohe Temperaturen im Reaktor notwendig, die den Einsatz temperaturempfindlicher Materialien ausschließen. Agglomeration tritt verstärkt bei der Beschichtung von Partikeln mit einem Durchmesser kleiner als 100 µm auf, da in diesem Fall durch das Lösungsmittel bedingt große Kapillarkräfte wirksam werden. Für die Beschichtung feiner Partikeln besteht insbesondere in der pharmazeutischen und kosmetischen Industrie sowie in der Materialwissenschaft ein großer Bedarf.

Der Einsatz von überkritischen Fluiden bietet eine Alternative zu herkömmlichen Lösungsmitteln. Sie zeichnen sich durch flüssigkeitsähnliche Dichten (und dementsprechend hohes Lösungsvermögen) und gasähnliche Viskositäten und Diffusionskoeffizienten (gutes Massentransportverhalten) aus, so dass ein Einsatz als Extraktionsmittel möglich ist. Bei dem hier vorgestellten Verfahren wird ein überkritisches Fluid sowohl als Lösungsmittel für das Beschichtungsmaterial als auch als Trägermedium zum Aufbau der Wirbelschicht verwendet [1-3]. Das Fluid wird bei erhöhtem Druck mit dem Coatingmaterial gesättigt und über eine Düse in die Wirbelschicht entspannt. Dadurch ist es möglich, Partikeln und Tropfen im Submikrometerbereich herzustellen (RESS-Prozess) [4, 5]. Diese feinen Tropfen ermöglichen eine bessere Abscheidung auf den Partikeln, so dass mit diesem Verfahren eine dünnere und gleichmäßigere Coatingschicht erzielt werden kann. Außerdem führen die im Vergleich zu organischen Lösungsmitteln geringeren Kohäsions- und Adhäsionskräfte des gasförmigen Fluids zu stark verminderten Kapillarkräften, so dass eine Beschichtung von Trägerpartikeln kleiner 100 µm ohne Agglomeration möglich ist.

In diesem Beitrag sollen experimentelle Ergebnisse der Beschichtung von Aluminiumpartikeln mit verschiedenen Wachsen dargestellt werden. Dabei handelt es sich um Vorarbeiten, die in weiteren Schritten zu einer Beschichtung von nanoskaligen Aluminiumpartikeln mit energetischen Substanzen (z.B. TNT) münden sollen. Hierdurch kann der Abbrand dieser Aluminiumpartikel gezielt modifiziert und eingestellt werden.

2 Apparatur

Die Untersuchungen wurden in einer Laboranlage durchgeführt. Das Fließbild dieser Hochdruckwirbelschichtapparatur ist in Abbildung 1 dargestellt. Die Apparatur besteht im wesentlichen aus drei Anlagenteilen: der CO_2-Versorgung, dem Sättiger, in dem das CO_2 mit dem Beschichtungsmaterial beladen wird, und dem Hochdruckreaktor, in dem die Beschichtung erfolgt. Der maximal zulässige Druck im Sättiger liegt bei 30 MPa bei einer maximalen Temperatur von 373 K, der Hochdruckreaktor ist auf 10 MPa und 373 K ausgelegt. Das Volumen des Wirbelschichtreaktors kann durch verschiedene Glaseinsätze zwischen 100 ml und 2 l variiert werden. Der maximale Volumenstrom des Trägerfluids beträgt 1,4 m^3/h. Durch die Veränderung des Durchmessers der Wirbelschicht kann die Fluidgeschwindigkeit angepasst werden. Der Reaktor ist durch Sichtgläser optisch zugänglich, so dass die Wirbelschicht beobachtet werden kann.

Die Fluidisierung der Wirbelschicht erfolgt durch Zuführung unbeladenen Kohlendioxids über eine im Reaktorboden integrierte Sintermetallfritte. Während des Beschichtungsvorgangs strömt zusätzliches CO_2 durch den Sättiger, in dem es sich mit dem Coatingmaterial belädt, und gelangt anschließend über eine Düse in den Wirbelschichtreaktor. Die Düse kann wahlweise im Reaktorboden („bottom-up") oder im Deckel („top-down") eingebaut werden. Durch die dabei auftretende Expansion entsteht ein feines Aerosol aus Tropfen, die sich auf den Kernpartikeln abscheiden, zu einem Film aufspreiten und erstarren, so dass sich eine feste Coatingschicht bildet. Nach Beendigung des Versuchs wird die Zuleitung zwischen Sättiger und Düse durch Öffnen des Bypass gespült, wodurch gleichzeitig eine Nachtrocknung des Wirbelgutes erfolgt.

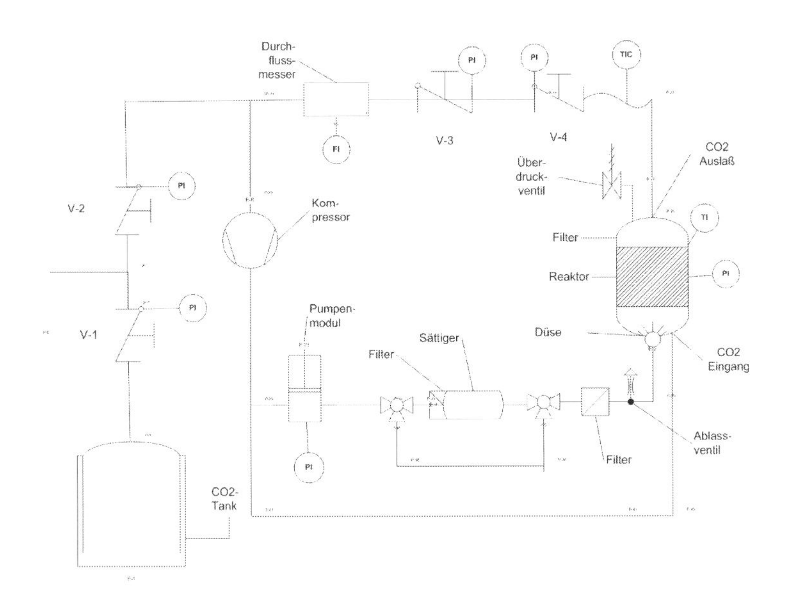

Abb. 1: Fließbild der Hochdruckwirbelschichtapparatur

3 Materialien

Für erste Untersuchungen wurden Kernmaterialien mit unterschiedlichen Partikelgrößen, -formen und Dichten eingesetzt, deren Eigenschaften in Tabelle 1 zusammengefasst sind.

Tabelle 1: Eigenschaften der eingesetzten Kernmaterialien

Material	**Dichte [kg/m³]**	**Mittlere Partikelgröße [µm]**
Glaskugeln, fein	2485	7,39
Glaskugeln, mittel	2483	69,9
Glaskugeln, grob	2487	124,6
Aluminium, fein	2712	5,6
Aluminium, grob	2720	13,4

Als Beschichtungsmaterial wurde Stearylalkohol ($C_{18}H_{38}O$, Merck) und Paraffin 55 (Schmelzpunkt: 328 K) verwendet. Die Löslichkeit des Stearylalkohols in überkritischem Kohlendioxid wurde in einer Hochdruckphasengleichgewichtsapparatur nach der synthetischen Methode gemessen [6] und ist in Abbildung 2 dargestellt.

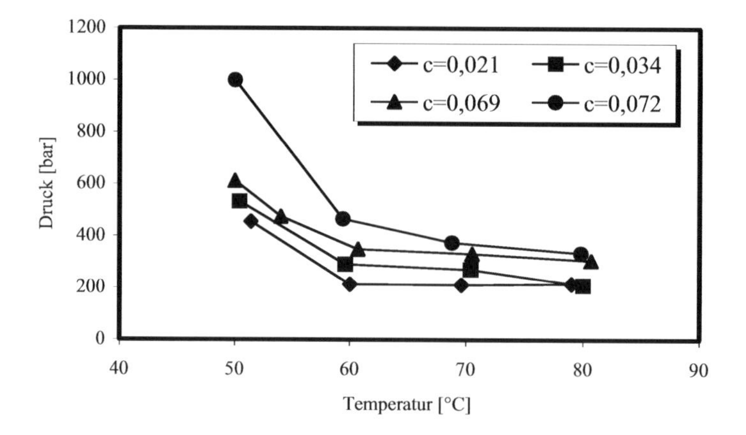

Abb. 2: Löslichkeit von Stearylalkohol in Kohlendioxid

Hierbei repräsentieren die Kurven den zur jeweiligen Konzentration an Stearylalkohol gehörenden Übergang vom Einphasen- zum Zweiphasengebiet. Oberhalb der Kurve liegt eine einphasige Lösung vor, unterhalb ist der Stearylalkohol nicht vollständig gelöst. Diese Phasengrenzkurve verschiebt sich mit zunehmender Konzentration zu immer höheren Drücken. Sollen z.B. 3,5 Gew.-% Stearylalkohol in CO_2 gelöst werden, ist bei einer Temperatur von 60 °C ein Mindestdruck von 300 bar notwendig. Um 7,2 Gew.-% zu lösen, müssen bereits 500 bar aufgebracht werden. Das Paraffin 55 ist deutlich besser löslich in verdichtetem Kohlendioxid als Stearylalkohol. Messungen wurden nicht durchgeführt.

4 Experimentelle Ergebnisse

4.1 Fluisierung

Im ersten Schritt wurden Untersuchungen zu den fluiddynamischen Eigenschaften der Wirbelschicht bei erhöhten Drücken durchgeführt. Die Lockerungsgeschwindigkeit w_L, bei der das Festbett in den Wirbelschichtzustand übergeht, sowie die während der Beschichtung eingestellte Fluidgeschwindigkeit w sind maßgebliche Größen zur Beschreibung der Wirbelschicht. Beeinflusst wird die Lockerungsgeschwindigkeit durch den Partikeldurchmesser, die Größenverteilung der Partikel, die Teilchendichte (ρ_T), die Partikelform, die kinematische Zähigkeit des Fluids (ν_F), die Dichte des Gases (ρ_F) und die Porosität (ε). Von besonderem Interesse sind das Verhalten des relativen Zwischenkornvolumens ($\varepsilon = V_l/V_g = 1-V_P/V_g$) in Abhängigkeit von der Fluidgeschwindigkeit und der Einfluss des Druckes auf die Lockerungsgeschwindigkeit.

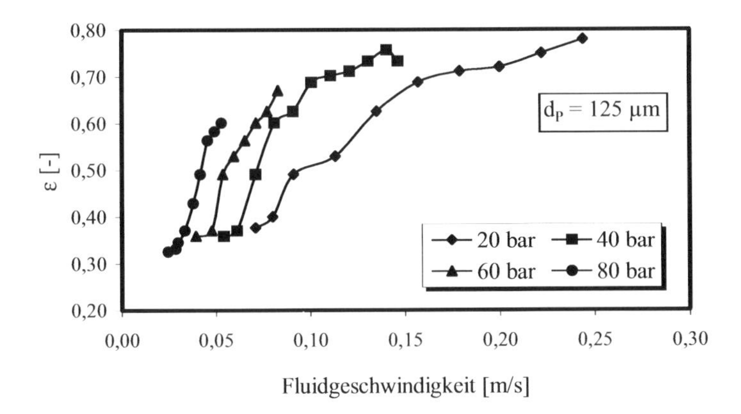

Abb. 3: Porosität ε als Funktion der Fluidgeschwindigkeit bei verschiedenen Reaktordrücken (ϑ_R = 55 °C); Glaskugeln mit mittlerem Partikeldurchmesser von 125 µm

In Abbildung 3 ist das relative Zwischenkornvolumen ε für die groben Glaskugeln bei verschiedenen Reaktordrücken als Funktion der Fluidgeschwindigkeit dargestellt.

Wie zu erwarten war, steigt die Porosität der Wirbelschicht mit ansteigender Fluidisierungsgeschwindigkeit an. Bei geringen Geschwindigkeiten kann ein scharfer Anstieg der Porosität beobachtet werden. An diesem Punkt geht das Festbett in die Wirbelschicht über. Es ist zu erkennen, dass die minimale Geschwindigkeit, die nötig ist, um die Partikel zu fluidisieren, mit Erhöhung des Reaktordrucks abnimmt. Bei 20 bar beträgt diese Geschwindigkeit ca. 0,08 m/s, während bei 80 bar nur noch ca. 0,029 m/s notwendig sind. Weitere Untersuchungen haben gezeigt, dass die Fluidisierung von kleineren Partikeln bereits bei kleineren Geschwindigkeiten möglich ist und der Einfluss des Drucks geringer wird. Die feinen Glaskugeln lassen sich bei einem Druck von 20 bar schon bei einer Geschwindigkeit von 0,0095 m/s, bei 80 bar sogar schon bei 0,0067 m/s fluidisieren. Tsutsumi et al. [2] kommen bei ihren Untersuchungen zu vergleichbaren Ergebnissen und Schlussfolgerungen.

Die Fluidisierung der Aluminiumpartikel ist in Abbildung 4 dargestellt. Die vollen Symbole repräsentieren die Fluidisierung der 13 µm Partikel, die leeren Symbole stellen die Ergebnisse der 5 µm Partikel dar. In beiden Fällen erfolgt der Übergang vom Festbett zur Wirbelschicht mit steigenden Reaktordrücken bei geringeren Fluidgeschwindigkeiten. Grundsätzlich war die Fluidisierung der feinen Partikel schwieriger.

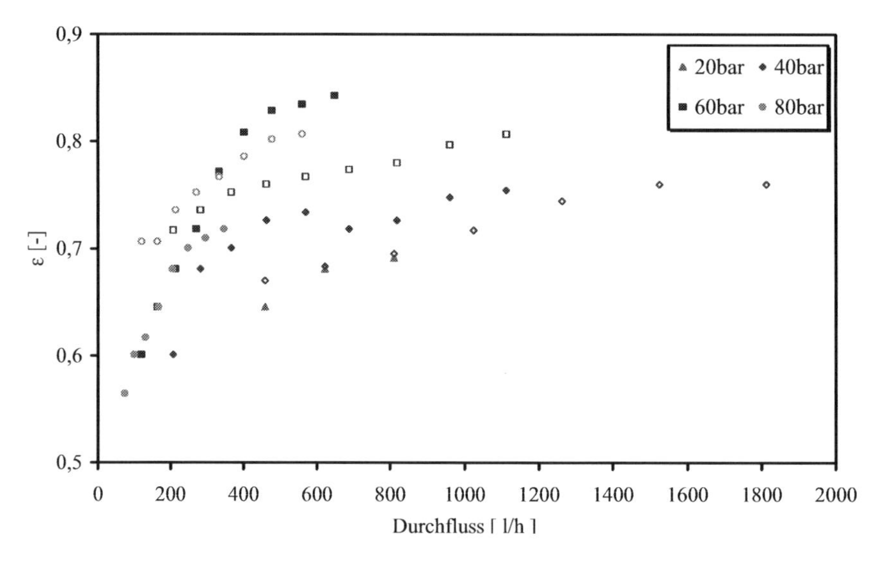

Abb. 4: Porosität ε als Funktion des Durchflusses bei verschiedenen Reaktordrücken (ϑ_R = 55 °C); Aluminiumpartikel mit 13 µm (volle Symbole) bzw. 5 µm (leere Symbole) mittlerer Durchmesser

4.2 Aerosolbildung

Zur Bestimmung der Tropfengröße des Beschichtungsmaterials im Spray wurde ein 3-Wellenlängen-Extinktionsverfahren verwendet. Das on-line Messgerät der Fa. WIZARD ZAHORANSKY, Todtnau ist in der folgenden Abbildung schematisch dargestellt. Das Prinzip dieses Verfahrens beruht auf der Lichtabschwächung eines monochromatischen Lichtstrahles der Wellenlänge λ beim Durchgang durch ein Partikelkollektiv. Dabei nimmt die Ausgangsintensität I_0 des Strahls durch Absorption und Streuung an den Einzelpartikeln bis auf die Intensität I ab [7].

Analog zum Gesetz von BEER-LAMBERT lässt sich dieser Zusammenhang für monochromatisches, paralleles Licht unter der Annahme ideal kugelförmiger Partikeln, einer monodispersen Partikelgrößenverteilung, sowie der Vernachlässigung von Ein- und Mehrfachstreuung folgendermaßen beschreiben:

$$I = I_0 \cdot exp\left(- c_N \cdot L \cdot \int_0^\infty q(x) \frac{\pi x^2}{4} Q_{ext}(x, \lambda, m) dx \right) \tag{1}$$

wobei:
- I - Intensität des Lichtstrahls nach Durchgang durch das Partikelkollektiv
- I_0 - Ausgangsintensität des Lichtstrahls
- c_N - Partikelanzahlkonzentration
- L - Länge des Meßvolumens
- q(x) - Partikelgrößenverteilung
- x - Partikeldurchmesser
- Q_{ext} - Extinktionskoeffizient
- λ - Wellenlänge des Lichtstrahls

m - komplexer Brechungsindex: $m = n + i \cdot k$

n - Realteil des Brechungsindex k - Imaginärteil des Brechungsindex

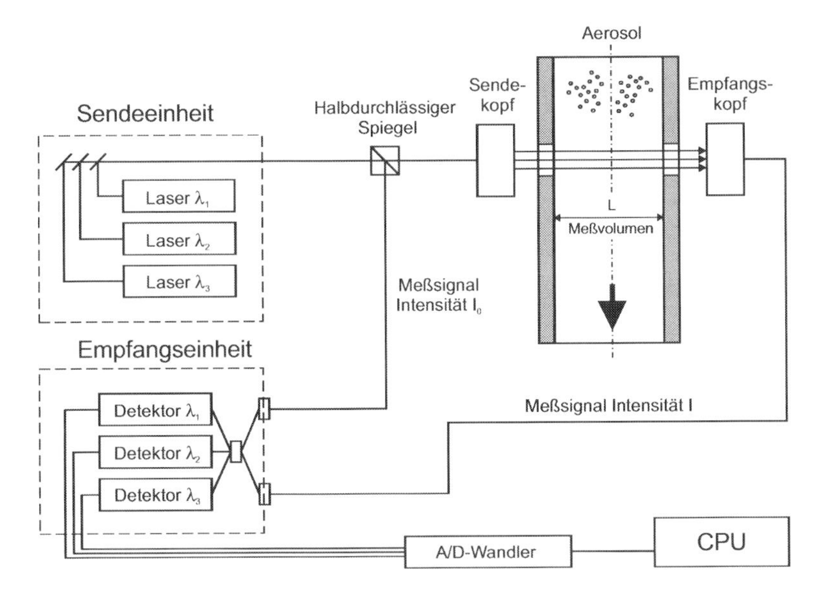

Abb. 5: Aufbau des Drei-Wellenlängen-Extinktionsverfahrens

Durch Quotientenbildung der logarithmierten Intensitätsverhältnisse zweier Lichtstrahlen unterschiedlicher Wellenlänge erhält man ein Extinktionsverhältnis, wobei gleichzeitig die unbekannte Anzahlkonzentration eliminiert werden kann. Mit drei unterschiedlichen Wellenlängen λ_1, λ_2 und λ_3 lassen sich zwei voneinander unabhängige Extinktionsverhältnisse, auch Dispersionskoeffizienten genannt, DQ_1 und DQ_2 bilden. Hieraus lassen sich dann bei Vorgabe der Brechungsindices die Partikelanzahlkonzentration und der Medianwert der anzahlvolumetrischen Größenverteilung und die Standardabweichung berechnen (Annahme: logarithmische Normalverteilung).

Es wurden Tropfengrößen für Stearylalkohol und Paraffin mit verschiedenen Düsen und bei unterschiedlichen Reaktor- und Vorexpansionsdrücken gemessen. In der folgenden Abbildung ist exemplarisch eine Messung in einem entsprechenden Mie-Feld dargestellt. Man erkennt, dass die Mehrzahl der Messpunkte im Messbereich liegt und somit auswertbar war. Es lassen sich sowohl der Medianwert der Oberflächenverteilung $x_{50,2}$ als auch die zugehörige Standardabweichung σ ablesen.

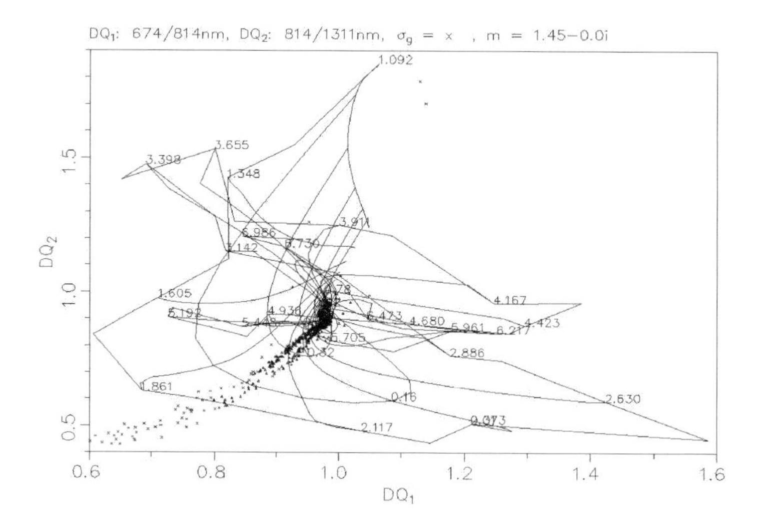

Abb. 6: Grafische Ausgabe der Messwerte (Stearylalkohol)

In Abbildung 7 ist der zeitliche Verlauf des Medianwertes der anzahlvolumetrischen Partikelgröße für Stearylalkohol bei einer Expansion von 200 bar auf 40 bar durch eine 150 µm Düse dargestellt. Man erkennt, dass sie Partikelgröße konstant bei ca. 4 µm liegt. Teilweise wurden auch Partikelgrößen um 0,5 µm gemessen. Ob es sich dabei um fehlerhafte Messwerte handelt oder ob dies reale Partikel sind, lässt sich im Moment nicht eindeutig klären.

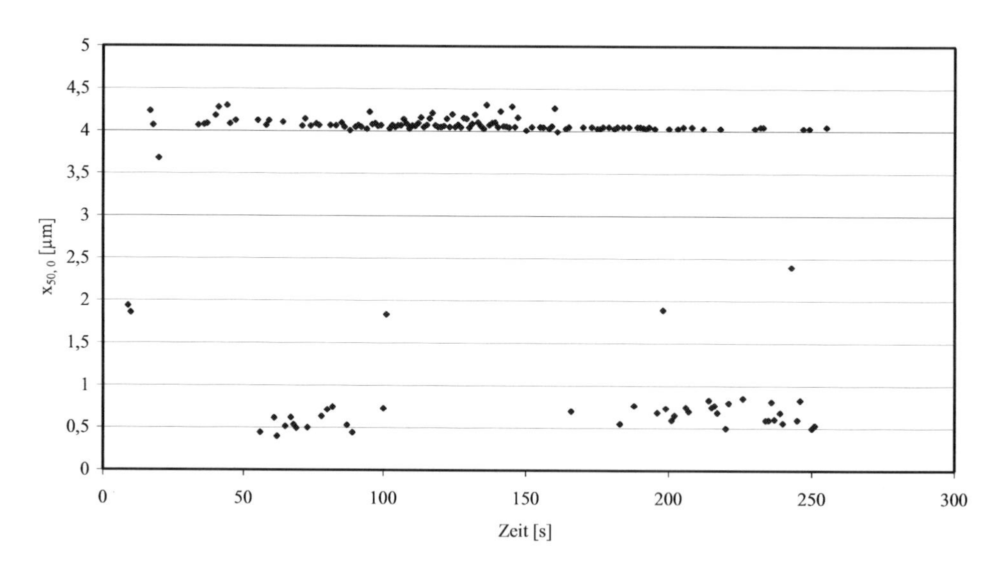

Abb. 7: Zeitlicher Verlauf des Medianwertes der anzahlvolumetrischen Partikelgröße (Stearylalkohol, Expansion von 200 bar auf 40 bar, Extraktortemperatur: 40 °C, Reaktortemperatur: 55 °C, Düse: 150 µm)

Messungen bei Reaktordrücken von 20, 50 und 60 bar zeigen Medianwerte von ca. 1 µm bzw. 1,5 µm, wobei insbesondere bei 60 bar erhebliche Schwankungen bis hin zu Partikeln mit 6 µm auftreten. Darüber hinaus zeigte sich, dass das Spray bei zunehmenden Reaktordrücken immer dichter wurde, so dass der Laserstrahl sehr stark abgeschwächt wurde und keine Extinktion mehr gemessen werden konnte.

4.3 Beschichtung

Es wurden erste Beschichtungsversuche sowohl mit den Glas- als auch mit den Aluminiumpartikeln durchgeführt. Dabei wurde die Apparatur im Top-down-Modus betrieben, die Eindüsung des Beschichtungsmaterials erfolgte also von oben in die Wirbelschicht. Die Partikel wurden nach Beendigung des Versuchs dem Reaktor entnommen und mittels Lichtmikroskopie charakterisiert. Im polarisierten Licht konnte die Beschichtung mit Stearylalkohol sichtbar gemacht werden. Es ist deutlich sichtbar, dass überwiegend Agglomerate beschichtet wurden. Quantitative Aussagen über die Schichtdicke sind damit aber nicht möglich. In der Abbildung 8 ist exemplarisch eine solche Aufnahme wiedergegeben. Versuche, die Schichtdicke mittels Röntgenkleinwinkelstreuung zu ermitteln, schlugen leider fehl. Weitere Methoden zur Bestimmung der Schichtdicke sollen ausprobiert werden.

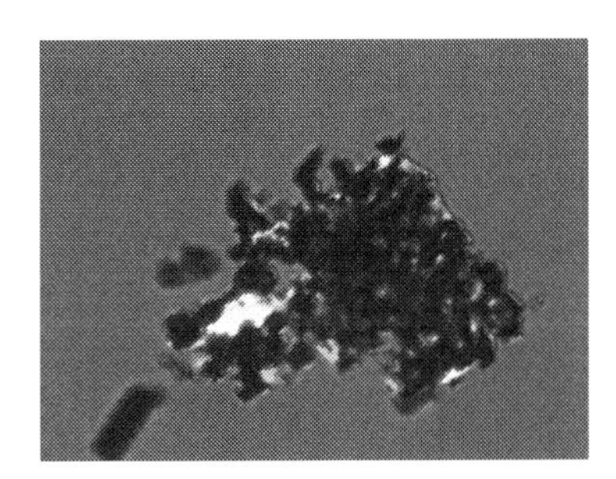

Abb. 8: Lichtmikroskopische Aufnahme beschichteter Aluminiumpartikel

5 Zusammenfassung

In diesem Beitrag wurde ein neuer Wirbelschichtprozess vorgestellt, mit dem feinverteilte und temperaturempfindliche Materialien beschichtet werden können. Es konnte gezeigt werden, dass sich die Fluidisierung von Partikeln unter nah- und überkritischen Bedingungen deutlich von einer Fluidisierung bei Atmosphärendruck unterscheidet. So kommt es z.B. bei einer Erhöhung des Reaktordruckes zu einer Absenkung der Lockerungsgeschwindigkeit. Beispielhaft wurde die Beschichtung von Glaskugeln und Aluminiumpartikeln mit Stearylalkohol vorgestellt.

In Zukunft sind weitere Untersuchungen zur Mikroverkapselung von Partikeln in der Hochdruckwirbelschicht geplant. Insbesondere sollen weitere Kern- und Beschichtungsmaterialien eingesetzt und der Einfluss unterschiedlicher Prozessparameter auf die Schichtdicke untersucht werden. Die Verkapselung von Partikeln mit einer mittleren Korngröße von unter 10 µm stellt das Ziel dieses Projektes dar.

6 Literatur

[1] Niehaus, M. (1999) *Mikroverkapselung von Partikeln in einer Wirbelschicht unter Verwendung von verdichtetem Kohlendioxid*, Dissertation, Karlsruhe.

[2] Tsutsumi, A., Nakamoto, S., Mineo, T., Yoshida K. (1995) *A novel fluidized-bed coating of fine particles by rapid expansion of supercritical fluid solutions*, Powder Tech. 85, 275-278.

[3] Schreiber, R., Vogt, C., Werther, J., Brunner G. (2001) *Fluidized bed coating at supercritical fluid conditions*, in: Proc. 2nd Int. Meeting on High Pressure Chem. Eng., Hamburg.

[4] Tom, J.W., Debenedetti P.G. (1991) *Particle Formation with Supercritical Fluids - A Review*, J. Aerosol Sci. 22, 555-584.

[5] Kröber, H., Teipel, U., Krause, H. (2000) *Herstellung von Partikeln im Submikronbereich durch Expansion überkritischer Fluide*, Chem. Ing. Tech. 72, 70-73.

[6] Teipel, U., Gerber, P., Krause H. (1998) *Characterization of the phase equilibrium of the system trinitrotoluene/carbon dioxide*, Propellants Explosives Pyrotechnics 23, 82-85.

[7] Schaber, K.; Schenkel, A.; Zahoransky R.A. (1994) *Drei-Wellenlängen-Extinktionsverfahren zur Charakterisierung von Aerosolen unter industriellen Bedingungen*, tm - Technisches Messen, 61, 7/8, 295-300.

MIKROPARTIKULIERTE MOLKENPROTEINFRAKTIONEN UND DEREN EINSATZ BEI DER STRUKTURGESTALTUNG VON MILCHPRODUKTEN

J. Toro-Sierra, U. Kulozik

Lehrstuhl für Lebensmittelverfahrenstechnik und Molkereitechnologie, TU München, Ulrich.Kulozik@wzw.tum.de, Jose.Toro@wzw.tum.de

Hintergrund

- Als Nebenprodukt der Käseherstellung fällt die Molke an. Diese beinhaltet 14,3% Protein in der Trockenmasse. Etwa 70% des Gesamtmolkenproteins besteht aus zwei Hauptfraktionen: α-Lactalbumin (α-La) und β-Lactoglobulin (β-Lg) im Verhältnis 20:80.
- Aufgrund ihrer hervorragenden technologischen und ernährungsphysiologischen Eigenschaften werden Molkenproteine zur Verbesserung der Qualität von Milchprodukten eingesetzt.
- Durch Mikropartikulierung kann eine zusätzliche Funktionalisierung der Molkenproteine erreicht werden. Bei diesem Verfahren werden Molkenproteinkonzentrate, unter Einwirkung starker Scherkräfte, in einem Schabewärmetauscher erhitzt und dadurch Aggregate aus denaturiertem Molkenprotein erzeugt. Die **Größe der Aggregate** und eine annähernd **kugelförmige Gestalt** ermöglichen, dass diese leicht und reibungslos ineinander über gleiten. Dies bringt eine Cremigkeit mit sich, die gewöhnlich mit Fett assoziiert wird und somit den Mikropartikulaten die Eigenschaft verleiht, die sensorische Qualität von fettarmen Produkten zu verbessern.

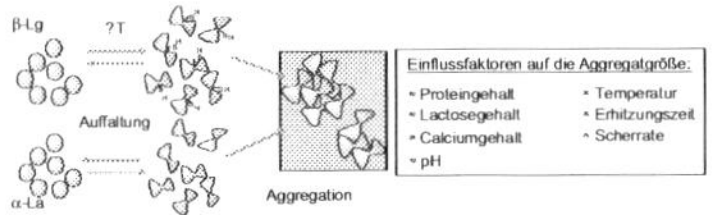

Abbildung 1: Mechanismus der thermischen Denaturierung von Molkenproteinen.

- Nachdem sich mikropartikulierte Molkenproteine, hergestellt aus Molkengesamtprotein, d.h. aus a-La/b-Lg-Gemischen, für praktische Einsätze innerhalb kurzer Zeit sehr bewährt haben, ist zu vermuten, dass sich Aggregate aus den einzelnen Molkenproteinen in einer unterschiedlichen Weise ebenfalls hochfunktionell sind.

Ziele

- Untersuchung der Mikropartikulierung von isolierten Molkenproteinfraktionen in Abhängigkeit der Erhitzungstemperatur, der Lactosekonzentration sowie des pH-Wertes im Vergleich mit der natürlichen Mischung.
- Ermittlung der Erhitzungs- und Trocknungsbedingungen für die Herstellung von Mikropartikeln aus Molkenprotein mit einem Denaturierungsgrad von mind. 90% und einer optimalen Partikelgröße von $d_{50,3} < 20$ µm.
- Charakterisierung der funktionellen Eigenschaften von mikropartikulierten Molkenproteinfraktionen in Modellsystemen (Frischkäse, Speiseeis).

Versuchsdurchführung

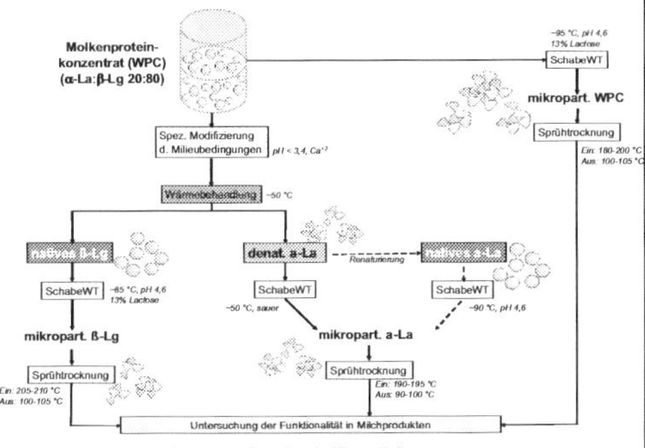

Abbildung 2: Schematische Darstellung der Mikropartikulierung von Molkenproteinfraktionen.

Ergebnisse und Diskussion

Einfluss der Temperatur auf die Aggregatgröße

- Ausgeprägtes Minimum des $d_{50,3}$ im Temperaturbereich zwischen 85 und 95 °C (Abb. 3). In diesem Temperaturbereich stehen die Auffaltungs- und Aggregationsreaktion im Gleichgewicht, was zu einer Reduktion der Partikelgröße führt. Bei niedrigeren Temperaturen dominiert die Auffaltung die Reaktionsgeschwindigkeit bei höheren Temperaturen dagegen die Aggregation.
- Die Größe der gebildeten Aggregate wird mit der Anwesenheit von α-La weiter reduziert. Durch die besondere Hitzestabilität und die Abwesenheit freier Thiolgruppen bewirkt das α-La eine Hemmung der Aggregation von β-Lg.
- Das α-La bildet sehr kleine Aggregate unabhängig von der Erhitzungstemperatur bei pH kleiner als 4,6. Die Rolle von Auffaltungs- und Aggregationsreaktionen ist sekundär.

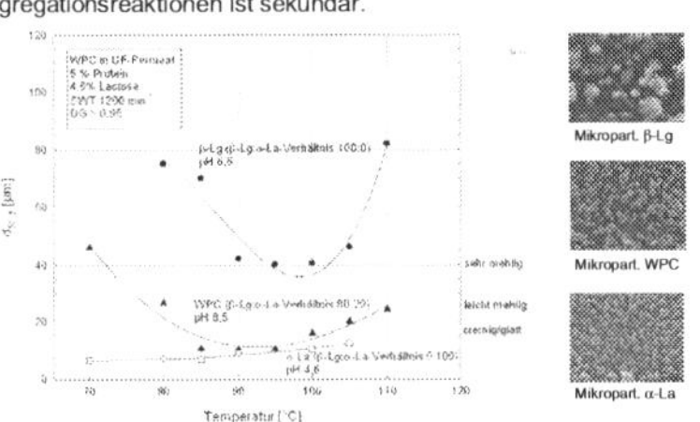

Abbildung 3: Aggregatgröße in hitze- und scherbehandelten Molkenproteinkonzen-traten (Gemisch und Isolat) in Abhängigkeit der Erhitzungstemperatur und Morphologie der Partikel nach der Sprühtrocknung (Partikel hergestellt im Bereich des Temperatur-minimums aus Lösungen mit 13% Lactose und pH 4,6).

Einfluss der Lactose und des pH-Wertes auf die Aggregatgröße

- ↑ Lactose: = $\downarrow d_{50,3\ \beta\text{-Lg}}$: verlangsamte Auffaltung, ↓ Scherstabilität.
- ↓ pH = $\downarrow d_{50,3}$ β-Lg: Reaktivität des isolierten β-Lg erniedrigt.
- Kein Effekt der Laktose auf α-La. pH-Wert wichtig für Aggregation des α-La (Abb. 4).

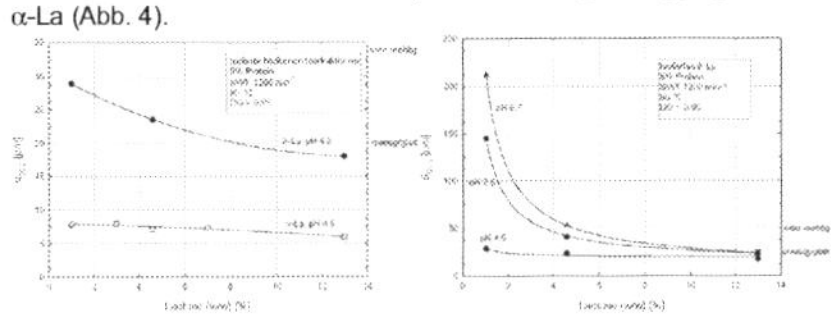

Abbildung 4: Einfluss des pH-Wertes und des Lactosegehaltes auf die Aggregatgröße von hitze- und scherbehandelten Konzentraten aus isoliertem α-La und β-Lg.

Funktionalität und Strukturbildung in Milchprodukten

- Frischkäse: Fettreduktion und Proteinerhöhung mit Verbesserung der Cremigkeit (Abb. 5, links).
- Speiseeis: Ersatz von 50% der fettfreien Trockenmasse mit Verbesserung der Schmelzeigenschaften von Eiskrem (Abb. 5, rechts).

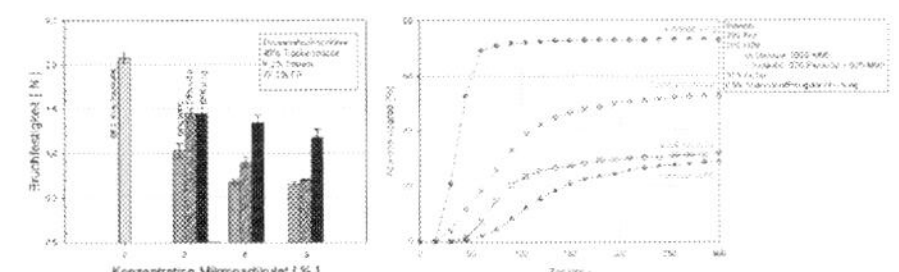

Abbildung 5: Effekt der Zugabe von mikropartikulierten Molkenproteinfraktionen in Frischkäse (links) und in Speiseeis (rechts)

Durch die Wahl von geeigneten Erhitzungs- und Milieubedingungen während der Mikropartikulierung von isolierten Molkenproteinfraktionen ist es möglich Partikel aus aggregiertem Protein mit optimaler Größe ($d_{50,3}$<20 µm) für den Einsatz in Milchprodukten herzustellen. Die Zugabe von Mikropartikuliertem Protein ermöglicht die Herstellung von Frischkäse mit reduziertem Fettgehalt und die Einsparung von fettfreier Trockenmasse in Speiseeis bei gleichzeitiger Verbesserung der Produkteigenschaften.

SPRAY DRYING OF SILICA NANOPARTICLES FOR ULTRA-HIGH PERFORMANCE CONCRETE

T. Oertel[1], J. Langner[1], F. Hutter[1], C. Gellermann[1], G. Sextl[1, 2]

[1] Fraunhofer-Institut für Silicatforschung ISC, Neunerplatz 2, Würzburg, e-mail: tina.oertel@isc.fraunhofer.de

[2] Lehrstuhl für Chemische Technologie der Materialsynthese, Julius-Maximilian-Universität Würzburg, Würzburg

1 Introduction

Ultra-high performance concrete (UHPC) has a compressive strength which is higher than the standardised maximum compressive strength class of concretes according to DIN EN 206-1/DIN 1045-2. Usually, the compressive strength of UHPCs is in the range from 150 to 300 N/mm^2 [1]. Besides the high compressive strength, UHPC is characterised by a very dense structure and a low capillary porosity [2]. These two characteristics result in a higher resistance against chemical attack (sulphuric acid, lactic acid, sulphate solutions and ammonium solution) compared with standard concrete [3]. Generally, UHPC is used for constructions which are exposed to either high loads or highly corrosive environments.

UHPCs are obtained by the reduction of the water:cement ratio, the optimisation of particle packing up to the sub-micrometer level and the use of micro silica [1]. The benefits of micro silica are twofold [4]. First, it reduces porosity between the larger cement and stone particles due to its small particle size. Therefore it is mandatory that micro silica particles are dispersed down to their primary particle size. Second, it reacts with portlandite to additional calcium-silicate-hydrate phases (strength giving phases) in the so called pozzolanic reaction. This reaction leads to a further densification of the microstructure and to an additional increase in strength.

For aggressive environments (e.g. chemical attack of industrial and agricultural sewage) supplementary concepts are necessary in order to further reduce porosity. Since micro silica is a by-product in the fabrication of silicon, its particle size, particle size distribution and chemical composition vary. As a consequence, impurities (e.g. carbon particles) could interfere with the mixing process of the mortar. Therefore, synthetic silica nanoparticles with a defined particle size and a high purity could be a solution to tap the full potential of UHPC for highly demanding practical applications [5].

For use in concrete, the silica nanoparticles need to be dispersed in the mixing water or blended in the dry raw materials. The later is the focused method for introducing silica nanoparticles into UHPC in this study. As a promising method, synthesised and commercial silica nanoparticle sols (with defined primary particle sizes and high purities) were spray-dried to granules (aggregates or agglomerates). These granules can be blended into the dry raw materials as a replacement for micro silica. Suspensions of quartz powder in silica nanoparticle sols were spray-dried and the resulting granules were applied to replace micro silica and quartz powder in UHPC in order to positively influence the workability (rheology). The following chapters describe the starting materials, the method of spray drying and the properties of the spray-dried granules.

2 Materials

2.1 UHPC mortar

The standard UHPC mortar in this study consisted of de-ionised water as mixing water, quartz powder and quartz sand as aggregates (ρ=2.65 g/cm^3), CEM I 52.5R HS/NA as cement (ρ=3.0 g/cm^3), a polycarboxylate ether as superplasticizer (ρ=1.1 g/cm^3) and micro silica as concrete additive (ρ=2.2 g/cm^3). The pie chart in Figure 1 shows exemplarily the mortar proportioning of the standard UHPC mortar in vol%.

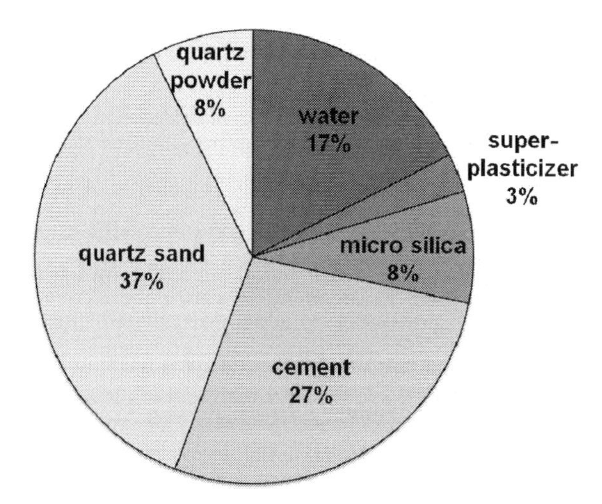

Fig. 1: Proportioning of standard UHPC mortar in vol%

First, spray-dried silica nanoparticles from synthesised and commercial sols were used to replace micro silica in the standard UHPC mortar by an equal mass. Second, granules (resulting from the spray drying of suspensions of quartz powder in silica nanoparticle sols) substituted micro silica and quartz powder in the UHPC mortar. SEM images in Figure 2 and 3 show the used micro silica and quartz powder.

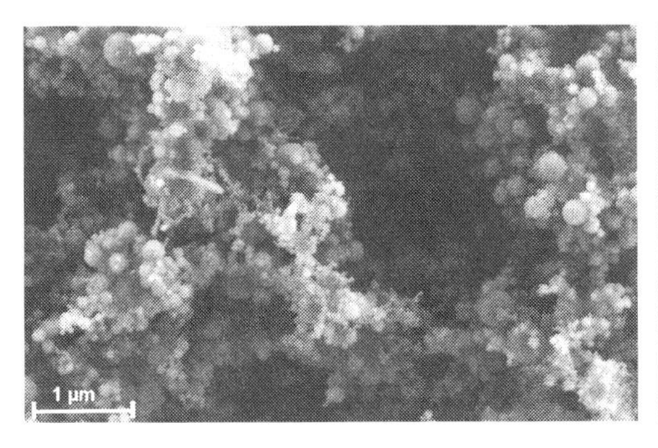

Fig. 2: SEM image of micro silica

Fig. 3: SEM image of quartz powder

2.2 Micro silica

Micro silica is a by-product in the fabrication of silicon or silicon alloys. It is amorphous SiO_2 with spherically shaped particles and a mean primary particle size a hundred times smaller than particles of cement [4]. In this study Silicoll P® (Sika) is used with a SiO_2-content of 96 ± 1.5 % and primary particle sizes between 0.1 and 0.3 µm.

2.3 Synthesised silica nanoparticles from sols

Silica nanoparticles were synthesised in analogy to the Stöber process [6]. In this process, tetraethyl orthosilicate $Si(OC_2H_5)_4$ (in ethanol) reacts with water to silica and ethanol. Ammonia catalyses this reaction:

$$Si(OC_2H_5)_4 + 2\ H_2O \rightarrow SiO_2 + 4\ C_2H_5OH$$

The resulting sol has a monomodal particle size distribution. The particle size depends on the relative concentrations of precursors ($Si(OC_2H_5)_4$, H_2O and NH_3). The sol has a solid content of approximately 1.5-2.0 wt% and contains ammonia as residuent. In this study, synthesised silica nanoparticles have been used with a primary particle size of approximately 200 nm (Fig. 4).

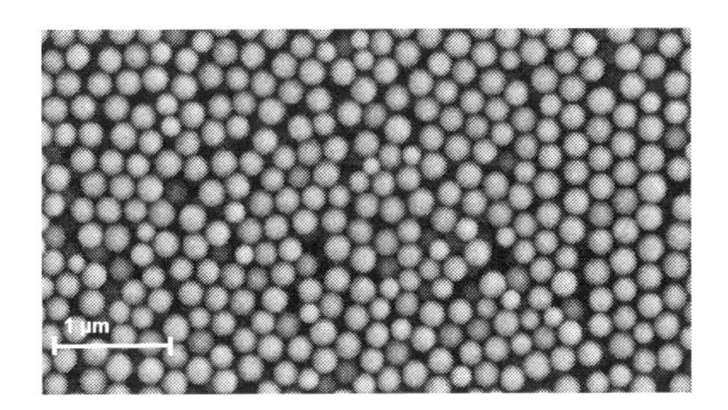

Fig. 4: SEM image of silica nanoparticles synthesised via Stöber process (origin: sol)

2.4 Commercial silica nanoparticles from sols

A commercial aqueous silica sol (solid content of 50 wt%) was used with particles of broad size distribution and a mean size of 35 nm (Köstrosol 3550® by CWK Bad Köstritz, Fig. 5).

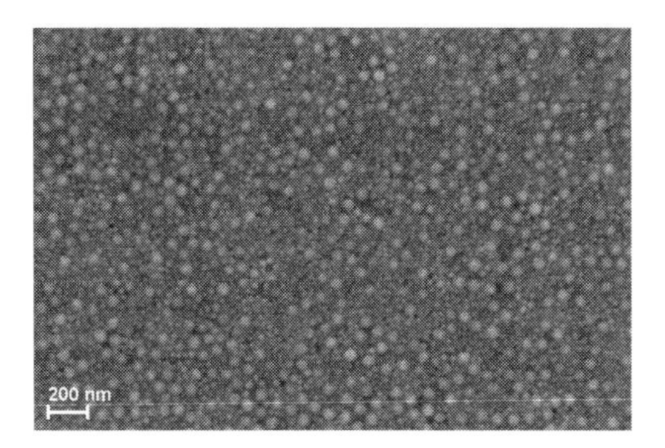

Fig. 5: SEM image of commercial silica nano-particles Köstrosol 3550 (origin: sol)

2.5 Specific surface area and particle size of starting materials

The specific surface area and the particle size from the starting materials (micro silica, commercial and synthesized silica nanoparticles from sols) were determined. Table 1 lists the respective results.

The specific surface area of micro silica and silica nanoparticles were measured by BET method. A mean particle size was determined from SEM pictures. Therefore, the size of smallest and largest particles was measured. A mean particle size was calculated from the specific surface area S and a density ρ of 2.2 g/cm³ (for amorphous silica) using $d = 6/(\rho \cdot S)$. This calculation bases on the assumption of a spherical shape of all particles which was validated in the SEM pictures.

Table 1: Specific surface area (material dried at 110°C) and mean primary particle size

Material	Specific surface area S [m²/g]	Particle size d [nm] SEM	Particle size d [nm] Calculated from S
Micro silica	20	30 - 420	137
Synthesised silica nanoparticles	17	150 - 230	160
Commercial silica nanoparticles	80	10 - 65	34

As can be seen in Table 1, the synthesised silica nanoparticles were the most suitable replacement for micro silica to reach a similar specific surface area, which is necessary to maintain the amount of mixing water from the standard UHPC. Nevertheless, micro silica had a particle size range between 30 and 420 nm according to SEM (Fig. 2), whereas synthesised silica nanoparticles had a relatively small particle size distribution (Fig. 4). For the commercial silica nanoparticles, the specific surface area was significantly higher and, as a result, the mean particle size smaller than for micro silica (Fig. 5).

3 Methods

Spray drying is a well-known method used to form solids from suspensions. For further information see [7]. The size and morphology of the spray-dried particles depend on the spraying and drying parameters, such as droplet size, drying temperature, gas flow rate and velocity of feed. First, synthesised and commercial silica nanoparticle sols were spray-dried to produce granules (entitled according to the calculated primary particle size d in Table 1: synthesised_160nm and commercial_34nm). Second, suspensions of quartz powder in silica sols were spray-dried (nomination: quartz_160nm and quartz_34nm). The nanoparticles:quartz powder ratio is similar to the micro silica:quartz powder ratio of the standard UHPC (see Fig. 1). Table 2 gives an overview of the spray-dried granules and the spray drying process parameters.

Table 2: Process parameters of spray drying (feed: 0.43 m³/h x 10^{-3}, inlet temperature: 220°C)

Spray-dried granules	Nanoparticles:quartz powder ratio (by weight)	Outlet temperature [°C]	Yield
Synthesised_160nm	1:0	105	0.47
Quartz_160nm	1:1	105	0.48
Commercial_34nm	1:0	110	0.52
Quartz_34nm	1:1	100	0.46

4 Properties of spray-dried granules

4.1 Size distribution

The particle size distribution of the spray-dried granules and the quartz powder (not spray-dried) was analysed by Fraunhofer diffraction (0.1 wt% suspension in water). Here, the particle size refers to the size of the aggregates and not to the primary particle size. The results are given in Figure 6. The graphs of the commercial_34nm and synthesised_160nm granules are very similar, indicating a comparable particle size distribution with a slightly higher particle size for synthesised_160nm granules (e.g. $d_{50,commercial\_34nm}$=3.0 µm and $d_{50,synthesised\_160nm}$=3.5 µm). Furthermore, these two samples have a steep slope which indicates a relatively narrow particle size distribution.

As can be seen in Figure 6, the spray-dried granules with quartz powder (quartz_34nm and quartz_160nm) have an identical cumulated volume fraction. In contrast to the granules commercial_34nm and synthesised_160nm, the graphs are wider with a broad particle size distribution. They lie in between the quartz powder and the granules commercial_34nm and synthesised_160nm, indicating a high content of agglomerated silica nanoparticles. It can be concluded that commercial and synthetic silica nanoparticle sols behaved in the same way when spray-dried.

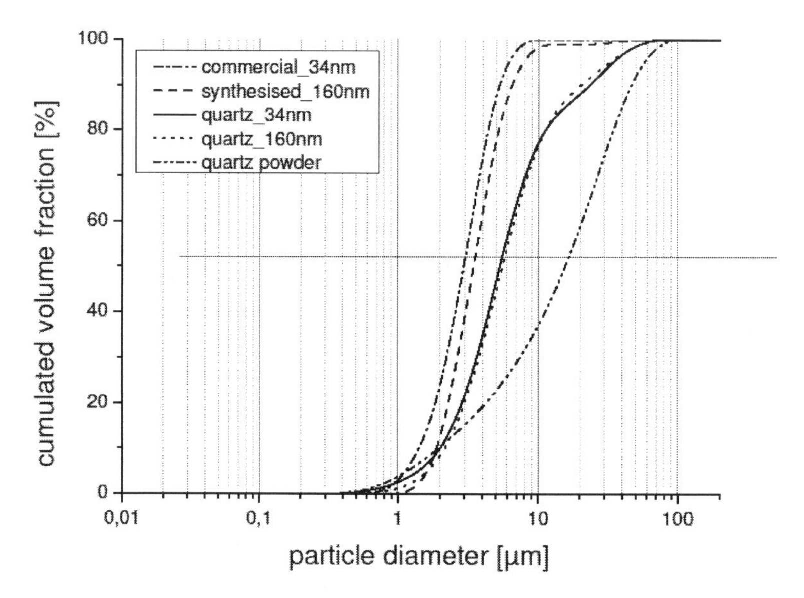

Fig. 6: Size distribution measurements by Fraunhofer diffraction of spray-dried granules and quartz powder (not spray-dried) in water

4.2 Morphology

The morphology of the spray-dried granules depends on the properties of the sols or suspensions (solid content, primary particle size, viscosity) and the parameters of the spray drying process (droplet size, drying temperature, gas flow rate). Figures 7 and 9 show SEM images of spray-dried commercial_34nm and synthesised_160nm granules. The agglomerates of commercial_34nm were doughnut-shaped whereas the agglomerates of synthesised_160nm were spherically shaped, possibly resulting from the larger primary particle size of the synthesised silica nanoparticles. The granules of quartz_34nm and quartz_160nm can be seen in Figures 8 and 10. The coverage of silica on the quartz powder grains in quartz_34nm granules seemed to be multilayered whereas silica on quartz_160nm granules was inhomogeneously distributed. Quartz particles smaller than 2 µm were completely embedded in the silica whereas larger particles were only partially covered (granules quartz_34nm).

In addition, silica nanoparticle agglomerates similar to Figures 7 and 9 were in the spray-dried material of quartz_34nm and quartz_160nm. These agglomerates were formed because not every droplet in the spray drying process contains quartz powder grains.

For the quartz_34nm granules, there was no influence on the morphology of the silica coverage with increasing amount of silica nanoparticles in the suspension before spray drying (nanoparticles:quartz powder ratio: 1:1, 2:1 and 4:1).

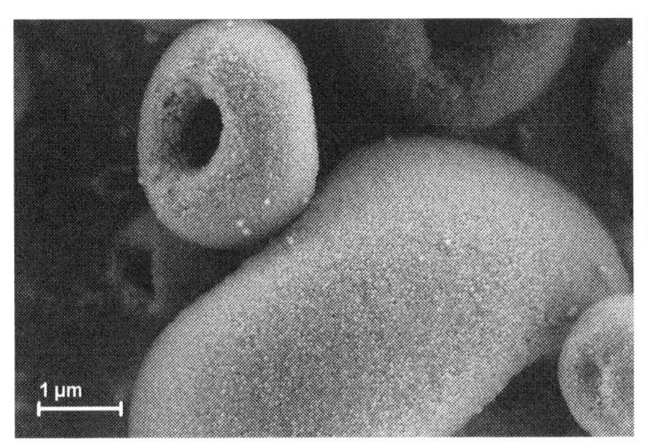

Fig. 7: SEM image of commercial_34nm granules

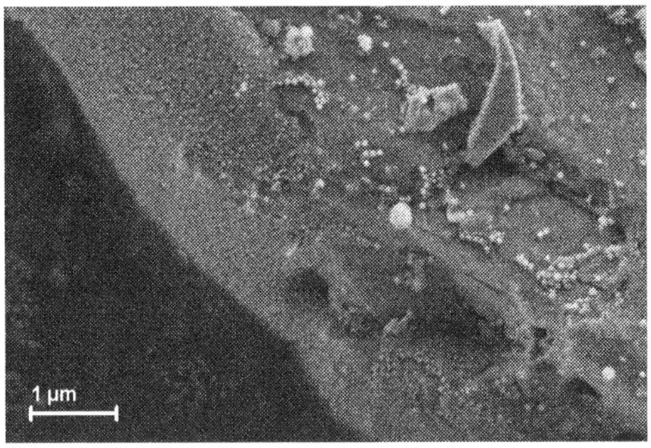

Fig. 8: SEM image of quartz_34nm, silica nanoparticles on quartz grain

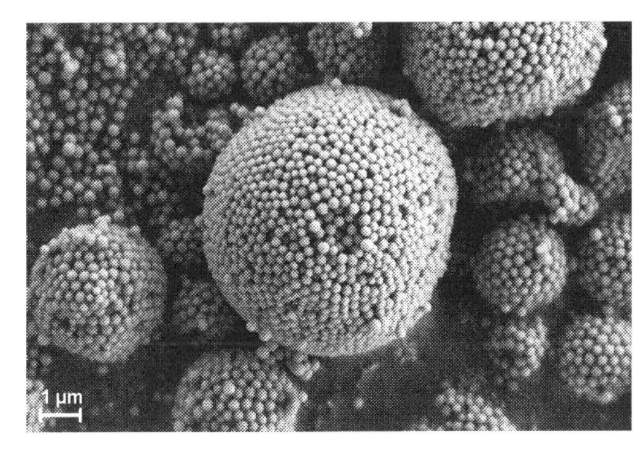

Fig. 9: SEM image of synthesised_160nm granules

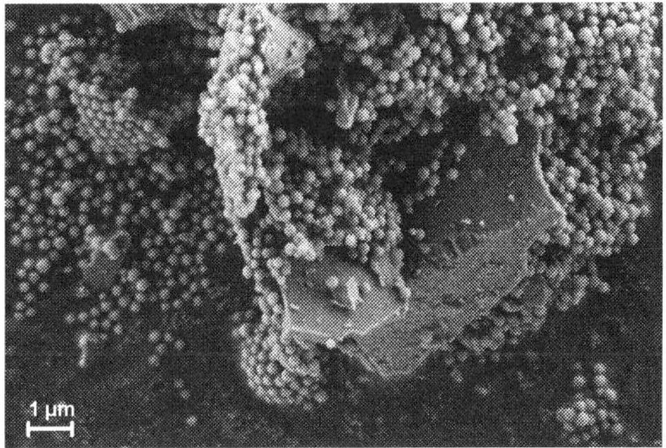

Fig. 10: SEM image of quartz_160, silica nanoparticles on quartz grain

4.3 Incorporation in UHPC matrix

All spray-dried granules were mixed into the UHPC mortar. Synthesised_160nm and commercial_34nm granules replaced micro silica in the UHPC standard mortar. Quartz_160nm and quartz_34 nm granules substituted micro silica and quartz powder. For the replacement with commercial_34nm and quartz_34 nm granules, it was necessary to slightly increase the amount of water and superplasticizer in the mortar mixture to make the mortar workable.

Figures 11 to 13 show SEM images of hardened UHPC at the 7th day after mixing incorporating commercial_34nm and synthesised_160nm granules. The granules are embedded into the concrete matrix. In comparison, Figure 16 shows the standard UHPC with micro silica.

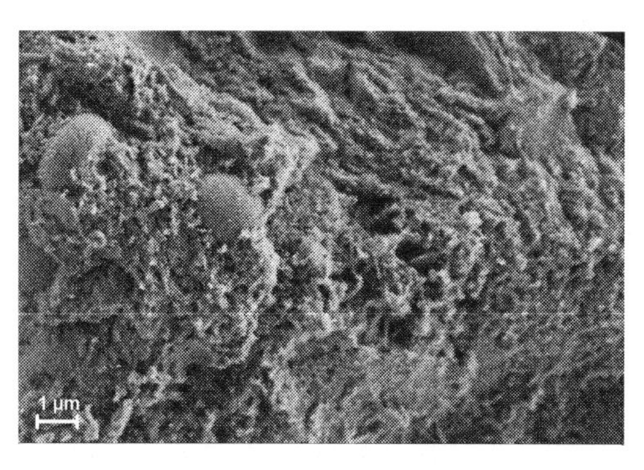

Fig. 11: SEM image of commercial_34nm in UHPC at the 7th day after mixing

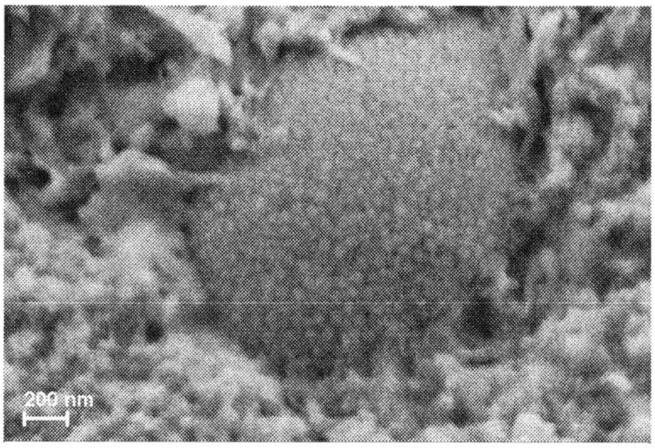

Fig. 12: SEM image of commercial_34nm in UHPC at the 7th day after mixing

Fig. 13: SEM image of synthesised_160nm in UHPC at the 7th day after mixing

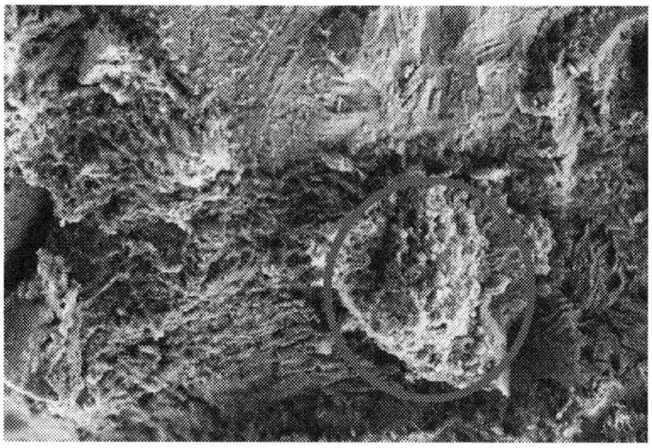

Fig. 14: SEM image of standard UHPC

5 Conclusion

Spray-dried granules of a commercial silica sol (commercial_34nm and quartz_34nm) and a synthesised silica sol (synthesised_160nm and quartz_160nm) were used to replace micro silica and quartz powder respectively in UHPC. The specific surface area of the synthesised_160nm granules was in good accordance with micro silica whereas the commercial_34nm granules had a significantly higher specific surface area because of their smaller mean primary particle size of 34 nm. The spray-dried synthesised_160nm and commercial_34nm granules (quartz_160nm and quartz_34nm respectively) had similar particle size distributions. All spray-dried granules could be mixed into the UHPC mortar and were embedded in the hardened UHPC matrix. At the 7th day after mixing, silica nanoparticles were still present and did not react pozzolanically.

The influence of the produced granules on the rheology of the UHPC fresh mortar, the pore diameter distribution, the compressive strength and the chemical resistance needs to be further investigated.

This study is supported by the German Federal Ministry of Education and Research (BMBF: Bundesministerium für Bildung und Forschung) within the project 'Optimising the Structure of Cold-Setting Ceramics with Nanotechnology' and by the Elitenetzwerk Bayern within the International Graduate School 'Structure, Reactivity and Properties of Oxide Material'.

6 Literature

[1] Verein Deutscher Zementwerke e.V., 'Ultrahochfester Beton', *in Zement-Taschenbuch,* 51. Edition, Düsseldorf: Bau+Technik GmbH, 2008

[2] E. Fehling, M. Schmidt, T. Teichmann et al., 'Entwicklung, Dauerhaftigkeit und Berechnung Ultrahochfester Betone (UHPC)', *in Forschungsbericht DFG FE 497/1-1*, Kassel: kassel university press GmbH, 2005

[3] L. Franke, G. Deckelmann and H. Schmidt, 'Behaviour of ultra high performance concrete with respect to chemical attack', *in 17th ibausil conference proceedings*, Weimar, 2009

[4] Verein Deutscher Zementwerke e.V., 'Reaktive Zusatzstoffe (Typ II)', *in Zement-Taschenbuch*, 51. Edition, Düsseldorf: Bau+Technik GmbH, 2008

[5] M. Schmidt, 'Nanotechnologie: Neue Ansätze für die Entwicklung von Hochleistungsbindemitteln und -betonen', *in 17th ibausil conference proceedings*, Weimar, 2009

[6] C. Gellermann, W. Storch and H. Wolter, 'Synthesis and characterization of the organic surface modifications of monodisperse colloidal silica', *in Journal of Sol-Gel Science Technology*, vol. 8, pp. 173-176, 1996

[7] K. Masters, 'Spray Drying Handbook', 4. Edition, Harlow Essex: Longman Group UK Limited, 1985

BETRIEBSOPTIMIERTE UND UMWELTVERTRÄGLICHE FORMULIERUNGEN FÜR NANOPARTIKEL ZUR EINARBEITUNG IN KUNSTSTOFFE

Kevin Bauer[1], Christina Eloo[2], Urs A. Peuker[1]

[1] Institut für Mechanische Verfahrenstechnik und Aufbereitungstechnik der TU Bergakademie Freiberg, Agricolastraße 1 09599 Freiberg, e-mail: kevin.bauer@mvtat.tu-freiberg.de

[2] Fraunhofer-Institut für Umwelt-, Sicherheits- und Energietechnik UMSICHT, Osterfelder Straße 3, 46047 Oberhausen, email: christina.eloo@umsicht.fraunhofer.de

1 Einleitung

Nanopartikel als Zusätze in Kunststoffen ermöglichen die gezielte Beeinflussung und die Erzeugung bestimmter Eigenschaften, wie beispielsweise Festigkeit, Kratzbeständigkeit, UV-Absorptionsvermögen, in den entstehenden Kompositen. Der großtechnischen Nutzung dieser Möglichkeiten stehen zum Einen ein hoher technischer Aufwand, um die Nanopartikel in den Kunststoff einzubringen und zum Anderen Aspekte des Arbeitsschutzes beim Umgang mit dem die Nanopartikel enthaltenden Schüttgut als Ausgangsmaterial entgegen. Ziel des Förderprojekts 16127 BG der AiF ist es, die für die jeweilige Anwendung gewünschten, kommerziell erhältlichen Nanopartikel in einem anderen als Standardzusatz beim Extrudieren von Kunststoffen genutzten Material, fest zu verkapseln. Innerhalb dieser Formulierung genannt „NanoFix" sollen die Nanopartikel in hinreichend großer Konzentration und in gut dispergierter Form vorliegen. Der Syntheseprozess für diese Formulierung soll dabei so universell wie möglich einsetzbar sein. Als Trägermaterial werden Wachse ausgewählt, die aufgrund ihrer physikalischen Eigenschaften sehr gut geeignet sind, um als Trägermatrix für die disperse Phase zu fungieren. Die spezielle Eigenschaft der Wachse bei relativ geringen Temperaturen zu schmelzen und dabei schon kurz oberhalb der Schmelztemperatur eine geringe Viskosität zu besitzen [1], macht es möglich, die Partikel direkt in der Wachsschmelze zu dispergieren. Die so hergestellten Schmelzen werden anschließend erstarrt und zum Zielprodukt „NanoFix" aufbereitet.

Die Forschungsstelle 1 befasst sich innerhalb des Projekts vorrangig mit der Herstellung der Nanopartikel-Wachs-Formulierungen sowie deren Aufbereitung. An der Forschungsstelle 2 werden die hergestellten Pulver an einem Laborextruder weiterverarbeitet und die damit hergestellten Komposite analysiert.

2 Materialien und Methoden

2.1 Materialien

Aus den generellen Anforderungen an den Herstellungsprozess, wie beispielsweise geringer Energiebedarf, kein Lösungsmitteleinsatz, geringe Investitionskosten, ergeben sich spezielle Spezifikationen an die verwendeten Materialien und dadurch auch an die eingesetzten Methoden. Für die grundlegenden Untersuchungen werden Modellsubstanzen ausgewählt, welche auch in großen Mengen kommerziell erhältlich und bereits beim Extrudieren von Nanokompositen im Einsatz sind.

Für die Auswahl des Wachses stehen die Schmelztemperatur, die Viskosität und die Kompatibilität zu verschiedenen Kunststoffen im Fokus. Aufgrund hoher Kompatibilität zu verschiedenen Kunststoffen, einer relativ geringen Schmelztemperatur von 63 °C und einer Viskosität von < 10 mPas wird Licowax E der Firma Clariant [2] als ein Trägermaterial ausgewählt. Die Auswahl des Nanopartikelmaterials orientiert sich an später denkbare Anwendungen. Submikrones Zinkoxid bietet mit seinen UV-absorbierenden Eigenschaften breite Einsatzmöglichkeiten und wird für initiale Tests als Partikelmaterial ausgewählt. Zum Einsatz kommt Z-Cote der Firma BASF. Spezifiziert wird dieses unbeschichtete amphiphile Material mit einer maximalen Primärpartikelgröße von 0,2 µm [3].

Damit im später extrudierten Kunststoffkomposit eine Zielkonzentration von ca. 1-2 Gew.-% enthalten ist, muss die erzeugte Formulierung ca. 50 Gew.-% Nanopartikel enthalten, damit die üblicherweise eingesetzte Wachsmenge von 2-3 Gew.-% konstant gehalten werden kann.

Die Auswahl der polymeren Matrix orientierte sich ebenfalls an denkbaren Anwendungen. Polyethylen (PE) ausgerüstet mit Zinkoxid wird zum Beispiel für die Herstellung von Agrarfolien verwendet. Bei dem gewählten Lupolen 1800 S der Firma Lyondell Basell - eine klassische Spritzgusstype - handelt es sich um ein niederviskoses PE-LD.

Tabelle 1: Materialkennwerte Lupolen 1800 S

Kennwert	Einheit	Wert
Dichte	g/cm³	0,917
MFR (190 °C/2,16 kg)	g/10 min	20
Schmelztemperatur (10 °C/min)	°C	106
Zersetzungstemperatur	°C	> 360
Härte (Shore D)		45
E-Modul (Zugversuch)	MPa	150

Klassische PE-Typen, die zur Folienherstellung eingesetzt werden, können aufgrund der darin vorhandenen Additive und Wachse nicht verwendet werden Das gewählte Polymer ist unverstärkt, lediglich eine thermische Grundstabilisierung ist vorhanden.

2.2 Methoden

2.2.1 Nanopartikeldispergierung und deren Analyse

In einer Vielzahl von Anwendungen ist bereits gezeigt worden, dass sich sowohl Ultraschall als auch Rotor-Stator-Systeme prinzipiell zur Dispergierung im Nanometerbereich eignen, wenn die eingebrachte Energiedichte hinreichend hoch ist [4–6]. Zur Herstellung der feindispersen Suspensionen kommen eine Bandelin UW 200 Ultraschallsonotrode (d = 25 mm), ein Ultra-Turrax IKA T50 (S50N G45M, 6000 min^{-1}) und eine beheizbare Probst & Class TYP 60 (2920 min^{-1}) Kolloidmühle zum Einsatz. Hergestellt werden jeweils Suspensionen mit 48 Gew.-% Feststoffanteil bei einer Temperatur von 120 °C. Die mittlere dynamische Viskosität bestimmt mit einem Bohlin Rotationsrheometer Gemini liegt bei einer Temperatur von 120 °C in der Größenordnung von 4 mPas. Bei der Herstellung der Suspensionen mit Hilfe von Ultraschall wird im beheizten Gefäß zusätzlich gerührt, um den Transport in die Beanspruchungszone zu gewährleisten. Um die geringe Leistung der Sonotrode zu kompensieren, wird die Menge an eingesetztem Material verringert. Trotz dieser Anpassung konnte der spezifische Energieeintrag der beiden anderen Systeme nicht erreicht werden. Da bei den vergleichenden Untersuchungen von Pohl [6] gezeigt wird, dass Ultraschall auch bei deutlich kleineren spezifischen Energieeinträgen vergleichbare Ergebnisse zu Rotor-Stator-Systemen erzielen kann, wird diese Art der Dispergierung ebenfalls getestet.

Die Analyse des Dispersitätszustands erfolgte sowohl im flüssigen als auch im festen Zustand. An erstarrten Proben werden neben TEM auch phasenkontrastrasterkraftmikroskopische Untersuchungen durchgeführt. Bei dieser Methode wird eine stark planarisierte Oberfläche kontaktfrei von einer mit einer Spitze versehenen oszillierenden Blattfeder abgerastert. Über einen auf der Rückseite der Blattfeder reflektierten Laserstrahl wird die Schwingung des Cantilevers gemessen. Tritt die Spitze des Cantilevers in Wechselwirkung mit der Probenoberfläche, so ändern sich je nach Stoffeigenschaften die Amplitude und Phasenlage der Schwingung. Somit lassen sich unterschiedliche Materialien auf der Oberfläche abbilden [7].

So erzeugte kontrastreiche Bilder lassen sich zum Beispiel mit Hilfe der „finite body tesselation" mathematisch analysieren. Durch diese Analyse kann eine quantitative Aussage über die Dispergierqualität gegeben werden [8].

Neben der bildgebenden Analyse, anhand derer relativ gut der Zustand bezüglich der Partikelgröße und die Verteilung des Feststoffes bestimmt werden kann, wird nach einer Methode gesucht, mit der sich die Stabilität der Suspensionen in der flüssigen Phase ermitteln lässt. Für die Bestimmung von Partikelgrößen und der Stabilität von Nanopartikelsuspensionen ist der Einsatz der analytischen Photozentrifugation bei lichtdurchlässigen Suspensionen bereits erfolgreich im Einsatz [9]. Aufgrund der Lichtundurchlässigkeit der Nanopartikel-Wachs-Proben ist die Anwendung beim hier vorliegenden Stoffgemisch jedoch nicht möglich.

Die Analyse des Sedimentations-/Kompressionsverhaltens der hochgefüllten flüssigen Proben erfolgt angelehnt an eine Methode zur Analyse von Gradientenwerkstoffen [10]. Hierfür werden ca. 1 ml (d = 6 mm, h = 38 mm) große Proben der Suspension bei 150 °C in vorgewärmten Schamottegefäßen in einer Hettich Laborzentrifuge TYP Universal 30F bei 5000 min^{-1} zentrifugiert. Im Anschluss werden die erstarrten Proben in Segmente unterteilt, für die jeweils der Feststoffanteil ermittelt wird. Dieser wird der Einfachheit halber durch Wägung vor und nach der Verbrennung der organischen Komponente im Ofen bei 900 °C ermittelt. Anhand der Feststoffmassenverteilung über der Probenhöhe lassen sich die Dispergierzustände der einzelnen Proben gut miteinander vergleichen und erlauben so eine Bewertung der Dispergiergüte.

2.2.2 Aufbereitung der Schmelzen zu Pulver

Nach dem Erstarren der Schmelze wird das Material in zwei Stufen zerkleinert. Aufgrund der niedrigen Schmelztemperatur des Matrixmaterials werden hierbei jeweils Zerkleinerungsverfahren gewählt, die nur eine kurze Beanspruchungsdauer und dadurch eine geringe Erwärmung der Probe zur Folge haben. Unter Berücksichtigung von hohen Energiekosten wird bislang gezielt auf eine gekühlte Prozessführung verzichtet. Die Grobzerkleinerung des Materials erfolgt mit einem Fritsch Backenbrecher Pulverisette Typ 01.503. Die Nachzerkleinerung wird über eine Fritsch Rotorschnellmühle Pulverisette Typ 14.702 mit 1mm Rundlochsiebring durchgeführt. Die so entstandenen Pulver werden mit einem Laserbeugungsspektrometer Helos der Firma Sympatec auf die Partikelgrößenverteilung analysiert. Für die Analyse werden unter definierten Bedingungen Suspensionen aus den Nanopartikel-Wachs-Formulierungen und Silikonöl unter Rühren und Ultraschalleinsatz hergestellt.

2.2.3 Extrudieren mit Nanopartikel-Wachs-Formulierungen und Analyse der Komposite

Zur Herstellung der Nanokomposite wird ein Doppelschneckenextruder ZE 25 UTX der Firma Berstorff genutzt. Neben den in Kapitel 2.2.2 erwähnten Nanopartikel-Wachs-Formulierungen wird als Referenzmaterial ein Masterbatch aus 10 Gew.-% ZnO und PE hergestellt. Dieser wird als DryBlend mit dem reinen Polymergranulat vermischt und zusammen mit reinem Wachspul-

ver entsprechend der Rezeptur direkt in der Einfüllzone auf die Extruderschnecken gravimetrisch dosiert. Auch die Nanopartikel-Wachs-Formulierungen werden auf diese Weise in den Extruder gefördert. Für die Compoundierversuche werden insgesamt drei verschiedene Schneckengeometrien mit niedriger, mittlerer und hoher Dispergierwirkung, d.h. Scherkräften, eingesetzt. Während der Versuche werden zusätzlich die Schneckendrehzahl und der Gesamtmassenstrom variiert. Der produzierte Kompositstrang wird zum Abkühlen durch eine Wasserrinne geführt und anschließend granuliert. Die eingestellten Parameter werden etwa zehn Minuten eingefahren, bis sich ein stationärer Zustand (konstante gravimetrische Dosierung, Schwankung der Massetemperatur max. 1 °C) eingestellt hat. Anschließend wird eine Probe genommen. Alle Proben werden mit einer Nanopartikel- bzw. Wachskonzentrationen von jeweils rund 1 Gew.-% hergestellt.
Neben TEM werden auch REM/EDX bzw. BSE Untersuchungen an den granulierten Kompositen durchgeführt. Die Bilder werden invertiert und die sichtbaren Agglomerate über ein von Fraunhofer UMSICHT entwickeltes optisches Bildauswertungsprogramm zur Partikelanalyse ausgewertet. Das Programm zeigt neben der Anzahl der Partikel auch die Anzahl-, Volumen- und Flächenverteilung bezogen auf den kleinsten bzw. größten Durchmessers als Summenkurve bzw. Histogramm. Pro Komposit wird eine Probe ausgewertet. Die dazu verwendete REM-Aufnahme wird aus mehreren ausgewählt und zeigt die durchschnittliche Qualität der Komposite.
Außerdem werden die Granulate erneut aufgeschmolzen und mittels eines Einschneckenextruders (Brabender Plasti-Corder® Lab-Station mit Extrusiograph) und 3-Walzen I-Kalanders Folien hergestellt. An diesen Folien wird neben der Anzahl der Fehlstellen auch die UV-absorbierende Wirkung der Komposite bestimmt. Die Bestimmung der Fehlstellen findet manuell an einem definierten Folienausschnitt statt. Bei Fehlstellen in Folien handelt es sich üblicherweise um Verunreinigungen aus dem Herstellungsprozess oder um Agglomerate (hier: ZnO-Partikel). Die UV-Absorption wird mit einem UV/VIS-Spektralphotometer in einem Wellenlängenbereich von 200 bis 400 nm gemessen. Die maximale UV-Absorption von Z-Cote liegt bei einer Wellenlänge von etwa 370 nm vor [3]. Für die Messung werden präparierte Folienstücke der Komposite mittels Halterung im Messstrahlengang platziert. Eine Referenz aus reiner PE-Folie befindet sich im Vergleichsstrahlengang. Absorptionsmaxima sind bei 375 nm zu finden. Gemessen werden jeweils vier Proben pro Komposit für die Mittelwertbildung. Da der Absorptionswert auch von der Foliendicke abhängt, werden die Werte auf die Dicke normiert.

3 Ergebnisse und Diskussion

3.1 Herstellung und Analyse der Nanopartikel-Wachs-Formulierungen

3.1.1 Analyse mit bildgebenden Verfahren

Mit den vorab vorgestellten Materialien werden mit verschiedenen Dispergiermethoden Nanopartikel-Wachs-Schmelzen hergestellt. Neben dem Nachweis der Machbarkeit steht die Optimierung der Dispergierung im Fokus. Hierbei werden verschiedene Dispergierverfahren und Energieeinträge untersucht, um herauszufinden, welcher minimale Aufwand betrieben werden muss, um das Z-Cote Pulver innerhalb des Wachses optimal zu dispergieren. Analysiert werden diese Proben über bildgebende Verfahren. Abbildung 1 zeigt exemplarisch eine TEM-, eine mittels pc-AFM erstellte Aufnahme und die daraus gebildeten Voronoi-Polygone einer 60 Minuten Dispergierdauer Ultra-Turrax Probe. Anhand der Aufnahme ist zu erkennen, dass bereits ein hinreichend hoher Energieeintrag realisiert wird, um stellenweise vereinzelte Nanopartikel innerhalb der Wachsmatrix zu erzeugen. Ein sehr guter Dispergierzustand wird mit dieser Methode allerdings noch nicht erreicht. Die Spezifikation des Materials [3], welche einen maximalen Primärpartikeldurchmesser von 200 nm angibt, wird in beiden Aufnahmen bestätigt.

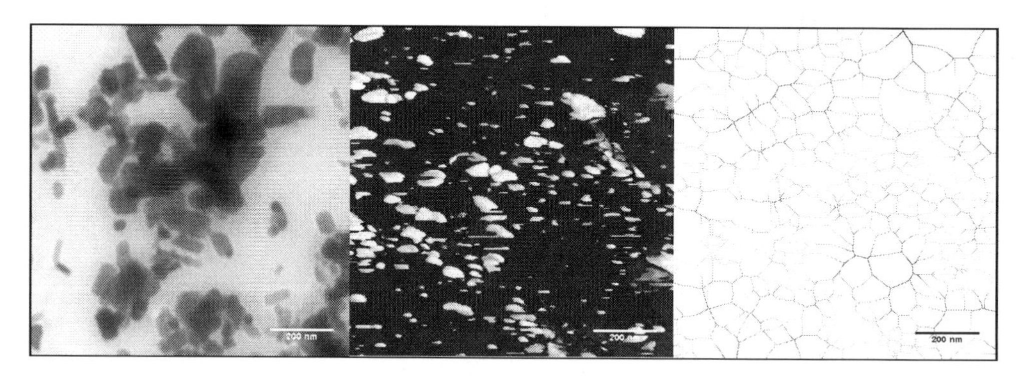

Abb. 1: links) TEM-Aufnahme an Cryodünnschnitt, Mitte) pc-AFM-Aufnahme, rechts) Voronoi Polygone des pc-AFM-Bildes einer Nanopartikel-Wachs-Formulierung (LICOWAX E mit ca. 48 Gew.-% Z-Cote)

Für die Bestimmung des Dispersitätszustands über den subjektiven Eindruck hinaus, stellen TEM-Aufnahmen eine relativ große Herausforderung dar. Da aufgrund der Durchstrahlung des Probenvolumens die Projektionsflächen der Füllstoffe dargestellt werden, kann man bei sich überschneidenden Partikeln nicht eindeutig bestimmen, ob diese nur übereinander liegen oder sich tatsächlich berühren und ein Agglomerat bilden. Würde man ein solches Bild binarisieren, dann würde die gesamte Fläche eines Partikelkollektivs einem einzelnen Teilchen zugeordnet. Die Auswertung wäre somit möglicherweise mit einem relativ großen Fehler behaftet.

Eine Alternative zur TEM stellt für diese Anforderung die Rasterkraftmikroskopie dar, bei der nur die Probenoberfläche durch einen oszillierenden Cantilever abgerastert wird. Aufgrund der kurzen Reichweite der zwischen Materialoberfläche und Cantileverspitze wirkenden Kräfte, die für die Erzeugung der Messsignale verantwortlich sind, entsteht ein Bild der ersten atomaren Lagen der Oberfläche. Im mittleren Bild der Abbildung 1 ist die pc-AFM-Aufnahme der gleichen Probe dargestellt. Es ist erkennbar, dass mit beiden Methoden ungefähr gleiche Partikelgrößen ermittelt werden. Die Flächenbeladung ist bei der AFM-Aufnahme aufgrund der Oberflächenmessung geringer. In der pc-AFM-Aufnahme scheint der Anteil an sehr kleinen Partikeln höher. Die Ursache dafür liegt wahrscheinlich in der Präparation der Proben durch Planarisierung, bei der möglicherweise nur ein kleiner Teil einer Partikeloberfläche freigelegt wird. Vorteil der pc-AFM-Aufnahme ist der hohe Kontrast, der es ermöglicht, einfach binarisierte Bilder zu erzeugen. Mit diesen Bildern lassen sich dann beispielsweise Korngrößenverteilungen und Dispersitätsanalysen durchführen. Hier kann der Anwender auf bereits in Software wie ImageJ integrierte Lösungen zurückgreifen [7].

Eine große Herausforderung bei der mathematischen Auswertung der binarisierten Bilder stellt selbstverständlich deren repräsentative Auswahl dar. Idealerweise sollte auf eine große Anzahl von Bildern zurückgegriffen werden, um den subjektiven Fehler weitestgehend zu reduzieren. Das rechte Bild in Abbildung 1 zeigt die Voronoi Polygone resultierend aus der pc-AFM-Aufnahme. Dieses Bild wird erzeugt indem für jeden Bildpunkt einer Partikeloberfläche der nächstliegende Bildpunkt einer benachbarten Partikeloberfläche ermittelt wird. Auf der virtuellen Verbindungslinie zwischen diesen beiden Punkten wird jetzt auf der Hälfte ein Polygonpunkt gesetzt. Dadurch entsteht für jede Partikeloberfläche, ein Polygon mit einer charakteristischen Fläche. Große Partikel bzw. große Abstände führen gemäß der Definition zu großen Polygonen. Bei homogenen Proben (gute Verteilung und einheitliche Partikelgrößen) würden die entstehenden Polygone alle gleich groß und gleichmäßig geformt sein. Unterscheiden sich die Größen stark, so liegt eine heterogene Probe vor. Mathematisch kann die Homogenität mit dem Variationskoeffizient aller Polygonflächen beschrieben werden. Bei einer Vielzahl von Auswertungen hat sich gezeigt, dass der Variationskoeffizient allein nur für Proben mit gleichen Partikelgrößen eine optimale Bewertung erlaubt. Abbildung 2 zeigt zufällig ausgewählte Bilder verschieden dispergierter Proben. Beim Vergleich der Proben für 20 und 30 Minuten Dispergierzeit stellt man eine Abnahme des Variationskoeffizienten fest. Der mittlere Feretdurchmesser ändert sich zwischen beiden Proben nicht. Die dadurch beschriebene bessere Dispergierqualität stimmt in diesem Beispiel allerdings nicht mit dem subjektiven Eindruck der Probe überein. Die große

Anzahl von Partikeln (Agglomeraten), welche größer als 200 nm sind weist hingegen auf eine schlechte Dispergierung hin.

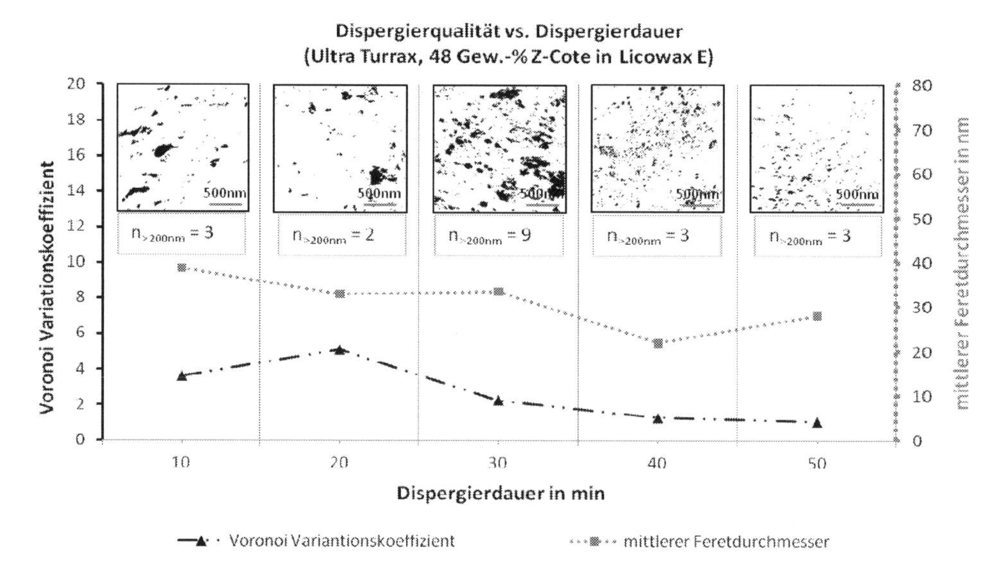

Abb. 2: Darstellung der Dispersitätsparameter und der Partikelgröße in Abhängigkeit der Dispergierdauer (Ultra-Turrax)

Anhand dieser beiden Proben kann weiterhin ein signifikanter Nachteil der bildgebenden Analysen (TEM, REM und pc-AFM) gut verdeutlicht werden. Aufgrund des Verhältnisses zwischen den Agglomeratgrößen und der abgebildeten Fläche, ist die Wahrscheinlichkeit dass ein Agglomerat vollständig im Bild erscheint relativ gering. Die Bestimmung der maximalen Größe und des Anteils von sehr großen Agglomeraten wird dadurch erschwert. Betrachtet man den Erfolg der Dispergierung, so ist zu erkennen, dass durch die Verlängerung der Dispergierzeit, respektive der Steigerung des Energieeintrages, auch homogenere Proben mit kleiner werdender mittlerer Partikelgröße sowie besserer Verteilung entstehen.

3.1.2 Analyse mittels Zentrifugation

Wie unter 2.2.1 beschrieben werden die Proben mit einer Ausgangstemperatur von 150 °C in 1 ml großen Reagenzgläsern für 30 Minuten bei ca. 2900g zentrifugiert. Die Abbildung 3 zeigt beispielhaft zwei Proben unterschiedlicher Dispergierverfahren und Zeiten.

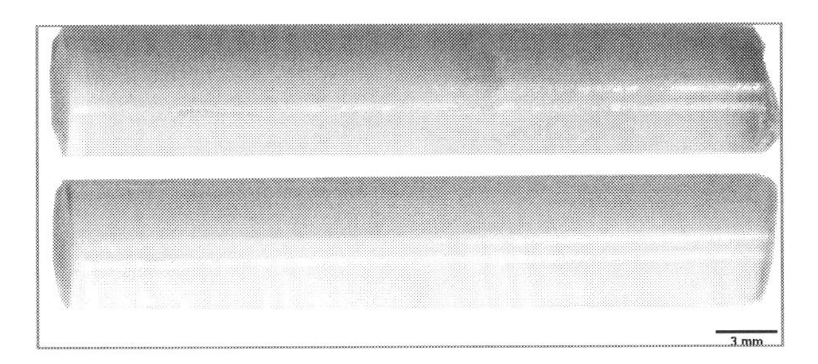

Abb. 3: Zentrifugierte Nanopartikel-Wachs-Schmelzen unterschiedlicher Dispergierzustände, oben) 50 min Ultraschall, unten) 30 min Kolloidmühle

Bei der oberen Probe kann man einen relativ starken Feststoffabsatz am Boden und eine relativ große Zone von reinem Wachs am oberen Ende erkennen. Um den Feststoffanteil exakt zu bestimmen, werden die Proben mit einem dünnen, heißen Draht in ca. 3 mm dicke Segmente zerschnitten. Nach jedem Schnitt wird die Restlänge der Probe ermittelt, um daraus die zum jeweiligen Segment gehörende Probenhöhe zu ermitteln. Die Segmente werden im Anschluss bei 900 °C verbrannt. Hierbei wird für den Großteil der Proben auf die aufwendige Thermogravimetrie verzichtet und auf einen einfachen Muffelofen zurückgegriffen. Da das Wachs bezogen auf die Masse rückstandsfrei verbrennt, ist die Masse des Rückstandes gleich der Masse des Feststoffs. Stellt man den Feststoffanteil über der normierten Höhe der Probe dar so kann man, wie in Abbildung 5 zu erkennen ist, gute Vergleiche zwischen den einzelnen Dispergierzuständen ziehen. Horizontale Verläufe in der Nähe der Ausgangskonzentration weisen auf eine geringe Mobilität der Partikel im Wachs hin, was sowohl an kleineren Korngrößen besser vernetzten Strukturen als auch an den hohen Feststoffkonzentrationen liegen könnte. Ein umfassender Überblick über die Modellierung des Zentrifugationsprozesses von feinsten Teilchen wird beispielsweise durch Bickert [11] gegeben. Aufgrund der hohen Feststoffkonzentration und der damit einhergehenden Beeinflussung der Partikel untereinander sowie der Veränderung der Viskosität infolge der Temperaturabnahme während des Zentrifugationsprozesses wird auf eine Berechnung von Partikelgrößen und Sinkgeschwindigkeiten für die Charakterisierung der einzelnen Proben verzichtet. Für die Vergleiche werden die Verläufe der einzelnen Proben miteinander verglichen.

In Abbildung 5 sind die ermittelten Feststoffkonzentrationsverläufe verschieden dispergierter Proben mit gleicher Ausgangsfeststoffmassekonzentration dargestellt. Bei den Rotor-Stator-Systemen sind Proben, die mit vergleichbaren spezifischen Energieeinträgen behandelt sind, dargestellt. Die Energieeinträge aller Geräte werden auf Basis der elektrischen Leistungsaufnahme ermittelt. Grundlage der Leistungsberechnung der Rotor-Stator-Systeme sind die gemessenen elektrischen Leistungen während des Betriebs. Bei der Ultraschallsonotrode wird die Leistung von 200 W angenommen, wie es die Spezifikation beschreibt. Die ermittelten Leistungen sind somit als Richtwerte zu verstehen.

Die aufgenommene elektrische Leistung gibt ohnehin nur bedingt darüber Auskunft, wie hoch die tatsächliche Beanspruchung der Agglomerate in der Dispergierzone ist, da sämtliche Verluste und geometriebedingte Unterschiede nicht berücksichtigt werden. Die Betrachtung der Scheinleistung erlaubt dem Anwender jedoch einfache Kosten-Nutzen Betrachtungen.

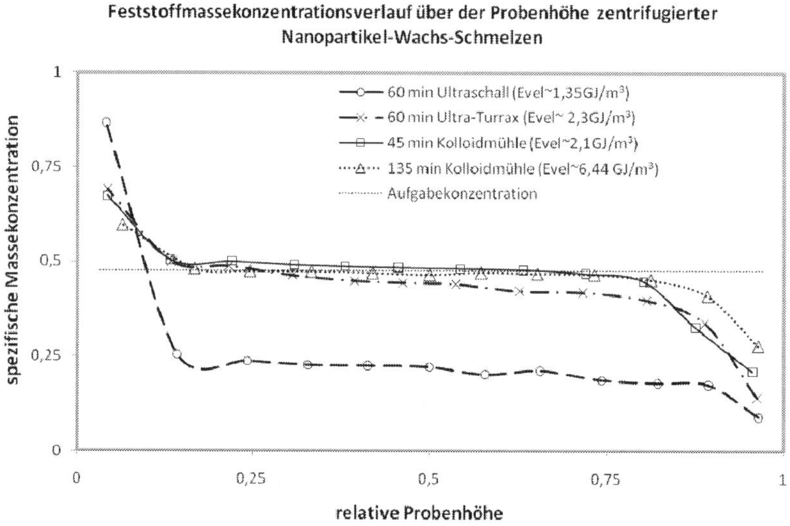

Abb. 4: Vergleich der Feststoffmasseverläufe zentrifugierter Nanopartikel-Wachs-Schmelzen verschiedener Dispergierarten

Die in Abbildung 4 dargestellten Verläufe erlauben eine Bewertung der Stabilität der Nanopartikel-Wachs-Schmelzen. Weichen die bestimmten Feststoffgehalte nur wenig von der Ausgangskonzentration ab, so war die effektive Partikelbewegung in Richtung der wirkenden Zentrifugalkraft des betrachteten Segmentes sehr gering. Ursachen hierfür könnten sowohl kleinere mittlere Partikeldurchmesser als auch stärker ausgeprägte Partikel-Partikel-Behinderungen aufgrund von kleineren freien Weglängen infolge besserer Verteilung der Teilchen sein. Aus den Kurvenverläufen in Abbildung 4 wird deutlich, dass bei vergleichbaren spezifischen Energieeinträgen in Ultra-Turrax und Kolloidmühle von ungefähr 2,2 GJ/m³ mit der Kolloidmühle die stabilere Dispersion erzeugt wird. Die eingesetzte Gesamtenergie ist demzufolge effektiver genutzt worden. Für die Zerstörung von Agglomeraten sind in Rotor-Stator-Systemen die aufgrund von hydrodynamischen Effekten entstehenden Scherkräfte bzw. Scherraten [12] und die Scherfrequenz [13] entscheidend. Beide Werte sind konstruktiv bedingt und durch die Wahl der Spaltbreite von 225 µm bei der Kolloidmühle höher. Für die Zerstörung der Nanopartikelagglomerate des pulverförmigen Z-Cote sind, wie der Vergleich zeigt, die höheren Scherraten auch erforderlich. Die Erhöhung der Dispergierdauer auf 135 min zeigt erwartungsgemäß eine Erhöhung der Stabilität. Jedoch fällt der Grad der Verbesserung mit zunehmender Dauer immer geringer aus. Eine Optimierung der Anforderungen mit Blick auf die eingesetzte Energie muss an dieser Stelle noch erfolgen.

Bei den in Abbildung 4 analysierten Schmelzen ist die stärkste Partikelbewegung infolge der Zentrifugation in der Ultraschallprobe zu beobachten. Das weist auf den größten Anteil an Agglomeraten bzw. eine schlechtere Verteilung der Partikel im Wachs hin. Ursache für die schlechtere Dispergierung kann zusätzlich zum geringeren spezifischen Energieeintrag auch eine verhältnismäßig kleine Beanspruchungszone sein. Diese entsteht durch die geringe Sonotrodenfläche und eine geringe Reichweite der Ultraschallwellen. Die Reichweite der Wellen wird durch die Energiedissipation im Medium bestimmt, welche nach Messungen von Mancier [14] für höhere Viskositäten steigt. Der Vorteil des Ultraschalls, dass hohe Scherraten bei der Implosion von Kavitationsblasen aufgrund extrem hoher lokaler Strömungsgeschwindigkeiten [15] entstehen, wird somit möglicherweise nur für einen sehr kleinen Bereich wirksam. In Verbindung mit dem möglicherweise nicht ausreichenden Materialtransport in die Beanspruchungszone hinein wird die Probe nur in geringem Maße dispergiert. Um eine Verbesserung des Ergebnisses zu erreichen, müsste der Empfehlung von Pohl [6] folge geleistet und mit einer Kaskade von Sonotroden gearbeitet werden. Die Materialbewegung sollte ebenfalls hinsichtlich des Passierens der Beanspruchungszone optimiert werden.

3.2 Aufbereitung der Nanopartikel-Wachs-Schmelzen zu Pulvern

Basierend auf dem unter 2.2.2 vorgestellten Prozess werden die erstarrten Schmelzen in zwei Stufen zu Pulver aufbereitet. Die erzeugten Pulver liegen im Anschluss in einem Korngrößenbereich von < 700 µm. Die mittleren Partikelgrößen liegen im Bereich von 70-90 µm. Eine weitere Aufbereitung erfolgte nicht. Dieser Syntheseweg stellt somit eine relativ einfache auch in großen Mengen realisierbare Herstellungsart dar. Eine systematische Untersuchung des Zerkleinerungsverhaltens in Abhängigkeit der Dispergiergüte wird folgen.

3.3 Nanopartikel-Wachs-Formulierungen als Zusatzstoff beim Extrudieren von PE

Aus einer mit 60 min Ultra-Turrax dispergierten Nanopartikel-Wachs-Schmelze wird mit dem vorab vorgestellten Aufbereitungsprozess ein Pulver hergestellt. Dieses Pulver wird als Zusatzstoff der Laborextrusion zugesetzt. Aufgrund des kohäsiven Verhaltens des Pulvers im Einfülltrichter entstanden Platten, welche von Zeit zu Zeit abplatzten und durch eine Stopfschnecke in den Extruder eingebracht werden. Durch diese Schwankungen in der Aufgabe kann es zur lokalen Verdichtung der Nanopartikel kommen. Bei der Herstellung der Komposite mittels Masterbatch werden bei der Nutzung von reinem Wachs ähnliche Probleme bei der Dosierung beobachtet, was darauf hinweist, dass die Probleme nicht aufgrund der Anwesenheit von Nanopartikeln entstehen.

Abbildung 5 zeigt die Verteilung der Materialien in der Schnecke im stationären Zustand. Es ist zu erkennen, dass die Nanopartikel-Wachs-Formulierungen, die direkt in der Einzugszone aufschmelzen, an den Polymergranulaten anhaften und auf diesem Weg in die Schnecke transportiert werden. Die anschließende Dispergierung findet in den Knetzonen im mittleren Schneckenteil, welche in der Abbildung nicht zu sehen sind, statt.

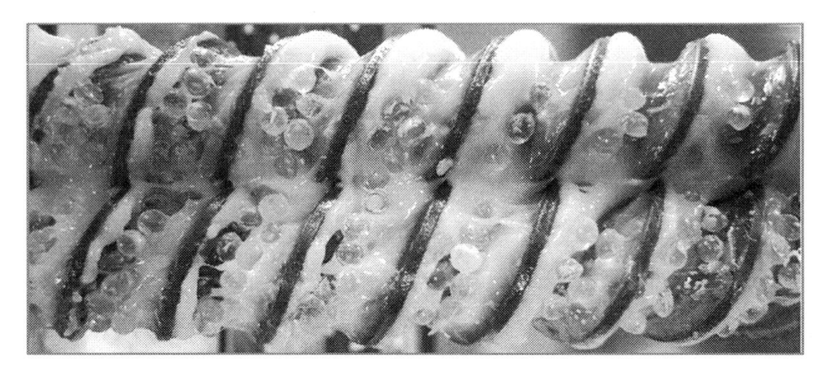

Abb. 5: Nanopartikel/Wachs-Pulver mit PE auf Schnecke mit niedriger Dispergierwirkung

3.4 Bildgebende Analyse der hergestellten Komposite

Die mit Hilfe der verschiedenen Schneckenkonfigurationen hergestellten PE-Komposite werden im Anschluss durch REM-Aufnahmen auf das Vorhandensein großer Agglomerate untersucht. Abbildung 6 zeigt exemplarisch eine REM-Aufnahme einer Probe und deren zur Analyse erzeugten Bilder. Für die softwaregestützte Auswertung wird die REM-Aufnahme binarisiert und invertiert. Die hier ausgewählte Probe zeigt einen verhältnismäßig hohen Anteil sehr großer Agglomerate im Bereich von 500-800 nm. Die Verteilung der gesamten Partikel über die PE-Matrix ist, wie bei allen Proben, als homogen erkennbar.

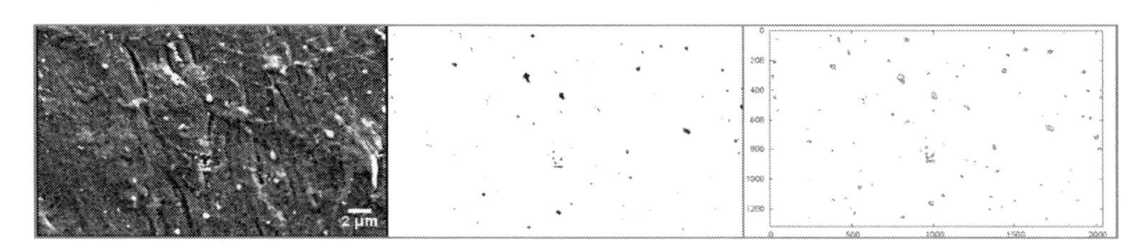

Abb. 6: links) REM-Aufnahme eines PE-Komposits, Mitte) binarisiertes Bild zur Auswertung, rechts) Klassifikation der Partikel

Tabelle 2 zeigt die Ergebnisse der Bildauswertung aller Proben. Für jede Probe ist neben der Anzahl der gefundenen Agglomerate auch der Durchgangswert $d_{(0.9)}$ bezogen auf die Fläche ausgewertet. Hierfür werden in Anlehnung an eine Siebanalyse die minimalen Durchmesser der Partikel/Agglomerate bestimmt. Die Werte werden durch lineare Interpolation in den Summenkurven ermittelt. Der $d_{(0.9)}$ Wert gibt somit den Durchmesser an, für den gilt, dass 90 % der Partikel kleiner sind. Die Versuchsreihen werden mit drei verschiedenen Schneckenkonfigurationen (SK1-3, unterschiedliche Dispergierzonengröße und Anordnung) mit jeweils drei verschiedenen Parametersätzen (P1-3, Drehzahl und Beladung) gefahren.

Tabelle 2: Ergebnisse der Bildauswertung

		SK 1		**SK 2**		**SK 3**	
		$n_{Partikel}$	$d_{0.9}$/nm	$n_{Partikel}$	$d_{0.9}$/nm	$n_{Partikel}$	$d_{0.9}$/nm
MB	P1	112	211	200	226	124	217
	P2	149	208	109	213	148	229
	P3	145	436	67	243	111	225
NWF	P1	130	335	90	765	119	351
	P2	195	236	184	532	191	232
	P3	108	624	89	190	114	303

Abbildung 7 zeigt als Balken die Anzahl n der Agglomerate und als Graphen den $d_{(0.9)}$-Wert der Agglomeratgrößenverteilung, welche mit den minimalen Durchmessern aller Partikel/Agglomerate ermittelt wird. Für die mittels Masterbatch (MB) bzw. Nanopartikel-Wachs-Formulierung (NWF) hergestellten Komposite werden jeweils verschiedene Herstellungsparameter benutzt, um diese anschließend vergleichen zu können. Innerhalb der Versuche mit den drei unterschiedlichen Schneckenkonfigurationen (SK1-3 mit jeweils gesteigerter Dispergierwirkung) werden die Parameter Schneckendrehzahl und Gesamtmassenstrom variiert, wodurch drei verschiedene Parametersätze (P1 mittlere Drehzahl und mittlerer Massestrom, P2 hohe Drehzahl mittlerer Massenstrom, P3 hohe Drehzahl und hoher Massestrom) entstehen.

In Abbildung 7 ist zu erkennen, dass bei jeder der getesteten Konfigurationen Agglomerate in den Kompositen nachgewiesen werden können. Die Anzahl und die Größe variieren hierbei erheblich, ohne dass ein eindeutiger Trend vorzuliegen scheint. Beim Vergleich des Gesamtverhaltens von NWF und MB Proben, scheint die Variation der Agglomeratanzahl für die Masterbatchprodukte größer zu sein. Parametersatz 1 beispielsweise, zeigt Werte für die Agglomeratanzahl von MB Produkten zwischen 110 und 200, während sie bei den NWF Produkten zwischen 90 und 130 liegen. Für den Parametersatz 2 sind konstant hohe Agglomeratanzahlen für alle

NWF Produkte sichtbar. Wird der Parametersatz 2 für die NWF Produkte ausgeklammert, so ist insgesamt ein relativ gleichmäßiges Niveau für die Agglomeratanzahl zu erkennen. Insgesamt scheint für die Masterbatchproben die Auswahl der richtigen Schneckenkonfiguration in Verbindung mit dem passenden Parametersetup wesentlich wichtiger für die Qualität des Endproduktes zu sein, als bei der Nutzung von NWF. Insgesamt liefert die Schneckenkonfiguration SK2 mit einer mittleren Dispergierwirkung die besten Ergebnisse. Jedoch ist auch hier die Wahl des dazu passenden Parametersatzes wichtig. Das beste Ergebnis wird für beide Produktgruppen mit dem Setup Schneckenkonfiguration SK2 und Parametersatz P3 erzielt.

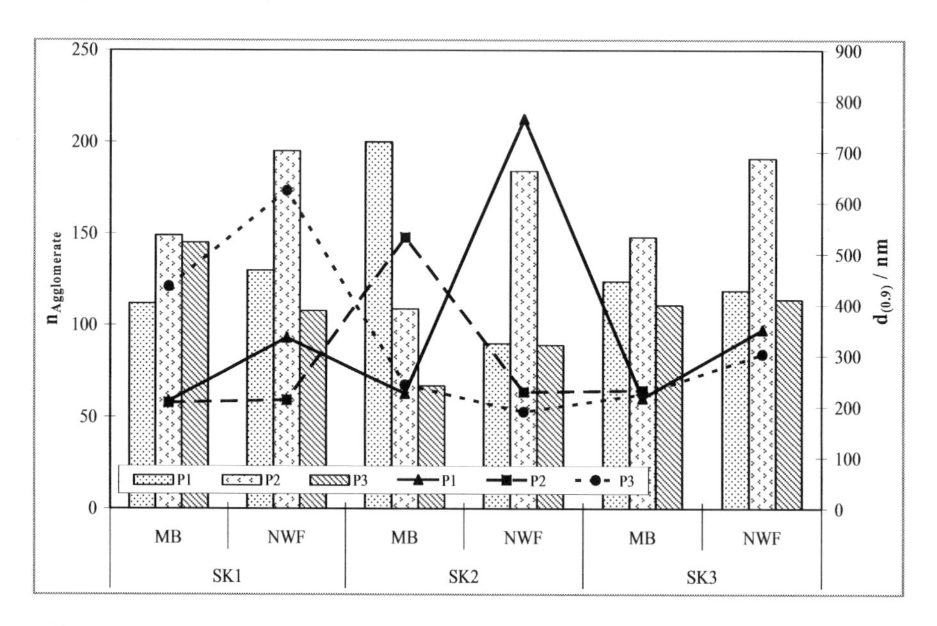

Abb. 7: Auswertung der Versuchsparameter anhand der REM-Aufnahmen

Die Bewertung der einzelnen Parametersätze fällt aufgrund der vorliegenden Daten relativ schwer. Der Anstieg der Agglomeratanzahl beim Vergleich von Schneckenkonfiguration SK2 (mittlere Dispergierwirkung) und SK3 (hohe Dispergierwirkung) deutet darauf hin, dass der gesteigerte Energieeintrag infolge einer höheren Anzahl von Dispergierelementen auf der Schnecke, die Wahrscheinlichkeit einer Reagglomeration bereits vereinzelter Partikel erhöht.

3.5 Charakterisierung von Folien aus NanoFix/PE Kompositen

Mit den unter 2.2.3 vorgestellten Methoden werden aus den extrudierten Nanokompositen Folien hergestellt und bezüglich Fehlstellen (große Einschlüsse) und UV-Absorption untersucht. Bei der Charakterisierung der Folien sind, wie bereits bei der Bewertung der Nanokomposite, nur schwer eindeutige Tendenzen zu ermitteln. Abbildung 8 zeigt die erhaltenen Werte für die Anzahl der

Fehlstellen (Balken) und die UV-Absorption (Graph) in Abhängigkeit der Herstellungsparameter.

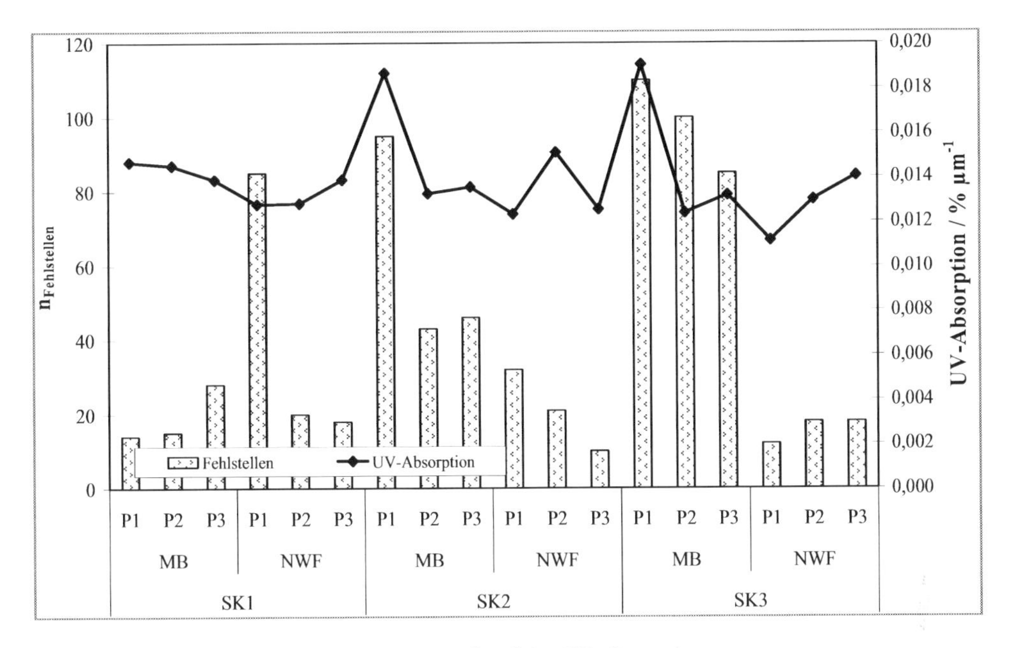

Abb. 8: Auswertung der Versuchsparameter anhand der UV-Absorption

In Abbildung 9 ist zu erkennen, dass die Wahl der Schneckenkonfiguration und des Parametersatzes auch auf die Eigenschaften der später hergestellten Folien signifikanten Einfluss hat. Analog zu den Beobachtungen an den Kompositen scheint auch hier bei der Nutzung von Masterbatches die Extruderkonfiguration einen größeren Einfluss zu haben. Die Verwendung von „Nano-Fix" scheint hier zu einer Verringerung der Fehlstellen bei vergleichbarer UV-Absorption zu führen. Dies könnte mit dem zu vermutenden besseren „Grunddispergierzustand" der Partikel, aufgrund der intensiveren Beanspruchung im Ultra-Turrax erklärt werden. Diese Behandlung könnte insgesamt den Anteil der Partikel, welche deutlich kleiner als 100 nm sind, erhöhen. Aufgrund des vergleichsweise geringen Energieeintrags in die Masterbatchprodukte ist der Aufschluss von kleineren Partikelaggregaten eher unwahrscheinlich. Beim Vergleich der Anzahl der Fehlstellen mit der Anzahl der Agglomerate im Komposit ist kein direkter Zusammenhang erkennbar. Weiterführende Untersuchungen an noch besser vordispergierten Nanopartikel-Wachs-Formulierungen sind bereits geplant und können diese These womöglich stützen.

4 Zusammenfassung und Ausblick

Ziel des Vorhabens ist es, pulverförmige Formulierungen aus kommerziell erhältlichen Nanopartikeln und technisch eingesetzten Wachsen zu erzeugen. Dieses Pulver soll analog zur Zugabe von reinen Wachsen dann dem Extrusionsprozess zugegeben werden. Innerhalb des Extruders wird das Wachs prozessbedingt aufgeschmolzen und die darin befindlichen Nanopartikel freigesetzt bzw. remobilisiert. In diesem Beitrag wird durch die Nutzung von Rotor-Stator-Systemen gezeigt, dass sich das kommerziell erhältliche Produkt Z-Cote in Licowax E mit vertretbarem Aufwand dispergieren lässt. Die so erzeugten Schmelzen können nach Erstarren durch einen unkomplizierten zweistufigen Zerkleinerungsprozess in ein Pulver überführt werden, das sich später analog zu reinem Wachspulver in den Extruder dosieren lässt. Ein wesentlicher Vorteil bei der Nutzung von „NanoFix" liegt in deutlich geringeren Aufwänden bezüglich des Arbeitsschutzes, da die Nanopartikel nicht mehr frei in Pulverform, sondern verkapselt in einer Matrix vorliegen.

Über bildgebende Methoden und Stabilitätsanalysen konnte der Einfluss verschiedener Dispergierverfahren und Energieeinträge gezeigt werden. Erwartungsgemäß steigt die Qualität der Formulierung mit steigendem Energieeintrag. Anhand erster Anwendungstests der Nanopartikel-Wachs-Formulierungen in einem Extruder mit verschiedenen Konfigurationen kann gezeigt werden, dass die Qualität der Nanokomposite, welche durch Einsatz von „NanoFix" erzeugt werden mit denen der etablierten Herstellungsmethode über Masterbatches vergleichbar ist. Anhand der Ergebnisse ist zu erkennen, dass die Schwankungen der Qualität der Komposite bei Nutzung verschiedener Konfigurationen beim Einsatz von „NanoFix" etwas geringer ausfallen. Um die bestmögliche Qualität zu erreichen, sind für die „NanoFix" Produkte Schneckenkonfigurationen mit mittleren Dispergierwirkungen ausreichend.

Polyethylenfolien, die auf Basis von „NanoFix"-Kompositen hergestellt sind, werden auf ihre Güte hin untersucht. Hier bestätigte sich die Beobachtung, dass sich beim Einsatz von „NanoFix" die Wahl der Herstellungsparameter weniger kritisch auf die Produkteigenschaften auswirkt, als beim Masterbatchprozess. Die Anzahl der detektierten Fehlstellen ist beim „NanoFix" Produkt im Mittel geringer. Insbesondere bei den Herstellungsvarianten, die einen hohen Durchsatz garantieren (P2/P3) schneiden die über „NanoFix" hergestellten Folien besser ab. Die UV-Absorption ist für beide Folientypen vergleichbar. Inwiefern sich die Ergebnisse verbessern lassen, wenn „NanoFix"-Material höherer Qualität infolge einer besseren Dispergierung der Nanopartikel durch Nutzung einer Kolloidmühle als Dispergiersystem eingesetzt wird, wird Teil der nächsten Untersuchungen sein. In Voruntersuchungen konnte bereits gezeigt werden, dass sich die Dispergierqualität durch den Einsatz einer Kolloidmühle signifikant verbessern lässt.

5 Literatur

[1] R. Hess, *Eine gute Kombination: Wachs und Kunststoff*, Clariant GmbH, 14, http://pa.clariant.com/pa/e2wtools.nsf/lookupDownloads/hess-wachs.pdf/$FILE/hess-wachs.pdf.

[2] Clariant, *Brochure of Clariant GmbH* **2007**, 20.

[3] BASF AG, *Technical Information Z-Cote* **2006**.

[4] P. Ding, M. G. Orwa, A. W. Pacek, *Powder Technology* **2009**, *195 (3)*, 221.

[5] J. Baldyga et al., *Industrial & Engineering Chemistry Research* **2008**, *47 (10)*, 3652.

[6] M. Pohl, H. P. Schuchmann, K. geb, H. Schubert, *Chemie Ingenieur Technik* **2005**, *77 (3)*, 258.

[7] M. Rudolph, K. Bauer, U. A. Peuker, *Chemie Ingenieur Technik* **2010**, *82 (12)*, 2189.

[8] N. Yang, J. Boselli, I. Sinclair, *J Microsc* **2001**, *201 (2)*, 189.

[9] D. Lerche, T. Sobisch, *Powder Technology* **2007**, *174 (1-2)*, 46.

[10] L. Peters, *Pulvergefüllte Gradientenwerkstoffe durch Zentrifugation* **2004**.

[11] G. Bickert, *Sedimentation feinster suspendierter Partikeln im Zentrifugalfeld* **1997**.

[12] J. Bałdyga, K. Malik, *Polish Journal of Chemical Technology* **2009**, *11 (2)*, 6.

[13] *Rotor-Stator technical information*, http://www.ikausa.com/techinfo.htm **2009**.

[14] V. Mancier, D. Leclercq, *Ultrasonics Sonochemistry* **2008**, *15 (6)*, 973.

[15] Suslick K. S., in *Encyclopaedia Britannica: Yearbook of science and the future 1994*, Encyclopaedia Britannica, Inc. Chicago **1994**.

HOCHTEMPERATURSTABILE TiO_2-NANOPARTIKELN FÜR PHOTOKATALYTISCHE ANWENDUNGEN

Fei Qi[1], Anna Moiseev[2], Joachim Deubener[2], Alfred Weber[1]

[1] Institut für Mechanische Verfahrenstechnik, TU Clausthal, Leibnizstr. 19, Clausthal-Zellerfeld

[2] Institut für Nichtmetallische Werkstoffe, TU Clausthal, Zehntnerstr. 2a, Clausthal-Zellerfeld

1 Einleitung

Titandioxid kommt in den Formen Anatas und Rutil in einem breit gefächerten Anwendungs-Spektrum zum Einsatz. Aufgrund der vorteilhaften Festkörper- und Oberflächeneigenschaften wird Anatas als Abgaskatalysator, Gassensor, Katalysatorträger und Photokatalysator eingesetzt. Jedoch stoßen die industriellen Anwendungen der Anataspartikel aufgrund unerwünschter Sinterprozesse und Phasenumwandlung ab ca. 550 °C an ihre Grenzen.

Die Umwandlung von Anatas zu Rutil ist rekonstruktiv und irreversibel und beginnt in der Regel zwischen 400 °C und 600 °C. Ausgelöst durch vorangegangene Clusterbildung von Anataspartikeln ist die Phasentransformationsrate unterhalb von 600 °C gering und steigt sehr stark bei Temperaturen > 750 °C [1-4]. Um die Sinterprozesse und somit die Rutilbildung in feinteiligen Anataspulvern bei den kritischen Einsatztemperaturen herabzusetzen, ist es notwendig den Kontakt zwischen den einzelnen Kristalliten durch geeignete Passivierungsverfahren einzuschränken. Nanoskalige TiO_2-Pulver aus der Flammensynthese besitzen einen hohen Anatasanteil und sind im Vergleich zu den Produkten aus der Nasssynthese deutlich weniger agglomeriert. Bei der Erweiterung der Gasphasenreaktionen, zur Herstellung von beschichteten Anataskristalliten, steht jedoch die Einstellung der gewünschten Partikelmorphologie (Kern-Schale-Aufbau) im Vordergrund, wobei die Eigenschaften der Kernpartikeln und der Beschichtung gleichermaßen optimiert werden müssen.

Die vorliegenden Untersuchungsergebnisse demonstrieren das Anwendungspotential der Aerosolflammensynthese zur Herstellung von mit SiO_2 beschichteten Anatas-Nanopartikeln. Durch Grenzflächenpassivierung mittels einer dünnen SiO_2-Schicht nimmt die thermische Stabilität der Anatas-Nanopartikel beachtlich zu. Selbst nach einer ausgedehnten Temperung bei 1050 °C bleibt die photokatalytische Aktivität und Partikelmorphologie erhalten.

2 Materialien und Methoden

2.1 Materialien

Flammensynthese

Als Precursoren für SiO_2/TiO_2 Nanopulver wurden Titantetrachlorid und Siliziumtetrachlorid der Fa. Sigma Aldrich mit einem Reinheitsgrad > 99,9 % verwendet. Die Flammen- und Trägergase Argon, Methan, Sauerstoff und Stickstoff wurden von der Fa. Linde bezogen, die Reinheitsklasse dieser Gase betrug 4.5. Als Modellsubstanz zur Bestimmung der photokatalytischen Aktivität wurde Dichloressigsäure (DCA), Fa. Riedel-de Haën, mit einem Reinheitsgrad > 99 %, eingesetzt.

Referenzmaterial

Zur Beurteilung der photokatalytischen Aktivität der SiO_2/TiO_2 Materialien als auch zur Bewertung der thermostabilisierenden Wirkung des SiO_2-Additivs in beschichteten Anataspartikeln wurde das Titandioxid Aeroxide® P25 der Fa. Evonik, mit einer mittleren Primärpartikelgröße von 21 nm und einem Anatasgehalt von 80 Gew.-% als Referenzmaterial verwendet.

2.2 Methoden

Flammensynthese

Bei der Synthese von binären SiO_2/TiO_2 Partikeln wurde eine laminare, vorgemischte Flamme angewendet. Der experimentelle Aufbau ist in Abbildung 1 dargestellt. CH_4 (24 l/h) wurde mit N_2 (ca. 230 l/h) und überstöchiometrisch mit O_2 (110 l/h) gemischt. Die Gasströme wurden jeweils über Massenflusscontroller eingestellt. Stickstoff verdünnte das Brenngas und hob die Flamme vom Brenner ab. Ein partikelfreier getrockneter Argon-Strom (26 l/h) wurde in einer Gaswaschflasche mit dem Precursor $TiCl_4$ bei Raumtemperatur (ca. 296 K) beladen und dann mit CH_4, O_2 und N_2 gemischt. Das Gasgemisch wurde in einem zylindrischen mit Glasperlen gefüllten Quarzglasrohr durchmischt und in den Brenner eingeleitet. Der Gasstrom durchquert schließlich eine keramische Wabenstruktur, Typ 200 CSI mit einer Kanalbreite von 1,55 mm, Fa. Rauschert GmbH, Deutschland, um eine laminare Strömung zu garantieren. Der Verbrennungsraum wurde durch ein Acrylglasrohr gegen Quereinflüsse geschützt. Die Temperaturverteilung in der Flamme wurde mittels eines Thermoelements Typ K (NiCr-Ni) gemessen. Die Temperatur bei der Flammenreaktion betrug etwa 900 °C.

Der zweite, mit dem $SiCl_4$-Precursor beladene, Argon-Gasstrom wurde direkt über dem Brenner in die Flamme eingespeist. Um den Einfluss der SiO_2-Zugabemenge in binären SiO_2/TiO_2 Partikeln auf die Thermostabilität des Anatases und seine photokatalytische Aktivität zu untersuchen, wurde der $Ar/SiCl_4$-Volumenstrom in einem Bereich zwischen 0,1 und 0,8 l/h bei einem konstant gehaltenen $Ar/TiCl_4$-Volumenstrom variiert.

Die Abscheidung der Produktpartikel geschah weit über der Flamme im bereits erkalteten Gas auf einem Glasfaserfilter, gefolgt von einem Nasswäscher für das chlorhaltige Abgas und einer Absaugpumpe.

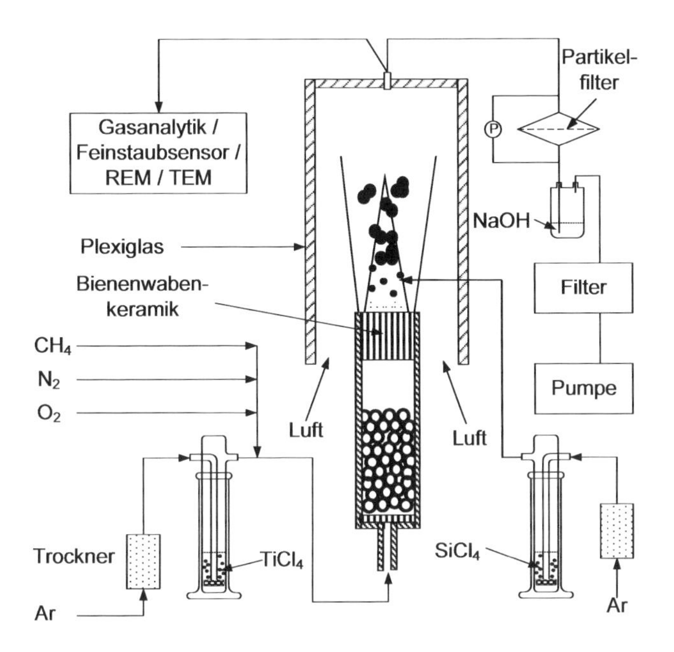

Abb. 1: Versuchsaufbau zur Synthese von SiO_2/TiO_2 –Nanopulvern

Kalzinierung

Die Kalzinierung der SiO_2/TiO_2 Partikeln und des Referenzmaterials TiO_2 P25 wurde im Labormuffelofen unter Luftatmosphäre durchgeführt. Beim Temperungsvorgang betrug die Aufheizrate 4 °C/min, die Haltezeit bei der Solltemperatur 3 h und die Abkühlrate ca. 1 °C/min.

Charakterisierung

Die Morphologie und die Partikelgröße der synthetisierten SiO_2/TiO_2 Proben wurden mittels TEM-Analytik, JEM 2100 der Fa. JEOL, bei 120 kV evaluiert. Zur Bestimmung der Anatasgehalte, in nicht kalzinierten und kalzinierten Pulvern, wurde eine XRD-Analyse mit einem D5000 Kristalloflex der Fa. Siemens, durchgeführt.

Aktivitätstest

Zur Ermittlung der photokatalytischen Aktivität der kalzinierten Proben wurde ein Abbauversuch mit 5 mmol DCA-Lösung (entspricht einer Total Organic Carbon (TOC)-Konzentration, von etwa 120 mg/l) gefahren. Das Reaktionsvolumen pro Versuch wurde auf 0,15 l und die Katalysatormasse auf 0,5 g festgelegt. Die mittlere Strahlungsintensität der UV-A Strahlungsquelle lag bei 6,5 mW/cm^2. Der Reaktionsverlauf wurde durch Messungen der TOC-Konzentrationen bestimmt. Verwendet wurde dazu ein TOC-Analysator IDC micro N/C der Fa. Analytik-Jena.

3 Ergebnisse

Die Einführung der $SiCl_4$-Komponente bei der TiO_2 Synthese spiegelt sich in einem höheren und stabileren Anatas-Anteil wieder [5, 6]. Es wurde gezeigt, dass sich in Abhängigkeit von der Synthesebedindungen unterschiedlichste Produktmorphologien erzeugen lassen. Immobilisiertes TiO_2 kann sich auf der SiO_2-Oberfläche anlagern oder eine SiO_2-Hülle kann sich um die TiO_2-Partikel (Kern-Schale-Aufbau) bilden. Es können sowohl chemisch homogene SiO_2-TiO_2-Oxidgemischpartikel oder unterschiedliche Anordnungen einzelner TiO_2 und SiO_2-Primärpartikel im Agglomerat als Mischoxid erzielt werden [7, 8].

Die Morphologie der synthetisierten SiO_2/TiO_2 Partikeln (links) und kommerzielle TiO_2 P25 Evonik (rechts) wird in der Abbildung 2 dargestellt. Die SiO_2/TiO_2 Partikeln bestehen aus einem dichten eckigen oder ovalen kristallinen Kern und einer den Kern ummantelnden amorphen Schicht, deren Dichte deutlich geringer ist. Unter den gewählten Reaktionsbedingungen kondensiert SiO_2 heterogen auf der TiO_2-Oberfläche, verschmilzt dort und verteilt sich auf der Oberfläche. Es kommt zur Ausbildung der Kern-Schale Morphologie. Das Insert zeigt das hochaufgelöste Bild einer SiO_2/TiO_2-Partikel bei den Volumentrömen von Ar ($TiCl_4$) von 26 l/h und Ar ($SiCl_4$) von 0,2 l/h. Hier haben die Titandioxidkristallite eine Partikelgröße von etwa 18 nm. Die mittlere Dicke der SiO_2-Schale beträgt ca. 4 nm. Die rechte TEM-Aufnahme zeigt die Morphologie des pyrogenen Titandioxids P25 Evonik, mit einer mittleren Primärpartikelgröße von 21 nm.

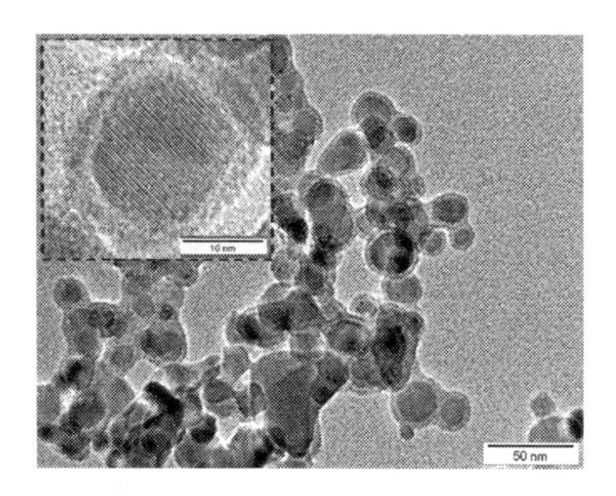

Abb. 2: TEM: synthetisierte SiO_2/TiO_2-Partikeln (links) und kommerzielle TiO_2 Aeroxide® P25 (rechts)

Abbildung 3 (rechts) zeigt die Veränderung der Phasenzusammensetzung im Referenzmaterial TiO_2 P25 Evonik bei 600 und 700 °C. Bei der Betrachtung der Verhältnisse der Intensitäten der Anatas- und Rutil-Peaks zueinander (Anatas-Hauptreflex bei $2\theta = 25{,}3°$; Rutil-Hauptreflex bei $2\theta = 27{,}4°$) ist ersichtlich, dass bei 600 °C die Anatas-Rutil-Umwandlung in TiO_2 P25 Evonik zwar schon fortgeschritten ist, jedoch ist die Anatasphase noch deutlich vorhanden. Nach der Kalzinierung bei 700 °C besteht das TiO_2 P25 Evonik vollständig aus den grobkörnigen, µm-großen Rutilpartikeln.

Abbildung 3 (links) zeigt die Diffraktogramme, von einer SiO_2/TiO_2-Probe mit einem Volumenstrom für Ar ($SiCl_4$) von 0,2 l/h, vor und nach der Kalzinierung bei 900, 1000 und 1050 °C. Im Vergleich zu P25 Evonik wird die Phasenumwandlung durch die SiO_2-Schale stark unterdrückt. Dem Bild ist zu entnehmen, dass auch nach der Temperung bei 1050 °C die binären SiO_2/TiO_2 - Nanopulver überwiegend aus Anatas bestehen. Der Anatasanteil bei 900, 1000 und 1050 °C kalzinierten Proben beträgt über 80 Gew.-%. Der ursprünglichen Anatas-Gehalt der unkalzinierten Probe liegt bei 87 Gew.-%.

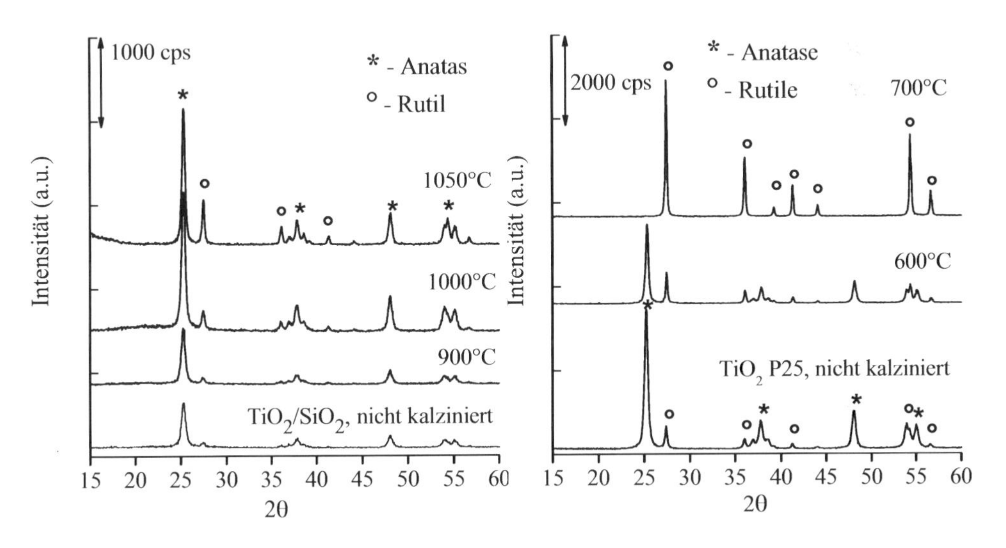

Abb.3: XRD-Spektren: binäre TiO_2/SiO_2-Partikeln (links) und TiO_2 P25 Evonik vor und nach der Kalzinierung (rechts)

In der Abbildung 4 sind TEM Aufnahmen von bei 900°C, 1000°C und 1050°C kalzinierten Kern-Schale Partikeln dargestellt. Es ist zu erkennen, dass durch Einhüllung der TiO_2 Kristalliten mit SiO_2 die Sinterungsprozesse effektiv unterdrückt.

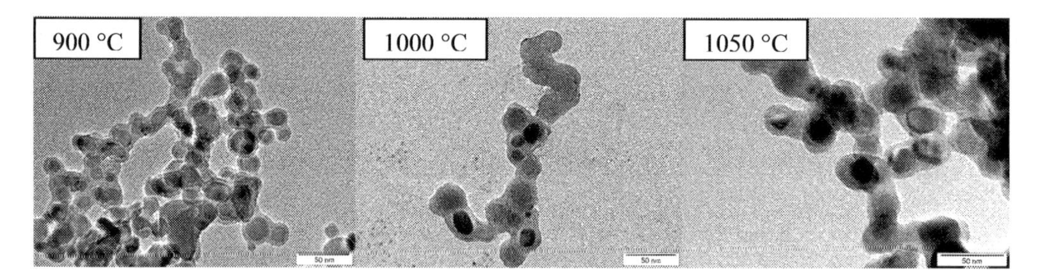

Abb. 4: TEM-Aufnahmen der kalzinierten TiO_2/SiO_2-Partikeln

Die Abbildung 5 zeigt den Anatas-Gehalt für die bei 900 °C, 1000 °C und 1050 °C kalzinierten binären Partikeln in Abhängigkeit des TiO_2/SiO_2 Verhältnisses in der Probe.

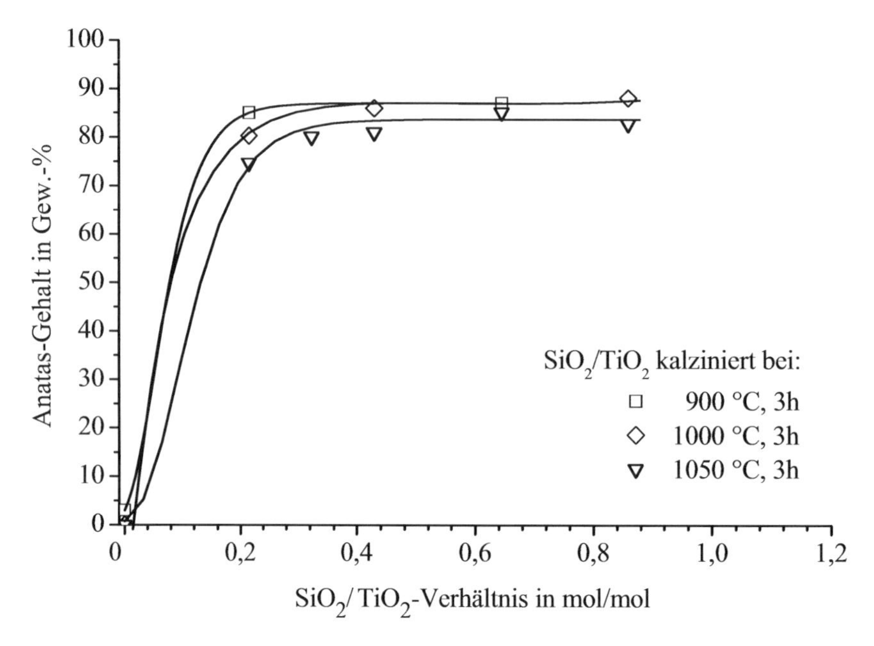

Abb. 5: Anatasgehalt im SiO_2/TiO_2-Pulver in Abhängigkeit von der Kalzinierungstemperatur und der SiO_2-Zugabemenge

Es ist ersichtlich, dass bereits ein geringes SiO_2/TiO_2-Verhältnis von 0,1 mol/mol einen merklichen thermostabilisierenden Effekt hervorruft. Bei 900 °C beträgt der maximal zu erzielende Anatasgehalt bei 87 Gew.-%. Dieser sinkt allerdings auf ca. 80 Gew.-% bei 1050°C. Den Kurvenverläufen ist weiterhin zu entnehmen, dass für einen maximal zu erzielenden Anatasgehalt ein minimal notwendiges SiO_2/TiO_2-Verhältnis existiert, welcher mit steigender Kalzinierungstemperatur auch zunimmt. So beträgt dieses für 900 °C 0,2 mol/mol und für 1050 °C ca. 0,6 mol/mol.

Die photokatalytische Aktivität der getemperten SiO_2/TiO_2-Pulver beim Abbau von DCA ist in Abbildung 6 gezeigt. Die Abbauergebnisse mit dem nicht getemperten und getemperten Referenzmaterial TiO_2 P25 Evonik sind ebenfalls im Diagramm aufgetragen. Das bei 900 °C stark gesinterte TiO_2 P25 Evonik zeigt keinen nennenswerten TOC-Abbau.

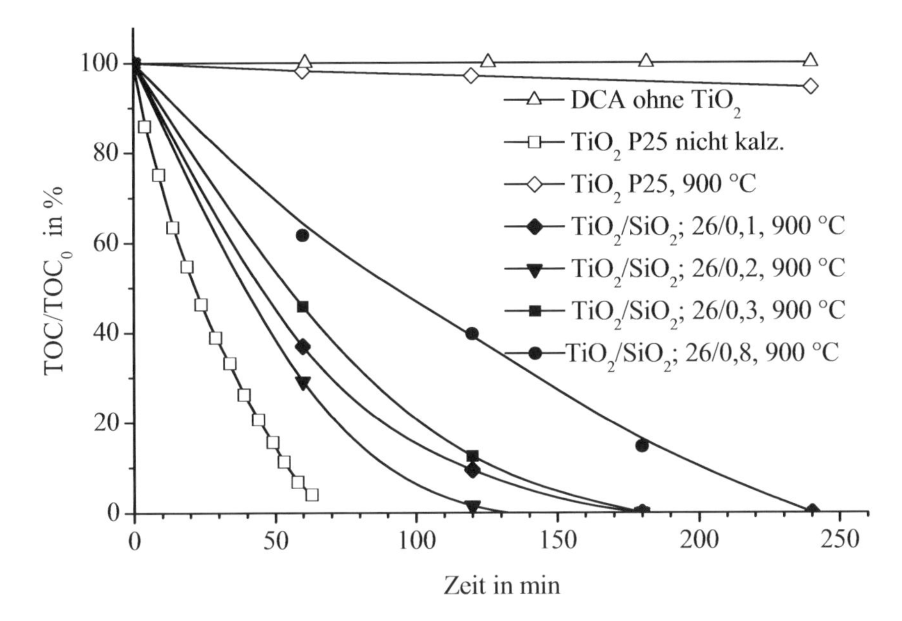

Abb. 6: Photokatalytischer DCA-Abbau mit kalzinierten SiO_2/TiO_2-Partikeln und dem Referenzmaterial

Die Stabilisierung der TiO_2-Partikelgröße und dadurch der Anatasstruktur ist eine der Bedingungen zur Erhaltung der photokatalyischen Aktivität. Dabei darf die SiO_2-Schicht den Kern nicht hermetisch verschließen, da dadurch die Zugänglichkeit der Kristalloberfläche für die Reaktanden erheblich unterdrückt wird.

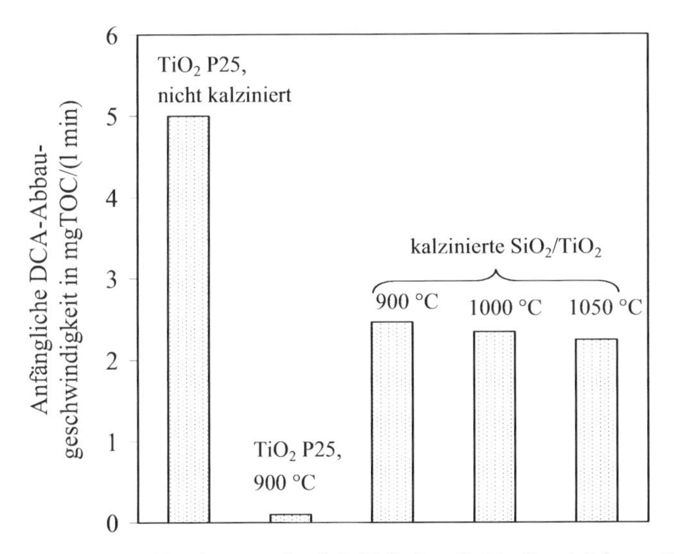

Abb. 7: Die Abbauleistung der SiO_2/TiO_2-Partikel im Vergleich zum Referenzmaterial TiO_2 P25

Beim Überschreiten der optimalen SiO_2-Stabilisatormenge in Kern-Schale–Partikeln, ändern sich die Abbauprofile deutlich, d.h. eine tiefere Einkapselung der Anataskristalliten führt zu einem langsameren Schadstoffabbau, vgl. z.B. Probe 26/0,2 und 26/0,8 in der Abbildung 6.
Die durch die Variation des SiO_2-Gehaltes erzielten Abbaueffizienzen der zwischen 900 °C und 1050 °C getemperten binären Partikeln zeigt die Abbildung 7. Die höchste Abbaugeschwindigkeit mit voroptimierten SiO_2/TiO_2-Partikeln beträgt zwischen 2,5 - 2,3 mgTOC/(l·min). Dies entspricht etwa 50 % der photokatalytischen Abbauleistung des nicht kalzinierten Referenzmaterials TiO_2 P25 Evonik.

4 Zusammenfassung

SiO_2/TiO_2-Nanopartikel mit einem Kern-Schale-Aufbau wurden in einer laminaren, vorgemischten Flamme mit einer Flammentemperatur von ca. 900 °C hergestellt. Bei der Variation des Ar/SiCl4-Volumenstroms ließen sich mehr oder weniger in SiO2 eingekapselte Anatasnanopartikel mit einer primären Partikelgröße von ca. 18 nm synthetisieren. Durch den verminderten Kontakt zwischen den einzelnen Kristalliten besitzen die Anatas-Nanopartikel eine hohe thermische Stabilität selbst bei 1050 °C. Die photokatalytische Aktivität der getemperten SiO2/TiO2-Pulver ist eine Funktion des Anatas-Gehaltes und der SiO_2-Schichtdicke. Die DCA-Abbaugeschwindigkeiten mit voroptimierten SiO_2/TiO_2-Proben liegen zwischen 2,5 - 2,3 mgTOC/(l·min). Dies entspricht etwa 50 % der photokatalytischen Aktivität des nicht kalzinierten Referenzmaterials TiO_2 P25 Evonik.

5 Literatur

[1] Shannon, R.D. and Pask, J.A., Kinetics of the Anatase-Rutile Transformation, J. Am. Ceram. Soc., 48 (8) (1965) 391-398

[2] Rao, C.N.R., A Review of "Solid state Chemistry", 38, 1974, Marcel Dekker Inc. New York, 1974

[3] Gouma, P.I., Mills, M.J., Anatase-to-rutile transfomation in titania powders, *J. Am. Ceram. Soc.*, 84 (3) (2001) 619-622

[4] Kaysser, W., Sintern mit Zusätzen, *Gebrüder. Borntraeger Verlagsbuchhandlung Berlin-Stuttgart (1992),* ISBN 978-3-443-2312-8

[5] Vemuri, S., Pratsinis, S.E.,Corona-assisted flame synthesis of ultrafine titania particles, *Appl. Phys. Lett.*, 66 (1995) 3275-3277

[6] Kammler, H.K., Mädler, L., Pratsinis, S.E., Flame synthesis of nanoparticles, *Chemical Engineering & Technology,* 24 (2001) 583-596

[7] Ehrman, S., H., Friedlander, S., K., Phase segregation in binary SiO_2/TiO_2 and SiO_2/Fe_2O_3 nanoparticle aerosol formed in an premixed flame, *J. Mater. Res.*, 14 (1999) 4551-4561

[8] R. Jossen, Controlled synthesis of mixed oxide nanoparticles by flame spray pyrolysis, Dissertation ETH Zürich, 2006.

UNTERSUCHUNG DER KONTINUIERLICHEN SYNTHESE VON BARIUMSULFAT-NANOPARTIKELN

Martin Pieper, Sergej Aman, Werner Hintz, Jürgen Tomas
Otto-von-Guericke Universität Magdeburg

1 Einleitung

Die Herstellung ultrafeiner und nanoskaliger Bariumsulfat-Suspensionen in Größenbereichen unter 100 bzw. 1000 nm mit Hilfe von Fällungsreaktionen kann in verschiedenen Reaktoren (z.B. T-Mischer, Rührkessel) realisiert werden [1], [2]. Die erzeugten Primärpartikel sind jedoch nicht stabil gegenüber Agglomeration. Das Agglomerationsverhalten der nano- und submikronen Partikel wurde gemessen und eine wirksame Möglichkeit zur Stabilisierung gezeigt. Als Fällungsreaktor wurde ein T-Mischer verwendet und der Einfluss der Übersättigung und der Reynolds-Zahl auf die Partikelgröße, Morphologie und Dispersität untersucht. Weiterhin wurde die kristalline Struktur und Morphologie der Partikel mit Hilfe von TEM und REM untersucht, sowie die BET-Oberfläche ermittelt.

2 Modellsystem Bariumsulfat

Die Fällung von Bariumsulfat kann durch folgende chemische Reaktionsgleichung beschrieben werden:

$$Ba^{2+} + SO_4^{\ 2-} \rightarrow BaSO_4 \downarrow \qquad (1)$$

In Lösung befindliche Barium- und Sulfat-Ionen reagieren zu Bariumsulfat, einem schwerlöslichen Salz mit einer sehr geringen Löslichkeit (Sättigungskonzentration bei 20°C, $c^*=1{,}06 \times 10^{-5}$ mol/l, [3]). Zur Kristallisation muss die Übersättigung

$$S = \frac{c}{c^*} \qquad (2)$$

einen Wert von $S>1$ erreichen. Bei der Fällung können verschiedene Reaktandenverhältnisse

$$R = \frac{c_{Ba^{2+}}}{c_{SO_4^{2-}}} \qquad (3)$$

verwendet werden, deren Einfluss in der Vergangenheit besonders im Hinblick auf die elektrostatische Stabilisierung untersucht wurde. Dabei wurden Eduktverhältnisse von bis zu R=10 eingesetzt [4] um durch die Adsorption von Barium Ionen die Partikel gegen Agglomeration zu stabilisieren. Eine stabilisierende Adsorption von Sulfat Ionen konnte nicht beobachtet werden, wie auch von Kucher u.a. gezeigt [5].

3 Kinetische Ansätze von Keimbildung und Wachstum

Die Kinetiken des Wachstums (Änderung der Partikelgröße d) und der Keimbildung (Änderung der Partikelanzahl n) lassen sich durch empirische Korrelationen beschreiben [6].

$$\frac{dn}{dt} = k_n (S-1)^z \qquad (4)$$

$$\frac{d(d)}{dt} = k_g (S-1)^j \qquad (5)$$

Die Konstanten für Keimbildungsrate k_n sowie Wachstumsgeschwindigkeit k_g werden normalerweise aus experimentellen Daten angepasst. Hohe Übersättigungen begünstigen die Keimbildung ($z \gg j$) und eine große Anzahl Partikel wird gebildet, die nach dem Übersättigungsabbau eine geringere Größe haben.

4 Charakteristische Zeiten der Kristallisationskinetik

Zur Bestimmung der charakteristischen Zeiten wurden folgende empirische Korrelationen benutzt:

Die Mischzeitkonstante für Mikromischung der Edukte im T-Mischer [7] (Vereinigung mikroturbulenter Wirbel)

$$\tau_m = 17{,}24 \left(\frac{\nu}{\varepsilon} \right)^{1/2} \qquad (6)$$

wobei ε die mittlere massebezogene Energiedissipationsrate ist, berechnet durch den pumpenseitig gemessenen Druckverlust nach Schwarzer et. al. [8].

$$\varepsilon = \frac{\dot{V} \cdot \Delta p}{V_{mix} \cdot \rho_f} \qquad (7)$$

Dabei wurde angenommen dass der Druckverlust nur in der Mischkammer des T-Mischers (V_{mix}) stattfindet. Die Längen der kleinsten mikroturbulenten Wirbel berechnete Kolmogorov [9] nach

$$l_{kolm} = \left(\frac{\nu^3}{\varepsilon} \right)^{\frac{1}{4}} \qquad (8)$$

Eine empirische Korrelation wird für die Bestimmung der **Induktionszeit** der Fällung bei hohen Übersättigungen S>2100 [6] verwendet

$$\tau_{ind} = 3{,}52 \cdot 10^{24} \cdot S^{-7{,}74} \cdot 1s \qquad (9)$$

Anhand der Korrelationen für Mischzeit und Induktionszeit kann eine Abschätzung über den geschwindigkeitsbestimmenden Prozess gemacht werden. So kann zwischen einer kinetischen Limitierung ($\tau_{ind} >> \tau_m$) und einer Mischungslimitierung ($\tau_m >> \tau_{ind}$) unterschieden werden.

5 Versuchsdurchführung

Für die Experimente wurde reines Kaliumsulfat und Bariumchlorid (>99 %, Riedel-de Haen) als Reaktanden verwendet, die in entioniertem Wasser gelöst wurden. Beim verwendeten Dispergiermittel Melpers 0030 (BASF) handelt es sich um ein Polyethercarboxylat in wässriger Lösung.

5.1 Aufbau des Versuchsstandes

Um eine hohe Flexibilität bei der Einstellung von Prozessbedingungen zu erreichen, wurde ein Versuchsstand nach Abb. 1 aufgebaut. Es können Volumenströme bis 2 l/min mittels zweier präparativer HPLC Pumpen, eine Dispergiermittelzugabe von bis 10 ml/min mit Hilfe zweier analytischer HPLC Pumpen sowie verschiedene Eduktverhältnisse ohne Unterbrechung des Experiments eingestellt werden.
Auf eine vorherige Zumischung des Dispergiermittels zu den Edukten wurde verzichtet, da bei längeren Standzeiten eine Ausflockung des Dispergiermittels beobachtet wurde. Auch konnte so eine flexible Zumischung des Dispergiermittels erreicht werden. Ein Mischer (Mischer 1) für die Zumischung von Dispergiermittel befindet sich vor dem Reaktor, der benutzt wird um stabilisierte Primärpartikel zu erzeugen. Unterbleibt diese Stabilisierung kommt es in dem nachgeschalteten Schlauch (d=1,6 mm) zur Agglomeration während der Verweilzeit im Schlauch. Diese Agglomeration wird durch die Zumischung von Dispergiermittel in Mischer 2 gestoppt. Auf diese Weise kann durch Variation der Schlauchlänge der Agglomerationsfortschritt gemessen werden. Durch die Verwendung leistungsstarker Pumpen (HPLC-Pumpen, 2 x 1 l/min, Schrittweite 0,1 ml/min, max. 50 bar Gegendruck) konnte ein breiter Bereich an Einströmgeschwindigkeiten bis 7,3 m/s erreicht werden. Als Reaktor wurde für die Experimente ein T-Mischer eingesetzt. Der

T-Mischer besteht aus zwei Edukt-Zuläufen und einer Mischzone (Durchmesser d=2,4 mm) mit 5 mm Länge. Die Druckverlustkurve wurde mit den eingebauten Drucksensoren der Pumpen bei verschiedenen Durchsätzen aufgenommen, um über den Druckverlust die Energiedissipationsrate **Fehler! Verweisquelle konnte nicht gefunden werden.**) bestimmen zu können.

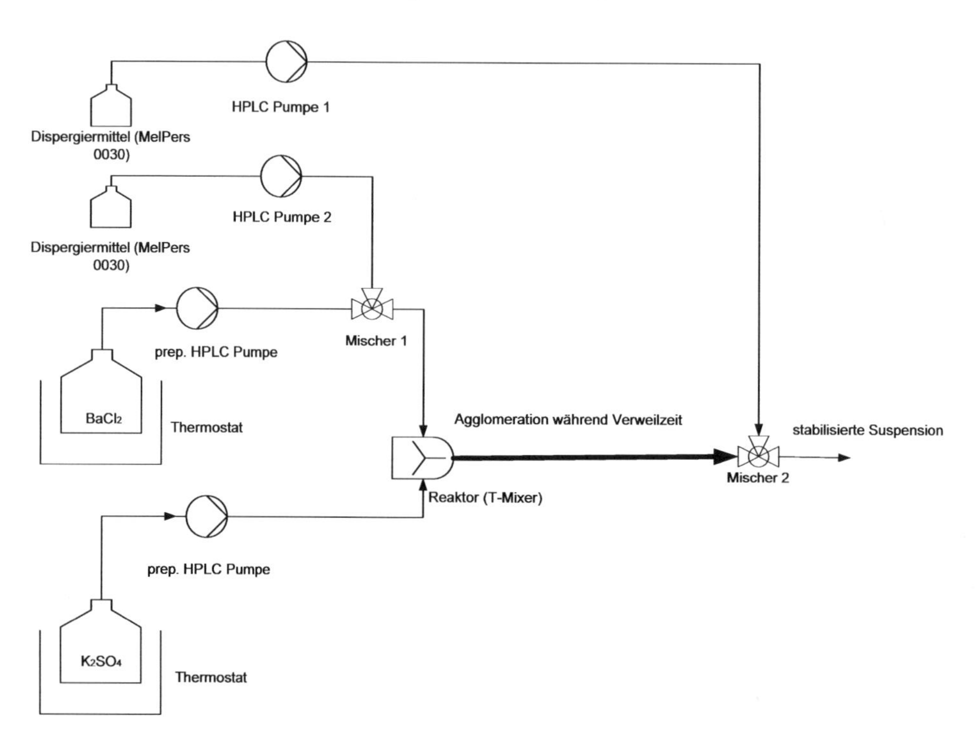

Abb. 1: Fließbild des Versuchsstandes

5.2 Partikelmesstechnik

Zur Bestimmung der Partikelgrößenverteilung wurde die dynamische Lichtstreuung (Zetasizer Nano ZS) verwendet. Die Partikelmorphologie und Kristallinität wurde mit Hilfe der Transmissionselektronenmikroskopie und Rasterelektronenmikroskopie untersucht wurde. Um die spezifische Oberfläche zu ermitteln wurde eine BET Analyse des trockenen Produktes zu untersuchen.

6 Ergebnisse der experimentellen Untersuchung

6.1 Agglomerationskinetik und Stabilisierung von submikronem Bariumsulfat

6.1.1 Stabilisierung von submikronem Bariumsulfat

Partikel im submikronem Bereich neigen aufgrund der Dominanz der Anziehungskraft (van-der-Waals) zu einer raschen Agglomeration. Diese Agglomeration kann durch elektrostatische und sterische Stabilisierung verhindert werden. Das untersuchte Modellsystem Bariumsulfat ließ sich elektrostatisch durch Überschuss von Barium Ionen nur für wenige Stunden stabilisieren. Da ein molares Eduktverhältnis von R=1 aus Produktivitätsgründen günstig ist (sonst unverbrauchter Überschuss von Edukt in der Produktsuspension), wurde das sterische Dispergiermittel MelPers 0030 eingesetzt. Alle Versuche wurden bei einem Volumenstromverhältnis der Edukte von $\dot{V}_{P1} / \dot{V}_{P2} = 1$ durchgeführt. Das Dispergiermittel wurde über die HPLC Pumpe 2 (siehe Abb. 1) flexibel vor der Reaktion zudosiert. Die Eduktkonzentrationen betrugen c=0,05 mol/l, der Volumenstrom 200 ml/min. Zur Kennzeichnung der Zugabemenge wurde hier die Massebeladung x_t in g Dispergiermittel pro g $BaSO_4$ verwendet.

$$x_t = \frac{m_{DSP}}{m_{BaSO_4}} \tag{10}$$

Die Abhängigkeit der durch dynamische Lichtstreuung gemessenen Partikelgröße von der Dispergiermittelbeladung x_t pro g gefälltem Bariumsulfat ist in Abb. 2 dargestellt.

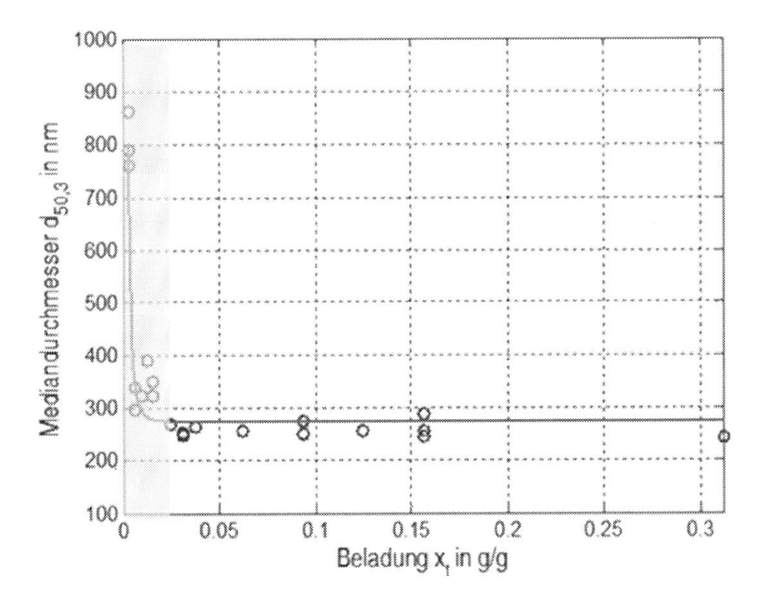

Abb. 2: Mediandurchmesser $d_{50,3}$ in Abhängigkeit von der Beladung der Partikel mit Dispergiermittel (instabiler Bereich grau markiert) [10]

Es wurde davon ausgegangen, dass die Dispergiermittelbeladung keinen Einfluss auf die Prozesse Keimbildung und Wachstum hat [11]. Es ist deutlich zu sehen, dass unter x_t =0,03 g/g die Suspension nicht genügend stabilisiert ist und es zu Agglomeration kommt. Weitere Experimente wurden deshalb mit einer Dispergiermittelbeladung von x_t=0,06 g/g durchgeführt. Mit Hilfe des theoretischen Bedeckungsgrades kann die Wirkung des Dispergiermittels genauer beschrieben werden. Ausgehend von den Annahmen dass es sich bei den Partikeln um ein Kollektiv aus Kugeln mit dem Primärpartikeldurchmesser 250 nm handelt (siehe Abb. 2) kann aus dem Platzbedarf der Dispergiermittelmoleküle (A_{DSP} =38 nm^2 nach [12]) und der Beladung der theoretische Bedeckungsgrad nach [12] berechnet werden.

$$\Theta = \frac{N_{ads}}{N_{ges}} = \frac{x_t \cdot A_{DSP} \cdot N_{AV}}{A_{BaSO_4} \cdot M_{DSP}} \tag{11}$$

Dabei ist A_{BASO4} die massenspezifische Oberfläche des Bariumsulfat Kugelkollektivs (d=250 nm, ρ_{BaS04}=4500 kg/m^3), N_{AV} die Avogadro Konstante ($6{,}022 \cdot 10^{23}$) und M_{DSP} die molare Masse des Dispergiermittels (40.000 g/mol). Es kann somit berechnet werden dass Stabilität ab einem Bedeckungsgrad von 33 % (x_t=0,03 g/g)erreicht ist.

6.1.2 Agglomerationskinetik im Scherfeld

Die Kinetik der Agglomeration von submikronen Bariumsulfat Partikeln in einem Schlauch wurde mit Hilfe des Versuchsstandes untersucht. Hierbei wurde das Stabilisierungsmittel erst nach der Reaktion zudosiert nachdem die unstabilisierte Suspension nach der Fällung in einem Schlauch agglomerierte. Dem schloss sich die Offline-Messung der stabilisierten Suspension durch dynamische Lichtstreuung an. Durch Variation der Schlauchlänge wurde die Verweilzeit verändert, während die hydrodynamischen und sonstigen Prozessparameter (Scherrate, Vermischungsintensität bei der Fällung) konstant gehalten wurden. Die Benutzung eines Schlauches zur kontinuierlichen Agglomeration hat den Vorteil, dass im Schlauch, im Gegensatz zu einem Rührgefäß vergleichsweise gleichmäßige hydrodynamische Randbedingungen herrschen [13]. Bei einem Volumenstrom von 75 ml/min und einer Konzentration der Edukte von c=0,25 mol/l wurden folgende Werte für die Agglomeratgrößen in Abhängigkeit von der Verweilzeit gemessen.

In Abb. 3 ist dargestellt, wie die Suspension im Sekundenbereich agglomeriert. Ebenfalls ist zu erkennen, dass sich das Agglomeratwachstum bei steigenden Agglomeratgrößen deutlich abschwächt. Dies kann auf ein Gleichgewicht zwischen Agglomeration und Redispergierung von großen Agglomeraten im Scherfeld zurückzuführen sein [14-16].

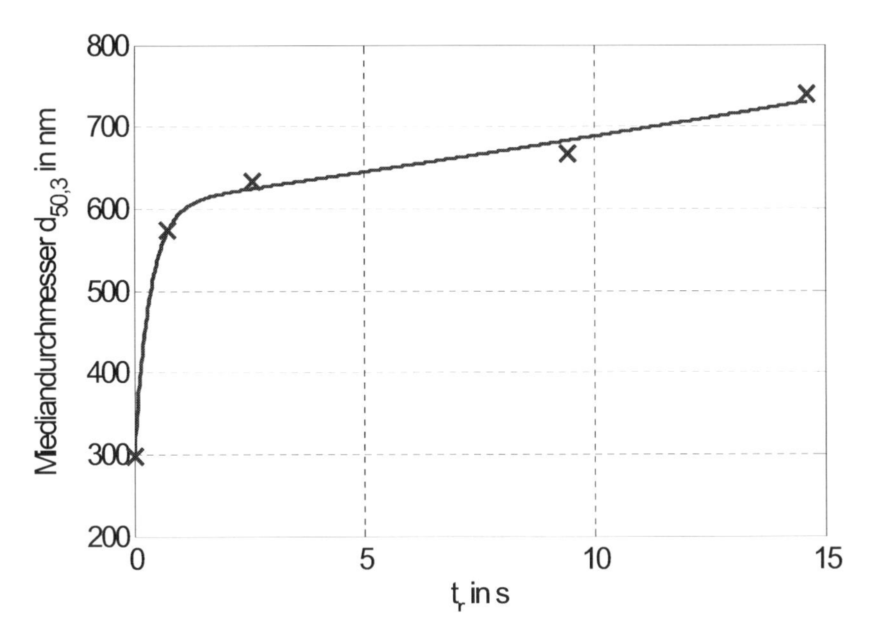

Abb. 3: Mediandurchmesser $d_{50,3}$ der Agglomerate in Abhängigkeit von der Agglomerationszeit t_r im Schlauch (d=1,6 mm)

6.2 Steuerung des Fällungsprozesses

Um den Fällungsprozess und die damit erzeugten Eigenschaften der Partikelsuspensionen zu steuern, wurden drei wesentliche Steuergrößen systematisch untersucht. Mischungsintensität, Eduktkonzentration und Fällungstemperatur können mit Hilfe des Versuchsstandes direkt beeinflusst werden. Es wurde sich als Ziel gesetzt, Prozessparameter zu finden bei denen möglichst kleine Partikelgrößen bei maximalem Produktausbringen erzielt werden.

6.2.1 Einfluss der Mischungs- und Konzentrationsverhältnisse

Der Einfluss von drei unterschiedlichen Eduktkonzentrationen bei jeweils fünf Volumenströmen auf die Partikelgrößenverteilung untersucht. Für alle Versuche wurde ein Eduktverhältnis R=1 gewählt bei einer konstanten Dispergiermittelbeladung von x_t =0,06 g/g. Für jeden Messpunkt wurden drei Wiederholungsmessungen durchgeführt und durch den Einsatz von Dispergiermittel eine gute Reproduzierbarkeit erreicht. Die Ergebnisse sind in Abb. 4 dargestellt.

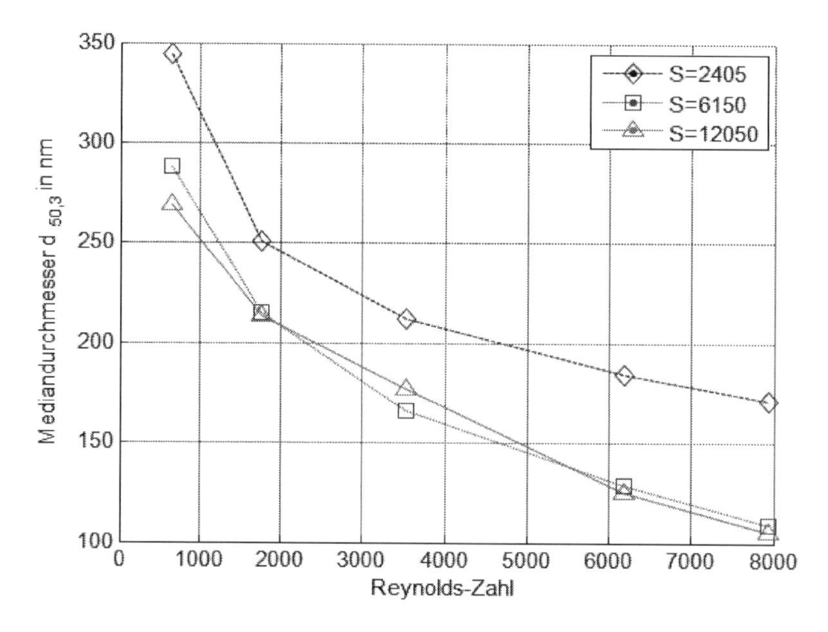

Abb. 4: Mediandurchmesser d50,3 über der Re Zahl bei konstanter Beladung xt=0,06 g/g [10]

Ein Trend zu kleineren Partikelgrößen bei höheren Mischungsintensitäten (mit abklingender Tendenz) ist erkennbar, was sich auch in vorangegangen Untersuchungen [4] ohne den Einsatz von Dispergiermitteln zeigte. Die erhöhte Reaktionsgeschwindigkeit infolge der gesteigerten Mischungsintensität , die für das Einstellen der lokalen Übersättigung verantwortlich ist, begünstigt die Keimbildung gegenüber dem Wachstum [6] und verschiebt so die Partikelgrößenverteilungen zu kleineren Werten. Bei Fällungsprozessen entstehen hohe Übersättigungen und damit Nukleations- und Wachstumsgeschwindigkeiten, so dass die Vermischung als geschwindigkeitsbestimmender Schritt besonders bedeutsam ist. Die hydrodynamische Charakterisierung für die einzelnen Strömungsgeschwindigkeiten ist in Tabelle 1 aufgeführt.

Tabelle 1: Prozessgrößen des Mischens

$\dot{V}_{gesamt}$ in ml/min	75	200	400	700	900
Re	662	1765	3530	6177	7942
v_{mittel} in m/s	0,3	0,7	1,5	2,6	3,3
τ_m in ms	0.58	0.2	0.09	0.04	0.03
l_{kolm} in µm	5.8	3.4	2.3	1.6	1.4

Es zeigt sich außerdem, dass eine hohe Eduktkonzentration sowohl kleine Partikel begünstigt, als auch das Produktausbringen erhöht. Die charakteristischen Induktionszeiten bei der Kristallisation von Bariumsulfat sind in Abhängigkeit von den Übersättigungen in Tabelle 2 aufgezeigt.

Tabelle 2: Eduktkonzentrationen und Induktionszeiten

$c_{BaCl2} = c_{K2SO4}$ in mol/l	0,05	0,128	0,25
S	$2{,}4 \cdot 10^3$	$6 \cdot 10^3$	$11{,}8 \cdot 10^3$
τ_{ind} in ms	24	$1{,}66 \cdot 10^{-2}$	$10 \cdot 10^{-4}$

Es zeigt sich dass, besonders für die untersuchten hohen Konzentrationen, die Mischungslimitierung einen dominierenden Einfluss hat. Für die weiteren Untersuchungen wurde deshalb die maximale Eduktkonzentration von c=0,25 mol/l (S=12050) gewählt.

6.2.2 Veränderung der Fällungstemperatur

Um den Einfluss der Fällungstemperatur auf den Prozess zu untersuchen, wurde ein Thermostat eingesetzt, um die Temperatur der Edukte einzustellen und konstant zu halten. Der untersuchte Temperaturbereich lag dabei zwischen 3,2 °C und 42 °C. Basierend auf den Ergebnissen des vorherigen Abschnitts wurden alle weiteren Messungen bei Eduktkonzentrationen von 0,25 mol/l durchgeführt. Die gemessenen Partikelgrößen sind in Abb. 5 dargestellt.

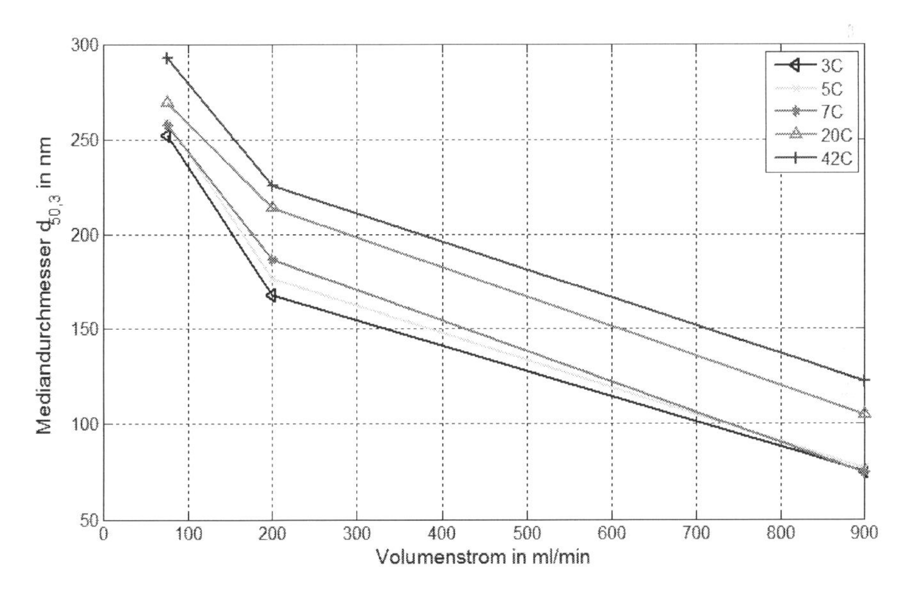

Abb. 5: Mediandurchmesser $d_{50,3}$ als Funktion des Volumenstroms bei konstanter Beladung x_t=0,06 g/g [17]

Es ist deutlich zu erkennen, dass seine Temperaturreduzierung die Produktpartikelgröße wirksam reduziert. Beim höchsten Volumenstrom von 900 ml/min konnte der Mediandurchmesser bei 3 °C auf 75nm gegenüber 123 nm bei 42 °C reduziert werden. Das Verhältnis aus Keimbildungs- und Wachstumsgeschwindigkeit wird durch niedrige Temperaturen offensichtlich zu Gunsten der Keimbildung verschoben, was zu kleineren Partikeln führt. Eine wahrscheinliche Erklärung hierfür liegt in einer starken Verlangsamung des diffusionskontrollierten Wachstumsprozesses von Bariumsulfat bei hohen Übersättigungen [18]. Der Einfluss auf die Keimbildung ist schwieriger einzuschätzen. Vorangegangene Untersuchungen ergaben, dass abhängig vom Stoffsystem die Keimbildungsrate durch die Fällungstemperatur sowohl erhöht als auch reduziert werden kann [19-20].

6.2.3 Zusammenfassung der Steuerungsparameter

Der Einfluss zweier Prozessparameter Fällungstemperatur und Volumenstrom kann als Konturendarstellung in Abb. 6 gezeigt werden. Hier sind die Ergebnisse der Untersuchung für die hohen Eduktkonzentrationen 0,25 mol/l zusammengefasst.

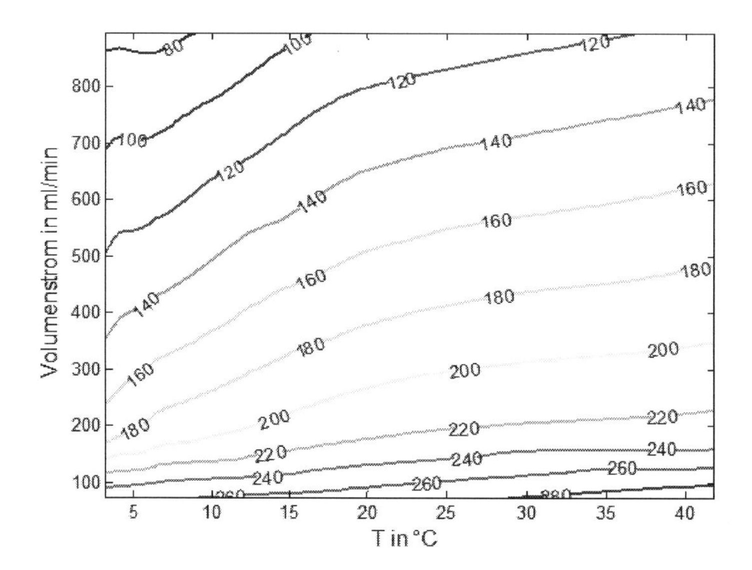

Abb. 6: Prozessebene mit Partikelmediandurchmesser in nm als Höhenlinien (Stellgrößen Fällungstemperatur und Volumenstrom)

Eine optimale Prozessfahrweise bei maximalem Produktausbringen und minimaler Partikelgröße wird bei einem hohen Volumenstrom und niedriger Fällungstemperatur erreicht. Die Reduzierung der Fällungstemperatur wird technisch u.a. durch die Löslichkeit der Edukte sowie durch den steigenden Druckverlust durch Viskositätserhöhung begrenzt. Der Volumenstrom kann ebenfalls bis zum Erreichen der Fördergrenze der Pumpen gesteigert werden.

6.3 Produktcharakterisierung

6.3.1 Rasterelektronenmikroskopische Untersuchung

Zur Bestätigung der durch dynamische Lichtstreuung gemessenen Partikelgrößen wurden Rasterelektronenmikroskopische (REM) Aufnahmen angefertigt. Die Ergebnisse sind in Abb. 7 und Abb. 8 dargestellt und bestätigen den Trend der Messung durch dynamische Lichtstreuung.

Abb. 7: REM Aufnahme der Partikel bei Volumenstrom 900 ml/min und T=3,2 °C

Abb. 8: REM Aufnahme der Partikel bei Volumenstrom 75 ml/min und T=42 °C

Die bei hoher Fällungstemperatur und niedriger Mischungsintensität gefällten Partikel sind deutlich größer als die bei hoher Mischungsintensität und niedriger Temperatur gefällten.

6.3.2 Transmissionselektronenmikroskopische Untersuchung

Die innere Struktur sowie die Kristallinität der Partikel wurden mit Hilfe eines Transmissionselektronenmikroskops (TEM) untersucht. Aufnahmen der gefällten Partikel bei hoher und niedriger Konzentration sind Abb. 9 dargestellt.

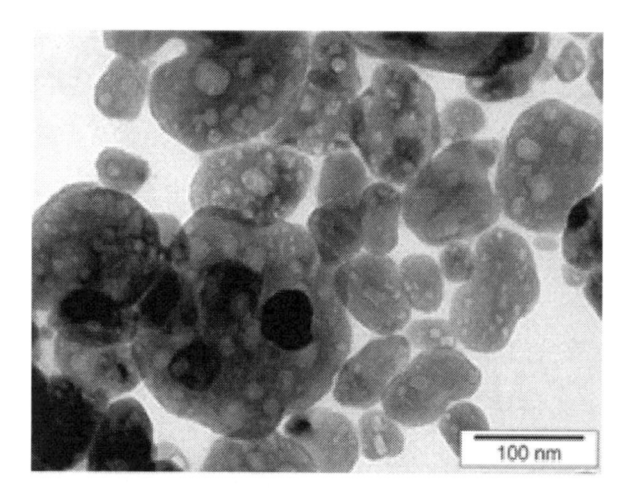

Abb. 9: TEM Aufnahme der Partikel bei Volumenstrom 75 ml/min, c=0,25 mol/l und T=42 °C

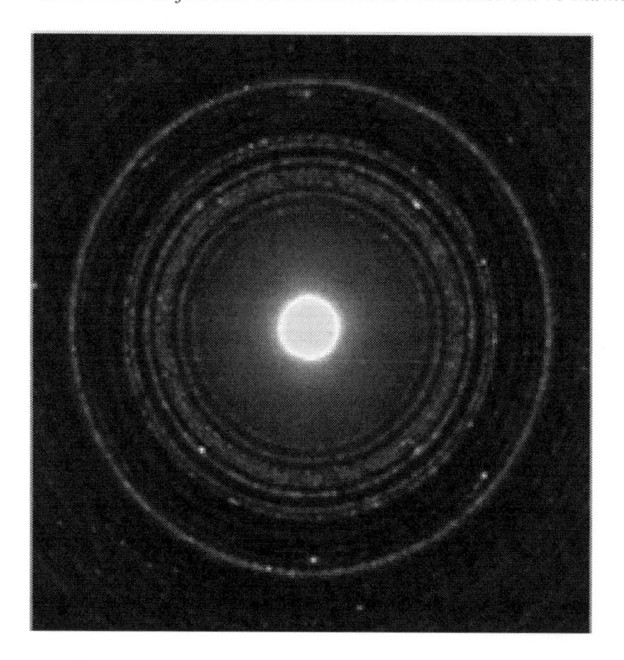

Abb. 10: Elektronenbeugungsbild der Partikel bei Volumenstrom 75 ml/min, c=0,25 mol/l und T=42 °C

Es ist deutlich zu erkennen dass die bei hohen Konzentrationen gefällten Partikel eine poröse innere Struktur haben. Das in Abb. 10 dargestellte Beugungsbild zeigt kontrastreiche Ringe welche typisch für kristalline Partikel sind, allerdings von der ortho-rhombischen Kristallstruktur abweicht, die für Bariumsulfat angenommen wird [21].

6.3.3 BET Oberflächen Analyse

Durch den kontinuierlichen Fällungsprozess konnten große Produktmengen hergestellt werden die für eine Adsorptionsanalyse nach dem BET Modell [22] verwendet werden konnten. Dazu wurden die Partikel dreimalig sedimentiert und gewaschen, um verbleibende Salze (hauptsächlich Kaliumchlorid) zu entfernen. Anschließend wurden die Partikel getrocknet und mit Hilfe eines Quantachrome Nova 2000e Porosimeters analysiert. Betrachtet man die Partikel als System volumengleicher Kugeln kann der Sauterdurchmesser berechnet [23]

$$d_{st} = \frac{6}{A_m \cdot \rho_s} \qquad (12)$$

Mehrpunkt BET Messungen für die Reaktandenkonzentration c=0,25 mol/l führte zu folgenden Ergebnissen:

Tabelle 3: Zusammenfassung der Ergebnisse

Volumenstrom in ml/min	Reynoldszahl in [-]	Oberfläche A_m in m^2/g	d_{st} in nm
75	662	9,0	148
200	1765	14,0	95
900	7942	20,6	65

Mit der massenspezifischen Oberfläche A_m. In Abb. 11 sind die Ergebnisse des Sauterdurchmessers und des durch dynamische Lichtstreuung (DLS) gemessenen Mediandurchmessers dargestellt.

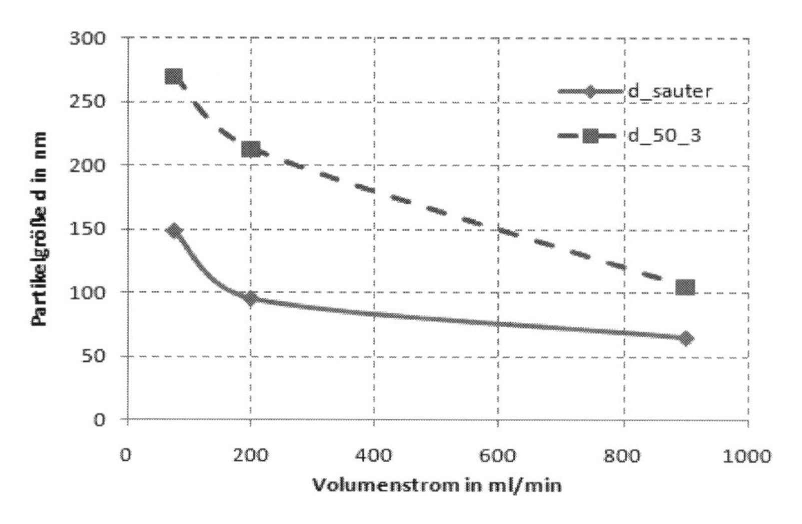

Abb. 11: Sauterdurchmesser und Mediandurchmesser (DLS) im Vergleich

Die gemessenen Partikelgrößen liegen in derselben Größenordnung und die Trends zu kleineren Partikelgrößen bei höherer Mischungsintensität stimmen überein. D wird durch die Ergebnisse aus der Messung mit dynamischer Lichtstreuung und REM, sowie die Ergebnisse vorangegangener Untersuchungen [4, 10, 24] nochmals bestätigt. Die bei der BET Analyse gemessenen geringeren Partikelgrößen können inneren Oberfläche poröser Partikel erklärt werden, die schon in den TEM Aufnahmen sichtbar wurde (siehe Abb. 9). Durch die innere Oberfläche ergibt die BET Adsorption eine scheinbar kleinere Partikelgröße als die DLS-Analyse, bei der die äußeren hydrodynamische Radien vermessen werden.

7 Schlussfolgerung

Die Herstellung stabilisierter Nanopartikel Suspensionen aus Bariumsulfat mit Partikelmediandurchmessern $d_{50,3}$ von minimal 75 nm konnte hinsichtlich Produktausbringen und Produkteigenschaften optimiert werden. Sterische Stabilisierung wurde hinsichtlich der optimalen Dispergiermittelmenge untersucht und die Kinetik der Agglomeration von submikronem Bariumsulfat gemessen. Durch Einsatz des Dispergiermittels „Melpers 0030“ konnte ein Prozess mit einem Eduktverhältnis von 1:1 gefahren werden, der hinsichtlich des vollständigen Eduktumsatzes von großem Vorteil ist. Die Verbesserung der Mischungsintensität durch Erhöhung der Reynolds Zahl auf bis zu 8000 konnte die Partikelgröße signifikant reduzieren. Ein anderer Prozessparameter, die Eduktkonzentration hat ebenfalls Einfluss auf die Produkteigenschaften sowie das Produktausbringen. Höhere Eduktkonzentrationen begünstigen die Keimbildung gegenüber dem Wachstum und reduzieren die Größe der Fällungsprodukte. Durch Reduzierung der Fällungstemperatur konnte der Partikel Mediandurchmesser bei maximaler Mischungsintensität bis auf

75nm reduziert werden. Die Produkteigenschaften wurden hinsichtlich Morphologie, Kristallinität und Porosität untersucht. Dabei konnte die poröse innere Struktur der bei hohen Konzentrationen gefällten Partikel sowie ihre kristalline Struktur gezeigt werden. Der optimierte Prozess ist geeignet, über 1kg/Stunde Feststoffdurchsatz an nanoskaligem Bariumsulfat mit einer Median Größe von $d_{50,3}$=75 nm zu erzeugen.

8 Literatur

[1] A. Petrova, W. Hintz, J. Tomas, *Chem. Eng. Technol.* **2008,** *31 (4)*, 604-608.

[2] A. Rüfer, K. Räuchle, F. Krahl, W. Reschetilowski, *Chem. Ing. Tech.* **2009,** *81 (12)*, 1949-1954.

[3] L. D'ANS, *Taschenbuch für Chemiker und Physiker, Band 3, 4. Auflage*. Springer Verlaug, Berlin, **1998**.

[4] B. Pohl, N. Özyilmaz, G. Brenner, U. A. Peuker, *Chem. Ing. Tech.* **2009,** *81 (10)*, 1613-1622.

[5] M. Kucher, D. Babic, M. Kind, *Chem. Eng. Process.* **2006,** *45 (10)*, 900-907.

[6] A. E. Nielsen, *Kinetics of precipitation*. International series of monographs on analytical chemistry,, Vol. 18, Pergamon Press; distributed in the Western Hemisphere by Macmillan, Oxford, New York,, **1964**.

[7] B. Yu. Shekunov, J. Baldyga, P. York, *Chem Eng Sci* **2001,** *56 (7)*, 2421-2433.

[8] H.-C. Schwarzer, Nanoparticle precipitation : an experimental and numerical investigation including mixing, Erlangen-Nürnberg **2005**.

[9] M. R. Smith, *Physical review letters* **1993,** *71 (16)*, 2583.

[10] M. Pieper et al., *Chem. Ing. Tech.* **2010**. DOI: 10.1002/cite.201000108.

[11] A. Petrova, Kombinierte Fällung und mechanische Desintegration am Beispiel von Bariumsulfat, Otto-von-Guericke Universität Magdeburg **2008**.

[12] A. Petrova, J. Tomas, *Chem. Ing. Tech.* **2009,** *81 (6)*, 855-859. DOI: 10.1002/cite.200800148.

[13] K. Himmler, W. F. Schierholz, *Chem. Ing. Tech.* **2004,** *76 (3)*, 212-219. DOI: 10.1002/cite.200406151.

[14] R. Wengeler, H. Nirschl, *J. Colloid Interface Sci.* **2007,** *306 (2)*, 262-273.

[15] C. Knieke, M. Sommer, W. Peukert, *Powder Technology* **2009,** *195 (1)*, 25-30.

[16] C. Schilde, I. Kampen, A. Kwade, *Chem Eng Sci* **2010,** *65 (11)*, 3518-3527.

[17] M. Pieper, S. Aman,W. Hintz, J. Tomas, *Chem. Eng. Technol. [eingereicht]* **2011**. DOI: ceat.201000405.

[18] A. E. Nielsen, *Acta. Chem. Scandia.* **1958,** *12*, 915-958.

[19] R. McGraw, in *Nucl. Atmos. Aerosols, Proc. Int. Conf., 13th*, Eds: C. D. O'Dowd, P. E. Wagner), Springer Netherlands,**2007**.

[20] J. S. Wey, J. P. Terwilliger, *Chem. Eng. Commun.* **1980,** *4 (1)*, 297 - 305. DOI: 10.1080/00986448008935910.

[21] M. Kucher, M. Kind, *Chem. Ing. Tech.* **2007,** *79 (3)*, 266-271.

[22] S. Brunauer, P. H. Emmett, E. Teller, *J. Am. Chem. Soc.* **1938,** *60 (2)*, 309-319. DOI: 10.1021/ja01269a023.

[23] J. Sauter, *VDI-Forschungsh.* **1926,** *279*.

[24] H.-C. Schwarzer, W. Peukert, *Chem. Eng. Technol.* **2002,** *25 (6)*, 657-661.

CRYSTAL SIZE DISTRIBUTION OF L-GLUTAMIC ACID IN A FLUIDIZED BED CRYSTALLIZER

D. Binev[1], H. Lorenz[1], A. Seidel-Morgenstern[1,2]

[1] Max-Plank-Institut für Dynamik komplexer technischer Systeme, Sandtorstraße 1, 39106, Magdeburg, e-mail: binev@mpi-magdeburg.mpg.de

[2] Otto-von-Guericke-Universität Magdeburg, Institut für Chemische Verfahrenstechnik, Postfach 4120, 39016, Magdeburg

1 Abstract

The crystal size distribution (CSD) of L-glutamic acid (L-Glu) crystals produced in a fluidized bed crystallizer was investigated studying the influence of feed rate and continuous seed generation by means of sonication. Supersaturation and concentration of the aqueous solution were monitored by a feedback loop based on the measured density and optical rotation. The crystallization temperature was kept at 45°C. The application of ultrasonic attenuation for continuously creating seed crystals by means of de-agglomeration/de-aggregation and crystal crushing resulted in a significant reduction of the crystal sizes produced. The results for the CSD were collected by means of light scattering and compared to microscopic images. The study confirmed that crystals with a specific CSD could be achieved using a fluidized bed crystallizer with continuous production of seed crystals by means of sonication.

2 Introduction

Crystallization is an important technique for separation of substances, which can also be applied for purification of fine chemicals in pharmaceutical industry. More than 90 % of them are crystals, built from small organic molecules. In addition to product purity, their solid state properties are also important and characterized by particle size, polymorphic form, etc. The control of polymorphism is of significance since different polymorphs can have different physical properties like density, melting point, solubility, and dissolution behavior [1]. L-glutamic acid, as the system studied in this work, has two known polymorphs: an unstable α- and a stable β-form [2]. The morphology of β-L-Glu is characterized by well-formed needle-like crystals in comparison to the prismatic α-L-Glu polymorphs [3, 4]. Controlling the polymorph appearance through spontaneous nucleation is usually difficult to realize. Seeding is a well-known method to increase uniformity, resulting in larger size crystals and narrower CSD [1]. The CSD could be varied and optimized by applying different control strategies such as rapid desupersaturation, constant supersaturation, and step-changing supersaturation profiles [5]. The application of ultrasonic attenuation in conjunction with the crystallization process has a distinct impact on CSD and also affects the formation of different polymorphs [6, 7]. The use of ultrasonic devices for de-agglomeration and creating seed crystals is also widely applied [8-12]. The application of ultrasound for continuous generation of seed crystals from bigger ones in conjunction with a fluidized bed crystallizer is already known, but until now has not been studied with regard to affecting the CSD of the product crystals [13, 14]. Such combination of equipment can be successfully used for continuous production of crystals of certain size and purity without the need to stop the crystallization process or to successively add seeds manually.

The aim of this work is to study how the CSD of L-Glu in a fluidized bed crystallizer is affected by using different feed rates under constant supersaturation conditions and the usage of ultrasonic attenuation on continuous seed generation. The experiments performed can be seen as an extension work of Midler's [13, 14] to the further study of the fluidized bed crystallization for enantioseparation purposes.

3 Experimental

3.1 Materials

L-glutamic acid was obtained from Alfa Aesar (Germany, purity >99%) and used as received. Deionized water was used to prepare the solutions.

3.2 Crystallization setup and procedure

The experimental setup, applied in the present study, is shown in Fig. 1. It consists of a jacketed glass reactor (1) used as a solution reservoir, a jacketed glass conical crystallizer (5) having 7 outlets along its height, a jacketed glass filter (4) for solid product removal, gear (2) and peristaltic pumps (3, 6, 10) for solution cycling and a heatable ultrasonic bath (9) for generating seeds. For online analysis of the solution concentration a polarimeter (7) and a densitometer (8), arranged in a sample bypass, were applied. Both were calibrated prior to the crystallization experiments.

For the experiments a solution of L-Glu in water, saturated at 50 °C, was prepared, using already known [15-17] and additionally own determined solubility data and filled into the reservoir. The temperature of the crystallizer was set to 45 °C, thus creating a supersaturation of 5 K or 1.2. 10 g solid L-Glu was added to keep the saturation of the solution throughout the entire duration of the crystallization experiment. The saturated solution was pumped from the reservoir through a filter (12) into the bottom of the crystallizer. The filter has a porosity of 10-16 µm and prevents particles to enter the crystallizer. From the top of the crystallizer the solution is returned back to the reservoir, thus closing the main crystallization circle. The flow rate of the solution was controlled by setting the gear pump to a specific flow rate. The temperature in the whole equipment was maintained to ± 0.01 °C by means of a water bath thermostat (Lauda, RC6 CP). To initiate the crystallization experiment, 1.75 g of seed crystals suspended in a solution (saturated at 45 °C) were introduced into the crystallizer from the lowest outlet (outlet I) using a syringe. The outlets were numbered considering the flow direction from I to VII (see Fig. 1).

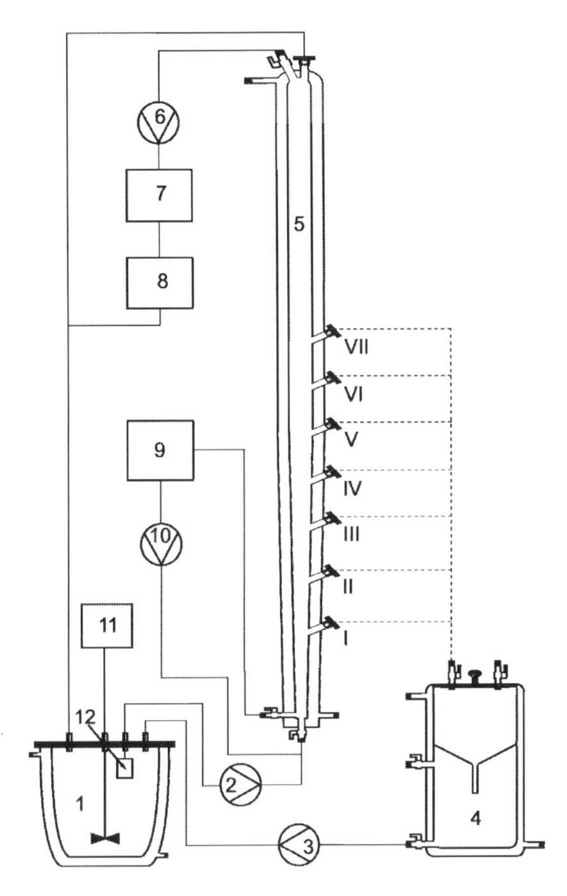

Fig. 1: Scheme of the experimental setup: 1. Jacketed glass 1.2 l reservoir; 2. Gear pump (Ismatec MCP-Z); 3, 6 and 10 Peristaltic pumps (Heidolph Pumpdrive 5201); 4. Jacketed glass filter; 5. Jacketed glass conical crystallizer (30-45 mm diameter, 1100 mm height); 7. Polarimeter (IBZ Messtechnik, P3002); 8. Densitometer (Mettler-Toledo DE40); 9. Heatable ultrasonic bath (Bandelin Sonorex Digital 10P, 35 kHz); 11. Stirrer (Heidolph RZR 2021); 12. Glass filter (ROBU – glass, Porosity 4).

To conduct crystallization in a continuous regime, one of the outlets should be connected to the filter and continuously a certain quantity of the suspension stream should be taken out, filtered and the mother liquor pumped back into the reservoir, thus closing the filtration circle. The analytical circle, consisting of the polarimeter and the densitometer, provided online monitoring of the concentration of the supersaturated solution in the crystallizer. The polarimeter will be later used for the measurement of the concentration difference of the two glutamic acid enantiomers in separation experiments. A seed-generation circle completes the experimental setup, where a peristaltic pump continuously takes out the biggest crystals and crystal agglomerates from the bottom of the crystallizer into an ultrasonic bath. The crushed smaller particles were then returned continuously into the crystallizer along with the main flow. The experiment was considered finished, when all the excess solid L-Glu initially added in the reservoir was consumed by crystallization and the concentration of the saturated solution was respectively lowered.

At the end of each experiment, suspension samples were taken at all crystallizer outlets using syringes and the crystal size distribution (CSD) was measured by means of a laser light scattering analyzer, (CILAS 1180L, Quantachrome GmbH & Co. KG). Additionally, microscopic images of the crystals were collected (Axioscope 2, Carl Zeiss AG). For CSD measurement, a solution of L-Glu saturated at room temperature, was prepared, filtered and used to suspend the crystals in. A fresh and clear saturated solution is used to collect background spectra before each measurement. Then the suspension sample is introduced into a small volume unit, a special part of the laser diffractometer designed for handling small sample quantities. After homogenization of the suspension, the measurement is conducted. Before the next measurement the small volume unit is flushed with distilled water.

In the current study we examined the influence of two parameters on the CSD generated. One is the flow rate of the saturated solution circulating through the crystallizer and affecting both the crystallization rate and the settling of the crystals. The rates used were 6, 9 and 12 l/h. The other issue was the influence of the continuous seeding, provided through ultrasonic attenuation. In order to investigate its influence on seed production, we have done preliminary experiments with L-Glu crystals in ultrasonic bath. The conditions to generate seeds of 30-50 μm size were optimized and used in the current work. A summary of the conditions used to perform the experiments can be seen in Table 1.

Table 1: Experimental conditions used in this work.

Experiment conditions	**Values**
crystallization temperature, [°C]	45
initial solution concentration, [g/l]	22.4
supersaturation, C/Csat, [-]	1.2
seed amount, [g]	1.75
feed flow rates, [l/h]	6, 9, 12
ultrasonic attenuation, [kHz]	35
seed generation flow rate, [l/h]	2

4 Results and Discussion

The influence of the ultrasonic attenuation on the CSD of L-Glu is shown in Fig. 2. It can be seen in the figure, that a significant reduction of the L-Glu crystal size is achieved in just a few minutes. The data show that after only 2 minutes of ultrasonication the crystal size values for d_{90} (respectively d_{50}) changed from 275 (72) μm to 58 (21) μm. The L-Glu CSD acquired is appropriate to be used as seeds in the current crystallization experiments. The reproducibility of the preliminary experiments with regard to the crystal sizes was very good.

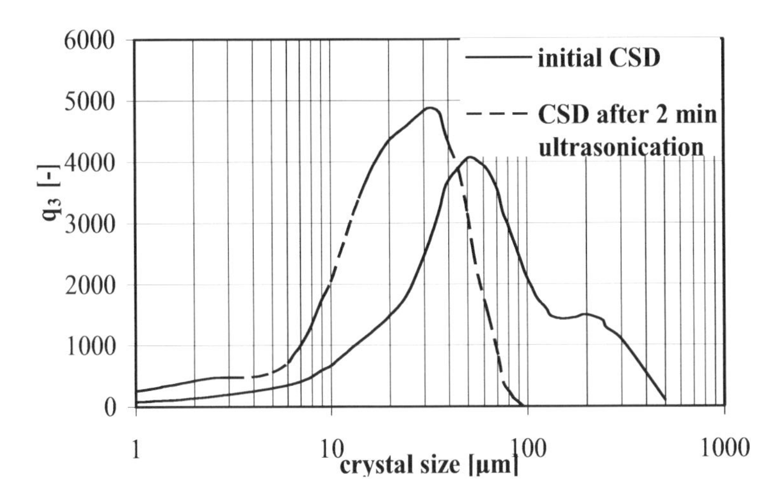

Fig. 2: The influence of ultrasonic attenuation on the CSD of L-Glu crystals in saturated solution at 20°C.

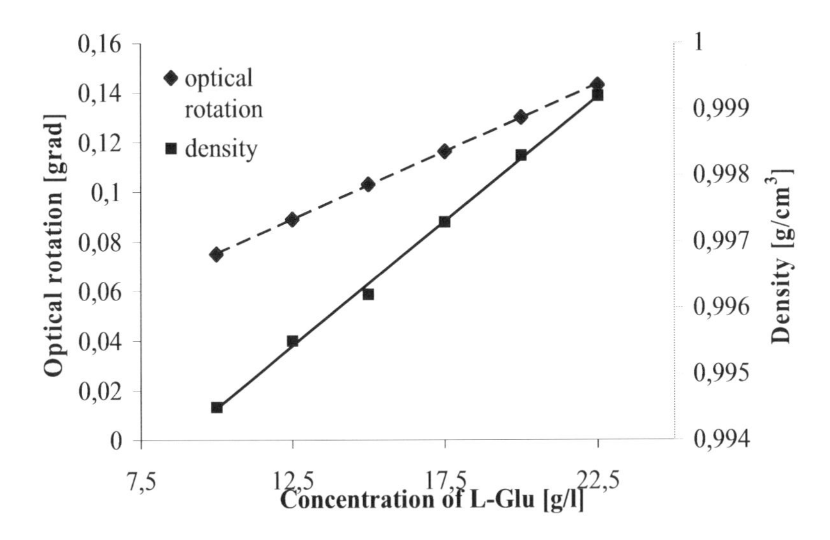

Fig. 3: Calibration lines for the polarimeter and densitometer at 50 °C.

In order to control and monitor the concentration of the L-Glu solutions, the polarimeter and the densitometer were calibrated using different initial concentrations at a temperature of 50 °C shown in Fig.3. It can be seen that both variation of optical rotation and density as a function of the concentration is linear and thus the calibration lines can be used for crystallization monitoring.

In Fig. 4 are shown CSDs of L-Glu crystals, obtained at the different outlets of the crystallizer. Figures 4**a**, 4**b** and 4**c** refer to flow rates of 6, 9 and 12 l/h respectively. These experiments were performed without generation of seed crystals using the ultrasound. For the experiment conducted with flow rate of 6 l/h, the mean crystal size (d_{50}) is ~200 µm at output I and ~50 µm at output VI. The mean crystal sizes for experiments conducted with flow rates 9 l/h are ~180 µm at output I and ~100 µm at output IV and for 12 l/h d50 is ~220 µm at output I and ~150 µm at output IV. The data show that with increasing flow rate of the L-Glu solution in the crystallizer from 6 to 12 l/h, the mean crystal sizes at the different outlets rise and the CSD gets narrower. This is expected as the drag force of the current flow grows with the increase of the flow rate, compared to the almost constant particle weight. The difference in crystal sizes at different outlets is significant when using a flow rate of 6 l/h and gets smaller with increasing flow rate. At 9 and 12 l/h (Fig. 4**b** and 4**c**) no CSDs could be measured from samples taken at the outputs above the IV one, because of the lack of the crystal suspension.

The CSD of the L-Glu crystals, presented in Fig. 5, are obtained using the same experimental conditions as mentioned above, but additionally seed crystals were continuously introduced into the crystallizer using the seed generation cycle. The bimodal CSD with maxima at ~100 µm and ~200 µm is to be seen in fig. 5**a** and **b**. This can be explained by the influence of the ultrasonic attenuation, because the continuous reduction of the bigger crystals and therefore the continuous production of smaller ones (with sizes around 100 µm) took place inside the crystallizer. We have no explanation for the additional small crystal sizes around 40 µm from the trimodal CSD (Fig. 5**c**). The CSD curves between the different outlets in each experiment look very similar. Nevertheless at the lowest flow rate the content of the smaller particles (~100µm) exceeds the content of bigger ones (~200 µm). Increasing the flow rate leads to an increase of the content of the bigger crystals and a reduction of the content of smaller ones. This behavior can be attributed to the different ratios between the increasing feed rates from 6 to 12 l/h and the constant flow rate (~2 l/h) of the seed generation circle.

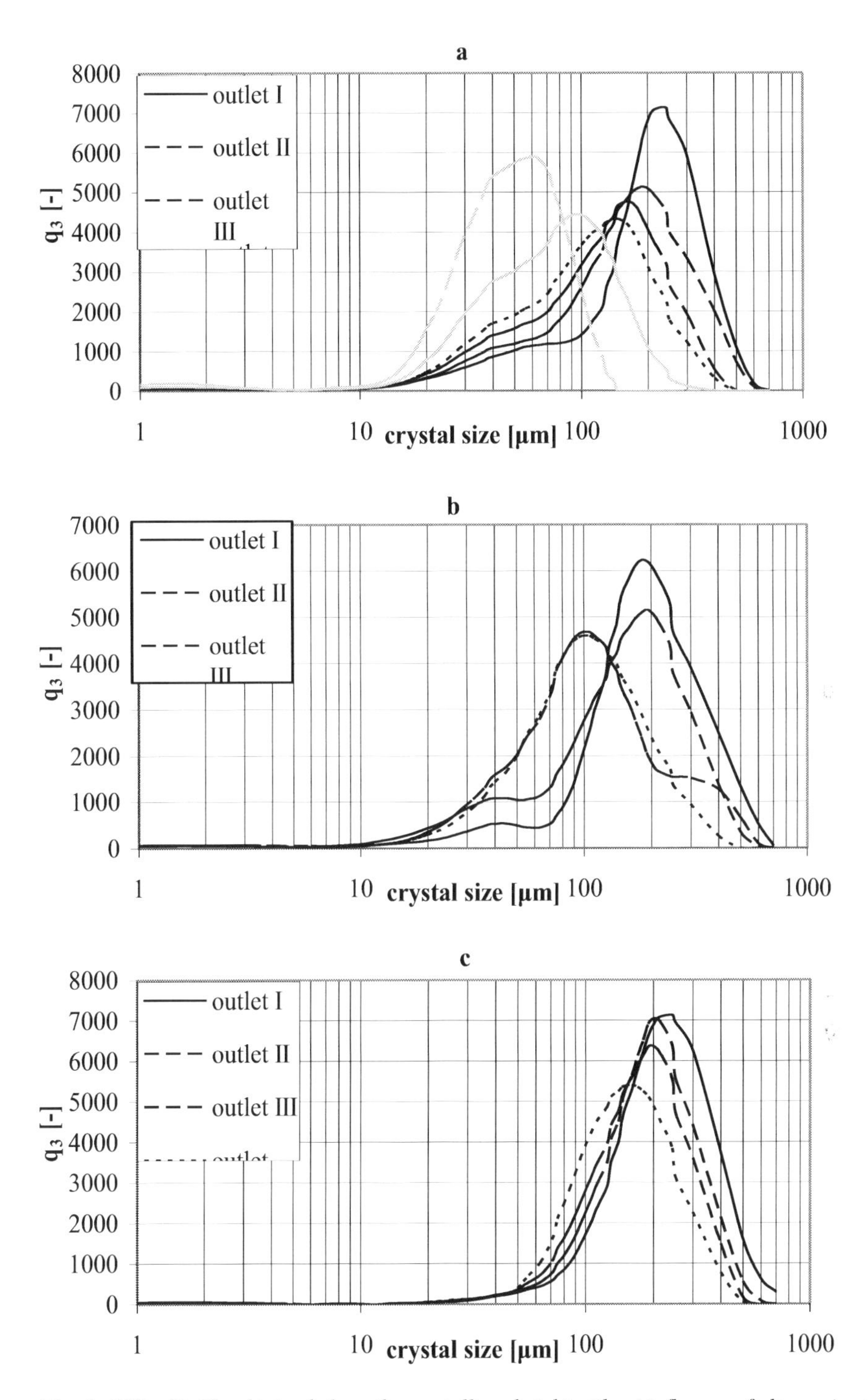

Fig. 4: CSD of L-Glu obtained along the crystallizer height without influence of ultrasonic attenuation for three different flow rates: a) 6 l/h, b) 9 l/h and c) 12 l/h.

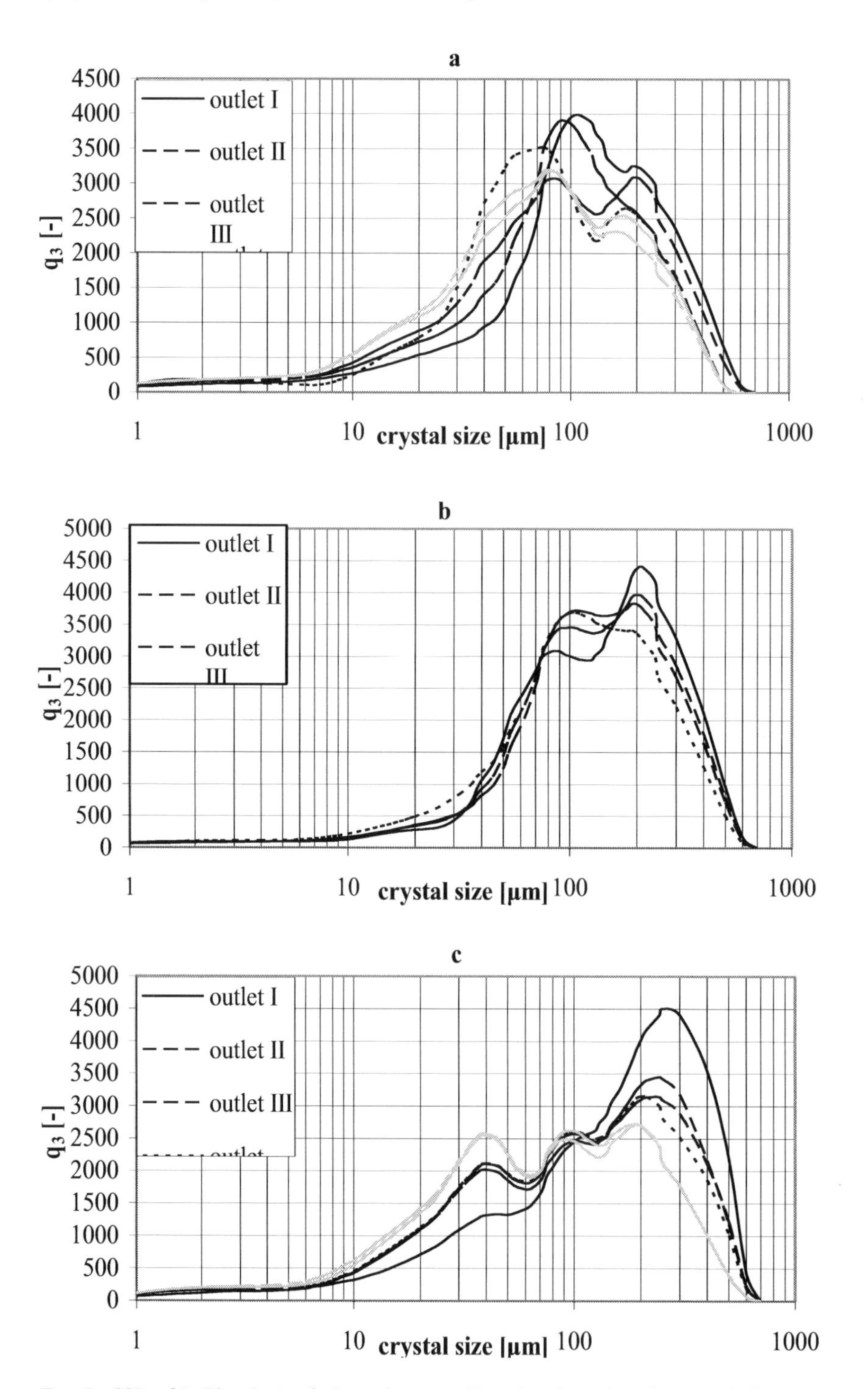

Fig. 5: CSD of L-Glu obtained along the crystallizer height with influence of ultrasonic attenuation for three different flow rates: a) 6 l/h, b) 9 l/h and c) 12 l/h.

In Table 2 are summarized the characteristic crystal sizes for outlet III of the crystallizer from all experiments. The smaller mean crystal sizes from the experiments conducted using ultrasonic are due to the bimodal/trimodal CSDs. It can be seen that although the change of the crystal sizes is not so significant, a proper combination of the solution flow rate and eventually use of the ultrasonic attenuation can lead to a desired crystal size at a specific outlet of the crystallizer.

Table 2: Characteristic crystal sizes of L-Glu taken from the cumulative curves for outlet III

Experiment conditions	**d_{10} [µm]**	**d_{50} [µm]**	**d_{90} [µm]**
flow rate 6 l/h, without US*	33	120	234
flow rate 9 l/h, without US	35	144	261
flow rate 12 l/h, without US	71	166	280
flow rate 6 l/h, with US	20	72	226
flow rate 9 l/h, with US	27	108	268
flow rate 12 l/h, with US	16	97	314

* ultrasonication

For future continuous operating mode and respectively continuously taking out crystals with desired specific size from one of the outlets, the continuous seed introduction is required to keep the crystallization process running.

To investigate the development of the CSD as function of time of the crystallization process, samples were collected every hour from outlet III of the crystallizer. Selected results are shown in Fig. 6**b**. Figure 6**a** shows the course of the optical rotation and density of the solution phase with time. From both figures can be seen that after 10-11 h the amount of the bigger crystals (~250 µm) and density (respectively concentration) were lowered, while the amount of the crystals with size ~100 µm rose. Up to this time point the supersaturation of the solution in the crystallizer remains constant (there is excess of solid L-Glu in the reservoir). The lowered supersaturation and a respectively slower grow rate of the crystals in the crystallizer are due to the complete consummation of the solid phase in the reservoir after 10-11 hours. At the same time, strong agglomeration effects were observed visually inside the crystallizer, thus disturbing crystal growth. Moreover, the increased sizes of the formed agglomerates lead them to the bottom of the crystallizer, where they are crushed by means of sonication. Thus the amount of the crystals with size ~100 µm was raised, creating a bimodal CSD. On the contrary, the values for both crystal sizes (~100 µm and ~250 µm) remained constant in the course of the experiment. Therefore they were independent from the time and supersaturation respectively, even when the amount of the crystals is changed.

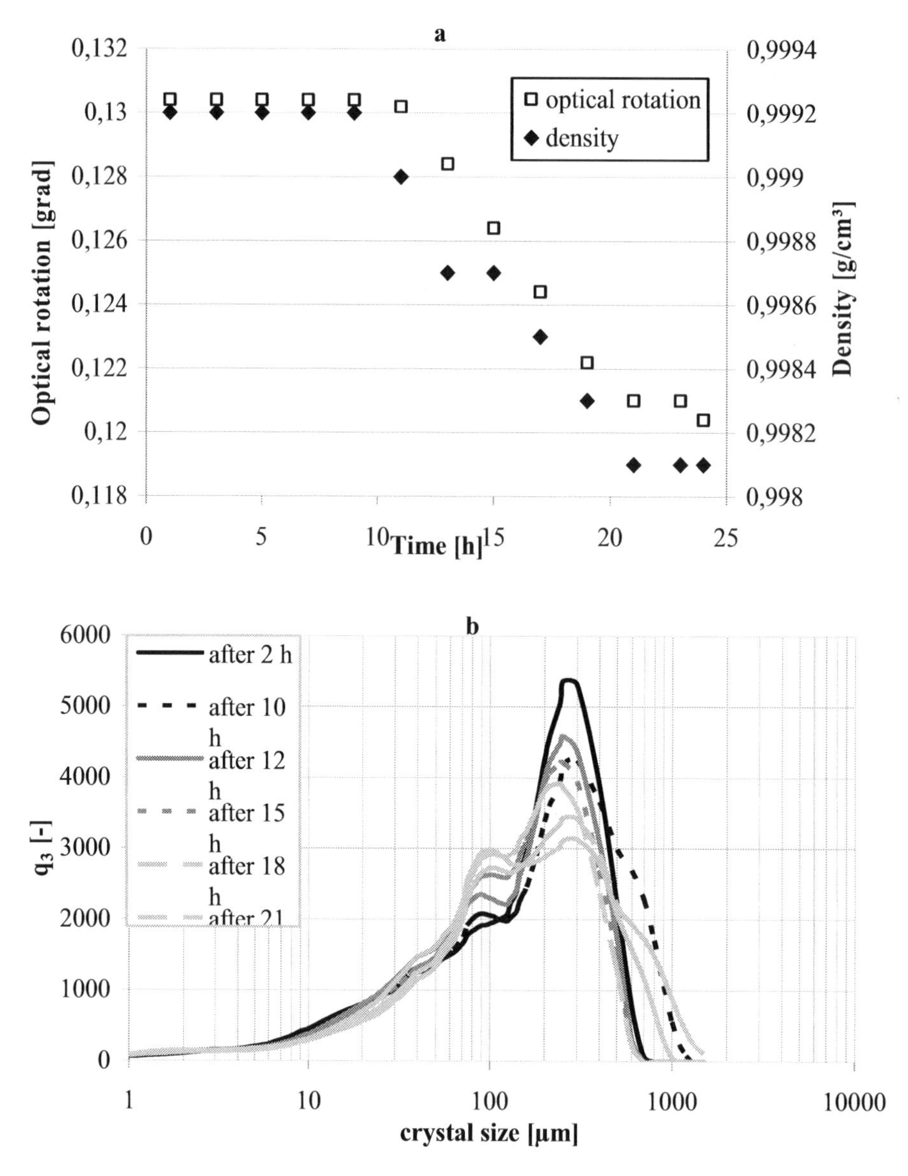

Fig. 6: The course of the ***a)*** *optical rotation and density;* ***b)*** *CSD of L-Glu with time, taken from outlet III of the crystallizer, using a flow rate 9 l/h and ultrasonic attenuation.*

5 Conclusions

An investigation of the crystal size distribution of L-glutamic acid was conducted inside a fluidized bed crystallizer with seven outlets along its height. The influence of the different flow rates of the supersaturated solution and ultrasonic attenuation for seed generation was studied. The increase of the feed flow rates leads to increased crystal sizes. The use of the ultrasonic attenuation has led to: a) unification of the CSD along the height of the crystallizer and b) production of crystals with smaller d_{50} compared to experiments, performed without ultrasonic attenuation. The CSD collected over time of the crystallization process showed that after 10-11 h the mean crystal size decreases. This means that keeping the supersaturation of the solution in the crystallizer at a constant value is necessary to run the crystallization in a continuous mode and no bimodal CSDs should be expected.

These results can be seen as preliminary to understand the conditions, at which crystals with specific sizes can be produced. Further plans include investigating the CSD along the height of the fluidized bed crystallizer in a continuous regime. Moreover an investigation of the preferential crystallization for enantioseparation will be performed.

6 Literature

[1] A. S. Myerson, Handbook of Industrial Crystallization, 2ed, Elsevier, 2001

[2] S. Hirokawa, "A new modification of L-glutamic acid and its crystal structure", Acta Cryst. vol. 8, 637-641, 1955

[3] M. Kitamura, "Polymorphism in the crystallization of L-glutamic acid", J. Cryst. Growth, vol. 96, 541-546, 1989

[4] K. Othmer, Encyclopedia of Chemical Technology, vol.2, Springer, Berlin, 1984

[5] H. Grön, A. Borissova, and K. J. Roberts, "In-Process ATR-FTIR Spectroscopy for Closed-Loop Supersaturation Control of a Batch Crystallizer Producing Monosodium Glutamate Crystals of Defined Size", Ind. Eng. Chem. Res., vol 42, 198-206, 2003

[6] M. Louhi-Kultanen, M. Karjalainen, J. Rantanen, M. Huhtanen, and J. Kallas, "Crystallization of glycine with ultrasound" Int. J. Pharm. vol 320: 23-29. 2006

[7] S. R. Patel, Z. V. P. Murthy, "Effect of process parameters on crystal size and morphology of lactose in ultrasound-assisted crystallization", Cryst. Res. Technol. vol 46, No. 3, 243 – 248, 2011

[8] S. R. Patel, Z. V. P. Murthy, "Ultrasound assisted crystallization for the recovery of lactose in an anti-solvent acetone", Cryst. Res. Technol. vol 44, No. 8, 889 – 896, 2009

[9] S. Marković, M. Mitrić, G. Starčević, D. Uskoković, "Ultrasonic de-agglomeration of barium titanate powder", Ultrason. Sonochem., vol 15, 16–20, 2008

[10] R. D. Dennehy, "Particle Engineering Using Power Ultrasound", Org Process Res Dev, vol 7, 1002-1006, 2003

[11] G. Ruecroft, D. Hipkiss, T. Ly, N. Maxted, and P. W. Cains, "Sonocrystallization: The Use of Ultrasound for Improved Industrial Crystallization", Org Process Res Dev, vol 9, 923-932, 2005

[12] J.-M. Kim, S.-M. Changa, K.-S. Kimb, M.-K. Chungc, W.-S. Kim, "Acoustic influence on aggregation and agglomeration of crystals in reaction crystallization of cerium carbonate", Colloid Surface A, vol 375, 193–199, 2011

[13] M. Midler Jr., "Process for Production of Crystals in Fluidized Bed Crystallizers", United States Patent No. 3892539, 1975

[14] M. Midler Jr., "Crystallization System and Method Using Crystal Fracturing External to a Crystallization Column", United States Patent No. 3996018, 1976

[15] E. Manzurola and A. Apelblat, "Solubilities of L-glutamic acid, 3-nitrobenzoic acid, p-toluic acid, calcium-L-lactate, calcium gluconate, magnesium-DL-aspartate, and magnesium-L-lactate in water", J. Chem. Thermodynamics, vol 34, 1127-1136, 2002

[16] A. Borissova, S. Khan, T. Mahmud, K. J. Roberts, J. Andrews, P. Dallin, Z.-P. Chen, and J. Morris, "In Situ Measurement of Solution Concentration during the Batch Cooling Crystallization of L-Glutamic Acid using ATR-FTIR Spectroscopy Coupled with Chemometrics", Cryst. Growth Des., vol 9-2, 692-706, 2009

[17] M. W. Hermanto, N. C. Kee, R. B. H. Tan, M.-S. Chiu, and R. D. Braatz, "Robust Bayesian Estimation of Kinetics for the Polymorphic Transformation of L-Glutamic Acid Crystals", AIChE J, vol 54, 3248–3259, 2008

ENTWICKLUNG EINES INLINE-SENSORS ZUM MONITORING VON PROZESSSPRAYS

Florian Dannigkeit ,Siegfried Ripperger

Lehrstuhl für mechanische Verfahrenstechnik, TU Kaiserslautern, Gottlieb-Daimler-Straße, 67663 Kaiserslautern, e-mail: f.dannigkeit@mv.uni-kl.de, ripperger@mv.uni-kl.de

1 Einleitung

Zum Monitoring von Prozesssprays besteht ein Bedarf an einfachen Inline-Sensoren, welche die Größe der Tropfen bzw. Partikeln sowie deren Konzentration und räumliche Verteilung bestimmen können. Die Kenntnis der Tropfengröße ist in vielen Spray-Prozessen von besonderer Bedeutung, da sie über die erzeugte Stoffaustauschfläche den Stofftransport und das thermodynamische Verhalten der Tropfenphase maßgeblich beeinflusst. Optische Verfahren zur Partikelanalyse arbeiten berührungslos und beeinflussen die ablaufenden Vorgänge nicht. Sie sind damit geeignet, um Spray-Prozesse zu überwachen und um die ablaufenden Vorgänge im Spray aufzuklären.

Der entwickelte Sensor bestimmt die Tropfengröße von Sprays in Sprühprozessen inline auf Basis der dynamischen Extinktionsmessung. Ein Laserstrahl durchleuchtet den Spray vollständig oder teilweise. Ein Photodetektor misst den Anteil der Lichtintensität, der von dem Spray weder absorbiert noch gestreut wird. Daraus wird die Transmission des Lichts berechnet. Da mit der Tropfengröße und der Tropfenkonzentration zwei unabhängige Spraygrößen gemessen werden sollen, wird mit der Standardabweichung der Transmission zusätzlich eine zweite Messgröße erfasst. Hierbei führt das Ein- und Austreten von großen Tropfen in das Messvolumen zu einer größeren Standartabweichung der Transmission als der Ein- und Austritt kleiner Tropfen.

Ein großer Vorteil dieses Messprinzips beim Einsatz in Sprühtürmen ergibt sich aus dem einfachen optischen Aufbau, der eine lanzenförmige Realisierung des Sensors ermöglicht. Zur Messung in einer Ebene wird in der Sprühturmaußenwand nur ein Durchgang mit einem Durchmesser von ca. 50 mm benötigt, durch den die Lanze in den Turm eingebracht werden kann. Außerdem kann zusätzlich zur mittleren Tropfengröße auch die Konzentration des Sprays bestimmt werden. Durch den Einsatz von axial verfahrbaren Hüllrohren mit einem Durchmesser von 5 mm, die den Laserstrahl über eine variable Länge vor Sprayeinflüssen schützen, kann auch bei sehr hohen Tropfenkonzentrationen und an beliebigen Orten im Sprühturm gemessen werden. Dies ist weder mit Streulichtmessverfahren, noch mit bildgebenden Verfahren möglich. Außerdem kann das Messvolumen innerhalb des Turmes durch eine Verschiebung der Hüllrohre entlang der Laserachse verschoben werden, was eine Untersuchung des radialen Sprayprofils innerhalb des Sprühturms ermöglicht.

2 Messprinzip

2.1 Dynamische Extinktionsmethode

Das Messverfahren bestimmt die Tropfengröße und deren Konzentration aus der Extinktion eines Laserstrahls, der den Spray durchleuchtet. Das Gesetz von Lambert-Beer liefert den Zusammenhang zwischen der Extinktion $E(x, c\,\lambda, m)$ des Lasers und der Tropfengröße x sowie deren Anzahlkonzentration c_n in dem Spray [1], [2], [3], [4]:

$$\mathrm{E(x,c,\lambda,m)} = -\ln(T) = -\ln\left(\frac{I}{I_k}\right) = c_N \cdot C_{ext}(\mathrm{x},\lambda,\mathrm{m}) \cdot \mathrm{L} \tag{1}$$

Die Extinktion wird über die messtechnische Erfassung der Transmission (T) bestimmt. Die Intensität I_k ist die Intensität des Laserstrahls hinter dem ausschließlich mit kontinuierlicher Phase gefüllten Messvolumen. I entspricht der Intensität des extingierten Laserstrahls hinter dem mit disperser und kontinuierlicher Phase gefüllten Messvolumen. C_{ext} ist der Abschattungsquerschnitt eines Tropfens mit dem Durchmesser x in Abhängigkeit der Wellenlänge λ des Laserstrahls und des Brechzahlverhältnisses m zwischen der dispersen und der kontinuierlichen Phase. C_N ist die Anzahlkonzentration der Tropfen im Spray. L ist die Länge über der der Messstrahl den Spray durchdringt.

Da Gleichung (1) zwei unabhängige Spraygrößen (C_{ext} und c_N) enthält wird eine zweite, unabhängige Messgröße benötigt. Hierzu dient bei der statistischen Extinktionsmessung die Standardabweichung der fluktuierenden Transmissionssignale (σ_T). Diese kann aus den gemessenen Werten der Transmission einfach berechnet werden. Der zusätzlich gewonnene Informationsgehalt basiert hierbei darauf, dass größere in das Messvolumen ein- oder austretende Tropfen zu einer größeren Fluktuation im Extinktionssignal führen, als kleinere Tropfen. Nach Gregory [5] kann der mittlere Extinktionsquerschnitt der Tropfen eines Sprays aus der gemessenen Transmission und deren Standardabweichung wie folgt berechnet werden:

$$C_{ext}(x,\lambda,m) = -\frac{A_{mess}}{\ln(\overline{T})}\left[\ln\left(\frac{\sigma_T}{\overline{T}} + \sqrt{\left(\frac{\sigma_T}{\overline{T}}\right)^2 + 1}\right)\right]^2 = k_{ext}(x,\lambda,m)\cdot\frac{\pi}{4}x^2 \tag{2}$$

A_{mess} ist hierbei der mittlere Querschnitt des Laserstrahls im Messvolumen. Der Extinktionsquerschnitt kann weiterhin durch das Produkt aus dem Extinktionskoeffizienten (k_{ext}) und der

Tropfenquerschnittsfläche ausgedrückt werden. Die Extinktionskoeffizienten werden auf Basis des Bohren-Huffmann-Algorithmus [6] berechnet. Da das Produkt aus dem Extinktionskoeffizienten, der von der Tropfengröße abhängt, und der projizierten Tropfenquerschnittsfläche nicht explizit nach der Tropfengröße aufgelöst werden kann, werden für eine Reihe von Tropfengrößen im erwarteten Messbereich diese Produkte berechnet und in Abhängigkeit der Tropfengröße tabelliert. So kann die Tropfengröße durch eine lineare Interpolation des gemessenen Extinktionsquerschnitts bestimmt werden. Die Anzahlkonzentration der Tropfen ergibt sich dann mit der ermittelten Tropfengröße und der Transmission aus Gleichung (1).

Somit können die mittlere Tropfengröße eines Sprays und die Tropfenkonzentration in dem Spray aus den Messgrößen Transmission und Standardabweichung der Transmission eindeutig bestimmt werden.

2.2 Korrekturen der berechneten Extinktionsquerschnitte

Die obige Theorie gilt, wenn das Messvolumen, in dem die Tropfen sich befinden, gleichmäßig ausgeleuchtet ist und alle Tropfen sich vollständig im Messvolumen befinden und gelichförmig angestrahlt werden. Dabei dürfen sich keine Tropfen an Orten im Messvolumen befinden, die bereits durch andere Tropfen abgeschattet werden. Außerdem muss die Optik des Sensors einen idealen Aperturwinkel von 0 ° aufweisen. Diese Bedingungen sind bei der Umsetzung des Messprinzips nicht vollständig gegeben, so dass entsprechende Ergänzungen (Korrekturen) des theoretischen Ansatzes notwendig sind.

Da die Intensität des Lichtstrahls nicht in einem kreisrunden Bereich konstant und außerhalb dieses Bereichs Null ist, sondern die Form einer Gauß'schen Normalverteilung annimmt, verursacht auch die Bewegung eines Tropfenes innerhalb des Messstrahls eine Fluktuation des Transmissionssignals. Dadurch fällt die gemessene Standardabweichung der Transmission zu groß aus. Nach Simulationsrechnungen von Wessely[1] kann dieser Effekt durch die Multiplikation der Standardabweichung der Transmission mit einem Faktor 0,8 korrigiert werden.

Befinden sich Tropfen an Orten, an denen der Laserstrahl bereits durch andere Tropfen teilweise abgeschattet wird, verursachen sie eine verringerte Abschattungswirkung. Diese Tropfen werden zu klein gemessen. Durch Simulationsrechnungen wurde der in Gleichung (3)

$$C_{ext,Ov-korr} = C_{ext} \cdot \left(\frac{0{,}92}{T^{0{,}12}} \cdot 0{,}07 \cdot T \right) \tag{3}$$

dargestellte Korrekturterm gefunden [7], der bei Transmissionen bis ca. 20 % zu deutlichen Korrekturen des Extinktionsquerschnitts führt.

Randzoneneffekte beeinflussen ebenfalls die ermittelten Extinktionsquerschnitte. Ein Tropfen der sich vollständig im Messstrahl befindet, führt zu einer Abschattung des Laserstrahls auf einer Fläche, die so groß ist, wie seine projizierte Querschnittfläche. Dadurch wird der Durchmesser dieses Tropfens richtig bestimmt. Befindet sich ein Tropfen mit demselben Durchmesser nur teilweise in dem Laserstrahl, so ist die durch ihn verursachte Schattenfläche deutlich kleiner. Der Tropfen wird zu klein bestimmt. Dies führt speziell bei Tropfen mit einer Größe im Bereich des Lichtstrahldurchmessers zu großen Verfälschungen der gemessenen Tropfengröße. Um diesen Effekt bei der Auswertung zu berücksichtigen wird der mittlere Anschnitt G_m aller Tropfen mit einem definierten Durchmesser x berechnet. Der Anschnitt eines Tropfens ist hierbei der Anteil seiner projizierten Querschnittsfläche, der sich in dem Messstrahl befindet. Diese Berechnung wird für eine Reihe von Tropfengrößen durchgeführt und tabelliert. Der mittlere Anschnitt bei einer beliebigen Tropfengröße wird durch lineare Interpolation bestimmt. Der Randzonenkorrigierte Extinktionsquerschnitt ($C_{ext,Rz\text{-}korr}$) ergibt sich dann aus dem gemessenen Extinktionsquerschnitt (C_{ext}) wie folgt:

$$C_{ext,Bl-korr}(x,\lambda,m) = \frac{C_{ext}(x,\lambda,m)}{G_m(x)} \tag{4}$$

Der Aperturwinkel des Messsystems beeinflusst die gemessenen Extinktionsquerschnitte, da zusätzlich ein Teil des durch Tropfen gestreuten Lichts von der Photodiode erfasst wird. Dieser Teil der Lichtintensität wird ebenfalls als Transmission gewertet. Dadurch wird die Schattenwirkung der Tropfen verringert und der gemessene Extinktionsquerschnitt zu klein bestimmt. Die Korrektur dieses Effekts erfolgt bei der Berechnung der Extinktionskoeffizienten. Diese ergeben sich aus dem Volumenintegral über die nach dem Bohren-Huffann-Algorithmus berechnete Streulichtintensitätsverteilung hinter dem Tropfen über den entsprechenden Aperturwinkel des Sensors. [7]

3 Sensor

3.1 Aufbau des Sensors

Der Aufbau des Sensors ist in Abb. 1 dargestellt. Ein Diodenlaser erzeugt einen Laserstrahl mit einer Wellenlänge von 659 nm. 1 % der Intensität des Laserstrahls wird über einen Dichroiten ausgekoppelt und auf eine Fotodiode fokussiert, die dessen Intensität misst. Diese Fotodiode ist in Abb. 1 unter dem Dichroiten angeordnet und wird künftig als Referenzdiode bezeichnet. Der nicht ausgekoppelte Teil des Laserstrahls wird durch eine Optik auf die Mitte des Messvolumens fokussiert. Der Tailliendurchmesser des Laserstrahls beträgt 321 µm. Im Messvolumen wird ein

Teil der Laserintensität von den Tropfen des Sprays gestreut. Der nicht gestreute Teil der Laserintensität wird von einer hinter dem Messvolumen angeordneten Optik auf eine weitere Fotodiode fokussiert, die dessen Intensität misst. Diese Diode ist in der Abbildung ganz rechts zu sehen und wird künftig als Hauptdiode bezeichnet.

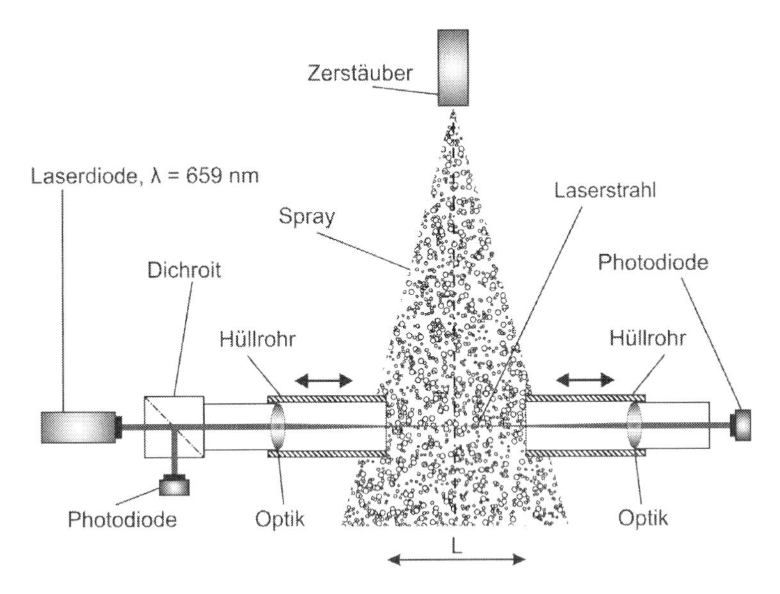

Abb. 1: Prinzipskizze des Sensors zur statistischen Extinktionsmessung

Das Messvolumen, in dem die Laserstrahlen durch den Spray extingiert werden, befindet sich zwischen den beiden schraffiert dargestellten Hüllrohren. Diese schützen die Linsen der Optiken vor Verschmutzung und begrenzen das Messvolumen auf eine definierte Länge. Ein Luftvolumenstrom, der in den Hüllrohren in Richtung Messvolumen strömt, verhindert das Eindringen von Tropfen und Partikeln in die Hüllrohre und kann zusätzlich zu ihrer Kühlung beitragen. Dadurch wird ein Einsatz des Sensors in Hochtemperaturprozessen ermöglicht.
Durch eine parallele Verschiebung der Hüllrohre kann das Messvolumen entlang der Achse des Laserstrahls verschoben werden, sodass der Spray an beliebigen Orten lokal aufgelöst untersucht werden kann. Die Länge des Messvolumens kann durch eine Verschiebung der Hüllrohre verändert werden. So kann durch eine Verkürzung oder Verlängerung des Messvolumens die Messung auch bei unterschiedlichen Konzentrationen der dispersen Phase immer im optimalen Transmissionsbereich von 20 % bis 80 % durchgeführt werden. [8]

3.2 Monitoring der Laserintensität

Zur Bestimmung der Transmission des Laserstrahls durch den Spray müssen sowohl die Intensität des extingierten Laserstrahls hinter dem mit disperser und kontinuierlicher Phase gefüllten

Messvolumen (I), als auch dessen Intensität hinter dem ausschließlich mit kontinuierlicher Phase (Gasphase) gefüllten Messvolumen (I_k) gemessen werden. Da die von der Diode emittierte Laserleistung über der Zeit nicht konstant ist, müssen beide Werte gleichzeitig während der Spray-vermessung erfasst werden. Die Intensität hinter dem mit disperser und kontinuierlicher Phase gefüllten Messvolumen wird mit der Hauptdiode gemessen. Die Intensität hinter dem ausschließlich mit kontinuierlicher Phase gefüllten Messvolumen wird mit der Referenzdiode bestimmt. Vor der Vermessung der Sprays wird eine Kalibrierungsmessung bei ausschließlich kontinuierlicher Phase im Messvolumen durchgeführt. Da das Teilungsverhältnis des Dichroiten über der Zeit konstant ist, sind die mit den beiden Photodioden gemessenen Intensitäten proportional zueinander. Der Proportionalitätsfaktor wird mit der Kalibrierungsmessung bestimmt. Die Intensität an der Hauptdiode ergibt sich dann aus der mit der Referenzdiode gemessenen Intensität durch eine Multiplikation mit dem Proportionalitätsfaktor.

3.3 Signalverstärkung und -verarbeitung

Die von den beiden Photodioden erzeugten Spannungen werden von Signalverstärkern mit einer Bandbreite von 500 kHz verstärkt und in einen Rechner eingelesen. Da die Messsignale statistisch ausgewertet werden, ist keine Mindestabtastrate erforderlich. Es muss aber eine ausreichend große Grundgesamtheit an Messwerten für eine statistische Auswertung vorhanden sein. Da Sprühprozesse oft zeitlichen Schwankungen unterliegen, sollte die Messzeit für die erforderliche Anzahl an Messwerten minimiert werden. Deshalb erfolgt die Datenerfassung mit einer Abtastrate von 250 kHz.

4 Validierung des Sensors mit Latex-Partikeln

Mit der Vermessung von Latex-Partikeln wird die Messfähigkeit des Sensors nachgewiesen. Hierzu werden monodisperse Partikeln (Polystyrol-co-divinylbenzol) in eine mit destilliertem Wasser gefüllte Glasküvette gegeben. Diese Küvette wird in den Strahlengang des Sensors gestellt, sodass sich deren Mitte im Fokus des Laserstrahls befindet. Oberhalb der Laserstrahlen wird ein Rührer positioniert, der für die bei der statistischen Extinktionsmessung notwendige Bewegung der Partikeln im Messstrahl sorgt.

4.1 Bestimmung der Partikelgröße

In Abb. 2 sind die mit dem Sensor gemessenen Partikelgrößen verschiedener Latex-Systeme dargestellt. Es ist jeweils die gemessene Partikelgröße dividiert durch die zertifizierte Partikelgröße (Nenngröße) über der Nenngröße aufgetragen. Die vier Graphen entstanden durch die

Auswertung einer einzigen Messdatenreihe, wobei verschiedene der in Kapitel 2.2 beschriebenen Korrekturen verwendet wurden.

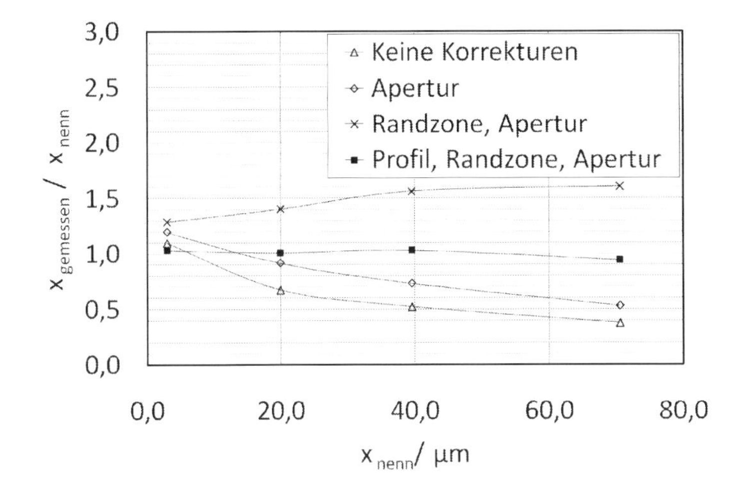

Abb. 2: Einfluss verschiedener Korrekturen auf die gemessenen Größen von Latex-Partikeln

Die als Dreiecke dargestellten Partikelgrößen wurden ohne Korrekturen ermittelt. Hierbei wurden kleine Partikeln etwas zu groß und große Partikeln deutlich zu klein bestimmt. Durch die Berücksichtigung der Apertur des Sensors werden alle Partikeln etwas größer berechnet (Messwerte als Rauten dargestellt), wodurch sich die maximale Abweichung von der Nenngröße verringert. Wird zusätzlich die Randzonenkorrektur berücksichtigt, ergeben sich die als Kreuze dargestellten Messwerte. Durch eine Berücksichtigung der Randzonenkorrektur werden alle Partikeln größer ermittelt. Bei großen Partikeln fällt dieser Effekt besonders deutlich aus. Berücksichtigt man zusätzlich den Einfluss der Intensitätsverteilung des Laserstrahls, werden alle Partikelgrößen mit Messfehlern von weniger als 5 % bestimmt, wie die als Quadrate dargestellten Messwerte zeigen.

Damit ist der Sensor bei Verwendung der beschriebenen Korrekturen in der Lage, die Größe von Partikeln mit Messunsicherheiten unter 5 % zu bestimmen.

4.2 Bestimmung der Volumenkonzentration der Partikeln

Neben der Partikelgröße bestimmt der Sensor auch die Partikelkonzentration. In Abb. 3 sind die mit dem Sensor ermittelten Volumenkonzentrationen von Latex-Partikeln mit einer Nenngröße von 20 µm in unterschiedlichen Verdünnungsstufen dargestellt. Es ist jeweils die gemessene Volumenkonzentration dividiert durch die auf Basis der Herstellerangaben berechnete Volumenkonzentration (Nennkonzentration) über der Nennkonzentration aufgetragen.

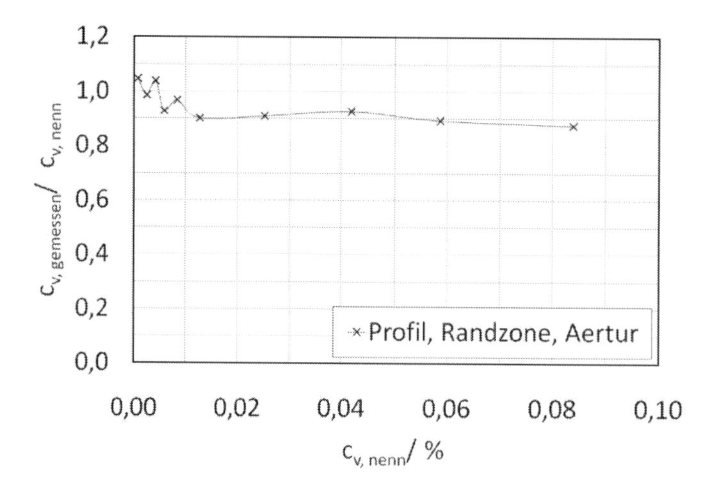

Abb. 3: Mit dem Sensor ermittelte Volumenkonzentration von Latex-Partikeln

Die Volumenkonzentrationen werden mit dem Sensor mit Messfehlern von maximal 15 % bestimmt. Die Messfehler sind größer als bei der Bestimmung der Partikelgröße, da zur Bestimmung der Volumenkonzentration die ermittelte Partikelgröße benötigt wird, die bereits mit Unsicherheiten von 5 % belegt ist. Außerdem sind die Unsicherheiten bei den Angaben der Partikelhersteller zu den Konzentrationen der Partikeln in der homogenen Phase deutlich größer, als bei den Angaben zu den Partikelgrößen.

5 Vermessung von Sprays

Nachdem das Messverfahren des Sensors durch die Vermessung von Latizes validiert wurde, werden im Folgenden Ergebnisse aus der Vermessung von Sprays dargestellt und diskutiert.
Die Sprays werden mit einer Einstoffdruckdüse der Firma Lechler (Vollkegeldüse, Typ 460.403) erzeugt, wobei durch eine Variation des Zerstäubungsdrucks Vollkegelsprays mit unterschiedlichen Tropfengrößen und Tropfenkonzentrationen entstehen. Der Sprayöffnungswinkel steigt mit steigendem Zerstäubungsdruck monoton an. Auch der Volumenstrom des zerstäubten Wassers steigt mit dem Zerstäubungsdruck monoton an. Bei 2 bar beträgt er 1,0 l/h, bei 10 bar liegt er bei 1,9 l/h.

5.1 Mittlere Tropfengröße von Sprays in Abhängigkeit des Zerstäubungsdrucks

Um den Einfluss des Zerstäubungsdruckes auf die mit dem Sensor gemessenen, mittleren Tropfengrößen zu untersuchen, wurden Sprays bei 10 unterschiedlichen Zerstäubungsdrücken von 2 bar bis 11 bar erzeugt. Diese wurden mit dem Sensor in einem Abstand von 100 mm hinter der Düsenspitze vermessen. Der Durchmesser der Spraykegel der untersuchten Sprays beträgt in der

Messebene, je nach Zerstäubungsdruck, ca. 60 mm bis ca. 80 mm. Die Hüllrohre wurden so positioniert, dass das Messvolumen eine Länge von 50 mm hat und die Mitte des Messvolumens auf der Mittelachse des Spraykegels liegt.

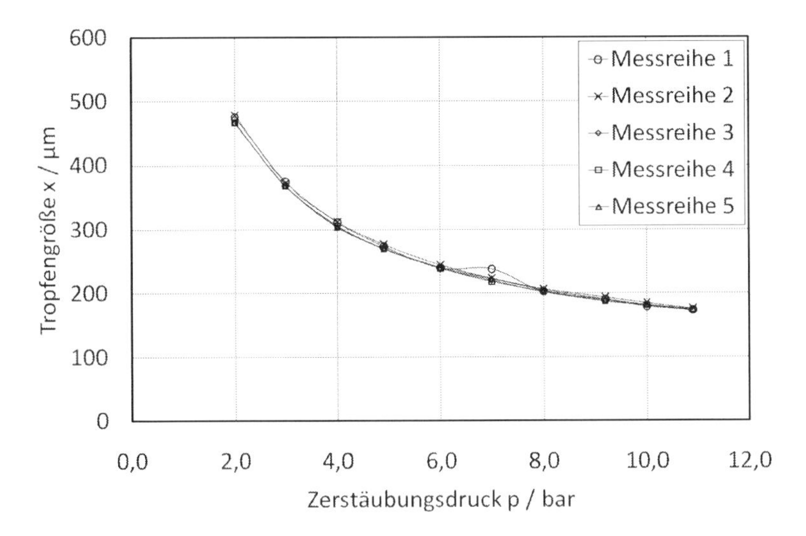

Abb. 4: Einfluss des Zerstäubungsdrucks auf die mit dem Sensor gemessenen mittlere Tropfengrößen der Sprays.

In Abb. 4 sind die Ergebnisse von fünf Messreihen, die an verschiedenen Tagen durchgeführt wurden, dargestellt. Alle Messreihen zeigen einen Abfall der Tropfengröße mit steigendem Zerstäubungsdruck. Dies ist zu erwarten, da ein höherer Zerstäubungsdruck durch einen erhöhten Eintrag von Energie in den Spray zu einer Erhöhung der Oberflächenenergie des Sprays führt. Dadurch steigt dessen Oberfläche, wodurch die Tropfengröße sinkt.

Die Messwerte bei identischem Zerstäubungsdruck weichen maximal um 5 % voneinander ab. Dies liegt im Bereich der statistischen Messunsicherheit des Sensors, die in Kapitel 4.1 zu 5 % bestimmt wurde.

In Abb. 5 werden die mit dem Sensor gemessenen Mittelwerte der Tropfengröße aus Messreihe 4 mit Mittelwerten verglichen, die mit einem Laserbeuger vom Typ Spraytec der Firma Malvern ermittelt wurden. Diese Mittelwerte (Median, Sauterdurchmesser, Modalwert, arithmetischer Mittelwert) wurden für jedes Spray jeweils aus einem einzigen Messdatensatz berechnet. Dadurch sind sie untereinander gut vergleichbar. Sie zeigen ebenfalls alle einen stetigen Abfall der Tropfengröße mit steigendem Zerstäubungsdruck. Die Größenordnung der mit dem Spraytec ermittelten Mittelwerte stimmt mit den mit dem Sensor ermittelten Mittelwerten überein, wobei Werte des Median ***(x50)*** mit den mit dem Sensors gemessenen Mittelwerten am besten übereinstimmen. Diese Werte unterscheiden sich um maximal 5 %, was im Bereich der statistischen Messunsicherheit beider Messverfahren liegt.

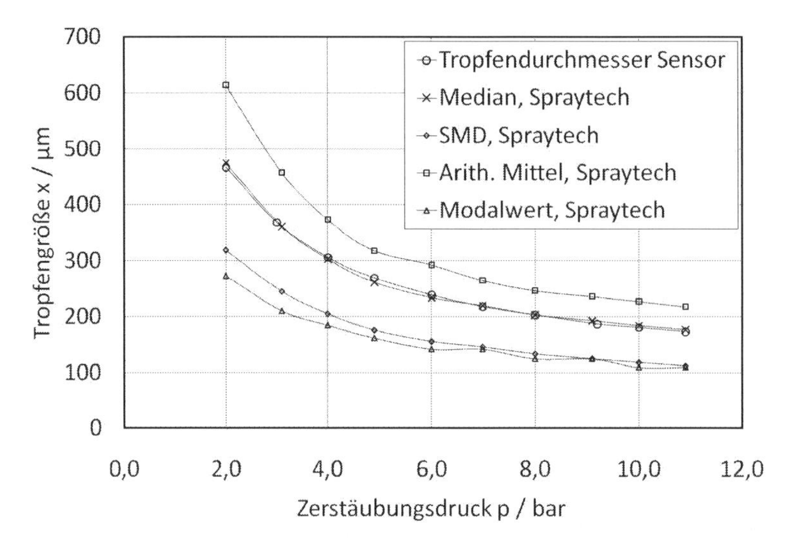

Abb. 5: Vergleich verschiedener mittlerer Tropfengrößen mit den Ergebnissen des Sensors

Die Messreihen zeigen, dass der Sensor geeignet ist, eine mittlere Tropfengröße eines dispersen Sprays reproduzierbar zu messen, die mit dem durch einen Laserbeuger bestimmten Median des Sprays gut übereinstimmt.

5.2 Volumenkonzentration von Tropfen in Sprays

Neben der mittleren Tropfengröße der Sprays bestimmt der Sensor zusätzlich die Volumenkonzentration der Tropfen im Spray. In Abb. 6 sind die gemessenen Volumenkonzentrationen der Messreihen eins bis fünf dargestellt.

Die Konzentrationen bei identischen Zerstäubungsdrücken weichen um maximal 7 % voneinander ab. Die etwas höhere statistische Unsicherheit bei der Bestimmung der Volumenkonzentration im Vergleich zur Bestimmung der Tropfengröße wurde in Kapitel 4.2 erklärt.

Der Verlauf der Konzentrationen in Abhängigkeit des Zerstäubungsdrucks kann durch drei sich überlagernde Effekte qualitativ plausibel erklärt werden. Bei kleinen Drücken dominiert der Anstieg des Sprayöffnungswinkels sowie der Anstieg der Tropfenausbreitungsgeschwindigkeit mit steigendem Druck, sodass die Konzentration sinkt. Bei höheren Drücken dominiert der Anstieg des Volumenstroms des zerstäubten Fluids mit steigendem Druck. Zur quantitativen Überprüfung der Konzentrationsmessungen werden in Zukunft Messungen mit weiteren Messverfahren erfolgen.

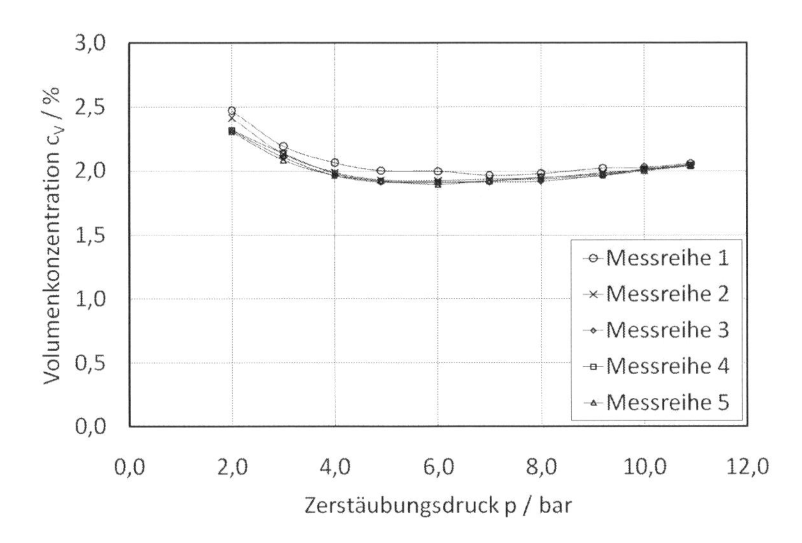

Abb. 6: Einfluss des Zerstäubungsdrucks auf die mit dem Sensor gemessenen Volumenkonzentrationen der Tropfen

5.3 Einfluss der Hüllrohre und des Spülgasstroms auf die Messergebnisse

Zum Nachweis der Messfähigkeit muss gezeigt werden, dass die Hüllrohre den Spray im Messvolumen nicht beeinflussen. Hierzu werden Messreihen verglichen, die mit und ohne Hüllrohre in einer Messebene 100 mm unter der Düse durchgeführt wurden. Damit diese Messwerte vergleichbar sind, muss jeweils ein ähnlicher Bereich des Sprays vermessen werden. Bei Messungen ohne Hüllrohre hat der Spraykegel in der Messebene, je nach Zerstäubungsdruck, einen Durchmesser von ca. 60 mm bis ca. 80 mm. Damit die Hüllrohre bei allen Zerstäubungsdrücken den Spray berühren, das Sprayvolumen, welches den Laserstrahl extingiert, aber so wenig wie möglich beeinflussen, werden bei einer Messreihe die Hüllrohre so positioniert, dass die Sprays das Messvolumen mittig durchströmen und die Messlänge 50 mm beträgt. Bei einer weiteren Messreihe werden die Hüllrohre so weit auseinander geschoben, dass die Messlänge bei 100 mm liegt. So beeinflussen die Hüllrohre den Spray nicht.

Die Abb. 6 zeigt, dass beide Messreihen zu sehr ähnlichen mittleren Tropfengrößen führen. Der Unterschied zwischen den mittleren Tropfengrößen bei identischen Zerstäubungsdrücken liegt bei maximal 5 %. Dies liegt im Bereich der statistischen Messunsicherheit des Sensors, die in Kapitel 4.1 zu 5 % ermittelt wurde. Dies zeigt, dass die Hüllrohre den Spray im Messvolumen nicht signifikant beeinflussen.

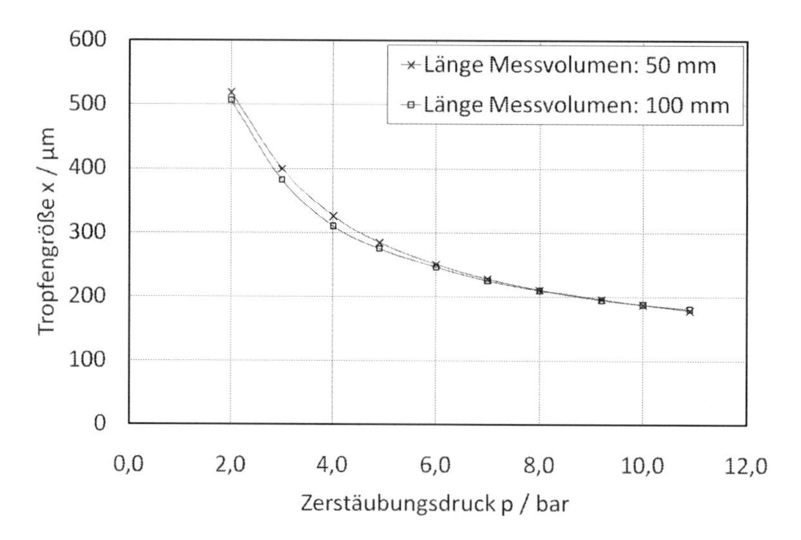

Abb. 7: Einfluss der Hüllrohre auf die mit dem Sensor gemessenen mittleren Tropfengrößen

Zusätzlich muss gezeigt werden, dass die Messergebnisse nicht von dem aus den Hüllrohren austretenden Spülgasstrom beeinflusst werden. Hierzu wurden Messreihen mit einem 50 mm langen Messvolumen 100 mm unter der Düsenspitze durchgeführt. Die Spülgasdrücke betrugen 0,5 bar, 1,0 bar und 2,0 bar. Die Ergebnisse sind in Abb. 8 dargestellt.

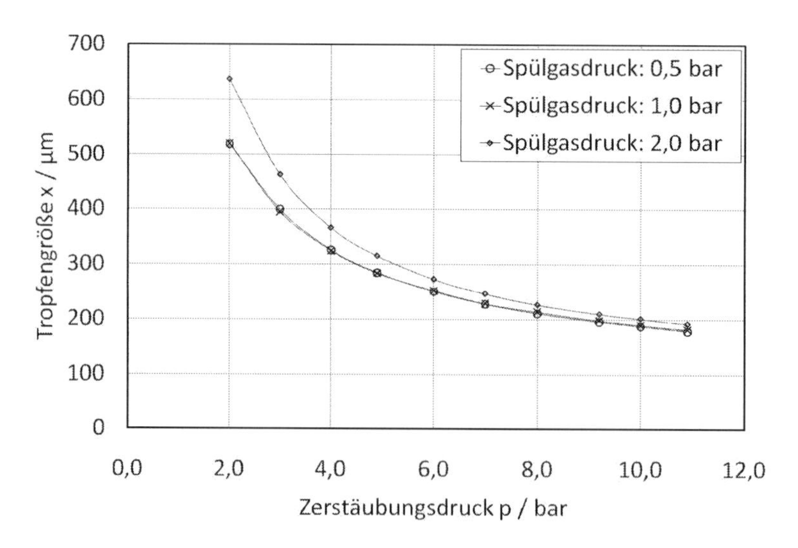

Abb. 8: Einfluss des Spülgasdrucks auf die mit dem Sensor gemessenen mittleren Tropfengrößen

Die Messwerte der Messreihen mit Spülgasdrücken von 0,5 bar und 1,0 bar unterscheiden sich nicht signifikant voneinander. Bei einem Spülgasdruck von 2,0 bar werden bei allen Zerstäubungsdrücken größere Tropfendurchmesser gemessen. Da ein Spülgasdruck von 0,5 bar ausreicht, um ein Eindringen von Tropfen in die Hüllrohre zu verhindern, wurden alle Messungen, bei denen der Spülgasdruck nicht explizit genannt wird, mit einem Spülgasdruck von 0,5 bar durchgeführt.

6 Zusammenfassung

Mit dem beschriebenen Sensor kann auf Basis der statistischen Extinktion ein mittlerer Durchmesser von sphärischen Partikeln mit einer Messunsicherheit von unter 5 % bestimmt werden. Dies wurde mit der Vermessung von zertifizierten Latex-Partikeln gezeigt. Die Volumenkonzentration der Partikeln kann mit Messunsicherheiten unter 15 % bestimmt werden, was durch Messreihen mit verdünnten Latex-Partikelsuspensionen gezeigt wurde.

Die Bestimmung einer mittleren Tropfengröße von Sprays ist ebenfalls mit Unsicherheiten von 5 % möglich, wie die Messungen aus Kapitel 5.1 gezeigt haben. Bei der Bestimmung der Tropfenkonzentration liegt die Messunsicherheit mit 7 % geringfügig höher (Kapitel 5.2). Die Hüllrohre beeinflussen die Messergebnisse nicht signifikant. Sie verhindern erfolgreich eine Verschmutzung der optischen Bauteile des Sensors und führen zu einer definierten Begrenzung des Messvolumens, was eine geometrisch hoch auflösende Vermessung von Sprays ermöglicht (Kapitel 5.3).

Nach der Validierung des Sensors mit weiteren Sprays soll der Sensor in verschiedenen Sprühprozessen im technikumsmaßstab eingesetzt und getestet werden. Außerdem soll das Messprinzip dahingehend erweitert werden, das auch die Bestimmung einer Tropfengrößenverteilung und der Ausbreitungsgeschwindigkeit der Tropfen möglich wird.

7 Danksagung

Die vorliegende Untersuchung wurde im Rahmen des DFG Schwerpunktprogramms SPP 1423 "Prozess-Spray" durchgeführt. Die Autoren danken der Deutschen Forschungsgemeinschaft für die gewährte Unterstützung.

8 Literatur

[1] B. Wessely, Extinktionsmessung von Licht zur Charakterisierung disperser Systeme, VDI, Düsseldorf, **1999**

[2] P. Bouguer, Essai d'Optique sur la Gradation de la Lumiere, Wiley, Paris, **1729**

[3] G. Wünnsch, Optische Analysenmethoden zur Bestimmung anorganischer Stoffe, Sammlung Goschen, **1976,** 2606

[4] L. Steinke, S. Gabsch, S. Ripperger, Entwicklung und Erprobung von Partikelsensoren zum In-line-Monitoring von Kristallisationsprozessen im Mikromaßstab, AiF-Abschlussbericht, TU Kaiserslautern, **2006**

[5] J. Gregory, Turbidity Fluctuations in Flowing Suspensions, Chem Ing Tech **1985**, 105, 357 – 371

[6] C. Bohren, D. Huffman, Absorption and scattering of light by small particles, Wiley, New York, **1983**

[7] L. Steinke, B. Wessely, S. Ripperger, Optische Extinktionsmessverfahren zur Inline-Kontrolle disperser Stoffsysteme, Chem Ing Tech **2009**, 81, 735 – 747

[8] L.Steinke, K. Nikolaus, S. Ripperger, Verschmutzungsfreie Extinktionsmessung mit variabler optischer Weglänge, Chem Ing Tech **2008**, 80, 1433

FINGERPRINT VON GRENZFLÄCHENPOTENTIALEN

Hanno Wachernig

Particle Metrix GmbH, Am Latumer See 13, 40668 Meerbusch, wachernig@particle-metrix.de

1 Einleitung

Für einen Fingerprint des Ladungsverhaltens von Dispersionen sind Titrationen des Partikelgrenzflächenpotentials nach probenrelevanten ionischen Umgebungsparametern nötig. In diesem Beitrag wird eine Methode vorgestellt, die zwar nicht neu ist, jedoch für Formulierungsarbeiten anwenderfreundlich gestaltet wurde. Es ist die Rede vom Partikel-Strömungspotential und darauf zugeschnittener Titrationsautomatik. Titriert werden kann mit Polyelektrolyt-, pH- und Salzlösungen. Die Anwendung erstreckt sich auf makromolekulare Lösungen, Dispersionen und Emulsionen.

2 Methode

2.1 Die Strömungspotentialmethode für Partikeln

In engen Spalt zwischen der zylindrischen Bohrung der PTFE Messzelle und einem Stößel aus demselben Material befinden sich 10 ml einer kolloidalen Probe. Feine Teilchen setzen sich an den Gefäßwenden fest und sind dadurch immobilisiert. Durch die Auf-und Ab- Bewegung des Stößels wird eine Differenzgeschwindigkeit zwischen den immobilisierten Partikeln und dem Rest der Probe erzeugt. Aus der Doppelschicht der immobilisierten Partikeln werden laufend Überschussionen abgeschert. Dadurch entsteht unmittelbar ein oszillierendes Potential, das dem Zetapotential proportional ist. Zusätzlich erlaubt die ständige Durchmischung der Probe mit Titrandenlösungen eine zügig ablaufende Titration. Die erlaubte Volumenkonzentration liegt zwischen 0,1 und 30%. Die Signalhöhe wird entweder an Standard-Polyelektrolytlösungen oder an einer Suspension mit bekanntem Zetapotential kalibriert. Eine zusammenfassende Darstellung bietet der Literaturhinweis [1].

2.2 Materialien und Empfindlichkeit der Methode

2.2.1 Die Probe

Da die Methode ähnlich wie die Leitfähigkeit auf die Anzahl der ionischen Endgruppen reagiert, kommt es weder auf die Partikelgröße noch auf optische Materialeigenschaften an. Je mehr Oberfläche die Dispersion hat, umso mehr ionische Engruppen können zum Signal beitragen.

Dadurch reagiert die Methode genauso gut auf Makromoleküle wie auf Partikeln. Bei gleicher spezifischer Ladung (eq/m²) kommt in einem Gemisch von Partikeln derjenige Probenanteil am meisten zum Tragen, der die größte Gesamtoberfläche besitzt. Für die Art der Partikeln gibt es keine Grenzen. Von Algen [2], Proteinen [3], Keramik, Stoffasern, bis hin zu CNT's [4] ist fast alles möglich. Einschränkungen liegen lediglich in der Viskosität und der Partikelgröße. Die physikalische Grenze für Partikelgrößen liegt bei < 300 µm.

2.2.2 Titranden

Typische Titranden sind pH- und Salzlösungen. Etwas weniger bekannt, aber sehr nützlich erweisen sich Polymerlösungen mit bekannter Ladung.

2.3 Typische Anwendungen

2.3.1 Stabile und instabile Zonen

Aus dem isoelektrischen Punkt und den Zonen mit hohem Abstand zum Ladungsnullpunkt lassen sich instabile und stabile Zonen der Proben unterscheiden. Stöchiometrische Voraussagen von Reaktionen zwischen Polymeren und anderen Polymeren oder Partikeln sind dadurch gegeben.

2.3.2 Ladungsdichte [eq/g] bzw. spezifische Ladung [eq/m²]

Sind Einwaage bzw. spezifische Oberfläche bekannt, erhält man aus Polyelektrolyt - Titrationen eine Aussage über die Beladung von Partikelgrenzflächen mit ionischen Endgruppen.

2.3.3 Titrationen mit Salzlösungen

Da die Ausdehnung der Doppelschicht und damit das Grenzflächenpotential mit dem Salzgehalt abnehmen, ist es wichtig, auch darüber Auskunft zu erhalten. Mit höherwertigen Salzionen geschieht häufig auch eine Ladungsumkehr, die zu verfolgen interessant, aber meist schwieriger zu interpretieren ist.

3 Ergebnisse

3.1 pH Titrationen an Al_2O_3 bei unterschiedlicher KCl - Konzentration

Die in Abbildung 1 gezeigten Titrationen zum isoelektrischen Punkt wurden an 1% - igen Al_2O_3 – Suspensionen von Evonik Degussa durchgeführt. Der Ausgangspunkt der Titrationen lag bei pH = 4,5. Hier wird deutlich, dass der charakteristische Verlauf mit einem isoelektrischen Punkt von pH = 8,35 alleine vom pH – Wert abhängig ist und das KCl nur eine dämpfende Wirkung auf das Potential ausübt.

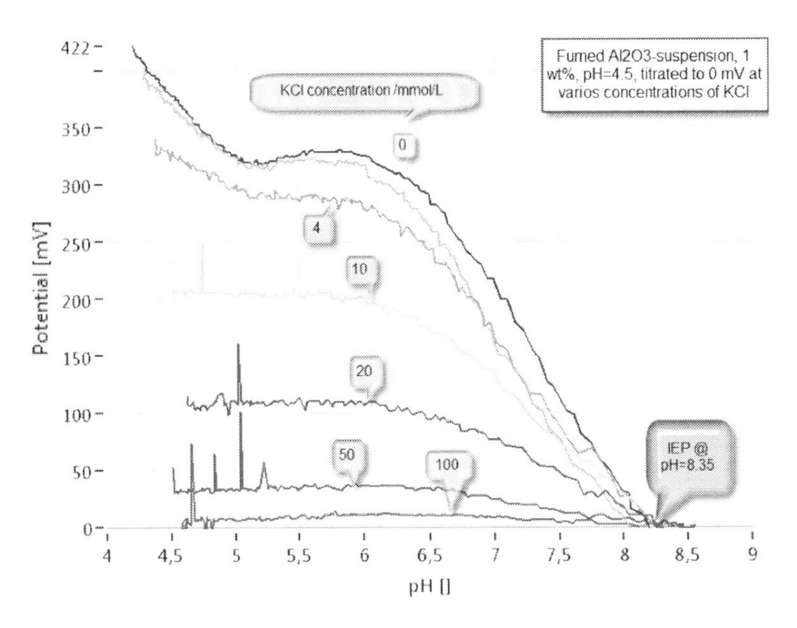

Abb. 1: pH-Titrationen zum Ladungsnullpunkt. Einwertige Salzionen wie KCl haben meist nur eine abschwächende Wirkung auf das Grenzflächenpotential (hier in relativen Einheiten), jedoch keinen spezifischen Einfluss wie Ladungsumkehr. Bei mehrwertigen Salzionen sind die Abhängigkeiten komplexer.

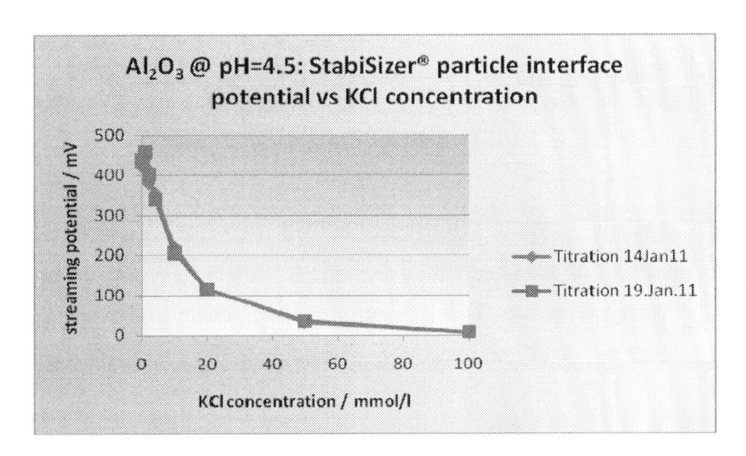

Abb. 2: Aus Abb. 1 abgeleitet: Das Strömungspotential bei pH = 4,5. Das hier angezeigte realative Strömungspotential is um etwa einen Faktor 10 höher als das Zetapotential, das im ZetaView® Laser Streulicht – Video-Mikroskop gemessen wurde.

3.2 Ladungsdichte auf Textilfasern und CNT´s

Vorbereitend auf die Analyse werden Fasern auf < 300 µm zerkleinert. Jeweils 0,1 g der Probe werden zu 10 ml destilliertem Wasser zugegeben, bestmöglich dispergiert und in den Probenbehälter aufgegeben. Danach wird mit gegenpolig geladener Standard - Polyelektrolyt - Lösung auf den Ladungsnullpunkt titriert. Der Verbrauch der kalibrierten Lösung zu 0 mV Potential ergibt die Ladungsdichte.

Bei den Textilfasern im nächsten Beispiel wird mit 0,00025 n kationischer Poly-DADMAC-Lösung titriert. Der Verbrauch bei Probe Nr. 0 von 4,23 ml ergibt eine Ladungsdichte von 0,0106 meq/g und mit 0,136 g/m² spezifischer Oberfläche eine spezifische Ladung von 0,078 meq/m². Bei den Proben Nr. 1 bis 3 ist das Resultat entsprechend geringer.

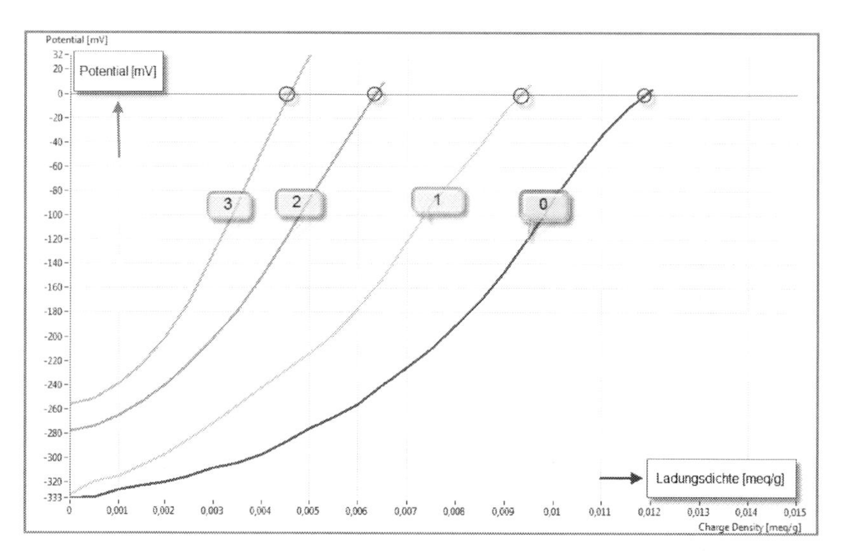

Abb. 3: Leinfasern unbehandelt (0) und kationisch behandelt (1-3 aufsteigend), für die Analyse auf < 300 µm gemahlen.

Ein ähnliches Experiment wurde mit Carbon Nanotubes unternommen. CNT´s im Originalzustand tragen keine Ladung. Um sie dispergierbar bzw. modifizierbar zu machen, wir die Oberfläche mittels einer HNO_3 – Behandlung anionisch. Die Beladung der Oberfläche mit COOH-Gruppen wurde durch die Ladungstitration quantitativ bestimmt und mit dem theoretischen Wert verglichen. (ohne Bild).

4 Abschließende Diskussion

Ein Zetapotentialwert alleine ist bei gut qualifizierten Proben sehr hilfreich. Für Formulierungsarbeiten ist es jedoch wichtig, das Grenzflächenpotential in Abhängigkeit möglichst vieler Umgebungsparameter zu kennen, durch Titrationen Reaktionen voraussagen zu können, kritische und stabile Situationen voneinander unterscheiden zu können. Um diese Aufgabe in einem verträglichen Zeitrahmen zu lösen, sind rasche Ladungstitrationen als Fingerprint des ionischen Verhaltens unumgänglich. So ferne die Viskosität der Probe im Newton´schen Bereich bleibt, eignet sich dafür die Strömungspotentialtitration in einem weiten Feld von Anwendungen.

5 Literatur

[1] *Particle Metrix Anwendung -10,* "Partikelladung mit StabiSizer® bestimmen", November 2009

[2] Christoph Baum, imare GmbH, Bremen, private Mitteilung, und *Particle Metrix Application Note – 03*, "Influencing Algae reproduction conditions by ionic additives", August 2008

[3] *Particle Metrix Application Note - 02*, "Solubility of proteins by ionic charge monitoring", Mai 2008

[4] *Particle Metrix Application Note – 01*, "Controling the efficieny of the functionalization of Carbon Nanotubes by ionic charge titration", Juni 2008

MIKROSTRUKTUREN VON CARBON NANOTUBES (CNT)

A. Dresel[1], M. Herrmann[2], U. Teipel[1,2]

[1] Georg-Simon-Ohm Hochschule Nürnberg, Mechanische Verfahrenstechnik/Partikeltechnologie, Wassertorstraße 10, Nürnberg, e-mail: alexander.dresel@ohm-hochschule.de

[2] Fraunhofer Institut für Chemische Technologie ICT, Joseph-von-Fraunhofer-Straße 7, Pfinztal, e-mail: michael.herrmann@ict.fhg.de

Kurzfassung

Carbon Nanotubes begeistern aufgrund ihrer besonderen Materialeigenschaften wie guter elektrischer und thermischer Leitfähigkeit in Kombination mit hoher mechanischer Festigkeit und geringen Materialdichten. Vor allem der strukturelle Aufbau der Partikel beeinflusst die Partikeleigenschaften. Für Anwendungen und Prozesse sind somit die Mikrostrukturen disperser Systeme von großem Interesse. In dieser Arbeit werden Untersuchungen der Mikrostrukturen kommerziell erhältlicher Carbon Nanotube-Pulver vorgestellt. Dazu wurden die Partikel mittels Gaspyknometrie, Stickstoffadsorption sowie der Röntgenbeugung charakterisiert. Die ermittelte Adsorptionsisotherme bei 77 K von Stickstoff an Carbon Nanotubes ließ auf die bezeichnende Form des Isothermen-Typ II schließen und zeigte Hysterese zwischen Adsorption und Desorption. Des Weiteren wurden aus den Adsorptionsmessungen die spezifischen Oberflächen und die Dichten mittels Gaspyknometrie ermittelt. In der Röntgenbeugung zeigen die Carbon Nanotubes Graphit ähnliche Reflexe. Daneben wurden auch Reflexpositionen einer nicht-graphitischen Phase gefunden. Durch die Analyse der Beugungsdiagramme konnten über die Lorentzbreite und Kurvenanpassung der Beugungsreflexe kristalline Strukturen, insbesondere Kristallitgrößen, in den Carbon Nanotube Pulvern nachgewiesen werden.

1 Einleitung

Die Popularität von Carbon Nanotubes (CNTs) in Wissenschaft und Forschung ist seit deren experimentellen Nachweis [1] drastisch gestiegen [2]. Vor allem die einzigartige Kombination ihrer Materialeigenschaften soll die Entwicklung neuartiger Materialien ermöglichen und bewirkt ein großes potenzielles Anwendungsgebiet für CNTs. Diese Partikel können beispielsweise sehr hohe Materialfestigkeiten (u.a. die zweifache Größenordnung der Zugfestigkeit von Stahl [2]) aufweisen und erreichen zudem nur etwa 1/6 des Gewichts von Stahl. Des Weiteren besitzen CNTs sehr gute elektrische Eigenschaften und können mit der herausragenden thermischen Leitfähigkeit von Diamant konkurrieren [2]. Potentielle Anwendungsbereiche für CNTs

finden sich demnach beispielsweise zahlreich in der Elektronik oder in der Entwicklung von CNT-Kompositen mit herausragenden mechanischen Festigkeitseigenschaften und elektrischer Leitfähigkeit.
Obwohl Carbon Nanotubes bis zu mehreren Zentimetern lang sein können, sind sie molekulare Systeme mit Röhrendurchmessern im nanoskaligen Größenbereich, wodurch sie sehr große Längen/Durchmesser-Verhältnisse von bis zur Größenordnung 10^7 aufweisen können [2]. Dabei sind die Hüllen dieser Partikel aus graphitähnlichen Strukturen zusammengesetzt, was man sich als Röhren aus nahtlos gewickelten Graphenschichten vorstellen darf [3]. Strukturell lassen sich CNTs wesentlich in einwandige (SWNTs) und mehrwandige Carbon Nanotubes (MWNTs), bei denen mehrere Kohlenstoffhüllen konzentrisch übereinander angeordnet sind, einteilen. In Abhängigkeit von der Anordnung der Kohlenstoffatome entlang der Nanoröhren lassen sich weitere SWNT-Strukturen wie die so genannten zickzack, armchair und chiralen Nanoröhren unterscheiden, die zudem aus strukturell gleichen entlang der Röhren wiederkehrenden Einheiten – der Translationselementarzelle – aufgebaut sind [3].
Der strukturelle Aufbau der CNTs beeinflusst wesentlich deren Eigenschaften [2]. So zeigten theoretische Beschreibungen der CNT-Dichten und der spezifischen Oberflächen basierend auf Graphen-Modellen, Abhängigkeiten von Anzahl und Durchmesser der Kohlenstoffröhren sowie vom Aggregationszustand der Carbon Nanotubes [5-6]. Somit können die makroskopischen Attribute von CNTs deren Mikrostruktur reflektieren und sind für Anwendungen und Prozesse wesentliche Eigenschaften, u.a. bei der Optimierung von Syntheseverfahren mittels erreichter spezifischer Oberflächen [5]. In der vorliegenden Arbeit werden Untersuchungen der Mikrostruktur von kommerziell erhältlichen Carbon Nanotube-Pulvern vorgestellt.

2 Materialien und Methoden

2.1 Carbon Nanotube-Pulver

Für die Analysen wurden kommerziell erhältliche mehrwandige Carbon Nanotubes untersucht. Insbesondere wurden Baytubes® C150P *(Bayer Material-Science AG, Leverkusen, Germany)* und CNT-MW *(wie synthetisiert, FutureCarbon GmbH, Bayreuth, Germany)* hinsichtlich der Agglomerat- und Mikrostruktur analysiert. Die verwendeten Materialien sind anhand von Rasterelektronenmikroskop (REM)-Aufnahmen unterschiedlicher Vergrößerung in der Abbildung 1 dargestellt. Die Abbildung zeigt dazu Aufnahmen der CNT-MW (a, b) sowie der Baytubes® C150P (c, d).

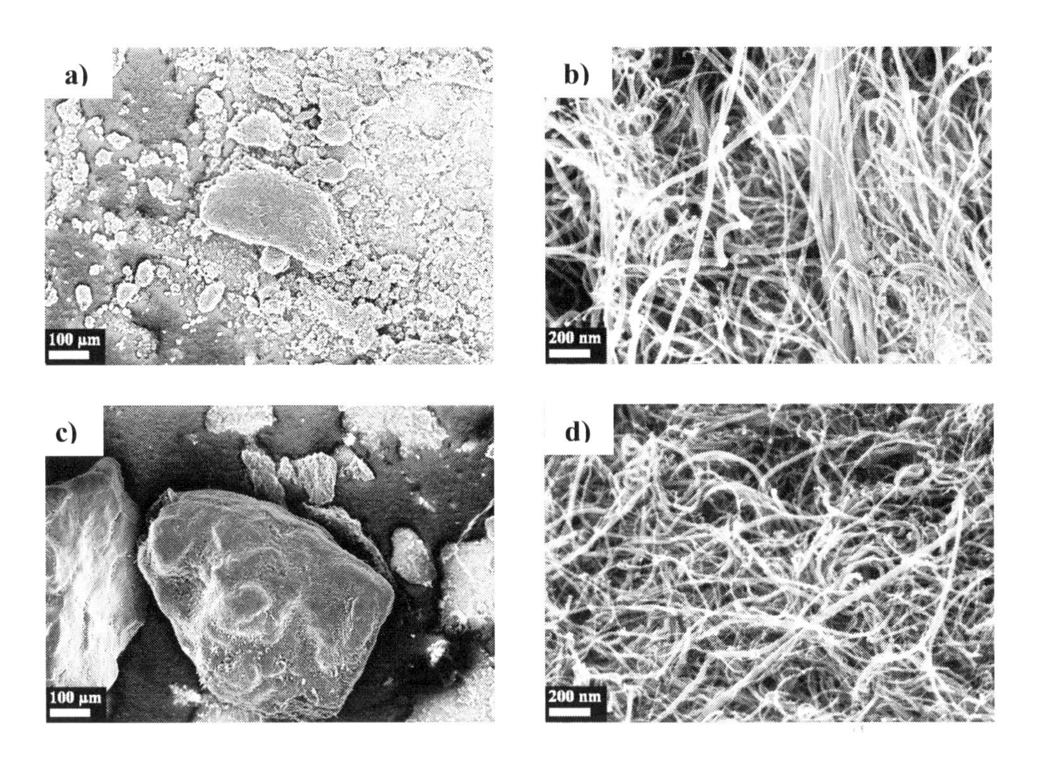

Abb. 1: Elektronenmikroskop Aufnahmen verschiedener Carbon Nanotubes und unterschiedlicher Vergrößerung; a - b) CNT-MW, c) - d) Baytubes® C150P

Aus den gezeigten Abbildungen lassen sich die Agglomeratgrößen sowie die Morphologie der Aggregate abschätzen. Während die Aufnahme (c) der Baytubes® C150P sehr große Agglomerate von über 500 µm zeigt liegen die Größen der CNT-MW Aggregate (a) im Allgemeinen deutlich kleiner. Als Morphologie beider Materialien zeigen sich kompakte Aggregate mit porösen Oberflächen. Diese nanostrukturierten Agglomeratoberflächen werden besonders deutlich in den rasterelektronenmikroskopischen Vergrößerungen in Abbildung b und d dargestellt. Diese Aufnahmen zeigen die agglomerierten und verknäulten Carbon Nanotubes, deren Durchmesser merklich unterhalb von 100 nm liegen. Zu dem weist die Abbildung 1 b auf ein CNT-Bündel aus parallel aneinander liegenden CNTs hin. Im Allgemeinen sind die Carbon Nanotubes der gezeigten und untersuchten Materialien in den Aggregaten unregelmäßige angeordnet.

2.2 Gaspyknometrie und Gasadsorptions-Analysen

Die Rohdichte der CNT-Agglomerate wurde mittels Gaspyknometrie *(multivolume pyknometer 1305, micromeritics)* bestimmt. Dabei wurden die Messungen nach einer Probentrocknung (150 °C, 120 min) mit Helium (He 4.6, 99,996 %) als Messgas durchgeführt. Des Weiteren waren 20 Spülzyklen zur vollständigen Permeation des Messgases durch das Hohlraumvolumen im

CNT-Pulver erforderlich. Daneben wurde eine mittlere Dichte für die untersuchten CNT-Pulver aus jeweils 10 Einzelmessungen der gleichen Probe ermittelt.
Neben der Gaspyknometrie wurden mittels Gasadsorptionsanalysen *(Nova 2000e, Quantachrome Instruments)* die Adsorptionsisothermen mit Stickstoff (N_2 5.0, 99,999 Vol-%) als Adsorbat an den CNT-Oberflächen bei 77 K ermittelt. Dazu wurden die CNT-Proben zu den Analysen im Vakuum bei 150 °C für 120 min entgast und getrocknet. Im Anschluss an die Adsorptionsmessungen wurden die Isothermen und deren Daten hinsichtlich der Bestimmung spezifischer Oberflächen prozessiert.

2.3 Röntgenbeugungsanalysen (XRD) der Carbon Nanotubes

Die im Kapitel 2.1 diskutierten Carbon Nanotube-Materialien wurden mit einem Bragg-Brentano-Goniometer D8-Advance von der Firma *Bruker AXS* vermessen. Das Messsystem ist mit Kupferröhre, Sekundärmonochromator und einem 8-fach-Probenwechsler ausgestattet. Zur Kalibrierung wurde der Standard SRM 660a des *National Institute for Standards and Technology* (NIST) unter gleichen Bedingungen gemessen. Die Messungen wurden im Winkelbereich zwischen 5 und 60 °2Theta durchgeführt. Dabei betrug die Schrittweite 0,02 °2Theta und die Messzeit 4 s pro Schritt.
Die Auswertung der Ergebnisse der Röntgenbeugungsanalysen an den CNTs wurde anhand der Reflexpositionen in den ermittelten Beugungsdiagrammen hinsichtlich der Identifizierung der analysierten Partikel durchgeführt. Die weitere Auswertung der Beugungsdiagramme erfolgte durch Profilanalyse, die im Programm TOPAS implementiert ist und der Kalibrierung mit Hilfe der Messung des Standards Lanthanhexaborid. Hierbei liefert eine auf fundamentalen Parametern basierende Kurvenanpassung für jeden Reflex im Allgemeinen eine verfeinerte Kristallitgröße (Cry-Size-L [nm]), welche sich aus der Lorentzbreite der Reflexprofile ableitet.

3 Diskussion

3.1 Analysen mittels Gaspyknometrie und Gasadsorption

Die mittels Gasadsorption bestimmte Adsorptionsisotherme bei der Temperatur von 77 K ist in der Abbildung 2 exemplarisch für die CNT-MW dargestellt. Die Abbildung zeigt dazu die Adsorptionskurve (Rauten, Volllinie) sowie die erfasste Stickstoffdesorption (Rauten, gestrichelte Linie) von der Oberfläche der Carbon Nanotubes. Dazu ist das spezifische adsorbierte Gasvolumen bei Normalbedingungen (STP) in Abhängigkeit des Relativdrucks (p/p_0) dargestellt. Die Adsorptionskurve wurde im Bereich zwischen 0,007 bis 0,985 und die Desorption zwischen 0,985 bis 0,295 für den Relativdruck erfasst. Die ermittelte Adsorptionsisotherme weist dabei auf eine typische Typ II-Isotherme im dargestellten Messbereich hin. Des Weiteren zeigt die Abbildung die Hysterese zwischen Adsorption zur Desorption. Die erfasste Isotherme kann für weitere Analysen herangezogen werden.

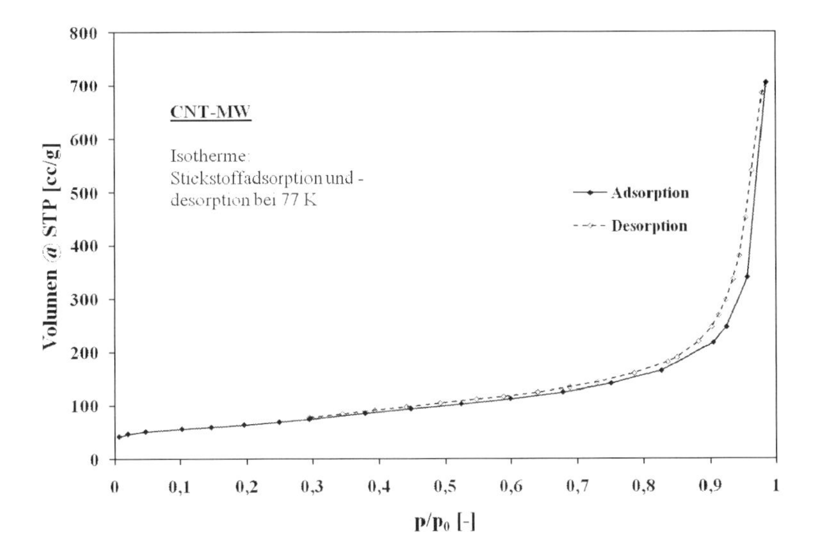

Abb. 2: Adsorptions- und Desorptionsisotherme bei 77 K von Stickstoff an mehrwandigen Carbon Nanotubes (CNT-MW)

Die Daten der gemessenen Adsorptionsisotherme aus Abbildung 2 können unter anderem zur Bestimmung spezifischer Oberflächen herangezogen werden. Dazu wurde die Oberfläche nach Brunauer-Emmett-Teller (BET) [6] bestimmt indem die Adsorptionskurve im Relativdruckbereich zwischen 0,0471 bis 0,295 über das Mehrpunktverfahren ausgewertet wurde.

Tabelle 1: Spezifische Oberflächen aus der Gasadsorption und Rohdichten aus der Gaspyknometrie der CNT-Materialien

	Baytubes® C150P	**CNT-MW**
Spezifische Oberfläche S_m [m²/g]	198,3	228,8
Korrelationskoeffizient r [-]	0,9999	0,9999
Dichte ρ [g/cm³]	1,974	2,072

Die ermittelten spezifischen Oberflächen können der Tabelle 1 entnommen werden. Die bestimmten massenspezifischen Oberflächen S_m lagen bei 198,3 m²/g für die Baytubes® C150P und bei 228,8 m²/g für die CNT-MW. Daneben kann auch der Korrelationskoeffizient r aus der Oberflächenbestimmung mittels Mehrpunktmethode aus der Tabelle entnommen werden. Für beide Materialien lag der Wert bei 0,9999 und unterstreicht somit die Linearität bei der BET-

Oberflächenbestimmung mittels Mehrpunktmethode. Neben den BET-Oberflächen können auch die aus der Gaspyknometrie ermittelten Dichten entnommen werden. Die Dichte der Baytubes® C150P lag bei 1,974 g/cm^3 und die der CNT-MW bei 2,072 g/cm^3.

Nach Ch. Laurent et al. [5] ergab die theoretische Modellierung (Graphen-Modell) der CNT-Dichte einzelner Carbon Nanotubes eine sehr starke Abnahme mit zunehmendem Außendurchmesser und zunehmender Anzahl an Seitenwänden. Die ermittelten CNT-Dichten liegen in etwa um 2 g/cm^3. Eine solche Dichte könnte entsprechend der theoretische Betrachtung zum einen von einwandigen Carbon Nanotubes mit Durchmessern von ca. 1,5 nm [5] und zum anderen aber auch von mehrwandigen CNTs mit 20 Seitenwänden und Außendurchmessern von ca. 21 nm [5] erreicht werden. Darüber hinaus sind auch weitere Kombinationen aus Durchmesser und Anzahl an Röhren zum Erreichen der entsprechenden CNT-Dichte denkbar. Neben der Röhrenstruktur könnten auch mögliche Zuschlagstoffe aus der CNT-Synthese sowie CNT-Bündel einen zusätzlichen Einfluss auf die Dichte aus der Heliumpyknometrie zeigen. Somit liegen die ermittelten CNT-Dichten im Bereich theoretischer Werte stellen jedoch eine integrale Größe dar.

Theoretische spezifische Oberflächen nach A. Peigney et al. [4] einzelner Carbon Nanotubes liegen beispielsweise für 10-wandige CNTs mit Außendurchmessern von ca. 10 nm bei 190 m^2/g und für 10-wandige CNTs und ca. 7 nm Durchmesser hingegen bei 230 m^2/g. Dies schießt die ermittelten BET-Oberflächen ein. Zur eindeutigen Charakterisierung der CNT-Mikrostruktur sind jedoch weitere Analysen der untersuchten Materialien erforderlich, da sich die theoretischen Angaben lediglich auf die äußeren Oberflächen beziehen, hingegen die Stickstoffadsorption grundsätzlich auch in offenen CNTs stattfinden könnte, was wiederum vom Innendurchmesser der Carbon Nanotubes abhängig ist [4]. Des Weiteren variiert die theoretische CNT-Oberfläche mit Anzahl der CNT-Wandungen und Durchmesser in einem sehr weiten Größenbereich [4]. Zur eindeutigeren Identifizierung der ermittelten Dichten und Oberflächen beider CNT-Materialien hinsichtlich struktureller Partikelmerkmale sind weitere höher auflösende mikroskopische Untersuchungen angedacht.

3.2 Röntgenbeugungsanalysen

Die Messergebnisse der Röntgenbeugungsanalysen sind in Abbildung 3 dargestellt. Dabei sind die Beugungsdiagramme der Baytubes® C150P (obere Linie) sowie das der CNT-MW (untere Linie) dargestellt. Daneben zeigen im Beugungsdiagramm die Marker (vertikale Linien mit Symbolen) Reflexpositionen von synthetischem Graphit (Powder Diffraction File PDF 26-107 der Datenbank des International Centre for Diffraction Data – ICDD). Die Reflexe der strukturverwandten Referenz liegen zu etwas höheren Winkeln verschoben, passen aber zu den gemessenen Beugungsintensitäten der Baytubes® C150P. Das Beugungsdiagramm der CNT-MW zeigt im Vergleich dazu jedoch weitere Reflexe, die sich nicht aus der Graphitstruktur ableiten lassen.

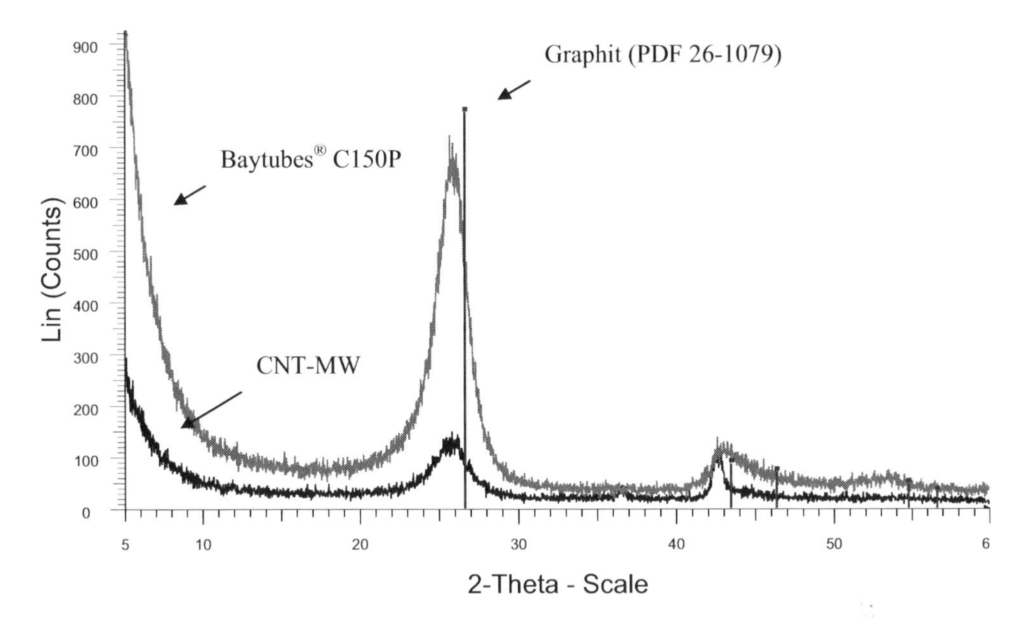

Abb. 3: Beugungsdiagramme der Carbon Nanotubes: Baytubes® C150P (obere Linie), CNT-MW (untere Linie) und Referenzlagen von Graphit (PDF 26-1079; Marker)

Die Abbildung 4 zeigt Profilanalysen und die weitere Auswertung der Beugungsdiagramme aus Abbildung 3. Dazu stellt die Abbildung die gemessenen (obere Linien) und angepassten Diagramme (glatte Linien) sowie deren Differenzen (untere Linie) dar. Aus den gemessenen und angepassten Diagrammen werden teilweise leichte Asymmetrien deutlich, die zu Abweichungen vom symmetrischen Lorentzprofil führen. Die Reflexbreiten und daraus berechnete Größen kristallähnlicher Strukturen sollten davon jedoch nicht signifikant beeinflusst sein.

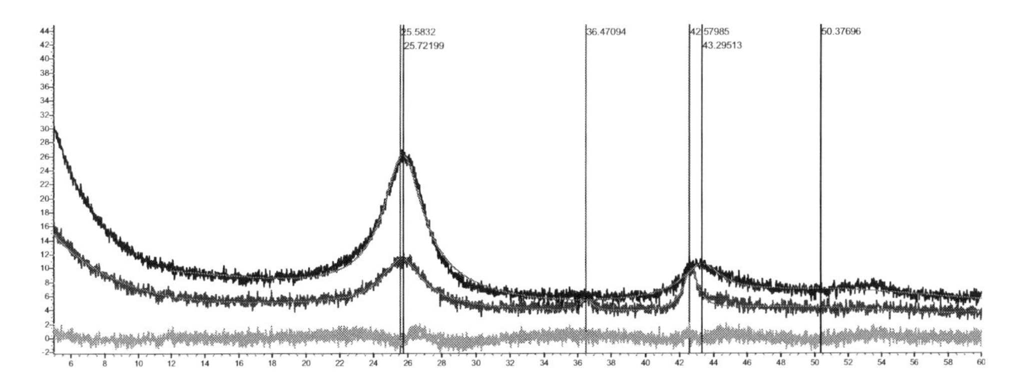

Abb. 4: Kurvenanpassung unter Verwendung von Lorentzprofilen; jeder Reflex wird eigenständig ausgewertet

Tabelle 3: Größen kristalliner Strukturen, bestimmt mittels Peakfit

Probe	Peak-Lage [°2Theta]	Peak-Fläche	Kristallitgrößen * [nm]	Phase	Indizierung hkl
Baytubes® C150P	25,722	107,3	4,2	Graphit	003
	43,295	36,8	4,0	Graphit	101
CNT-MW	25,583	18,5	4,0	Graphit	003
	36,471	1,9	12,5	?	
	42,580	13,1	12,3	?	

* Berechnet aus der Lorentzbreite der Profile (Cry size L).

Die Ergebnisse der Profilanalysen sind in der Tabelle 3 zusammengestellt. Dazu können der Tabelle Peak-Lagen, Peak-Flächen, Größen kristalliner Phasen sowie die dazugehörigen Phasen und Millersche Indizes (hkl) entnommen werden. Die Auswertungen der Reflexe, die den Carbon Nanotubes zuordenbar sind, ergaben kristalline Phasen der MWNTs mit Größen um 4 nm für beide Proben. Daneben wurden in der Probe CNT-MW Reflexe einer weiteren Phase gefunden mit einer Kristallitgröße um 12,5 nm – vermutlich eines Zuschlagstoffes der Produktion. Hinweise auf solche Zuschlagstoffe findet man bereits in den Sicherheitsdatenblätter der Hersteller. Hierin werden bis zu 5 % (Baytubes® C150P) bzw. 20 % (CNT-MW) anorganische Verunreinigungen genannt, z.B. Kobaltverbindungen.

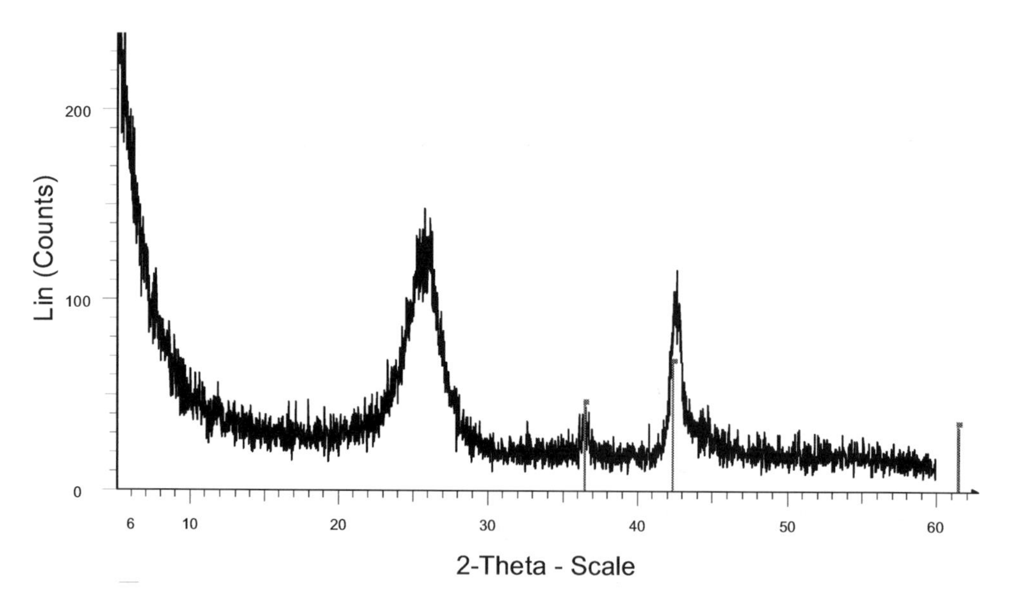

Abb. 5.: Beugungsdiagramm von CNT-MW (Linie) und Referenzlagen (Marker) von Kobaltoxid (PDF 43-1004; Marker)

Zur Identifizierung der Additive wurden Referenzdaten von Metallen und Metalloxiden aus der Datenbank des International Centre for Diffraction Data – ICDD mit den Messungen verglichen. Abbildung 5 und 6 zeigen die Referenzlagen des Kobalts PDF 15-806 und Kobaltoxides PDF 43-1004. Das Oxid würde die zusätzlichen schmäleren Reflexe der Probe CNT-MW erklären; elementares Kobalt könnte sich unter den relativ breiten Reflexen der Kohlenstoffstruktur verbergen. Um hier Klarheit zu schaffen wurden Beugungsmessungen mit höherer Auflösung und besserem Verhältnis von Peak zu Untergrund und Untersuchungen mit Hilfe der EDX begonnen.

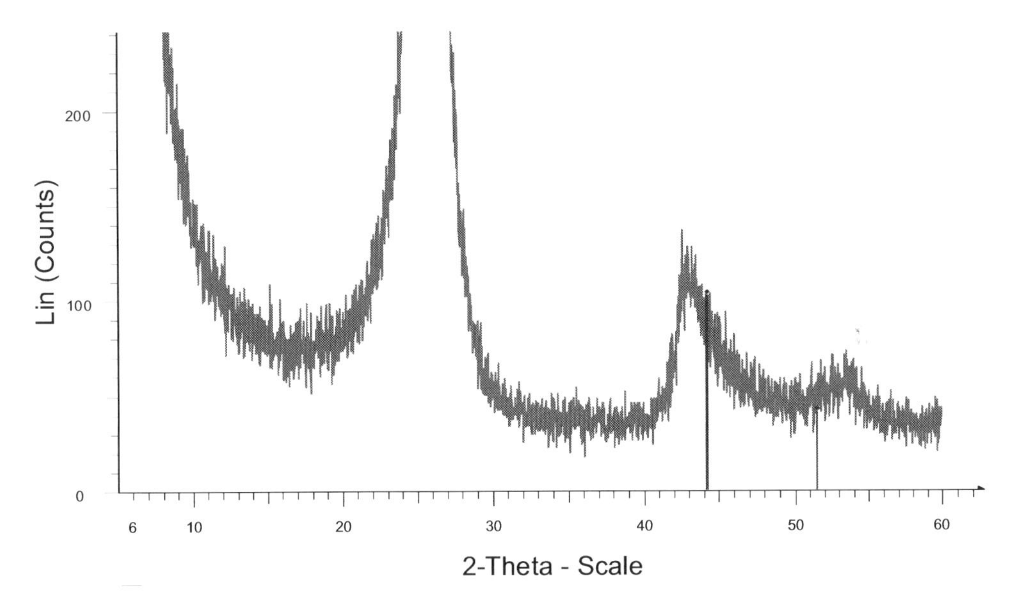

Abb. 6.: Beugungsdiagramm der Baytubes C150P (Linie) und Referenzlagen (Marker) von elementaren Kobalt (PDF 15-806; Marker)

4 Zusammenfassung

Die Eigenschaften verschiedener Carbon Nanotubes konnte mittels Gaspyknometrie, Gasadsorption und Röntgenbeugungsanalysen untersucht werden. Dabei wurde mittels der Heliumpyknometrie die Dichte der Materialien ermittelt. Die Gasadsorptionsanalysen ergaben die Adsorptionsisothermen von Stickstoff an den Carbon Nanotubes bei 77 K. Die Isotherme wies auf eine Typ II-Isotherme hin und zeigte Hysterese zwischen Adsorption und Desorption. Des Weiteren wurden über die BET-Oberflächen aus der Mehrpunktmethode die spezifischen Oberflächen ermittelt. Die ermittelten Dichten und Oberflächen fügten sich in theoretische Wertebereiche, die von der CNT-Struktur bestimmt werden, ein.

Die Röntgenbeugungsanalysen zeigten in den Beugungsdiagrammen Reflexe ähnlich dem Graphit, die den Carbon Nanotubes zugeordnet werden können. Es wurden aber auch Reflexe erfasst, die daneben auf metallische kristalline Phasen hinweisen. Neben Reflexpositionen wurden die Beugungsdiagramme mittels Profilanalysen weiter ausgewertet. Dabei konnte aus der Lorentzbreite der Reflexprofile über einen Kurvenanpassung für jeden Reflex die Abmessungen der kristallinen Bereiche (Domänen) abgeleitet werden. Zur Identifizierung der Reflexe, die nicht der Kohlenstoffstruktur zuordenbar sind, wurden die Beugungsdiagramme weiter mit den Referenzlagen von Kobalt und Kobaltoxid verglichen. Die eindeutige Zuordnung der beobachteten Reflexpositionen und der Kristallitgrößen bedarf weiterer Analysen und Untersuchungen.

5 Danksagung

Die Autoren möchten sich bei Herrn Prof. Dr.-Ing. habil. Karl-Ernst Wirth und seinen Mitarbeitern insbesondere bei Frau Dipl.-Ing. Elodie Lutz vom Lehrstuhl für Feststoff- und Grenzflächenverfahrenstechnik der Friedrich-Alexander-Universität Nürnberg-Erlangen für die Durchführung der Rasterelektronenmikroskopie bedanken.

6 Literatur

[1] Iijima, S., *Helical microtubules of graphitic carbon*, Nature, vol. 354 (1991), pp. 56-58

[2] Jorio, A., Dresselhaus, G., Dresselhaus, M., S., *Carbon nanotubes: Advanced topics in the synthesis, structure, properties and applications*, Berlin, Heidelberg, Springer (2008)

[3] Krüger, A., *Neue Kohlenstoffmaterialien-Eine Einführung*, Wiesbaden, Teubner Studienbücher Chemie (2007)

[4] Peigney, A., Laurent, Ch., Flahaut, E., Bacsa, R., R., Rousset, A., *Specific surface area of carbon nanotubes and bundles of carbon nanotubes*, Carbon, vol. 39 (2001), pp. 507-514

[5] Laurent, Ch., Flahaut, E., Peigney, A., *The weight and density of carbon nanotubes versus the number of walls and diameter*, Carbon, vol. 48 (2010), pp. 2989-299

[6] Brunauer, S., Emmet, P., H., Teller, E., Adsorption of gases in multimolecular layers, J. Amer. Chem. Soc. Vol. 60 (1938), pp. 309-319

DISPERGIEREIGENSCHAFTEN NICHT-MODIFIZIERTER UND FUNKTIONALISIERTER CARBON NANOTUBES

A. Dresel[1], U. Teipel[1,2]

[1] Georg-Simon-Ohm Hochschule Nürnberg, Mechanische Verfahrenstechnik/Partikeltechnologie, Wassertorstraße 10, Nürnberg, e-mail: alexander.dresel@ohm-hochschule.de

[2] Fraunhofer Institut für Chemische Technologie ICT, J.-v.-Fraunhofer-Straße 7, Pfinztal, e-mail: ulrich.teipel@ohm-hochschule.de

1 Kurzfassung

Anwendungen von Carbon Nanotubes erfordern häufig deren Dispergierung in anorganischen oder organischen Lösemitteln. Die Dispergierung umfasst dabei im Allgemeinen die homogene Verteilung der Partikel, die Des-Agglomeration sowie die Suspensionsstabilisierung durch mechanische Verfahren und/oder Dispergiertechnologien, welche die Oberflächenenergie der Partikel beeinflussen. Die Funktionalisierung ist eine chemische Methode, mit der Carbon Nanotubes durch die kovalente Bindung funktioneller Gruppen an der Partikeloberfläche modifiziert werden können. Die Modifizierung soll dabei die Integration der Carbon Nanotubes in Matrizen zur Herstellung neuartiger Kompositmaterialien verbessern. Daneben kann die Funktionalisierung ebenfalls die Desintegration der Carbon Nanotubes in Fluiden begünstigen.
In dieser Arbeit werden Untersuchungen der Dispergierbarkeit funktionalisierter im Vergleich zu nicht-modifizierten Carbon Nanotubes vorgestellt. Dazu wurden die Partikel mittels Ultraschall in wässriger Phase sowie in Tetrahydrofuran dispergiert. Insbesondere wurden verschiedene Carbon Nanotube-Modifikationen mit Sauerstoff-, Carboxy- und Stickstoffgruppen an der Oberfläche sowie polymergegraftete Poly(glycidyl methacrylat-co-methyl methacrylat)-Carbon Nanotubes untersucht. Weiterhin wurden die erzeugten Suspensionen mittels Sedimentationsanalysen im Zentrifugalfeld charakterisiert. Dabei zeigten die funktionalisierten im Vergleich zu den nicht-modifizierten Partikeln stabilere Suspensionen, was auf stark flockulierte und aggregierte Suspensionsstrukturen oder auf die Dispergierwirksamkeit der Oberflächenmodifikationen im jeweiligen Dispergiermittel hinweist.

2 Einleitung

Carbon Nanotubes (CNTs) – einwandige (SWNT) als auch mehrwandige (MWNT) – sind röhrenförmige Partikel, deren Hüllen aus Kohlenstoffatomen in graphitähnlicher Struktur gebaut sind und Durchmesser im Nanometerbereich (< 100 nm) aufweisen [1]. Insbesondere ihre herausragenden Materialeigenschaften wie gute elektrische und thermische Leitfähigkeit in Kombination mit sehr guten mechanischen Eigenschaften bei geringsten Feststoffdichten designieren Carbon Nanotubes ein großes Potential als Füll- und Zusatzstoff in der Entwicklung von Kompositen mit bestechenden Materialeigenschaften [2, 3].

Carbon Nanotubes, die unter anderem durch ein sehr großes Längen/Durchmesser-Verhältnis charakterisiert sind, liegen jedoch häufig im agglomerierten und aggregierten Zustand vor. Vor allem die sehr großen Van-der Waal'schen Partikelwechselwirkungen durch die großen äußeren spezifischen Oberflächen der CNTs bestimmen die Agglomeratformation. In den CNT-Agglomeraten können einzelne CNTs in Form von Bündeln, der parallelen Aneinanderreihung der CNTs, vorliegen, die wiederum ihrerseits größere (übergeordnete) Kneul- bzw. Agglomeratstrukturen formen können. Der Nutzen der CNT-Eigenschaften für Applikationen erfordert jedoch häufig die Trennung und Vereinzelung dieser Agglomerate. Die Dispergierung von Carbon Nanotubes in anorganischen oder organischen Lösemitteln ist häufig ein notwendiger aber auch problematischer Prozessschritt in der Entwicklung von CNT-Kompositen [4].

Die CNT-Dispergierung lässt sich grundlegend mit mechanischen Verfahren und/oder Technologien, welche die Oberflächenenergie der CNTs verändern, durchführen [2, 5]. Eines der meist zitierten mechanischen Verfahren zur CNT-Dispergierung in niedrigviskosen Medien ist die Ultraschalldispergierung [2, 3, 5]. Die Oberflächenenergie der CNTs kann zum einen durch die Absorption von grenzflächenaktiven Molekülen – Dispergieradditiven – aber auch durch die kovalente Bindung funktioneller Gruppen an der CNT-Oberfläche erreicht werden [2]. Des Weiteren kann die Funktionalisierung auch die CNT-Integration in umgebende Matrizen verbessern. Im Folgenden werden die Arbeiten und Ergebnisse von Untersuchungen der Dispergierwirksamkeit funktionalisierter im Vergleich zu nicht-modifizierten Carbon Nanotubes vorgestellt und diskutiert.

3 Materialien und Methoden

3.1 Materialien

Zur Untersuchung der Dispergiereigenschaften der funktionalisierten im Vergleich zu den nicht-modifizierten Carbon Nanotubes wurden verschiedene CNT-Modifikationen und -Typen eingesetzt. Die Bezeichnung, die Funktionalisierung sowie Funktionalisierungsverfahren und Funktionalisierungsanteil können der Tabelle 1 entnommen werden.

Nicht-modifizierte CNTs waren mehrwandige Baytubes® C150P (Bayer Material-Science AG, Leverkusen, Germany) und gereinigte CNT-MW (gereinigt, FutureCarbon GmbH, Bayreuth,

Germany). Modifikationen der Baytubes® C150P waren zum einen im nicht-thermischen Atmosphären-Plasma sauerstofffunktionalisierte CNTs (CNT-O, Fraunhofer IFAM, Bremen, Germany) und zum anderen im Niederdruckplasma stickstofffunktionalisierte CNTs (CNT-N, Bundesanstalt für Materialforschung, Berlin, Germany). Die nicht-modifizierten CNT-Agglomerate zur Stickstofffunktionalisierung waren daneben gemahlen (< 80 µm). Weiterhin wurden nasschemisch Carboxyfunktionalisierte CNTs (CNT-COOH, FutureCarbon GmbH, Bayreuth, Germany) und Poly(glycidyl methacrylat-co-methyl methacrylat)-gegraftete CNTs (CNT-MMA/GMA, Helmholtz-Zentrum, Geesthacht, Germany) ausgehend von gereinigten CNT-MW dispergiert. Die Angaben zum Anteil der funktionellen Gruppen der Modifikationen in der Tabelle 1, stammen von den jeweiligen Herstellern und aus unterschiedlichen Analysen und zeigen die verschieden hohen Funktionalisierungsanteile entsprechend der CNT-Modifikation. Als Dispergiermittel wurden vollentsalztes Wasser sowie Tetrahydrofuran (THF, Tetrahydrofuran Rotisolv HPLC, Carl Roth GmbH & Co. KG) verwendet.

Tabelle 1: Nicht-modifizierte sowie funktionalisierte Carbon Nanotubes mit Funktionalisierungsverfahren und -anteil sowie dem verwendeten Dispergiermittel

Bezeichnung	**Modifikation**	**Anteil**	**Funktionalisierungsmethode**	**Dispergiermittel**
Baytubes® C150P		Keine		Wasser, THF
CNT-MW		Keine		Wasser, THF
CNT-O	Sauerstoff	Keine Angabe	Nicht-thermisches Atmosphären-Plasma	Wasser
CNT-COOH	Carboxy	ca. 7 %[1] < 1,5 % Asche[1]	Nasschemisch	Wasser
CNT-N	Stickstoff	ca. 8 % N/C[1] ca. 1 % NH_2/C[1]	Niederdruckplasma	THF
CNT-MMA/GMA	Poly(glycidyl methacrylat-co-methyl methacrylat)	51 % Polymer[1]	Nasschemisch	THF

[1] Herstellerangaben

3.2 Dispergierung

Die funktionalisierten und nicht-modifizierten Carbon Nanotubes wurden zur Untersuchung der Dispergierbarkeit mit einer Ultraschallsonotrode (SONOPLUS HD 200, Bandelin electronic GmbH & Co. KG) mit einer Leistung von 200 W bei einer Amplitude von 30 % dispergiert. Die Dispergierung erfolgte dazu im absatzweisen Betrieb für jeweils 10 Minuten. Weiterhin wurden funktionalisierte und die dazugehörigen nicht-modifizierten CNTs im jeweils gleichen Dispergiermittel dispergiert. Der Massenanteil wurde dabei mit 0,1 Gew.-% bezogen auf die CNT-Masse in den Suspensionen mit einer Gesamtmasse von 200 g eingestellt.

3.3 Suspensionscharakterisierung mittels Stabilitätsanalysen

Die Suspensionen nach der Dispergierung wurden mittels Stabilitätsanalysen im Zentrifugalfeld mit einem Dispersionsanalysator (LUM GmbH, LumiSizer®) durchgeführt. Die Messanordnung ist in Abbildung 1 schematisch dargestellt und setzt sich im Wesentlichen zusammen aus einer Lichtquelle (1), die paralleles NIR-Licht (2) durch die Probenzelle (3) auf den Rotor (4) leitet. Die Transmission durch die Probe wird mit einem Detektor (5) unterhalb der Probenzelle erfasst. Somit kann die Intensität des transmittierten Lichts in Abhängigkeit der Messzeit und Position der Probe über die gesamte Messlänge der Probenzelle erfasst werden, wodurch Entmischungsprozesse analysiert werden können [1].

Die Sedimentationsanalysen wurden in einer 10 mm Polyamid-Küvette bei einer Drehzahl von 1000 rpm (entspricht einer 116-fachen Erdbeschleunigung bei einer radialen Position von 104 mm) für eine Messdauer von ca. 2500 s durchgeführt. Weiterhin wurden die Suspensionen vor der Sedimentationsanalyse 2-fach mit dem entsprechenden Dispergiermittel verdünnt.

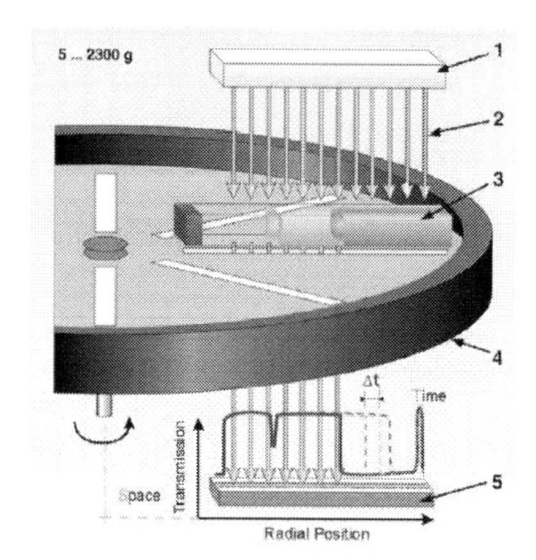

Abb. 1: Schematische Darstellung der LumiSizer®-Messanordnung: Lichtquelle (1), Paralleles NIR (2), Küvette (3), Zentrifugenrotor (4), Detektor (5) [6]

4 Ergebnisse und Diskussion

Die Ergebnisse der Sedimentationsanalysen mit dem LumiSizer® sind im Folgenden durch die ermittelten Transmissionsprofile dargestellt. Dazu ist die normalisierte Transmission durch die Suspension in Abhängigkeit der radialen Position (Küvettenposition) entsprechend über der Messlänge der Küvette aufgetragen. Die schwarzen Kurven zeigen die Transmission durch die

Probe zu Beginn und werden mit zunehmendem Zentrifugieren heller. Weiterhin entspricht eine große radiale Position (rechter Diagrammrand) dem Küvettenboden.

4.1 Ultraschalldispergierung funktionalisierter Carbon Nanotubes

Die Stabilitätsanalysen der funktionalisierten Carbon Nanotubes sind in der Abbildung 2 dargestellt. In der Abbildung kennzeichnen die Diagramme der linken Spalte die Transmissionsprofile der Suspensionen aus nicht-modifizierten CNTs im Vergleich zu den entsprechenden der Suspensionen der oberflächenbehandelten CNTs in der rechten Spalte.

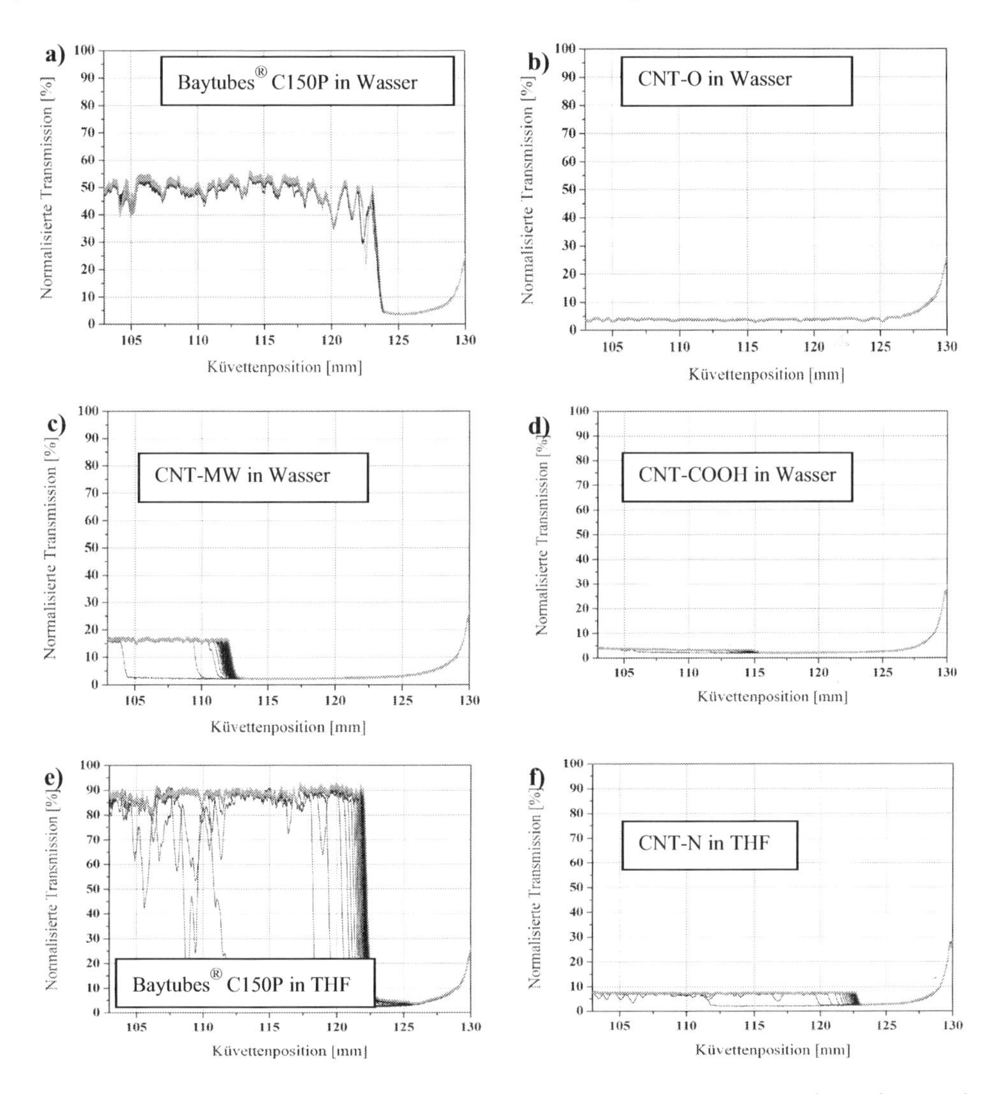

Abb. 2: Stabilitätsanalysen nicht-modifizierter sowie seitenwandfunktionalisierter mehrwandiger Carbon Nanotubes: Baytubes®C150 P (a), CNT-O (b), CNT-MW (c) und CNT-COOH (d) in Wasser sowie Baytubes®C150P (e) und CNT-N (f) in THF

Die Baytubes® C150P/Wasser-Suspension (a) zeigt im Vergleich zu der sauerstofffunktionalisierten CNT-Suspension (b) eine deutlich höhere Transmission von ca. 50 % während der gesamten Messzeit. Daneben charakterisiert die niedrige Transmission bei großen Positionen das gebildete Sediment am Küvettenboden. Die geringe Änderung der Transmission weist weiterhin auf eine schnelle Sedimentation größerer Agglomerate bereits nach Beginn des Zentrifugierens unter den Messbedingungen hin. Der Anstieg der Transmission bei großen Positionen könnte durch Lichtstreueffekte am Küvettenboden verursacht worden sein. Die sauerstofffunktionalisierte CNT-Suspension zeigt im Vergleich dazu eine sehr niedrige sich über die Zeit kaum ändernde normierte Transmission über der gesamten Messlänge der Küvette, was auf eine geringe Sedimentation der Partikel hindeuten könnte. Dies weist auf eine verbesserte Stabilität der Sauerstoff-modifizierten CNTs in Wasser hin.

Die Transmissionsprofile der Stabilitätsanalysen der Suspensionen aus gereinigten CNT-MW (c) und carboxylierten CNTs (d) sind ebenfalls in der Abbildung 2 dargestellt. Die Profile der gereinigten CNTs weisen auf eine Sedimentation hin. Jedoch weist die geringe Aufklarung bis ca. 15 % oberhalb des Sediments auch auf einen deutlich größeren Feinanteil in der Suspension als bei den Baytubes® C150P (a) in Wasser hin. Im Vergleich zur CNT-MW Suspension liegt die Transmission in der Suspension der carboxylierten CNTs über dem Sediment niedriger und zeigt nahezu keine Entmischung. Somit kann von einer besseren Suspensionsstabilität in Wasser hinsichtlich der Sedimentationseigenschaften durch die Carboxylierung ausgegangen werden.

Die Abbildung 2 zeigt weiterhin die Ergebnisse der Sedimentationsanalysen der Baytubes® C150P in THF (e) mit einer nahezu vollständigen Aufklarung der Suspension sowie der Bildung eines Sediments während des Zentrifugierens. Das Transmissionsprofil der Probe der stickstofffunktionalisierten CNTs in THF (f) weist ebenfalls auf eine Sedimentation hin. Die Aufklarung der Dispersion ist jedoch deutlich geringer, was auf einen größeren Anteil an Partikeln, die unter den Messbedingungen nicht sedimentieren, schließen lassen könnte und somit auf eine bessere Stabilität der funktionalisierten CNTs hinweist.

Im Allgemeinen zeigen die Ergebnisse der Sedimentationsanalysen der betrachteten funktionalisierten im Vergleich zu den entsprechenden nicht-modifizierten CNTs stabilere Suspensionen nach gleicher Ultraschalldispergierung unter den zugrundeliegenden Analysebedingungen. Dies könnte einerseits durch stark flockulierte und aggregierte Suspensionsstrukturen verursacht worden sein, da sich die Partikel unter diesen Bedingungen gegenseitig bei der Sedimentation behindern. Andererseits könnte die geringere Entmischung während des Zentrifugierens auf einen größeren Feinanteil in den Suspensionen der funktionalisieren CNTs und somit auf die Begünstigung der CNT-Desintegration durch die Oberflächenmodifikation im entsprechenden Dispergiermittel hinweisen.

4.2 Dispergierung polymergegrafteter Carbon Nanotubes

Gereinigte CNT-MW wurden ebenfalls in THF ultraschalldispergiert. Die Sedimentationsanalyse ist dazu in der Abbildung 3 (links) dargestellt. Die gereinigten CNT-MW zeigen in THF im Gegensatz zur wässrigen Suspension eine stärkere Aufklarung, Sedimentation und Sedimentbildung. Die Sedimentation der nicht-modifizierten CNTs in THF zeigt aber auch die Sedimentation mit einer Phasengrenze, was durch die parallele Verschiebung der vertikalen Transmissionsprofile gekennzeichnet ist.

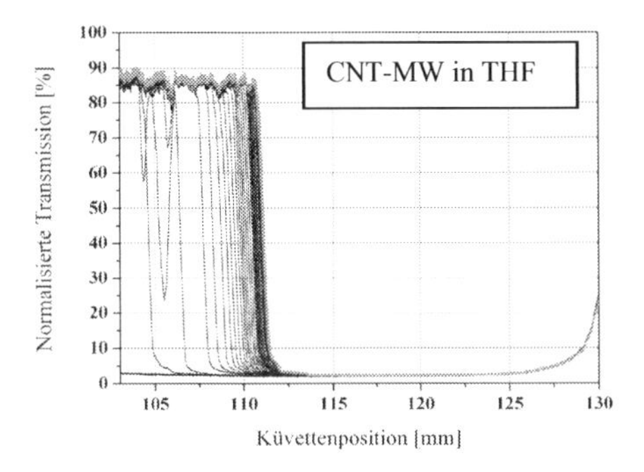

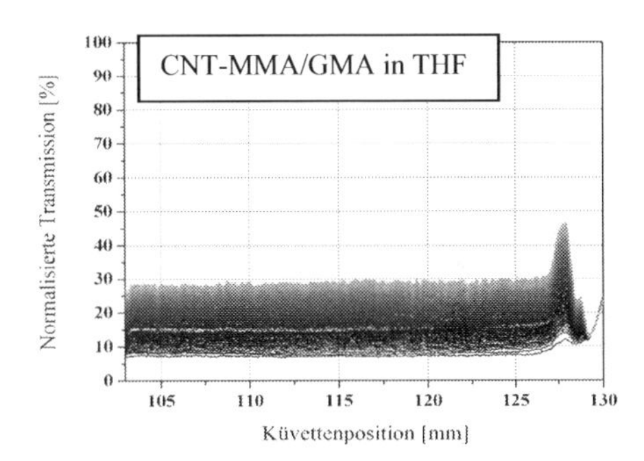

Abb. 3: Stabilitätsanalysen nicht-modifizierter sowie polymergegrafteter Carbon Nanotubes: CNT-MW (links) und Poly(glycidyl methacrylat-co-methyl methacrylat)-gegraftete CNTs (rechts) in THF

Poly(glycidyl methacrylat-co-methyl methacrylat)-gegraftete Carbon Nanotubes wurden ebenfalls in THF dispergiert (rechts). Die dargestellten Profile zeigen eine über die Messlänge der Küvette gleichmäßige Aufklarung mit zunehmender Messzeit. Die horizontale Wanderung der Profilerhöhung wird wahrscheinlich durch ein polydisperses partikuläres System in Verbindung mit der separaten Sedimentation der Partikel verursacht, da die Partikel einer Größe somit mit einer bestimmten Geschwindigkeit und nahezu voneinander unbeeinflusst sedimentieren [7].

Das unterschiedliche Sedimentationsverhalten – Sedimentation mit Phasengrenze und Sedimentation einzelner Partikel – im Zentrifugalfeld trotz des konstant gehaltenen CNT-bezogenen Massenanteils könnte durch die Polymerfunktionalisierung hervorgerufen werden, die mit einem Anteil von 51 Gew.-% Polymer (bezogen auf die CNT-Masse) sehr groß ist und eventuell die Morphologie sowie die interpartikulären Wechselwirkungen signifikant beeinflusst haben könnte.

4.3 Suspensionen nach dem Zentrifugieren

In Abbildung 4 sind Bilder von Küvetten nach der Sedimentationsanalyse der Suspensionen dargestellt. Dabei ist die Suspension der nicht-modifizierten CNTs am jeweiligen linken Bildrand im Vergleich zu den modifizierten CNT-Suspensionen gezeigt. In der Abbildung sind folgende Proben enthalten (von links nach rechts):

- *Baytubes® C150P* in Wasser
- *CNT-O* in Wasser
- *CNT-MW* in Wasser
- *CNT-COOH* in Wasser
- *Baytubes® C150P* in THF
- *CNT-N* in THF

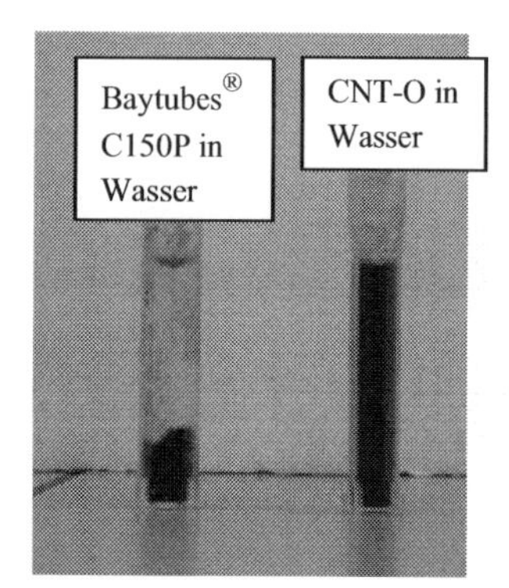

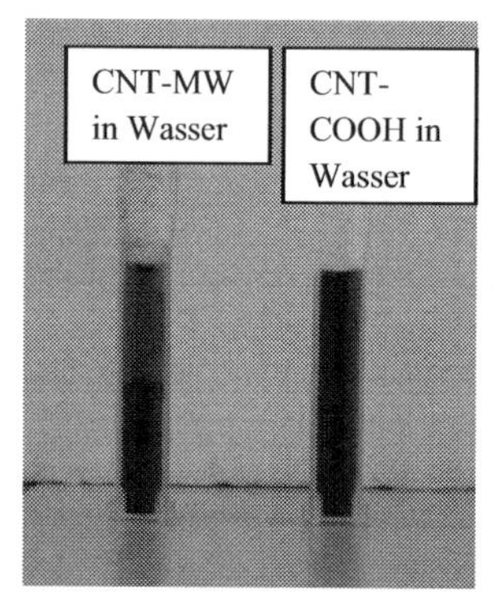

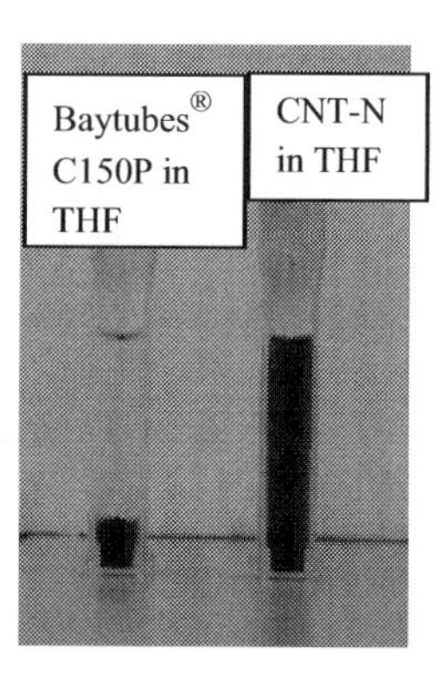

Abb. 4: Suspensionen in den Messküvetten nach dem Zentrifugieren

In der Abbildung ist die Sedimentbildung und Entmischung der nicht-funktionalisierten CNTs durch die Behandlung in der Zentrifuge zu sehen. Die dargestellten modifizierten CNT-Suspensionen zeigen im Allgemeinen eine stärkere Trübung, was die verbesserte Sedimentationsstabilität zeigt. Weiterhin weißt die verbleibende Trübung nach dem Zentrifugieren auf stark flockulierte Systeme oder auf Suspensionen mit einem großen Feinanteil hin, was auf verbesserte Dispergiereigenschaften der funktionalisierten Carbon Nanotubes schließen lässt. Die eindeutige Klärung der Suspensionsstruktur erfordert jedoch noch weitere Untersuchungen.

5 Zusammenfassung

Die Dispergiereigenschaften funktionalisierter Carbon Nanotubes konnte gegenüber den nicht-modifizierten CNT-Materialen mittels Stabilitätsanalysen beurteilt werden. Dabei resultierten oberflächenmodifizierte Partikel nach gleicher Ultraschalldispergierung in stabileren Suspensionen hinsichtlich der Sedimentationseigenschaften im Zentrifugalfeld. Die bessere Stabilität könnte einerseits durch stark flockulierte und aggregierte Systeme und andererseits durch Suspensionen, die einen höheren Feinanteil aufweisen verursacht worden sein. Die eindeutige Klärung der Wirkungsweise der Funktionalisierung sowie des Polymergraftings auf die Desintegrationseigenschaften von Carbon Nanotubes in niedrigviskosen Medien bedarf weiterer Untersuchungen.

6 Danksagung

Die Autoren möchten sich beim Bundesministerium für Bildung und Forschung (BMBF) für die finanzielle Unterstützung der Arbeiten bedanken. Des Weiteren geht unser besonderer Dank an die Projektgruppe CarboFunk der Innovationsallianz Carbon Nanotubes (InnoCNT), insbesondere an die Future Carbon GmbH in Bayreuth, der Bundesanstalt für Materialforschung in Berlin, dem Fraunhofer Institut für Fertigungstechnik und Angewandte Materialforschung in Bremen sowie an das Helmholtz Zentrum Geesthacht für die Bereitstellung der modifizierten Carbon Nanotube Materialien. Die Autoren möchten auch bei Herrn Prof. Dr. Karl-Heinz Jacob und Dipl.-Ing. (FH) Roland Gross (Physikalische Chemie, Georg-Simon-Ohm Hochschule Nürnberg) für die Zusammenarbeit hinsichtlich der Stabilitätsanalysen bedanken.

7 Literatur

[1] Krüger, A., *Neue Kohlenstoffmaterialien-Eine Einführung*, Wiesbaden, Teubner Studienbücher Chemie (2007)

[2] Vaisman L., Wagner H. D., *The role of surfactants in dispersion of carbon nanotubes*, Adv. Colloid. Int. Sci., vol. 128-130 (2006), pp. 37-46

[3] Krause, B., Mende, M., Pötschke, P., Petzold, G., *Dispersability and particle size distribution of CNTs in an aqueous surfactant dispersion as a function of ultrasonic treatment time*, Carbon, vol. 48 (2010), pp. 2746-2754

[4] Coleman, N., J., *Liquid-Phase Exfoliation of Nanotubes and Graphene*, Adv. Funct. Mater., vol. 19 (2009), pp. 3680-3695

[5] Hilding J., Grulke E. A., Zhang Z. G., Lockwood F., *Dispersion of carbon nanotubes in liquids*, J. of Dispersion Sci. Technol., Vol. 24, No. 1 (2003), pp. 1-41

[6] Lerche, D., Sobisch, T., *Consolidation of concentrated dispersions of nano- and microparticles determined by analytical centrifugation*, Powder Technology, Vol. 174 (2007), pp. 46-49

[7] Krause, B., Petzold, G., Pegel, S., Pötschke, P., *Correlation of carbon nanotube dispersability in aqueous surfactant solutions and polymers*, Carbon, Vol. 47 (2009), pp. 602-612

DISPERGIERUNG VON NANOSKALIGEN KERAMIKPARTIKELN ZUR HERSTELLUNG VON INTEGRIERTEN DÜNNFILMKONDENSATOREN

Ch. Roßmann[1], U. Fehrenbacher[1], M. Töpper[2], Th. Fischer[2], U. Teipel[1,3], M. Zang[1]

[1] Fraunhofer-Institut für Chemische Technologie (ICT), 76327 Pfinztal, email: marcus.zang@ict.fraunhofer.de

[2] Fraunhofer-Institut für Zuverlässigkeit und Mikrointegration (IZM), 13355 Berlin

[3] Georg-Simon-Ohm Hochschule Nürnberg, Mechanische Verfahrenstechnik/Partikeltechnologie, 90489 Nürnberg

1 Einleitung

Durch nanostrukturierte Materialien lassen sich bekannte Applikationen verbessern und neue Anwendungsfelder eröffnen. In der Halbleiterindustrie ist die Nanotechnologie bei der Miniaturisierung von Bauteilen von besonderer Bedeutung. Die ständig wachsende Leistung der immer kleiner werdenden Bauteile wird hierdurch inzwischen durch Nanostrukturen erreicht. Passive Bauelemente, wie Spulen, Widerstände und Kondensatoren, sind bei der Miniaturisierung elektronischer Geräte der beschränkende Faktor. Derzeit wird vor allem die Wafer-Level-Package-Technologie (WLP) eingesetzt, in der mehrere integrierte Schaltkreise als Waferverbund in einer Packung zusammengefasst werden. Ebenso ist eine Einbettung der passiven Bauteile in die elektrische Leiterplatte, dem sog. Substrat, möglich. Dadurch werden eine höhere Komponentendichte, eine gesteigerte Funktionalität, eine verbesserte elektrische Leistung, eine erhöhte Gestaltungsflexibilität, eine verbesserte Zuverlässigkeit und eine Kostenreduktion erreicht. Im Falle von Kondensatoren können aufgrund von zu geringen Dielektrizitätskonstanten (D_k) der Materialien im Bauelement nur sehr kleine Kapazitäten umgesetzt werden. In aktuellen Forschungs- und Entwicklungsprojekten werden deshalb Materialien mit sehr großen D_k-Werten zur weiteren Miniaturisierung von integrierten Kondensatoren mit hohen Flächenkapazitäten favorisiert.

In den letzten Jahren wurde eine beachtliche Anzahl an verschiedenen Materialien an Dielektrika untersucht. Die mit Abstand größten spezifischen Kapazitäten lassen sich mit der Verwendung von ferroelektrischen Keramiken, wie Bariumtitanat, Bariumstrontiumtitanat oder Bleizirkoniumtitanat, erreichen. Sie weisen Dielektrizitätskonstanten im Größenbereich von etwa 1.000 bis 20.000 auf und können bei Temperaturen von ca. 600 °C auf die Kondensatorplatten aufgedampft werden [1]. Diese können jedoch bei diesen hohen Prozesstemperaturen nicht mehr wirtschaftlich effizient in Leiterplatten eingebunden werden, ohne dass dabei das Substrat an sich zerstört wird. Aktuell wird die Verwendung von Polymerkeramikkompositen als das vielverspre-

chendste Verfahren zur Herstellung von integrierten Kondensatoren angesehen, da sie die Vorteile von Polymeren und keramischen Füllpartikeln vereinen: mechanische Flexibilität, geringere Kosten, geringe Verarbeitungstemperaturen und die dielektrische Eigenschaft. Bis dato wurde jedoch noch kein perfektes Dielektrikum gefunden, das die hohen Anforderungen an die elektrischen und mechanischen Eigenschaften erfüllt [1]. Um homogene und defektfreie Filme mit einer gleichmäßigen Schichtdicke unter 2 µm herzustellen, sind nach Windlass et al. Partikel kleiner 300 nm notwendig [2, 3].
In diesem Beitrag wird über Untersuchungen zur Dispergierung von agglomerierten, nanoskaligen Bariumstrontiumtitanatpartikeln in 1,3,5-Trimethylbenzol berichtet. Da die Partikel in diesem Lösungsmittel nicht ausreichend stabilisiert sind und zur Agglomeration neigen, wurde zusätzlich ein auf Polyurethan basierendes Dispergieradditiv zugegeben und die Dispergierung mit einer Rührwerkskugelmühle unter Variation der Systemparameter untersucht. Nach der Prozessoptimierung wurde zusätzlich das Polymerharz Cyclotene® 3022-63 der Dispersion zugegeben. Mit dem erhaltenen Polymernanokomposit wurden integrierte Dünnfilmkondensatoren auf Silizium-Wafern mittels Spin-Coating prozessiert und charakterisiert.

2 Materialien und Methoden

2.1 Verwendete Chemikalien

Als keramisches Material wurde Bariumstrontiumtitanat $Ba_{0,7}Sr_{0,3}TiO_3$ (NanOxid®-High Purity Barium Strontium Titanate HBS 2000, TPL Inc., Albuquerque, USA), als Lösungsmittel 1,3,5-Trimethylbenzol (Alfa Aesar GmbH & Co. KG, Karlsruhe) und als Matrix für die Herstellung von Kondensatoren das Polymerharz Cyclotene® 3022-63 (The Dow Chemical Company, Midland, USA) eingesetzt. Bei letzterem handelt es sich um in 1,3,5-Trimethylbenzol gelöstes Benzocyclobuten (BCB) mit Antioxidanz-Zusatz. Für eine bessere Stabilisierung wurde ein auf Polyurethan basierendes Netz- und Dispergieradditiv verwendet.

2.2 Versuchsstand

Der Versuchsstand bestand aus einem konisch zulaufenden, doppelwandigen 10 L großen Vorlagebehälter, einem Propellerrührer, einer Schlauchpumpe des Typs 621 (Watson & Marlow Ltd., Cornwall, England) und der Rührwerkskugelmühle Hydromill 90-AHM (Hosokawa Alpine AG, Augsburg) in ATEX-Ausführung. Für die Schlauchpumpe wurden 1,3,5-Trimethylbenzol-beständige Marprene®-Schläuche (Watson & Marlow Ltd., Cornwall, England) mit einem Innendurchmesser von 9,6 mm benutzt. Die restlichen Verbindungsschläuche waren aus faserverstärkten PVC-Material (ND10/16). Vorlagebehälter, Schlauchpumpe und Rührwerkskugelmühle wurden in Kreisfahrweise betrieben (Abb. 1). Der Rührer wurde eingesetzt, um einerseits bei Versuchsbeginn das Einarbeiten des BST-Pulvers zu unterstützen und andererseits die im Vorlagebehälter befindliche Dispersion in Bewegung zu halten, um ein Aussedimentieren der BST-Partikeln zu verhindern. Die Rührwerkskugelmühle besaß einen verkürzten Mahlraum (vgl. Abb. 2). Dieser war mit einer Siliziumcarbid-Verkleidung ausgestattet und hatte ein effektives Mahlraumvolumen von 250 cm³. Das Rührwerk (Rotorarm) bestand aus Zirkoniumoxid (TZP) und besaß keine Lochscheibeneinsätze. An der Austrittsöffnung war ein zylinderförmiges Edelstahlsieb (Spaltsiebzylinder) mit einer Spaltenbreite von 100 µm befestigt.

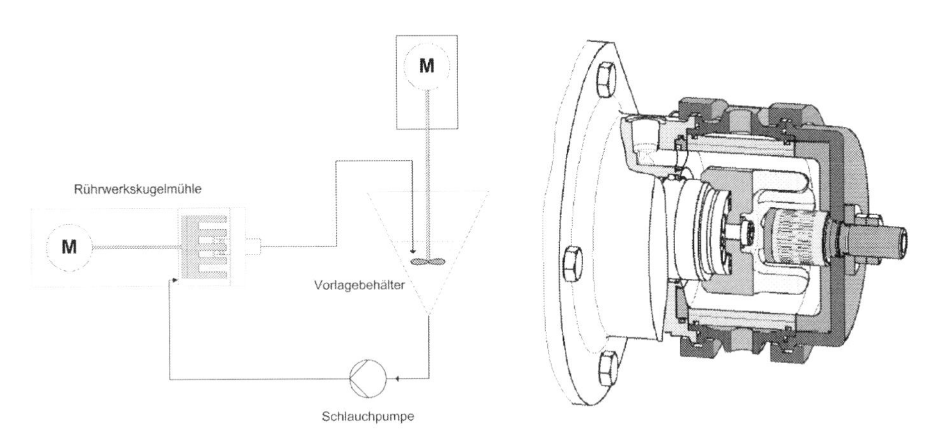

Abb. 1: Verfahrensschema für die Dispergierung des BST-Pulvers.

Abb. 2: Querschnitt des verkürzten Mahlraums der Rührwerkskugelmühle (modifiziert nach [4]).

Für die Versuche wurden abriebsfeste Mahlkugeln aus yttriumstabilisiertem Zirkoniumoxid unterschiedlicher Größen (200 µm, 300 µm, 500 µm und 800 µm) der Marke SiLibeads® Typ ZY-Premium (Sigmund Lindner GmbH, Warmensteinach) verwendet. Für die Wiederverwendung wurden die Mahlkörper nach Gebrauch mehrmals mit Propan-2-ol (VWR International GmbH, Darmstadt) gewaschen und anschließend getrocknet. Das in den Vorlagebehälter zurückfließende Medium wurde unterhalb der Flüssigkeitsoberfläche in den Behälter eingefördert. Hierdurch wird eine mögliche Ablagerung von großen Agglomeraten an der Behälterinnenwand minimiert, die im Laufe des Dispergierprozesses in das Medium zurückgespült werden und so die gemessenen Partikelgrößenverteilungen verfälschen würden.

2.3 Methoden

Im Rahmen dieser Arbeit wurden die Partikelgrößenverteilungen der Dispersionen durch eine differentielle Zentrifugalsedimentationsanalyse mit der Scheibenzentrifuge DC24000 (CPS Instruments Inc., Stuart, USA) bei einer Umdrehungsgeschwindigkeit von 3.750 min^{-1} charakterisiert. Der hierbei verwendete Dichtegradient zur Vermeidung einer kollektiven Sedimentation der Partikel, wurde aus einer neunstufigen Mischungsreihe aus einer 5 und einer 15 %igen Halocarbonöl 1.8 (CPS) Lösung in 1,3,5-Trimethylbenzol aufgebaut. Als Kalibrierstandard wurde hierbei ein monokristalliner Partikelgrößen-Diamantstandard (520 nm) in 1,3,5-Trimethylbenzol (CPS) verwendet. Für die Beurteilung des keramischen Ausgangsmaterials wurde eine Partikelgrößenverteilungsanalyse mit dem Laserlichtbeugungsspektrometer HORIBA LA-950 (Retsch Technology GmbH, Haan) ohne Druckluftzufuhr vorgenommen.

3 Ergebnisse und Diskussion

3.1 Charakterisierung des Ausgangsmaterials

Die Untersuchung der Partikelgrößenverteilung des verwendeten Bariumstrontiumtitanat-Pulvers mit dem Laserlichtbeugungsspektrometer ergab eine bimodale Verteilung, die in Abb. 3 dargestellt ist. Die Reproduzierbarkeit des Messergebnisses wurde durch eine Dreifachbestimmung aufgezeigt.

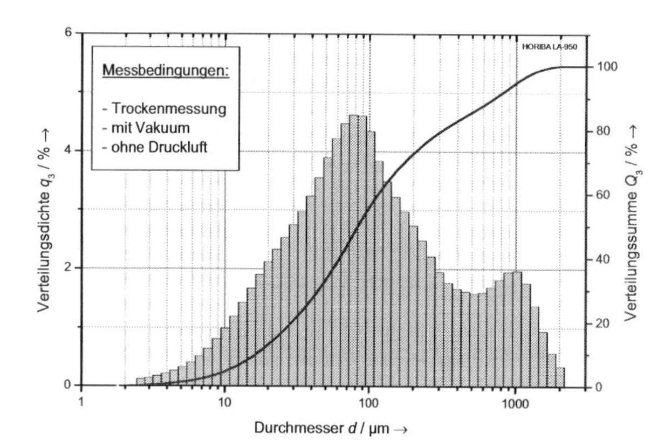

Abb. 3: Mittels Laserlichtbeugungsspektrometer gemessene Partikelgrößenverteilung des Bariumstrontiumtitanat-Pulvers.

Die Modalwerte liegen bei 80 µm bzw. 1.000 µm und zeigen, dass sowohl kleinere als auch größere Agglomeratfraktionen in dem eingesetzten BST-Pulver vorliegen. Die maximale Agglomeratgröße liegt bei etwa 2.010 µm. Der Großteil der agglomerierten Partikel befindet sich in einem Größenbereich von 3 µm bis etwa 500 µm. Dies wird durch die Rasterelektronenmikroskop-Aufnahme in Abb. 4 bestätigt.

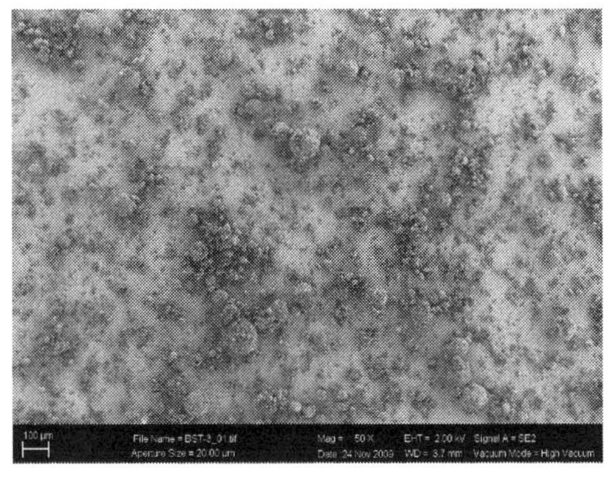

Abb. 4: REM-Aufnahme des verwendeten BST-Pulvers (50-fache Vergrößerung).

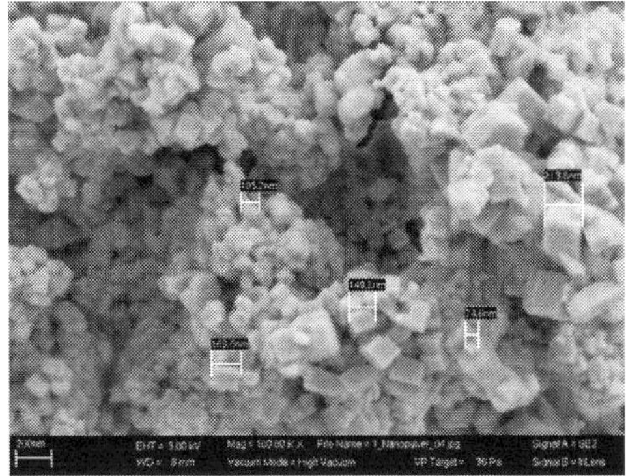

Abb. 5: REM-Aufnahme des verwendeten BST-Pulvers (100.000-fache Vergrößerung).

Es zeigt sich, dass die Agglomerate weitestgehend eine sphärische Form aufweisen. Die Primärpartikel besitzen hingegen eine kubische Gestalt, wie die REM-Aufnahme in Abb. 5 zeigt. Hierbei ist das verwendete BST-Pulver bei 100.000-facher Vergrößerung dargestellt. Man erkennt deutlich die kubischen Primärpartikel, aus denen die Agglomerate aufgebaut sind. Die Primärpartikel weisen eine Größe von etwa 70–250 nm auf und entsprechen somit den Angaben des Herstellers.

3.2 Dispergierung von nanoskaligen Bariumstrontiumtitanatpartikeln in der Rührwerkskugelmühle

Zur Untersuchung der Parametereinflüsse auf das Dispergierergebnis wurden Versuche mit verschiedenen Betriebseinstellungen durchgeführt. Hierbei wurden die relative Additivkonzentration $w_{r.A.}$, die Mahlkörpergröße d_{MK}, der Mahlkörperfüllgrad ϕ_{MK} und die Rührwerksumfangsgeschwindigkeit v_t variiert. Die Versuche wurden stets nach einem festen zeitlichen Ablauf durchgeführt. Zuerst wurde eine zuvor berechnete Menge an Additiv vorgelegt und mit 870 g 1,3,5-Trimethylbenzol über eine Dauer von 25 min mit einem Propellerrührer verrührt. Während dieser Zeit wurden 580 g BST-Pulver abgewogen. Nach Ablauf der Zeit wurde die Additivlösung in den Vorlagebehälter gegeben und über die Schlauchpumpe (ohne Mühle) im Kreis gefahren. Innerhalb von 5 min wurde das abgewogene Pulver gleichmäßig und verlustfrei in die gerührte Additivlösung gegeben. Für alle Versuche ergab sich dabei ein konstanter Feststoffanteil an BST-Partikeln von 40 % in 1,3,5-Trimethylbenzol. Nach etwa 90 min wurde die Schlauchpumpe kurzzeitig für etwa 30 s angehalten und die Rührwerkskugelmühle – die bereits mit einer abgewogenen Mahlkörpermenge der entsprechende Größe gefüllt war – angeschlossen. Daraufhin

wurde die Schlauchpumpe (bei 25 % der maximal möglichen Frequenz) wieder gestartet und die Mühle mit der jeweiligen Drehzahl bzw. Umfangsgeschwindigkeit betrieben.
Die Messwerterfassung erfolgte über ein Excel-VBA-Makro, das die einzelnen Messdaten der Mühle über eine serielle Schnittstelle auslas und dokumentierte. Simultan zur Protokollierung der Messwerte wurde die eingetragene spezifische Energie über hinterlegte Formeln in der Exceltabelle gemäß Gleichung (1) berechnet.

Spezifische Energie des Produkts $$E_m(t_z) = \frac{\int_0^{t_z} \left(P(\tau) - P_0\right) \mathrm{d}\tau}{m_P(t_z)} \qquad (1)$$

$E_{m,P}$:	spez. Energie des Produktes;	t_z:	Zerkleinerungsgesamtzeit;
$P(\tau)$:	elektr. Leistung unter Last zum Zeitpunkt τ;	P_0:	Leerlaufleistung der Mühle;
m_P:	Produktmasse		

Hierzu wurden in Vorversuchen die benötigten Leerlaufleistungen in Abhängigkeit von den Umfangsgeschwindigkeiten experimentell ermittelt. Über die gesamte Dispergierdauer wurden kontinuierlich kleine Probenmengen (stets 33 µL) aus dem Vorlagebehälter genommen, mit 10 mL reinem 1,3,5-Trimethylbenzol verdünnt und anschließend die Partikelgrößenverteilung mit der Scheibenzentrifuge bestimmt. So konnte der Dispergierfortschritt in Abhängigkeit von der Dispergierdauer bzw. der eingetragenen spezifischen Energie verfolgt und quantitativ beurteilt werden. Nach der letzten Probennahme wurden die Massenströme der Dispersionen durch Auslitern und Zurückwiegen der Massen ermittelt. Es wurde ein Durchsatz von 26 $kg{\cdot}h^{-1}$ (± 1,5 $kg{\cdot}h^{-1}$) bestimmt.

3.2.1 Einfluss der Additivkonzentration

Die Additivkonzentration wurde zwischen 5 und 20 Gew.-% bezüglich des eingesetzten Bariumstrontiumtitanats variiert. Diese Untersuchungen wurden mit 200 µm großen Mahlkugeln, einem Mahlkörperfüllgrad von 72 % und einer Rührwerksumfangsgeschwindigkeit von 9 $m{\cdot}s^{-1}$ durchgeführt. Das lineare Zeitdiagramm (Abb. 6) und das doppelt-logarithmische Energiediagramm (Abb. 7) zeigen die gefundenen Abhängigkeiten der mittleren Partikelgröße von dem Additivgehalt.

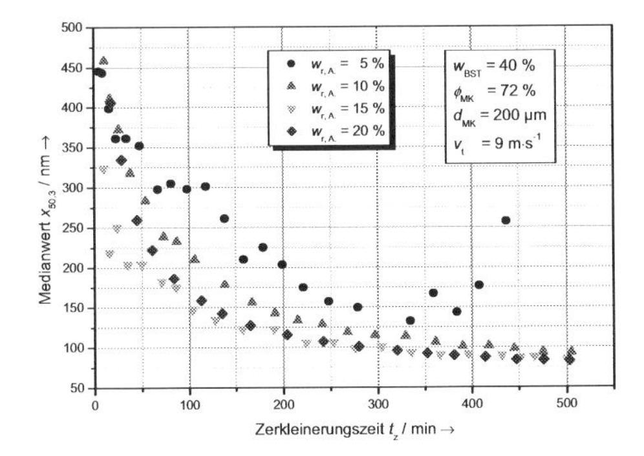

Abb. 6: Einfluss des relativen Additivgehaltes auf den Zusammenhang zwischen Produktfeinheit und Zerkleinerungszeit.

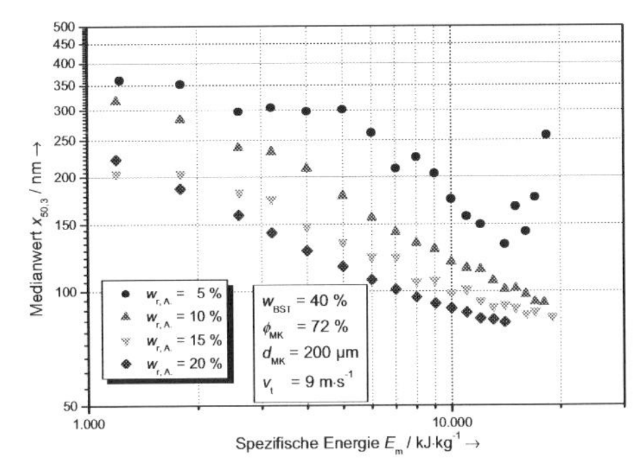

Abb. 7: Einfluss des relativen Additivgehaltes auf den Zusammenhang zwischen Produktfeinheit und spezifischer Energie.

Aus Abb. 6 geht hervor, dass die gemessenen Partikelgrößen der Dispersion, mit einem Additivanteil von 10–20 %, mit zunehmender Dispergierdauer stetig abnehmen. Hierbei weisen die Additivkonzentrationen von 15 und 20 % einen nahezu gleichen Kurvenverlauf im linearen t_z-$x_{50,3}$-Diagramm auf. In den ersten 50 Minuten ist eine starke Abnahme der gemessenen mittleren Partikelgröße von anfänglich etwa 450 nm auf 250 nm zu beobachten. Mit zunehmender Dispergierdauer flacht diese Kurve jedoch zunehmend ab. Nach einer Dauer von etwa 500 min wurde eine mittlere Partikelgröße von etwa 80 nm erzielt. Die gemessenen mittleren Partikelgrößen bei einem Additivgehalt von 10 % weisen bei gleicher Dispergierdauer einen um etwa 30–50 nm größeren Wert auf, als diejenigen mit 15 und 20 %. Die Menge des Additivs ist somit ausschlaggebend, wie schnell sich das eingesetzte Bariumstrontiumtitanat-Pulver in 1,3,5-Trimethylbenzol dispergieren lässt. Bei einem Additivgehalt von 5 % konnten bis zu einer Dispergierdauer von 200 min Agglomerate nur bis auf eine mittlere Größe von etwa 200 nm dispergiert werden. Der Dispergiererfolg ist dabei im Vergleich zu den höheren Additivkonzentrationen deutlich schlechter. Ab einer mittleren Partikelgröße von etwa 130 nm nimmt die gemessene Partikelgröße mit zunehmender Dispergierdauer sogar wieder zu. Dies ist bei dieser geringen Additivkonzentration auf Agglomerationserscheinungen zurückzuführen. Das Additiv ist dabei vermutlich an der durch die Dispergierung neu geschaffenen Partikeloberfläche adsorbiert, reicht jedoch für eine effiziente Stabilisierung der Partikel nicht mehr aus. Beschreibt man den Dispergiererfolg durch die eingetragene Energie, zeigt sich eine Reagglomeration der Partikel ab einem spezifischen Energieeintrag von etwa 12 $MJ \cdot kg^{-1}$. Für die Additivkonzentrationen von 10, 15 und 20 % wurde der aus der Literatur bekannte Zusammenhang der linearen Abnahme der mittleren Partikelgröße mit zunehmendem spezifischen Energieeintrag bei doppelt-logarithmischer Darstellung gefunden [5, 6].

Weiterhin wurde die Langzeitstabilität der hergestellten Dispersionen in Abhängigkeit von dem Additivgehalt über einen Zeitraum von vier Tagen untersucht. Die Ergebnisse sind in Abb. 8 dargestellt.

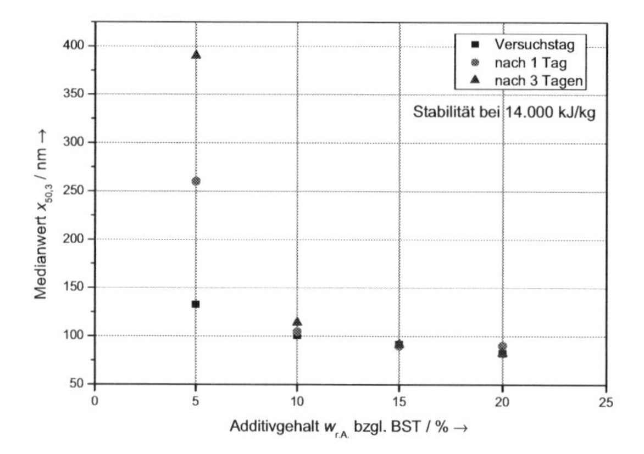

Abb. 8: Langzeitstabilität der Dispersion bei 14 MJ/kg über einen Zeitraum von vier Tagen.

Während bei einem Additivgehalt von 15 bis 20 % bezüglich der BST-Masse keine Reagglomeration drei Tage nach der Dispersionsherstellung zu beobachten ist, ist bei einem Anteil von 10 % eine leichte und bei 5 % eine deutliche Zunahme der gemessenen mittleren Partikelgröße festzustellen. Auch dies bestätigt, dass ein Additivgehalt von 5 und 10 % für eine Stabilisierung über mehrere Tage nicht ausreicht. Für 15 und 20 % zeigen sich hingegen in der Abb. 8 jeweils nahezu gleich bleibende Partikelgrößen über einen Zeitraum von vier Tagen. Somit lässt sich auch hierdurch auf eine ausreichende Konzentration von 15 % schließen. Für weitere Untersuchungen wurde aus ökonomischen Gründen ein Additivgehalt von 15 % verwendet.

3.2.2 Einfluss des Mahlkörperfüllgrades

Um den Einfluss des Mahlkörperfüllgrades auf die Dispergierung zu untersuchen, wurde der Mahlraum zu 68, 72, 76 und 80 Vol.- % mit Mahlkugeln befüllt. Bei allen Versuchen betrug die Umfangsgeschwindigkeit des Rotors 9 $m \cdot s^{-1}$. Die Mahlkörper besaßen hierbei eine mittlere Größe von 200 µm. Als Additivkonzentration wurde der für ausreichend gefundene Gehalt von 15 Gew.-% bezogen auf die BST-Feststoffmasse verwendet.

Die Ergebnisse der gemessenen Partikelgrößenverteilungen bei unterschiedlichen Mahlkörperfüllgraden sind in Abhängigkeit von der Dispergierdauer bzw. der eingetragenen spezifischen Energie in Abb. 9 und Abb. 10 dargestellt.

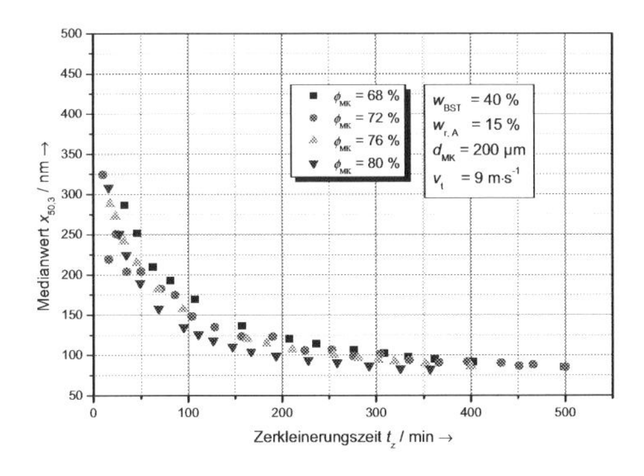

Abb. 9: Einfluss des Mahlkörperfüllgrades auf den Zusammenhang zwischen Produktfeinheit und Zerkleinerungszeit.

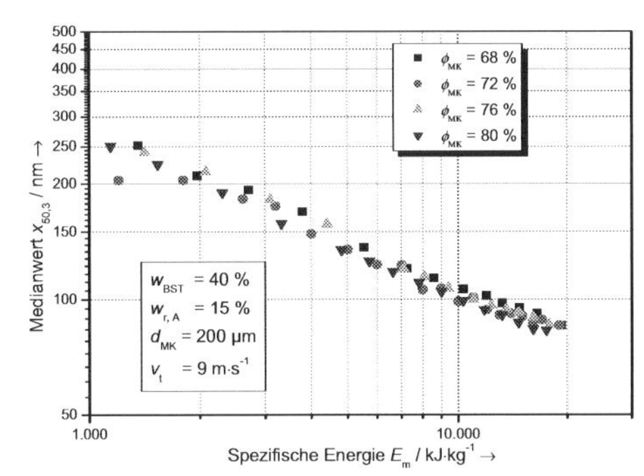

Abb. 10: Einfluss des Mahlkörperfüllgrades auf den Zusammenhang zwischen Produktfeinheit und spezifischer Energie.

Es ist ersichtlich, dass die erzielte Produktfeinheit bei konstanter Versuchsdauer mit zunehmendem Mahlkörperfüllgrad tendenziell zunimmt. Bei einer konstanten Zerkleinerungszeit von 200 min nimmt die mittlere Partikelgröße von 125 nm auf etwa 100 nm durch Erhöhung des Füllgrades von 68 % auf 80 % deutlich ab. Ursache hierfür sind die zunehmenden Zusammenstöße der Mahlkugeln mit steigendem Füllgrad. Die Agglomerate unterliegen deshalb häufiger Druck- und Prallbeanspruchungen. Der Füllgrad weist dagegen einen nur geringen Einfluss auf das Dispergierergebnis in Abhängigkeit von der spezifischen Energie auf. Zwar erkennt man ab einer konstanten spezifischen Energie von etwa 2.000 kJ·kg^{-1}eine tendenzielle Abnahme der Partikelgröße mit zunehmendem Füllgrad, die Unterschiede der gemessenen Partikelgrößen sind jedoch sehr gering.

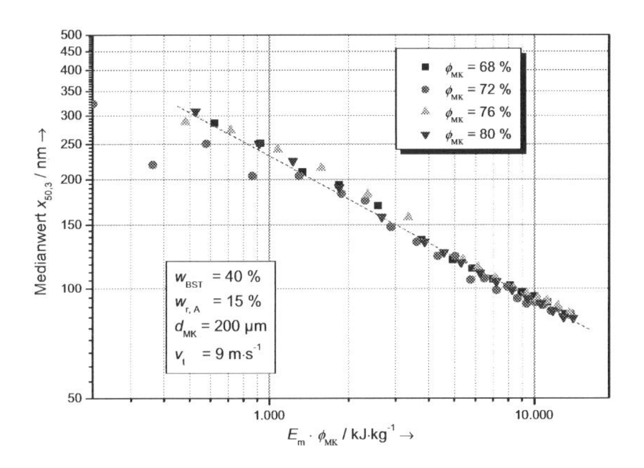

Abb. 11: Einfluss des Mahlkörperfüllgrades auf den Zusammenhang zwischen Produktfeinheit und dem Produkt aus spezifischer Energie und Mahlkörperfüllgrad.

Durch eine Erhöhung der Mahlkörperanzahl im Mahlraum kann mehr kinetische Energie vom Rotor für die Zerkleinerung genutzt werden. Dementsprechend besteht zwischen Mahlkörperfüllgrad und eingetragener spezifischer Energie ein mathematischer Zusammenhang. In Abb. 11 ist der Medianwert in Abhängigkeit des Produktes aus spezifischer Energie und des Mahlkörperfüllgrades dargestellt.

Es ist ersichtlich, dass über einen weiten Bereich die Punkte annähernd auf einer Geraden liegen. Dabei verbessert sich diese lineare Beschreibung der Produktfeinheit mit zunehmender Energie. Dies bestätigt den Zusammenhang und zeigt eine direkte Proportionalität zwischen spezifischer Energie und Füllgrad auf. Dieses Produkt kann somit als Maß des nutzbaren spezifischen Energieanteils für die Dispergierung aufgefasst werden. Wird der Füllgrad erhöht, nimmt die Mahlkörperanzahl zu und der prozentuale Anteil des Mahlgutes im Mahlraum folglich ab. Der Bewegungsraum für die Mahlkugel wird dadurch eingeschränkt und der Mahlkörperabstand verringert sich. Die Beanspruchungszahl erhöht sich dadurch. Nach Bosse [7] und Engels [8, 9] führt diese Abstandsverkleinerung zu einer Verbesserung des Zerkleinerungsergebnisses. Ab einem bestimmen Füllvolumen der Mahlkörper wird jedoch die Bewegungsfreiheit der Mahlkörper zu sehr beeinträchtigt und das Zerkleinerungsergebnis verschlechtert sich wieder. Dies würde sich durch eine Abflachung der Kurven bzw. eine zunehmende Abweichung vom linearen Verlauf im doppelt-logarithmischen Diagramm andeuten. Da jedoch solch eine Abflachung nicht zu erkennen ist, kann davon ausgegangen werden, dass die Mahlkugeln bei einem Mahlkörperfüllgrad von 80 % noch ausreichend Bewegungsfreiheiten besitzen.

3.2.3 Einfluss der Mahlkugelgröße

In vielen Veröffentlichungen wird ein Zusammenhang zwischen der Mahlkörpergröße und der Produktfeinheit hergestellt [10-15]. Für die Untersuchung des Mahlkörpergrößen-Einflusses auf das Dispergierergebnis wurden Versuche mit verschiedenen Mahlkörpergrößen durchgeführt. Dabei wurden Mahlkugeln mit einer mittleren Größe von 200, 300, 500 und 800 µm eingesetzt. Abb. 12 und Abb. 13 geben den Einfluss auf das Dispergierergebnis wieder.

Aus Abb. 12 geht hervor, dass bei konstanter Zerkleinerungszeit die Produktfeinheit mit kleiner werdenden Mahlkörpergrößen zunimmt. Der Kurvenverlauf zeigt eine zunehmend abflachende Tendenz auf und lässt eine Konstanz der erreichbaren mittleren Partikelgröße ab einer Dispergierdauer von etwa 600 min vermuten. In Abb. 13 lassen die Messergebnisse eine stetige Abnahme erkennen. Bei gleichem spezifischen Energieeintrag wird mit der kleineren Mahlkörpergröße stets das feinere Produkt erhalten. Größere Mahlkugeln besitzen zwar eine größere Masse als kleinere Mahlkugeln, belegen jedoch auch mehr Platz im Mahlraum. Durch die geringe Anzahl an großen Mahlkugeln weisen große Mahlkugeln bei konstantem Füllgrad, trotz einer höheren kinetischen Energie, bei gleicher Bewegungsgeschwindigkeit eine geringere Beanspruchungshäufigkeit auf. Je nach Zerkleinerungsaufgabe kann somit durch die Adaptierung der Mahlkörpergröße viel Energie eingespart werden.

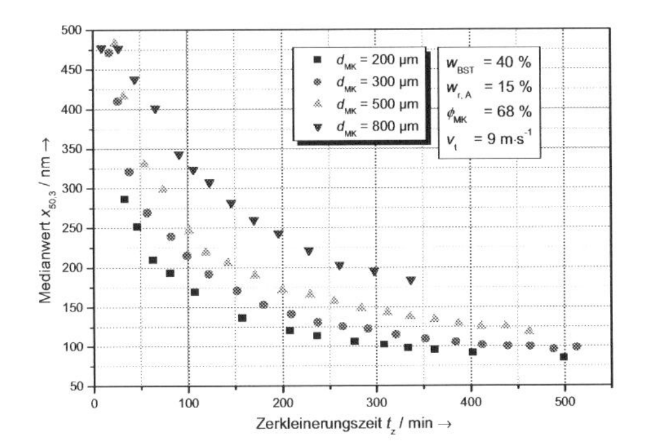

Abb. 12: Einfluss des Mahlkörperdurchmessers auf den Zusammenhang zwischen Produktfeinheit und Zerkleinerungszeit.

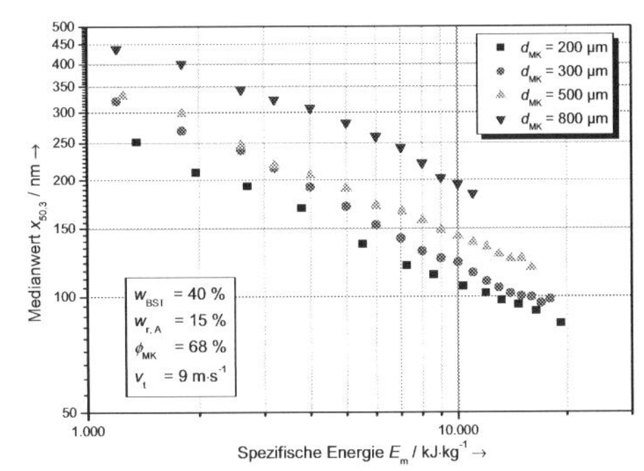

Abb. 13: Einfluss des Mahlkörperdurchmessers auf den Zusammenhang zwischen Produktfeinheit und spezifischer Energie.

Somit konnte der aus der Literatur bekannte lineare Zusammenhang der mittlere Partikelgröße in Abhängigkeit von der spezifischen Energie in dem doppelt-logarithmischen Diagramm aufgezeigt werden [6].

3.2.4 Einfluss der Rührwerksumfangsgeschwindigkeit

Für die Untersuchung des Einflusses der Rührwerksumfangsgeschwindigkeit auf die Qualität der Dispergierung wurden Versuche mit 7, 9, 11 und 13 m·s^{-1} durchgeführt. Die ermittelten Produktfeinheiten im zeitlichen und energetischen Verlauf sind in Abb. 14 und Abb. 15 dargestellt.

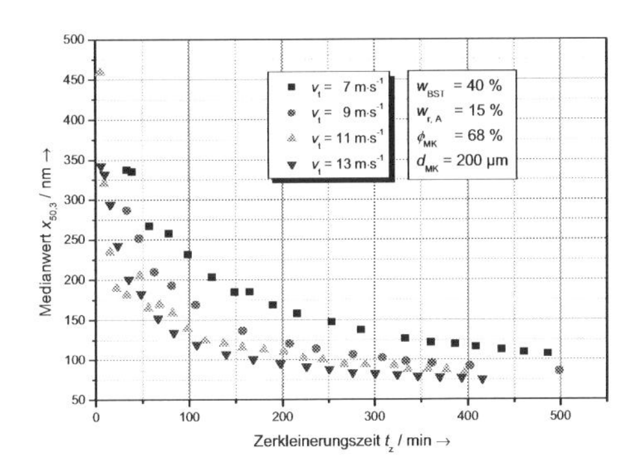

Abb. 14: Einfluss der Rührwerksumfangsgeschwindigkeit auf den Zusammenhang zwischen Produktfeinheit und Zerkleinerungszeit.

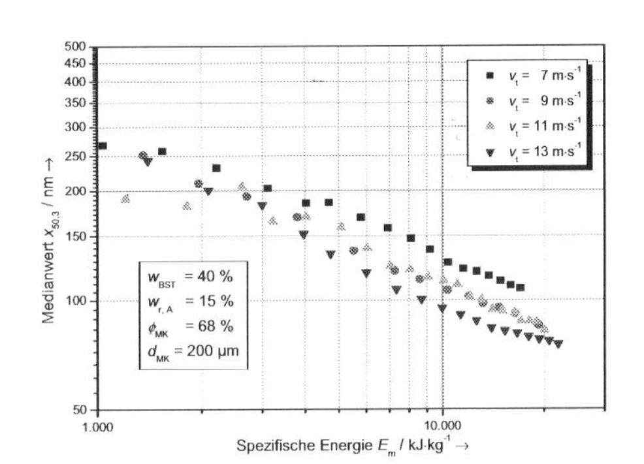

Abb. 15: Einfluss der Rührwerksumfangsgeschwindigkeit auf den Zusammenhang zwischen Produktfeinheit und spezifischer Energie.

Das lineare t_z-x_{50}-Diagramm zeigt einen stetig abnehmenden Kurvenverlauf der mittleren Partikelgröße, wobei in den ersten 50 min mit einer Rührwerksumfangsgeschwindigkeit von 13 m·s^{-1}

eine Partikelgröße von 180 nm erreicht wird. Mit einer Geschwindigkeit von 7 $m \cdot s^{-1}$ werden hingegen nur etwa 300 nm erzielt. Zu Beginn des Versuchs unterscheiden sich die Medianwerte von 7 und 13 $m \cdot s^{-1}$ um etwa 150 nm. Dieser Abstand nimmt im zeitlichen Verlauf auf etwa 50 nm nach 400 min ab. Bei gleicher Dispergierzeit lassen sich mit der höheren Geschwindigkeit kleinere Partikelgrößen erhalten. Dies ist analog dazu auch im doppelt-logarithmischen E_m-x_{50}-Diagramm in Abb. 15 erkennbar. Ab etwa 4.000 $kJ \cdot kg^{-1}$ weisen die Punkte deutlich einen linearen Verlauf auf. Mit höheren Umfangsgeschwindigkeiten werden bei einer konstanten spezifischen Energie kleinere mittlere Partikelgrößen erreicht. Dieser Sachverhalt widerspricht der in der Literatur gefundenen Korrelation [5]. Dort wurde gefolgert, dass bei höheren Umfangsgeschwindigkeiten und somit höheren Beanspruchungsenergien, die Beanspruchungshäufigkeit bei konstantem spezifischen Energieeintrag gemäß Gleichung (2) abnimmt.

Zugeführte Gesamtmahlenergie $$E_m \propto BE \cdot BH \quad (2)$$

BE: Beanspruchungsenergie der Mahlkörper; *BH*: Beanspruchungshäufigkeit;

Bei der Zerkleinerung scheint somit die Beanspruchungshäufigkeit einen größeren Einfluss als die Beanspruchungsenergie bei konstantem spezifischen Energieeintrag auszuüben. Der im Gegensatz dazu gefundene Zusammenhang bei der Dispergierung von BST-Partikel in 1,3,5-Trimethylbenzol offenbart hingegen einen größeren Einfluss der Beanspruchungsenergie bei konstantem spezifischen Energieeintrag. Ursache hierfür ist vermutlich die mit zunehmender Umfangsgeschwindigkeit größer werdende kinetische Energie der Mahlkörper.

3.2.5 Ermittlung der Beanspruchungsenergie

Für die Bestimmung der Beanspruchungsenergie wurden die erzielten mittleren Partikelgrößen für drei festgelegte spezifischen Energieeinträge aus den Mahlkörpergrößeneinfluss- und Rührwerksumfangsgeschwindigkeitseinfluss-Diagrammen entnommen. Dafür wurden Fitfunktionen bestimmt und der entsprechende Iterationswert ermittelt. Die Mahlkörperdichte, die Mahlkörpergröße sowie die Umfangsgeschwindigkeit des Rotors wurden gemäß Gleichung (3) zur Berechnung der Beanspruchungsenergien herangezogen.

Beanspruchungsenergie der Mahlkörper $$BE_{MK} = v_t^2 \cdot \rho_{MK} \cdot d_{MK}^3 \quad (3)$$

v_t: Rührwerksumfangsgeschwindigkeit; d_{MK}: Mahlkörperdurchmesser

ρ_{MK}: Mahlkörperdichte;

Diese Beanspruchungsenergien wurden den $x_{50,3}$-Werten für verschiedene spezifische Energien grafisch gegenübergestellt (Abb. 16).

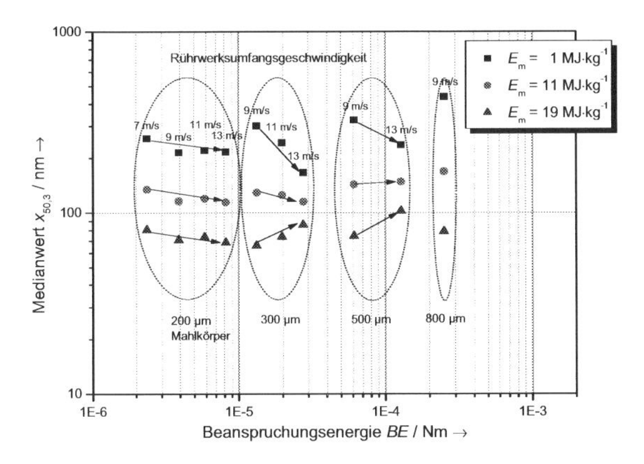

Abb. 16: Aus den Versuchen resultierendes doppelt-logarithmisches Beanspruchungsenergie-Diagramm mit eingezeichneten Tendenzen innerhalb einer Versuchsreihe.

Es ist zu erkennen, dass die erzielten mittleren Partikelgrößen bei Verwendung einer Mahlkörpergröße von 200 µm mit zunehmender Beanspruchungsenergie für alle aufgezeigten spezifischen Energieeinträge abnehmen. Dies ist auch bei einer Mahlkörpergröße von 300 µm für konstante spezifische Energieeinträge von 1 und 11 MJ·kg^{-1} ersichtlich. Bei einem konstanten Energieeintrag von 19 MJ·kg^{-1} zeigt sich hingegen bei steigender Beanspruchungsenergie eine zunehmende mittlere Partikelgröße. Dieses Verhalten ist auch bei der Verwendung von 500 µm großen Mahlkugeln zu beobachten. Ausgehend von diesen Ergebnissen kann für das untersuchte Stoffsystem eine optimale Beanspruchungsenergie von etwa $1 \cdot 10^{-5}$ Nm abgeschätzt werden.

3.3 Herstellung von integrierten Dünnfilmkondensatoren

Erste am Fraunhofer IZM durch Rotationsbeschichtung (Spin-Coating) auf Si-Wafern hergestellte Dünnfilmkondensatoren erbrachten eine relative Dielektrizitätskonstante von etwa 31 [16]. Das reine Benzocyclobuten weist im Vergleich dazu eine Dielektrizitätskonstante von etwa 2,65 auf. Es wurde eine Durchschlagsspannung von etwa 170 V bei 1,7 µm Schichtdicke gemessen, dies entspricht einer Durchschlagsfestigkeit von 1,0 MV·cm^{-1}. Für die Untersuchung dieser Kondensatoren auf ihre Zuverlässigkeit wurden die Proben zum einen einer Feuchtelagerung bei 85 °C und 85 % relativer Luftfeuchtigkeit ausgesetzt und nach 500, 1.000 und 2.000 Stunden getestet. Zum anderen wurden sie auch thermischen Zyklen von -55 °C bis +125 °C ausgesetzt. Jeder Zyklus durchlief Haltezeiten von 10 min bei 125 °C, 5 min bei Raumtemperatur und 10 min bei -55 °C. Die Proben wurden nach 100, 500, 1.000 und 2.000 Durchläufen getestet. Die durchgeführten Zuverlässigkeitsuntersuchungen zeigten deutlich, dass die Kondensatoren gegenüber Temperatur- und Feuchtigkeitswechsel sehr stabil sind. Abb. 17 zeigt einen Querschnitt des beschichteten und ausgehärteten Wafers. Zu sehen sind die einzelnen Auftragungsschichten mit homogener Beschaffenheit. Zwischen zwei Kupferschichten, die die Elektroden des Kondensators bilden, befindet sich das Polymernanokomposit. Hierin sind keine Agglomerate zu erkennen. Dies bestätigt eine effiziente Dispergierung und Stabilisierung der Partikel, wodurch homogene, glatte und defektfreie Filme mit einer Schichtdicke unter 2 µm herstellbar sind.

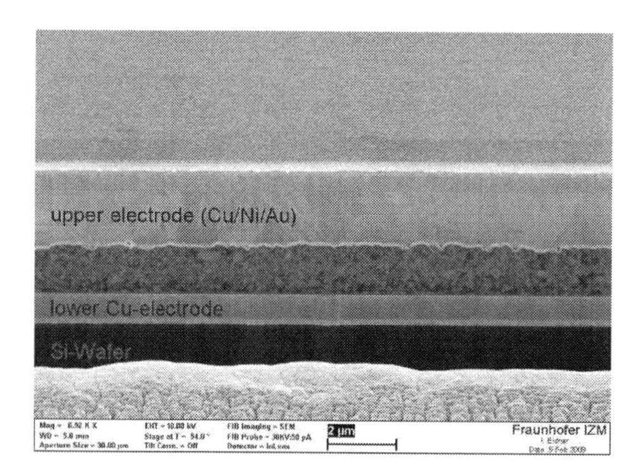

Abb. 17: Querschnitt eines der hergestellten Polymerharz-Nanokomposit-Kondensators im Rasterelektronenmikroskop (6920-facher Vergrößerung) [17].

Durch die Verwendung von unterschiedlich großen Partikeln kann die Dielektrizitätskonstante im Komposit weiter erhöht werden [18, 19]. Hierbei müssen die kleineren Partikel (Füllpartikel) in die Hohlräumen zwischen den größeren Partikeln passen. Daher wurden am Fraunhofer ICT 20 nm große Bariumtitanatpartikel mittels kontinuierlicher hydrothermaler Synthese hergestellt und in eine 40%ige Bariumstrontiumtitanat-1,3,5-Trimethylbenzol-Dispersion eindispergiert. Das verfügbare Raumvolumen kann dadurch optimal ausgenutzt und der Partikelfüllgrad in der Matrix weiter gesteigert werden. Eine theoretische Packungsdichte von ca. 0,76 ist hierbei möglich [20].

Die Dispersion wurde nach der Entnahme aus der Mühle mit einem Sieb (Maschenweite 20 µm) filtriert und zur Herstellung von Dünnfilmkondensatoren auf einen präparierten Si-Wafer durch Spin-Coating gleichmäßig aufgetragen. Der beschichtete Wafer wurde in gleichmäßige Segmentfelder aufgeteilt (Abb. 18) und ausgewählte Zuordnungen auf ihre Kapazität hin vermessen (s. Tabelle 1). Dabei konnte ein außergewöhnlich hoher Durchschnittswert der relativen Dielektrizitätskonstante in Höhe von 152,9 ermittelt werden.

Der Ansatz, mit den hydrothermal synthetisierten $BaTiO_3$-Partikel die Hohlräume zwischen den BST-Partikel zu füllen, führte zu einer deutlichen Erhöhung des D_k-Wertes und erwies sich somit als sehr erfolgreich. Vergleicht man die D_k-Werte mit denen von anderen Materialien, die in der Dünnfilmtechnik verwendet werden, ergibt sich eine hervorragende Eignung für kommerzielle Anwendungen.

Tabelle 1: Kapazitäten der Kondensatoren 1 und 2 in Abhängigkeit der Messposition auf dem Si-Wafer [16].

Kondensator	1	2
Position	*C* / nF	*C* / nF
X6/Y1	7,46	2,46
X5/Y2	7,34	2,44
X3/Y4	7,28	2,49
X2/Y5	7,45	2,44
X1/Y6	7,55	2,48
X7/Y8	7,20	2,48
X8/Y7	7,16	2,41
X9/Y6	7,25	2,38
X3/Y8	7,37	2,42
X4/Y7	7,20	2,42
arith. Mittelwert:	7,33	2,42
Fläche in cm^2:	0,49	0,16
Schichtdicke in μm:	9,0	9,0
ε_r:	152,1	153,7

Abb. 18: Flächeneinteilung auf dem 150 mm Si-Wafer zur Bestimmung der Kapazitäten [16].

In Abb. 19 ist der Flächenbedarf von unterschiedlichen Kondensatoren in Abhängigkeit der Kapazität dargestellt. Die Werte wurden, bis auf die von reinem Benzocyclobuten (BCB), auf einen Schichtdickenbereich von 0,2 bis 2 μm normiert. Die mit Nanopartikeln gefüllten BCB-Schichten sind aufgrund ihres geringen Flächenbedarfs ideal für WLP-Anwendungen geeignet.

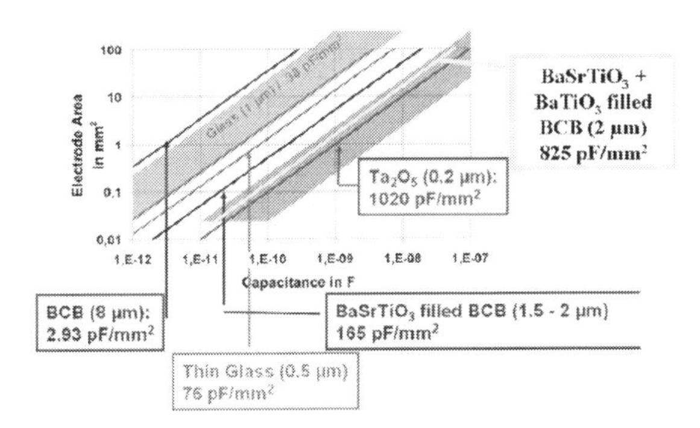

Abb. 19: Flächenbedarf von Dünnfilmkondensatoren aus unterschiedlichen Materialien, in Abhängigkeit der Kapazität [16].

4 Zusammenfassung und Ausblick

Im Rahmen dieser Arbeit wurde ein Verfahren zur Herstellung von keramischen Nanopartikel-Polymerharzdispersionen detailliert untersucht und optimiert. In der Arbeit wurde agglomeriertes, nanoskaliges Bariumstrontiumtitanat in dem thermisch-härtbaren Polymerharz Benzocyclobuten und dem Lösungsmittel 1,3,5-Trimethylbenzol dispergiert. Hierzu wurde eine Prozessoptimierung mit der Rührwerkskugelmühle 90-AHM der Fa. Hosokawa Alpine AG durchgeführt und der Einfluss der Systemparameter Mahlkörpergröße, Mahlkörperfüllgrad, Umfangsgeschwindigkeit des Rotors, Dispergierdauer und Additivgehalt auf das Dispergierergebnis systematisch untersucht. Aus den Ergebnissen der Parameteroptimierung wurde anschließend ein erforderlicher Additivzusatz von 15 Gew.-% bzgl. der Feststoffmasse des eingewogenen Bariumstrontiumtitanat-Pulvers und eine optimale Mahlkörpergröße von 200 μm ermittelt. Weiterhin erwies sich die Umfangsgeschwindigkeit des Rotors als wichtige Einflussgröße. Es zeigte sich, dass mit zunehmender Umfangsgeschwindigkeit die mittlere Partikelgröße bei der Dispergierung der BST-Partikel in 1,3,5-Trimethylbenzol abnimmt. Dies widerspricht bekannten Literaturstellen, die eine Abnahme der mittleren Partikelgröße mit abnehmender Umfangsgeschwindigkeit beschreiben [15]. Ferner zeigte sich, dass der Mahlkörperfüllgrad einen nur geringen Einfluss auf die Dispergierung ausübt. Mit zunehmendem Füllgrad konnte nur eine leicht höhere Produktfeinheit bei konstantem spezifischen Energieeintrag erzielt werden. Aus den mit einer Scheibenzentrifuge gemessenen mittleren Partikelgrößen konnte die optimale Beanspruchungsenergie abgeschätzt werden. Diese liegt für das untersuchte System bei einem Wert von etwa $1 \cdot 10^{-5}$ Nm. Langzeittests bestätigten eine Stabilität über eine Dauer von vier Tagen. Hierbei konnte für 15 und 20 Gew.-% des Additivs, bezogen auf die Feststoffmasse der BST-Partikel, keine Agglomeration festgestellt werden. Die für die Waferbeschichtung geforderte maximale Partikelgröße von kleiner 300 nm konnte ebenfalls deutlich unterschritten werden, wie durch Messungen mit der Scheibenzentrifuge nachgewiesen werden konnten. Integrierte Dünnfilmkondensatoren, welche mit den im Rahmen dieser Arbeit optimierten Polymernanopartikeldispersionen hergestellt wurden, wiesen eine hohe Dielektrizitätskonstante und Spannungsdurchschlagsfestigkeit auf.

5 Literatur

[1] J. Lu, High Dielectric Constant Polymer Nanocomposites for Embedded Capacitor Applications, Dissertation, Georgia Institute of Technology, 2008.

[2] H. Windlass et al., Polymer-Ceramic Nanocomposite Capacitors for System-on-Package (SOP) Applications, *IEEE Transactions on Advanced Packaging*, pp. 10-16, *26,* 2003.

[3] H. Windlass et al., Colloidal Processing of Polymer Ceramic Nanocomposite Integral Capacitors, *IEEE Transactions on Advanced Packaging Manufacturing*, pp. 100-105, *26,* 2003.

[4] *Betriebsanleitung Hydro-Mill 90 AHM Labormühle*, BA 1477/8D, Hosokawa Alpine AG, 2009.

[5] A. Kwade, *Autogenzerkleinerung von Kalkstein in Rührwerkmühlen*, Dissertation, TU Braunschweig, 1997.

[6] S. Mende, *Mechanische Erzeugung von Nanopartikeln in Rührwerkskugelmühlen*, Dissertation, TU Braunschweig, 2004.

[7] D.G. Bosse, Development and Use of the Sand Grinder, *Official Digist*, pp. 251-276, *3,* 1958.

[8] K. Engels, Die Dispergierverfahren in der Lack- und Farbenindustrie unter besonderer Berücksichtigung der schnellaufenden Rührwerksmühlen, *Farbe + Lack*, pp. 375-385, *71,* 1965.

[9] K. Engels, Die Dispergierverfahren in der Lack- und Farbenindustrie unter besonderer Berücksichtigung der schnellaufenden Rührwerksmühlen, *Farbe + Lack*, pp. 464-472, *71,* 1965.

[10] B. Joost, *Zerkleinerung von Schmelzkorund und Mahlkörperverschleiß in Rührwerkskugelmühlen*, Dissertation, Technische Universität Braunschweig, 1995.

[11] F. Bunge, *Mechanischer Zellaufschluß in Rührwerkskugelmühlen*, Dissertation, Technische Universität Braunschweig, 1992.

[12] J.P. Thiel, *Energiebedarf und Durchsatzverhalten der Kohlenaßzerkleinerung in einer Rührwerkskugelmühle*, Dissertation, Technische Universität Braunschweig, 1993.

[13] D.P. Roelofsen, Entwicklungen auf dem Gebiet des Pigmentdispergierens mit Rührwerkskugelmühlen, *Farbe + Lack*, pp. 235-242, *97,* 1991.

[14] N. Stadler et al., Naßmahlung in Rührwerksmühlen, *Chem.-Ing.-Tech.*, pp. 907-915, *62,* 1990.

[15] M.J. Mankosa et al., Effect of media size in stirred ball mill grinding of coal, *Powder Technol.*, pp. 75-82, *49,* 1986.

[16] M. Töpper, unveröffentlichte Resultate, Persönliche Mitteilung, Fraunhofer IZM, Berlin, May 2009.

[17] M. Töpper et al., *BCB with Nano-Filled $BaSrTiO_3$ for Thin Film Capacitors*, in: Proceedings of the 59th ECTC (San Diego), pp. 676-782.

[18] P. Chahal, R.R. Tummala and M.G. Allen, in: Proceedings of the International Symposium on Microelectronics, Symposium on Microelectronics (Orlando, Florida, USA), 1996, pp. 126-131.

[19] S.-D. Cho et al., Study on Epoxy/$BaTiO_3$ Composite Embedded Capacitor Films (ECFs) for Organic Substrate Applications, *Mater.Sci.Eng., B*, pp. 233-239, *110,* 2004.

[20] K. Lochmann, *Dichteoptimierung und Strukturanalyse von Hartkugelpackungen,* Dissertation, Technische Universität Bergakademie Freiberg, 2009.

6 Formelzeichen und Abkürzungen

Lateinische Buchstaben

A	m^2	Fläche, Kondensatorplattenfläche
BE	Nm, J	Beanspruchungsenergie
BE_{MK}	Nm, J	Beanspruchungsenergie einer Mahlkugel
BH	-	Beanspruchungshäufigkeit
C	F	Kapazität
c	$g \cdot mol^{-1}$	Konzentration
d	m	Plattenabstand, Schichtdicke des Dielektrikums
d_{MK}	m	Mahlkugeldurchmesser
E_m	$kJ \cdot kg^{-1}$	(eingetragene) spezifische Energie des Produktes
m_P	kg	Produktmasse
P	$J \cdot s^{-1}$	elektrische Leistung
P_0	$J \cdot s^{-1}$	elektrische Leerlaufleistung
$q_3(x)$	m^{-1}	Volumen-Verteilungsdichte
$Q_3(x)$	-	Volumen-Verteilungssumme
t_z	s	Zerkleinerungszeit
v_t	$m \cdot s^{-1}$	Rührwerksumfangsgeschwindigkeit
w_{BST}	$kg \cdot kg^{-1}$	Massenanteil des Bariumstrontiumtitanats
$w_{r.A.}$	$kg \cdot kg^{-1}$	relativer Massenanteil des Additivs
$x_{50,3}$	m	Medianwert

Griechische Buchstaben

ε_r	-	relative Dielektrizitätskonstante (relative Permittivität)
ϕ	-	Mahlkörperfüllgrad

ρ_{MK} $kg \cdot m^{-3}$ Mahlkörperdichte

τ s Zeit(punkt)

Konstanten

ε_0 $A \cdot s \cdot V^{-1} \cdot m^{-1}$ elektrische Feldkonstante ($8{,}8542 \cdot 10^{-12}$ A s V^{-1} m^{-1})

Abkürzungen

BCB	Benzocyclobuten
BST	Bariumstrontiumtitanat
D_k	Dielektrizitätskonstante
ICT	Institut für Chemische Technologie
IZM	Institut für Zuverlässigkeit und Mikrointegration
PGV	Partikelgrößenverteilung
REM	Rasterelektronenmikroskopie
RWKM	Rührwerkskugelmühle
TZP	Tetragonales Zirkoniumoxid
VBA	Microsoft Visual Basic
WLP	Wafer-Level-Packaging

7 Danksagung

Die Autoren danken Frau Maren Daschner de Tercero für die hydrothermale Synthese der Bariumtitanatpartikel und Frau Dr. Mar Juez-Lorenzo für die durchgeführten REM-Aufnahmen. Ein besonderer Dank gilt der Fraunhofer Gesellschaft für die Förderung des Projektes.

MODELLIERUNG DER TRENNCHARAKTERISTIK FÜR DEN SIEBKLASSIERPROZESS

M. Hennig, U. Teipel

Georg-Simon-Ohm-Hochschule Nürnberg, Mechanische Verfahrenstechnik/Partikeltechnologie, Wassertorstraße 10, 90489 Nürnberg, E-mail: manuel.hennig@ohm-hochschule.de

1 Einleitung

Das Prozessverhalten von verfahrenstechnischen Feststoffvorgängen vorherzusagen, ist eine wichtige Aufgabe und ein Ziel der Mechanischen Verfahrenstechnik. Zu diesem Zweck wurde die Fließschemasimulation SolidSim® [1] entwickelt. Durch den Einsatz dieses Programms ist es möglich, eine Vielzahl von verfahrenstechnischen Grundoperationen rechnergestützt zu simulieren.

Die einzelnen Operationsschritte, wie z.B. Zerkleinerungs- oder Siebvorgänge, werden bei der Simulierung einzeln und nacheinander berechnet, wobei jeder Prozessschritt auf die Simulationsergebnisse des vorangegangenen Prozesses aufbaut. Man spricht hier von einem sequentiell-modularen Lösungsansatz zum Berechnen eines Fließschemas. Eine vollständige Beschreibung der Programmstruktur wurde von Reimers et al. [2] durchgeführt. Ein einzelner Prozessschritt wird als Modul definiert. Dadurch ist es möglich, einzelne Module unabhängig von der gesamten Programmstruktur weiterzuentwickeln.

Im Rahmen dieser Arbeit wird unter Berücksichtigung der Programmstruktur die Modellierung der Trenncharakteristik für den Siebklassierprozess vorgestellt und diskutiert. Es wurde zum einen die mathematische Modellstruktur erweitert, zum anderen die Methode zur Parameteranpassung verändert und die Auswirkungen auf die Simulationsergebnisse analysiert. Als Vergleichswerte dienten experimentelle Ergebnisse von Siebversuchen unter Verwendung einer Taumelsiebmaschine und unter Variation verschiedener Betriebsparameter.

1.1 Stand der Technik

Die Siebklassierung gehört in der Verfahrenstechnik zu den mechanischen Trennverfahren und ist dort eine der wichtigsten Grundoperationen. Beim Sieben werden disperse Stoffsysteme separiert und in verschiedene Größenklassen aufgeteilt. Im Folgenden wird die Trockensiebung betrachtet. Für diese Methode des industriellen Siebens sind hinreichend experimentelle Messer-

gebnisse vorhanden. Eine Beschreibung der verwendeten Siebmaschinenbauart und der Messergebnisse findet sich im Kapitel 1.2.
Das Siebklassieren ist ein Prozess des ständigen Abgleichens der Korngröße x eines Partikels mit der Sieböffnung w des Siebbodens. Demzufolge wird bei dem Siebvorgang von einem geometrischen Vergleich zwischen den Partikeln und den Maschen gesprochen. Ist die Größe x des Einzelpartikels kleiner als die der Sieböffnung w, so fällt es durch die Maschenöffnung und wird dem Durchgang zugeordnet. Ist das Partikel größer als die Sieböffnung, so verbleibt das Partikel auf dem Siebboden und wird zum Rückstand hinzugezählt. Im Folgenden werden, zwecks einfacherer Beschreibbarkeit, ausschließlich Siebmaschinen mit nur einem Siebboden betrachtet. Daher ist der Rückstand gleich der Grobgutfraktion und der Durchgang gleich der Feingutfraktion. Die Modelle lassen sich aber ohne weiteres auf Siebmaschinen mit mehreren Siebböden übertragen. In Abbildung 1 ist die grundlegende Funktionsweise eines Klassiergeräts, wie z.B. einer Siebmaschine, aufgezeigt. Mittels einer Bilanzgrenze lassen sich die ein- und ausgehenden Feststoffströme bilanzieren. In Tabelle 1 sind die grundlegenden Gleichungen bezüglich der Bestimmung der Trenncharakteristik aufgeführt. Die Masse des Aufgabeguts m_A ist hierbei die Summe der Masse des Grobguts m_G und der Masse des Feinguts m_F (vgl. Gl. 1). Daraus ergibt sich der Grobgut-Massenanteil g als Verhältnis der Masse Grobgut m_G zur Masse Aufgabegut m_A (vgl. Gl. 2).

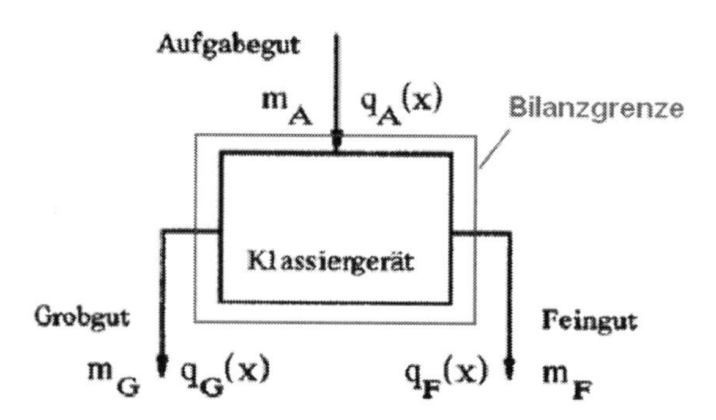

Abb. 1: Bilanzierung eines Klassiergeräts

Zur Bestimmung des Trenngrades T(x) werden neben dem Grobgut-Massenanteil g auch die entsprechenden Dichteverteilungen von Grob- und Aufgabegut benötigt (vgl. Gl. 5). Diese müssen mit entsprechenden Analysemethoden (z.B. Siebanalyse) ermittelt werden. In Abbildung 2 wird anhand eines Beispiels anschaulich, wie die Trenngradkurve aus den Dichteverteilungen $q_3(x)$ von Aufgabe-, Grob- und Feingut gebildet wird. Der Trenngrad T(x) ist dabei ein Maß für die Güte der Klassierung. Der Wert von T(x) gibt den Anteil des Aufgabeguts einer spezifischen Partikelgröße x an, welcher beim Siebvorgang ins Grobgut verwiesen wurde. Die Schärfe einer Klassierung kann anhand dieser Definition durch einen oder mehrere Merkmalswerte bestimmt werden. Diese Merkmalswerte sind spezifische Partikelgrößen, welche einem bestimmten Funktionswert der Trennfunktion zugeordnet sind. So gilt für den Merkmalswert x_{25}: $T(x_{25}) = 0{,}25$.

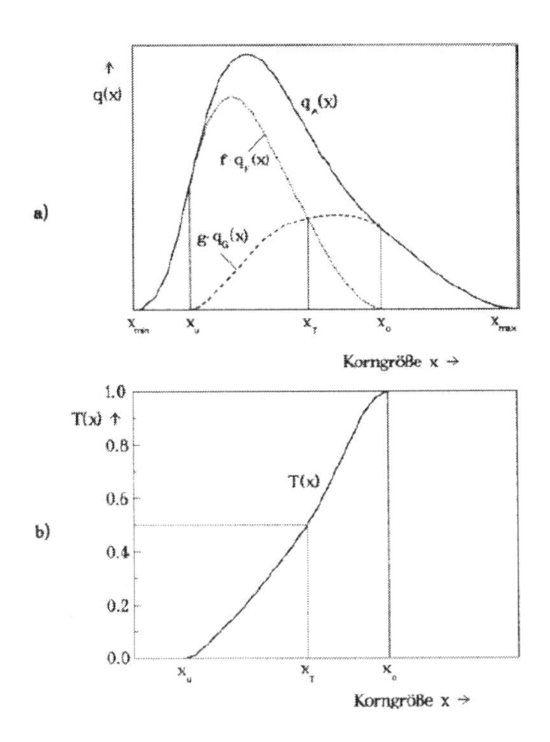

Abb. 2: Diagramm: a) Dichteverteilungen, b) Trenngradkurve

Tabelle 1: Grundlegende Gleichungen für den Siebklassierprozess

Gleichung Nr.:	Gleichung:	Gleichung Nr.:	Gleichung:
(1)	$m_A = m_G + m_F$	*(4)*	$g + f = 1$
(2)	$g = \frac{m_G}{m_A}$	*(5)*	$T(x) = \frac{g \cdot q_G(x)}{q_A(x)}$
(3)	$f = \frac{m_F}{m_A}$	*(6)*	$\kappa_{25/75} = \frac{x_{25}}{x_{75}}$

Setzt man die Merkmalswerte x_{25} und x_{75} ins Verhältnis, so ist der Trennschärfegrad $\kappa_{25/75}$ nach Eder definiert (vgl. Gl. 6). Je näher die Trennfunktion an der idealen Trennung liegt, desto schärfer ist der Trennvorgang (vgl. Abb. 3). Gleichzeitig nähern sich die Werte für die Größen x_{25} und x_{75} aneinander an. Nach Gleichung (6) führt diese Angleichung der Merkmalswerte x_{25} und x_{75}

zu einer Zunahme des Wertes $\kappa_{25/75}$. Der Trennschärfegrad $\kappa_{25/75}$ ist somit ein geeignetes Maß um Aussagen über die Güte der Klassierung zu treffen.

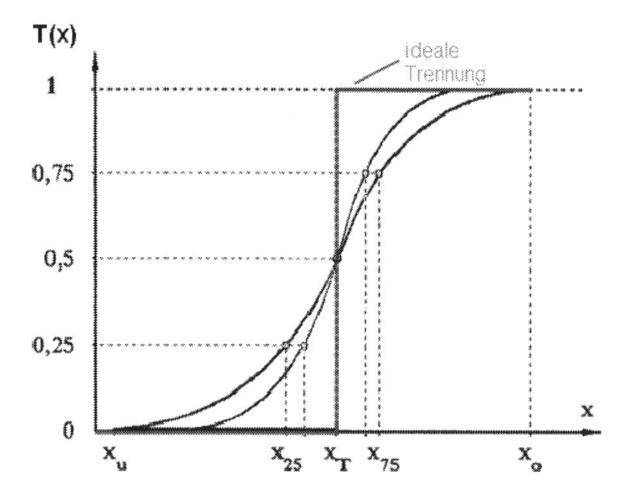

Abb. 3: Trenngradkurven mit unterschiedlichen Trennschärfegraden $\kappa_{25/75}$

Um die Siebcharakteristik eindeutig definieren zu können, sind mehrere Parameter erforderlich. In folgender Tabelle 2 sind diese charakteristischen Größen aufgelistet. Diese Modellparameter legen den Funktionsverlauf der Trenngradkurve T(x) fest und sind durch die Gleichungen (7), (8) und (9) mathematisch fest definiert.

Tabelle 2: Charakteristische Größen der Trenngradkurve T(x)

Modellparameter:	**Definition:**	**Gl. Nr.:**	**Gleichung:**
a	Offset of Fines „Toter Fluss", Ordinatenabschnitt für T(x); **Definitionsbereich:** $0 \leq a \leq 1$	*(7)*	$a = T(x = 0m)$
x_{cut}	Cut-Size Entspricht der Median-Trenngrenze x_T der Trenngradkurve, wenn gilt: a = 0 **Definitionsbereich:** $0\ m < x_{cut} < \infty$	*(8)*	$T(x_{cut}) = \frac{1+a}{2}$
α	Separation Sharpness Maß für die Trennschärfe; **Definitionsbereich:** $0 < \alpha < \infty$	*(9)*	$\alpha = f(\kappa_{25/75})$

Mittels der Modellparameter a, x_{cut} und α lässt sich nun eine Modellfunktion für die Trenngradkurve T(x) aufstellen. Allgemein gilt folgender funktioneller Zusammenhang:

$$T(x) = f(a, x_{cut}, \alpha, x) \tag{10}$$

Eine genauere Beschreibung des Modellierungsvorgangs und eine Auflistung der verwendeten Modelle finden sich in Kapitel 3.

1.2 Analysierte Messergebnisse

Für die Analyse und Überprüfung der angewandten Modellierungsansätze werden zwei Versuchsreihen ausgewählt. Diese unterscheiden sich hauptsächlich durch den eingesetzten Siebmaschinentyp. Die Versuchsreihe 1 wurde an einer Taumelsiebmaschine der Firma Allgaier, Typ VTS 600 durchgeführt (vgl. Abb. 4). Für die zweite Versuchsreihe standen die Klassierungsergebnisse einer Taumelsiebmaschine des Herstellers Minox (Typ TS 600) zur Verfügung (vgl. Abb. 5). Folgende Betriebsparameter wurden variiert:

- **Massenstrom Aufgabegut dm_A/dt** (Durchsatz)**:** $5\ kg/h < dm_A/dt < 300\ kg/h$;
- **Maschenweite w:** $w_1 = 150\ \mu m$, $w_2 = 250\ \mu m$;
- **Siebzeit t:** $30\ s < t < 600\ s$;
- **Siebhilfen**

Als Siebhilfen wurden grundsätzlich Klopfbälle eingesetzt. Speziell für die Versuchsreihe 1 hat man zudem auf eine spiralförmige Siebhilfe zurückgegriffen, welche als Führung der Partikelbewegung auf der Sieboberfläche dient.

Abb. 4: Taumelsiebmaschine Allgaier VTS 600 (Versuchsreihe 1)

Abb. 5: Taumelsiebmaschine Minox TS 600 (Versuchsreihe 2)

Für die Versuchsreihen wurde als Aufgabegut Quarzsand einer spezifischen Mischung verwendet. Die gemessenen Partikelgrößenverteilungen von Aufgabe-, Grob- und Feingut sind mittels Analysesieb (Amplitude: 1,5, Zeitintervall: 10 s, Analysesiebzeit: 30 min) bestimmt worden. In folgender Abbildung 6 sind die Summenverteilung $Q_3(x)$ und die Dichteverteilung $q_3(x)$ des Aufgabeguts eingezeichnet.

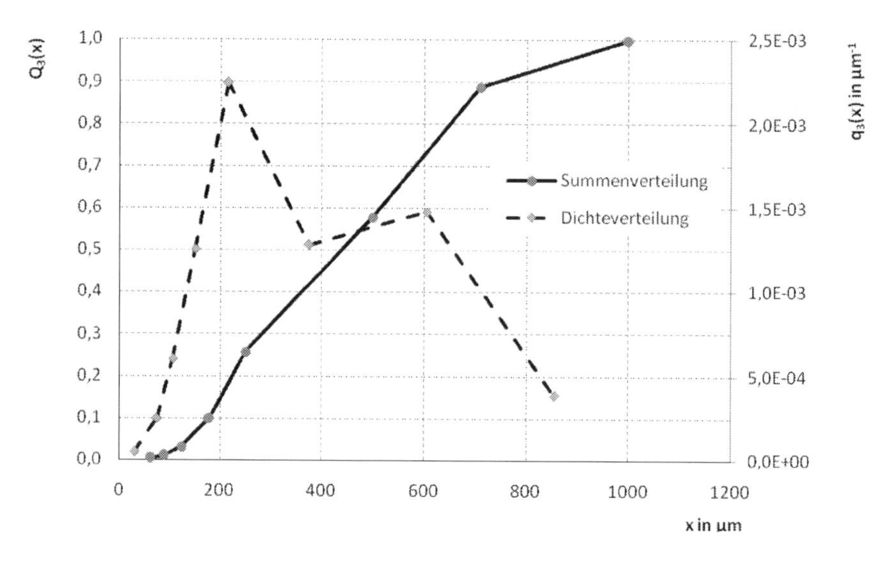

Abb. 6: Summenverteilung $Q_3(x)$ und Dichteverteilung $q_3(x)$ für das verwendete Aufgabegut (Quarzsand)

2 Grundlegende mathematische Methoden

Im Vorfeld ist es notwendig, wichtige mathematische Methoden zu erläutern. Diese haben erheblichen Einfluss auf die nachfolgende Parameteranpassung. Besonders das mathematische Vorgehen bei der Erstellung weiterer Modellfunktionen macht den Grundgedanken bei der Modellierung von Trenncharakteristiken deutlich.

2.1 Fehlerkorrektur der Trenngradkurve

Hat man bei einem Trennvorgang die Summenverteilungen für das Aufgabegut $Q_{3,A}(x)$, das Grobgut $Q_{3,G}(x)$ und das Feingut $Q_{3,F}(x)$ mittels eines geeigneten Messverfahrens bestimmt, so können bei der Messung zufällige Fehler auftreten. Dadurch ist die Mengenbilanz (Gl. 1) der ein- und austretenden Fraktionen nicht mehr erfüllt. Im Rahmen des Clausthaler Kursus' des Jahres 2005 [3] hat S. Bernotat für diesen Fall ein Verfahren zur Korrektur der Trenngradkurve vorgeschlagen. Es wird hierzu die mathematische Methode der kleinsten Quadrate herangezogen, um einen Bilanzausgleich durchzuführen. Die dazu nötige Zielfunktion f_Z ist in folgender Gleichung (11) definiert:

$$\sum_{i=1}^{n} f_Z(x_i) = \left(Q_{3,Korr,G}(x_i) - Q_{3,G}(x_i)\right)^2 + \left(Q_{3,Korr,F}(x_i) - Q_{3,F}(x_i)\right)^2 + \left(Q_{3,Korr,A}(x_i) - Q_{3,A}(x_i)\right)^2 \rightarrow \min \qquad (11)$$

Bei der Methode der kleinsten Quadrate werden die einzelnen Zielfunktionen f_Z aller n Intervalle aufsummiert und minimiert. Die Verteilungssummen $Q_{3,Korr,A}(x)$, $Q_{3,Korr,G}(x)$ und $Q_{3,Korr,F}(x)$ bezeichnen in Gleichung (11) die korrigierten Durchgänge. Der Index i gibt dabei das jeweilige Intervall an. Das Fließschemasimulationsprogramm SolidSim® verwendet jedoch für die Zielfunktion f_Z nicht die Summenverteilungen $Q_3(x_i)$, sondern die Massen der einzelnen Intervalle. Für diese Teilmassen m_i gilt:

$$m_i = \Delta Q_{3,i} \cdot m_{Ges} \qquad (12)$$

Zusätzlich werden in nachfolgender Tabelle 3 Nebenbedingungen für die Fehlerkorrektur definiert (vgl. Gl. 13 - 16).

Tabelle 3: Nebenbedingungen für die Fehlerkorrektur der Trenngradkurve

Gl. Nr.:	Gleichung:	Gl. Nr.:	Gleichung:
(13)	$m_{A,i} - (m_{G,i} + m_{F,i}) = 0\text{kg}$	*(15)*	$m_{G,i} \geq 0\text{kg}$
(14)	$m_{A,i} \geq 0\text{kg}$	*(16)*	$m_{F,i} \geq 0\text{kg}$

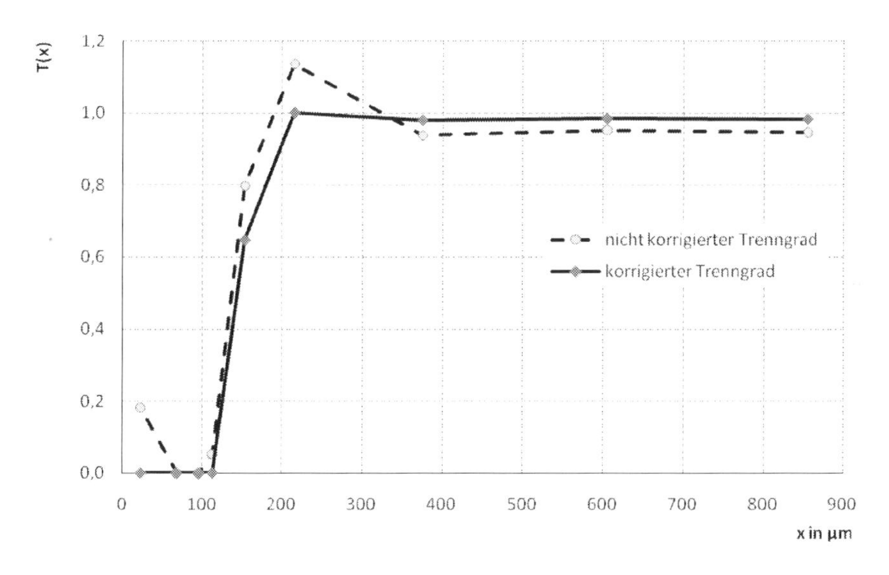

Abb. 7: Fehlerkorrektur einer Trenngradkurve T(x)

In Abbildung 7 ist die Korrektur einer Trenngradkurve beispielhaft aufgetragen. Wie aus den Nebenbedingungen gefordert, findet keine Anpassung der Trenngradkurve in den negativen Bereich von $T_{Korr}(x)$ statt. Für die korrigierte Trenngradkurve $T_{Korr}(x)$ gilt:

- $T(x \rightarrow \infty) \approx 1$

- $T(x \rightarrow 0) \quad \approx \quad 0$

2.2 Ergänzung zusätzlicher Modellfunktionen

Möchte man den Trennvorgang einer Siebung quantitativ nachvollziehen, so berechnet man dazu die zugehörige Trenngradkurve. Diese hat, wie in Kapitel 1.1 beschrieben, charakteristische Merkmalswerte. Diese Größen werden eingesetzt, um den Siebvorgang zu modellieren. Man gibt dazu bestimmte Parameter vor, welche für diese Siebung charakteristisch sind, und berechnet daraus eine Ersatzfunktion der Trenngradkurve T(x).

Das Programm SolidSim® bietet bei der Siebung drei verschiedene Modelle an. Dazu gehören die Modelle nach Plitt [4], Rogers [5] und Molerus [6]. Allen drei Modellen gleich sind die Funktionsparameter a, x_{cut} und α. Auf der nächsten Seite sind in Tabelle 4 die entsprechenden Modellgleichungen eingetragen. Den jeweiligen Modellen liegen folgende Vorüberlegungen zu Grunde:

- **Plitt:** Siebung als Umkehrung einer idealen Mischung.
- **Rogers:** Basierend auf einer statistischen Untersuchung der Siebung von Hatch aus dem Jahre 1973 [7].
- **Molerus:** Trennfunktion für Windsichter.

Tabelle 4: Modellfunktionen nach SolidSim®

Modellfunktion:	Gl. Nr.:	Gleichung:
Plitt	*(17)*	$T(x)_{Plitt} = (1-a)\cdot\left(1-\exp\left(-\ln(2)\cdot\left(\frac{x}{x_{cut}}\right)^{\alpha}\right)\right)+a$
Rogers	*(18)*	$T(x)_{Rogers} = \frac{1-a}{1+\left(\frac{x_{cut}}{x}\right)\cdot\exp\left(\alpha\cdot\left(1-\left(\frac{x}{x_{cut}}\right)^{3}\right)\right)}+a$
Molerus	*(19)*	$T(x)_{Molerus} = \frac{1-a}{1+\left(\frac{x_{cut}}{x}\right)^{2}\cdot\exp\left(\alpha\cdot\left(1-\left(\frac{x}{x_{cut}}\right)^{2}\right)\right)}+a$

Für den Vergleich der einzelnen Modellfunktionen bietet sich die graphische Betrachtung an. Dazu werden in Abbildung 8 die Trennfunktionen von Plitt, Rogers und Molerus für konstante Parameter a, x_{cut} und α aufgezeichnet. Die Partikelgröße x ist dabei auf x_{cut} bezogen, weshalb der Wert des Modellparameters x_{cut} selbst nicht von Bedeutung ist. Die restlichen Parameter sind folgendermaßen gewählt: $\alpha = 1$, $a = 0$. Man erkennt in Abbildung 8 einen ähnlichen Verlauf der

Trenngradkurven von Rogers und Molerus, aber auch gleichermaßen die große Abweichung der Kurve von Plitt bei $\alpha = 1$. Es bildet sich bei der Modellfunktion nach Plitt kein typisch S-förmiger Verlauf der Trenngradkurve aus. Man muss für Plitt bei gleicher Trennschärfe $\kappa_{25/75}$ einen größeren Parameter α ansetzen, um eine Klassierung modellhaft beschreiben zu können.

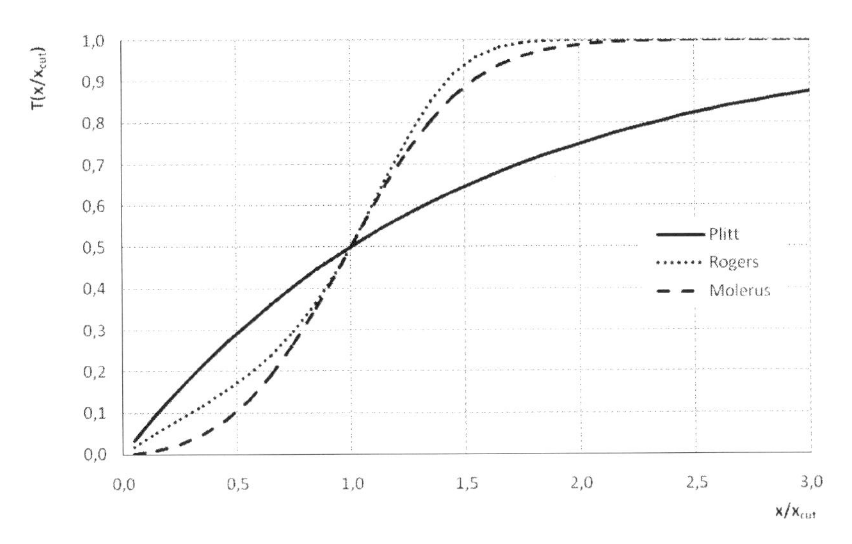

Abb. 8: Vergleich T(x); Modellfunktionen: Plitt, Rogers und Molerus; a = 0, α = 1

2.2.1 Modelle nach Trawinski:

Um beliebige Siebklassierprozesse simulieren zu können, sind weitere Modellfunktionen notwendig. Diese wurden in Verlauf der Arbeit auf Ihre Praxistauglichkeit getestet. Wichtigster Grund für eine Erweiterung der Modellstruktur, sind die sehr unterschiedlichen gemessenen Kurvenverläufe des Trenngrades T(x). Es ist folglich das Hauptziel dieser Arbeit, möglichst alle Trenngradverläufe mittels der Modellparameter a, x_{cut} und α exakt modellieren zu können.

Trawinski hat in seiner Veröffentlichung im Jahr 1976 zahlreiche Funktionen vorgestellt, mit welchen sich Trennfunktionen modellieren lassen [8]. Dazu wurde ein anderer Ansatz gewählt, als bei den Modellen nach Plitt, Rogers und Molerus. Die Modellfunktion für die Trenngradkurve T(x) wird ausschließlich mittels einer mathematischen Formulierung definiert, bei der bestimmte Nebenbedingungen eingehalten werden. Für den Trenngrad T(x) gilt allgemein:

- $\mathbf{T}\ (x/x_{cut} = 0) = \mathbf{a}$
- $\mathbf{T}\ (x/x_{cut} = 1) = \frac{1+a}{2}$
- $\mathbf{T}\ (x/x_{cut} \rightarrow \infty) = \mathbf{1}$

Die nötigen Ersatzfunktionen $U(x/x_{cut})$ (vgl. Gl. 20), $V(x/x_{cut})$ (vgl. Gl. 21) und $W(x/x_{cut})$ (vgl. Gl. 22) sind in Tabelle 5 eingetragen.

Tabelle 5: Ersatzfunktionen für die Modelle nach Trawinski [8]

Gl. Nr.:	Gleichung:	Nebenbedingungen:
(20)	$T(x)=\left(1-U\left(\frac{x}{x_{cut}}\right)\right)\cdot(1-a)+a$	- **U** $(x/x_{cut}=0)$ = **1** - **U** $(x/x_{cut}=1)$ = **0,5** - **U** $(x/x_{cut}\to\infty)$ = **0**
(21)	$T(x)=\left(1-\frac{1}{V\left(\frac{x}{x_{cut}}\right)}\right)\cdot(1-a)+a$	- **V** $(x/x_{cut}=0)$ = **1** - **V** $(x/x_{cut}=1)$ = **2** - **V** $(x/x_{cut}\to\infty)$ $\to\infty$
(22)	$T(x)=\left(1-\frac{1}{1+W\left(\frac{x}{x_{cut}}\right)}\right)\cdot(1-a)+a$	- **W** $(x/x_{cut}=0)$ = **0** - **W** $(x/x_{cut}=1)$ = **1** - **W** $(x/x_{cut}\to\infty)$ $\to\infty$

Für U, V und W können nun mathematische Funktionen eingesetzt werden, die einen S-förmigen Verlauf der modellierten Trenngradkurve bilden und die zugehörigen Nebenbedingungen einhalten. Dies können beliebige Funktionstypen sein. In Tabelle 6 ist eine Auswahl der neu eingeführten Modellfunktionen aufgelistet (vgl. Gl. 23 – 26). Neben den eingetragen Funktionstypen sind auch trigonometrische Funktionen denkbar. Insgesamt wird die Modellstruktur um 12 Modellfunktionen erweitert.

Tabelle 6: Modellfunktionen nach Trawinski [8]

Funktionstyp:	Gl. Nr.:	Gleichung:
Exponentialfunktion	*(23)*	$T(x)=\frac{e^{\alpha\cdot\frac{x}{x_{cut}}}-1}{e^{\alpha\cdot\frac{x}{x_{cut}}}+e^{\alpha}-2}\cdot(1-a)+a$
Parabelfunktion	*(24)*	$T(x)=\frac{\left(\frac{x}{x_{cut}}\right)^{\alpha}}{1+\left(\frac{x}{x_{cut}}\right)^{\alpha}}\cdot(1-a)+a$

Parabel-Exponentialfunktion	*(25)*	$T(x) = \dfrac{\dfrac{x}{x_{cut}} e^{\alpha \cdot \left(\frac{x}{x_{cut}} - 1\right)}}{1 + \dfrac{x}{x_{cut}} e^{\alpha \cdot \left(\frac{x}{x_{cut}} - 1\right)}} \cdot (1-a) + a$
Potenz-Exponentialfunktion	*(26)*	$T(x) = \dfrac{\left(\dfrac{x}{x_{cut}}\right)^{\frac{x}{x_{cut}} + \alpha}}{1 + \left(\dfrac{x}{x_{cut}}\right)^{\frac{x}{x_{cut}} + \alpha}} \cdot (1-a) + a$

Mehrere Modellfunktionen haben sich bei der Analyse als besonders geeignet herausstellt. Eine der wichtigsten wird abschließend in Kapitel 4 näher vorgestellt.

3 Parameteranpassung

Ziel der Parameteranpassung ist es, die gemessenen Trenngradkurven durch die Modellfunktionen möglichst exakt und fehlerfrei nachzubilden. Bei der Parameteranpassung wird der „tote Fluss" a, die Median-Trenngrenze x_{cut} und die Trennschärfe α so verändert, dass die gemessenen spezifischen Größen aus der Siebklassierung mit den berechneten spezifischen Größen der Modellierung übereinstimmen. Als spezifische Größen verwendet man Werte, welche besonders gut für die Anpassung geeignet sind. Die Parameteranpassung selbst wird mittels Methode der kleinsten Quadrate durchgeführt. Dazu werden fünf verschiedene Zielfunktionen eingesetzt (vgl. Tabelle 7).

Tabelle 7: Zielfunktionen zur Parameteranpassung

Gl. Nr.:	Gleichung:	Nebenbedingungen:	
(27)	$f_{Z,I} = \sum_{i=1}^{s \cdot n} \Delta m_i + \sum_{j=1}^{s} \Delta m_{Ges,j}$	- $\Delta m_i = \left(\dfrac{m_{i,real} - m_{i,calc}}{\dfrac{m_{i,real} + m_{i,calc}}{2}} \right)^2$	,für $m_{i,real} \neq 0\text{kg} \wedge m_{i,calc} \neq 0\text{kg}$
		- $\Delta m_i = 0$	,für $m_{i,real} = 0\text{kg} \wedge m_{i,calc} = 0\text{kg}$
		- $\Delta m_{Ges,j} = \left(\dfrac{m_{Ges,j,real} - m_{Ges,j,calc}}{\dfrac{m_{Ges,j,real} + m_{Ges,j,calc}}{2}} \right)^2$	,für $m_{Ges,j,real} \neq 0\text{kg} \wedge m_{Ges,j,calc} \neq 0\text{kg}$
		- $\Delta m_{Ges,j} = 0$	,für $m_{Ges,j,real} = 0\text{kg} \wedge m_{Ges,j,calc} = 0\text{kg}$

(28)	$f_{Z,II}=\sum_{i=1}^{s\cdot n}\Delta m_i+\sum_{j=1}^{s}\Delta m_{Ges,j}$	- $\Delta m_i=\left(\frac{m_{i,real}-m_{i,calc}}{\frac{m_{i,real}+m_{i,calc}}{2}}\right)^2$,für	$m_{i,real}\neq 0kg \wedge m_{i,calc}\neq 0kg$
		- $\Delta m_i=\left(m_{i,real}-m_{i,calc}\right)^2$,für	$m_{i,real}=0kg \vee m_{i,calc}=0kg$
		- $\Delta m_{Ges,j}=\left(\frac{m_{Ges,j,real}-m_{Ges,j,calc}}{\frac{m_{Ges,j,real}+m_{Ges,j,calc}}{2}}\right)^2$,für	$m_{Ges,j,real}\neq 0kg \wedge m_{Ges,j,calc}\neq 0kg$
		- $\Delta m_{Ges,j}=\left(m_{Ges,j,real}-m_{Ges,j,calc}\right)^2$,für	$m_{Ges,j,real}=0kg \vee m_{Ges,j,calc}=0kg$
(29)	$f_{Z,III}=\sum_{i=1}^{s\cdot n}\Delta m_i+\sum_{j=1}^{s}\Delta m_{Ges,j}$	- $\Delta m_i=\left(m_{i,real}-m_{i,calc}\right)^2$	
		- $\Delta m_{Ges,j}=\left(\frac{m_{Ges,j,real}-m_{Ges,j,calc}}{\frac{m_{Ges,j,real}+m_{Ges,j,calc}}{2}}\right)^2$,für	$m_{Ges,j,real}\neq 0kg \wedge m_{Ges,j,calc}\neq 0kg$
		- $\Delta m_{Ges,j}=\left(m_{Ges,j,real}-m_{Ges,j,calc}\right)^2$,für	$m_{Ges,j,real}=0kg \vee m_{Ges,j,calc}=0kg$
(30)	$f_{Z,IV}=\sum_{i=1}^{s\cdot n}\left(\Delta Q_{3,i,real}-\Delta Q_{3i,calc}\right)^2$	*keine*	
(31)	$f_{Z,V}=\sum_{i=1}^{n}\left(T_{i,real}-T_{i,calc}\right)^2$	*keine*	

Bei den jeweiligen Zielfunktionen werden als spezifische Größen die Teilmassen m_i und die Gesamtmassen $m_{Ges,j}$ verwendet (Gl. 27 – 29). Für Gleichung (30) wird der Massenanteil $\Delta Q_{3,i}$ und für Gleichung 31 der Trenngrad T_i herangezogen. Die berechneten Größen („calc“) werden durch die Parameter a, x_{cut} und α angepasst. Der Index „real“ steht für die gemessenen Größen. Zielfunktion I (Gl. 27) ist die unveränderte Formel aus SolidSim®. Das Hauptproblem dieser Gleichung (27) wird durch ein Rechenbeispiel für $m_{i,real} = 0$ kg und unter Nichtberücksichtigung der Gesamtmassen erkennbar:

$$f_{Z,I}(a,xcut,\alpha)=\left(\frac{0kg-m_{i,calc}}{\frac{0kg+m_{i,calc}}{2}}\right)^2=4 \qquad (32)$$

Die Teilmasse $m_{i,real} = 0kg$ hat zur Folge, dass bei Änderung der Modellparameter, und damit einer Änderung von $m_{i,calc}$, der Wert für $f_{Z,I}$ unverändert bleibt. Dies ist eine Ursache der Normierung von berechneten und gemessenen Größen auf ihre Mittelwerte. Es hat zum Ergebnis, dass einige Intervalle bei der Minimierung übergewichtet sind. Außerdem werden Intervalle mit Massen $m_{i,real} = 0$ kg nicht in die Modellierung mit einbezogen. Um diese Problematik zu umgehen, setzt man neue Zielfunktionen ein. Diese stellen zum einen eine Weiterentwicklung von Gleichung (27) dar (vgl. Gl. 28 und 29). Zusätzlich werden auch neue Ansätze zur Parameteranpassung verfolgt (Gl. 30 und 31).

4 Ergebnisse

Abhängig von der jeweiligen Versuchsreihe, steht eine unterschiedliche Anzahl an Vergleichsmessungen zur Verfügung. Es gilt:

- **Versuchsreihe 1** (Allgaier Siebmaschine): 57 Vergleichsmessungen → 57 Berechnungen
- **Versuchsreihe 2** (Minox Siebmaschine): 24 Vergleichsmessungen;
  zusätzlich mit und ohne Bilanzausgleich → 48 Berechnungen

Für die Parameteranpassung mittels der Methode der kleinsten Quadrate wurden durch die Analyse von fünf Zielfunktionen und zwölf Modellfunktionen insgesamt 7875 Berechnungen durchgeführt. Die Auswertung erfolgt mittels statistischer Methoden, welche hier nicht näher erläutert werden. Die statistische Auswertung ermöglicht eine Beurteilung der einzelnen Zielfunktionen und Modelle.

4.1 Vergleich der Zielfunktionen f_Z

Zielfunktion I (Gl. 27):
Die Ausgangsfunktion liefert gute Ergebnisse. Aufgrund der beschriebenen Fehler im Umgang mit spezifischen Werten von m_i berechnet die Parameteranpassung häufig mathematische Ausreißer für die Trennschärfe α.

Zielfunktion II (Gl. 28):
Stellt eine Verbesserung der ersten Zielfunktion dar. Es sind weniger Ausreißer bei dem Parameter α festzustellen. Dennoch ist die Anpassung nicht in allen Fällen ideal. Außerdem gilt für $m_i = 0$kg, dass der Summand einheitenbelastet wird. Dadurch wird die Parameteranpassung von der eingesetzten Einheit für die Masse abhängig.

Zielfunktion III (Gl. 29):
Die Größe Δm_i ist aufgrund der Nebenbedingungen einheitenbelastet. Dadurch kommt es je nach eingesetzter Einheit der Masse zu unterschiedlichen Gewichtungen der Größen Δm_i und $\Delta m_{Ges,j}$.

Im Ausblick (Kapitel 5) wird eine weitere Gleichung zur Parameteranpassung vorgeschlagen, welche auf der dritten Zielfunktion basiert.

Zielfunktion IV (Gl. 30):

Bei dieser Zielfunktion werden zu große Werte für die Parameter a und α berechnet. Dadurch ist sie für die Anpassung der Parameter ungeeignet.

Zielfunktion V (Gl. 31):

Diese Gleichung liefert am zuverlässigsten gute Ergebnisse, wobei für die nicht fehlerkorrigierten Trenngradkurven (mit $T(x_{max}) > 1$) oftmals sehr große Parameter α angepasst werden. Solche gemessenen Trenngradkurven werden aber grundsätzlich einem Bilanzausgleich unterzogen. Dadurch lässt sich die Zielfunktion V als die geeignetste Formel zur Parameteranpassung bezeichnen.

In Abbildung 9 wurden die Parameteranpassungen für eine korrigierte Trenngradkurve durchgeführt. Dabei wurden die Zielfunktionen f_Z variiert. Die einzelnen Graphen bestätigen die oben getroffen Aussagen zu den jeweiligen Zielfunktionen I bis V.

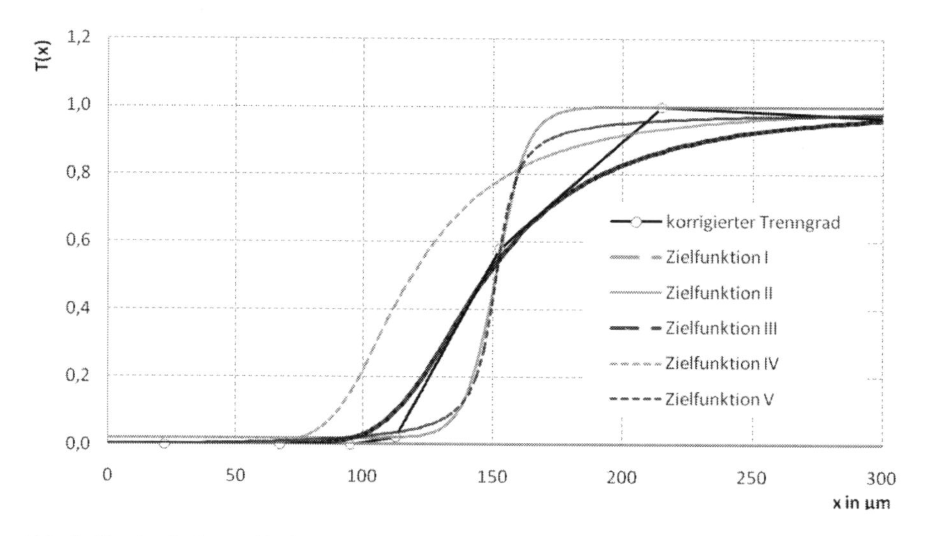

Abb. 9: Vergleich der Zielfunktionen I bis V

4.2 Vergleich der Modellfunktionen

Die Güte der Anpassung wird mittels der statistischen Größe $S_{relativ}$ verglichen, welche aus dem sich ergebenden Funktionswert f_Z gebildet wird. Dieser Wert gibt Auskunft, wie nahe die modellierte Trennfunktion am gemessenen Trenngrad liegt. Es gilt für $S_{relativ}$:

- $S_{relativ} \approx 1$: durchschnittliche Parameteranpassung
- $S_{relativ} << 1$: gute Parameteranpassung

– $S_{relativ} >> 1$: schlechte Parameteranpassung

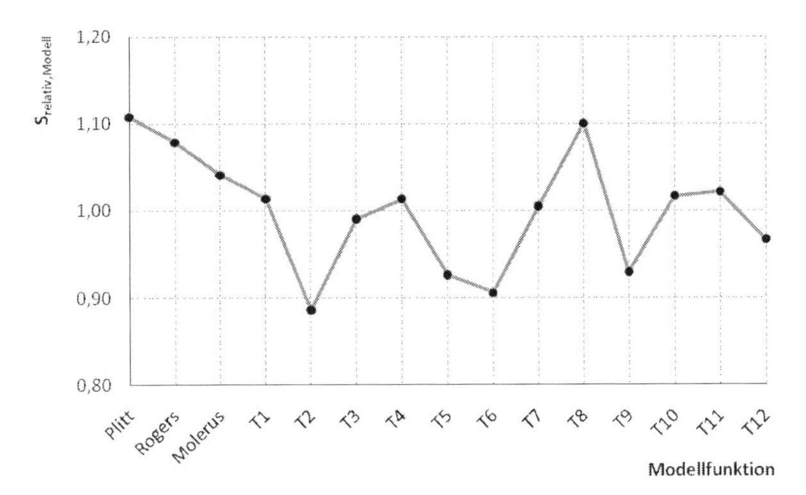

Abb. 10: Vergleich der Modellfunktionen für Zielfunktion V

In Abbildung 10 sind die jeweiligen Modelle über der Vergleichsgröße $S_{relativ}$ in Abhängigkeit von der jeweiligen Modellfunktion aufgetragen. Es wird die Zielfunktion V herangezogen, da diese sich im Kapitel 4.1 als sehr geeignet herausgestellt hat. Anhand der graphischen Darstellung wird ersichtlich, dass die zweite Modellfunktion T2 zur Parameteranpassung am besten verwendbar ist. Schlechter geeignet sind hingegen die Modellfunktionen nach Plitt, Rogers und Molerus, welche in SolidSim® integriert sind. In Gleichung (33) ist die trigonometrische Funktion T2 angegeben:

$$T(x)=\left(\frac{1}{2}+\frac{1}{\pi}\cdot\arctan\left(\left(\frac{x}{x_{cut}}+\alpha\right)\cdot\frac{\frac{x}{x_{cut}}-1}{\frac{x}{x_{cut}}}\right)\right)\cdot(1-a)+a \qquad (33)$$

In Abbildung 11 ist eine typische Modellierung der Trenncharakteristik mittels Zielfunktion V und Modellfunktion T2 aufgezeichnet. Der Trenngrad wird dazu für den nichtkorrigierten und den korrigierten Fall modelliert.

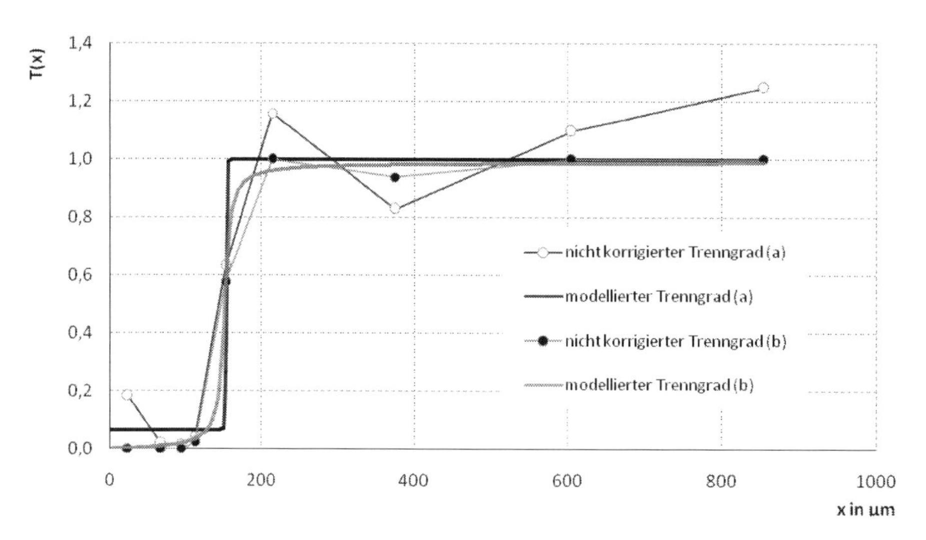

Abb. 11: Modellierung der Trenncharakteristik (Zielfunktion V; Modellfunktion nach Gl. 33)

5 Ausblick

Zur weiteren Modellierung der Trenncharakteristik sollen in einem ersten Schritt weitere experimentelle Vergleichswerte erzeugt werden. Diese sind essenziell für eine Untersuchung der Simulationsergebnisse auf ihre Praxistauglichkeit. Es ist hilfreich, die Modellierung mit zusätzlichen Ergebnissen von verschiedenen Siebmaschinenbauarten zu ergänzen. Besonders wichtig ist die Erweiterung der Vergleichsmessungen auf feinere und gröbere Körnungsbereiche des Aufgabeguts.

In einem weiteren Schritt sollen Parameteranpassungen für eine neuentwickelte Zielfunktion VI durchgeführt werden. Sie stellt eine Weiterentwicklung der sehr fehleranfälligen Zielfunktion III dar und ist wie folgt definiert:

$$f_{Z,VI} = \sum_{i=1}^{s \cdot n} \Delta m_i + \sum_{j=1}^{s} \Delta m_{Ges,j} \qquad (34)$$

mit: $\Delta m_i = \left(m_{i,real} - m_{i,calc}\right)^2$

$$\Delta \dot{m}_{Ges,j} = \left(m_{Ges,j,real} - m_{Ges,j,calc}\right)^2$$

Des Weiteren sollen die Definitionsgrenzen der anzupassenden Modellparameter a, x_{cut} und α in einem möglichst engen Bereich festgelegt werden. Dies ist für eine fehlerfreie Durchführung der Methode der kleinsten Quadrate erforderlich. Die allgemeingültige Eingrenzung der Parameter ist jedoch erst durch eine Ausweitung der Vergleichsmessungen möglich.

6 Danksagung

Die Autoren danken der SolidSim Engineering GmbH für die Bereitstellung einer SolidSim®-Softwarelizenz und Herrn Dr. Frank Müller von der BASF SE, sowie der Firma Minox für die Zurverfügungstellung der Siebmaschinen.

7 Verzeichnis der verwendeten Formelzeichen

- Partikelgröße x in [m]
- Sieböffnung, Maschenweite w in [m]
- Masse m in [kg]
- *Index:* Aufgabegut A in [/]
- *Index:* Grobgut G in [/]
- *Index:* Feingut F in [/]
- Massenstrom Aufgabegut, Durchsatz dm_A/dt in [kg/h]
- Median-Trenngrenze x_T in [m]
- Grobgut-Massenanteil g in [/]
- Feingut-Massenanteil f in [/]
- Trenngrad, Grobgut-Trenngrad T in [/]
- Verteilungssumme Q_3 in [/]
- Verteilungsdichte q_3 in [m^{-1}]
- Merkmalswert für $T(x) = 0{,}25$ x_{25} in [m]
- Merkmalswert für $T(x) = 0{,}75$ x_{75} in [m]
- Trennschärfe nach Eder $\kappa_{25/75}$ in [/]
- Siebzeit t in [s]
- Cut-Size x_{cut} in [m]
- Separation Sharpness α in [/]
- Offset of Fines a in [/]
- Zielfunktion f_Z in [/]
- *Index:* Intervall i in [/]
- *Index:* Anzahl der Intervalle n in [/]
- *Index:* Fraktion j in [/]
- *Index:* Anzahl der Fraktionen s in [/]
- korrigierte Trenngradkurve T_{Korr} in [/]
- *Index:* Berechnet, korrigiert calc in [/]

– *Index:* Gemessen	real	in	[/]
– *Index:* Gesamtmassen (Fraktion)	Ges	in	[/]
– Ersatzfunktion für die Modellbildung	U, V, W	in	[/]
– Maß für die Güte der Anpassung	$S_{relativ}$	in	[/]

8 Literatur

[1] SolidSim®, SolidSim Engineering GmbH, http://www.solidsim.com/.

[2] C. Reimers, J. Werther und G. Gruhn, Flowsheet simulation of solids processes, *Chemical Engineering and Processing*, vol. 47, pp. 138-158, 2008.

[3] U. Riebel, Clausthaler Kursus, *Grundlagen und moderne Verfahren der Partikelmesstechnik - Von Millimetern zu Nanometern,* Clausthal-Zellerfeld, Clausthaler Kursus, 2005.

[4] L. R. Plitt, The Analysis of Solid-Solid Separations in Classifiers, *CIM*, vol. 64, pp. 42-47, 1971.

[5] R. S. C. Rogers, A Classification Function for Vibrating Screens, *Powder Technology*, vol. 31, pp. 135-137, 1982.

[6] O. Molerus und H. Hoffmann, Darstellung von Windsichtertrennkurven durch ein stochastisches Modell, *Chemie Ingenieur Technik*, vol. 41, pp. 340-344, 1969.

[7] C. Hatch, *Digital simulation of a crushing plant*, Vancouver, The University of British Columbia, 1973.

[8] H. Trawinski, Die mathematische Formulierung der Tromp-Kurve, *Aufbereitungstechnik*, vol. 17, pp. 248-254, pp. 449-459, 1976.

AGEING BEHAVIOUR OF NANO- AND MICROMETER-SIZED AL AND TI-PARTICLES IN AIR

O. Schulz, N. Eisenreich, H. Schuppler, B. Eickershoff, J. Neutz, U. Teipel

Fraunhofer-Institut für Chemische Technologie ICT, D-76327 Pfinztal (Germany), jochen.neutz@ict.fraunhofer.de

Abstract

The ageing behavior of nano-and micrometer-sized Al and Ti-Particles was investigated using TG, REM and RXD. Elementary metal particles play an important role as high energetic fuel in pyrotechnic mixtures as source of high temperature and radiation. For a better understanding of the oxidation and ageing process during the storage of these particles under wet condition at 65°C, the samples were stored in climatic exposure test cabinet. It was observed that these particles more oxidized compared to the samples at 65°C without humidity.

1 Introduction

In many pyrotechnic mixtures particles of metals and other elements are used for high energetic fuel as source of high temperature and radiation improving the combustion behavior. The ignition and combustion mechanism is not only dominated by the state of the metal that may be existent e.g. as solid body, but also by factors as reaction enthalpy or the melting of the materials and its reaction products. Most metals melt before ignition or during the combustion process, so that the initial state influences significantly the burning behavior. The initial state could be altered caused by change of the environment which the sample were exposed. As the result of this change, the ageing of the metal sample occurs due to the oxidation reaction at the interface between metal and oxidizer with dominant diffusion process so that the forming oxide covers the metal particles. The oxides have much higher melting points and the thickness of them increases during the ageing process which leads to the transformation of whole particles to oxide and inhibiting of the burning behavior.

2 Experimental Methods

- Two batches of particles with nano-and micrometer-sized of Al and Ti were produced by explosion of wire and supplied by SIBTHERMOCHIM (Russia)

- Determination of the particles diameters: by laser diffraction (Mastersizer S, Malvern Instruments GmbH, Germany) and by FE-SEM (SUPRA 55 VP, Carl Zeiss SMT AG, Germany)
- The crystalline phases determination by in-situ and ex-situ HT-X-Ray (Bruker AXS D8 diffractometer)
- Diffraction patterns at 2θ range between 20° and 80°
- The non-isothermal thermogravimetric analysis (TG) with heating rate of 10 K/min (Netzsch STA 449C Jupiter)
- The ageing the samples at 65°C and the humidity were varied between 30 rel.%, 50 rel.% and 75 rel.%.
- The duration of series of the experiments was 7 and 14 days.

3 Results and Discussion

3.1 Initial morphology of the particles

Figure 1a:

- Nano-sized Al particles with stronger agglomeration and mean diameter of about 100 nm, oxygen content about 10 wt.-%

Figure 1b:

- Micrometer-sized Al particles with a mean diameter of 5 μm, more or less elongated as well as round form with a smooth surface, Al content about 90 wt.-%.

Figure 1: SEM images (a) of nanometer-sized Al particles and (b) of Al particles with a mean diameter about 5 μm.

Figure 2a:

- Ti particles with a mean diameter of about 0.03 µm, strong agglomeration, oxygen content about 6 wt. %

Figure 2b:

- Particles size between 2-20 µm, smooth surface, agglomerated, contains 96.4 wt.% of metallic Ti.

Figure 2: SEM images (a) of nanometer-sized Ti particles and (b) of Ti particles with a mean diameter about 2-20 µm.

3.2 X-ray diffraction analysis and non-isothermal oxidation behavior

Figure 3:

- Micrometer-sized Al particles with a mean diameter of 5 µm
- It was compared in Figure 3 the intensities and the peak-breadth of the reflexes of Al (111), Al (200), Al (220) and Al (222) for illustration of the humidity-induced change (humidity=50 rel.%)
- The intensity of Al signals does not changed
- The gain of the peak-breadth
- The oxide peaks as reaction product do not appear during this experiment at 65°C between 30- 75 rel.% of humidity

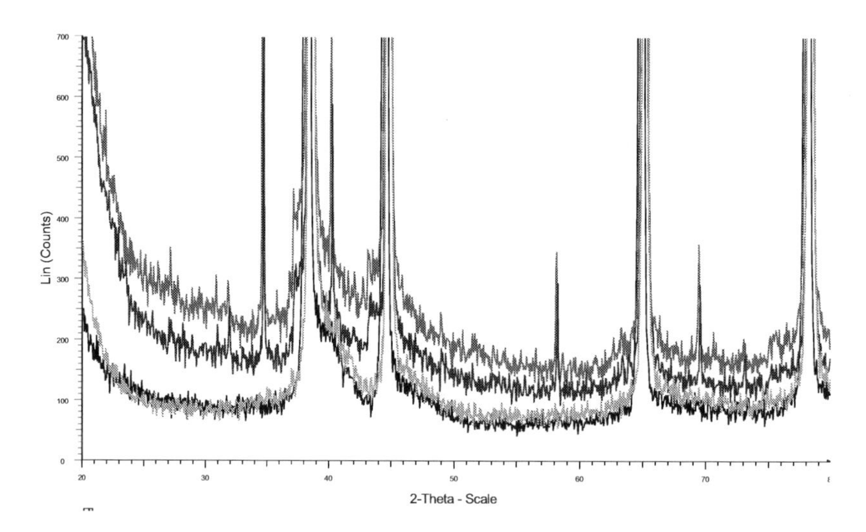

Figure 3: Ex-situ X-ray measurements of Al samples with a mean diameter of 5 µm at 65°C with humidity about 50 rel% and varied time.

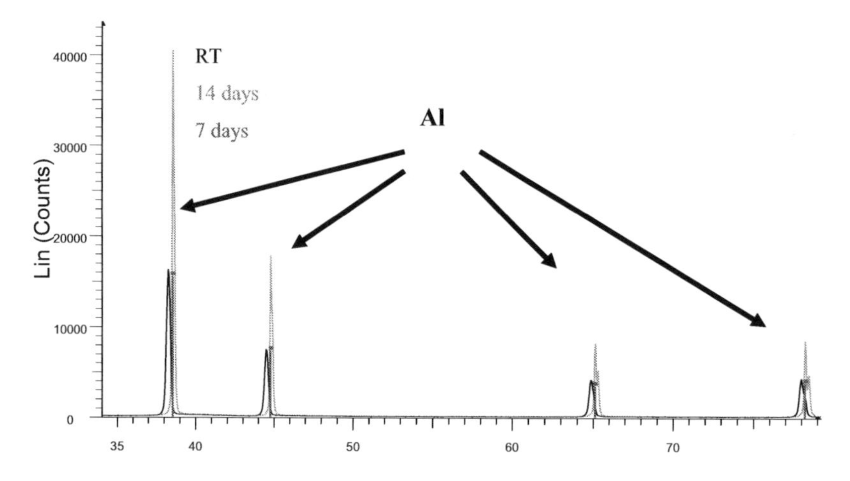

Figure 4: Ex-situ X-ray measurements of nanometer-sized Al samples at 65°C with humidity about 50 rel% and varied time.

Figure 4:

- Nanometer-sized Al samples after the experiments with humidity of 50 rel.% and varied time
- Comparison of the peak intensities of the reflexes of Al (111), Al (200), Al (220) and Al (222)
- The peak-breadth decreased and the peaks shift to the bigger 2θ-value
- The oxide peaks as reaction product do not appear during this experiment at 65°C
- The similar behavior shows nano- and micrometer-sized Ti particles such as Al particles.

3.3 Thermogravimetric (TG) analysis:

- A significant weight increase was observed in these experiments indicating that the particles reacted either with oxygen from air to the oxide as reaction product
- Moreover TG method features lower detection threshold in comparison to X-Ray and therewith minor amouts of product could be detected
- This is due to the fact that the TG response contains the full data set from zero conversion at the initial temperature to full conversion at the end of the reaction experiment

Figure 5:

- TG experiments with different value of varied humidity and experiment duration at constant value of the temperature about 65°C
- Corelation between particles size and conversion of metal to oxide is the larger the particles are, the lower the oxide content
- The value of oxide content changed marginal after 7 days under wet condition between 30-50 rel.%
- Under influence of humidity of 75 rel.%. after 7 days the micrometer-sized Al sample shows the first increase of oxide content about 5%
- Marginal change of oxide content takes place in this sample after 14 days and the value of humidity between 30-50 rel.%.
- The value of humidity about 75 rel.% caused the increase of oxide content to about 6.5% in micrometer-sized Al samples

The comparison of the curves of both Al particles:

- Both curvs run parallel between 30-50 rel.%. of humidity
- From the beginning of the experiment, the nanometer-sized Al particles differ from the micrometer-sized Al particles with the higherst oxide content
- To the end of experiment (humidity of about 75 rel.%, 14 days) the nanometer-sized Al particles achieved assimiable the higherst value of the oxide content of 80%.

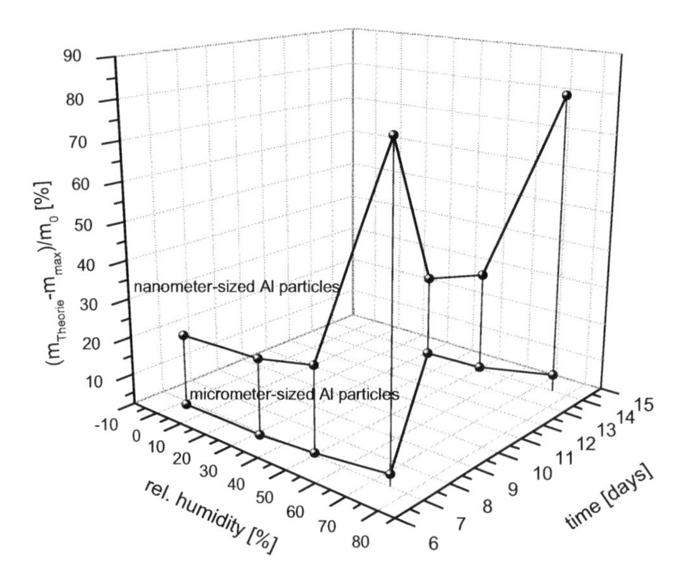

Figure 5: Summarised results of the experiments in 3D description with different Al particles at 65°C and rel. humidity of 30-,50 and 70% as well duration of experiments of about 7 days and 14 days.

- Accordingly, the humidity plays a essential role during the ageing of the Al particles
- In the case of nanometer-sized Al particles the humidity dominates stronger the oxidation process and ageing of their surface.

Figure 6:

- Comparison of oxide content in both Ti samples
- The higherst value of oxide content is achieved when the humidity of 75 rel.% after 14 days effected
- The maximal value is about 22% for nanometer-sized Ti particles and about 6% for micrometer-sized Ti particles

The comparison of the ageing behaviour of nanometer-sized Al and Ti particles shows that the Ti particles oxidized not so far and not so fast such as Al particles during the given condition.

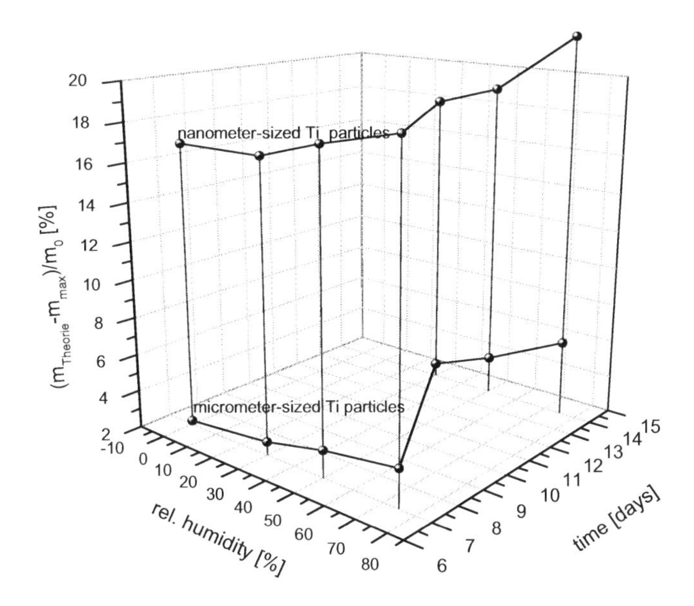

Figure 6: Summarised results of the experiments in 3D description with different Ti particles at 65°C and rel. humidity of 30-,50 and 70% as well duration of experiments of about 7 days and 14 days.

Table 1: Comparison of oxygen content of the particles between initial state and after experiments.

Particle type	**Oxygen content, initial state [%]**	**Oxygen content [%], after 14 days and at 75rel% of humidity**
Al (nano-sized)	10	80
Al (micro-sized)	1	6,5
Ti (nano-sized)	6	22
Ti (micro-sized)	3.6	6

Accordingly to above, the relation between the particles size and the humidity exist. Namely, the humidity is a factor, which leads to the change (rise) of oxide content on the surface of the particles. The higher the humidity is, the higher conversion of metal to oxide or rather the ageing could be accelerated, espesially in the case of nano-sized particles (Figure 5 and Figure 6, Table 1).

OPTIMIERUNG VON VERFAHREN ZUR INJEKTION UND SEPARATION DER PARTIKEL-PROZESSGAS-STRÖME BEI DER PLASMAMODIFIZIERUNG VON CNT

S. Schindhelm[1], R. Mach[2], U. Teipel[1], A. Meyer-Plath[2]

[1] Georg-Simon-Ohm-Hochschule Nürnberg, Mechanische Verfahrenstechnik/Partikeltechnologie, Wassertorstraße 10, 90489 Nürnberg, e-mail: stefan.schindhelm@ohm-hochschule.de

[2] BAM Bundesanstalt für Materialforschung und -prüfung, Unter den Eichen 87, 12205 Berlin

1 Abstract

Die Synthese, Reinigung und Funktionalisierung von Kohlenstoffnanoröhren (CNT) werden seit mehr als zwei Jahrzehnten intensiv erforscht. Zunehmend gewinnt die Frage an Bedeutung, in welcher Weise die überragenden Materialeigenschaften von CNT für Anwendungen nutzbar gemacht werden können. Entwicklungsfortschritte bei den Herstellungsverfahren haben zu einer deutlich verbesserten Verfügbarkeit dieser Materialien geführt. Im Jahr 2009 betrug die Produktionskapazität dieser neuen Materialklasse allein in Deutschland über 200 Tonnen.

Bei allen effizienten und strukturoptimierten CNT-Syntheseverfahren werden metallische Katalysatoren verwendet, die sich während der Produktion an oder in die Gitterstruktur der CNT einlagern und im Syntheseprodukt enthalten sind. Da derartige Verunreinigungen für das Kohlenstoffmaterial nachteilige Eigenschaften haben, ist die Optimierung von Prozessen für eine selektive, strukturerhaltende Entfernung metallischer oder metalloxidischer Verunreinigungen nach wie vor von großer praktischer Relevanz. Das Reinigungsverfahren nach Stand der Technik beruht auf dem Herauslösen von Metallverbindungen nach Umwandlung in wasserlösliche Metallsalze durch Mineralsäuren, wodurch allerdings die Gitterstruktur der CNT in Mitleidenschaft gezogen werden kann.

Im Rahmen der hier vorgestellten Arbeit wurde ein neuartiger Reinigungsprozess entwickelt, der auf einem thermischen Plasmaverfahren beruht, welches eine effiziente und strukturerhaltende Reinigung von CNT ermöglicht. Dafür war die Optimierung von zwei verfahrenstechnischen Apparaten an der plasmathermischen Anlage Voraussetzung: ein Pulverförderer und ein Pulverabscheider. Es wurde eine verlässliche Pulverförderung über einen weiten Regelbereich realisiert und ein effizienter Abscheider in Form eines hoch temperaturstabilen Aerozyklons mit grenzkornoptimierter Abtrennung aus dem Prozessgas entwickelt. Die Injektions- und Separationseinrichtungen wurden so ausgelegt, dass systematische Untersuchungen zur Effizienz der plasmathermischen Reinigung von CNT für eine Vielzahl verschiedener CNT unterschiedlicher Hersteller durchgeführt werden konnten. Dafür war es notwendig, die Stoffzufuhr und -abtrennung flexibel auf große Variationen bei Partikelgrößenverteilung, Rieselfähigkeit, Schüttdichte und Transportverhalten im Gasstrom anpassen zu können. [1, 2]

2 Ausgangssituation

Die Herstellung von Kohlenstoffnanoröhren erfolgt entweder nach einem Lichtbogen-Verfahren, einer Laserverdampfung oder mittels Chemical Vapor Deposition (CVD). Dabei werden zur Effizienzsteigerung und Kontrolle der CNT-Struktur metallische Katalysatoren verwendet, die in der Regel im CNT Produkt verbleiben. Es handelt sich dabei meist um Übergangsmetalle wie Cobalt (Co), Mangan (Mn), Eisen (Fe) oder Nickel (Ni). Diese werden für eine CVD-Synthese häufig als kleine Metallinseln auf inerte Metalloxide wie z.B. Aluminiumoxid (Al_2O_3) oder Magnesiumoxid (MgO) aufgebracht. Der Gewichtsanteil aller Katalysatoren und Trägermetalloxide liegt je nach Herstellungsart und Qualität der Nanoröhre zwischen 1 und 20 Gew.-%. Nach der Synthese der CNT kann vor allem Cobalt negative Auswirkungen auf die sp^2-Hybridisierung der Gitterstruktur haben und diese beschädigen. Dies verändert die physikalischen Eigenschaften der CNT meist zum Negativen, sodass eine geringere Steifigkeit, elektrische Leitfähigkeit und Wärmeleitfähigkeit sowie Defekte in der Gitterstruktur die Folge sind. Im Produkt verbliebene Katalysatoren sind ferner unerwünscht, da sie toxische oder sogar karzinogene Wirkung haben können.

Im Rahmen dieser Arbeit wurde der Prozess einer plasmathermischen Metallentfernung optimiert. Bei der plasmathermischen Reinigung werden CNT in ein thermisches Plasma injiziert, wobei es zu einer sehr schnellen Aufheizung der CNT kommt und deren Metallanteile verdampfen. In einem an die Plasmakammer angeschlossenen Reaktor, dessen Wände mit Kühlwasser durchströmt werden, schlägt sich der Metalldampf nieder, während die Nanoröhren weitertransportiert werden. CNT haben in einem nichtoxidativem Milieu eine thermische Beständigkeit, die vergleichbar mit Graphit ist. Es gilt $\theta_{Sublimation} \approx 3600$ °C beträgt. Das thermisch beständigste der genannten Metalle Co hat hingegen einen Siedepunkt, der mit $\theta_{Siede} = 2930$ °C unterhalb der Sublimationstemperatur von Graphit liegt. Dies erlaubt, Co von Graphit durch Verdampfung zu trennen. Eine erfolgreiche Verdampfung setzt eine hinreichende Durchwärmung der in Agglomeratform injizierten CNT voraus.

Bei der Optimierung wurden zwei verfahrenstechnische Apparate der Anlage optimiert: Pulverförderer und Pulverabscheider. Vor dem Plasmaprozess wird das Prozessgas mit den CNT in einem Pulverförderer beladen. Dem Plasmaprozess nachgeschaltet ist zur Abtrennung der CNT aus dem Partikel-Prozessgas-Gemisch ein Abscheider geschaltet.

2.1 Stand der Technik

Vor Beginn der vorliegenden Optimierungsarbeiten bestand bei der Durchführung von Experimenten zur plasmathermischen Behandlung von CNT eine Reihe von technischen Problemen. Sie waren durch die Art und Auslegung der verwendeten Apparate begründet. Der Partikeldispergierer nach Stand der Technik war ein Modul der Firma Palas, Modell RBG 2000. Seine Förderleistung hängt stark von der Schüttdichte des Materials ab. Da Kohlenstoffnanoröhren nur eine geringe Schüttdichte von $\rho_{Schütt} = 0{,}15$ g/cm^3 aufweisen, leistet der RBG 2000 einen maximalen Massenstrom von $\dot{M}_{Aufgabe} = 100$ g/h. Der Vorratsbehälter für Partikel ist auf ca. 25 g begrenzt. Die Abscheidung hinter dem plasmathermischen Prozess erfolgte nach Stand der Technik durch drei Umlenkrohre, unter denen sich jeweils ein Auffangbehälter befand. Die gesamte Abscheiderate aller drei Module betrug je nach Partikel und Gesamtvolumenstrom zwischen 70 und 90 Gew.-%. Neben diesen qualitativen Aspekten war die Dauer für die Versuchsvor- und -nachbereitung durch das Entleeren der drei Behälter groß und erhöhte die Rüst- und Ruhezeiten der gesamten Anlage.

2.2 Anforderungen an die verfahrenstechnischen Apparate

2.2.1 Pulverförderer

Aufgabe der Pulverförderapperatur ist, einen Trägergasstrom $\dot{V}$ kontinuierlich mit einem bekannten Massenstrom $\dot{M}_{Aufgabe}$ an CNT-Partikeln zu beladen. Der zu konstruierende Pulverförderer ist mit folgenden Anforderungen auszustatten: Die Beladung des Gasstromes soll mit gleichmäßiger Förderrate und unterbrechungsfrei erfolgen. Die Fördermenge liegt in einem Regelbereich von 0 bis 150 g/h. Dies ist notwendig, um systematische Untersuchungen zur Prozesswirkung in Abhängigkeit von der Förderrate durchzuführen. Es kommt bei dem Pulverförderer nicht darauf an, wie hoch die Beladung, also das Verhältnis von Fördermasse- zu Trägergasstrom, ist, sondern allein auf die Förderrate einer bestimmten Masse an Partikeln pro Zeit. Der Trägergasvolumenstrom soll einen Maximalwert von $\dot{V} = 10$ l_N/min nicht übersteigen. Nach der Fluidisierung der Partikel mit dem Trägergasstrom erfolgt eine Mischung mit weiteren Prozessgasen, die dem Plasmaprozess dienen. Die resultierende Zusammensetzung ist ein entscheidender Parameter des plasmathermischen Prozesses. Die Mischbarkeit des beladenen Trägergasstromes mit dem Plasmagasstrom muss hinreichend homogen erreicht werden. Eine weitere Anforderung an den Partikelförderer ist ein ausreichend großer Vorratsbehälter, der mindestens einhundert

Gramm Partikel und somit vier Mal soviel wie vor dem Beginn der neuen Konzeption aufnehmen soll. Durch eine gasdichte Flanschverbindung soll er auf einfache Weise gegen ein größeres Reservoir ausgetauscht werden können. Die Befüllung des Förderers sollte unter Beachtung der gültigen Sicherheitsbestimmungen des jeweiligen CNT-Produzenten möglich sein.

2.2.2 Partikelabscheider

Typischerweise können bis zu 95 Gew.-% der Eintrittsbeladung an einem Aerozyklon abgeschieden werden. Im dieser Arbeit zugrundeliegenden Fall besteht die disperse Phase aus CNT-Agglomeraten, die kontinuierliche Phase aus einer Mischung von Prozess- und Trägergasen. Die thermische Belastung des Abscheiders durch den thermischen Plasmaprozess ist außerordentlich hoch. Im plasmathermischen Prozess werden auf das Prozessgas durch das induktiv gekoppelte Plasma (ICP), je nach Prozessführung, mehrere kW Leistung übertragen. Um ein derart energiereiches Gas-Feststoff-Gemisch aufnehmen zu können muss der Zyklon eine hinreichende thermische Stabilität besitzen, wodurch besondere Anforderungen an die Materialauswahl gestellt sind. Darüber hinaus muss er mit einem effizienten Kühlsystem ausgestattet sein. Für die Berechnung der Temperatur des Aerosols bei Eintritt in den Abscheider wird davon ausgegangen, dass der vor dem Abscheider geschaltete Kondensator, der mit wassergekühlten Wänden auch als Wärmeübertrager agiert, das Gemisch auf 300 °C abkühlt. Idealerweise soll jedoch die Abkühlung im Abscheider stattfinden, weshalb die Kühlung so ausgelegt wird, dass die Leistung des thermischen Plasmas von dem Gemisch auf die Wände des Abscheiders übergehen. Der Abscheider muss zudem gasdicht sein, damit keine Umgebungsluft eindringt und die CNT, welche unter oxidativer Atmosphäre nur bis etwa 500 °C stabil sind, beschädigt. Desweiteren besteht dann der Vorteil, dass der Plasmaprozess auch mit toxischen oder explosiven Prozessgasen wie Ammoniak oder Wasserstoff betrieben werden kann. Der abzuscheidende Partikelmassenstrom $\dot{M}_{Aufgabe}$ beträgt zwischen 0 und 50 g/min. Er ist bewusst sehr hoch gewählt, um den Zyklon auch für hoch beladene Gasströme verwenden zu können. Der Prozessgasstrom ist aufgrund des Plasmaprozesses limiert auf Werte zwischen 50 und 100 l_N/min. Von großer Bedeutung für den Abtrennungsprozess sind die mittlere Partikelgröße sowie die Partikelgrößenverteilung. Diese wurde bei Baytubes® C150P der Firma Bayer Material Science AG und CNT-MW der Firma FutureCarbon GmbH durch Aussieben in Klopfsiebmaschinen bestimmt. Bei beiden Produkten sind mehr als 99 Gew.-% der Agglomerate größer als 50 µm. Die Partikelgrößenverteilung des Produktes Millenium-Tubes der Firma Arry International GmbH wurden mit einem Weitwinkel-Laserlichtbeugungsspektrometer mit einem Messbereich von 0,04 µm bis 2000 µm bestimmt. Das Produkt der Firma Arry besitzt einen wesentlich höheren Feinkornanteil als CNT der Firmen

Bayer Material Science und FutureCarbon. 99 % der Gesamtmasse sind größer als 14 µm. Somit muss die Grenzkorngröße des Aerozyklons unter 14 µm liegen.

3 Konstruktion

3.1 Auslegung des Pulverförderers

Der im Folgenden verwendete Begriff *Trägergasstrom* ist von den Prozess- oder Plasmagasen zu unterscheiden. Die Zusammensetzung des Plasmagasstromes wird dem jeweiligen plasmathermischen Experiment gemäß gewählt. Der Trägergasstrom hingegen dient der fluidisierten Injektion der Partikel in den Plasmagasstrom, der dem RF-Plasma zugeführt wird. Dabei können die Plasmagase aus verschiedenen Richtungen (axial, tangential) der Plasmakammer zugeleitet werden. Abbildung 1 zeigt die Fördereinrichtung als CAD-Zeichnung. Der zylinderförmige Pulverbehälter steht auf dem Basismodul der Apparatur, darin lagern die Partikeln. Im Basismodul führt ein Trichter mit einem Langloch die Partikel auf eine Förderspindel (schwarz). Durch Rotation der Spindel wird das Aufgabegut horizontal in das Mischmodul gefördert. Dem Mischmodul wird von oben das Trägergas zugeleitet. Der Abschaber streift die an der Spindel haftenden Partikeln ab, sodass sie sich auch bei geringem Gasstrom lösen und die Gänge nicht verstopfen. Das beladene Gas strömt nach unten aus dem Mischmodul, wird mit den Prozess- oder Plasmagasen gemischt und anschließend dem plasmathermischen Prozess zugeführt.

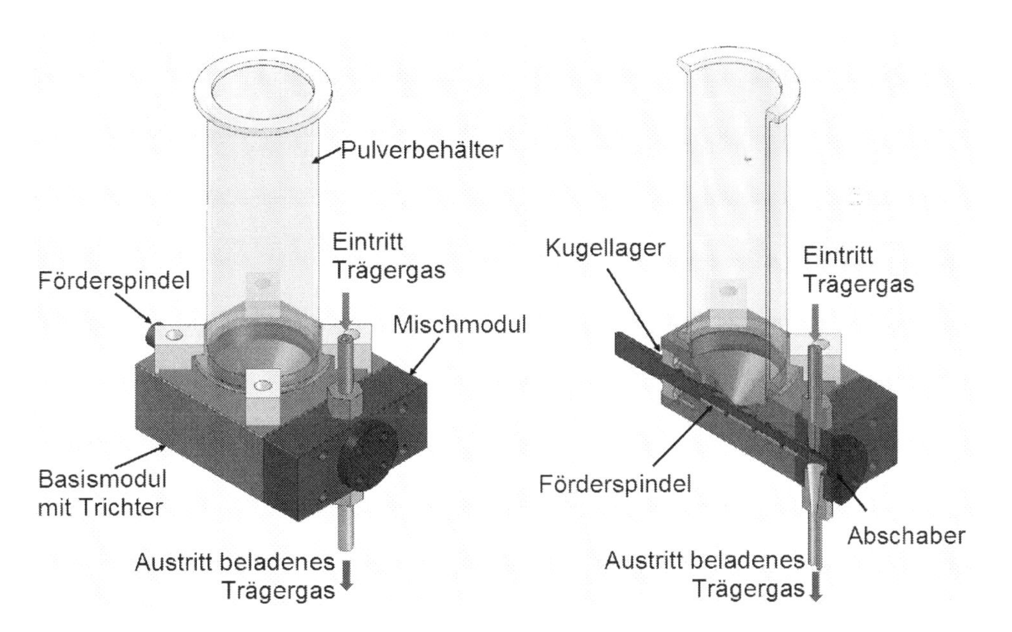

Abb. 1: CAD-Ansicht des konstruierten Pulverförderers; links Außenansicht, rechts Schnittansicht

Da das Partikelkollektiv lediglich aufgrund seiner Gravitationskraft vom Pulverbehälter in die Spindel fällt, also nicht zusätzlich komprimiert wird, kann die Schüttdichte $\rho_{Schütt} = 150$ g/l angenommen werden.

Die beiden Betriebsparameter des Förderers, die den größten Einfluss auf die Beladungsqualität des Injektionsprozesses haben, sind die Drehzahl der Förderschnecke und der Volumenstrom des Trägergases. Sie dienen als Maß für die Qualität.

Bei der Materialwahl waren die folgenden Erwägungen ausschlaggebend. Da sich der Pulverförderer oberhalb des Plasmaprozesses in einer Entfernung von etwa 0,5 m befindet und ausreichend gut gegen Strahlung abgeschirmt ist, wird der Werkstoff thermisch nicht hoch beansprucht. Als Material wurde Messing gewählt, da keine großen mechanischen Kräfte in und an den Bauteilen wirken. Des Weiteren lässt es sich gut bearbeiten, bietet eine ausreichende Festigkeit für die geplante Anwendung und besitzt gute Gleiteigenschaften. Es wurden zwei verschiedene Förderachsen konzipiert, die in Abbildung 2 zu erkennen sind. Bei der ersten handelt es sich um eine Spindel, wie sie in Abbildung 2 links dargestellt ist, welche die von oben aus dem Pulverbehälter fallenden Partikel durch Rotation in Richtung Abschaber fördert und dort den vorbeiströmenden Trägergasstrom belädt. Die in Abbildung 2 rechts gezeigte Förderachse hat sechs längsgezogene Kammern, die von Pulverbehälter bis Abschaber reichen. Der Vorteil dieses Modells liegt darin, dass zu jedem Zeitpunkt Staubbehälter und Prozesskammer, vergleichbar mit einer Drehtür, getrennt sind.

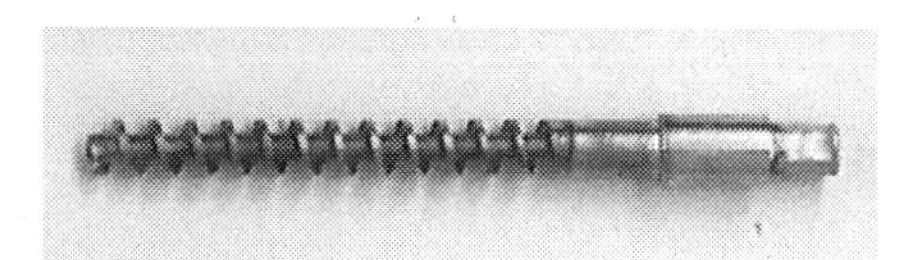

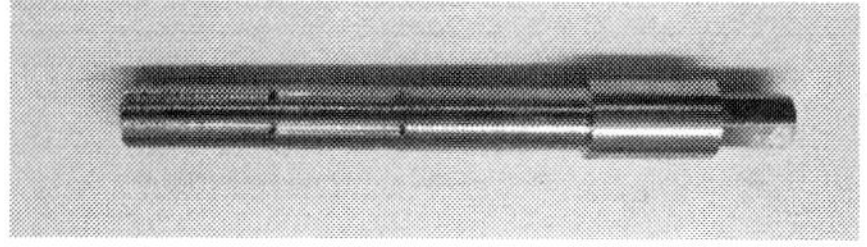

Abb. 2: Zwei verschiedene Förderachsmodellen, links mit Spindel, rechts mit sechs länglichen Kammern

3.2 Dimensionierung des Partikelabscheiders

Der Aerozyklon stellt für die hier dargestellte Anwendung, der Abtrennung von festförmigen Partikeln aus einem gasförmigen Volumenstrom, die Lösung dar: Er ist robust, temperaturbeständig, hat eine ausreichende Trennwirkung und besitzt keine beweglichen Teile, was geringen Wartungsaufwand zur Folge hat.

Für die Entwicklung eines Aerozyklons gibt es kein Standardauslegungsverfahren. Zu viele Variable spielen in die Berechnung ein. Somit wird die Auslegung des Gerätes eine Mischung aus physikalischen Basis- und empirischen Gleichungen sowie etablierten Erfahrungswerten sein. Der VDI Wärmeatlas, Abschnitt Lcd [3], bündelt bisherige Forschungsergebnisse zur Abscheidung fester Partikeln aus Gasen mit Zyklonen und gibt Hilfestellungen bei der Skalierung.

Von großer Bedeutung für den Abtrennungsprozess sind die mittlere Partikelgröße sowie die Partikelgrößenverteilung.

Die geometrischen Größen des Zyklons haben aufgrund der physikalisch hervorgerufenen Wechselwirkungen einen entscheidenden Einfluss auf die Größe des Grenzkorns. Die hauptsächlichen Faktoren sind hierbei die Größe des Einlaufs (Breite b und Höhe h_e), des Tauchrohrs (Länge h_T und Radius r_i) sowie Außenradius r_a und Höhe h_i des Abscheideraums des Zyklons.

Um eine Kurzschlussströmung zu verhindern, wird in einem Zyklon ein Tauchrohr eingesetzt. Die innere Umfangsgeschwindigkeit u_i hat einen erheblichen Einfluss auf die Trenneigenschaft der Apparatur. Bei der Tauchrohrlänge wird bei der Berechnung nicht berücksichtigt, dass sich bei einem kurzen Tauchrohr die Kurzschlussströmung erhöht. Aus empirischen Versuchen von MUSCHELKNAUTZ [4] ist bekannt, dass bei einem Tauchrohr, welches länger ist als die Höhe der Eintrittsfläche, eine Kurzschlussströmung von etwa $0{,}1 \cdot \dot{V}$ auftritt. Von großer Bedeutung sind die Berechnungen zum Innendurchmesser des Tauchrohres. Die Grenzkorngröße hängt stark von der inneren Umfangsgeschwindigkeit u_i am Tauchrohr ab. Je kleiner die innere Umfangsgeschwindigkeit, umso größer ist das Trennkorn.

3.2.1 Das Strömungsfeld im Zyklon

Nach dem horizontalen, tangentialen Eintritt werden Gas- und Partikelstrom auf eine Kreisbahn gelenkt. Ein Großteil der Partikel gleitet gleich nach Eintritt nach unten und sedimentiert aus. Dieses rasche Aussedimentieren wird Abscheidung durch *Überschreiten der Grenzbeladung* genannt. Die weitere und wesentlich interessantere Trennung wird mit *Abscheidung im inneren Wirbel* bezeichnet. Letztere wird durch die Größe des Grenzpartikels d* charakterisiert. Partikel der Hauptströmung stehen im Kräftegleichgewicht von Zentrifugalkraft und Strömungswiderstand. Die Zentrifugalkraft wirkt auf die Partikelgröße d und der Strömungswiderstand auf den Tauchrohrradius r_i Partikel im oberen, zylindrischen Teil des Zyklons werden von dem nachfolgenden Volumenstrom weitertransportiert und nach unten „gedrückt". Da sich unter dem zylindrischen Stück ein Konus befindet und der Radius kleiner wird, erhöht sich die Geschwindigkeit der Teilchen aufgrund der Drehimpulserhaltung.

Mit steigender Geschwindigkeit ist das Umlenken eines Partikels nach oben aufgrund der Drehimpulserhaltung schwieriger, sodass es nach unten getrieben und schließlich ausgetragen wird. Kleinen Partikeln ist es aufgrund des geringeren Trägheitsmoments (Masse) möglich, nach oben umgelenkt zu werden.

3.2.2 Berechnung der Grenzkorngröße

Druckverlust und Grenzkorngröße können nur von Zyklonen bestimmt werden, deren geometrische Maße und Prozessgasströme bekannt sind. Da in dieser Arbeit die Größe eines Zyklons gesucht ist, wird bei der Dokumentation davon ausgegangen, dass die iterativ ermittelten Zahlenwerte der geometrischen Größen des Zyklons vorher bereits bekannt waren und anhand der gegebenen Gleichungen nachgerechnet werden. Die für die folgenden Berechnungen verwendeten geometrischen Daten des Zyklons wurden mittels Iteration ermittelt.

Die entscheidende physikalische Größe, ob ein Partikel in den Behälter nach unten ausgetragen wird oder über das Tauchrohr strömt, ist der Grenzpartikeldurchmesser d*. Er wird durch das Gleichgewicht zwischen Zentrifugalkraft und dem Strömungswiderstand auf dem Tauchrohr r_i eines Partikels ermittelt. Unter der Annahme von [3], dass 10 % des Gasvolumenstroms als Kurzschlussströmung direkt in das Tauchrohr strömen, wird die Grenzpartikelgröße wie folgt bestimmt:

$$d^* = \sqrt{\frac{18 \cdot \eta_L \cdot 0,9 \cdot \dot{V}}{\Delta\rho \cdot u_i^2 \cdot 2 \cdot \pi \cdot h_i}} \qquad (1)$$

Mit: η_L dynamische Viskosität, $\dot{V}$ Volumenstrom Gas, $\Delta\rho$ Dichtedifferenz zwischen Gas- und Feststoffphase, u_i Umfangsgeschwindigkeit am Tauchrohrende und h_i Gesamthöhe des Zykloninnenraums.

Nach Iteration für ein Grenzkorn von d* = 11,5 µm erhält man unter Einbeziehung der gegebenen Prozessgrößen, vgl. Tabelle 1, die folgenden geometrischen Maße, die in Tabelle 2 dargestellt sind.

Tabelle 1: Typische Prozessgrößen für den Zyklon bei Betrieb der plasmathermischen Anlage; grundlegende Größen für die Auslegung

Prozessgrößen		
Volumenstrom Trägergas	$\dot{V}$	100 l/min
Massenstrom Aufgabegut	$\dot{M}_{Aufgabe}$	50 g/min
Temperatur	θ	300 °C
Druck	p	1 bar

Tabelle 2: Geometrische Daten für die Berechnung des Aerozyklons mit Schlitzeinlauf nach VDI-WA [3]

geometrische Daten		
Einlaufbreite	b	5 mm
Einlaufhöhe	h_e	20 mm
Außenradius Abscheideraum Zyklon	r_a	50 mm
Höhe Abscheideraum	h_i	190 mm
Höhe konischer Teil	h_K	155 mm
Tauchrohrlänge	h_T	25 mm
Höhe zylindrischer Teil	h_{Zyl}	35 mm
Tauchrohrradius	r_i	16 mm
Radius unterer Austritt	r_3	26 mm

Die extreme thermische Belastung des Zyklonmaterials wird durch eine effiziente Kühlung der betroffenen Bauteile verringert. Dies stellt hohe Zusatzanforderungen an die Konstruktion, da sich die Dichtung der wassergekühlten Wände der Heißgaszuleitungen aufwändig gestaltet. Ein Kühlwassermassenstrom von $\dot{M}_{Kühlwasser} \geq 2{,}5$ l/min durchströmt die Kühlungskanäle des Abscheiders. Der fertiggestellte Zyklon ist auf Abbildung 3 gezeigt.

Abb. 3: Konstruierter Aerozyklon für die Abscheidung von CNT aus Prozessgasen für das thermische Plasma. Das Aerosol strömt rechts oben senkrecht in einen intensiv gekühlten Würfel, danach erfolgt eine Umlenkung um 90°, um horizontal in den Abscheideraum des Zyklons zu gelangen. Die Partikel „wandern" an der Zyklonwand nach unten in den angeschlossenen Glasbehälter, das Gas strömt nach oben durch das axial angebaute Tauchrohr. Hohe Gastemperaturen erfordern eine Vielzahl an Kühlrohren.

Um eine Beeinflussung der Temperatur auf die Abscheidequalität abschätzen zu können, wurden Berechnungen auf Grundlage von [3] vorgenommen, die sich über einen erweiterten Temperaturbereich beziehen. Da bei der Prozessgröße Temperatur bislang von 300 °C ausgegangen wird, zeigt sich in Abbildung 4, welche Auswirkung die Temperatur auf die Grenzkorngröße hat. Vor allem die Dichte des Prozessgases bewirkt bei kleiner Temperatur eine Verringerung des Grenzkorndurchmessers d*.

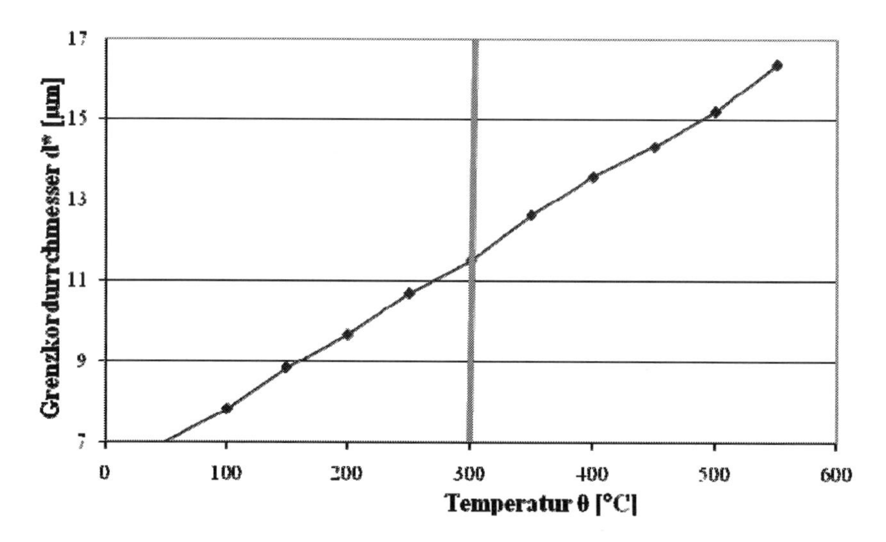

Abb. 4: Abhängigkeit zwischen Betriebstemperatur θ des Zyklons und der Grenzkorngröße d. Die senkrechte Gerade markiert die geschätzte Temperatur von 300 °C.*

4 Ergebnisse

4.1 Pulverförderer

Für einen breiten Einsatzbereich des Förderkonzeptes für die plasmathermische Prozessentwicklung hat sich herausgestellt, dass das Modell „Spindel" (vgl. Abb. 1 links) ungeeignet ist. Es hat sich gezeigt, dass die Partikel unabhängig von der Drehzahl der Spindel gefördert werden. Der vermutete Grund dafür ist die hervorragende Rieseleigenschaft der sphäriod verrundeten CNT-Agglomerate, die dazu führt, dass die Partikel die horizontal angeordnete Spindel passieren können, ohne dass diese rotiert. Dazu ist lediglich ein geringer Differenzdruck zwischen Partikelreservoir und Spindelende notwendig. Der Effekt kann so stark sein, dass die Rotation nur noch einen kleinen Einfluss auf die Förderleistung hat. Als Ursache der in der Plasmaapparatur auftretenden Sogwirkung wurde der an das Ende der Prozessstrecke angeschlossene Prozessgaswäscher (Modell LGW1 der Firma GEA Wiegand GmbH) identifiziert. Er erzeugt einen Unterdruck, welcher gemäß der Bernoulli-Gleichung Gas aus dem Pulverbehälter „heraussaugt". Das strömende Gas reißt dabei die Partikel mit und fördert sie selbst durch den helixförmig gewundenen Kanal der ruhenden Spindel. Darum kommt es zu einem pneumatischen Förderprinzip, das keine Regelung der Partikelfördermenge erlaubt. Um die unerwünschte pneumatische Förderung zu unterbinden müssen der Pulverbehälter und die Austrittsleitung strömungstechnisch gegeneinander isoliert werden.

Der Kammerförderer ist direkt gegen die Spindel austauschbar, da er den gleichen Außendurchmesser wie diese besitzt. Der Vorteil dieses Konzeptes ist, dass zu jeder Zeit der Vorratsbehälter vom Injektionskanal, in dem der „Kammerförderer" rotiert, getrennt ist, sodass kein Gas in den großvolumigen Pulverbehälter strömen kann. Die erreichbare Fördermenge wird durch Volumen und Zahl der Förderkammer sowie die Rotationsgeschwindigkeit der Achse bestimmt. Die Apparatur wurde dafür ausgelegt, dass Partikel mit Durchmessern bis zu d = 500 μm gefördert werden können.

Die Leistungsdaten des optimierten Kammerachsenprofils sind in Diagramm der Abbildung 5 dargestellt. Es eignet sich bei einer Drehzahl von $40 \leq n \leq 100$ min^{-1} optimal für einen Förderbereich von 60 bis 140 g/h. Bei kleineren Drehzahlen kommt es zu ungewünschten Pulsungen der Partikelförderung.

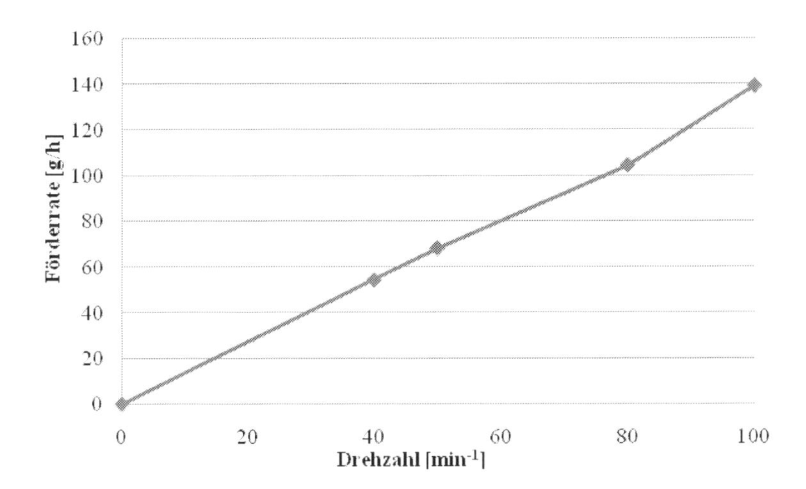

Abb. 5: Förderrate bei variabler Drehzahl der in Abbildung 2 rechts dargestellten Förderachse; Trägergasstrom konstant $\dot{V}_{Träger}$ = 10 l_N/min.

4.2 Partikelabscheider

Das Diagramm in Abbildung 6 zeigt Abscheideergebnisse des Zyklons unter Betriebsbedingungen: Summe der Plasma- und Trägergasvolumenströme $\dot{V}$ = 80,5 l/min, mit vorgeschaltetem Reaktor. Das staubbeladene Gas hat vor dem Zyklon eine geschätzte Temperatur von θ = 300 °C. Es wurden Versuche mit variablem Partikelmassenstrom durchgeführt.

Das Ergebnis zeigt, dass die Abscheidung des Zyklons im gemessenen Bereich des Partikelmassenstroms zwischen 94,5 und 99 Gew.-% liegt. Allerdings muss beachtet werden, dass die aus dem Reinigungsvorgang resultierende Massenreduzierung um die Höhe des metallischen Katalysators mit dem Reingas durch das Tauchrohr strömen kann und deshalb vom Zyklon gar nicht abgeschieden werden könnte. Somit verringert sich die Abscheiderate formal. Bei allen Versuchen ist aus Ermittlungsgründen ein Umlenkrohr hinter dem Zyklon geschaltet, in dem Massenanteile von < 0,1 Gew.-% der Einwaage gefunden wurden.

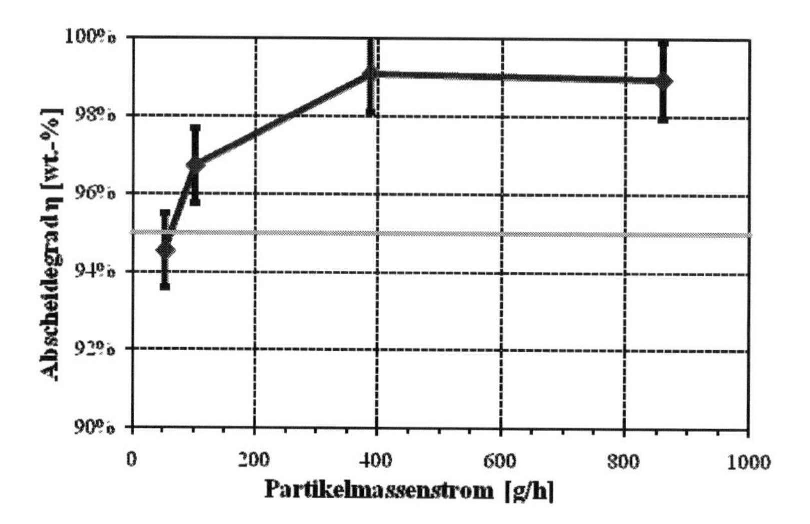

Abb. 6: Charakterisierung des Zyklons, CNT der Firma Bayer Baytubes® C150P werden unter Betriebsbedingungen mit verschiedenen Partikelmassenströmen synthetisiert und in den Zyklon befördert, die grüne Linie stellt die Abscheideanforderung von 95 % dar, die Abscheiderate liegt jeweils über 94,5 Gew.-%, Prozessdaten: $\dot{V}$ = 80,5 l/min.

5 Danksagung

Die Autoren danken S. Benemann, I. Dörfel, G. Hidde, F. Oleszak, G. Orts Gil, S. Richter und S. Ziemann für ihre technische und analytische Unterstützung dieser Arbeit. Sie wurde vom Bundesministerium für Forschung und Bildung (BMBF) unter dem Kennzeichen 03X0041D gefördert.

6 Literatur

[1] ENDO, M.: *Grow carbon fibers in the vapor phase.* CHEMTECH, 18(9): pp. 568–576, 1988.

[2] BRAND, LEIF, MARITA GIERLINGS, ANDREAS HOFFKNECHT, VOLKER WAGNER und AXEL ZWECK: *Kohlenstoff-Nanoröhren: Potenziale einer neuen Materialklasse für Deutschland.* Technischer Bericht, VDI Technologiezentrum GmbH, Januar 2009. Zukünftige Technologien Nr. 79

[3] MUSCHELKNAUTZ, E.: *VDI-Wärmeatlas.* VDI-Verlag Düsseldorf, 2006. Abschnitt Lcd.

[4] MUSCHELKNAUTZ, E. und M. TREFZ: *Design and calculation of higher and highest loaded gas-cyclones.* 2nd World Congress Particle Technology Kyoto, Japan, September 1990.

ENTWICKLUNG VON ONLINE-MESSMETHODEN ZUR CHARAKTERISIERUNG VON NANOKOMPOSITEN

V. Guschin, W. Becker, N. Eisenreich, A. Bendfeld

Fraunhofer-Institut für Chemische Technologie ICT, Joseph-von-Fraunhofer-Straße 7, 76327 Pfinztal, viktor.guschin@ict.fraunhofer.de

1 Einleitung

Durch Einarbeitung von Nanopartikeln unterschiedlicher Form und Größe in eine Polymermatrix können physikalische und chemische Eigenschaften wie Kratzfestigkeit, UV-Beständigkeit und Leitfähigkeit eines Nanokomposites im Vergleich zum Ausgangspolymer entscheidend modifiziert und verbessert werden [1-3]. Die wachsenden Anforderungen an die Qualität von Nanokomposit-Produkten sowie die Forderung nach Kostenreduzierung in Produktion und Verarbeitung erfordern schnelle und zuverlässige Kontrollen der modifizierten Materialeigenschaften. Heutzutage sind viele Online-Messmethoden bei der Polymerextrusion Stand der Technik. Hierzu gehören Methoden zur Bestimmung der Zusammensetzung des Extrudats, der Feuchtigkeit, der Temperatur und des Drucks [4, 5].

Andere Parameter können nur mit Offline-Parametern bestimmt werden wie beispielsweise die Morphologie oder die Teilchenverteilung des Extrudats [6-8]. Diese fehlenden Informationen über das verarbeitete Produkt können zu großen Qualitätsschwankungen und somit zu großen Ausschussmengen führen. Der Einarbeitungsprozess der Nanofüllstoffe in die Polymermatrix kann mit der turbidimetrischen Methode direkt am Extruder überwacht werden. Dabei wird die Größenverteilung der Nanopartikel direkt während des Extrusionsprozesses bestimmt.

2 Messprinzip

Bei der turbidimetrischen Analyse wird die wellenlängen- und teilchengrößenabhängige Intensitätsabnahme eines Lichtstrahls beim Durchqueren der Probe in einer Null-Grad-Messanordnung gemessen. Die Lichtintensität wird abhängig von der Teilchengrößenverteilung durch Streuung und Absorption am Partikelensemble abgeschwächt. Die Intensitätsabschwächung wird durch die Lambert-Bouguer-Beziehung beschrieben, wobei Mehrfachstreuung vernachlässigt wird [9]. Der Zusammenhang zwischen der ursprünglichen Strahlintensität $I_0(\lambda)$ und der abgeschwächten Strahlintensität $I_{Nanocom}(\lambda)$ für ein polydisperses Partikelensemble ist gegeben durch:

$$I_{Nanocom.}(\lambda) = I_0(\lambda) \cdot e^{-n \cdot L \int C_{Ext}(r,\lambda) \cdot p(r,\rho,\sigma) dr} \tag{1}$$

In Gleichung 1 fließen neben $I_0(\lambda)$ und $I_{Nanocom}(\lambda)$ noch die Volumenkonzentration der Teilchen n, der wellenlängen- und teilchengrößeabhängige Extinktionsquerschnitt C_{Ext} und die Teilchengrößenverteilung p(r,ρ,σ) mit ein [10]. Für einen parallelen Lichtstrahl berechnet sich die Turbidität τ(λ) (Gl. 2) durch Bildung des Logarithmus vom Verhältnis der Lichtintensität $I(\lambda)/I_0(\lambda)$:

$$\tau(\lambda) = \ln\left(\frac{I_T(\lambda)}{I_0(\lambda)}\right) \cdot = -n \cdot L \int C_{Ext}(r,\lambda) \cdot p(r,\rho,\sigma) \cdot dx \tag{2}$$

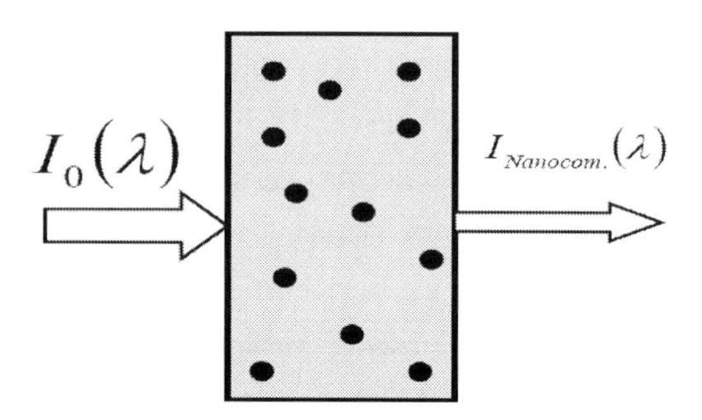

Abb. 1: Prinzip eines turbidimetrischen Experimentes. Durch Streuung und Absorption wird die Lichtintensität abhängig von der Lichtwellenlänge und der Partikelgrößenverteilung abgeschwächt

Die Partikelgrößenverteilung p(r,ρ,σ) wird durch eine logarithmische Normalverteilung (Gl. 3) mit zwei unbekannten Verteilungsparametern ρ und σ beschrieben, da sich die Partikelgrößenverteilung in kolloidalen Systemen damit gut annähern lässt [11, 12].

$$p(r,\rho,\sigma) = \frac{1}{r \cdot \sigma \cdot \sqrt{2\pi}} \cdot e^{-\left(\frac{((\ln(r)-\ln(\rho)))^2}{2\sigma^2}\right)} \tag{3}$$

Zur Bestimmung der Teilchengrößenverteilungsparameter ρ und σ aus der Turbidität kann die Methode der kleinsten Quadrate oder das Dispersionsquotientenverfahren herangezogen werden. Bei der Methode der kleinsten Quadrate wird die Summe der quadrierten Abweichungen minimiert und die gesuchten Parameter σ und ρ bestimmt (Gl. 4) [17, 18]. Angewandt auf die vorliegende Problemstellung ergibt sich:

$$\begin{aligned} \chi^2(n,\rho,\sigma) &= \sum_{i=1}^{j} \left(\tau_{Exp.}(\lambda_i,n,\rho,\sigma) - \tau_{Theorie}(\lambda_i,n,\rho,\sigma)\right)^2 \\ \tau_{theorie}(\lambda,\rho,\sigma) &= -n \cdot L \int C_{Ext}(\lambda,r) \cdot p(r,\rho,\sigma) \cdot dr \\ \tau_{\exp}(\lambda) &= \ln\left(\frac{I_T(\lambda)}{I_0(\lambda)}\right) \end{aligned} \tag{4}$$

Das Dispersionsquotientenverfahren stützt sich auf die unterschiedlich starke Streuung bei verschiedenen Wellenlängen [9, 13-16]. Dabei werden zwei Turbiditätswerte $\tau_1(\lambda_1)$ und $\tau_2(\lambda_2)$ bei zwei unterschiedlichen Wellenlängen ins Verhältnis gesetzt (Gl. 5). Bei der Bildung dieses Quotienten kürzen sich die Weglänge L und die Teilchendichte n heraus [10, 14, 15]. Man erhält den so genannten Dispersionsquotienten:

$$DQ_i = \frac{\tau_1(\lambda_1)}{\tau_2(\lambda_2)} = \frac{\ln(T(\lambda_1))}{\ln(T(\lambda_2))} = \frac{-n \cdot L \int_{r_{\min}}^{r_{\max}} C_{Ext}(r,\lambda_1) \cdot p(r,\rho,\sigma) \cdot dr}{-n \cdot L \int_{r_{\min}}^{r_{\max}} C_{Ext}(r,\lambda_2) \cdot p(r,\rho,\sigma) \cdot dr} \qquad (5)$$

Durch die Minimierung der quadratischen Abweichung zwischen experimentellen und theoretischen Dispersionsquotienten DQ_{Exp} und $DQ_{Theorie}$ werden die Teilchengrößenverteilungsparameter ρ und σ bestimmt.

$$\left[DQ_{Exp.} - DQ_{Theorie}\right]^2_{MIN} = \left[\frac{\ln(T(\lambda_1))}{\ln(T(\lambda_2))} - \frac{\int_{r_{\min}}^{r_{\max}} C_{Ext}(r,\lambda_1) \cdot p(r,\rho,\sigma) \cdot dr}{\int_{r_{\min}}^{r_{\max}} C_{Ext}(r,\lambda_2) \cdot p(r,\rho,\sigma) \cdot dr}\right]^2_{MIN} \qquad (6)$$

Um die turbidimetrischen Messungen zu verifizieren, wurden mit der Sedimentationsmethode und mit dem REM Vergleichsmessungen durchgeführt.

3 Messungen von Suspensionen

Bevor die eigentlichen Messungen direkt am Extruder durchgeführt wurden, wurde zunächst die Eignung des turbidimetrischen Verfahrens anhand von Suspensionen überprüft, in denen sich Nanopartikel befanden. Bei der Herstellung der Suspensionen wurden Siliziumdioxidnanopartikel (AEROSIL OX-50) in Wasser dispergiert.

Abbildung 2 zeigt eine schematische Darstellung der wichtigsten Komponenten des Messaufbaus für die turbidimetrischen Messungen. Für die Untersuchungen in einer Null-Grad-Messanordnung wurde ein kaskandierendes Diodenarray-Spektrometer von Carl Zeiss (MCS 621 + MCS 611) mit je 512 Dioden und einer Intensitätsauflösung von 16 Bit verwendet. Der Wellenlängenbereich des Spektrometers liegt zwischen 320 nm und 2150 nm. Um diesen Bereich abzudecken, werden zwei unterschiedliche Photodioden eingesetzt: MCS 621 VIS für den sichtbaren Bereich (320 nm - 1080 nm) und MCS 611 NIR 2.2 für den Nahinfrarotbereich (950 nm - 2150 nm) mit je 256 Dioden. Die Spektrometer MCS 621 VIS und MCS 611 NIR haben nach dem Rayleigh-Kriterium eine minimale Wellenlängenauflösung von VIS: λ= 3 nm bzw. NIR: λ= 18 nm.

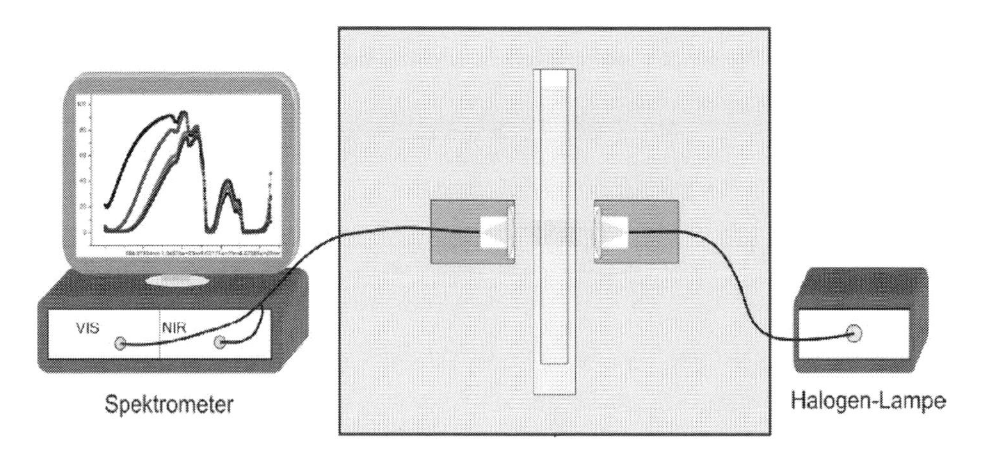

Abb. 2: Prinzipskizze des Versuches: Die Nanosuspension wird in einer Null-Grad Messanordnung durchstrahlt. Die nach der Transmission abgeschwächte Intensität wird mit einem Spektrometer detektiert.

Über einen Lichtwellenleiter wird das von einer Halogenlampe emittierte Licht zur Probe geleitet. Auf der Rückseite der Probe wird das Licht wieder in den Lichtwellenleiter eingekoppelt und zum VIS-NIR-Spektrometer weitergeleitet.

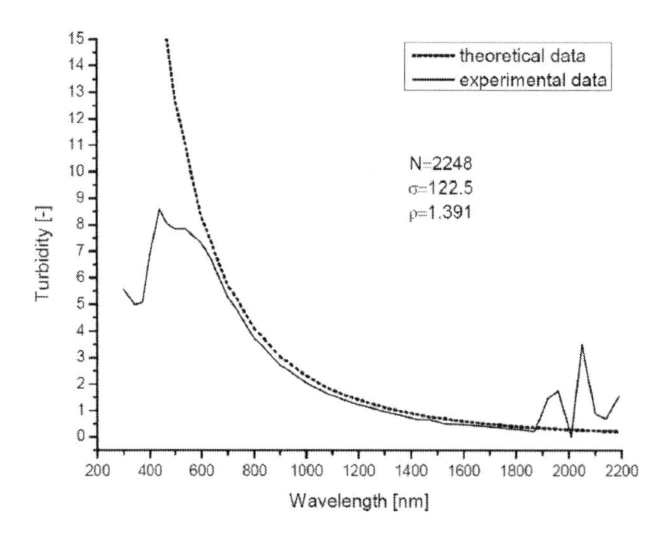

Abb. 3: Auf die gemessene Turbiditätskurve wird ein Fit mit den Best-Fitparametern angelegt (Nanosuspension mit 5,1 % SiO_2).

Abbildung 3 zeigt den experimentell gemessenen (durchgezogene Linie) und theoretisch berechneten (gestrichelte Linie) Turbiditätskurvenverlauf im Wellenlängenbereich zwischen 300nm und 2200nm. Die turbidimetrische Auswertung der Teilchengrößenverteilungparameter (Gl. 3) wurde hier mit der Methode der kleinsten Quadrate (Gl. 4) durchgeführt (ρ=1,391, σ=122,5 nm) [18].

Zum Vergleich wurden die Teilchengrößenverteilungen der Nanosuspensionen auch mit der Sedimentationsmethode in einer Scheibenzentrifuge bestimmt (siehe Abb. 4).

Die Ergebnisse der beiden Messmethoden stimmen gut miteinander überein. Damit ist davon auszugehen, dass die turbidimetrische Methode auch zur Untersuchung von Nanokompositen geeignet ist.

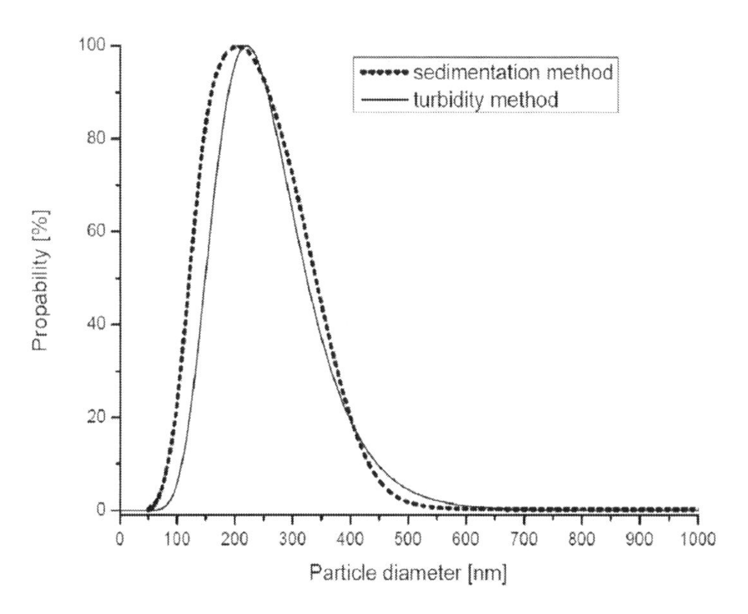

Abb. 4: Partikelgrößenverteilung einer Nanosuspension gemessen mit der turbidimetrischen Methode (durchgezogene Linie)und mit der Sedimentationsmethode (gestrichelte Linie). Die beiden Verteilungsdichten zeigen eine gute Übereinstimmung.

4 Messungen von Nanokompositen

Zur Charakterisierung von eingearbeiteten Siliziumdioxid-Nanopartikeln in einer Polypropylen-Matrix wurden Messungen direkt am Extruder durchgeführt, wobei für die Auswertung turbidimetrische Auswertemethoden herangezogen wurden.

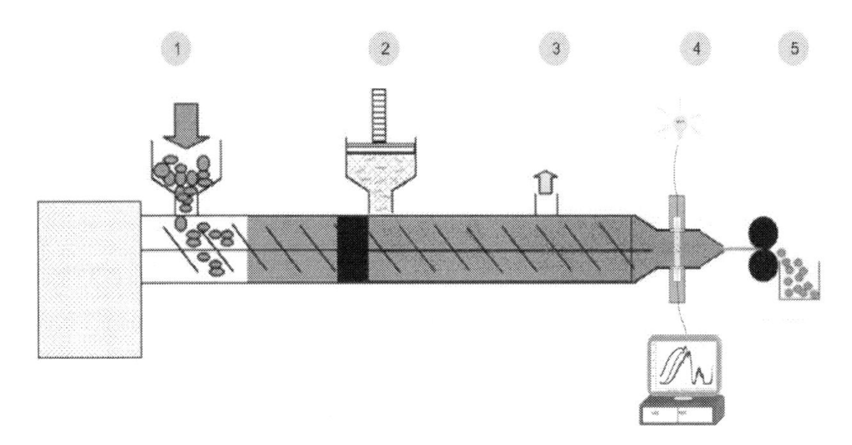

Abb. 5: Prinzipskizze des Versuches: Die extrudierte Nanokompositemasse wird in einem Transmissionsansatz durchstrahlt mit dem Ziel der Online-Bestimmung der Teilchengrößenverteilung. 1. Einzug. 2. Einarbeitung der Nanopartikel. 3. Entgasung. 4. Turbidimetrische Messung. 5. Ausstoß.

In Abbildung 5 ist der prinzipielle Versuchsaufbau der turbidimetrischen Messung am Extruder dargestellt. Die Experimente wurden an einem gleichläufigen Zweischneckenextruder der Fa. Coperion (ZSK 18) durchgeführt.

Das Kunststoffgranulat wird in der Einzugszone durch ein Dosiersystem, das mit einer Geschwindigkeitsregulierung gesteuert wird, eingefüllt. Durch die Schneckendrehung wird das Kunststoffgranulat eingezogen, verdichtet, geschmolzen und weitergefördert. In der Schmelzzone wird der Kunststoff auf eine Temperatur von 220 °C erhitzt und die Wasser-Siliziumdioxid-Nanosuspension wird mit einer Vakuumpumpe bis zu einem Gegendruck von maximal 30bar in die Polypropylen-Matrix eingearbeitet. Dabei wird die Nanopartikelkonzentrationen in der Kunststoffschmelze durch die Zuführungsgeschwindigkeiten der Nanosuspensionen variiert. In der Mischzone sollen die Flüssigkeitstropfen zerteilt und die einzelnen Nanopartikel homogen in das Polymer verteilt werden. Das verdampfte Wasser der Nanosuspension, die flüchtigen Bestandteile des Kunststoffs sowie die mit eingezogene Umgebungsluft werden durch das Anlegen eines Vakuums in der Entgasungszone aus der Kunstoffschmelze abgezogen. In der Ausstoßzone ist eine auf 240 °C temperierbare Düse mit zwei eingeschraubten Transmissionssonden montiert, mit denen die turbidimetrische Messung durchgeführt werden kann. Abschließend wird der extrudierte Strang in einem Granulator granuliert.

Die Charakterisierung der Partikelgröße des extrudierten Nanokomposits wurde mit der Dispersionsquotientenmethode durchgeführt. Dazu wurden Turbiditätswerte bei mehreren Wellenlängen (λ_1= 730 nm und λ_2=785 nm) herangezogen (Gl. 6) [16]. Zum Vergleich wurde die Teilchengrößenverteilung der Nanokompositeproben mit dem Rasterelektronenmikroskop untersucht.

Der mit der turbidimetrischen Methode berechnete Teilchengrößenverteilung des Extrudats mit 3 % Massenanteil an Siliziumdioxidpartikeln wird in Abbildung 6 gezeigt (ρ=99 nm, σ=0,22). Der mittlere Teilchendurchmesser liegt bei etwa 200 nm.

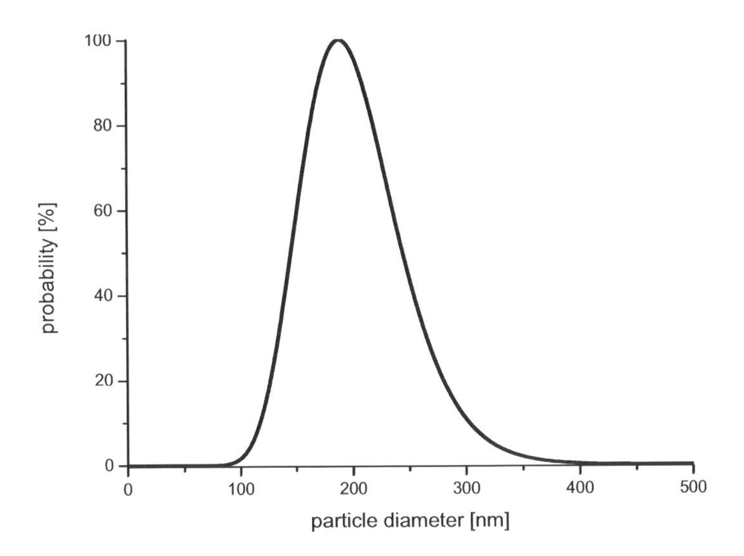

Abb. 6: Partikelgrößenverteilungsdichte $p(r,\rho,\sigma)$ der extrudierten Polypropylen-Mischung mit einem Siliziumdioxid-Massenanteil von 3 % (ρ=99 nm, σ=0,22).

Abbildung 7 zeigt eine REM-Aufnahme der extrudierten Probe bei 5000-facher Vergrößerung. Dabei sind die Siliziumdioxid-Partikel hell und das Matrixmaterial dunkel in der REM-Aufnahme zu erkennen.

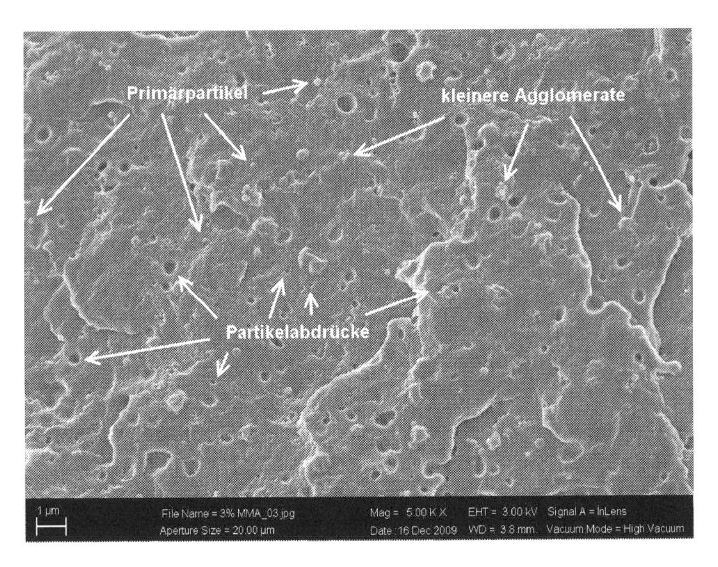

Abb. 7: REM-Aufnahmen von Polypropylen-Nanokompositen mit einem Siliziumdioxid-Massenanteil von 3 % bei 5.000-facher Vergrößerung.

Man erkennt neben den fein dispergierten Primärpartikeln mit einem mittleren Durchmesser von etwa 140 nm auch noch eine große Anzahl an Kratern, die etwa die gleichen Abmessungen aufweisen wie die Nanopartikel. Bei diesen Nanokratern handelt es sich um Abdrücke der Siliziumdioxidpartikel, die auf der komplementären Bruchfläche sitzen. Darüber hinaus sind agglomerierte Partikel zu sehen, die aus einigen wenigen Primärpartikeln aufgebaut sind. Aufgrund der Agglomerationen verschiebt sich der mittlere Durchmesser zu Werten über 140 nm, was gut mit der turbidimetrischen Methode übereinstimmt.
Mit der vorgestellten Methode ist es möglich, die Produktqualität direkt am Extruder zu bestimmen. Es kann somit direkt in den Herstellungsprozess eingegriffen werden, um durch Variation der Prozessparameter den gewünschten Partikelradius einzustellen.

5 Schlussfolgerung

Die turbidimetrische Methode ist eine kompakte, robuste und schnelle Messmethode, die zur Online-Prozesskontrolle von Nanokompositen an einem Extruder einsetzbar ist. Es konnte gezeigt werden, dass sich die turbidimetrische Analyse zur Bestimmung der Teilchengrößenverteilung von Nanopartikeln im Schmelznanogemisch direkt am Extruder ohne Probenentnahme und Probenpräparation realisieren lässt. Diese Ergebnisse wurden durch vergleichende Messungen mit Rasterelektronenmikroskopie bestätigt.
Daneben kann diese Methode auch für andere Systeme wie beispielsweise Suspensionen, Emulsionen oder Aerosole eingesetzt werden.

6 Literatur

[1] A. Scherzberg, J.Wendorff, *Nanotechnologie: Grundlagen, Anwendungen, Risiken, Regulierungen.* De Gruyter Recht , Berlin, **2009**, p. 340.

[2] C. L. Wu, M. Q. Zhang, M. Z. Rong, K. Friedrich, Silica nanoparticles filled polypropylene: effects of particle surface treatment, matrix ductility and particle species on mechanical performance of the composites. *Composites science and technology.* **2005**, *65*, 635–645.

[3] M. Z. Ronga, M. Q. Zhang, Y. X. Zheng, H. M. Zeng, K. Friedrich, Improvement of tensile properties of nano-SiO2/PP composites in relation to percolation mechanism. *Polymer.* **2001**, *42*, 3301-3304.

[4] Thomas Rohe , Wolfgang Becker, Sabine Kölle, Norbert Eisenreich, Peter Eyerer, Near infrared (NIR) spectroscopy for in-line monitoring of polymer extrusion processes. *Talanta.* **1999**, *50*, 283-290.

[5] Ingo Alig, Bernd Steinhoff and Dirk Lellinger, Monitoring of polymer melt processing. *Measurement Science and Technology*. **2010**, *21*, 1-19.

[6] J. P. Heath, *Dictionary of Microscopy*. Wiley, **2005**, p. 358.

[7] F. Hinze, S. Ripperger, M. Stintz, Charakterisierung von Suspensionen nanoskaliger Partikel mittels Ultraschallspektroskopie und elektroakustischer Methoden. *Chem. Ing. Tech.* **2000**, 72, 322-332.

[8] J. A. Jamison, K. M. Krueger, C. T. Yavuz, J. T. Mayo, D. LeCrone, J. J. Redden, V. L. Colvin, Size-Dependent Sedimentation Properties of Nanocrystals. *ACS Nano*, **2008**, 2 (2), 311–319.

[9] M. Kerker, *The scattering of light and other electromagnetic radiation*, Academic Press, New York, **1969**, p. 666

[10] A. Schenkel, *Weiterentwicklung eines Naßverfahrens zur Aerosolabscheidung*, PhD Thesis, Karlsruhe University, **1994**.

[11] A. Kokhanovsky, *Light scattering media optics: problems and solutions*, Springer, **2004**, p. 276.

[12] S. Scheid, *Die verallgemeinerte Lognormalverteilung*, PhD Thesis, Dortmund University, **2001**.

[13] Cai Xiao-Shu, Zheng Gang, Wang Nai-Ning, A new dependent model for particle sizing with light extinction. Journal of Aerosol Science, **1994**, 26 (4), 685-688.

[14] U. Fehrenbacher, *Untersuchung der heterogenen Polymerisation von Vinylmonomeren in Überkritischem Wasser* , PhD Thesis, Karlsruhe University, **2001**.

[15] U. Apfel, *Zur Bestimmung der Partikelwechselwirkungen in kolloidalen Suspensionen mit Hilfe der wellenlängenaufgelösten Lichtstreuung : Modellrechnungen und Vergleich mit experimentellen Resultaten*, PhD Thesis, Karlsruhe University, **1994**.

[16] I. Mikonsaari, *NanoDirekt - Direktprozess zur Herstellung von Nanosuspensionen und deren Zudosierung in thermoplastische Matrices zur Herstellung von Nanocomposites*. Fraunhofer Verlag, **2011**, p. 227.

[17] N. Eisenreich, Direct least squares fit of chemical reaction curves and its relation to the kinetic compensation effect. *J. Therm. Anal. Calorim.* **1980**, *19*, 289–296.

[18] V.Guschin, W. Becker, N. Eisenreich, A. Bendfeld, Determination of nanoparticle size distribution in media with turbidimetric measurements. Has been *submitted in* Particle & Particle Systems Characterization, **2011**

HERSTELLUNG GROBER FUTTERMITTELSTRUKTUREN MITTELS HAMMER- UND SCHEIBENMÜHLE[1]

R. Löwe, A. Feil

Forschungsinstitut Futtermitteltechnik der IFF, Frickenmühle 1A, Braunschweig, e-mail: iff@iff-braunschweig.de

1 Einleitung

Die Verarbeitung körniger oder vorpelletierter Futtermittelrohwaren, insbesondere Getreide, beginnt verfahrenstechnisch mit der Zerkleinerung. Abhängig von der Zieltierart werden unterschiedliche Strukturen angestrebt, wobei ein Trend in Richtung gröber strukturierter Futtermischungen teils mit hygienischen, teils mit ernährungsphysiologischen Vorteilen begründet wird. Aus diesem Grund werden alternative Zerkleinerungskonzepte von der Futtermittelwirtschaft verstärkt nachgefragt. In der Vergangenheit hat der Walzenstuhl bereits größere Bedeutung erlangt. Nachstehend werden Ergebnisse kürzlich am Forschungsinstitut Futtermitteltechnik durchgeführter vergleichender Untersuchungen mit Hammer- und Scheibenmühlen vorgestellt.

2 Wirkung unterschiedlicher Zerkleinerungsverfahren

Für die Getreidezerkleinerung werden Hammermühlen hauptsächlich mit horizontaler, aber auch mit vertikaler Rotoranordnung und jeweils interner Siebklassierung sowie Walzenmühlen, z. T. auch Scheibenmühlen und Keilscheibenzerkleinerer (Multicracker), eingesetzt. Wegen der unterschiedlichen Beanspruchungsart, -intensität und -geschwindigkeit werden Zerkleinerungsprodukte mit Strukturen erzeugt, die von der Getreideart und dessen Feuchtigkeit abhängen. Beispielsweise liefert die Zerkleinerung von Mais in einer Hammermühle (HR-HM) bei gleicher Maschineneinstellung ein relativ fein verteiltes Produkt, hingegen von Gerste ein relativ grob verteiltes (Abb. 1).

---

[1] Das IGF-Vorhaben 15 825 N der Internationalen Forschungsgemeinschaft Futtermitteltechnik e.V. (IFF) wurde über die AiF im Rahmen des Programms zur Förderung der industriellen Gemeinschaftsforschung und -entwicklung (IGF) vom Bundesministerium für Wirtschaft und Technologie aufgrund eines Beschlusses des Deutschen Bundestages gefördert. Die Veröffentlichung erfolgte in „Mühle + Mischfutter", 148 (2011) 2, S. 34-40. Bei dem vorliegenden Beitrag handelt es sich um eine leicht gekürzte Fassung.

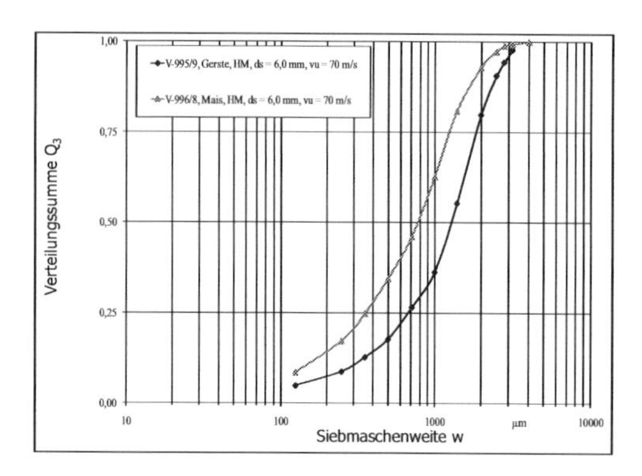

Abb. 1: Partikelgrößenverteilung von Gerste und Mais nach HR-HM Zerkleinerung

Kennzeichnend für die Zerkleinerung in Hammermühlen ist die große Verteilungsbreite der Partikelgrößen des Zerkleinerungsproduktes, normalerweise mit einem ausgeprägten Modalwert im Feinbereich für Horizontalrotor-Hammermühlen. Zerkleinerungskinetisch realisieren Hammermühlen die Prallbeanspruchung mit hoher Beanspruchungsintensität und Beanspruchungsgeschwindigkeit, so dass auch flexible Faserbestandteile wie z.B. Schalen, zerkleinert werden. Diese Totalzerkleinerung ist für die Mischfutterherstellung wegen der kompletten Nutzung der Rohwaren und der stabilisierenden Wirkung beim Pelletieren erwünscht. Die Mehrfachproduktzuführung sowie die vertikale Anordnung des internen Siebes bei den Vertikalrotor-Hammermühlen ermöglicht die Verschiebung des Modalwertes zu etwas gröberen Partikelgrößen mit geringerer Ausprägung (Abb. 2).

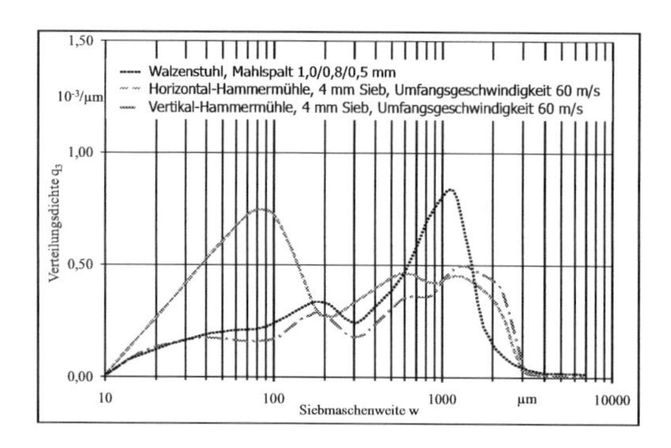

Abb. 2: Verteilungsdichtefunktionen einer Futtermischung nach Zerkleinerung mit unterschiedlichen Maschinen

Auf Walzenmühlen werden relativ enge Verteilungen der Zerkleinerungsprodukt-Partikelgrößen erzielt, wobei die Lage des Modalwertes durch die Einstellung der Mahlspalte variiert werden kann. Allerdings erlaubt die Druckbeanspruchung, teils mit überlagerter Scherbeanspruchung (bei unterschiedlichen Drehzahlen der den Mahlspalt bildenden Walzen), wegen der geringen Beanspruchungsgeschwindigkeit keine Zerkleinerung flexibler Anteile.

Scheibenmühlen arbeiten ebenfalls ohne interne Klassierung, die Zerkleinerung erfolgt in einem einstellbaren Mahlspalt zwischen einer fixierten und einer rotierenden Scheibe, bestückt mit Hartmetallsegmenten, im Wesentlichen durch Scherung und Reibung. Das Verfahren ermöglicht im Vergleich zur Hammermühlenzerkleinerung gröbere Strukturen ohne typische Anreicherung im Feinkornbereich, dadurch ist der spezifische Energieeintrag geringer. Eine Beeinflussung des Zerkleinerungsergebnisses ist neben dem Scheibenabstand auch durch die Umfangsgeschwindigkeit möglich.

Wegen des unterschiedlichen Zerkleinerungsverhaltens der beteiligten Komponenten werden bei der für die Mischfutterherstellung vorherrschenden Gemischzerkleinerung üblicherweise Zerkleinerungsprodukte mit multimodalen Verteilungen der Partikelgrößen erzeugt. Die Struktur der Zerkleinerungsprodukte bestimmt signifikant sowohl deren Verarbeitungseigenschaften als auch die Eigenschaften der angestrebten Endprodukte.

3 Einfluss von Partikelstrukturen auf Herstellung und Nutzung von Mischfutter

Für die Mischfutterherstellung sind vor allem nachstehende Eigenschaften zerkleinerter Getreide von Interesse: Mischbarkeit, Entmischungsneigung, Verschleppungsneigung, Staubungsverhalten und Schwebefähigkeit, Fließverhalten und Dosierbarkeit, Aufnahmevermögen für Fette und Flüssigkeiten, Agglomerationsverhalten (besonders Pelletierbarkeit, Expandier- und Extrudierbarkeit sowie Scher- und Abriebfestigkeit der Pellets bzw. Agglomerate) sowie Zünd- und Explosionsfähigkeit.

Mischungskinetische Sachverhalte weisen fein verteilte Partikelgrößenverteilungen und unregelmäßige Partikelformen als vorteilhaft aus [1, 2]. Derartige Strukturen bieten wegen der relativ großen mengenbezogenen Oberflächen gute Voraussetzungen für Stoff- und Wärmeaustauschprozesse sowie für die Bindung von Fetten und Flüssigkeiten. Sie haben auch ein günstiges Agglomerationsverhalten. Bei der Herstellung und beim Handling von Mischfutter sind allerdings feine Strukturen wegen der Verschleppungsgefahr, der Staubungsneigung, des problembehafteten Fließverhaltens und vor allem auch wegen der Zünd- und Explosionsfähigkeit organischer Stäube möglichst zu vermeiden [3]. Zur Fixierung der Mischung, Verbesserung des Fließverhaltens, Reduzierung des spezifischen Lager- und Transportvolumens und zur Vermeidung des selektiven Fressens durch die Tiere werden Futtermischungen zum großen Teil pelletiert, teils auch expandiert oder extrudiert (letzteres hauptsächlich im Aqua- und Petfoodbereich).

Für die Mischfutternutzung, also die Tierernährung, sind vorrangig folgende Eigenschaften von zerkleinertem Getreide wesentlich: Eignung für die Flüssigfütterung, Futteraufnahme und Akzeptanz durch die Tiere, Verdaulichkeit und Verfügbarkeit der Nährstoffe, optimale energetische und stoffliche Nutzung einschließlich Futteraufwand für die Gewichtszunahme, Kotbeschaffenheit sowie Vermeidung von Erkrankungen.

Pellets und sehr grobe Strukturen sind für die Flüssigfütterung, die vor allem in der Schweinemast üblich ist, wegen der schlechten Auflösung sowie der Sedimentations- und Verstopfungsgefahren kaum geeignet. Die Beeinflussung der Futteraufnahme und Akzeptanz durch die Futterstruktur ist tierartspezifisch. Feinstanteile werden weder akzeptiert noch aufgenommen und sind, unabhängig davon, ob als Anteil im mehlförmigen Mischfutter oder als Pelletabrieb Futterverluste, die Fütterungssysteme verunreinigen und deshalb immer wieder zu Reklamationen führen. Gröbere Futterstrukturen forcieren den Verzehr und die Mastleistung von Schweinen, haben längere Verweilzeiten im Schweinemagen und führen zu einer weichen, bröseligen Kotbeschaffenheit, die das Risiko bezüglich Salmonelleninfektionen im Stall verringert [4]. Der mit Hammermühlen erhaltene hohe Feinanteil der Zerkleinerungsprodukte ist offenbar eine wesentliche Ursache für ulcerative Veränderungen der Magenschleimhaut bei Schweinen [5]. Gröbere Futterstrukturen reduzieren die Brisanz derartiger ernster Erkrankungen und offenbar auch die Prävalenz von Salmonellen bei Schlachtschweinen.

Tabelle 1: Beeinflussung relevanter Mischfuttereigenschaften durch die Struktur zerkleinerter Getreide (+ = positiv, - = negativ, 0 = nicht signifikant, ? = unbekannt)

Eigenschaft / Struktur	**Feinanteile (< 500 µm)**	**Wunschanteile (500 µm bis 2 mm)**	**Grobanteile (> 2 mm)**
Mischbarkeit	+	-	--
Entmischungsneigung (Mischungsstabilität)	+	-	--
Verschleppungsneigung	-	+	+
Staubungsverhalten	-	+	++
Fließverhalten u. Dosierbarkeit	-	+	++
Fett- u. Flüssigkeits-Aufnahmevermögen	+	0	-
Agglomerationsfähigkeit (Pelletier-, Expandier- u. Extrudierbarkeit, Agglomeratfestigkeit)	+	-	--
Zünd- u. Explosionsfähigkeit	--	0	0
Eignung für Flüssigfütterung	+	-	--
Futteraufnahme u. -akzeptanz	-	+	-
Verdaulichkeit u. Nährstoffverfügbarkeit	+	+	-
Energetische u. stoffliche Futternutzung	+	0	-
Kotbeschaffenheit	-	+	?
Magenulcera (bei Schweinen)	--	+	?
Fermentierbarkeit	+	-	--
Fest-Flüssig-Trennbarkeit	-	+	++

Hinsichtlich der Nutzungseigenschaften ist die Futterstruktur nicht nur mittels fein und grob oder eine mittlere Partikelgröße zu beschreiben, sondern auch mittels der Verteilungsbreite. Eng verteilte Partikelgrößen – außerhalb des Feinstbereiches – sind offenbar vorteilhaft. Relativ neu ist in diesem Zusammenhang die Erkenntnis, dass Pellets offenbar nur bis zum Futtertrog die Vorteile der Agglomeration erbringen. Nach der Futteraufnahme sind während der Verdauung im Tier für die futterstrukturabhängigen Effekte die Größenverteilungen der Primärpartikel maßgebend, die vor der Pelletformung vorhanden waren, aber auch eine eventuelle weitere Zerkleinerung durch die Kollerbeanspruchung in der Pelletpresse ist zu berücksichtigen. Gröbere Primärpartikel begrenzen die Pelletfestigkeiten, so dass die Marktfähigkeit der Mischfutterpellets beeinträchtigt werden kann.

Tabelle 1 zeigt, wie durch die Struktur von zerkleinertem Getreide interessierende Mischfuttereigenschaften in unterschiedlicher Weise beeinflusst werden können [6]. Diese Korrelationen sind bisher lediglich qualitativ erkennbar und jeweils im Vergleich zwischen den aufgeführten Strukturmerkmalen zu interpretieren.

Um eine quantitative Bestätigung der qualitativen Erfahrungen bezüglich der genannten Korrelationen und vor allem technologische Möglichkeiten aufzeigen, mit vertretbarem Aufwand bzw. mit weitgehender Nutzung der vorhandenen Zerkleinerungstechnik und ohne wesentliche Stoffverluste, Getreide so zu zerkleinern, dass Anteile < 500 µm minimiert und Anteile > 2 mm möglichst weitgehend ausgeschlossen werden, wurden experimentelle Untersuchungen durchgeführt.

4 Versuchsmethodik

Dazu wurden u.a. eine Horizontalrotor-Hammermühle und eine Scheibenmühle unter verschiedenen Betriebsbedingungen im Technikum des Forschungsinstituts Futtermitteltechnik der IFF betrieben. Neben Weizen wurden Gerste, Triticale und Mais berücksichtigt. Ein Teil der Zerkleinerungsprodukte wurde anschließend auf einer Ringmatrizenpresse pelletiert. Die spezifische Zerkleinerungsenergie wurde protokolliert, das Zerkleinerungsergebnis durch seine Partikelgrößenverteilung charakterisiert, wobei besonders der Feinanteil < 500 µm und der Grobanteil > 2.000 µm zu beachten waren.

5 Versuchsergebnisse

Steht eine Hammermühle mit frequenzgesteuertem Antrieb zur Verfügung, ist es möglich, neben dem klassischen Siebwechsel auch mittels variierender Rotordrehzahl bzw. Umfangsgeschwindigkeit der Schläger Einfluss auf die Komponentenstruktur zu nehmen. Die Zerkleinerung unterschiedlicher Getreidearten liefert bekanntlich bei gleichen Maschineneinstellungen sehr unterschiedliche Partikelgrößenverteilungen, wie auch die in Abbildung 3 dargestellten Summen- und Dichteverteilungskurven zeigen.

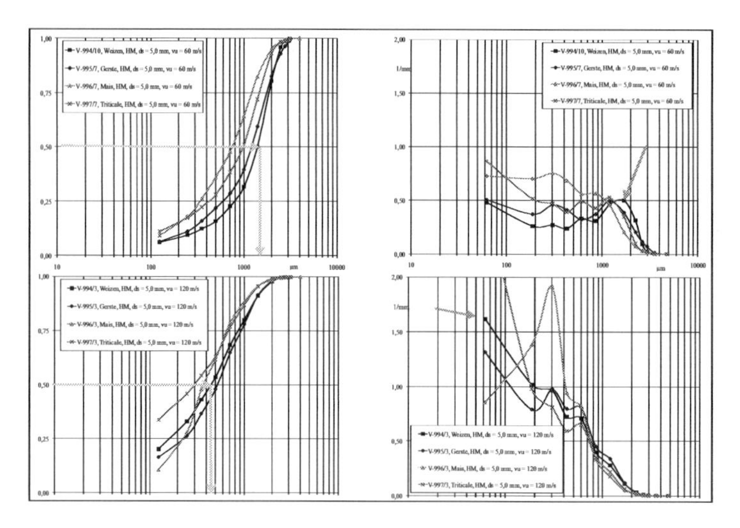

Abb. 3: Einfluss der Umfangsgeschwindigkeit bei konstanter Sieböffnungsweite auf die PGV verschiedener Getreide

Bei unverändertem Siebeinsatz, jedoch erhöhter Umfangsgeschwindigkeit, verschiebt sich nicht nur die Summenverteilungskurve insgesamt in den Feinbereich, sondern die Verteilungsdichtekurve weist auch einen erheblichen Anteil an Partikeln im Bereich < 60 µm aus. Obwohl nur von bedingter Aussagekraft, wird zur Charakterisierung der Partikelgrößenverteilung oft die mittlere Partikelgröße herangezogen. Sie nimmt mit zunehmender Umfangsgeschwindigkeit erheblich ab, bei Weizen z.B. von 1.400 µm auf 450 µm, wenn die Umfangsgeschwindigkeit von 60 m/s auf 120 m/s verdoppelt wird (5 mm Sieblochung) (Abb. 4).

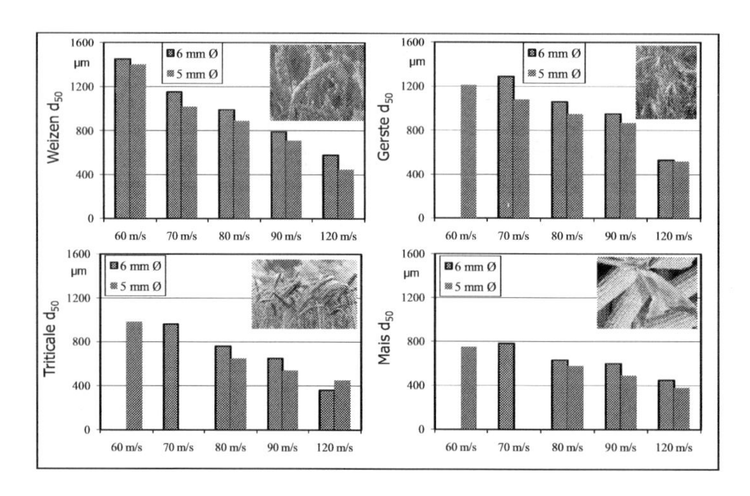

Abb. 4: Mittlere Partikelgröße verschiedener Einzelkomponenten nach Hammermühlenzerkleinerung

Untersuchungsergebnisse zeigen, dass bereits mittels einfacher Hammermühlen-Zerkleinerung in gewissem Rahmen eine Strukturanpassung erfolgen kann. Bedingt u.a. durch die relativ lange

Verweildauer im Mahlraum ist ein vergleichsweise hoher Feinanteil im Mahlgut jedoch nicht zu vermeiden. Im Hinblick auf ein Zerkleinerungsprodukt mit eingeengter Partikelgrößenverteilung im Bereich 500 bis 2.000 µm ist festzustellen, dass mittels Hammermühle allein dieses Ziel kaum zufriedenstellend erreicht werden kann, da mit zunehmender Umfangsgeschwindigkeit und damit steigender Beanspruchungsintensität zwar der Anteil grober Partikel > 2.000 µm reduziert wird, andererseits aber der Feinanteil < 500 µm erheblich zunimmt. Zerkleinerungsversuche mit Weizen ergaben im genannten Bereich z.B. bei 60 m/s und 4,0 mm Siebeinsatz Partikelanteile von ca. 65 % bei einem Feinanteil von etwa 30 %, bzw. einem Feinanteil von ca. 20 % bei 60 m/s und 5,0 mm (Abb. 5).

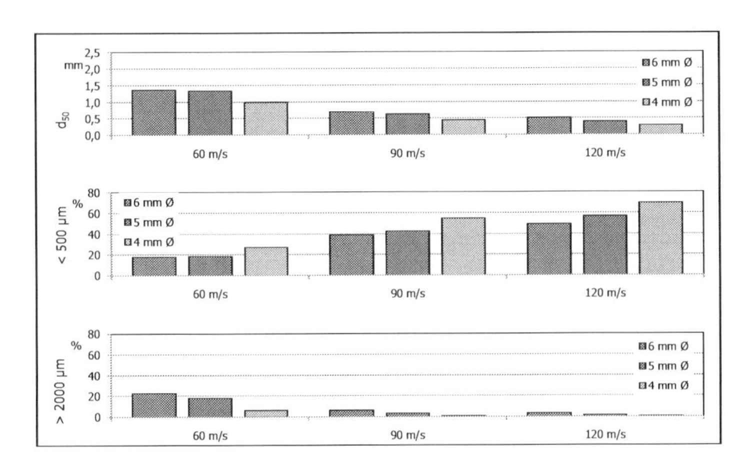

Abb. 5: Ausgewählte Partikelgrößen, Weizen zerkleinert mittels HR-Hammermühle

Vergleichende Untersuchungen an einer Scheibenmühle zeigen, dass insgesamt betrachtet ca. 70 % des zerkleinerten Gutes im Größenbereich 500 bis 2.000 µm liegen, jedoch der Feinanteil auf weniger als 15 % reduziert werden kann (Abb. 6).

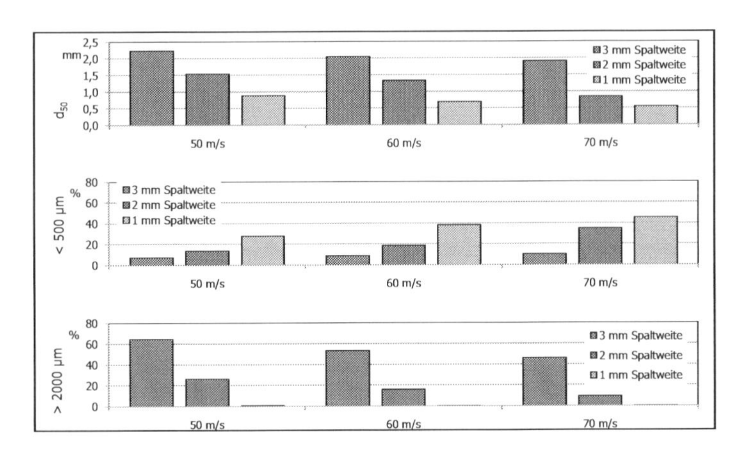

Abb. 6: Ausgewählte Partikelgrößen, Weizen zerkleinert mittels Scheibenmühle

Einen zusammenfassenden Vergleich zwischen Hammermühlen- und Scheibenmühlenzerkleinerung zeigt Abbildung 7. Hervorzuheben ist bei der Zerkleinerung in Scheibenmühlen die Verlagerung der Summenkurven in den Grobbereich und das Fehlen der für Hammermühlenzerkleinerung charakteristischen Spitzen der Dichteverteilung im Feinbereich.

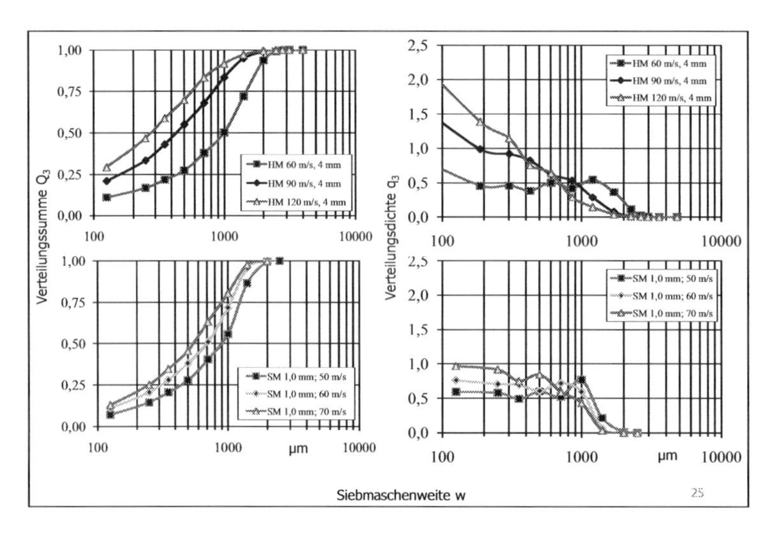

Abb. 7: Vergleich der PGV von Weizen nach Hammer- bzw. Scheibenmühlenzerkleinerung

Durch die Einengung der Partikelgrößenverteilung auf einen Bereich zwischen 500 und 2.000 µm mit möglichst geringen Anteilen feinerer Partikel lässt sich der Verbrauch an Zerkleinerungsenergie verringern. Durch Einsatz größerer Sieblochdurchmesser kann, insbesondere bei geringeren Umfangsgeschwindigkeiten, der Feinanteil bei der Hammermühlenzerkleinerung bedingt reduziert werden, der erforderliche Energieeintrag sinkt (Abb. 8, links). Erheblich geringere Energieeinträge sind bei der Zerkleinerung mittels Scheibenmühle festzustellen. Ursächlich ist die Kombination aus Schlagen, Scheren und Reiben bei gleichzeitigem Verzicht auf eine interne Klassierung des Zerkleinerungsproduktes (Abb. 8, rechts).

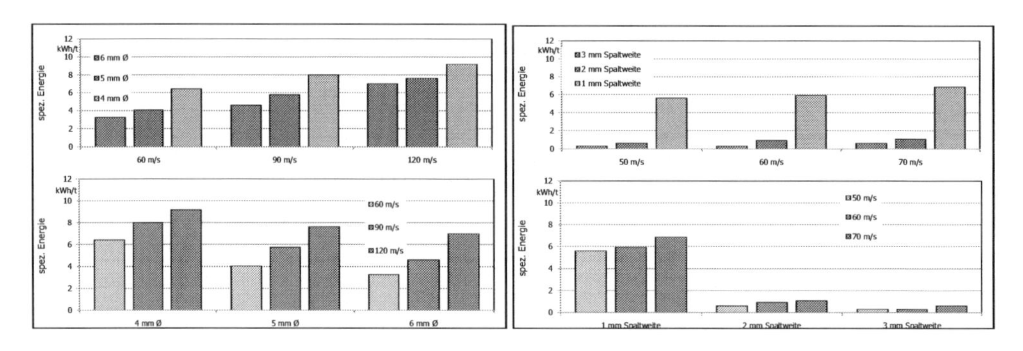

Abb. 8: Spezifischer Energiebedarf bei der Zerkleinerung von Weizen mittels Hammermühle (links) und Scheibenmühle (rechts)

6 Pelletieren grober Futterstrukturen

Aufgrund größerer spezifischer Partikeloberflächen und damit zunehmender Anlagerungsmöglichkeiten kondensierenden Dampfes zur Bildung von Flüssigkeitsbrücken ist die Herstellung abriebfester Pellets aus fein vermahlenen Komponenten i.d.R. einfacher zu realisieren, als aus grob vermahlenen, bei denen teils nur gebrochene Körner zu regelrechten Sollbruchstellen (bei entsprechenden Abmessungen) im Pellet führen können. Abbildung 9 zeigt Ergebnisse eines Pelletierversuchs mit unterschiedlich zerkleinertem Weizen als Einzelkomponente und weist die abnehmende Pelletfestigkeit mit zunehmender Ausgangspartikelgröße nach. Die mittleren Partikelgrößen vor dem Pressen lagen zwischen 1.370 µm (60 m/s; 6 mm Sieb) und 280 µm (120 m/s; 4 mm Sieb).

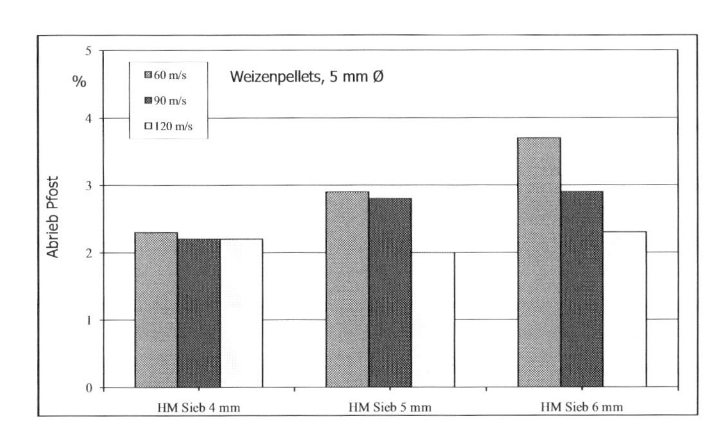

Abb. 9: Einfluss unterschiedlicher Vermahlung von Weizen mittels HR-HM auf die Festigkeit von Weizenpellets

Selbstverständlich spielen Mischungszusammensetzung und Inhaltsstoffe (bei gleichbleibenden Pelletierbedingungen) ebenfalls eine Rolle. Ein vollständiger Verzicht auf Feinanteile in der Mischung ist nicht zweckmäßig. Andererseits sind zahlreiche Komponenten, wie z.B. Extraktionsschrote, oft nur feinstrukturiert verfügbar. Es ist es deshalb von Bedeutung, die Getreideanteile in der Ration gezielt mit möglichst geringem Feinanteil zu zerkleinern, zumal davon auszugehen ist, dass sich die nach der Zerkleinerung festgestellten sogenannten Primärpartikelgrößen kaum im Pellet wiederfinden, da eine weitere Partikelbeanspruchung zwischen Koller und Matrize erfolgt. Untersuchungen hierzu sind noch nicht abgeschlossen.

7 Zusammenfassung und Ausblick

Im Technikum des Forschungsinstituts Futtermitteltechnik wurden vergleichende Zerkleinerungsversuche mit Weizen auf einer Hammer- und einer Scheibenmühle durchgeführt. Beim

Hammermühleneinsatz beeinflussen Sieblochung sowie Umfangsgeschwindigkeit der Schläger, realisiert durch frequenzgesteuerte Antriebe, die erzielbare Partikelgrößenverteilung. Ein vergleichsweise hoher Anteil von Partikeln im Feinbereich < 500 µm ist bauartbedingt unvermeidbar, Modalwerte im Bereich < 125 µm sind typisch. Die Scheibenmühle ermöglicht gröbere Strukturen ohne typische Anreicherung im Fein- bzw. Feinstkornbereich, die Beeinflussung der Partikelgrößenverteilung erfolgt durch Verstellung des Scheibenabstands und der Umfangsgeschwindigkeit.
Mit der Herstellung grober Strukturen sind allerdings nicht nur Vorteile verbunden. Ein Verzicht auf Feinvermahlung reduziert erwartungsgemäß den spezifischen Energieverbrauch, andererseits ist jedoch ein erhöhtes Entmischungsrisiko zu beachten, dem in geeigneter Weise entgegenzuwirken ist. Auch sind bei Einsatz alternativer Zerkleinerungskonzepte (singuläre Maschinen oder Kombinationen) Verschleißfragen zu berücksichtigen. Ergänzend ist zu klären, inwieweit bei nachfolgendem Pelletieren grober Strukturen infolge auftretender Nachzerkleinerungseffekte zusätzlich Energie aufgewendet werden muss. Dies ist möglicherweise bei größerem Pelletdurchmesser weniger evident, allerdings sind verringerte Pelletstabilitäten infolge von Rückdehnungseffekten und Bruchbildung aufgrund lediglich angeschlagener Körner möglich. Darüber hinaus ist nicht nur zu untersuchen, welche Strukturen letztendlich beim Tier verfügbar sind, sondern auch welche Effekte sich neben Gesundheit und Hygiene hinsichtlich der Mischfutternutzung (feed conversion) ergeben.

8 Literatur

[1] E. Heidenreich und W. Strauch, „Maßgebende Einflussgrößen für Feststoffmischprozesse bei der Mischfutterherstellung“, *Kraftfutter/Feed Magazine*, Part I: vol. 83-6, pp. 248-256, Part II: vol. 83-7-8, pp. 286-292, 2000

[2] E. Heidenreich, R. Löwe und W. Strauch, „Verbesserung der Mischungshomogenität und -stabilität von Feststoffmischungen durch Anpassung der Komponentenstruktur“, *Schüttgut*, vol. 9-3, pp. 172-176, 2003

[3] E. Heidenreich, „ATEX + Betriebssicherheitsverordnung aus Sicht der Schüttguttechnik“ in VMA Verfahren Maschinen Anlagen für die Verarbeitung und Veredelung von Schüttgütern, vol. 3 Autumn/Winter, pp. 72-87, Detmold: Verlag Moritz Schäfer, 2003

[4] J. Kamphues, „Die „Struktur“ im Mischfutter für Schweine: Charakterisierung und Bedeutung“, *Tierernährung für Tierärzte, im Fokus: Die Fütterung von Schweinen,* Institut für Tierernährung, Stiftung Tierärztliche Hochschule Hannover, pp. 37-45, 2007

[5] M. Kirchgessner et al., „Mastleistung, Nährstoffverdaulichkeit und Magenschleimhautveränderungen von Schweinen bei unterschiedlicher Futterstruktur“, *Zbl. Vet. Med. A 32*, pp. 641-651, 1985

[6] E. Heidenreich, A. Feil und R. Löwe, AiF-Forschungsantrag Untersuchungen zu Struktur-Eigenschaftskorrelationen für zerkleinerte Getreide, Braunschweig, 2007

MIKRONISIERUNG VON BIOLOGISCHEN WACHSEN MIT EINEM HOCHDRUCKSPRÜHVERFAHREN (PGSS-VERFAHREN)

S. Pörschke[1], A. Kilzer[2]

[1] Fraunhofer Institut UMSICHT, Geschäftsfeld Werkstoffe und Interaktion, Osterfelderstr. 3, 46047 Oberhausen, e-mail: sebastian.poerschke@umsicht.fraunhofer.de

[2] Lehrstuhl für Verfahrenstechnische Transportprozesse, Ruhr-Universität Bochum, Universitätsstraße 150, 44780 Bochum, e-mail: kilzer@vtp.ruhr-uni-bochum.de

Kurzfassung

Es werden Ergebnisse über die Mikronisierung von biologischen Wachsen mit dem Particles from Gas Saturated Solutions Verfahren (PGSS-Verfahren) vorgestellt. Es handelt sich dabei um Wachse, die von Tieren oder Pflanzen gebildet werden. Solche Wachse sind bspw. Bienen- oder Carnaubawachs.

Werden für Anwendungen im Lebensmittel- oder Kosmetikbereich Pulver aus biologischen Wachsen benötigt, so stehen im Handel hauptsächlich Pulver aus Carnaubawachs zur Verfügung. Diese werden in der Regel mit einem Mahl- oder Sprühkühlungsverfahren hergestellt. Beiden Pulverisierungsverfahren ist gemein, dass sie zu Pulvern mit kompakten Partikelformen führen, wodurch sie eine relativ geringe Oberfläche im Vergleich zur Partikelmasse aufweisen. Dies kommt insbesondere in hohen Schüttdichten zum Ausdruck.

Mit dem PGSS-Verfahren ist es nun gelungen, nicht nur Carnaubawachs, sondern auch verschiedene andere biologische Wachse, wie bspw. Sonnenblumen- oder Reiswachs, zu Pulvern zu verarbeiten. Dabei konnten durch Variation der Prozessparameter Wachspulver mit unterschiedlichen Partikelgrößenverteilungen, Schüttdichten und Partikelformen hergestellt werden. Von besonderem Interesse waren dabei Pulver mit großer Oberfläche im Vergleich zur Partikelmasse und geringen Schüttdichten. Aufgrund ihrer großen relativen Oberfläche und ihrer geringen Schüttdichte können solche Pulver gut als Trägerstoffe für Wirkstoffe im Lebensmittel- und Kosmetikbereich eingesetzt werden. Die mit dem PGSS-Verfahren hergestellten Wachspulver auf Basis biologischer Wachse stellen somit eine sinnvolle Ergänzung zu den bereits am Markt erhältlichen Pulvern dar.

1 Einleitung

Wachse gehören zu den ältesten von Menschen genutzten Werkstoffen. Das wohl bekannteste und am frühesten genutzte Wachs ist das Bienenwachs. Die Anwendungsgebiete von Bienenwachs waren schon in der Antike vielfältig. Es wurde bspw. als Bindemittel in Farben oder bei der Herstellung von Papyrus eingesetzt. Holzschiffe wurden mit Bienenwachs abgedichtet, Krüge und Fässer damit versiegelt. Mit Bienenwachs überzogene Tafeln dienten als Schreibfläche und mit Pech und Talg gestrecktes Bienenwachs wurde als Lichtquelle genutzt. Bienenwachs wurde zur Herstellung von Salben und zur Mumifizierung eingesetzt. Besonders wichtig war Bienenwachs in der Metallverarbeitung, wo es zur Herstellung von Bronzegussteilen nach dem sogenannten Gussverfahren der "verlorenen Form" benötigt wurde [1-5].

Heute sind neben Bienenwachs noch eine ganze Reihe anderer Wachse bekannt. Die Stoffgruppe der Wachse wird dabei nicht mehr über ihre chemische Zusammensetzung sondern über ihre mechanisch-physikalischen Eigenschaften definiert. Nach der Definition der Deutschen Gesellschaft für Fettwissenschaften (DGF) wird ein Stoff als Wachs bezeichnet, wenn er

- bei 20 °C knetbar, fest bis brüchig hart;
- grob bis feinkristallin, durchscheinend bis opak, jedoch nicht glasartig ist;
- über 40 °C ohne Zersetzung schmilzt,
- schon wenig oberhalb des Schmelzpunktes niedrigviskos,
- eine stark temperaturabhängige Konsistenz und Löslichkeit aufweist sowie
- unter leichtem Druck polierbar ist [6].

Wenn mehr als eine dieser Eigenschaften nicht erfüllt sind, handelt es sich bei dem Stoff nach der DGF-Definition nicht mehr um ein Wachs.

In dieser Arbeit werden ausschließlich biologische Wachse verwendet. Unter dem Begriff biologische Wachse werden in der vorliegenden Arbeit natürliche, nicht fossile Wachse mit tierischem oder pflanzlichem Ursprung verstanden. Biologische Wachse werden von lebenden Pflanzen oder Tieren gebildet und stellen somit einen nachwachsenden Rohstoff dar. Beispiele für biologische Wachse sind neben Bienenwachs Carnauba-, Sonnenblumen oder Schellackwachs. Wachse, die aus fossilen Quellen wie Erdöl oder Braunkohle hergestellt werden, wie z.B. Montanwachs, haben zwar ebenfalls einen natürlichen Ursprung, stellen aber im Sinne dieser Definition kein biologisches Wachs dar, da sie nicht von lebenden Pflanzen oder Tieren gebildet werden; sie stellen keinen nachwachsenden Rohstoff im klassischen Sinne dar.

Biologische Wachse werden heutzutage überwiegend in der Lebensmittel-, Kosmetik- und Pharmaindustrie eingesetzt. So wird beispielsweise in der Lebensmitteltechnologie die Schale von Zitrusfrüchten, zusätzlich zu der natürlicherweise vorhandenen Wachsschicht, mit einer weiteren Schicht aus Wachs überzogen, um sie so vor dem Austrocknen zu schützen. In Lippenstiften werden Wachse als Bindemittel eingesetzt, da sie den Glanz und die Härte des Lippenstiftes erhöhen; Dragees und Tabletten werden mit Wachs überzogen, damit sie magensaftresistent werden [7-9].

Wachspulver werden üblicherweise durch Mahlung oder Sprühkühlungsverfahren hergestellt. Bei Mahlverfahren wird ein festes Aufgabegut in eine Mühle eingefüllt und mithilfe von Mahlwerkzeugen, wie zum Beispiel Walzen oder Stiften, zerkleinert. Wird das Mahlgut zusätzlich gekühlt und versprödet, beispielsweise mit flüssigem Stickstoff, wird von Kaltmahlung gesprochen. Die Herstellung von Wachspulvern mit Hilfe eines Sprühverfahrens wird meist als Sprühkühlung oder Sprühkristallisation bezeichnet. Dabei wird eine Schmelze der zu mikronisierenden Substanz durch eine oder mehrere Düsen in einen Sprühturm gesprüht, wodurch sich feine Tropfen bilden. Gleichzeitig wird in den Sprühturm ein Kühlgas, beispielsweise kalte Luft, eingeblasen. Die heißen Schmelzetropfen erkalten durch den Kontakt mit dem Kühlgas und erstarren. Das entstandene Pulver wird anschließend aus dem Sprühturm ausgeschleust.

Typische Partikelformen von gesprühten und kaltgemahlenen Carnaubawachs-Partikeln werden in Abb. 1 gezeigt.

Abb. 1: Beispiele für gesprühtes (links) und gemahlenes Carnaubawachs (rechts).

In der linken Abbildung sind Partikel eines mittels Sprühkühlung erzeugten Carnaubawachs-Pulvers dargestellt. Sie besitzen eine sphärische Partikelform. In der rechten Abbildung sind gemahlene Carnaubawachs-Partikel gezeigt. Die Bruchkanten sind deutlich zu erkennen.

Bei beiden Pulverisierungsarten werden Pulver mit einer kompakten Struktur und glatter, geschlossener Oberfläche hergestellt. In Abb. 2 sind die Schüttdichten gegen die mittleren Partikelgrößen (d_{50}) für verschiedene im Handel erhältliche Pulver aus Carnaubawachs aufgetragen.

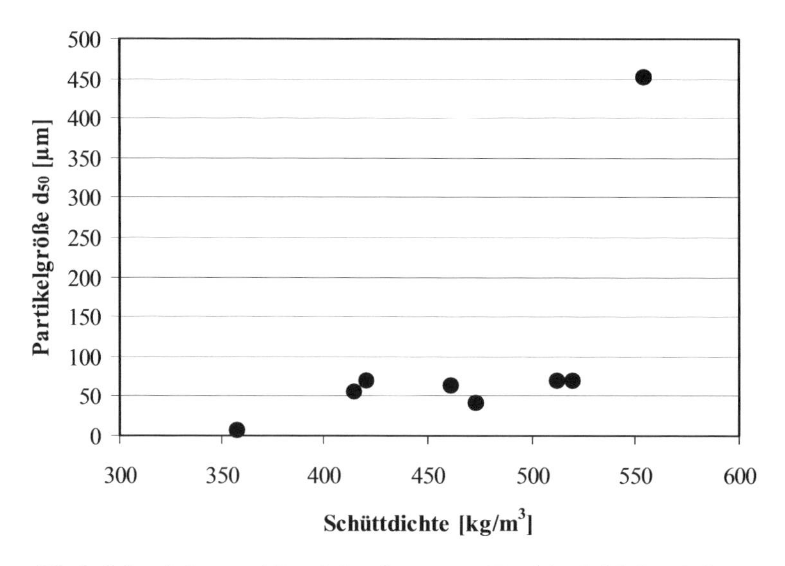

Abb. 2: Schüttdichten und Partikelgrößen von im Handel erhältlichen Pulvern aus Carnaubawachs

Die meisten Pulver weisen eine Schüttdichte zwischen 400 und 550 kg/m^3 auf, wobei die mittlere Partikelgröße ca. 40 bis 70 µm beträgt. Es handelt sich um vergleichsweise grobe Pulver, die aufgrund ihrer Größe bspw. im Mund sensorisch wahrgenommen werden würden.

Ein modernes Verfahren zur Herstellung von Pulvern ist das PGSS-Verfahren. Damit können Partikel mit unterschiedlichsten Eigenschaften in Bezug auf Partikelgrößenverteilung, Schüttdichte und Partikelform hergestellt werden.

Ziel der hier vorgestellten Arbeiten war es, Pulver aus biologischen Wachsen zu erzeugen, die kleinere Partikelgrößen, größere spezifische Oberflächen und deutlich geringere Schüttdichten aufweisen, als die am Markt erhältlichen Wachspulver.

2 PGSS-Verfahren

Das Akronym PGSS steht für Particles from Gas Saturated Solutions. Es beschreibt ein Hochdrucksprühverfahren, bei dem mithilfe überkritischen Kohlenstoffdioxids schmelzbare Feststoffe in Pulverform überführt werden können [10]. Das Verfahrensprinzip des PGSS-Verfahrens wird schematisch in Abb. 3 dargestellt.

Die zu pulverisierende Substanz (hier: Wachs) wird in einen Vorlagebehälter eingefüllt und aufgeschmolzen. Die Schmelze wird von einer Hochdruckpumpe aus dem Vorlagebehälter angesaugt, verdichtet und zu einem statischen Mischer gefördert. Im statischen Mischer wird überkritisches CO_2 zugegeben. Schmelze und CO_2 werden im statischen Mischer intensiv durchmischt. Unter den typischen Drücken von 80–350 bar lösen sich dabei einige Gewichtsprozente an Kohlendioxid in der Schmelze ein. Die Schmelze-CO_2-Mischung wird anschließend durch eine Düse in einen Sprühturm versprüht und dabei auf Umgebungsdruck entspannt. Durch die drastische Druckabsenkung wird das CO_2 in der Schmelze schlagartig nahezu unlöslich, so dass das in der Schmelze eingelöste CO_2 ausgast. Hierbei nimmt das Volumen des Gases stark zu und dehnt sich explosionsartig aus; die Schmelze wird in sehr feine Tröpfchen zerrissen. Aufgrund des auftretenden Joule-Thomson-Effekts des CO_2 kühlen sich die Schmelzetröpfchen ab und erstarren. Die entstandenen Feststoff-Partikel können über eine Abfüllanlage aus dem Sprühturm ausgeschleust werden [11].

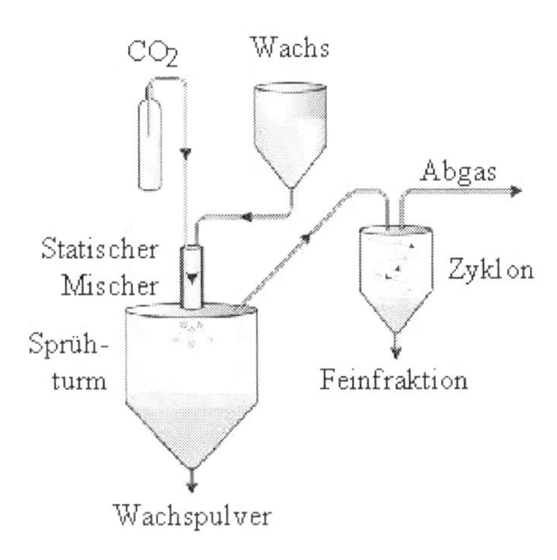

Abb. 3: Schema des PGSS-Verfahrens

Die Eigenschaften des entstehenden Pulvers hängen beim PGSS-Verfahren hauptsächlich von den Prozessparametern Druck und Temperatur an der Düse, dem Verhältnis CO_2-Massenstrom zu Schmelzemassenstrom (Lösemittelverhältnis, LMV) sowie der Temperatur im Sprühturm ab. Je nach Kombination der Prozessparameter lassen sich Pulver mit unterschiedlichen Partikelgrößen, Schüttdichten und Partikelformen herstellen [12, 13].

In Abb. 4 werden REM-Aufnahmen von versprühtem Polyethylenglykol 6000 (PEG 6000) Partikeln dargestellt, die bei verschiedenen Prozessparametern hergestellt wurden.

Mit dem PGSS-Verfahren können sehr unterschiedliche Partikelformen wie Kugeln, poröse Kugeln, poröse Partikel, schwammartige Partikel und Partikel aus fadenförmigen Elementen hergestellt werden. Die Eigenschaften der Partikel können mit dem PGSS-Verfahren über die Prozessparameter in weiten Bereichen gesteuert werden. Sowohl kompakte Partikel mit einer geringen spezifischen Oberfläche und hohen Schüttdichten (Kugeln) sind möglich, als auch Partikel mit einer großen relativen Oberfläche und geringen Schüttdichten (fadenförmige Partikel). Die Partikelgrößen und Schüttdichten können für Stoffe wie PEG zwischen ca. < 5 µm bis 1 mm und ca. 50 bis 500 kg/m^3 eingestellt werden. Das PGSS-Verfahren ist dabei besonders für die Verarbeitung temperatur- oder oxidationsempfindlicher Stoffe geeignet, da es unter inerter Atmosphäre und niedrigen Temperaturen nahe des Schmelzpunktes der zu versprühenden Substanz arbeiten kann.

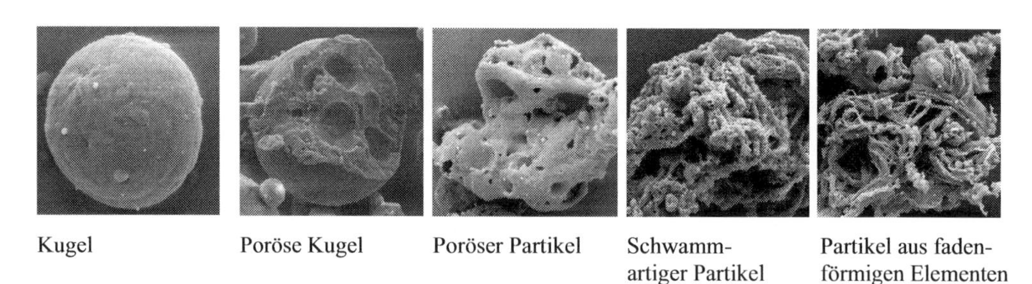

Kugel	Poröse Kugel	Poröser Partikel	Schwamm- artiger Partikel	Partikel aus faden- förmigen Elementen

Abb. 4: Verschiedene Partikelmorphologien aus PEG 6000, hergestellt mit dem PGSS-Verfahren [14]

3 Materialien und Methoden

3.1 Carnaubawachs

Carnaubawachs (Cera Carnaubae) ist ein Pflanzenwachs. Es wird aus dem Wachsüberzug der Blattoberfläche der in Nord-Ost-Brasilien vorkommenden Carnaubapalme (*Copernicia prunifera (MILL.) H. E. Moore*) gewonnen. Es ist das härteste bekannte Naturwachs und besitzt den höchsten Schmelzpunkt aller Naturwachse. Carnaubawachs wird in verschiedenen Industriebereichen eingesetzt. So wird es beispielsweise in der Lebensmittelindustrie (Zusatzstoffnummer E 903) als zusätzliche Schutzschicht auf Früchten aufgetragen, im Kosmetikbereich wird es als Konsistenzgeber bei der Herstellung von Lippenstiften und Balsampräparaten verwendet, in der pharmazeutischen Industrie wird es genutzt, um magensaftresistente Überzüge auf Tabletten und Dragees herzustellen und in der Lackindustrie wiederum wird es als Zusatzstoff in Poliermitteln verwendet [7-9, 15].

Das in dieser Arbeit verwendete Carnaubawachs wird von der Kahl Waxraffinerie unter der Produktbezeichnung Kahlwax 2442 vertrieben. Es handelt sich um harte, hellgelbe Schuppen. Der Schmelzbereich von Carnaubawachs liegt zwischen 82 und 86 °C [15].

3.2 Reiswachs

Reiswachs (Oryza Sativa Cera Bran Wax) ist ein Pflanzenwachs. Es wird nach der Ernte aus Reiskleie gewonnen. Kulturreis (*Oryza sativa L.)* umfasst mehrere tausend Sorten, die prinzipiell zwischen 45° nördlicher und 40° südlicher Breite angebaut werden können. Reiswachs wird bspw. zur Strukturierung von öligen Gels, wie z.B. Lippenstiften, Haarwachs und Mascara eingesetzt. In den USA ist es als Lebensmittelzusatzstoff zugelassen [16-18].

Das in dieser Arbeit verwendete Reiswachs wird von der Kahl Waxraffinerie unter der Produktbezeichnung Kahlwax 2811 vertrieben. Es wird in Form von gelben Pastillen geliefert. Der Schmelzbereich liegt zwischen 78 und 85 °C [18].

3.3 Sonnenblumenwachs

Sonnenblumenwachs (Helianthus Annuus Sunflower Seed Wax) ist ein Pflanzenwachs. Es bedeckt die Oberfläche der Schalen der Kerne der Sonnenblume (*Helianthus annuus L.*) und fällt als Nebenprodukt bei der Sonnenblumenölgewinnung an. Es hat ein gutes Ölbindungsvermögen, leicht filmbildende Eigenschaften und erzeugt auf der Haut ein glattes Gefühl, weswegen es unter anderem als Konsistenzgeber in Emulsionen und Lippenstiften eingesetzt wird [17, 19, 20].
Das in dieser Arbeit verwendete Sonnenblumenwachs wird von der Kahl Waxraffinerie unter der Produktbezeichnung Kahlwax 6607 vertrieben. Es handelt sich um weiß-gelbe Pellets. Der Schmelzbereich von Sonnenblumenwachs liegt zwischen 74 und 80 °C [20].

3.4 Kohlenstoffdioxid

Das in dieser Arbeit verwendete Kohlenstoffdioxid wird mit einer Reinheit von 99,9 % von der Firma YARA bezogen. Es fällt dort als Nebenprodukt bei der Düngemittelherstellung an [21].

3.5 Methoden

Die Partikelgrößenverteilung der erzeugten Pulver wurde nach dem Prinzip der Laserstreulichtmessung bestimmt (Mastersizer 2000 von Malvern Instruments). Die Pulverproben wurden in Luft dispergiert, die Auswertung erfolgte nach der Fraunhofer-Näherung.
Die Schüttdichte der erzeugten Pulver wurde in Anlehnung an DIN EN ISO 60 »Kunststoffe – Bestimmung der scheinbaren Dichte von Formmassen, die durch einen genormten Trichter abfließen können (Schüttdichte)« ermittelt [22].
Die Partikelform und Oberflächenstruktur der erzeugten Pulverpartikel wurde mit Hilfe eines Rasterelektronenmikroskops (REM) vom Typ Zeiss DSM 962 untersucht. Von den untersuchten Pulverproben wurden sowohl Übersichtsaufnahmen, die mehrere Partikel zeigen, als auch Detailaufnahmen von einzelnen Partikeln angefertigt.

4 Aufbau der Versuchsanlage und Versuchsdurchführung

4.1 Aufbau der Versuchsanlage

In der vorliegenden Arbeit wurde eine PGSS-Laboranlage der Ruhr-Universität Bochum vom Lehrstuhl für Verfahrenstechnische Transportprozesse genutzt.

Die PGSS-Anlage ist für einen Sprühdruck von 300 bar und Temperaturen bis 200 °C ausgelegt. Die Schmelzepumpe besitzt eine maximale Förderleistung von 30 kg/h.

Die eingesetzte PGSS-Anlage besteht im Prinzip aus drei Strängen:

1. Der Sprühkombination, bestehend aus statischem Mischer (SM), Düse und angeschlossenem Sprühturm (ST),
2. dem Schmelzestrang, bestehend aus Vorlagebehälter mit Rührer (V), Hochdruckpumpen (P) und Druckleitung zur Sprühkombination,
3. dem CO_2-Strang, bestehend aus CO_2-Tank (CO_2), CO_2-Hochdruckpumpe, Wärmetauscher (WT) und CO_2-Hochdruckleitung zur Sprühkombination.

Die Drücke und Temperaturen in der Anlage sowie der CO_2- und Schmelzemassenstrom werden kontinuierlich ermittelt und aufgezeichnet. Abb. 5 zeigt ein vereinfachtes Fließbild der Anlage.

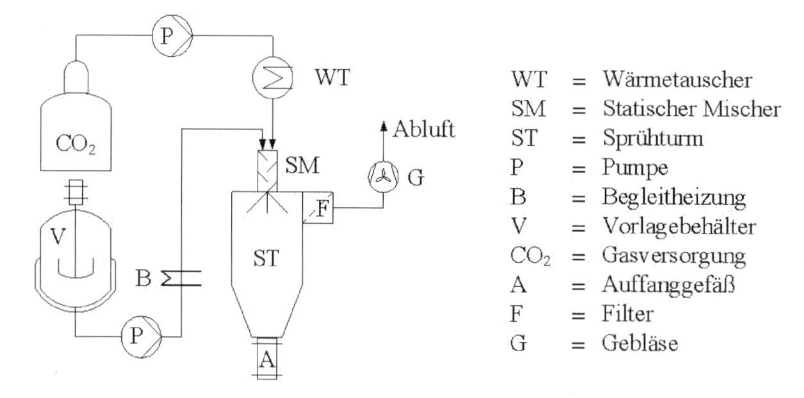

Abb. 5: vereinfachtes Fließbild der genutzten PGSS-Laboranlage

4.2 Versuchsdurchführung

Etwa 18 Stunden vor Versuchsbeginn wird der Vorlagebehälter mit ca. 10 kg Wachs gefüllt und bei einer Temperatur etwa 20°C oberhalb des Schmelzpunktes verflüssigt. Der Vorlagebehälter wird dazu mit CO_2 überschichtet, so dass das Wachs unter inerter Atmosphäre aufschmilzt.

Die Rohrleitungen und Komponenten der Versuchsanlage werden mithilfe von elektrischen Begleitheizungen auf eine Temperatur von ca. 20 °C über dem Schmelzpunkt des Wachses erwärmt. Ungefähr 20 Minuten vor Versuchsbeginn wird der Sprühturm der PGSS Anlage mit CO_2 inertisiert. Um den Sprühversuch zu beginnen, wird neben der CO_2-Pumpe auch die Schmelzepumpe gestartet, so dass gleichzeitig Schmelze und CO_2 zunächst durch den statischen Mischer und anschließend durch die Düse in den Sprühturm gefördert werden. Der Sprühdruck an der Düse ergibt sich dabei aus dem Druckverlust, den der CO_2-Massenstrom und der Schmelzemassenstrom beim Durchströmen selbiger hervorrufen. Die Sprühtemperatur beim Durchströmen der Düse ergibt sich aus der Mischungstemperatur der Wachsschmelze und des Kohlendioxids. Das Verhältnis von CO_2-Massenstrom zu Schmelzemassenstrom wird über den Hub der Schmelzepumpe und die Drehzahl der Kohlendioxidpumpe eingestellt. Die Temperatur im Sprühturm kann nicht direkt eingestellt werden, sie ergibt sich aus den Werten der anderen Prozessparameter.

Haben diese Parameter stationäre Werte erreicht, beginnt der eigentliche Sprühversuch. Dazu wird das bis zu diesem Zeitpunkt versprühte Wachs entnommen und ein neues Auffanggefäß wird am Turm angebracht.

Anschließend wird eine Menge von mindestens 1 Kilogramm Wachs oder über einen Zeitraum von 10 Minuten bei stationären Bedingungen versprüht. Die Prozessparameter werden dabei sekündlich aufgezeichnet. Am Ende des Sprühversuches wird eine Pulverprobe aus dem Sprühturm entnommen und der Sprühversuch wird beendet.

5 Ergebnisse und Diskussion

5.1 Versprühen von Carnaubawachs mit dem PGSS-Verfahren

In Abb. 6 werden die Partikelgrößen und Schüttdichten von Carnaubawachspulvern dargestellt, die mit dem PGSS-Verfahren hergestellt wurden. In Abhängigkeit von den Prozessparametern entstehen Pulver mit unterschiedlichen Eigenschaften.

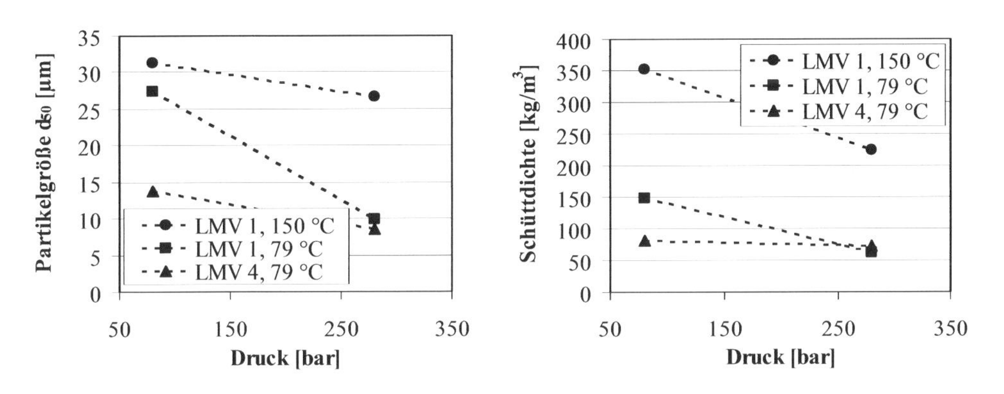

Abb. 6: Partikelgröße und Schüttdichte von Carnaubawachs in Abhängigkeit der Prozessparameter beim PGSS-Verfahren

Mit zunehmendem Druck, bei gleicher Sprühtemperatur und gleicher spezifischer Gasmenge (LMV), entstehen Pulver mit geringeren Partikelgrößen und Schüttdichten. So nimmt bei LMV 1 und bei einer Sprühtemperatur von 79 °C die Partikelgröße von ca. 27 µm bei 80 bar auf ca. 10 µm bei 280 bar ab. Ebenso nimmt die Schüttdichte von ca. 150 kg/m³ auf ca. 60 kg/m³ ab.

Wird die spezifische Gasmenge bei gleichen Drücken und Temperaturen erhöht, nehmen Partikelgröße und Schüttdichte ebenfalls ab. Bei LMV 1, 79 °C Sprühtemperatur und 80 bar Sprühdruck beträgt die Partikelgröße ca. 27 µm, bei LMV 4 geht sie auf ca. 13 µm zurück. Die Schüttdichte nimmt von ca. 150 kg/m³ auf ca. 80 kg/m³ ab. Dieser Effekt ist bei geringen Drücken stärker ausgeprägt als bei hohen Drücken.

Wird bei gleichem Sprühdruck und gleicher spezifischer Gasmenge die Sprühtemperatur erhöht, entstehen Pulver mit größeren Partikeln und höheren Schüttdichten. Bei einem Kilogramm CO_2 je Kilogramm Wachs (LMV 1), einem Sprühdruck von 80 bar und einer Sprühtemperatur von 79 °C beträgt die mittlere Partikelgröße etwa 27 µm, bei einer Sprühtemperatur von 150 °C etwa 32 µm. Besonders deutlich wird die Zunahme der Partikelgröße bei hohen Drücken. Hier wächst die Partikelgröße von etwa 10 µm (LMV 1, 280 bar, 79 °C) auf ca. 26 µm (LMV 1, 280 bar, 150 °C) an.

Auch die Schüttdichten steigen mit zunehmender Sprühtemperatur. Bei LMV 1, 80 bar und 79 °C beträgt sie ca. 150 kg/m³, bei 150 °C ca. 350 kg/m³. Bei LMV 1, 280 bar und 79 °C liegt die Schüttdichte bei ca. 62 kg/m³, bei 150 °C liegt sie bei ca. 225 kg/m³.

5.2 Versprühen von Reiswachs mit dem PGSS-Verfahren

In Abb. 7 wird der Zusammenhang zwischen den Pulvereigenschaften von Reiswachs und verschiedenen Prozessparametern des PGSS-Verfahrens dargestellt.

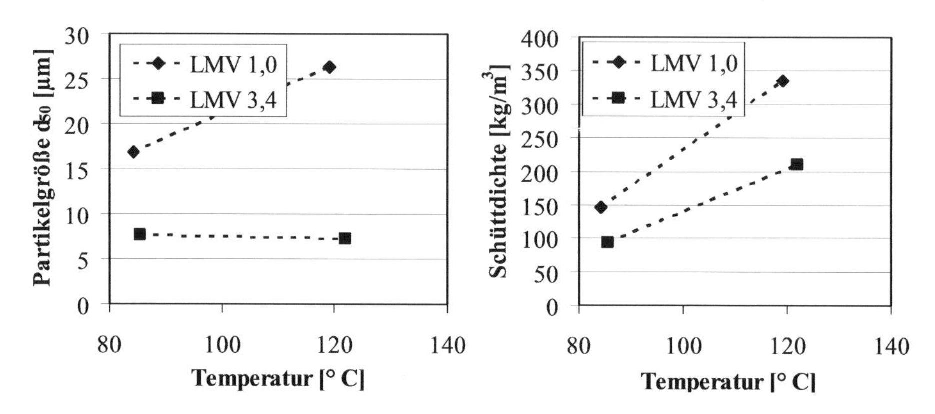

Abb. 7: Partikelgröße und Schüttdichte von Reiswachs bei verschiedenen Sprühtemperaturen für einen Sprühdruck von 80 bar

Die dargestellten Versuchsergebnisse stammen von Versuchen mit einem Sprühdruck von 80 bar. Wird das LMV erhöht, bei gleichbleibenden Drücken und Temperaturen, nehmen Partikelgröße und Schüttdichte ab. Bei LMV 1,0 und einer Temperatur von ca. 85 °C beträgt die Partikelgröße ca. 17 µm, bei LMV 3,4 geht sie auf ca. 8 µm zurück. Die Schüttdichte nimmt von ca.

150 kg/m³ auf ca. 100 kg/m³ ab. Die gleichen Tendenzen sind bei Temperaturen um 120 °C zu beobachten.

Wird die Sprühtemperatur erhöht, bei ansonsten gleichen Drücken und LMVs, entstehen in der Regel Pulver mit größeren Partikeln und höheren Schüttdichten. Bei 80 bar, LMV 1,0 und ca. 85 °C beträgt die mittlere Partikelgröße ca. 17 µm. Wird die Sprühtemperatur auf ca. 120 °C erhöht, nimmt die Partikelgröße auf ca. 27 µm zu. Bei LMV 3,4 verändert sich die Partikelgröße mit zunehmender Temperatur kaum und bleibt annähernd konstant.

Auch die Schüttdichten steigen mit zunehmender Sprühtemperatur an. Bei LMV 1, 80 bar und ca. 85 °C beträgt sie ca. 150 kg/m³. Bei Steigerung der Sprühtemperatur auf ca. 120 °C verdoppelt sich die Schüttdichte und beträgt ca. 340 kg/m³. Die gleiche Veränderung kann auch bei LMV 3,4 beobachtet werden, hier steigt die Schüttdichte von ca. 100 auf ca. 200 kg/m³ an.

5.3 Versprühen von Sonnenblumenwachs mit dem PGSS-Verfahren

In Abb. 8 wird der Zusammenhang zwischen den Pulvereigenschaften von Sonnenblumenwachs und verschiedenen Prozessparametern des PGSS-Verfahrens dargestellt.

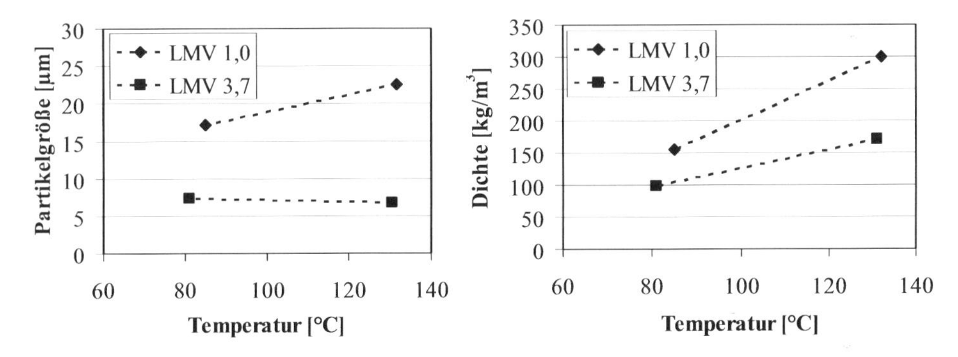

Abb. 8: Partikelgröße uns Schüttdichte von Sonnenblumenwachs in Abhängigkeit der Prozessparameter beim PGSS-Verfahren

Die dargestellten Versuche zum Versprühen von Sonnenblumenwachs wurden wie die Versuche zum Versprühen von Reiswachs bei einem Druck von 80 bar durchgeführt.

Wird das LMV erhöht, bei gleichbleibenden Drücken und Temperaturen, nehmen Partikelgröße und Schüttdichte ab. Bei LMV 1,0 und einer Temperatur von ca. 83 °C beträgt die Partikelgröße vom Sonnenblumenwachs ca. 17 µm, bei LMV 3,7 geht sie auf ca. 7 µm zurück. Die Schüttdichte nimmt von ca. 155 kg/m³ auf ca. 97 kg/m³ ab. Die gleichen Tendenzen sind bei Temperaturen um 130 °C zu beobachten.

Wird die Sprühtemperatur erhöht, bei ansonsten gleichen Drücken und gleicher spezifischer Gasmenge, entstehen in der Regel Pulver mit größeren Partikeln und höheren Schüttdichten. Bei

80 bar, LMV 1,0 und ca. 83 °C beträgt die mittlere Partikelgröße ca. 17 µm. Wird die Sprühtemperatur auf ca. 130 °C erhöht, nimmt die Partikelgröße auf ca. 22 µm zu. Bei LMV 3,7 verändert sich die Partikelgröße mit zunehmender Temperatur kaum und bleibt annähernd konstant.
Auch die Schüttdichten steigen mit zunehmender Sprühtemperatur an. Bei LMV 1, 80 bar und ca. 83 °C beträgt sie ca. 155 kg/m^3. Bei Steigerung der Sprühtemperatur auf ca. 130 °C verdoppelt sich die Schüttdichte und beträgt ca. 300 kg/m^3. Die gleiche Veränderung kann auch bei LMV 3,7 beobachtet werden, hier steigt die Schüttdichte von ca. 100 auf ca. 170 kg/m^3 an.

5.4 PGSS-Biowachspulver im Vergleich mit im Handel erhältlichen Biowachspulvern

Mit Hilfe des PGSS-Verfahrens konnten drei verschiedene Biowachse mikronisiert werden. Abhängig von den gewählten Verfahrensbedingungen entstehen dabei, im Gegensatz zu den herkömmlichen Sprüh- bzw. Mahlverfahren (siehe Abb. 1), unterschiedliche Partikelformen. In Abb. 9 werden REM-Aufnahmen von mit dem PGSS-Verfahren hergestellten Carnauba-, Reis- und Sonnenblumenwachspartikeln gezeigt.

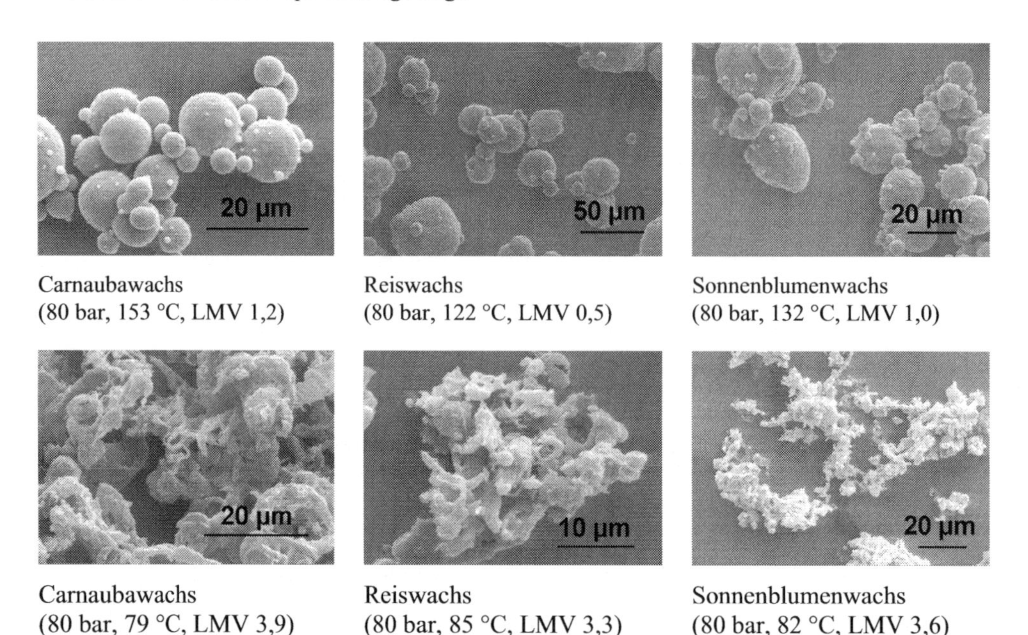

Carnaubawachs (80 bar, 153 °C, LMV 1,2) | Reiswachs (80 bar, 122 °C, LMV 0,5) | Sonnenblumenwachs (80 bar, 132 °C, LMV 1,0)

Carnaubawachs (80 bar, 79 °C, LMV 3,9) | Reiswachs (80 bar, 85 °C, LMV 3,3) | Sonnenblumenwachs (80 bar, 82 °C, LMV 3,6)

Abb. 9: REM-Aufnahmen von Partikeln aus verschiedenen biologischen Wachsen, die mit dem PGSS-Verfahren hergestellt wurden

Es können sowohl Partikel mit einer glatten, sphärischen Oberfläche als auch Partikel mit einer unregelmäßigen, und durchbrochenen Oberfläche erzeugt werden. Aufgrund der zerklüfteten Struktur der Partikel, ist die die spezifische Oberfläche der mit dem PGSS-Verfahren hergestellten Partikel größer als die spezifische Oberfläche der klassischen Pulver.

In Abb. 10 werden die Partikelgrößen und Schüttdichten von im Handel erhältlichen Pulvern aus Carnaubawachs mit den Partikelgrößen und Schüttdichten von mit dem PGSS-Verfahren hergestellten Pulvern verglichen.

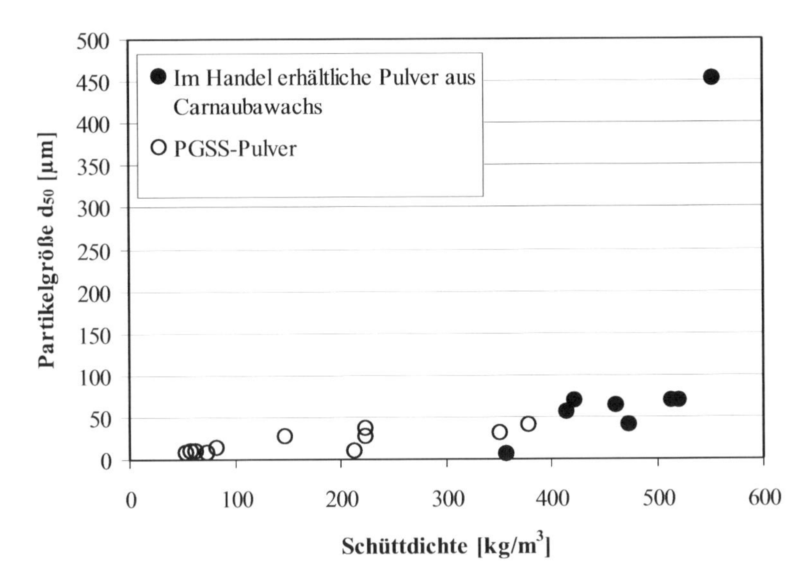

Abb. 10: Vergleich der Partikelgrößen und Schüttdichten von im Handel erhältlichen Carnaubawachspulvern mit Pulvern, die mit dem PGSS-Verfahren hergestellt wurden.

Mit dem PGSS-Verfahren können, im Vergleich zu den im Handel erhältlichen Pulvern, Pulver mit deutlich kleineren Partikelgrößen und geringen Schüttdichten hergestellt werden. Die Partikelgrößen variieren zwischen ca. 10 und 50 µm, die Schüttdichten liegen dabei zwischen ca. 50 und 400 kg/m^3. Ein Vergleich mit im Handel erhältlichen Pulvern aus Reis- oder Sonnenblumenwachs ist nicht möglich, da von diesen Wachsen keine Pulver erhältlich sind.

6 Zusammenfassung und Ausblick

Verschiedene biologische Wachse wurden mit dem PGSS-Verfahren pulverisiert. Dargestellt wurden Ergebnisse für Carnauba-, Reis- und Sonnenblumenwachs. Für Carnaubawachs konnten im Vergleich zu mit im Handel erhältlichen Pulvern Partikel mit deutlich größerer relativer Oberfläche und geringeren Partikelgrößen und Schüttdichten hergestellt werden. Für Reis- und Sonnenblumenwachs konnte kein Vergleich mit am Markt erhältlichen Pulvern durchgeführt werden, da von diesen Wachsen am Markt keine Pulver erhältlich waren. Die PGSS-mikronisierten Reis- und Sonnenblumenwachspulver besitzen ähnliche Eigenschaften wie das mit dem PGSS-Verfahren versprühte Carnaubawachs.

Mittlerweile konnte auch ein scale-up von Sprühversuchen von der beschriebenen Versuchsanlage auf eine industrielle PGSS-Anlage (siehe Abb. 11) erfolgreich durchgeführt werden.

Abb. 11: Industrielle PGSS-Anlage bei Fraunhofer UMSICHT.

Die dargestellte Anlage ist für einen Sprühdruck von 400 bar und eine Temperatur von 200 °C ausgelegt. Mit ihr können bis zu 350 kg Schmelze die Stunde versprüht werden. Diese Anlage steht bei Fraunhofer UMSICHT in Oberhausen und ermöglicht aufgrund ihrer Auslegung auch die Herstellung von größeren Mengen an Wachspulvern. In einem nächsten Schritt sollen Additive in Wachse eingebracht werden, um so Wachs-Additiv-Komposite zu entwickeln. Neben Anwendungen im Lebensmittel- und Kosmetikbereich sollen hierdurch neue technische Anwendungsgebiete für biologische Wachse erschlossen werden. So könnten bspw. Nanopartikel mit Hilfe von biologischen Wachsen in Biokunststoffe eingebracht werden, um diese zu funktionalisieren und so das Einsatzspektrum von Biokunststoffen zu erweitern.

7 Literatur

[1] A. Mazar und N. Panitz-Cohen, „It is the land of honey – Beekeeping at Tel Rehov", Near Eastern Archaeology, vol. 70-4, pp. 202-219, 2007

[2] K. Nowottnick, Bienenwachs – Gewinnung, Verarbeitung, Verwertung, Anwendung, Graz: Leopold Stocker Verlag, 1994

[3] J. Hüsing, Honig, Wachs, Bienengift, Wittenberg: A. Ziemsen Verlag, 1956

[4] B. Brentjes, „Einige Bemerkungen zur Rolle von Insekten in der altorientalischen Kultur", Anzeiger für Schädlingskunde, vol.37-12, pp. 184-189, 1964

[5] S. Puleo und T. Rit, T., „Natural waxes – past, present and future", Reprinted from Lipid Technology, July / August 1992, Elsevier Science Publishers Ltd.

[6] Deutsche Gesellschaft für Fettwissenschaften e. V., DGF-Einheitsmethode M-I 1 (75), in Deutsche Einheitsmethoden (Deutsche Gesellschaft für Fettwissenschaften), Band 3, ch. M, pp. 1-3, Stuttgart: Wissenschaftliche Verlagsgesellschaft mbH Stuttgart, 2004

[7] S. Kirst et al., Lexikon der pflanzlichen Fette und Öle, Wien: Springer, 2008

[8] L. Roth und K. Kormann, Ölpflanzen-Pflanzenöle, Landsberg: ecomed Verlagsgesellschaft, 2000

[9] H. Zoebelein, Dictionary of Renewable Resources, Weinheim: WILEY-VCH, 2001

[10] E. Weidner, Z. Knez, Z. Novak, Verfahren zur Herstellung von Partikeln bzw. Pulvern, Patentanmeldung WO95/21688, 1995

[11] E. Weidner, Herstellung von Pulvern durch Versprühen gashaltiger Lösungen, Habilitationsschrift, Friedrich-Alexander-Unversität Erlangen-Nürnberg, 1996

[12] A. Kilzer und M. Petermann, „Erzeugung funktioneller Partikelmorphologien mit dem PGSS-Verfahren“, Chemie Ingenieur Technik, vol. 77-3, pp. 243-247, 2005

[13] A. Kilzer, Herstellung von Feinpulvern aus hochviskosen Polymerschmelzen mit Hochdrucksprühverfahren, Dissertation, Ruhr-Universität Bochum, 2003

[14] P. Kappler, Partikelbildung und Morphologie bei der Hochdruckmikronisierung gashaltiger Lösungen, Dissertation, Ruhr-Universität Bochum, 2002

[15] Kahl Wachsraffinerie, Produktspezifikation Kahlwax 2442 Carnaubawachs, 04/2009

[16] S. Bickel-Sandkötte, Nutzpflanzen und ihre Inhaltsstoffe, Quelle und Meyer, 2001

[17] R. Lieberei und C. Reisdorff, Nutzpflanzenkunde, Stuttgart: Georg Thieme Verlag, 2007

[18] Kahl Wachsraffinerie, Produktspezifikation Kahlwax 2811 Reiswachs, 04/2009

[19] A. Popov und K. Stefanov, „Untersuchungen über die Zusammensetzung der Wachsbodensätze und des Sonnenblumenölwachses“, Fette Seifen Anstrichmittel, vol. 70-4, pp. 234-238, 1968

[20] Kahl Wachsraffinerie, Produktspezifikation Kahlwax 6607 Sunflower Wax, 04/2009

[21] Yara Industrial GmbH, Verkaufsspezifikation CO2

[22] DIN EN ISO 60, Kunststoffe – Bestimmung der scheinbaren Dichte von Formmassen, die durch einen genormten Trichter abfließen können (Schüttdichte), in: DIN, Handbuch Kunststoffe, Band 2, 1. Erg.-Lieferung, Beuth, 02/2005